ELEMENTE DER MATHEMATIK

8. Schuljahr

Herausgegeben von
Heinz Griesel
Helmut Postel
Friedrich Suhr

Schroedel

ELEMENTE DER MATHEMATIK 8

Herausgegeben von
Prof. Dr. Heinz Griesel, Prof. Helmut Postel, Friedrich Suhr

Bearbeitet von
Christine Fiedler, Reinhard Kind, Werner Ladenthin, Prof. Helmut Postel, Heinz Klaus Strick, Friedrich Suhr

An dieser Ausgabe wirkten mit
Dr. Thomas Altmeyer, Prof. Dr. Regina Bruder, Dr. Eckhard Globig, Dr. Beate Goetz, Kerstin Schäfer, Carsten Schmidt, Heinz Klaus Strick, Andreas Stümer, Ulrike Willms

Abgestimmt auf dieses Unterrichtswerk sind umfangreiche Unterrichtsmaterialien entwickelt worden:
Band 1 Best.-Nr. 87001; Band 2 Best.-Nr. 87002; Band 3 Best.-Nr. 87003; Band 4 Best.-Nr. 87004

Zum Schülerband erscheint: Lösungen Best.-Nr. 87238

Druck A [3] / Jahr 2011
Alle Drucke der Serie A sind im Unterricht parallel verwendbar.

Redaktion: Claus Peter Witt
Herstellung: Reinhard Hörner
Umschlagentwurf: Loeper & Wulf, Hannover
Illustrationen: Dietmar Griese
Zeichnungen: Günter Schlierf; Langner & Partner
Satz: Triltsch, Print und digitale Medien GmbH, Ochsenfurt
Druck und Bindung: westermann druck GmbH, Braunschweig

ISBN 978-3-507-**87228**-8

Inhaltsverzeichnis

Zum Aufbau des Buches ... 5

Bleib fit im Umgang mit rationalen Zahlen ... 7
Bleib fit im Umgang mit Termen und Gleichungen ... 9

1. Terme und Gleichungen mit Klammern 13

Lernfeld: Klammern gewähren Vorrang ... 14
1.1 Auflösen einer Klammer ... 16
1.2 Minuszeichen vor einer Klammer – Subtrahieren einer Klammer ... 23
1.3 Ausklammern ... 25
1.4 Auflösen von zwei Klammern in einem Produkt ... 28
1.5 Binomische Formeln **Zum Selbstlernen** ... 31
1.6 Faktorisieren einer Summe ... 34
1.7 Vermischte Übungen ... 36
Im Blickpunkt: Pascal'sches Dreieck – Potenzieren von Summen ... 38
1.8 Mischungsaufgaben ... 40
Auf den Punkt gebracht: Mathematisches Problemlösen ... 42
1.9 Formeln – Gleichungen mit Parametern ... 44
1.10 Gleichungen vom Typ $T_1 \cdot T_2 = 0$ ... 47
1.11 Aufgaben zur Vertiefung ... 49
Bist du fit? ... 50

Bleib fit im Umgang mit dem Dreisatz ... 51

2. Lineare Funktionen ... 53

Lernfeld: Eindeutig gerade ... 54
2.1 Funktionen als eindeutige Zuordnungen ... 56
Auf den Punkt gebracht: Graphen zeichnen mit Computer und GTR ... 63
2.2 Proportionale Funktionen ... 65
2.3 Lineare Funktionen und ihre Graphen ... 75
2.4 Nullstellen linearer Funktionen – Grafische Deutung des Lösens linearer Gleichungen **Zum Selbstlernen** ... 82
Auf den Punkt gebracht: Dokumentieren von Rechnerergebnissen ... 86
2.5 Geraden durch Punkte ... 88
Im Blickpunkt: Regressionsgeraden durch Punktwolken ... 93
2.6 Vermischte Übungen ... 95
2.7 Antiproportionale Funktionen ... 97
Im Blickpunkt: Energie sparen ... 99
2.8 Aufgaben zur Vertiefung ... 100
Bist du fit? ... 102

3. Lineare Gleichungen mit zwei Variablen – Systeme linearer Gleichungen ... 103

Lernfeld: Geraden mit System ... 104
3.1 Lineare Gleichungen der Form $ax + by = c$ ... 105
3.2 Systeme linearer Gleichungen – Grafisches Lösungsverfahren ... 112
3.3 Gleichsetzungsverfahren ... 117
3.4 Einsetzungsverfahren **Zum Selbstlernen** ... 119
3.5 Additionsverfahren ... 120
Im Blickpunkt: Lösen linearer Gleichungssysteme mithilfe des GTR ... 128
3.6 Modellieren mithilfe linearer Gleichungssysteme ... 130
Auf den Punkt gebracht: Tabelle, Graph oder Gleichung? ... 137
3.7 Aufgaben zur Vertiefung ... 139
Bist du fit? ... 140

Bleib fit im Umgang mit Zufallsexperimenten ... 141

4. Daten und Zufall ... 143

Lernfeld: Experimente mit Zufall und Geschick ... 144
4.1 Zweistufige Zufallsexperimente – Baumdiagramme ... 146
4.2 Pfadregeln ... 152
4.3 Streuung bei Häufigkeitsverteilungen – Boxplots ... 159
4.4 Aufgaben zur Vertiefung ... 165
Im Blickpunkt: Klassische Probleme aus der Geschichte der Wahrscheinlichkeitsrechnung ... 166
Bist du fit? ... 168

Bleib fit im Umgang mit Prozenten ... 169

5. Quadratwurzeln – Reelle Zahlen ... 171

Lernfeld: Entdeckungen an Zahlen ... 172
5.1 Quadratwurzeln ... 174
Im Blickpunkt: Schnelle Berechnung von Wurzeln mit dem Heronverfahren ... 185
5.2 Reelle Zahlen ... 187
5.3 Zusammenhang zwischen Radizieren und Quadrieren ... 189
5.4 Rechenregeln für Quadratwurzeln und ihre Anwendung ... 193
5.5 Umformen von Wurzeltermen **Zum Selbstlernen** ... 198
5.6 Überblick über die reellen Zahlen ... 200
5.7 Wurzelgleichungen ... 203

5.8 Aufgaben zur Vertiefung ... 205
Im Blickpunkt: Wie viele rationale und irrationale Zahlen gibt es? ... 206
Bist du fit? ... 208

Bleib fit im Umgang mit Flächeninhalt und Volumen ... 209

6. Kreis- und Körperberechnungen ... 211

Lernfeld: Mit Körpern und Figuren experimentieren ... 212
6.1 Umfang des Kreises ... 213
6.2 Flächeninhalt des Kreises ... 216
6.3 Kreisausschnitt und Kreisbogen ... 222
Im Blickpunkt: Die Zahl π in der Geschichte der Menschheit ... 225
Bist du fit? ... 226
6.4 Prismen – Netz und Oberflächeninhalt ... 227
6.5 Schrägbild eines Prismas ... 231
6.6 Volumen eines Prismas ... 233
Auf den Punkt gebracht: Arbeiten mit der Formelsammlung ... 238
6.7 Zylinder – Netz und Oberflächeninhalt ... 240
6.8 Schrägbild des Zylinders **Zum Selbstlernen** . 242
6.9 Volumen eines Zylinders ... 243
Auf den Punkt gebracht: Modellieren ... 248
6.10 Aufgaben zur Vertiefung ... 250
Bist du fit? ... 251

Teste dich – Vermischte Übungen ... 252

Anhang

Lösungen zu Bist du fit? ... 259
Lösungen zu Teste dich – Vermischte Übungen ... 265
Verzeichnis mathematischer Symbole ... 271
Stichwortverzeichnis ... 272

Bildquellenverzeichnis

Umschlagfoto: Scott Markewitz – Getty Images, München; Seite 12, 152 Deutsches Rotes Kreuz, Berlin; Seite 20, 37, 50, 51 (Zuckertüte), 54 (Lineal), 55, 62, 63 (Taschenrechner), 67, 97, 99, 100, 105 (Ziegelfabrik), 114, 116, 120 (Taxameter), 127, 128, 134 (Stromzähler), 136 (Modellrennbahn), 138, 140, 141, 142 (Würfel), 144 (Reißnägel), 145, 146 (Würfel), 154, 157, 158 (Kinder), 178, 189, 212 (Tuben, Knetmasse, Verpackung), 213 (Dosen), 214 (Taschenrechnertaste, CD-Rom, Basketball-Ring, Skate-Rollen, 219 (CD), 222, 231, 239, 242, 243, 246, 248 (Dose), 249, 255, 256, 257 Michael Fabian, Hannover; Seite 38, 202, 206, 225 akg-images, Berlin; Seite 40, 65, 71, 104, 136 (Keilschrift), 137 (Lungenfunktionstest), 156 (Tauchpumpe), 158 (Monopoly), 210, 219 (Pizza), 226 (Beregnungsanlage), 247 (Bohrturm), 248 (Konservendosen) Langner & Partner, Hemmingen; Seite 3, 42 (Icon), 63 (Icon), 86, 137 (Icon), 238, 248 (Icon) Prof. Dr. Timo Leuders, Freiburg; Seite 49 dpa/dpaweb – picture-alliance, Frankfurt; Seite 51 (Zuckerrüben) Schrempp – Mauritius, Mittenwald; Seite 54 (Windmesser) NAS/J. Bucher – Okapia, Frankfurt; Seite 70 H. Tegen, Hambühren; Seite 75, 105 (Ziegelstein), 120 (Fotoabzüge), 177, 215 (Baumumfang), 217, 220, 226 (Laufrad) 240 Torsten Warmuth, Berlin; Seite 78 (Dehnungsfuge) van Eupen; Seite 78 (Taucher) Frei – Mauritius, Mittenwald; Seite 82 Hänel – Mauritius, Mittenwald; Seite 85 Vidler – Mauritius, Mittenwald; Seite 90 Michael Ochse/SAVE – Okapia, Frankfurt; Seite 92 Action Images – pixathlon, Hamburg; Seite 94 Phototake – Mauritius, Mittenwald; Seite 98 Fujitsu-Siemens, Augsburg; Seite 102 Bordis – Mauritius, Mittenwald; Seite 134 (Sonderzug) Klee – DB AG, Berlin; Seite 135 Bodenseeschifffahrt.de, Burgberg; Seite 144 (Frau mit Kindern) Ute Grabowsky – photothek.net; Seite 146 (Porezellanherstellung) Thomas Einberger – argum, München; Seite 156 (Roulette) Pöhlmann – Mauritius, Mittenwald; Seite 165 (Lottotrommel), Seite 165 (Blutspendestation): H. G. Rossi/zefa – Corbis, Düsseldorf; Seite 168 Bernhard Lehn – Mauritius, Mittenwald; Seite 212 (Kreise wiegen) 250 (Säule) W. Ladenthin, Berlin; Seite 213 (Fahrradcomputer) VDO Kienzle; Seite 214 (Meisterschale) Sven Simon – picture-alliance, Frankfurt; Seite 215 (Förderturm) Michael Jostmeier – Mauritius, Mittenwald; Seite 215 (Riesenrad) Manning – Mauritius, Mittenwald; Seite 218 Lehn – Mauritius, Mittenwald; Seite 221 Suhr, Lüneburg; 245 (Litfaßsäule) dpa – picture-alliance, Frankfurt), Seite 245 (Tuberkulosebakterien) Phototake – Mauritius, Mittenwald; Seite 247 (Treppe) Damm – Corbis, Düsseldorf; Seite 250 (Flughafen) Pega – Mauritius, Mittenwald.

Es war nicht in allen Fällen möglich, die Inhaber der Bildrechte ausfindig zu machen und um Abdruckgenehmigung zu bitten. Berechtigte Ansprüche werden selbstverständlich im Rahmen der üblichen Konditionen abgegolten.

Zur allgemeinen Zielsetzung

Elemente der Mathematik ist auf der Basis des Kernlehrplans für einen gymnasialen Bildungsgang mit dem Abitur nach 12 Schuljahren konzipiert. Die zentralen Kompetenzen, die die Schülerinnen und Schüler erwerben sollen, werden deutlich herausgestellt, aber auch vielfältige Erweiterungsmöglichkeiten für thematische Profilbildungen angegeben.
Bei der Darstellung der Lerninhalte werden im Rahmen der **inhaltsbezogenen Kompetenzen** alle Aspekte von Mathematik (als Anwendung, als Struktur sowie als kreatives und intellektuelles Handlungsfeld) ausgewogen berücksichtigt. Insbesondere wurden auch Ergebnisse und Schlussfolgerungen aus der TIMS- und der PISA-Studie angemessen eingearbeitet. In diesem Band spielt in dem Kompetenzbereich **Arithmetik/Algebra** der Erwerb eines verständigen Umgangs mit Termen mit Klammern und Wurzeln sowie das Lösen linearer Gleichungssysteme eine hervorgehobene Rolle. Irrationale Zahlen rücken neu in den Blick der Lernenden. Im Kompetenzbereich **Funktionen** wird eine breite Basis geschaffen und die Bedeutung und der Umgang mit linearen Funktionen deutlich herausgestellt. Zum Kompetenzbereich **Stochastik** werden zweistufige Zufallsversuche und die Beschreibung der Streuung von Daten mit Spannweite und Quartilen behandelt. Der Kompetenzbereich **Geometrie** behandelt Kreise, Prismen und Zylinder unter der Leitidee des Messens von Flächeninhalt und Volumen.
Zum Erwerb der **prozessbezogenen Kompetenzen** ermöglicht **Elemente der Mathematik** eine breite Palette unterschiedlichster schülerorientierter Unterrichtsformen: Beim gemeinsamen Entdecken, Erforschen, Beschreiben und Erklären erfahren die Schüler, dass nicht nur die Lösung eines Problems, sondern auch der Lösungsweg wichtig ist und dass dabei insbesondere die Analyse von Fehlern hilfreich ist. Argumentieren, Kommunizieren, Problemlösen und Modellieren gelangen so in den Vordergrund des unterrichtlichen Geschehens. Stets werden den Unterrichtenden konkrete Hilfen an die Hand gegeben, um solche problem- und handlungsorientierte Lernsituationen zu schaffen, in denen die Schüler und Schülerinnen altersangemessen ihr mathematisches Wissen möglichst eigenständig entwickeln und strukturieren können. An mehreren Stellen wird den Schülerinnen und Schülern ihr Zuwachs an prozessbezogenen Kompetenzen unter der Rubrik **Auf den Punkt gebracht** deutlich erfahrbar gemacht: Beim **Argumentieren/Kommunizieren** werden in diesem Jahrgang verschiedene Verfahren zum Lösen von Gleichungen und Gleichungssystemen in Beziehung gesetzt und das geschickte Dokumentieren von Ergebnissen herausgearbeitet. Zum **Problemlösen** werden wichtige Problemlösestrategien herausgestellt und gegeneinander abgegrenzt. Beim **Modellieren** wird das schrittweise Verbessern von Modellen durch Überprüfen an der Realsituation verdeutlicht. Als **Werkzeuge** spielen Rechner zum Zeichnen von Graphen und die Formelsammlung die wichtigste Rolle.

Zum methodischen Aufbau

1. Jedes Kapitel beginnt mit einer Einstiegsseite, die an die Erfahrungen der Schüler(innen) anknüpft und erste Aktivitäten zur Thematik ermöglicht. Diese Seite eignet sich für einen offenen Einstieg in das Thema des Kapitels.
   An die Einstiegsseite schließt sich ein **Lernfeld** mit verschiedenen offenen und reichhaltigen Lerngelegenheiten an: In unterschiedlichen Problemsituationen können die Schüler(innen) zentrale Inhalte und Verfahren auf eigenen Lernwegen durch Anknüpfen an Alltags- und Vorerfahrungen selbstständig und häufig handlungsorientiert entdecken. Der Aufbau eigener Vorstellungen und die Bearbeitung einer Vielfalt von Lösungsansätzen wird gefördert durch die Anregung, diese Lernfelder in der Regel in Partner- und Gruppenarbeit zu bearbeiten. Der Austausch über das Problem mit dem Partner bzw. in der Gruppe sowie der Bericht über die Erfahrungen in der ganzen Klasse fördern insbesondere prozessbezogene Kompetenzen wie Problemlösungen sowie Argumentieren und Kommunizieren.
2. Die folgenden Lerneinheiten bieten eine Möglichkeit zur systematischen Behandlung der Kapitelinhalte – je nach Vorgehen in der Lerngruppe können Teile davon auch in die Bearbeitung der Lernfelder integriert werden. Jede Lerneinheit beginnt mit einem offenen **Einstieg** (ohne Lösung im Buch), der die Schüler(innen) zu einer eigenständigen Problembearbeitung und -lösung anregt. Es kann sich eine **Aufgabe** mit **Lösung** oder eine **Einführung** anschließen, die alternativ oder ergänzend die Thematik bearbeitet. Durch ihre sorgfältige, schülergerechte Darstellung eignen sie sich sowohl zum eigenständigen Erarbeiten als auch zum Herausstellen von Problemlösestrategien. Der übersichtlichen Darstellung wegen folgen hier schon **weiterführende Aufgaben**, die im Unterricht in aller Regel erst nach einer erfolgten Festigung der zuerst behandelten Inhalte an einigen Übungsaufgaben thematisiert werden sollten. Sie dienen der Abrundung und Weiterführung der Theorie. Ihr Thema wird den Unterrichtenden in einer Überschrift genannt. In aller Regel sollten weiterführende Aufgaben im Unterricht bearbeitet werden.

Die im Lernprozess erarbeiteten Ergebnisse werden häufig in einer **Information** zusammengefasst. In ihr werden auch Begriffe eingeführt und Ausblicke gegeben. Wesentliche Inhalte werden dabei optisch deutlich in einem Kasten mit einem roten Rahmen hervorgehoben. Hier wird großer Wert gelegt auf prägnante, altersgemäße Formulierungen, die auch beispielgebunden sein können.
Die folgenden Übungsaufgaben sind unter besonderer Berücksichtigung des Erwerbs sowohl inhaltsbezogener als auch prozessbezogener Kompetenzen konzipiert worden. Sie dienen zur Festigung des Gelernten, der operativen Durcharbeitung und der Vernetzung der Lerninhalte mit denen früherer Themen; dabei sind überall offene Aufgaben integriert. Zur soliden Durcharbeitung wird konsequent das Analysieren typischer Schülerfehler und entsprechendes Argumentieren gefordert. Auch die Übungsaufgaben ermöglichen Unterricht in vielfältigen schülerbezogenen Aktivitäten, bis hin zu **Partnerarbeit** und **Teamarbeit** sowie **Spielen**.
Einige Aufgaben enthalten in einem blauen Rahmen Musterbeispiele für Schreibweisen und Lösungswege. Manche Aufgaben enthalten Selbstkontroll-Möglichkeiten für die Schüler(innen). Aufgaben, die die Selbstständigkeit und Problemlösefähigkeit in besonderer Weise herausfordern, sind durch eine rote Aufgabennummer gekennzeichnet.

3. Abschnitte mit der Überschrift **Vermischte Übungen** finden sich an den Stellen eines Kapitels, an denen eine besonders starke Vermischung der bisher erworbenen Qualifikationen angebracht ist.
4. Am Kapitel-Ende folgt dann der Abschnitt **Aufgaben zur Vertiefung**, der neben einer Vernetzung auch eine Ergänzung des Lehrstoffes auf einem erhöhten Niveau zum Ziel hat.
5. Zwischen den Kapiteln befinden sich Abschnitte **Bleib fit in ...**, in denen ausgewählte Inhalte früherer Schuljahre sowohl bezüglich der Grundvorstellungen als auch der Grundfähigkeiten wiederholt werden. Den Abschluss eines jeden Kapitels bildet der Abschnitt **Bist du fit?**, in dem in besonderer Weise die erworbenen Grundqualifikationen getestet werden. Die Lösungen dieser Aufgaben sind im Anhang des Buches angegeben, sodass sie von den Schülerinnen und Schülern gut zum eigenständigen Üben für eine Klassenarbeit verwendet werden können.
6. Unter der Überschrift **Im Blickpunkt** werden innermathematische, aber insbesondere auch fachübergreifende, komplexere Themen, die von besonderem Interesse sind und in engem Zusammenhang mit dem Lerninhalt des Kapitels stehen, als Ganzes behandelt. Diese Abschnitte eignen sich auch zur Differenzierung und Förderung von eigenständigen Schüleraktivitäten über einen etwas größeren Zeitraum.
7. Um Schüler und Schülerinnen im eigenständigen Erarbeiten mathematischer Themen zu schulen, enthält fast jedes Kapitel eine Lerneinheit **Zum Selbstlernen**, in der das Thema so aufbereitet ist, dass es von den Lernenden ganz selbstständig bearbeitet werden kann.
8. An geeigneten Stellen werden unter der Überschrift **Auf den Punkt gebracht** die für diese Klassenstufe vorgesehenen prozessbezogenen Kompetenzen akzentuiert zusammengefasst.
9. Der Abschnitt **Teste dich – Vermischte Übungen** enthält Übungen, die sich auch auf Themen früherer Schuljahre beziehen. Sie sind besonders geeignet für die eigenständige Vorbereitung der Schüler(innen) auf Abschlussarbeiten. Daher sind ihre Lösungen im Anhang angegeben.

Symbole

 Dieser Arbeitsauftrag ist für die Bearbeitung in Partnerarbeit konzipiert.

 Dieser Arbeitsauftrag ist für die Bearbeitung durch eine Gruppe aus mehreren Schüler(innen) konzipiert.

5. Rote Aufgabennummern kennzeichnen Aufgaben, die die Selbstständigkeit und Problemlösefähigkeit der Schülerinnen und Schüler in besonderer Weise herausfordern.

7. Blaue Aufgabennummern (und Überschriften) kennzeichnen Zusatzstoffe.

A In den Einheiten zum Selbstlernen und in den Lernfeldern kennzeichnet dieses Symbol einen Auftrag.

DGS Hier bietet sich der Einsatz eines dynamischen Geometrie-Systems an.

TAB Hier bietet sich der Einsatz eines Tabellenkalkulations-Programmes an.

CAS Hier bietet sich der Einsatz eines Computer-Algebra-Systems an.

Bleib fit im ...
Umgang mit den rationalen Zahlen

Zum Aufwärmen

1. *Peters Geldgeschichten*

a) (1) Peter führt den Hund von Frau Meier regelmäßig spazieren. Dafür bekommt er 20 € im Monat. Frau Meier hat für Juli bis Dezember im Voraus bezahlt:
(+20 €) + (+20 €) + (+20 €) + (+20 €) + (+20 €) + (+20 €).
Wie berechnet man diese Summe durch Multiplizieren?

(2) Am 30. September ist Frau Meier nach Mallorca geflogen, mit ihrem Hund! Peter muss leider drei Bezahlungen rückgängig machen:
(+20 €) + (+20 €) + (+20 €) + (+20 €) + (+20 €) + (+20 €) – (+20 €) – (+20 €) – (+20 €).
Welches Produkt kann er anstelle der roten Änderung addieren?

b) (1) Für das Mittagessen in der Schule hat er fünfmal 3,50 € im Voraus ausgegeben:
(–3,50 €) + (– 3,50 €) + (– 3,50 €) + (– 3,50 €) + (– 3,50 €).
Wie addiert man negative rationale Zahlen?
Wie kann man diese Änderung durch Multiplizieren berechnen?

(2) Übersehen wurden am Donnerstag die Bundesjugendspiele und am Freitag ein Feiertag. Da kann er glücklicherweise zwei der Ausgaben für das Mittagessen in der Schule wieder rückgängig machen:
(–3,50 €) + (–3,50 €) + (–3,50 €) + (–3,50 €) + (–3,50 €) – (–3,50 €) – (–3,50 €).
Wie subtrahiert man negative rationale Zahlen?
Welches Produkt kann man anstelle der roten Änderung addieren?

c) Wie ändert sich sein Geldvorrat insgesamt? Erkläre mithilfe der Aufgaben a) bis d), wie man rationale Zahlen (mit positiven und negativen Vorzeichen) multipliziert.

Zum Erinnern

Betrag:
Abstand von 0
|–7| = 7
|+3| = 3
| 0| = 0

(1) Addieren rationaler Zahlen

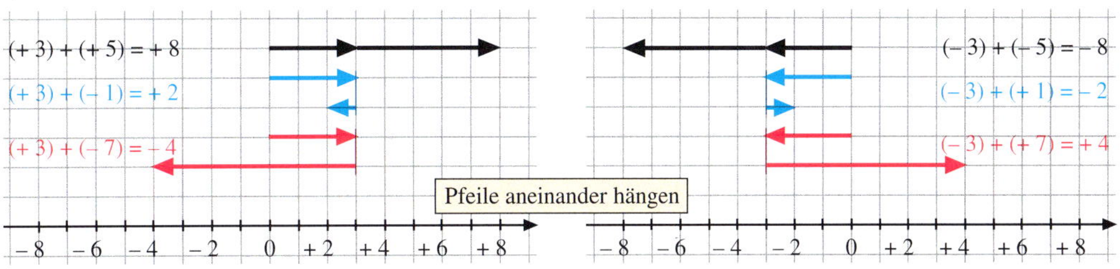

- Zwei rationale Zahlen mit *gleichen Vorzeichen* werden addiert, indem man die Beträge addiert und das gemeinsame Vorzeichen übernimmt.
- Zwei rationale Zahlen mit *verschiedenen Vorzeichen* und *verschiedenen* Beträgen werden addiert, indem man den kleineren Betrag von dem größeren subtrahiert und das Vorzeichen beim größeren Betrag übernimmt. Bei *verschiedenen* Vorzeichen und *gleichen* Beträgen ist die Summe 0.

Die Gegenzahl erhält man durch Ändern des Vorzeichens: –5 ist die Gegenzahlvon +5.

(2) Subtrahieren rationaler Zahlen

Eine rationale Zahl wird subtrahiert, indem man ihre Gegenzahl addiert.

Beispiele: (+5) – (+6) = (+5) + (–6) = – 1   (+5) – (–6) = (+5) + (+6) = + 11

(3) Multiplizieren rationaler Zahlen

(a) Mit positiven Zahlen multiplizieren

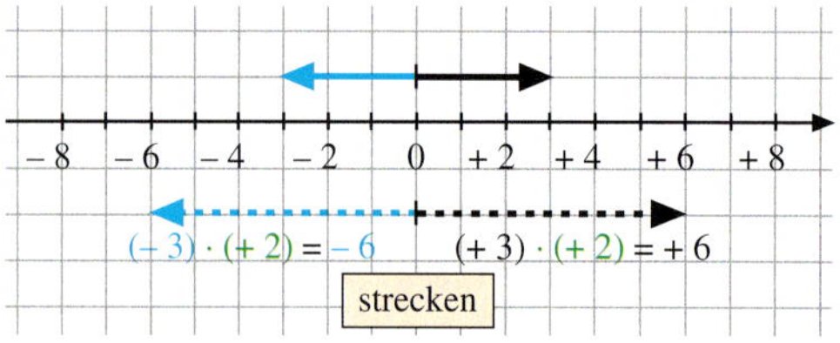

(b) Mit negativen Zahlen multiplizieren

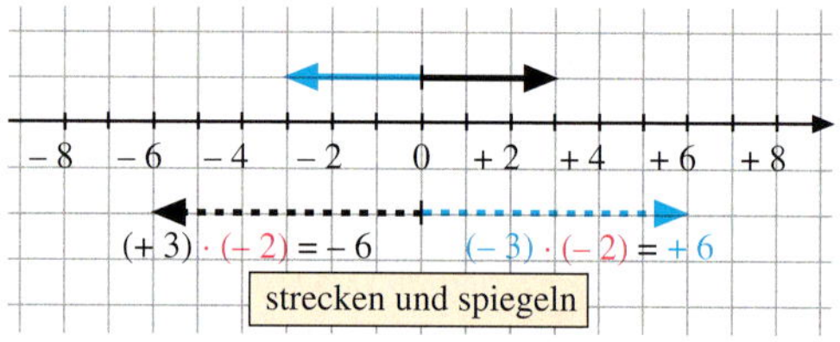

Den Kehrwert eines Bruches erhält man durch Vertauschen von Zähler und Nenner.

Zwei rationale Zahlen werden multipliziert, indem man ihre Beträge multipliziert und das Vorzeichen wie nebenstehend bestimmt. Außerdem gelten:

$a \cdot 0 = 0$; $0 \cdot a = 0$.

plus mal plus ergibt plus
plus mal minus ergibt minus
minus mal plus ergibt minus
minus mal minus ergibt plus

(4) Dividieren rationaler Zahlen

Durch eine rationale Zahl ungleich 0 wird dividiert, indem man mit dem Kehrwert multipliziert.

Beispiel: $(+6) : (-3) = (+6) : \left(-\frac{3}{1}\right) = (+6) \cdot \left(-\frac{1}{3}\right) = -2$

Zum Trainieren

2. a) Ordne nach der Größe: 25; −15; 5,5; $-\frac{25}{2}$; 12,1; −25,5; $-\frac{99}{4}$

b) Bilde die Beträge der Zahlen aus Teilaufgabe a) und ordne die Beträge.

3. a) Zeichne in ein Koordinatensystem die Punkte A(−4|−1); B(−1|−1); C(1|1); D(5|1); E(4|−3); F(−5|−3) und verbinde sie der Reihe nach zu einem Vieleck.

b) Addiere (−3) zu allen Koordinaten in Teilaufgabe a). Zeichne die entstehenden Punkte in ein neues Koordinatensystem. Wie entsteht das neue Vieleck aus dem vorherigen?

4.

a)	b)	c)	d)
(+12) + (−8)	(+15) − (−8)	(−5) · (+3)	(−30) : (+6)
(+24) + (+16)	(+17) − (+9)	(−4) · (−16)	(−21) : (−7)
(+8) + (−15)	(+22) − (+25)	(−5) · (+15)	(−24) : (+12)
(−21) + (+10)	(−19) − (+11)	(+9) · (−20)	(+39) : (+3)
(−17) + (+33)	(−13) − (−5)	(+11) · (−7)	(+48) : (−4)
(−12) + (−14)	(−24) − (−30)	(+12) · (+11)	0 : (8 + (−8))
(−117) + (+117)	(+63) − (+63)	0 · (−17)	0 : (−50)
(−27) + (−27)	(+25) − (−25)	(−8) · (+8)	(−12) : 0

5.

a)	b)	c)	d)
$(-100 + 8) \cdot 0{,}5$	$-25 - 30 - 5$	$(-2)^4 - 24$	$\left(-\frac{2}{5}\right) \cdot \left(-\frac{1}{3}\right)$
$-7{,}5 : (-5) - 3{,}5 : (-5)$	$(-5) \cdot (-6) \cdot (-2)$	$-6 + (-4)^3$	$\left(-\frac{2}{5}\right) + (-0{,}5)$
$-0{,}3 - 0{,}8 \cdot (-2)$	$100 : (-2) : (-2)$	$(5 - 10)^2$	$\left(-\frac{1}{4}\right) : \left(+\frac{1}{2}\right)$

6. Mit drei Zahlen aus dem Korb kann man Aufgaben bilden, bei denen das Ergebnis zwischen −20 und −10 liegt. Finde mehrere solche Aufgaben.

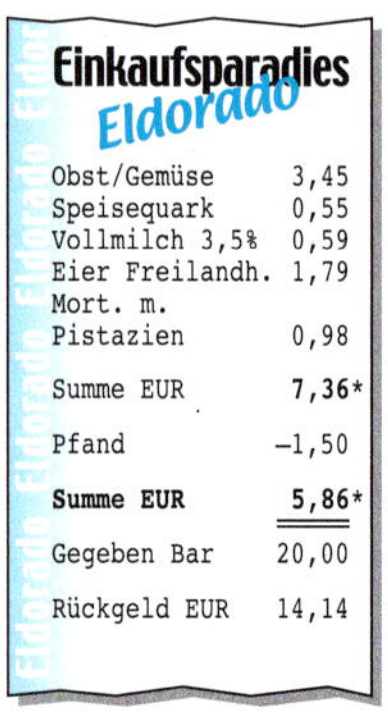

Einkaufsparadies Eldorado

Obst/Gemüse	3,45
Speisequark	0,55
Vollmilch 3,5%	0,59
Eier Freilandh.	1,79
Mort. m. Pistazien	0,98
Summe EUR	7,36*
Pfand	−1,50
Summe EUR	**5,86***
Gegeben Bar	20,00
Rückgeld EUR	14,14

7. a) Gib einen einzigen Term an, mit dem man das Rückgeld berechnen kann.

b) Wie viel sollte man dem Kassierer geben, damit er einen glatten Betrag zurückgeben kann?

c) Wie ändert sich das Rückgeld, wenn man noch zusätzlich eine Schokolade für 1,50 € kauft?

d) Wie ändert sich das Rückgeld, wenn man noch weitere Flaschen mit 2 € Pfand abgibt?

Bleib fit im ...
Umgang mit Termen und Gleichungen

Zum Aufwärmen

1. Das Kantenmodell rechts soll in verschiedenen Größen hergestellt werden.

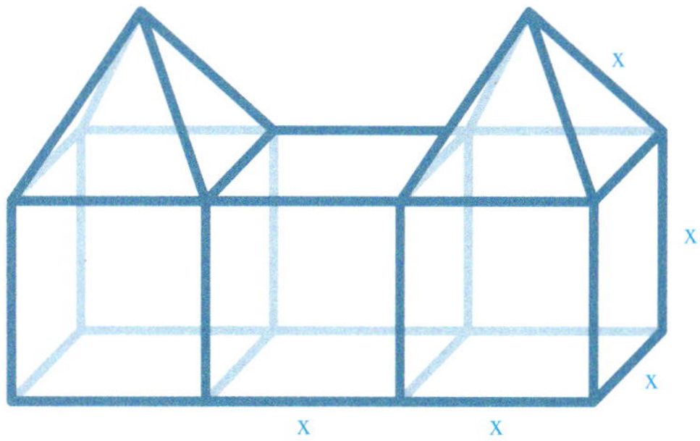

a) Zum Bestimmen des Materialbedarfs wurden folgende Terme aufgestellt. Erläutere sie

(1) $4x + 12x + 4x + 12x + 4x$

(2) $2 \cdot 4x + 2 \cdot 12x + 4x$

b) Ermittle einen möglichst einfachen Term für den Materialbedarf.

c) Bestimme den Materialbedarf für eine Kantenlänge x = 5 (gemessen in cm).

2. Verdreifacht man eine Zahl und addiert anschließend 10, so erhält man 4. Um welche Zahl handelt es sich?

3. Rechts wurde die Gleichung $5x + 1 = 3x + 7$ mit unbekannten Gewichtsstücken und Einheitsgewichtsstücken an einer Waage veranschaulicht.
Überlege anhand der Waage ein Vorgehen zum Lösen der Gleichung. Notiere für jeden Schritt eine Gleichung.

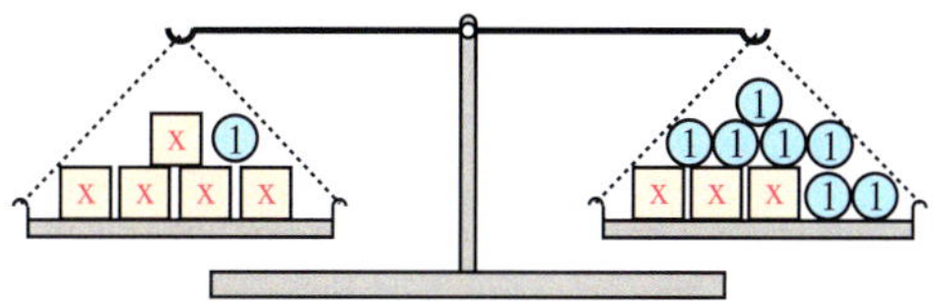

$5x + 1 = 3x + 7$

Zum Erinnern

(1) Term

Ein Term liefert eine Rechenvorschrift; diese kann auch Variablen enthalten. Durch Einsetzen von rationalen Zahlen für die Variablen erhält man den Wert des Terms.

Kommt in einem Term eine Variable mehrmals vor, dann muss für diese Variable überall dieselbe Zahl eingesetzt werden.
Bei verschiedenen Variablen darf auch dieselbe Zahl eingesetzt werden.

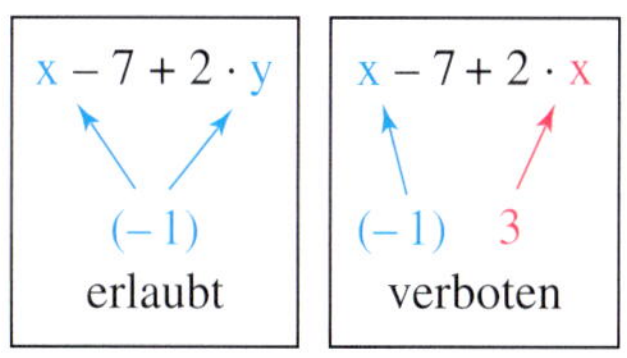

Zwei Terme heißen *wertgleich*, wenn sich bei *jeder* beliebigen Einsetzung übereinstimmende Werte ergeben.
Bei einer **Termumformung** wird ein Term in einen anders aufgebauten, aber wertgleichen Term umgeformt. Man verbindet die beiden wertgleichen Terme durch ein Gleichheitszeichen.

Vorrangregeln für die Berechnung von Termen

(1) Wenn nichts anderes geregelt ist, rechnet man von links nach rechts.
(2) Das Innere einer Klammer wird zuerst berechnet.
(3) Wo keine Klammer steht, geht Punktrechnung vor Strichrechnung und Potenzrechnung noch vor Punktrechnung und vor Strichrechnung.

(2) Zusammenfassen gleichartiger Glieder

Die Terme $4ab^2$ und $-3ab^2$ unterscheiden sich nur in den *Zahlfaktoren* (*Koeffizienten*); man nennt sie **gleichartig**. $7x^2y$ und $4xy^2$ sind dagegen nicht gleichartig.

Man addiert (subtrahiert) gleichartige Glieder, indem man die Zahlfaktoren (Koeffizienten) addiert (subtrahiert).

$x = 1 \cdot x$

Zahlfaktor 1 denken

Beispiele:

(1) $7a + 5a = 12a$

(2) $8x - x = 7x$

(3) $-5xy^2 + 3xy^2 = -2xy^2$

(4) $2x - x^3 + 10x$
$= 2x + 10x - x^3$
$= 12x - x^3$

Aufeinander folgende Additions- und auch Subtraktionsschritte darf man beliebig vertauschen.

(3) Multiplizieren und Dividieren eines Produkts

Man multipliziert ein Produkt mit einer Zahl, indem man *nur einen* Faktor mit der Zahl multipliziert.
Man dividiert ein Produkt durch eine Zahl, indem man *nur einen* Faktor durch die Zahl dividiert.

Beispiele:
$6 \cdot (7x^2w) = (6 \cdot 7) \cdot x^2w = 42x^2w$
$(63u^2y) : 9 = (63 : 9) \cdot u^2y = 7u^2y$

(4) Lösung einer Gleichung

Eine Zahl ist **Lösung** einer Gleichung oder Ungleichung, wenn die Zahl die Gleichung bzw. Ungleichung erfüllt, d. h. wenn nach dem Einsetzen der Zahl für die Variable eine wahre Aussage entsteht. Alle Lösungen einer Gleichung bzw. Ungleichung zusammengefasst ergeben deren **Lösungsmenge**.

Beispiel:
Die Zahl 4 ist Lösung der Gleichung $x^2 = 2 \cdot x + 8$, denn $4^2 = 2 \cdot 4 + 8$ ist eine wahre Aussage.
Auch die Zahl (-2) ist Lösung dieser Gleichung, denn $(-2)^2 = 2 \cdot (-2) + 8$ ist ebenfalls eine wahre Aussage.
Da es keine weiteren Lösungen dieser Gleichung gibt, ist die Lösungsmenge $L = \{-2; 4\}$.

(5) Lösen einer Gleichung durch Umformen

Gleichungen heißen zueinander **äquivalent**, wenn sie dieselbe Lösungsmenge haben. Mithilfe der folgenden Regeln kann man aus einer Gleichung eine dazu äquivalente Gleichung erhalten.

Additions- und Subtraktionsregel

- Addiert oder subtrahiert man auf beiden Seiten einer Gleichung dieselbe Zahl, so ändert sich die Lösungsmenge nicht.

Multiplikations- und Divisionsregel

- Multipliziert (dividiert) man beide Seiten einer Gleichung mit derselben Zahl (durch dieselbe Zahl) ungleich 0, so ändert sich die Lösungsmenge nicht.

Strategie beim Bestimmen der Lösungsmenge einer Gleichung

Um die Variable auf einer Seite zu isolieren, geht man in folgenden Schritten vor:

(1) *Zusammenfassen* gleichartiger Glieder auf beiden Seiten der Gleichung (Anwenden von Termumformungsregeln)

(2) *Sortieren* der Summanden: mit Variable auf eine Seite, ohne Variable auf die andere Seite der Gleichung (Anwenden der Additions- und Subtraktionsregel für Gleichungen)

(3) *Isolieren* der Variablen durch Division durch deren Vorfaktor (Anwenden der Multiplikations- und Divisionsregel für Gleichungen)

Beispiel:

$4 + 2x + 6 = x + 2 + 5x$

$2x + 10 = 6x + 2$

$-4x = -8$

$x = 2$

Lösungsmenge $L = \{2\}$

Zum Trainieren

1. Berechne die Werte der Terme.

(1) $5xy - x + y + z$ (2) $5xy - x - y + z$ (3) $5xy - (x + y) - z$

a) $x = 1;\ y = 1;\ z = 2$

b) $x = 0;\ y = 5;\ z = 0$

c) $x = \frac{1}{2};\ y = \frac{2}{3};\ z = \frac{1}{6}$

d) $x = 0{,}2;\ y = 15;\ z = -2$

2. Vereinfache die Terme

a) $9a - 12 + 0{,}5a$

b) $1{,}4ax - 1{,}5bx - 5{,}2ax$

c) $r + 7v^2 - 11r + 6r^2 - 7r$

d) $2{,}3abc - 3{,}2abc + 0{,}3abc$

e) $-\frac{3}{4}r + \frac{7}{8}u + \frac{3}{2}u$

f) $8q - 5q^2 - 7q + 3q^2$

g) $20a^2 \cdot 5b$

h) $18y^2 \cdot (-5x)$

i) $\frac{5}{14}u^2\ \frac{7}{10}t$

j) $38x^2y^3 : 19$

k) $7u^2v : (-100)$

l) $45x^2z^2 : (-9)$

m) $(4x)^2$

n) $(\frac{3}{5}ab)^2$

o) $(1{,}2xyz)^2$

3. Ein Hersteller von Gesellschaftsspielen benötigt rechteckige Pappen in verschiedenen Größen.

a) Die Pappen sollen doppelt so lang wie breit sein. Stelle einen Term für die Größen, also den Flächeninhalt der Pappe auf und berechne den Flächeninhalt für Pappstücke, die 12 cm, 24 cm und 36 cm breit sind.

b) Wenn man die Pappdeckel passend einmal knickt und zusammenfaltet, entstehen Quadrate. Welchen Flächeninhalt hat ein solches Quadrat im Vergleich mit dem Ausgangsrechteck? Begründe auch am Term.

c) Im Lager werden die Pappdeckel übereinander gestapelt. Eine Pappe ist 3 mm dick. Stelle eine Formel für die Stapelhöhe von n Pappen auf. Welchen Rauminhalt hat ein Stapel von 1 000 Pappen, die die Größe aus Teilaufgabe a) haben, bzw. deren Breite x beträgt?

4. Marie hat sich einen Metallbaukasten gewünscht. Darin befinden sich Streben mit der Länge a und längere mit der Länge b. Sie hat zur Übung einen Kasten gebaut. Durch welchen Term wird die Gesamtlänge aller Streben richtig angegeben? Begründe.

(1) $10a + 8b$

(2) $2(7a + 6b)$

(3) $12b + 14a$

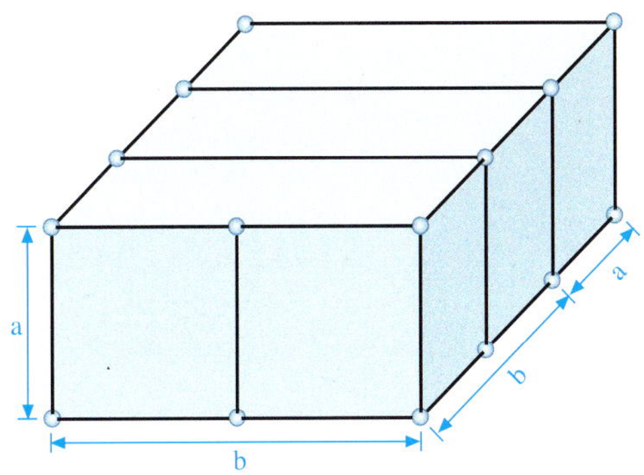

5. Bestimme die Lösungsmenge der Gleichung. Führe – falls möglich – auch eine Probe aus.

a) $-23x + 48x = 20$ **e)** $13z + 7 + 19z = 10 + 22z - 3$ **i)** $5x - 5 = 7x - 3$

b) $67y = 18y + 98$ **f)** $2 + 3t - 3 - 2t - 4 + 4t = 0$ **j)** $\frac{1}{2} - x = x + \frac{1}{3}$

c) $1{,}8x + 0{,}3 - 0{,}4x = 6{,}6 - 0{,}7x$ **g)** $0{,}002x - 7 = 0{,}001x$ **k)** $x \cdot 10 = x \cdot 12$

d) $2x + 5 = 2x + 5$ **h)** $\frac{x}{7} + 5 = 47$ **l)** $\frac{2}{3}x + 3 = \frac{1}{6}x - 11$

6. Löse das Zahlenrätsel mithilfe einer Gleichung

a) Wenn man 15 zu einer Zahl addiert, erhält man das Vierfache der gesuchten Zahl

b) Wenn man eine Zahl verdreifacht, dann vom Ergebnis 19 subtrahiert so erhält man 100.

Wie heißt diese Zahl?

7. Ralf hat in einem Test die Gleichung $4x - 12 = -x$ gelöst. Nach dem Test vergleicht er sein Ergebnis mit seinen Freunden.
Wer hat richtig gerechnet?

8. Zwei Würfel sind gemäß der folgenden Netze beschriftet. Durch Werfen der beiden Würfel kann man Gleichungen erzeugen. Welche Gleichungen haben die Lösungsmenge $\mathbb{L} = \{\ \}$, welche haben $\mathbb{L} = \mathbb{Q}$, welche haben $\mathbb{L} = \{3\}$?

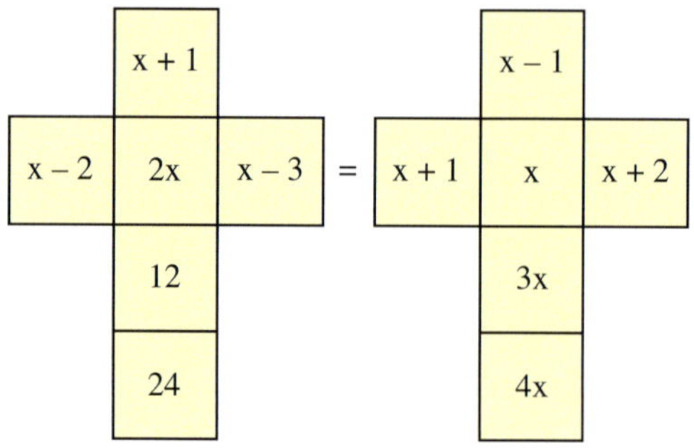

9. Ein Rechteck hat die Länge 15 cm und einen Umfang von 40 cm. Stelle eine Gleichung für die unbekannte Breite des Rechtecks auf und löse sie.

DEUTSCHES ROTES KREUZ

10. Links siehst du das Logo des Deutschen Roten Kreuzes.

a) Stelle den Umfang und den Flächeninhalt des Kreuzes mit Formeln dar.

b) Der Umfang des Kreuzes beträgt 100 cm. Wie lang ist eine Seite? Löse mit einer Gleichung.

c) Auf das rechteckige Blech einer Autotür (90 cm breit, 70 cm hoch) soll das rote Kreuz lackiert werden. An den Rändern soll mindestens 5 cm Platz bleiben. Berechne die maximale Fläche des Kreuzes.

11. In die rechteckige Wand einer Fabrikhalle soll ein Tor eingesetzt werden. Welche Höhe muss das Tor haben, damit der Rest der Wand und das Tor den gleichen Flächeninhalt haben?

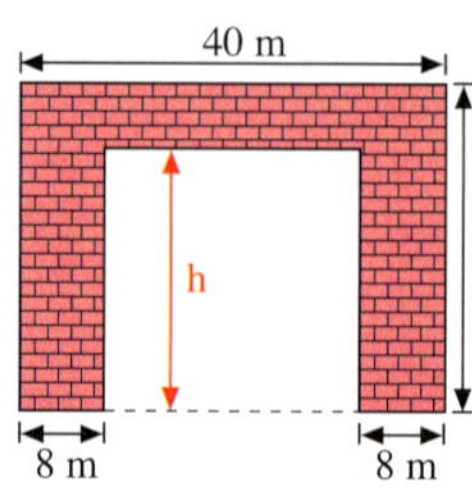

1. TERME UND GLEICHUNGEN MIT KLAMMERN

In Klasse 7 hast du das Aufstellen von Termen und Umformen von Termen, in denen keine Klammern vorkommen, geübt.
Du kennst aber auch schon Formeln zur Berechnung von Größen aus der Geometrie, die von mehreren Variablen abhängen und auch Klammern enthalten können.

- Erkläre die Bedeutung der Formeln und Variablen in ihnen.
- Kannst du zu den beiden Termen mit Klammern wertgleiche Terme angeben, die keine Klammern enthalten?

In diesem Kapitel wirst du das Arbeiten mit Termen erlernen, die Klammern enthalten.

Lernfeld: Klammern gewähren Vorrang

A Ein Trapez – viele Formeln

- Begründet anhand der Figur jeweils die angegebenen Terme für den Flächeninhalt eines Trapezes.

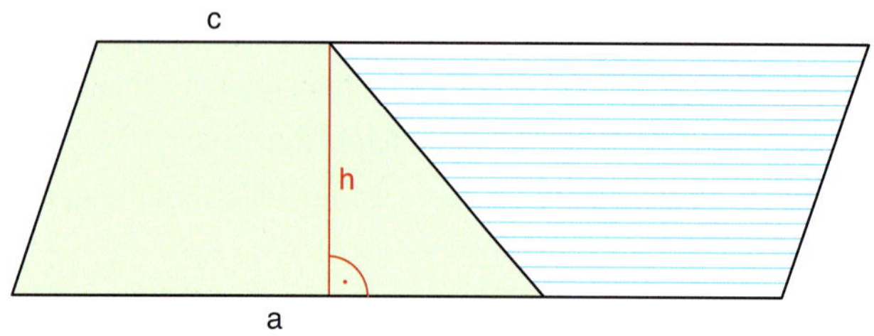

$$A = \frac{(a + c) \cdot h}{2}$$

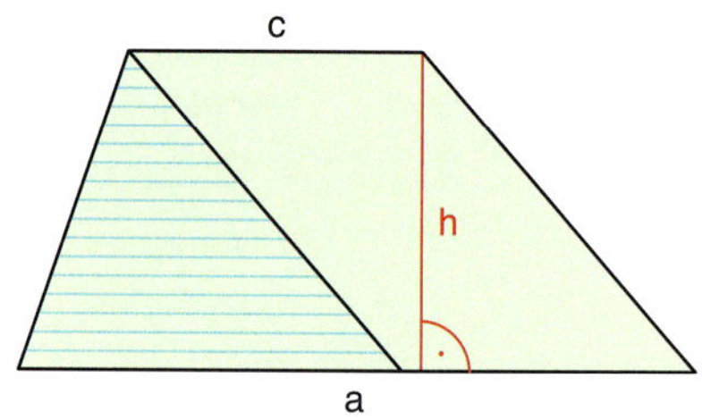

$$A = c \cdot h + \frac{1}{2}(a - c) \cdot h$$

- Ermittelt aus den folgenden Figuren je einen Term für den Flächeninhalt eines Trapezes.

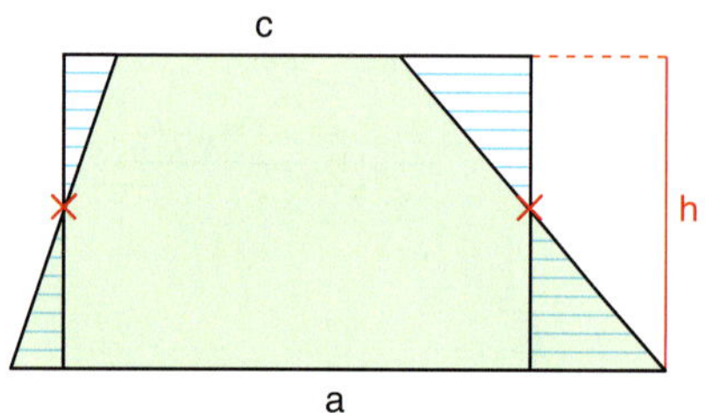

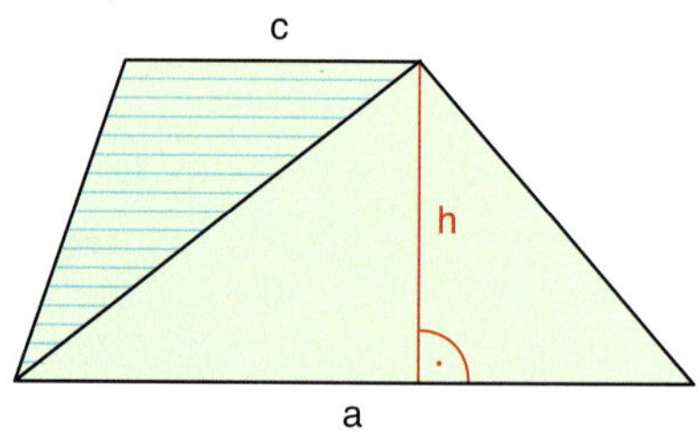

- Findet weitere Zerlegungen oder Ergänzungen, die Terme für den Flächeninhalt des Trapezes liefern.

- Zeichnet ein Trapez. Prüft dann durch Ausmessen, ob die verschiedenen Terme alle denselben Flächeninhalt für das Trapez liefern.

A Von Zahlenmauern zu Termmauern

Diese Zahlenmauern sind euch vermutlich neu. Denn hier werden benachbarte Felder nicht nur addiert, sondern sie können auch multipliziert oder subtrahiert werden. In den kleinen Dreiecken steht genau, was getan werden muss. Weiter tauchen Platzhalter für Zahlen auf.

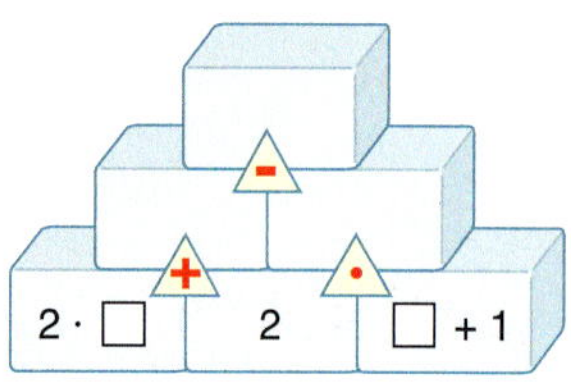

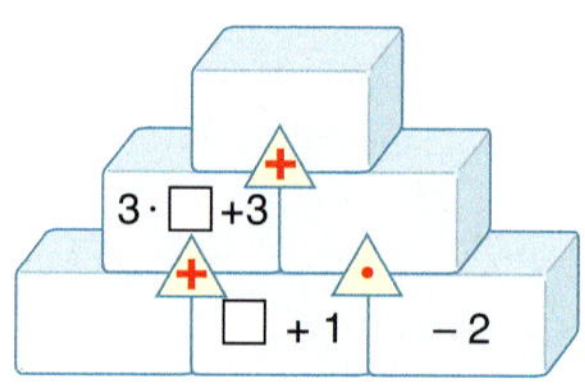

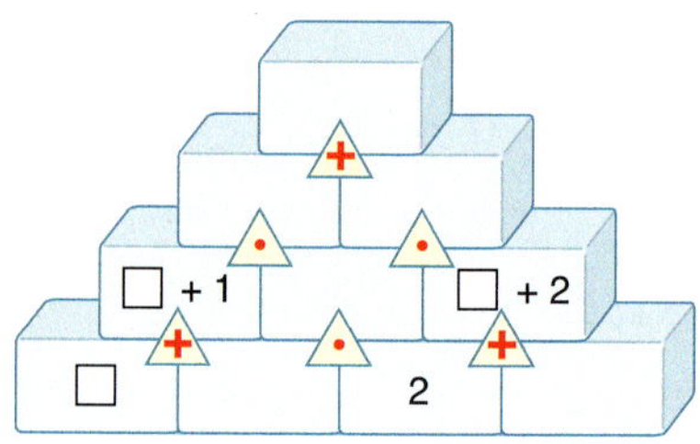

- Setzt für den Platzhalter eine Zahl ein und füllt die Zahlenmauer aus. Was fällt auf? Kontrolliert eure Vermutung an einem anderen Zahlenbeispiel. Begründet eure Beobachtung, indem ihr einen Term mit einer Variablen aufstellt und so weit wie möglich vereinfacht.

- Versucht auch hier für den oberen Stein eine Regelmäßigkeit zu entdecken, indem ihr für die Variable a verschiedene Zahlen einsetzt und die Mauer ergänzt.
  Begründet eure Beobachtung, indem ihr einen Term aufstellt und so weit wie möglich vereinfacht.

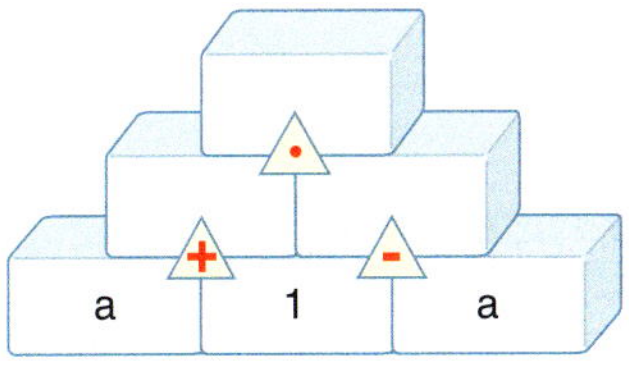

- In einer Zahlenmauer waren nur die beiden rot gefärbten Felder vorgegeben. Hannes und Gerit haben die leeren Felder ergänzt und vergleichen ihre Lösungen.
  Begründet, warum beide Mauern richtig ausgefüllt sind. Findet ihr noch weitere Lösungen?

Hannes:

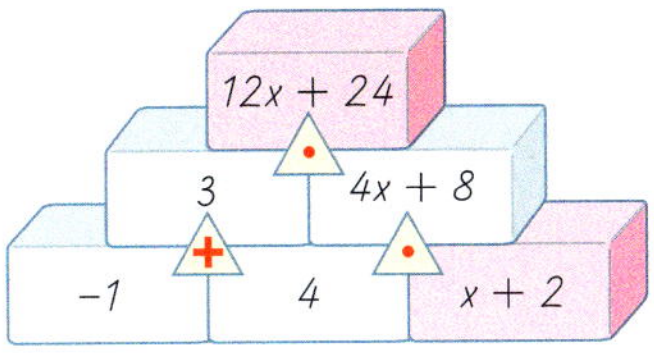

Gerit:

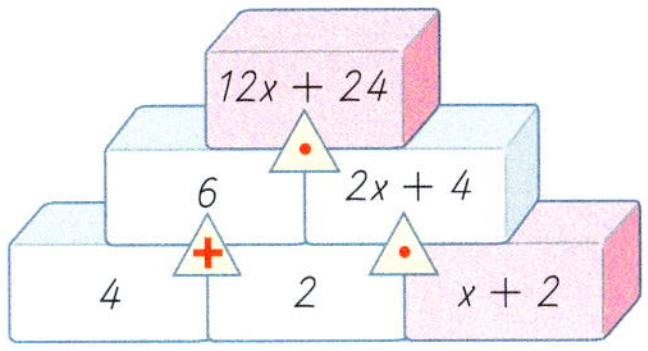

- Ergänzt diese Zahlenmauer und vergleicht mit der eures Nachbarn.
  Überlegt gemeinsam: Wie könnte man die Mauer vergrößern?

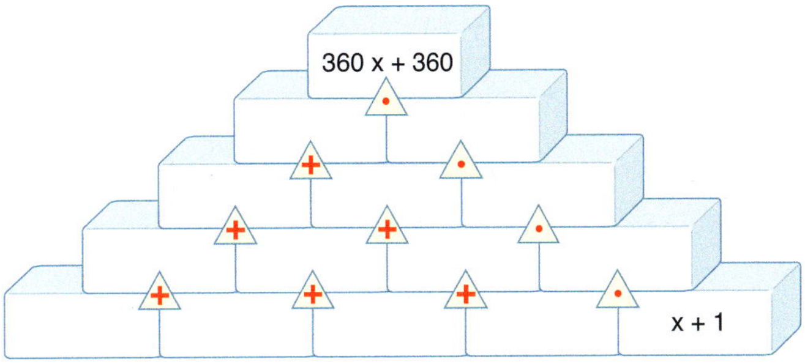

CAS mit Namen

- Werner probiert sein neues CAS-Gerät aus. Er gibt seinen Namen ein und verbindet die Buchstaben durch Plus- und Malzeichen. Könnt ihr die Umformungen erklären?

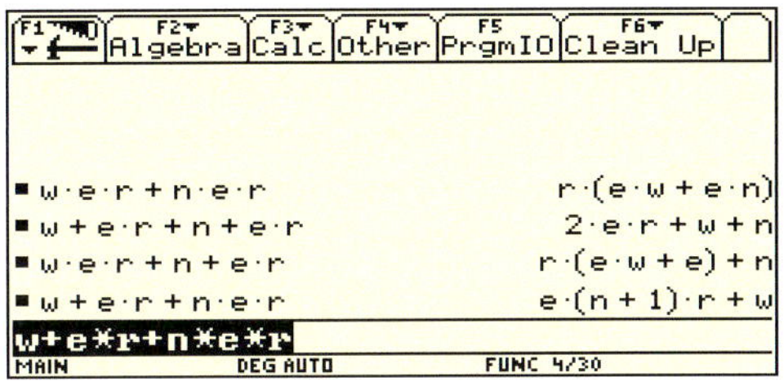

- Hannah probiert es ebenfalls, jetzt auch mit anderen Rechenzeichen. Sie entdeckt, dass sie aus ihrem Namen eine Null machen kann. Findet ihr noch andere Möglichkeiten, aus ihrem Namen eine Null zu erzeugen?
  Erzeugt mit einem CAS auch folgende Ausgabeterme aus Hannahs Namen.

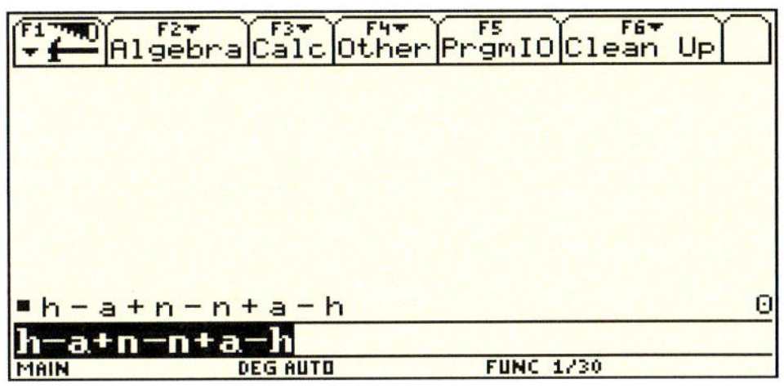

a) 1 **c)** $2 \cdot h$
b) a^2 **d)** $a \cdot (h \cdot n - n) + h$ **e)** $a \cdot h \cdot (n + 1) - n$ **f)** $a \cdot (h + n) + h - n$

- Findet Vornamen, aus denen der CAS-Rechner Klammerterme erzeugt. Legt diese Klammerterme eurem Nachbarn vor; lasst ihn einen passenden Eingabeterm finden.

1.1 Auflösen einer Klammer

Einstieg

Familie Meier will ein Baugrundstück erwerben.

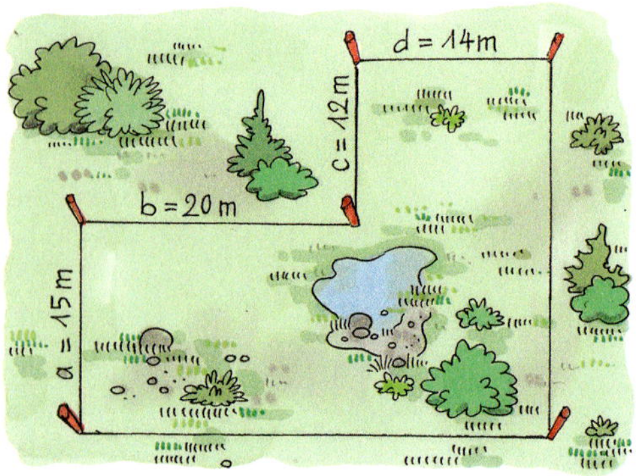

a) Berechnet dessen Größe auf verschiedenen Wegen.

b) Gebt für jeden der Wege einen vollständigen Term an, je einmal mit Zahlen und einmal mit Variablen.

c) Überprüft eure Terme, indem ihr die Werte in sie einsetzt und dann ausrechnet.

d) Versucht, aus den obigen Überlegungen eine Termumformungsregel zu erschließen.

Aufgabe 1

Eine Firma verarbeitet rechteckige Stahlplatten verschiedener Größe.

a) Finde verschiedene Rechenwege für folgende Aufgaben:

(1) Eine Platte mit den Seitenlängen $3x$ und z sowie eine Platte mit den Seitenlängen $3x$ und y sollen zusammengeschweißt werden (siehe Bild).
Wie groß wird die Platte?

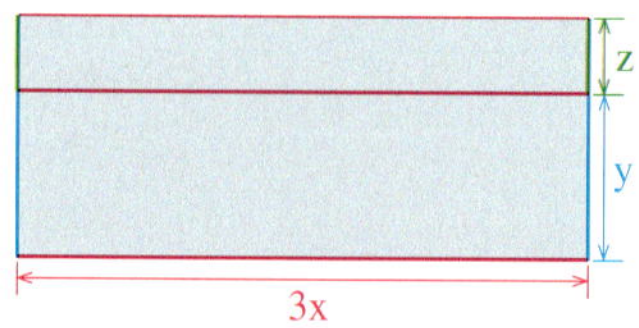

(2) Von einer Platte mit den Seitenlängen $2x$ und y soll ein Streifen der Länge $2x$ und der Breite d abgeschnitten werden (siehe Bild).
Wie groß ist die Platte nach dem Abschneiden?

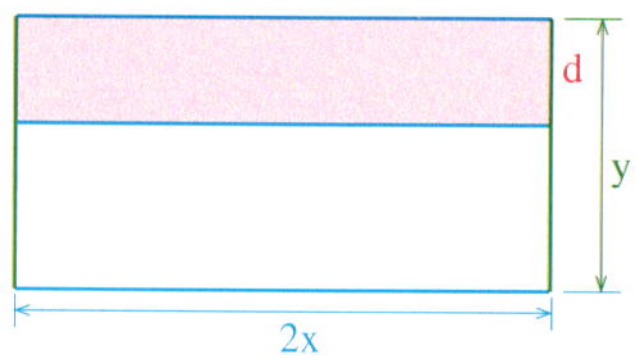

b) Aus den verschiedenen Rechenwegen ergeben sich Regeln für Termumformungen, die geometrisch aber nur für positive Werte für die Variablen begründbar sind. Beweise mithilfe eines Rechengesetzes für rationale Zahlen, dass sie für alle rationalen Zahlen, also auch negative, gelten.

c) Forme entsprechend mithilfe eines Distributivgesetzes um:
(1) $(-4) \cdot (3 + 2d)$ (2) $2u \cdot (2x - 3)$

Lösung

a) (1) *1. Weg:* Die entstandene Platte hat die Seitenlängen $3x$ und $y + z$, also den Flächeninhalt $3x(y + z)$.

2. Weg: Die entstandene Platte setzt sich aus Platten mit den Flächeninhalten $3x \cdot y$ sowie $3x \cdot z$ zusammen, hat also den Flächeninhalt $3xy + 3xz$.

Für positive Werte für die Variablen liefern beide Wege zueinander wertgleiche Terme:
$3x(y + z) = 3xy - 3xz$

(2) *1. Weg:* Schneidet man den Streifen ab, so hat die Platte die Seitenlängen $2x$ und $y - d$, also den Flächeninhalt $2x(y - d)$.

2. Weg: Von der gesamten Platte mit dem Flächeninhalt $2x \cdot y$ wird ein Teilstück mit dem Flächeninhalt $2xd$ abgetrennt. Das Reststück hat also den Flächeninhalt $2xy - 2xd$.

Für positive Werte der Variablen sind die Werte der beiden Terme offensichtlich wertgleich:
$2x(y - d) = 2xy - 2xd$

> Distributivgesetz
> $a \cdot (b+c) = a \cdot b + a \cdot c$

b) (1) Man kann die Termumformung $3x(y+z) = 3xy + 3xz$ für beliebige Werte für die Variablen mit dem Distributivgesetz beweisen:

$$\begin{aligned} a \cdot (b+c) &= a \cdot b + a \cdot c \\ 3x \cdot (y+z) &= 3x \cdot y + 3x \cdot z \end{aligned}$$

(2) Entsprechend begründet man die Termumformung $2x(y-d) = 2xy - 2xd$ mit dem Distributivgesetz für Differenzen:

$$\begin{aligned} a \cdot (b-c) &= a \cdot b - a \cdot c \\ 2x \cdot (y-d) &= 2x \cdot y - 2x \cdot d \end{aligned}$$

c) Auch hier verwenden wir das Distributivgesetz.

(1)
$$\begin{aligned} a \cdot (b+c) &= a \cdot b + a \cdot c \\ (-4) \cdot (3+2d) &= (-4) \cdot 3 + (-4) \cdot 2d \\ &= -12 - 8d \end{aligned}$$

(2)
$$\begin{aligned} a \cdot (b-c) &= a \cdot b - a \cdot c \\ 2u \cdot (2x-3) &= 2u \cdot 2x - 2u \cdot 3 \\ &= 4ux - 6u \end{aligned}$$

Information

Bei der obigen Termumformung $3x(y+z) = 3xy + 3xz$ ist durch die Anwendung des Distributivgesetzes ein Term ohne Klammer entstanden.
Man sagt: Die Klammer wurde *aufgelöst.*
Aus einem Produkt wurde eine Summe.

> Man sagt auch:
> Es wurde ausmultipliziert.

Entsprechend wurde bei der Termumformung $2u \cdot (2x-3) = 4ux - 6u$ ein Produkt in eine Differenz umgeformt. Summen und Differenzen sind Sonderfälle algebraischer Summen.

> Algebraische Summe:
> Term mit Additions- und Subtraktionsschritten, der als Summe geschrieben werden kann.

Multiplizieren einer algebraischen Summe (Auflösen einer Klammer in einem Produkt)

Man multipliziert jedes Glied der algebraischen Summe in der Klammer mit dem Faktor. Die Zeichen + und – werden nach den Vorzeichenregeln gesetzt.

Beispiele: (1) $7 \cdot (4x + 3y) = 7 \cdot 4x + 7 \cdot 3y = 28x + 21y$ (2) $-2x \cdot (3y - 6z) = -2x \cdot 3y + 2x \cdot 6z = -6xy + 12xz$

> Den Faktor mit jedem Glied der Klammer multiplizieren

Weiterführende Aufgaben

2. *Dividieren von Summen und Differenzen*

a) Erläutere die Division einer Summe im Beispiel rechts.

b) Löse entsprechend die Klammer auf:

(1) $(4a + 6b) : \frac{2}{3}$
(2) $(8p - 12q) : 4$
(3) $(6x - 9y) : (-3)$
(4) $(12r - 9s) : \left(-\frac{3}{4}\right)$

$$\begin{aligned} &(6a + 9b) : 3 \\ &= (6a + 9b) \cdot \tfrac{1}{3} \\ &= 6a \cdot \tfrac{1}{3} + 9b \cdot \tfrac{1}{3} \\ &= 2a + 3b \end{aligned}$$

c) Formuliere selber eine Regel für das Dividieren einer algebraischen Summe und begründe diese mithilfe des Distributivgesetzes.

3. *Lösen von Gleichungen mit Klammern*

a) Erläutere das Lösen der Gleichung $6(x-3) - 3x = 12$ im Beispiel rechts.

b) Löse entsprechend:

(1) $2x - 8(x + 12) = 54 - 18x$
(2) $(15x - 5) : (-5) = (-14x - 2) : \frac{1}{2}$
(3) $2x - 3\left(1 + \frac{2}{3}x\right) = -2$

$$\begin{aligned} 6(x-3) - 3x &= 12 \\ 6x - 18 - 3x &= 12 \\ 3x - 18 &= 12 \\ 3x &= 30 \\ x &= 10 \end{aligned}$$

Probe: 10 ist Lösung der Gleichung, denn $6(10-3) - 3 \cdot 10 = 12$ ist wahr.

Lösungsmenge: $L = \{10\}$

CAS **4.** *Auflösen von Klammern mit einem Computer-Algebra-System*

expand ⟨engl.⟩ ausdehnen

Bei einigen Termen löst ein Computer-Algebra-System Klammern sofort nach der Eingabe auf, bei anderen jedoch nicht. Mithilfe des Befehles **expand** kannst du das Ausmultiplizieren dann erreichen. Untersuche, welche Klammern dein CAS sofort auflöst und welche nicht.

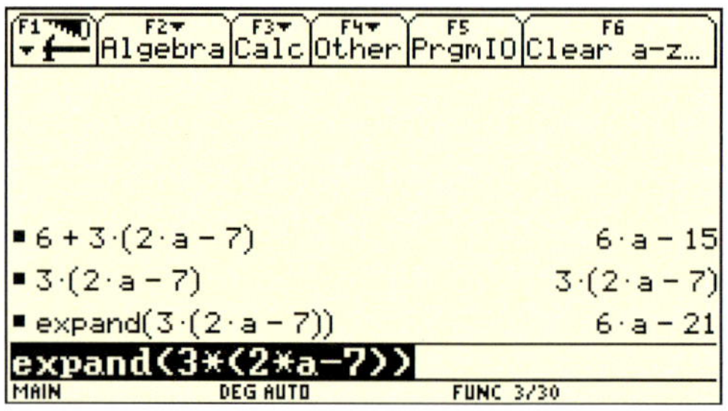

Übungsaufgaben

5. Löse die Klammer auf. Wende dazu ein Distributivgesetz an.

a) $5 \cdot (x + y)$; $0{,}7 \cdot (3 + x)$; $(-8) \cdot (y + 7)$

b) $(x + y) \cdot 7$; $(x + 4) \cdot 9{,}5$; $(1 + x) \cdot (-3)$

c) $x \cdot (a + b)$; $(x + y) \cdot z$; $(r + s) \cdot t$

d) $(1 + y) \cdot x$; $(-k) \cdot (r + 1)$; $a \cdot (1 + b)$

e) $9 \cdot (x - y)$; $(x - y) \cdot 7$; $(x - y) \cdot (-5)$

f) $x \cdot (1 - y)$; $(x - 1) \cdot (-1)$; $(-3) \cdot (a - b)$

g) $(1 - u^2) \cdot 4$; $r \cdot (r - 1)$; $(1 - t) \cdot (-s)$

h) $4 \cdot (-a - b)$; $(-2) \cdot (-3 + x)$; $(-1 - u) \cdot (-u)$

6. **a)** $7(8x + 5)$; $4(9t + 1)$; $10(8b + 6)$

b) $10(3x - 2y)$; $-9(7a - 4b)$; $-15(4d - 9c)$

c) $a(7x + 5y)$; $t(3r - 14s)$; $(-c) \cdot (8a + 7b)$

d) $c(0{,}5x + 3{,}7y)$; $(2{,}4a - 7{,}6b) \cdot 5$; $\left(\frac{2}{9}u + \frac{7}{9}v\right) \cdot (-18)$

Faktor ⟨lat.⟩ derjenige, der etwas tut

7. Bilde alle Produkte mit den Termen aus den Körben rechts. Löse dann die Klammern auf.

8. **a)** $5a(7b + c)$; $9r(x + 11y)$; $4z(6x - 7y)$; $(-5s)(3t + 20u)$

b) $(15r + 5s) \cdot (-t)$; $\left(-\frac{2}{5}\right)(20v - 65t)$; $0{,}3a(0{,}5b + 1{,}2c)$; $\frac{x}{2}\left(\frac{x}{3} + \frac{y}{2}\right)$

9. Erstellt jeder fünf Aufgaben zum Auflösen einer Klammer. Der Nachbar löst sie. Anschließend kontrolliert ihr.

10. Löse die Klammer auf. Wende dazu das Distributivgesetz für drei Summanden an.

a) $a(3x + 8y + 7z)$; $4x(a + 9b + 5c)$; $(-12t)(4u + 5v + w)$; $(20r + 15s + 12t) \cdot (-8q)$

b) $y(2{,}5x + 7{,}1y + 8{,}3z)$; $6{,}3(x - 0{,}2y + 2{,}2z)$; $(70x + 4{,}5y + 0{,}3) \cdot 0{,}2z$; $(-2{,}5)(k + 0{,}4t + 5z) \cdot k$

c) $\frac{3}{4}(12t - 92k - 104q)$; $-35r\left(\frac{4}{5}r + \frac{6}{7} - \frac{8}{35}s\right)$; $\frac{5}{12}a\left(\frac{3}{5}a - \frac{4}{15}b + \frac{9}{10}c\right)$

11. Welche Terme sind wertgleich? Überlegt euch ein geschicktes Vorgehen.

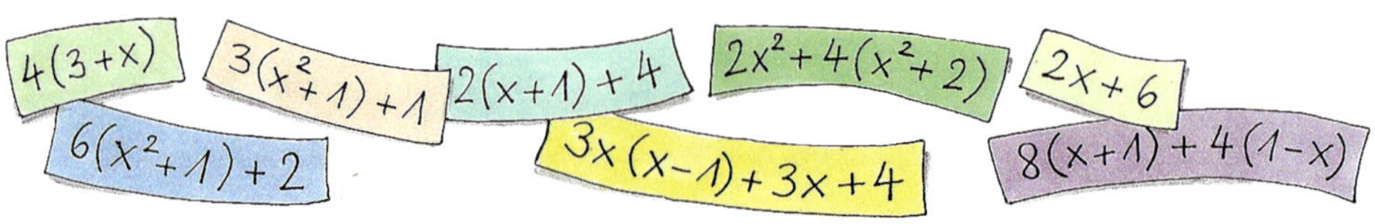

CAS **12.** Tim hat mit einem Computer-Algebra-System eine Summe multipliziert.

a) Die erste Ausgabe erfüllt nicht seine Erwartungen. Erläutere, welche Umformung das CAS vorgenommen hat.

b) Kontrolliere den 2. Versuch von Tim.

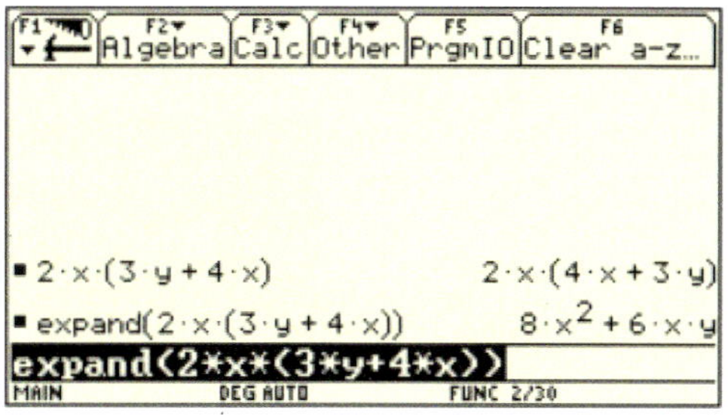

13. **a)** $3ab \cdot (4a^2 - 5ab + 3b^2)$

b) $4uv \cdot (5u^2v - 6uv - 7uv^2)$

c) $-2pq^2 \cdot (3p^2 - 3pq + 4p^2q + q^2)$

d) $(4x^2y - 2xy^2 + 4x - 7y) \cdot 3x^2y^3$

e) $\frac{1}{2}rs^2(4rs^3 - 2r^2s^2 + 3r^3s + s^4)$

f) $0{,}2xy^3 \cdot (4x^3y - 2x^2y^2 + 3xy^3 - 5y)$

14. Kontrolliere Toms Aufgaben; erläutere deine Anmerkungen.

a) $(-2)(4-x) = 8 - 2x$ b) $(-1)(x-y) = y - x$ c) $a \cdot (b \cdot c) = ab \cdot ac$ d) $p(p-7) = p^2 - 7$

15. **a)** Erläutere die Division einer Summe im Beispiel rechts. Formuliere dann eine Regel.

$(2x + 4y) : 2$
$= 2x : 2 + 4y : 2$
$= x + 2y$

b) Löse entsprechend die Klammer auf.

(1) $(6a - 3b) : 3$
(2) $(8a + 12b) : 4$
(3) $\left(\frac{1}{2}x + \frac{3}{2}y\right) : \frac{1}{2}$
(4) $(14c - 8d^2) : (-4)$
(5) $\left(8u^2 - \frac{1}{2}\right) : \left(-\frac{3}{4}\right)$
(6) $(3p + 4{,}5q) : 1{,}5$
(7) $(2{,}5r - 3s^2) : 0{,}5$

16. Löse jede Klammer auf. Fasse dann zusammen.

a) $2(a - 4) + 3(5 + 2a)$

b) $7(4 - 2b) + 4(4 + b)$

c) $4(2x^2 - x) + 3(x^2 + x)$

d) $6(4 - 3d) + 7(2d - d^2)$

e) $0{,}7(y^2 - y) - 0{,}3(2y - 1)$

f) $\frac{1}{2}(6u^2 - 4u) + \frac{2}{3}(9u^2 - 6u)$

17. Vereinfache so weit wie möglich.

a) $5a - 3b + 7(a - b)$
$xy - 9x + x(3 - y)$
$7(x + y) + 3(x - y)$

b) $0{,}8(15x - 25y) - 7x + 11y$
$b + 25(1{,}6a + 3{,}2b) - 40a$
$2(0{,}5r - 1{,}5s) + 7(6r + 8s)$

c) $\frac{1}{3}(9r - 12s) + 5s - 4r$
$7a + \frac{3}{5}b + \frac{1}{2}(22 - b)$
$-\frac{x}{4}(8 - 8x) + \frac{x}{5}(5x + 20)$

18. Herr Hultsch überrascht seine Klasse gerne mit Zahlenzaubereien:

„Denke dir eine Zahl. Multipliziere sie mit der um 2 verminderten Zahl. Addiere dazu das Vierfache der gedachten Zahl.
Subtrahiere davon das Ergebnis der mit sich selbst multiplizierten gedachten Zahl.
Nenne mir dein Ergebnis und ich sage dir deine gedachte Zahl."

Führe die Zahlenzauberei mit verschiedenen Zahlen durch. Wie findet Herr Hultsch die gedachte Zahl? Begründe, indem du einen Term aufstellst.

19. Übertrage in dein Heft und setze jeweils das fehlende Zeichen + oder – ein, sodass die Termumformung richtig ist.

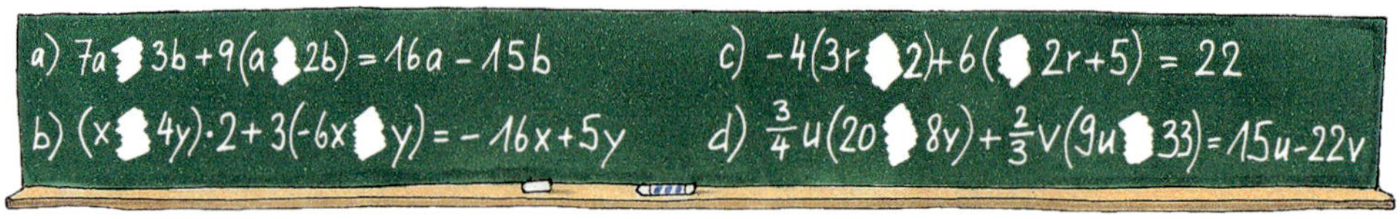

20. Glühlampen und deren Kartons gibt es in mehreren Größen. Rechts siehst du das Netz.

a) Stelle einen Term für die benötigte Papiermenge auf. Vernachlässige dabei die Abschrägungen an den Laschen, d. h. berechne diese auch als Rechtecke.

b) Berechne damit den Papierbedarf für folgende Kartons (Längenangaben in cm):
(1) E 27-Glühbirne: a = 6; h = 10,5
(2) E 14-Kerze: a = 3,5; h = 10

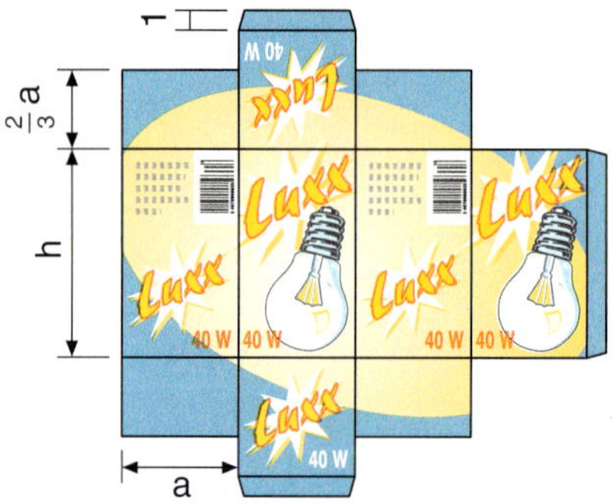

21. Löse Marks Zahlenrätsel rechts.

22. Bestimme die Lösungsmenge. Führe auch eine Probe durch.

a) $5(x-7)-4x=11$
b) $7(x-2)-2x=6$
c) $6(1{,}5x-2{,}5)-1{,}5x=0$
d) $12x+20=2(3x+1)$
e) $61x+4x=2x+3(5-6x)$
f) $4\cdot(7x+5)-48x=10x-10$

23. a) Erkläre die beiden Lösungswege. Vergleiche und bewerte sie.

b) Bestimme die Lösungsmenge auf einem günstigen Weg.
(1) $4(x+3)=28$
(2) $(x-2)\cdot 6=6$
(3) $(x+5):2=0$
(4) $2\cdot(x-3)=3\cdot(x-7)$
(5) $3\cdot(x+1)=6\cdot(x+2)$
(6) $(4x-8):4=1$

24. Gunnar, Volker und Gregor haben eine Gleichung auf verschiedene Weisen gelöst. Beschreibe jeweils die Abfolge der einzelnen Lösungsschritte. Vergleiche die drei Lösungswege und bewerte sie.

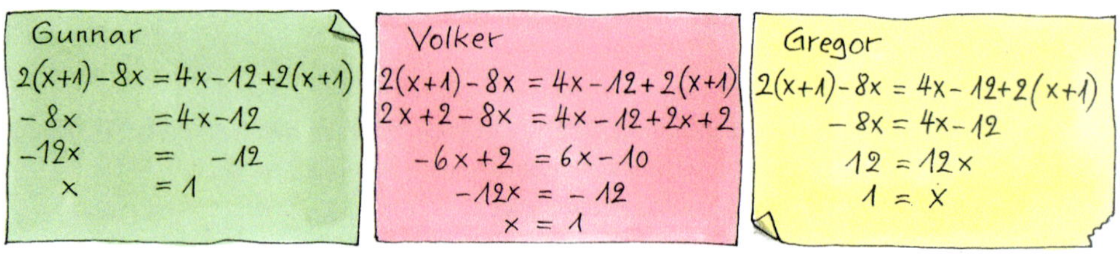

25. Bestimme die Lösungsmenge.

a) $3 \cdot (4x) + 7 \cdot (5x) = 2x + 5$

b) $9 \cdot (3x) + 4 \cdot (3x) = 30x + 5$

c) $8 \cdot (2x) - 3 \cdot (3x) = 2x + 25$

d) $9 \cdot (3x) - 4 \cdot (2x) = 28 + 25x$

e) $5x = 9 \cdot (2x) - 3 \cdot (4x) - 1$

f) $4 \cdot (3x) + 2 \cdot (24x) = 144 + 4 \cdot (6x)$

26. Bestimme die Lösungsmenge.

a) $10 = 15x + 40 + 3(5 - 4x)$

b) $2x = 54 - 18x + 8(x + 12)$

c) $9(4 - 6x) + (3 - 5x) = -20$

d) $12(x - 0{,}4) + 0{,}9 = 10x - 0{,}7$

27. Für welches x erhält der Term den angegebenen Wert?

a) $8x \cdot (5 - 12) - 23$; Wert: 481 [– 319; – 599]

b) $12 \cdot (13 - x) + 48$; Wert: – 828 [198; 204]

c) $3(x + 1) + 4x$; Wert: – 1 [0; $-\frac{3}{8}$; 5]

28. a) Sarah und Lukas haben die Lösungsmenge der Gleichung auf zwei Weisen bestimmt. Rechne weiter. Vergleiche die Lösungswege und bewerte sie.

b) Wie kann man eine Gleichung mit Brüchen geschickt lösen? Formuliere eine Strategie.

c) Bestimmt die Lösungsmenge auf verschiedene Weise. Vergleicht.

(1) $\frac{3}{2}(x + 9) = \frac{2}{3}(30 - x)$ (2) $-\frac{3}{4}(1 + \frac{2}{3}x) = -\frac{1}{2}$ (3) $\frac{5}{6}(2x + 14) = \frac{5}{9}(x - \frac{5}{3})$

29. Bestimme die Lösungsmenge geschickt.

a) $\frac{3}{4} = \frac{x}{9}$ **b)** $-\frac{3x}{16} = \frac{15}{20}$ **c)** $\frac{x}{2} + \frac{1}{5}x = 7$ **d)** $\frac{1}{2} - \frac{4}{5}t = \frac{1}{4}$ **e)** $\frac{x+2}{3} = \frac{4}{5}$

30. Löse das Zahlenrätsel mithilfe einer Gleichung.

a) Wenn man die Differenz von 7 und einer Zahl mit 5 multipliziert, erhält man 15.

b) Wenn man eine Zahl um 1,5 vergrößert und das Ergebnis verdoppelt, erhält man ein Drittel der gesuchten Zahl.

c) Wenn man das Doppelte einer Zahl um 5 vergrößert und die Summe durch 3 dividiert, erhält man 7.

d) Wenn man das Dreifache einer Zahl von 10 subtrahiert und die Differenz mit 1,5 multipliziert, erhält man 6.

31. Denkt euch Zahlenrätsel aus. Stellt sie euch gegenseitig und löst sie. Wie viele Zahlenrätsel schafft ihr in 15 Minuten?

32. Ein Quader hat drei verschiedene Kantenlängen. Die Summe der Längen aller 12 Kanten beträgt 144 cm. Die mittlere Kantenlänge ist doppelt so groß wie die kürzeste Kantenlänge. Die längste Kante ist um 12 cm länger als die kürzeste.
Wie lang ist die kürzeste Kante? Berechne auch das Volumen des Quaders.

33. Uwe stellt beim Ausmessen eines Quaders fest: Die Grundfläche ist doppelt so groß wie jede der beiden kleineren Seitenflächen. Jede der größeren Seitenflächen ist um 10 cm^2 kleiner als die Grundfläche. Die Oberfläche hat eine Größe von 280 cm^2.
Wie groß ist die Grundfläche?

34. Ein Vater hat Haselnüsse gepflückt und in seine beiden Jackentaschen verteilt. Darauf sagt er zu seinem Sohn: „Ich habe in der rechten Tasche dreimal so viele Nüsse wie in der linken. Nehme ich aber 30 Nüsse von der rechten Tasche in die linke, so befinden sich in der linken Tasche dreimal so viel wie in der rechten."
Wie viele Nüsse hat er ursprünglich in jeder Tasche?

35. Betrachte das Bild rechts. Stelle eine Aufgabe und löse sie.

36. Eine Großmutter ist 84 Jahre alt, ihre Enkelin ist 8 Jahre alt.

a) In wie viel Jahren wird die Großmutter fünfmal so alt wie die Enkelin sein?

b) Vor wie viel Jahren war sie zwanzigmal so alt?

37. In 16 Jahren wird ein Vater doppelt so alt wie sein Sohn sein. Zusammen sind beide heute 40 Jahre alt. Wie alt ist jeder?

38. Ein Junge ist doppelt so alt wie seine Schwester. Vor 4 Jahren war der Junge viermal so alt wie seine Schwester. Wie alt sind der Junge und seine Schwester jetzt?

39. Ole hat zwei Kusinen, Eva und Ute. Er ist 21 Jahre älter als Eva und 5 Jahre älter als Ute. Die Hälfte des Alters von Eva ist gleich einem Drittel des Alters von Ute. Wie alt sind sie?

40. Aus dem Kapitel „Lîlâvati" (die Reizende) seines Werkes „Krönung des Systems" von dem Inder Bhâskara (1150 n. Chr.):
„Von einem Schwarm Bienen lässt $\frac{1}{5}$ sich auf einer Kadombablüte, $\frac{1}{3}$ auf einer Silindhablüte nieder. Der dreifache Unterschied der beiden Zahlen flog nach den Blüten einer Kutaja. Eine Biene blieb übrig, welche in der Luft hin- und herschwebte, gleichzeitig angezogen durch den lieblichen Duft einer Jasmine und eines Pandamus. Sage mir die Anzahl der Bienen."

41. Aus dem Buch „Die Wunder der Rechenkunst" von Johann Christoph Schäfer (1857):

Jemand hatte in einem Stall,
Ein Heerdchen Schafe, ein eigner Fall
Fand, wie Du sehen wirst, Statt dabei.
Nahm er davon die Hälft' und drei
Und wenn er den Rest sich achtfach dachte
Oder zu ihnen noch sieben brachte,
So bekommt er stets dieselbe Zahl.
Wieviele Schafe hat er wohl im Stall?

1.2 Minuszeichen vor einer Klammer – Subtrahieren einer Klammer

Einstieg

a) Anna hat 100 € zum Geburtstag bekommen. Sie möchte davon eine Hose und einen Pullover kaufen. Da sie noch nicht genau ausgesucht hat, bezeichnet sie den Hosenpreis mit h Euro und den Pulloverpreis mit p Euro. Schreibt den Term für das Restgeld mit Variablen – einmal mit und einmal ohne Klammern.

b) Herr Pingel hat ebenfalls 100 € und möchte eine Lederjacke kaufen. Er entdeckt stets kleine Mängel an den Waren und versucht, einen Preisnachlass herauszuhandeln. Schreibt auch für sein Restgeld verschiedene Terme mit Variablen.

Aufgabe 1

Betrachte den Term. Vor der Klammer steht ein Minuszeichen. Wir sagen kurz: *Minusklammer.* Löse die Klammer auf.

a) $-(-3x+5y)$ **b)** $a-(2b+3c)$ **c)** $7z-(5y-3z)$ **d)** $3x-4(2x+5y)$

Lösung

a)
$$\begin{aligned}-(-3x+5y) &= (-1)\cdot(-3x+5y)\\ &= (-1)\cdot(-3x)+(-1)\cdot 5y\\ &= +3x+(-5y)\\ &= 3x-5y\end{aligned}$$

b)
$$\begin{aligned}a-(2b+3c) &= a+(-1)\cdot(2b+3c)\\ &= a+(-2b-3c)\\ &= a-2b-3c\end{aligned}$$

c)
$$\begin{aligned}7z-(5y-3z) &= 7z+(-1)\cdot(5y-3z)\\ &= 7z+(-5y+3z)\\ &= 7z-5y+3z\\ &= 10z-5y\end{aligned}$$

d)
$$\begin{aligned}3x-4(2x+5y) &= 3x-(8x+20y)\\ &= 3x+(-1)\cdot(8x+20y)\\ &= 3x+(-8x-20y)\\ &= 3x-8x-20y\\ &= -5x-20y\end{aligned}$$

Information

$-x = (-1)\cdot x$

Auflösen einer Minusklammer – Subtrahieren einer Klammer

(1) Steht ein Minuszeichen vor einer Klammer, so heißt die Klammer *Minusklammer.* Das Minuszeichen vor der Klammer kann als Multiplikation mit (–1) aufgefasst werden. Das Multiplizieren mit (–1) liefert die Gegenzahl.
Man löst eine Minusklammer auf, indem man jedes Glied der algebraischen Summe in der Klammer mit (–1) multipliziert.

$$\begin{aligned}-(-3x+2y) &= (-1)\cdot(-3x+2y)\\ &= (-1)\cdot(-3x)+(-1)\cdot 2y\\ &= +3x+(-2y)\\ &= 3x-2y\end{aligned}$$

(2) Subtrahieren bedeutet das Addieren der Gegenzahl.

$$\begin{aligned}7x-4\cdot(2x-5y) &= 7x-(8x-20y)\\ &= 7x+(-(8x-20y))\\ &= 7x+(-8x+20y)\\ &= 7x-8x+20y\\ &= -x+20y\end{aligned}$$

Minusklammer auflösen bewirkt Umpolen der Zeichen.

Übungsaufgaben

2. Löse die Minusklammer auf.

a) $-(a+b)$; $-(x-y)$ **b)** $-(4x+y)$; $-(-u-7v)$ **c)** $-(3+x)+2$; $-(a^2-b^2)-b^2$ **d)** $-(3x-y)+2(x-y)$; $-(r+0{,}9x)+r(1-x)$

3. Subtrahiere die Klammer.

a) $x-(y+z)$; $x-(y-z)$ **b)** $3x-(x-y)$; $5r-(-r-s)$ **c)** $6a-(-3b+4a)$; $4x-(-5x-7z)$ **d)** $8-(2-a+b)$; $7r-(-s+2r+5)$

4. Von einem Stab der Länge x wird ein Stück der Länge y und eines der Länge 2z abgeschnitten. Stelle verschiedene Terme für die Restlänge des Stabes auf.

5. Auf einem Konto befindet sich ein Guthaben von h Euro. Eine Rechnung der Höhe r Euro wird um einen Treuegutschein von t Euro ermäßigt und von dem Konto bezahlt. Erstelle verschiedene Terme für das Restguthaben auf dem Konto.

6. Löse die Klammer auf. Fasse gleichartige Glieder zusammen.

a) $2{,}5a-(8{,}3a+b)$; $0{,}3u-(1{,}1u-4{,}5v)$ **b)** $7x-15(2x+y)$; $r-2{,}5(0{,}4r-s)$ **c)** $a-\frac{5}{6}\left(30b-\frac{12}{5}a\right)$; $\frac{4}{5}s-\frac{2}{3}\left(-t^2+\frac{6}{5}s\right)$

7. Kontrolliere Noras Hausaufgaben und erläutere deine Anmerkungen.

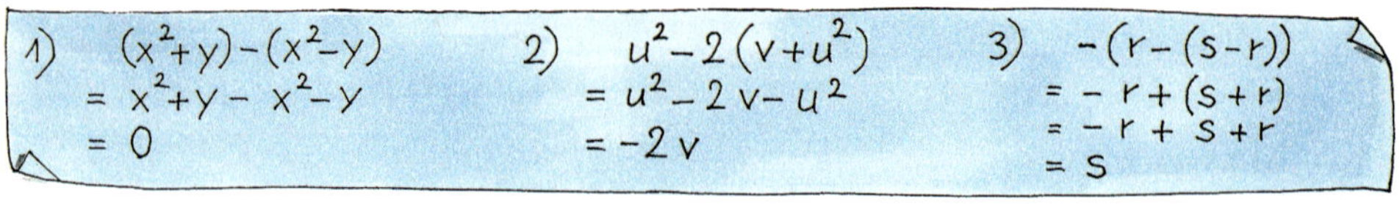

8. Denkt euch Aufgaben zu Minusklammern aus. Stellt sie euch gegenseitig.

9. a) $(a-b)-(a+b)$; $(r^2-s)-(r^2-s)$ **b)** $m(m-n)-(m^2-1)$; $-(x+7)-(4-x)$ **c)** $uv(u-v)-v(-uv-u^2)-v^2(u+v)$; $p^2q(p-q)-2p(p^2-pq^2)+pq(p^2-q)$

10. Der Platzhalter ▲ steht für eines der Zeichen + oder –, der Platzhalter ▬ für einen Teilterm. Setze im Heft passend ein.

a) $-4(3x+2)$ ▲ $3x-4=+3x-12$ ▬

b) $x(2-7)+4x$ ▲ $2=6x$ ▲ $4-3x+1-$ ▬ -7

c) $3(a-4)+2a-6-a=4$ ▬ -10

d) ▬ $+3a$ ▲ $9-(a-2)=2a-8$ ▲ $3a$ ▲ 2

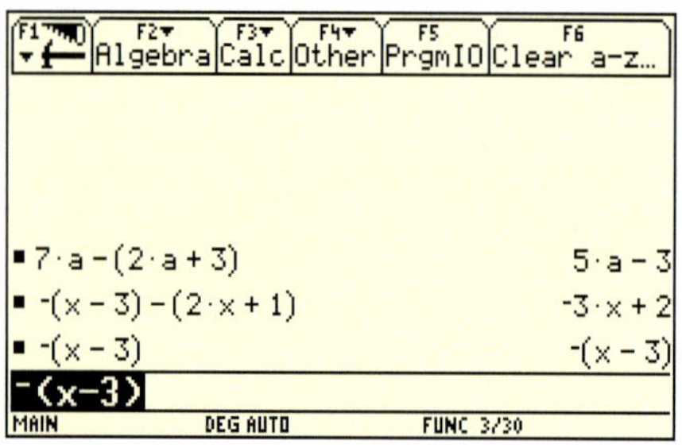

11. CAS In einigen Fällen löst ein CAS Minusklammern sofort nach der Eingabe auf, in anderen jedoch nicht.
Untersuche, wie man mit dem CAS Minusklammern stets auflösen kann.

12. Bestimme die Lösungsmenge.

a) $2y-(y+4)=3-(6-3y)$ **d)** $5(4-3a)-6(2-4a)=1-(8-9a)$

b) $x-2(x-1)=8-3(2+x)$ **e)** $5-\frac{2}{5}(x+24)=-\frac{3}{4}(15+x)$

c) $(2-3x)\cdot 5-4(8-x)=0$ **f)** $\frac{1}{5}w=\left(\frac{1}{4}-w\right)-4\left(\frac{1}{2}w-2\right)$

1.3 Ausklammern

Einstieg

Susanne hat Klammern aufgelöst. Sie hat die Aufgaben aber nicht notiert.
Wie könnten die Aufgaben geheißen haben?

a) $3x + 3x$ d) $3p^2q + 6pq$
b) $8a + 12b$ e) $8x^3z - 4x^2z$
c) $4x + ax$ f) $7u - 7$

Aufgabe 1

Beim Auflösen einer Klammer entsteht aus einem Produkt eine Summe. Wie kann man umgekehrt aus einer Summe ein Produkt herstellen?

a) Die Summe $3xy + 4xz$ enthält in beiden Summanden den gleichen Faktor x. Verwandle den Term in ein Produkt mit einem Faktor x.

b) Verwandle entsprechend in ein Produkt: (1) $6x + 4y$ (2) $20x + 12xy$

Lösung

a) Wir wenden das Distributivgesetz von rechts nach links an.

$$a \cdot b + a \cdot c = a \cdot (b + c)$$
$$3xy + 4xz = x \cdot 3y + x \cdot 4z = x \cdot (3y + 4z)$$

Distributivgesetz
$a \cdot (b + c) = a \cdot b + a \cdot c$

b) (1) Wir suchen in den Summanden 6x und 4y einen gemeinsamen Faktor. Das ist die Zahl 2. Dann wenden wir das Distributivgesetz von rechts nach links an.

$$6x + 4y = 2 \cdot 3x + 2 \cdot 2y$$
$$= 2 \cdot (3x + 2y)$$

(2) Wir gehen zunächst schrittweise vor und suchen in 20x und 12xy einen gleichen Faktor. Wir finden z. B. die Zahl 4, klammern sie aus und wenden das Distributivgesetz von rechts nach links an und erhalten $4 \cdot (5x + 3xy)$.
In der Klammer finden wir dann noch x als gemeinsamen Faktor und klammern auch diesen aus.
Du kannst den Faktor 4x auch in einem Schritt ausklammern.

$$20x + 12xy = 4 \cdot 5x + 4 \cdot 3xy$$
$$= 4 \cdot (5x + 3xy)$$
$$= 4 \cdot (x \cdot 5 + x \cdot 3y)$$
$$= 4x(5 + 3y)$$

Mehrere Lösungen sind möglich.

$$20x + 12xy = 4x \cdot 5 + 4x \cdot 3y$$
$$= 4x(5 + 3y)$$

Information

Faktor (lat.) Math. Vervielfältigungszahl

In der Termumformung $4x \cdot 5 + 4x \cdot 3y = 4x \cdot (5 + 3y)$ wurde 4x als Faktor vor die Klammer gesetzt. Wir sagen: *4x wurde ausgeklammert.*
Die Summe wurde in ein Produkt umgeformt. Man spricht daher statt vom **Ausklammern** auch vom **Faktorisieren** der Summe.

Weiterführende Aufgabe

2. *Ausklammern einer Summe oder Differenz*

Fasse zusammen.

a) $3(x^2 + y) + 7(x^2 + y)$

b) $9(a + b) - 13(a + b)$

$$7(a + b) + 4(a + b)$$
$$= (7 + 4) \cdot (a + b) = 11(a + b)$$

Übungsaufgaben

3. Klammere einen gemeinsamen Faktor aus.

a) $5a + 5b$	**b)** $11x - 11y$	**c)** $7x + 7yz$	**d)** $9 - 9x$	**e)** $25a - 15b$
$13r + 13s$	$19u - 19v$	$2rs + 2t^2$	$\frac{4}{5}u + \frac{4}{5}$	$3r^2 + 18s^2$

4. Klammere eine Variable als Faktor aus.

a) $4b + ab$	**b)** $xy - xz$	**c)** $a + 5ab$	**d)** $4ab - 9bc$	**e)** $4ab + 3a^2$
$3x - xy$	$uv + vw$	$x^2 - 2xy$	$a^2b + zb^2$	$5rs - r$
$rs + rr$	$t + t^2$	$r^2 - r$	$x^2y + x$	$-8uv^2 - u^2x$

5. Kontrolliere, ob richtig gerechnet wurde. Korrigiere, falls nötig.

Anna: $4xy - 4xz = 4x(y + z)$

Bert: $12ab + 18ab^2 = 3ab(4 + 6b)$

Christian: $-30cd - 24ce = -6c(5d - 4e)$

Dario: $6x^6y + 4x^3z = 2x^3(x^2y + 2z)$

Elke: $15pq + 24pq^2 + 3q = 3q(5p + 8pq)$

Fabian: $-27u^2v + 15uvw = -3v(9u^2 + 5uw)$

6. Suche in den Teiltermen gleiche Faktoren. Klammere dann aus.

a) $3x + 2xy$	**c)** $-9x + (-9y)$	**e)** $77ab - 7bc$	**g)** $24uv - 36u^2$
$7ab^2 + 2ac$	$24x + 12y$	$9xy - 3x$	$100p^2 + 125p^3$
b) $5pq - 3nq$	**d)** $8ab - 16c^2$	**f)** $-9xy - (-9xz)$	**h)** $75r^2s - (-50r^2s)$
$7rs - 7px$	$2xy + 2xz$	$-4ab^2 + (-24ac^2)$	$16a^2 - 24a^3b$

7. Setze für □ eine passende Zahl oder Variable ein, sodass du ausklammern kannst. Sicher findest du mehrere Möglichkeiten.

a) $3x + \square y$ **b)** $7ab - 8\square$ **c)** $8a + 7\square$ **d)** $9x^2y + 2\square y$ **e)** $4\square z^2 - \square yz$

8. Klammere aus. Du kannst auch schrittweise vorgehen.

a) $8a^2 + 4a$	**b)** $9a^2b - 3a^4b$	**c)** $4ab^2 + 6a^2b + 10ab$
$27x^4 - 3x$	$10a^5b + 8a^3b^2$	$-12x^2y - 9xy^2 + 5xy$
$2x^5 - 5x^2$	$\frac{3}{4}x + \frac{3}{4}y + \frac{3}{4}z$	$10pq + 15p^2q - 20pq^2$

$$15x^2y + 20xz^2 = 5(3x^2y + 4xz^2) = 5x(3xy + 4z^2)$$

9. Klammere so aus, dass der Term in der Klammer möglichst einfach wird.

a) $9ab + 9ac$	**c)** $8uv - vw$	**e)** $15uv - 5ut + 20ur - 45uv$
$5r^2 - 5rs$	$0{,}5ab + abc$	$12rs - 18st - 30s^2 - 42rst$
$7xy + 7x$	$\frac{1}{12}xy + \frac{1}{12}yz$	$\frac{2}{5}ab + \frac{2}{5}a^2c - \frac{4}{5}abc - \frac{1}{5}a$
b) $4xy + 4xz$	**d)** $a^2b - ac$	**f)** $8ab + 12a^2 + 60ab^2$
$17xy^2 - 17y^2z$	$800xy^2 + 24yt^2$	$75x^3uv + 125x^2r^2 - 150x^4$
$9rq^2 + 7rt^2$	$18u^2v - 999uv$	$42rs + 56st - 35s^2 + 91rst$

10. Übertrage die Aufgaben ins Heft und ergänze die ausgewischten Stellen so, dass die Termumformung korrekt ist.

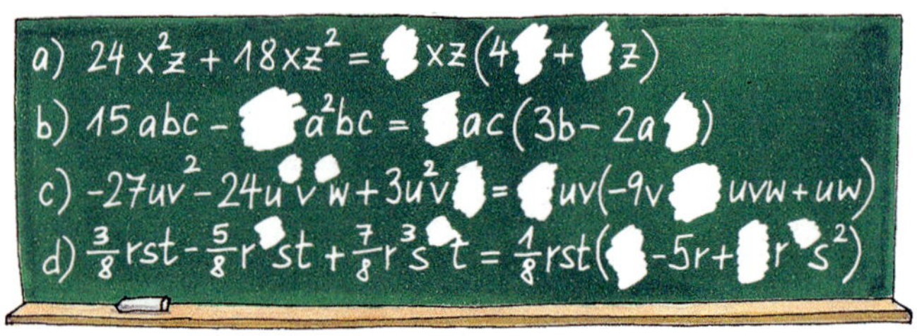

11. Denke dir fünf Terme aus, bei denen du eine Klammer ausmultiplizieren kannst. Nenne deinem Partner nur den Ergebnisterm ohne Klammern.
Schafft er es, die ursprünglichen Aufgaben herauszufinden?

12. Die Formel für den Umfang eines Rechtecks mit der Seitenlänge a und b gibt man häufig so an: $u = 2a + 2b$. Klammere aus und verdeutliche dann am Rechteck, dass beide Formeln wertgleiche Terme beinhalten.

13. Fasse zusammen. Klammere dazu eine Klammer, also eine Summe oder eine Differenz, aus.

a) $5(x + y) + 11(x + y)$
b) $17(x - y) + 9(x - y)$
c) $2(5x - 4y) - 8(5x - 4y)$
d) $2{,}5(a + 9b) + 4{,}5(9b + a)$
e) $\frac{2}{3} \cdot (4u - 11v) + 1 \cdot (4u - 11v)$
f) $\frac{5}{8}\left(\frac{r}{11} - \frac{s}{13}\right) - \left(\frac{r}{11} - \frac{s}{13}\right)$

14. Schreibe die Aufgaben ins Heft und ersetze die Platzhalter.

a) $12 - 3x = -3 \cdot (\square + x)$
b) $-x + xy = -x(1 - \square)$
c) $-ab - 8a = -a(\square + 8)$
d) $9x - 12xy = \square \cdot (-3 + 4y)$
e) $a^2 - ab = \square \cdot (-a + b)$
f) $xy - y^2 = \square \cdot (y - x)$

15. Klammere den Faktor (– 1) aus.

a) $-5 - a$; $-b - 7$
b) $-r^2 - 9$; $-ab + 20$
c) $-4 + q$; $-q + 4$
d) $a - b$; $x^2 - a^3$
e) $x^2 - y^2 + 1$; $r - s^2 + rs$
f) $\frac{4}{5} + x + y$; $-a + b - \frac{1}{2}$

16. Setze den Term in eine Minusklammer.

a) $-8x - 3$
b) $3x - 2y$
c) $-8a + 5b$
d) $3x + 4y - 7z$
e) $-2a + 5b - 9c$
f) $-x - 2y - 3z$

$$\begin{aligned} 4x - y &= (-1) \cdot (-4x) + (-1) \cdot y \\ &= (-1) \cdot (-4x + y) \\ &= -(-4x + y) \end{aligned}$$

17. Tobias hat Minusklammern aufgelöst, aber nur die Ergebnisse notiert. Wie könnten die Aufgaben geheißen haben?

1) $5x - y - 7$ 2) $3a - 2b + 4$ 3) $-7x - 14y$ 4) $7a - 2x - 4y + 9$

CAS

18. a) In der ersten Aufgabe hat das Computer-Algebra-System ohne ausdrücklichen Befehl ausgeklammert. Welches Ziel hat es verfolgt?

b) Ausklammern kann man stets mit dem Befehl **factor** erreichen. Kontrolliere das Ergebnis.

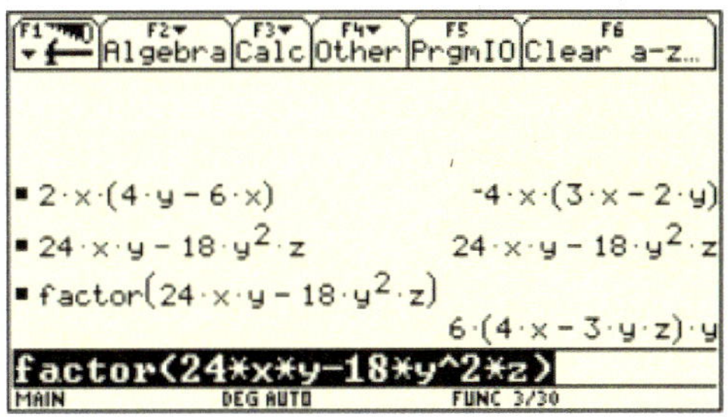

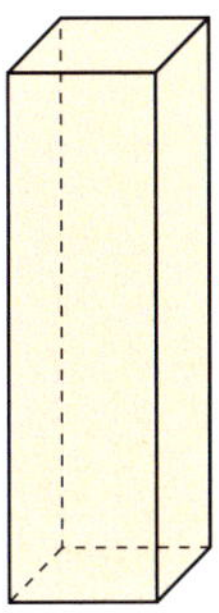

19. a) Skizziere ein Netz eines Quaders mit quadratischer Grundfläche und erstelle einen Term für den Oberflächeninhalt. Dieser Term soll keine Klammern enthalten.

b) Klammere in diesem Term so aus, dass der Term in der Klammer möglichst einfach wird. Veranschauliche dann diesen Term durch eine geeignete Fläche.

c) Berechne den Oberflächeninhalt für $a = 3{,}5$ und $h = 7{,}5$ mit beiden Termen. Wie viele Rechenschritte benötigst du bei dem einen Term, wie viele bei dem anderen?

1.4 Auflösen von zwei Klammern in einem Produkt

Einstieg

Der Garten der Familie Meyer hat die Form eines Rechtecks. Rechts ist die Größe der Rasenfläche, der Blumenbeete, der Spielfläche und der anderen Beete mit vier Teilrechtecken veranschaulicht.

a) Berechne die Größe des Gartens auf zwei Weisen. Gib für jede der Berechnungsweisen einen Term mit den Variablen a, b, c, d an.

b) Berechne die Größe der Gesamtfläche durch Einsetzen der Werte für a, b, c, d.

c) Die Gültigkeit von
$(a + b) \cdot (c + d) = a \cdot c + a \cdot d + b \cdot c + b \cdot d$
kann so nur für positive Zahlen nachgewiesen werden.
Wie kann man beweisen, dass diese Formel auch für negative Zahlen gilt?

Aufgabe 1

a) Wende zum Auflösen der Klammern zweimal das Distributivgesetz an.
Formuliere dann eine Regel über das Auflösen von zwei Klammern in einem Produkt.
(1) $(a + b) \cdot (p + q)$ (2) $(a - b) \cdot (c + d - e)$

b) Wende diese Regel auf die folgenden Produkte an.
(1) $(3a + 7b) \cdot (4b + 2c)$ (2) $(2a - 4b) \cdot (-7a - 2b + 9)$

Lösung

a) (1) Führe für die Summe p + q eine neue Variable c ein, d. h. setze c = p + q.

$$\begin{aligned}(a + b) \cdot (p + q) &= (a + b) \cdot c \\ &= a \cdot c + b \cdot c \\ &= a \cdot (p + q) + b \cdot (p + q) \\ &= a \cdot p + a \cdot q + b \cdot p + b \cdot q\end{aligned}$$

Distributivgesetz einmal angewandt

Distributivgesetz nochmals angewandt

(2) $$\begin{aligned}(a - b) \cdot (c + d - e) &= a \cdot (c + d - e) - b \cdot (c + d - e) \\ &= a \cdot c + a \cdot d - a \cdot e - b \cdot c - b \cdot d + b \cdot e\end{aligned}$$

Auflösen von zwei Klammern in einem Produkt

Jedes Glied der einen Klammer wird mit jedem Glied der anderen Klammer multipliziert.
Die Zeichen + und – werden nach den Vorzeichenregeln bestimmt.

b)

(1) $$\begin{aligned}(3a + 7b) \cdot (4b + 2c) &= 3a \cdot 4b + 3a \cdot 2c + 7b \cdot 4b + 7b \cdot 2c \\ &= 12ab + 6ac + 28b^2 + 14bc\end{aligned}$$

(2) $$\begin{aligned}(2a - 4b) \cdot (-7a - 2b + 9) &= -2a \cdot 7a - 2a \cdot 2b + 2a \cdot 9 + 4b \cdot 7a + 4b \cdot 2b - 4b \cdot 9 \\ &= -14a^2 - 4ab + 18a + 28ab + 8b^2 - 36b \\ &= -14a^2 + 24ab + 18a + 8b^2 - 36b\end{aligned}$$

Übungsaufgaben

2. a) Erkläre am nebenstehenden Bild:
$(a + b) \cdot (c - d) = ac - ad + bc - bd$
Warum ist diese Überlegung nur für positive Zahlen a, b, c, d mit $d < c$ gültig?

b) Entwirf ein ähnliches Bild zu der folgenden Gleichung:
$(a - b)(c - d) = ac - ad - bc + bd$

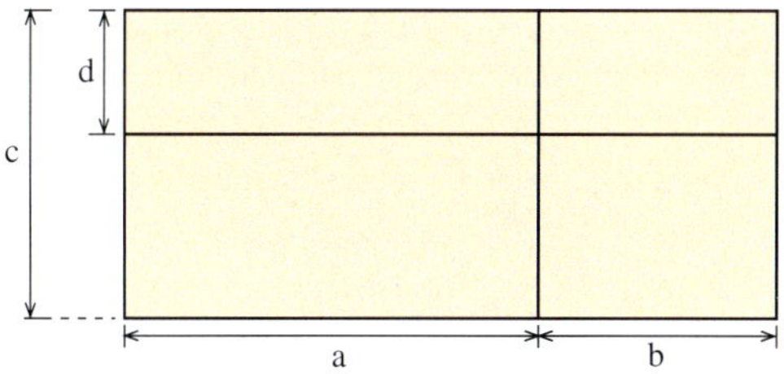

3. Löse die Klammern auf.

a) $(x + 7)(y + 4)$ · $(a + 9)(b - 3)$ · $(a - 1)(b - 8)$

b) $(x + y)(a + b)$ · $(x - y)(u + v)$ · $(x - y)(u - v)$

c) $(-x + y)(2 + a)$ · $(-a - b)(x - y)$ · $(-1 - r)(u + v)$

$(a + 5) \cdot (b + 2)$
$= (a + 5) \cdot b + (a + 5) \cdot 2$
$= ab + 5b + 2a + 10$

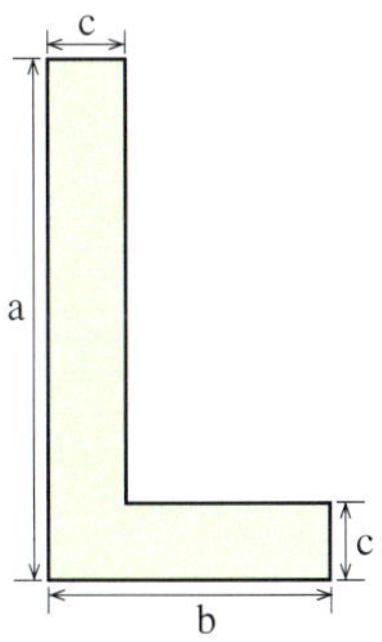

4. Für den Flächeninhalt der Figur links haben Christopher und Britta Terme aufgestellt.

Christopher: $A = a \cdot b - (a - c) \cdot (b - c)$

Britta: $A = a \cdot c + b \cdot c - c \cdot c$

a) Erläutere die Überlegungen von Christopher und Britta.

b) Zeige auch durch Termumformung, dass beide Terme wertgleich zueinander sind.

5. Löse die Klammern auf und fasse gegebenenfalls zusammen.

a) $(a - b)(10 - a)$ · $(2a + b)(3 - c)$ · $(8r + s)(s - 2t)$ · $(9x - 4y)(6z + 3)$

b) $(8a - 3b)(5c - 7d)$ · $(3x - y)(x - 5y)$ · $(-a + 6b)(3a - 9)$ · $(-a - b^2)(a - 3)$

c) $(1 - r)\left(\frac{2}{5} - r\right)$ · $\left(\frac{1}{8} - t\right)\left(t + \frac{1}{8}\right)$ · $\left(9a - \frac{1}{2}b\right)\left(\frac{1}{3}a + 4b\right)$

6. Stellt euch gegenseitig Aufgaben zum Auflösen von zwei Klammern und löst sie. Wie viele Aufgaben schafft ihr in 10 Minuten?

CAS

7. Computer-Algebra-Systeme multiplizieren mit dem Befehl **expand** auch Summen miteinander. Kontrolliere das Beispiel rechts. Gib eigene Beispiele ein. Vergleiche die Form der Ausgabe mit deinen Erwartungen.

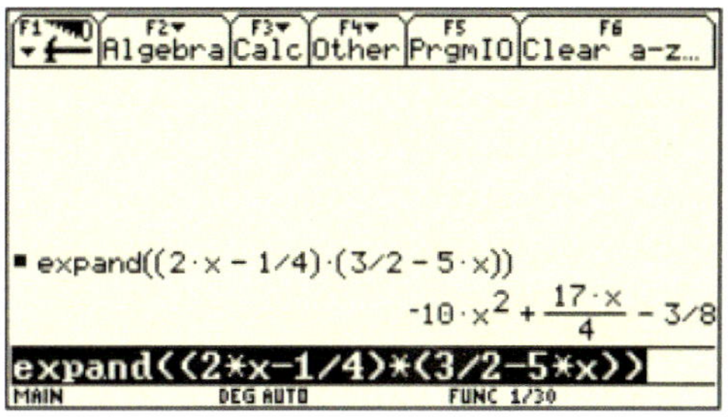

8. a) $(x - 0{,}3)(x + 7)$ · $(a + 11)(a - 8)$ · $(9 - x)(4 + x)$

b) $(4a - 1{,}5)(0{,}3 - 2a)$ · $(a - 7x)(4x + 1)$ · $(a + 2b)(a - b)$

c) $(-x - y)(x + 2y)$ · $(2a + 9b)(a + 7b)$ · $(-r - 2s)(-r + s)$

9. a) $(z + 3)(7 + z + t)$ · $(a^2 - a)(c + d - 1)$ · $(-r + s^2)(r + u - v)$

b) $(-a + b)(4 + a - b)$ · $(-x - y)(r - s - t)$ · $(-u + v)(-a - b + c)$

c) $(2a + 4b)(7a - 2b)$ · $(3x - 2y)(4x - 7y)$ · $(3x^2 - 2x - 1)(2x + 5)$

10. Bilde alle Produkte mit den Faktoren aus den Körben links und löse dann die Klammern auf.

11. Welche Terme beschreiben den Flächeninhalt der abgebildeten Figur?

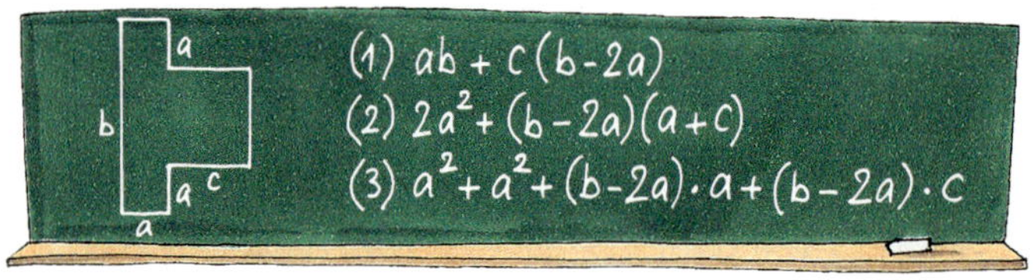

12. Löse die Klammern auf und fasse zusammen.

a) $6y^2 + (2x + 3y)(3x - 2y)$

b) $3xy - (2x - 9y)(x + 6y)$

c) $41 - (11 - 5x)(3 - x^2) + 5x^3 - 15x$

d) $(a - b)(2a + b) - (a + 4b)(3a - 2b)$

e) $8xy - (2x - 5y)(2x - 3y) + 3x^2$

f) $4 - (2x^2 - y^2)(x - y) + 3x^3 - 2xy^2$

$$
\begin{aligned}
&4vw - (2v + w)(v - w)\\
&= 4vw - [2v^2 - 2vw + vw - w^2]\\
&= 4vw - [2v^2 - vw - w^2]\\
&= 4vw - 2v^2 + vw + w^2\\
&= 5vw - 2v^2 + w^2
\end{aligned}
$$

13. Welche Terme sind wertgleich zueinander? Überlegt euch ein geschicktes Vorgehen.

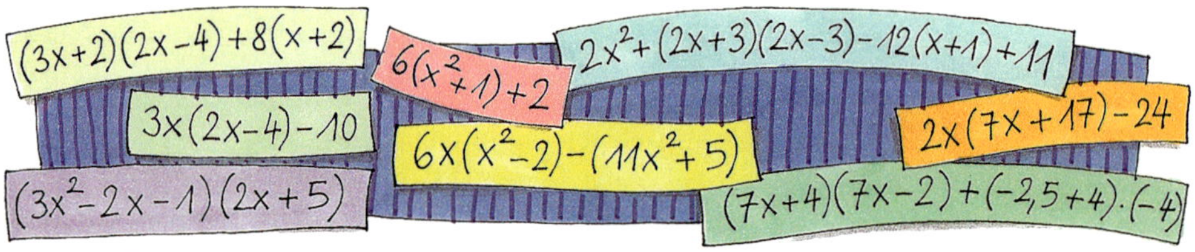

14. Bestimme die Lösungsmenge. Du kannst die Ergebnisse mit einer Probe überprüfen.

a) $(5x - 2)(x + 4) = 5(x^2 + 2)$

b) $(2x - 5)(5x - 2) = 10x^2 - 34x$

c) $(3x - 1)(4x + 2) = (2x + 1)(6x - 2)$

d) $(4x + 3)(6x - 5) = (2x + 3)(12x - 13)$

e) $(x + 7)(x - 4) = x^2 + 2$

f) $(2x + 1)(3x - 1) = 6x^2$

g) $(x - 2)(x - 5) = x^2 - 3$

h) $(2x + 3)(5 - x) = x - 2x^2 + 27$

i) $(3a - 4)(2a + 1) - (6a^2 - 9) = 15$

j) $(3x - 5)(3x + 2) = (x - 7)(9x + 1) + 50$

$$
\begin{aligned}
(x - 2)(x - 1) &= x^2 - 7\\
x^2 - x - 2x + 2 &= x^2 - 7\\
x^2 - 3x + 2 &= x^2 - 7 \quad | -x^2\\
-3x + 2 &= -7\\
x &= 3
\end{aligned}
$$

$L = \{3\}$

k) $(x - 8)(x + 14) - (x + 3)(x + 2) + 1 = 0$

l) $(3x - 4)(4x - 3) - (5 - 2x)(7 - 6x) = 34$

m) $(v - 0{,}2)(v + 0{,}3) = (v - 0{,}3)(v + 0{,}2)$

15. Suche Fehler in Michels Rechnung. Korrigiere dann.

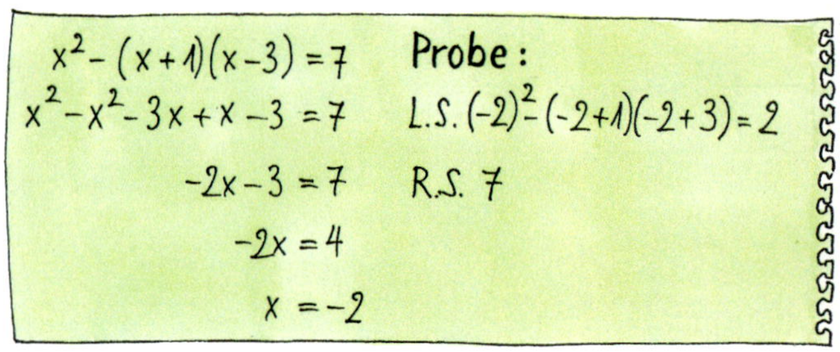

1.5 Binomische Formeln *Zum Selbstlernen*

Ziel

Terme wie $(3x + 5)^2$ oder $(u - 2v)^2$ oder auch $(3a + 3b) \cdot (3a - 3b)$ kannst du inzwischen mit den Regeln zum Auflösen von zwei Klammern in einem Produkt umformen. Die hier genannten Terme stellen insofern Sonderfälle dar, dass eine Summe bzw. eine Differenz mit sich selbst oder eine Summe mit einer entsprechenden Differenz multipliziert wird.
Hier lernst du Formeln kennen, mit deren Anwendung diese besonderen Produkte schneller und damit zeitsparend aufgelöst werden können.

Zum Erarbeiten

Binomische Formeln

Verwandle zunächst in ein Produkt. Löse dann die Klammern auf.

a) $(a + b)^2$ ***b)*** $(a - b)^2$ ***c)*** $(a + b) \cdot (a - b)$

Wir schreiben das Quadrat als Produkt und erhalten durch Ausmultiplizieren:

a) $(a + b)^2 = (a + b) \cdot (a + b) = a^2 + ab + ba + b^2 = a^2 + 2ab + b^2$

b) $(a - b)^2 = (a - b) \cdot (a - b) = a^2 - ab - ba + b^2 = a^2 - 2ab + b^2$

c) $(a + b) \cdot (a - b) = a^2 - ab + ba - b^2 = a^2 - b^2$

binomisch ⟨lat.⟩
Math. zweigliedrig

Binomische Formeln

Für alle rationalen Zahlen für a und b gilt:
1. Binomische Formel: $(a + b)^2 = a^2 + 2ab + b^2$
2. Binomische Formel: $(a - b)^2 = a^2 - 2ab + b^2$
3. Binomische Formel: $(a + b) \cdot (a - b) = a^2 - b^2$

Man quadriert eine Summe, indem man zum Quadrat des ersten Summanden das doppelte Produkt beider Summanden und das Quadrat des zweiten Summanden addiert.

Anwenden der binomischen Formeln

Will man den Term $(3x + 5)^2$ ausrechnen, so könnte man ihn in das Produkt $(3x + 5) \cdot (3x + 5)$ verwandeln und ausmultiplizieren.

Man spart jedoch Zeit, wenn man die 1. binomische Formel anwendet.

Erkläre zunächst die Rechnung rechts.

Wende eine binomische Formel an:
(1) $(7x + 5)^2$
(2) $(4x - 2)^2$
(3) $(3x + 2)(3x - 2)$

$$(a + b)^2 = a^2 + 2\,a \cdot b + b^2$$
$$\downarrow$$
$$(3x + 5)^2 = (3x)^2 + 2 \cdot 3x \cdot 5 + 5^2$$
$$= 3x \cdot 3x + 6x \cdot 5 + 25$$
$$= 9x^2 + 30x + 25$$

Beim Beispiel oben rechts erfolgten folgende Überlegungen: Der erste Summand 3x entspricht der Variablen a in der binomischen Formel, der zweite Summand 5 der Variablen b. Daher wurde an jeder Stelle für a der Term 3x und für b die Zahl 5 eingesetzt. Anschließend werden die Produkte vereinfacht.
Entsprechend kann man bei den folgenden Beispielen binomische Formeln anwenden:

(1) Wir wenden die 1. binomische Formel an:
$(7x + 5)^2$
$= (7x)^2 + 2 \cdot 7x \cdot 5 + 5^2$
$= 49x^2 + 70x + 25$

(2) Wir wenden die 2. binomische Formel an:
$(4x - 2)^2$
$= (4x)^2 - 2 \cdot 4x \cdot 2 + 2^2$
$= 16x^2 - 16x + 4$

(3) Wir wenden die 3. binomische Formel an:
$(3x + 2) \cdot (3x - 2)$
$= (3x)^2 - 2^2$
$= 9x^2 - 4$

Zum Selbstlernen

Zum Üben

1. a) Der Garten der Familie Hansel hat die Form eines Quadrates.
(1) Berechne die Größe des Gartens auf zwei Weisen.
(2) Welche Formel folgt daraus?
(3) Die Gültigkeit der Formel ergibt sich auf diese Weise nicht für alle rationalen Zahlen. Begründe, warum.

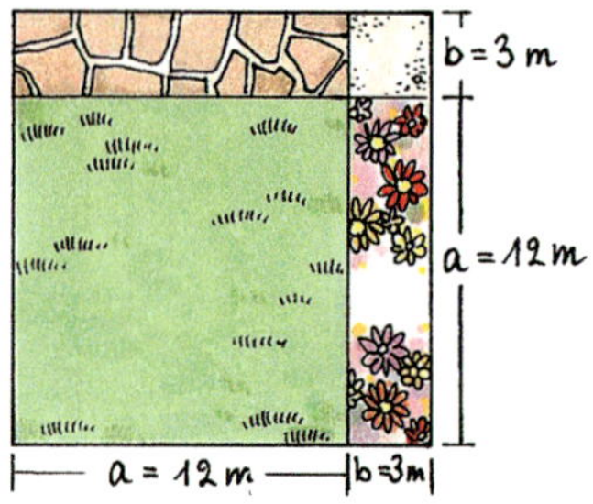

b) Löse die Klammer auf:
$(a-b)^2$
Veranschauliche die Teilterme des Ergebnisses dann an dem nebenstehenden Bild.
Welche einschränkende Bedingung muss bei der Veranschaulichung für die Variablen gelten?

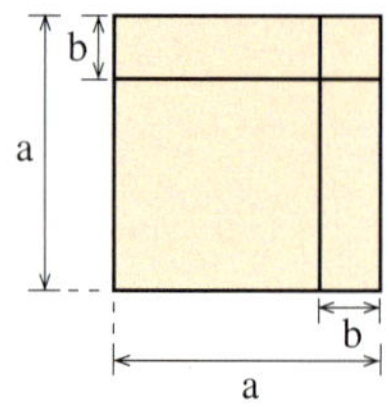

2. Sage die binomischen Formeln auch mit anderen Variablen als a und b auf.

a) $(x+y)^2 = \dots$
$(x-y)^2 = \dots$
$(x+y)(x-y) = \dots$

b) $(p+q)^2 = \dots$
$(p-q)^2 = \dots$
$(p+q)(p-q) = \dots$

c) $(\text{klim} + \text{bim})^2 = \dots$
⋮

3. Wende die binomischen Formeln an.

a) $(x+5)^2$
$(7+x)^2$
$(u+v)^2$
$(p+q)^2$

b) $(x-6)^2$
$(9-x)^2$
$(v-w)^2$
$(r-s)^2$

c) $(x+8)(x-8)$
$(u+5)(u-5)$
$(3-r)(3+r)$
$(x-y)(x+y)$

d) $(x-0{,}8)^2$
$(-3x+2y)^2$
$(0{,}2x-y)^2$
$\left(\frac{1}{2}x+\frac{2}{3}y\right)^2$

4. Die Umformung rechts wurde von einem Mitschüler durchgestrichen. Sie ist falsch. Warum?

~~$(a+b)^2 = a^2 + b^2$~~

5. Sind die linke und die rechte Seite wertgleich? Überprüfe und korrigiere, falls nötig.

a) $(a-b)^2 = a^2 - b^2$
b) $(a-b)^2 = a^2 - ab + b^2$
c) $(a+b)(a-b) = a^2 - b^2$
d) $(q-p)^2 = p^2 - 2pq + q^2$
e) $(q+p)^2 = q^2 + p^2 + 2pq$
f) $(p+q)(p-q) = q^2 - p^2$
g) $(r+s)^2 = r + 2rs + s$
h) $(r-s)^2 = r^2 - s^2 + 2rs$
i) $(r+s)(r-s) = -s^2 + r^2$
j) $(u+v)(v-u) = u^2 - v^2$

6. a) $(2x+3)^2$
$(3x+2y)^2$
$(0{,}5x-3)^2$

b) $(1{,}5+x)^2$
$(x-0{,}8)^2$
$(a+3{,}2)(a-3{,}2)$

c) $(0{,}2x-y)^2$
$(x+2{,}5y)^2$
$(x-0{,}1y)(x+0{,}1y)$

d) $\left(\frac{4}{5}-y\right)^2$
$\left(\frac{1}{2}x+\frac{2}{3}y\right)^2$
$\left(\frac{1}{3}x+y\right)\left(\frac{1}{3}x-y\right)$

7. a) $(-4+x)^2$
$(x+(-3))^2$
$(-2-x)^2$
$(1-(-x))^2$

b) $(-r+s)^2$
$(-r-s)^2$
$(r+(-s))^2$
$(-r+(-s))^2$

c) $(-6x+y)^2$
$(+4x+(-3y))^2$
$(-5x-7y)^2$
$(-3x-(-4y))^2$

d) $(-3a+2b)^2$
$(-a+4b)(-a-4b)$
$(8u-7v)(8u+7v)$
$(6u+5v)(-6u+5v)$

Zum Selbstlernen

8. **a)** $(3x^2+4y)^2$ **b)** $(2x-3xy)^2$ **c)** $\left(\frac{1}{3}a^2b-\frac{1}{4}ab^2\right)^2$
$(4a^3-3b)^2$ $(4c^2+2cd)^2$ $\left(\frac{u^2}{4}+3uv\right)^2$
$(p^2-q^2)(p^2+q^2)$ $(2rs-3s^2)(2rs+3s^2)$

9. Löse die Klammern auf und fasse dann zusammen. Wende dazu eine binomische Formel an, wenn es möglich ist.

a) $(4a-9)(4a+9)$ **c)** $(4a-9)(9a-4)$ **e)** $(4a+9)(9+4a)$
b) $(4a-9)(-4a-9)$ **d)** $(-4a+9)(4a-9)$ **f)** $(4a-9)(-9+4a)$

10. Schneide aus Papier zweimal die abgebildete Figur aus und beschrifte die Seiten. Zerschneide dann eine davon und lege sie zu einem Rechteck zusammen. Klebe beide ins Heft und begründe, dass damit eine binomische Formel dargestellt ist. Welche?

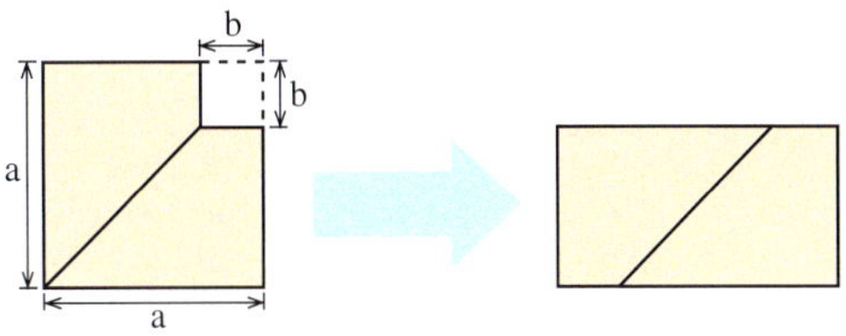

11. Berechne mithilfe der binomischen Formeln.

a) 81^2; 79^2; $81 \cdot 79$
b) 102^2; 98^2; $102 \cdot 98$
c) $1{,}01^2$; $0{,}99^2$; $1{,}01 \cdot 0{,}99$

$$71^2 = (70+1)^2 = 70^2 + 2 \cdot 70 \cdot 1 + 1^2$$
$$= 4\,900 + 140 + 1$$
$$= 5\,041$$

CAS **12.** Verwende ein Computer-Algebra-System, um binomische Formeln aufzulösen. Kontrolliere, inwieweit die Ergebnisse deinen Erwartungen entsprechen.

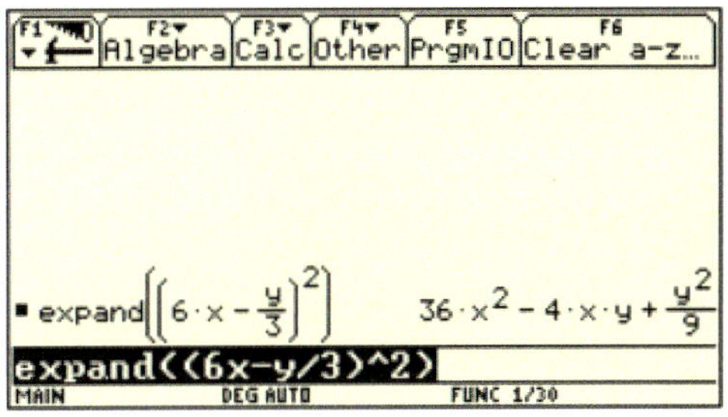

13. Vereinfache.

a) $(a+3b)^2+(a+b)(4a+b)$
b) $(a+4b)^2+(7a+b)(7a-b)$
c) $(3{,}5a+b)^2+(a+1{,}5b)^2$
d) $(4x+y)^2-(x+y)(3x+y)$
e) $(0{,}5x+0{,}3y)^2-(0{,}2x-0{,}4y)^2$
f) $\left(\frac{a}{2}-2b\right)^2+\left(6a-\frac{b}{3}\right)^2$

14. Vereinfache den Term $(a+b)^2-(a-b)^2$ und veranschauliche das Ergebnis geometrisch.

15. Bestimme die Lösungsmenge.

a) $(x+5)^2=(x-4)^2$
b) $(x-7)(x+7)=(x+8)^2-1$
c) $(x-11)^2-(x+9)^2=0$
d) $\left(x+\frac{1}{3}\right)^2-\left(x-\frac{1}{2}\right)\left(x+\frac{1}{2}\right)+\frac{5}{36}=0$
e) $(4x-1)^2=(2x+5)(8x-3)-5$
f) $\left(\frac{x}{4}+1\right)\left(\frac{x}{4}-1\right)-\left(\frac{x}{2}-2\right)\left(\frac{x}{8}+5\right)+9=0$
g) $(2x-15)^2=(1+2x)^2-30x-14$
h) $(2+3z)^2=(1+3z)^2+8z+1$
i) $(x+2)(3+x)>(3-x)^2+5x$
j) $(1-4t)(1+4t)\geq(3+2t)(1-8t)+20$

16. Müllers Baugrundstück hat die Form eines Quadrates. Durch eine Änderung des Bebauungsplanes muss an den beiden an die Straße grenzenden Seiten ein 2 m breiter Streifen abgegeben werden. Dadurch wird das Grundstück um 120 m² kleiner.
Stelle eine Frage und beantworte diese.

Zum Selbstlernen

1.6 Faktorisieren einer Summe

Einstieg

Robert hat seine Hausaufgaben zu den binomischen Formeln erledigt. Er hat aber nur die Ergebnisse notiert. Wie könnten die Aufgaben geheißen haben?

a) $c^2 + 2cd + d^2$ c) $g^2 - h^2$ e) $9z^2 - 24z + 16$

b) $e^2 - 4ef + 4f^2$ d) $4u^2 - 12uv + 9v^2$ f) $\frac{1}{4}x^2 - \frac{1}{9}y^2$

Aufgabe 1

Beim Ausklammern entsteht aus einer Summe ein Produkt. Das Umformen einer Summe in ein Produkt nennt man auch *Faktorisieren*. Nicht nur durch einfaches Ausklammern kann man eine Summe in ein Produkt umwandeln, sondern auch mithilfe der binomischen Formeln.

Faktorisiere: **a)** $4x^2 - 9y^2$ **b)** $49r^2 - 126rs + 81s^2$

Lösung

a) Wende die 3. binomische Formel von rechts nach links an.

$$a^2 - b^2 = (a + b) \cdot (a - b)$$
$$4x^2 - 9y^2 = (2x)^2 - (3y)^2 = (2x + 3y) \cdot (2x - 3y)$$

b) Wende die 2. binomische Formel von rechts nach links an.

$$a^2 - 2 \cdot a \cdot b + b^2 = (a - b)^2$$
$$49r^2 - 126rs + 81s^2 = (7r)^2 - 2 \cdot 7r \cdot 9s + (9s)^2 = (7r - 9s)^2$$

Weiterführende Aufgaben

2. *Quadratisches Ergänzen*

a) Ersetze □ im Heft durch einen Term, sodass sich der entstehende Term als Ergebnis einer binomischen Formel schreiben lässt.

(1) $x^2 + 2xy + □$

(2) $u^2 + 10u + □$

(3) $4a^2 - 12ab + □$

(4) $m^2 - 2mn + □$

(5) $p^2 + 4p + □$

(6) $9u^2 - 24uv + □$

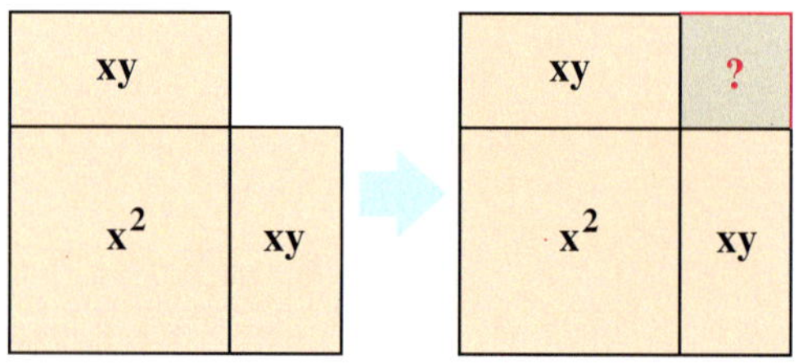

b) Erläutere das Bild rechts. Warum nennt man das Verfahren quadratisches Ergänzen?

3. *Umkehrung des Auflösens zweier Klammern in einem Produkt*

Du weißt, wie man Klammern beim Multiplizieren von Summen auflöst. Dieses Verfahren kann man in umgekehrter Richtung durchführen.

Faktorisiere. Gehe dabei schrittweise vor.

a) $3x + ax + 3y + ay$

b) $28xy - 4x + 21y - 3$

c) $4ac + 4ad - 3bc - 3bd$

Aus jeweils zwei Summanden einen gemeinsamen Faktor ausklammern.

$2a^2b + 2a^3 + 3ab^2 + 3a^2b$
$= 2a^2 \cdot (b + a) + 3ab \cdot (b + a)$
$= (2a^2 + 3ab) \cdot (b + a)$

Schrittweises Faktorisieren

Übungsaufgaben

4. Faktorisiere mithilfe der binomischen Formeln.

a) $u^2 - v^2$; $r^2 - 121s^2$; $1 - 16a^2$; $k^2 - 625$

b) $x^2 + 2xy + y^2$; $r^2 - 2rs + s^2$; $x^2 + 2x \cdot 7 + 49$; $u^2 - 2uv + v^2$

c) $a^2 + 20a + 100$; $x^2 - 20x + 100$; $a^2 - 2a + 1$; $x^2 + 14x + 49$

d) $25 - 10x + x^2$; $36 + 12b + b^2$; $100 - 20x + x^2$; $k^2 + k - 625 - k$

5. Kontrolliere Rebeccas Hausaufgaben.

a) $x^2 - a^2 = (x-a)^2$
c) $4u^2 + 16uv + 16v^2 = (2u + 8v)^2$
b) $4a^2 - 12ab + 9b^2 = (2a - 3b)^2$
d) $\left(\frac{1}{4}p^2 - 2pq + 4q^2\right)^2 = \left(\frac{1}{2}p + q\right)^2$

6. Fülle die Lücken im Heft aus.

a) $x^2 + \square + y^2 = (x + y)^2$; $a^2 + 12a + \square = (a + 6)^2$; $\square - 2r + r^2 = (1 - r)^2$; $a^2 + \square + b^2 = (a + \square)^2$

b) $x^2 - 8x + \square = (x + \square)^2$; $\square + 36b + b^2 = (\square + b)^2$; $a^2 + 6ab + \square = (a + \square)^2$; $x^2 + 5xy + \square = (x + \square)^2$

c) $r^2 - 2{,}4rs + \square = (r - \square)^2$; $4x^2 + \square + 9y^2 = (2x + 3y)^2$; $25a^2 - \square + 49b^2 = (5a - 7b)^2$; $100r^2 + \square + 81s^2 = (\square + 9s)^2$

CAS **7.** Bei einem Computer-Algebra-System dient der Befehl **factor** zum Faktorisieren. Kontrolliere das Beispiel rechts. Wähle dann eigene Beispiele.

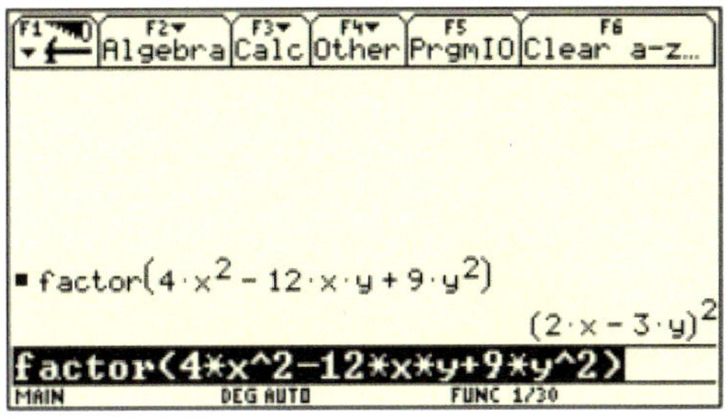

8. Klammere zunächst aus und wende dann eine binomische Formel an.

a) $7a^2 + 14ab + 7b^2$; $8a^2 - 98b^2$; $45x^2 - 30xy + 5y^2$

b) $24a^2 - 120ab + 150b^2$; $108x^2 + 252xy + 147y^2$; $980u^2 - 320v^2$

c) $11a^2 + 44ab + 44b^2$; $1\,600x^2 - 2\,400xy + 900y^2$; $500r^2 - 12\,500s^2$

9. Führe das quadratische Ergänzen im Heft durch.

a) $z^2 - 2zw + \square$; $x^2 - 8x + \square$; $16p^2 + 8pq + \square$

b) $4c^2 + 12cd + \square$; $25a^2 + 80ab + \square$; $9w^2 - 20vw + \square$

c) $z^2 + z + \square$; $x^4 + 2x^2 + \square$; $9u^2v^4 - u^2v^2 + \square$

d) $\frac{4}{9}p^2 + \frac{2}{3}p + \square$; $\frac{9}{16}a^2 + b + \square$; $c^4d^2 - \frac{2}{3}c^2d + \square$

10. Denke dir fünf Aufgaben aus, bei denen dein Partner quadratisch ergänzen soll. Kontrolliert euch gegenseitig.

11. Nina hat ihre Hausaufgaben zum Auflösen von zwei Klammern in einem Produkt erledigt und nur die Ergebnisse notiert. Kannst du herausfinden, wie die Aufgaben gelautet haben könnten?

a) $pr + ps + qr + qs$ b) $ab + ac - 2b - 2c$ c) $de + 3d + 2e + 6$ d) $2uv - u + 4v - 2$

1.7 Vermischte Übungen

1. Vereinfache den Term $0{,}7x - 6{,}2 + 2{,}1x + 9{,}1 - 8{,}3x - 10{,}9 + \frac{x}{2}$.

2. **a)** Das nebenstehende Bild veranschaulicht für positive Werte der Variablen die Termumformung
$x^2y + x^2y = (2x)xy$
Erläutere, warum.

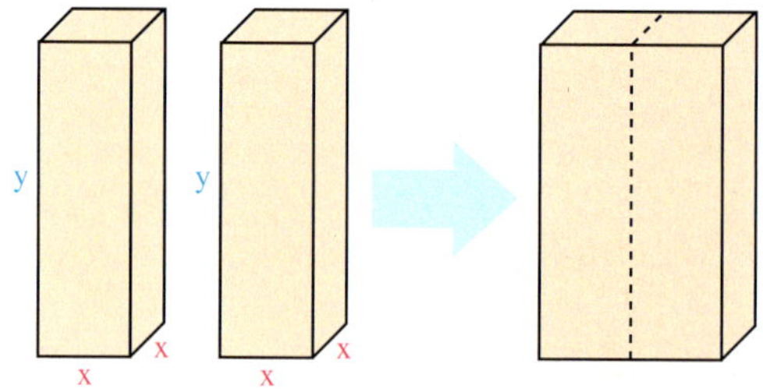

b) Welche Termumformungen gehören zu folgenden Bildern?

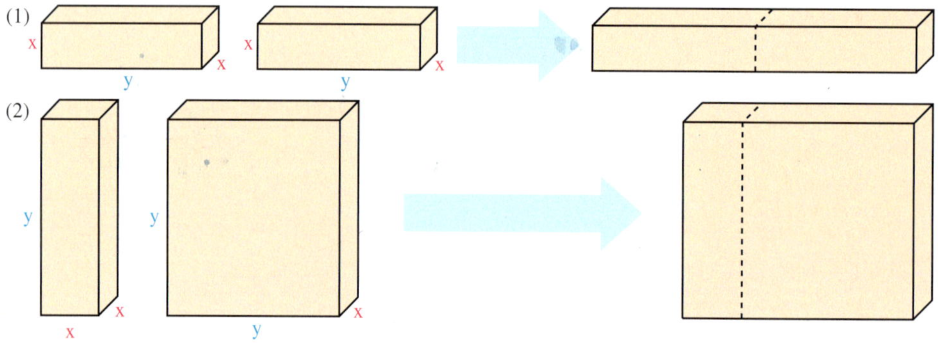

3. Löse die Klammern auf und vereinfache so weit wie möglich.

a) $(7x - 3y) - (5x - y)$
$7x(2x - 1 + y)$
$-(a - 2b) - 3(b - 2a)$

b) $(9a - 11)(3 - 4b)$
$(2x + 7)(5y - 1)$
$(4u + v)(v + 9u)$

c) $(4x - 3y)(x + 5y) - (2x + y)^2$
$(7r - 5s)^2 - (5s - 7r)^2$
$(1 - 6x^2)^2 + (6 - x^2)^2$

4. Klammere so aus, dass der Term in den Klammern möglichst einfach wird. Denke auch an negative Faktoren.

a) $-abc - 15a$
$-u^2v + v^3$
$-7a - 35b$

b) $8x^2 + 24x^3$
$6r^2 - 9rs$
$55r - 11s$

c) $80r^2s - 64rs + 56rs$
$28a^3b + 7ab - 49ab^3$
$39a + 13x^2$

d) $3 \cdot \frac{a}{b} - \frac{a^2}{b} - \frac{ax}{b}$
$\frac{20}{s} + \frac{8a}{s} - \frac{40b}{s}$

5. Faktorisiere, wenn möglich.

a) $9x^2 - 64y^2$
$36u^2 - 121v^2$
$a^4 - b^2$
$9a^2 + 64b^2$

b) $25a^2 + 30ab + 9b^2$
$256u^2 + 32u + 1$
$900r^2s^2 - 60rst + t^2$
$49 + u^2 - 7u$

c) $5x^2 + 10xy + 5y^2$
$11r^2 - 22rs + 11s^2$
$65u^2v^2 - 65$
$5z - z^2$

6. Bestimme die Lösungsmenge.

a) $(x - 4)(x + 5) = x^2 - 17$
$(9 - x)(4 + x) = 45 - x^2$
$(x - 4)(7 - x) = 11x + 16 - x^2$
$(3 - x)(5 - x) = 3 - 2x + x^2$
$(x + 3)(2x - 2) = (2x - 1)(x + 5) + 4$

b) $(x - 4)(x + 5) - (x - 1)(x + 1) = 1$
$(2 - x)(x - 3) + (3 - x)(2 - x) = -7$
$(x - 1)(x - 2) - (x - 9)(x - 12) = 20$
$(x + 1)^2 + (x + 2)^2 = (x + 4)^2 + (x + 3)^2 - 8x - 20$
$(x - 1)^2 - (x - 2)^2 = (x - 4)^2 - (x - 3)^2 + 2$

7. Milchtüten gibt es in verschiedenen Größen. Der links abgebildete Typ hat das nebenstehende Netz.

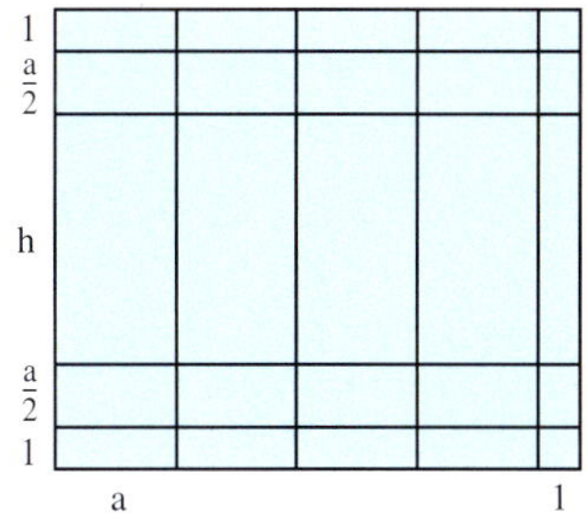

a) Stelle einen Term für das benötigte Verpackungsmaterial auf.

b) Berechne die Menge für:
(1) 1-Liter-Packungen: $a = 7{,}5$; $h = 19{,}5$
(2) 0,5-Liter-Packungen: $a = 7{,}5$; $h = 10$
(Längenangaben in cm)

c) Berechne das Volumen der Milchpackungen.
Nimm Stellung zu dem Ergebnis.

8. Das Bild veranschaulicht eine Termumformung für positive Zahlen a, b mit $a > b$. Zeichne es ab und vervollständige die Beschriftung rechts. Um welche Termumformung handelt es sich?

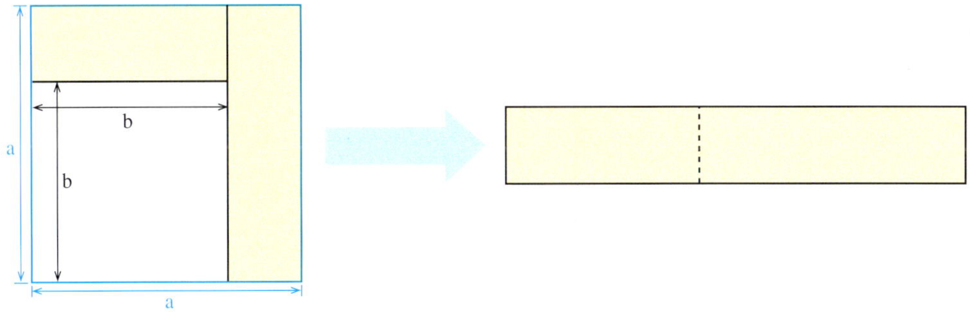

9. Ein Baugrundstück in einem Neubaugebiet sollte ursprünglich quadratisch sein. Durch Planänderungen ging an einer Seite ein 1 m breiter Streifen für eine breitere Straße und an einer benachbarten Seite ein 2 m breiter Streifen für die Vergrößerung des Spielplatzes verloren. Dadurch wurde es insgesamt um 79 m^2 kleiner.
Fertige eine Skizze für diesen Sachverhalt an. Berechne dann die ursprüngliche Größe des Baugrundstücks.

10. Vergrößert man die Seitenlänge eines Quadrates um 2 cm, so ergibt sich ein um 72 cm^2 größeres Quadrat. Bestimme dessen Seitenlänge.

11. Bei einer Party mit gleich vielen Jungen und Mädchen soll ein Tanzspiel veranstaltet werden, bei dem jeder Junge mit jedem Mädchen tanzen soll. Vor Beginn kommen noch 1 Junge und 2 Mädchen hinzu. Dadurch sind 20 Tänze mehr erforderlich. Wie viele Jungen und Mädchen sind auf der Party?

12. Aus einem Quadrat mit der Seitenlänge a wird durch Verkürzen und Verlängern zweier Seiten um eine Strecke x ein Rechteck erzeugt.

a) Vergleiche Rechteck und Quadrat miteinander hinsichtlich Flächeninhalt und Umfang.

b) Formuliere ein allgemeines Ergebnis.

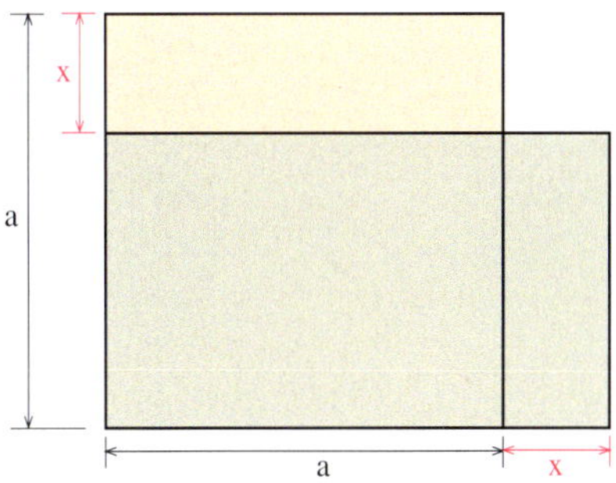

Im Blickpunkt

Im Blickpunkt

Pascal'sches Dreieck – Potenzieren von Summen

Mithilfe der 1. binomischen Formel kannst du Summen mit dem Exponenten 2 potenzieren (quadrieren). Auch für größere Exponenten als 2 gibt es entsprechende Formeln.

Subtrahieren durch Addieren der Gegenzahl:
$a - b = a + (-b)$

1. a) Zeige, dass gilt: $(a+b)^3 = a^3 + 3a^2b + 3ab^2 + b^3$
Erläutere die Formel auch an der Zeichnung.

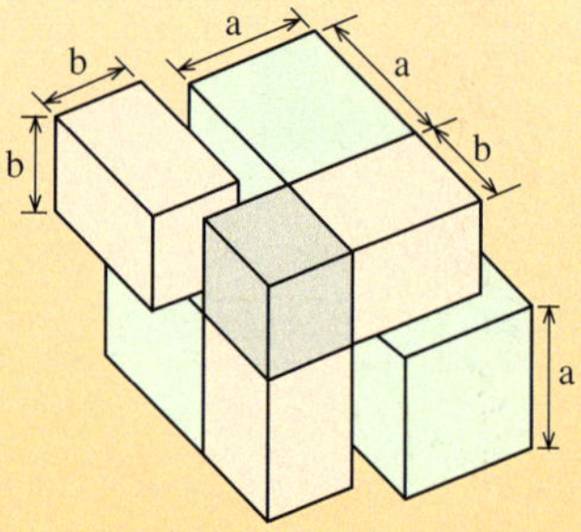

b) Berechne mithilfe der Formel von Teilaufgabe a).

(1) $(p+q)^3$ (4) $(2m+3n)^3$ (7) $(u-3)^3$
(2) $(a+2)^3$ (5) $(3x^2+5z)^3$ (8) $(2a-4)^3$
(3) $(u+2v)^3$ (6) $(a-b)^3$ (9) $(4p-3q)^3$

2. Das Zahlendreieck rechts heißt Pascal'sches Dreieck. Obwohl dieses Dreieck schon vor mehr als 1000 Jahren indischen Mathematikern bekannt war, wird es besonders in Europa nach dem französischen Mathematiker und Philosophen Blaise PASCAL (1623–1662) benannt. Pascal hat dieses Zahlendreieck eingehend untersucht.

Blaise Pascal war ein mathematisches Wunderkind. Er entdeckte in jungen Jahren, völlig auf sich gestellt, große Teile der Geometrie neu und fand mit 16 Jahren einen Satz, der nach ihm benannt wurde. Auch grundlegende Arbeiten zu Problemen der Wahrscheinlichkeitsrechnung stammen von ihm. Später widmete er sich religiösen und philosophischen Studien und Meditationen.

a) Im Pascal'schen Dreieck findest du die Vorfaktoren der Summanden in den Formeln für $(a+b)^3$, $(a+b)^2$ und auch $(a+b)^1$.
(1) Gib an, wo.
(2) Welchen Wert müsste nach dem Pascal'schen Dreieck $(a+b)^0$ haben?
(3) Welche Vorfaktoren vermutest du aus dem Pascal'schen Dreieck für die Summanden in der Formel für $(a+b)^4$?
CAS Kontrolliere durch Rechnung; du kannst auch ein CAS verwenden.

CAS **b)** Welche Gesetzmäßigkeiten erkennst du an dem Pascal'schen Dreieck? Formuliere sie. Setze dann damit das Zahlendreieck um 6 Zeilen fort. Kontrolliere mit CAS.

c) Das Pascal'sche Dreieck liefert die Zahlfaktoren der einzelnen Summanden, wenn man $(a+b)^n$ ausmultipliziert.
Das muss natürlich begründet werden. Betrachte dazu die Rechnung rechts. Erläutere den Zusammenhang mit der Entstehung des Pascal'schen Dreiecks.

$$\begin{aligned}(a+b)^3 &= (a+b)^2 \cdot (a+b)\\ &= (a^2 + 2ab + b^2) \cdot (a+b)\\ &= a^3 + a^2b + 2a^2b + 2ab^2 + ab^2 + b^3\\ &= a^3 + 3a^2b + 3ab^2 + b^3\end{aligned}$$

d) Rechne entsprechend wie in Teilaufgabe c) und erläutere den Zusammenhang mit der Entstehung des Pascal'schen Dreiecks:
(1) $(a+b)^4$ (2) $(a+b)^5$ (3) $(a+b)^6$

3. Berechne mithilfe des Pascal'schen Dreiecks.

a) $(a + b)^6$	**b)** $(a - b)^5$	**c)** $(3a + 1)^3$	**d)** $(x - 3y)^4$	**e)** $(a + b^2)^3$
$(x + y)^7$	$(x - y)^6$	$(4x + 2)^3$	$(4z - w)^5$	$(a^2 - b^2)^4$
$(p + q)^9$	$(p - q)^9$	$(2c + 3d)^5$	$(2x - 3y)^6$	$(2p - 3q^2)^5$

Besonderheiten des Pascal'schen Dreiecks

4. In der dritten Zeile des Pascal'schen Dreiecks stehen die Zahlen 1, 2, 1; ihre Summe ist 4. In der vierten Zeile stehen die Zahlen 1, 3, 3, 1 mit der Summe 8. Begründe, dass die Summe aller Zahlen sich von Zeile zu Zeile verdoppelt. Wie groß ist die Summe der Zahlen in der elften Zeile? Kann man ein allgemeines Bildungsgesetz angeben?

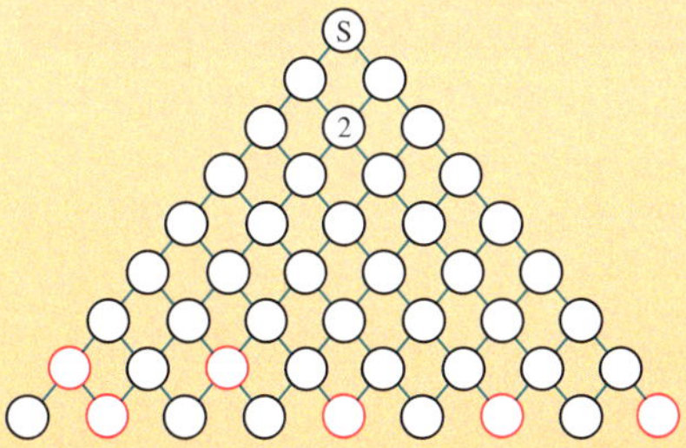

5. Man kann die Struktur des Pascal'schen Dreiecks auch als ein Netz von Wegen auffassen, die von dem Startpunkt S von „oben nach unten" zu den einzelnen Plätzen führen. Zu der Stelle 2 kann man von S aus auf zwei „kürzesten" Wegen kommen. Solche Probleme untersuchte Pascal bei Betrachtungen zu Wahrscheinlichkeiten. Bestimme jeweils die Anzahl der „kürzesten" Wege, die zu den einzelnen Plätzen führen.

6. Wenn man die Kreise als Eckpunkte auffasst, so bilden vier Nachbarpunkte eine Raute. Bis zur dritten Zeile entsteht so eine Raute, bis zur fünften Zeile sind es 6 Rauten. Erstaunlicherweise findet man diese Anzahlen als angeordnete Zahlen im Pascal'schen Dreieck.
Wie kann man das zugehörige Bildungsgesetz ausdrücken? Wie viele solcher Rauten würden in den ersten 102 Zeilen des Pascal'schen Dreiecks erkennbar sein?

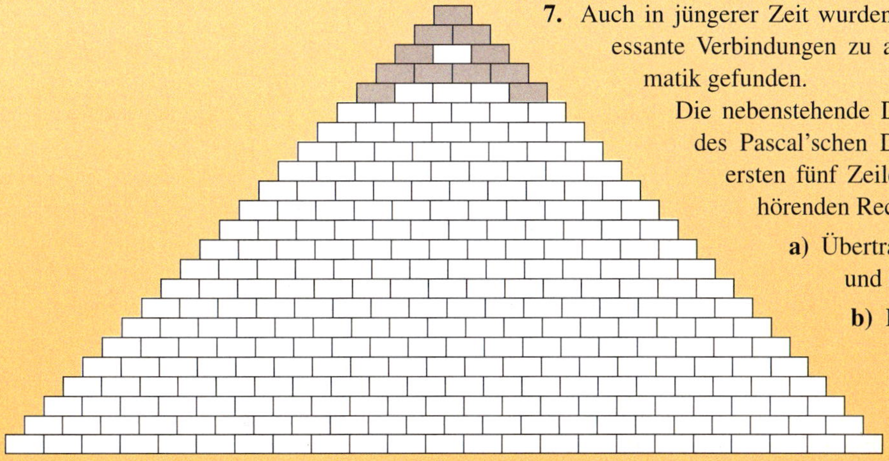

7. Auch in jüngerer Zeit wurden am Pascal'schen Dreieck interessante Verbindungen zu anderen Teilgebieten der Mathematik gefunden.
Die nebenstehende Dreiecksmauer stellt den Aufbau des Pascal'schen Dreiecks dar. Dabei sind in den ersten fünf Zeilen die zu ungeraden Zahlen gehörenden Rechtecke gefärbt.

a) Übertrage das Muster auf Karopapier und setze es bis zur 23. Zeile fort.

b) Dabei kann man gewisse „Färberegeln" erkennen. Formuliere einige dieser Regeln. Versuche auch, sie zu begründen.

c) Gibt es Zeilen, bei denen alle Steine gefärbt bzw. nicht gefärbt sind?

d) Was entsteht aus fünf nebeneinander liegenden Steinen, bei denen die inneren drei ungefärbt und die anderen beiden gefärbt sind?

1.8 Mischungsaufgaben

Einstieg

Nektar: wenig Frucht – viel Zuckerwasser

In der Fruchtsaft-Verordnung ist gesetzlich festgelegt, dass **Fruchtsaft** zu 100 % aus dem Fruchtsaft und Fruchtfleisch der entsprechenden Früchte bestehen muss. Um Lager- und Transportkosten zu sparen, darf aus Fruchtsaft im Laufe des Produktionsprozesses durch Entzug von Wasser ein Konzentrat hergestellt werden, das vor dem Verkauf wieder entsprechend verdünnt wird. Der nach dem Pressen unveränderte Saft wird als Direktsaft bezeichnet.
Für **Fruchtnektare** ist ein Fruchtsaftgehalt zwischen 25 % und 50 % vorgeschrieben, je nach Obstart. Bei Zitronen und Johannisbeere 25 %, bei Kirsche 35 %, bei Aprikose 40 %, bei Apfel, Traube und „Multivitamin" jeweils 50 %. Der Rest besteht aus Wasser. Fruchtnektar darf bis zu 20 % Zucker zugesetzt werden. L & P / 2993

Fruchtsaftgetränke müssen einen Fruchtanteil von mindestens 40 % Fruchtsaft bei Kernobst oder Trauben haben, von mindestens 6 % bei Zitrusfrüchten und von mindestens 10 % bei anderen Früchten. Die restlichen Zutaten sind Zuckerwasser und weitere Lebensmittelzusatzstoffe.

150 *l* Apfelsaft und 120 *l* Apfelsaftgetränk mit 10 % Apfelsaft-Anteil werden gemischt.
Darf das Gemisch als Apfel-Nektar bezeichnet werden?

Einführung

Aus 500 g Haselnüssen zu 6 € pro kg und 700 g Erdnüssen zu 4 € pro kg soll eine Nussmischung hergestellt werden. Wie viel kostet 1 kg der Nussmischung?

(1) Modellannahme

Wir berücksichtigen den Arbeitsaufwand für das Mischen nicht. Dann ergibt sich der Preis der Mischung als Summe der Preise der Bestandteile.

(2) Aufstellen und Lösen einer Gleichung

Die gegebenen Größen werden in die nebenstehende Tabelle eingetragen.
x soll der Preis (in €) pro kg der Nussmischung sein.
Dann kann man die Tabelle ergänzen und erhält die Gleichung $1{,}2 \cdot x = 0{,}5 \cdot 6 + 0{,}7 \cdot 4$.

	Gewicht (in kg)	*Preis pro kg (in €)*	*Preis absolut (in €)*
Haselnüsse	0,5	6	$0{,}5 \cdot 6$ } +
Erdnüsse	0,7	4	$0{,}7 \cdot 4$
zusammen	1,2	x	$1{,}2 \cdot x = 0{,}5 \cdot 6 + 0{,}7 \cdot 4$

Die Rechnung rechts liefert die Lösungsmenge $L = \{\frac{29}{6}\}$.

$$1{,}2x = 0{,}5 \cdot 6 + 0{,}7 \cdot 4$$
$$1{,}2x = 5{,}8$$
$$x = \frac{29}{6} \approx 4{,}83$$

(3) Kontrolle der Lösung an der Realität

4,83 € liegt zwischen den Preisen 4 € und 6 €, und zwar näher an 4 €, da von der preiswerteren Nusssorte mehr genommen wird.

(4) Ergebnis

1 kg der Nussmischung kostet 4,83 €. Diesen Preis müsste man noch aufrunden, um den Arbeitsaufwand für das Mischen zu berücksichtigen, z. B. auf 4,90 €.

Weiterführende Aufgabe

1. *Ein weiterer Typ von Mischungsaufgaben – umgekehrte Fragestellung*

Eine Getränkefirma erhält 50%igen und 90%igen Fruchtnektar. Von dem 90%igen Fruchtnektar erhält sie 5000 *l*. Es soll 75%iger Fruchtnektar hergestellt werden.
Wie viel muss von dem 50%igen hinzugegossen werden? Schätze zunächst.

Information

(1) Aufstellen der Gleichung bei Mischungsaufgaben

Die Gleichung zur Lösung der Mischungsaufgaben ergibt sich stets daraus, dass vor und nach der Mischung etwas gleich geblieben ist:
Bei den Nüssen in der Einführung ist das der Preis der Nusssorten zusammen bzw. der Nussmischung, bei den Fruchtsaftgetränken in Aufgabe 1, das Volumen des reinen Fruchtsaftes.

(2) Die Grundgleichung der Mischungsrechnung

Aus beiden aufgestellten Gleichungen erkennt man die Grundgleichung:
$m_1 \cdot p_1 + m_2 \cdot p_2 = (m_1 + m_2) \cdot p$
Hierbei können m_1, m_2, p_1, p_2, p unterschiedliche Bedeutung haben. Als Hilfe für das Aufstellen der Gleichung bietet sich die folgende Tabelle an.

A	m_1	p_1	$m_1 \cdot p_1$ } +
B	m_2	p_2	$m_2 \cdot p_2$
zusammen	$m_1 + m_2$	p	$(m_1 + m_2) \cdot p = m_1 \cdot p_1 + m_2 \cdot p_2$

Was bedeuten jeweils m_1, m_2, p_1, p_2 und p aus der Grundgleichung der Mischungsrechnung in den einführenden Beispielen?

Übungsaufgaben

2. Aus 240 kg Messing-Abfällen CuZn30 wird durch Zusammenschmelzen mit 120 kg anderen Messing-Resten CuZn40 im Recycling neues Messing hergestellt.
Welchen Zink-Anteil hat das neue Messing?

3. 500 *l* eines Getränks bestehen zu 70 % aus Fruchtsaft und werden mit 800 *l* einer anderen Getränkesorte gemischt. Die Mischung hat einen Fruchtsaftgehalt von 60 %.
Wie viel Prozent Fruchtsaft enthält die zweite Sorte?

Messing

ist eine goldfarbene Legierung aus Kupfer und Zink. Je nach Mischungsverhältnis variiert die Farbe von goldorange (bei hohem Kupferanteil) bis hellgelb. Messing ist etwas härter als reines Kupfer. Die verschiedenen Messingsorten unterscheiden sich durch ihren Zinkanteil, der in der Bezeichnung in Prozent angegeben wird. Eine der am häufigsten verwendeten Legierungen ist CuZn37, die 37 Prozent Zink enthält. Die Legierung CuZn30 weist von allen Messingsorten die beste plastische Verformbarkeit auf. Messingsorten mit mehr als ca. 70 Prozent Kupfer werden als Tafelmessing oder Goldmessing bezeichnet.

4. Eine Bonbonmischung soll 12 € je kg kosten. 20 kg zu 10,50 € je kg wurden mit 6 kg einer anderen Bonbonsorte gemischt. Wie teuer darf 1 kg dieser Sorte sein?

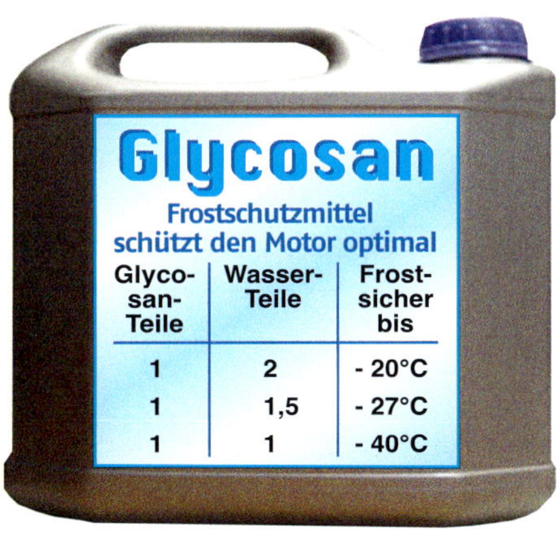

5. Der Kühlkreislauf eines Autos hat ein Fassungsvermögen von 5 *l*. Zur Zeit ist es auf einen Frostschutz bis –20 °C ausgelegt.
Wie viel Kühlflüssigkeit muss abgelassen und durch Frostschutzmittel ersetzt werden, damit Frostsicherheit gewährleistet ist bis

a) –27 °C, **b)** –40 °C?

6. Aus 400 Gramm 60%iger Essigsäure soll 50%ige hergestellt werden.

a) Wie viel 15%ige Essigsäure muss man zugießen?

b) Es werden 600 g von der 50%igen Essigsäure benötigt. Wievielprozentig muss die Essigsäure sein, die man zugießen muss?

Auf den Punkt gebracht: Mathematisches Problemlösen

Öffne den Blick – löse Probleme

1. Parkwächter Krause bricht mit einem Fahrrad zu einer Kontrolle auf. Er will den 12 km langen Rundweg „Rund um den Grünen Teich" überprüfen. Um 12 Uhr verlässt er das Büro am Eingang des Naturparks, nachdem er seinem Kollegen Schmitz mitgeteilt hat, dass er für die Rundfahrt etwa eine Stunde brauchen wird. Nach einer Viertelstunde bekommt Schmitz einen wichtigen Anruf für Krause. Der hat sein Mobiltelefon vergessen, und so schwingt sich Schmitz auf ein anderes Fahrrad, mit dem er gut 20 km/h erreichen kann, wenn er sich beeilt. Er will gerade dem Kollegen hinterher fahren, als ihm einfällt, dass er ihm auf dem Rückweg auch entgegen fahren könnte.
Wie soll er sich entscheiden? Wann und wo kann er seinen Kollegen frühestmöglich erreichen?

Gewiss sind dir schon häufiger im Mathematikunterricht Aufgaben begegnet, bei denen du auf den ersten Blick nicht weißt, wie du sie lösen kannst. Solche Aufgaben, die mehr verlangen als nur das Anwenden eingeübter Lösungsverfahren, nennt man in der Mathematik „Probleme".
Man muss aber kein Genie sein, um mathematische Probleme lösen zu können. Im Gegenteil, es gibt eine ganze Reihe an Tipps, die beim Problemlösen helfen können. Georg Pólya hat 1945 ein Buch darüber geschrieben, welche Strategien beim Bearbeiten von mathematischen Problemen helfen können. Einige Beispiele für solche Problemlösestrategien – auch „Heuristiken" genannt – findest du rechts im Kasten.
Nachfolgend findest du mehrere Lösungsansätze für das Parkwächterproblem. Welche Problemlösestrategien sind in jedem Ansatz befolgt worden?
Entwickle aus diesen Ansätzen eine vollständige Lösung.

Georg Pólya
* Budapest 13.12.1887
† Palo Alto 7.9.1985

Heuristik ⟨**griech.**⟩ methodische Anleitung, Verfahren zum Problemlösen

Wichtige Problemlösestrategien
- Woran erinnert dich die Aufgabe? Kannst du das Problem auf ein bereits gelöstes oder einfacheres Problem zurückführen?
- Erstelle eine Skizze, eine Tabelle oder einen Graphen.
- Probiere mehrere Beispiele aus. Kannst du jetzt verallgemeinern?
- Lässt sich das Problem in einfachere Teilprobleme zerlegen?
- Wenn du das Ergebnis schon weißt, dann arbeite rückwärts.

Wohl der wichtigste Merksatz beim Problemlösen ist der folgende:

Aus Fehlern kann man lernen!

Antonia meint: „Für bestimmte Zeitpunkte ist es einfach, die Positionen zu bestimmen."
Sie stellt eine Tabelle auf.

Uhrzeit	Krause bei km	Schmitz bei km
12:00	0	0
12:15	3	0
12:30	6	5
12:45	9	10
12:35	7	$6\frac{2}{3}$

Bela fertigt eine Skizze an und erklärt: „Das ist wie bei einer Uhr! Der Rundweg ist das Ziffernblatt, und die beiden Parkwächter sind Zeiger."

Chris überlegt: „Dass die Strecke ein Rundweg ist, stört mich. Wie wäre es denn, wenn am Anfang und Ziel zwei unterschiedliche Büros sind?"
Er stellt Terme auf und betrachtet die zugehörigen Graphen mit dem GTR.

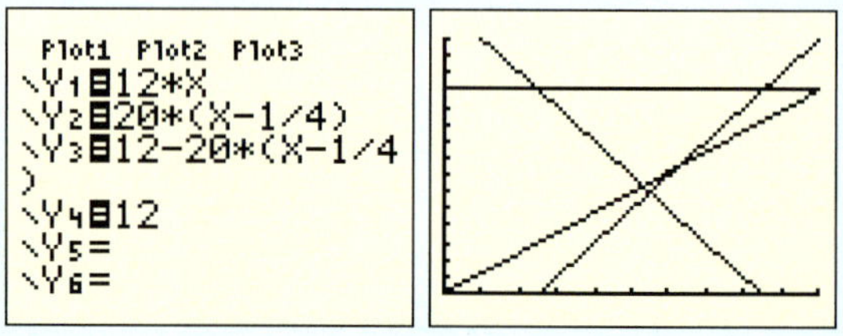

2. Problemaufgaben gibt es in allen Bereichen der Mathematik, auch in der Geometrie. An der nebenstehenden Aufgabe wollen wir die Problemlösestrategien der Reihe nach ausprobieren:

> Von einem Dreieck ist nur Folgendes bekannt:
> a + b = 18 cm; b + c = 24 cm; c + a = 21 cm
> Wie lang sind die Seiten des Dreiecks?

a) „Woran erinnert dich die Aufgabe?“ Schreibe mindestens drei verschiedene Aspekte auf und überlege, ob sie bei einer Lösung helfen können.

b) DGS „Erstelle eine Zeichnung.“ Ein Tipp: Es werden bei dieser Dreiecksaufgabe drei konkrete Längenangaben gemacht. Das hat dich vielleicht an den Kongruenzsatz sss erinnert. Konstruiere ein entsprechendes Dreieck. Wie könnte das gesuchte Dreieck in das gezeichnete eingepasst werden?

c) Immer noch keine Lösung? Also zur dritten Strategie „Ausprobieren“. Setze für a, b und c konkrete Werte ein. Am besten systematisch, indem du eine Tabelle erstellst.

d) „In einfachere Teilprobleme zerlegen“ heißt es in der vierten Strategie.
Zum Beispiel so: Wenn man alle drei Längenangaben addiert, dann erhält man
$18 + 24 + 21 = (a + b) + (b + c) + (c + a) = 2(a + b + c)$.
Der Umfang des gesuchten Dreiecks lässt sich daraus schnell ermitteln. Zeichne es.

3.

> Ein Mann bringt seine Apfelernte in die Stadt. Um hinein zu kommen, muss er 7 Tore passieren. An jedem Tor steht ein Wächter und verlangt von ihm die Hälfte seiner Äpfel und einen Apfel mehr. Zum Schluss hat der Mann nur einen einzigen Apfel übrig.
> Wie viele Äpfel hatte er am Anfang?

Was Rückwärtsarbeiten hier heißt, zeigt die Skizze – womit wir auch eine weitere Problemlösestrategie befolgt haben: „Erstelle eine Zeichnung!“. Ermittle die Lösung, indem du die Zeichnung vervollständigst.

4. Zum Abschluss einige Aufgaben, an denen ihr eure Problemlösefähigkeiten selbst erproben könnt. Denkt daran: Natürlich geht es auch darum, die Aufgaben zu lösen. In erster Linie aber sollt ihr versuchen, die Problemlösestrategien anzuwenden. Vielleicht kommt ihr so zu verschiedenen Lösungswegen. Stellt sie in der Klasse einander vor. Wer hat die überzeugendste Lösung? Wer die kürzeste? Bei wem kann noch verbessert werden?

a) Die Tante hat 20 Lakritzbonbons mitgebracht, von denen Babette und Fabian gleich jeder einen aufgegessen haben. Den Rest wollen sie aufteilen, wobei Fabian doppelt so viel wie Babette bekommen soll, da er Geburtstag hat.

b) Von ihrem Standpunkt aus sieht Greta die Rotoren zweier Windräder genau hintereinander. Ein Windrad ist mit 3 Sekunden pro voller Umdrehung doppelt so schnell wie das andere. Und so sieht Greta mal alle sechs Blätter der beiden Rotoren, mal nur drei, wenn sie sich überdecken. Wie lange dauert es von einer Überdeckung zur nächsten, wenn beide Rotoren gegenläufig sind bzw. wenn sie in dieselbe Richtung laufen?

c) Ein Holzwürfel wird blau angemalt und wie links abgebildet in kleine Holzwürfel zersägt. Einige der kleinen Würfel weisen drei blaue Seiten auf, einige andere nur zwei oder eine oder gar keine.
Wie viele sind das jeweils, wenn n die Anzahl der kleinen Würfel an einer Kante des großen Würfels angibt?

1.9 Formeln – Gleichungen mit Parametern

1.9.1 Umformen von Formeln

Einstieg

Von zwei Rechtecken sind jeweils der Umfang u und eine Seitenlänge gegeben.

a) Berechnet die andere Seitenlänge für: (1) u = 20 cm; a = 6 cm (2) u = 24,3 cm; a = 4,2 cm

b) Erstellt eine Formel zur Berechnung der Seitenlänge b.

Aufgabe 1

Für den Flächeninhalt eines Dreiecks gilt die Formel: $A = \frac{g \cdot h}{2}$

Gegeben sind von einem Dreieck der Flächeninhalt A und die Höhe h. Berechne die Seitenlänge g.

Beispiel: $A = 9{,}165\ \text{cm}^2$; $h = 3{,}9\ \text{cm}$

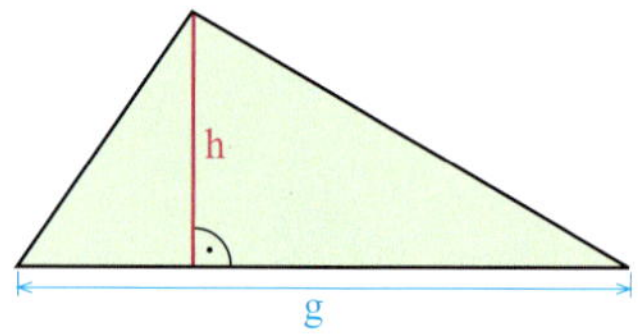

Lösung

Durch Anwenden der Umformungsregeln für Gleichungen isolieren wir in der Formel $A = \frac{g \cdot h}{2}$ die Variable g (z. B. auf der linken Seite).

$$A = \frac{g \cdot h}{2}$$

Zunächst vertauschen wir beide Seiten.

$$\frac{g \cdot h}{2} = A \quad | \cdot 2$$

$$g \cdot h = 2A \quad | : h$$

$$g = \frac{2A}{h}$$

Die Division durch h auf beiden Seiten der Gleichung ist eine Äquivalenzumformung, da h als Höhe positiv und damit ungleich 0 ist.

Beachte: Die Multiplikations- und Divisionsregel für Gleichungen gilt nur, falls mit einer Zahl ungleich 0 multipliziert (durch eine Zahl ungleich 0 dividiert) wird.

Beispiel: $A = 9{,}165\ \text{cm}^2$; $h = 3{,}9\ \text{cm}$;

also: $g = \frac{2A}{h} = \frac{2 \cdot 9{,}165\ \text{cm}^2}{3{,}9\ \text{cm}} = \frac{18{,}33\ \text{cm}^2}{3{,}9\ \text{cm}} = 4{,}7\ \text{cm}$

Ergebnis: Die Seitenlänge beträgt 4,7 cm.

Weiterführende Aufgabe

2. *Formel für den Flächeninhalt eines Trapezes – Umformen mit CAS*

a) In Formelsammlungen findest du für den Flächeninhalt eines Trapezes die Formel:

$$A = \frac{(a + c) \cdot h}{2}$$

Begründe diese Formel. Es sind mehrere Wege möglich.

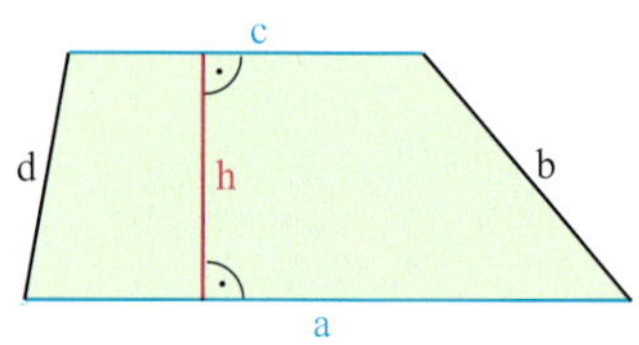

b) Isoliere

(1) die Variable h;

(2) die Variable a.

Kontrolliere mithilfe eines Computer-Algebra-Systems.

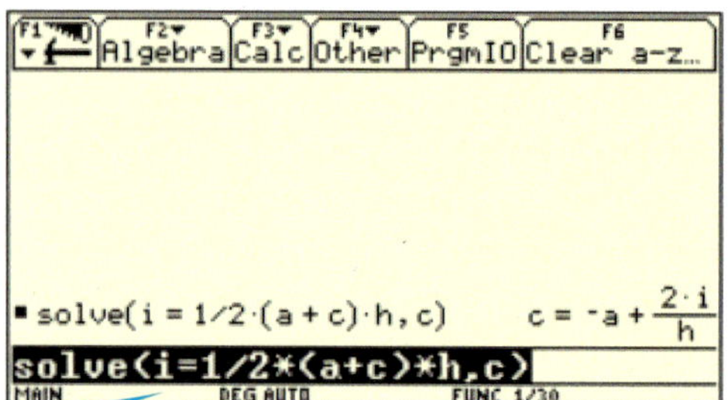

i statt A, da die meisten CAS nicht zwischen Groß- und Kleinbuchstaben unterscheiden.

Übungsaufgaben

3. Die Formel für den Oberflächeninhalt eines Quaders lautet:
$O = 2ab + 2ac + 2bc$.
Isoliere die Variable a [die Variable b; die Variable c] auf einer Seite der Gleichung.
Berechne den Wert für die fehlende Variable (Maße bei O in cm^2, bei a, b und c in cm).

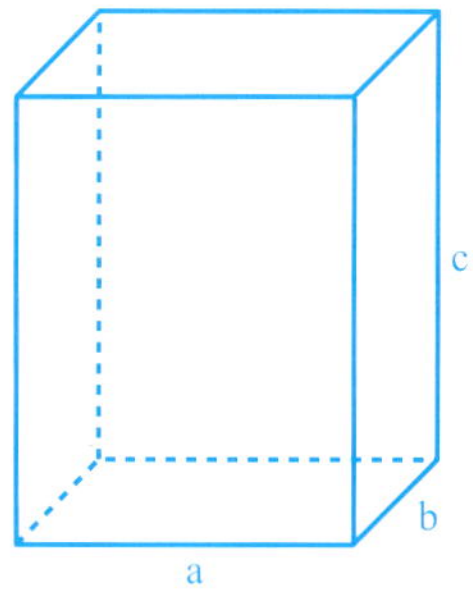

a) $O = 69{,}98$; $a = 2{,}9$; $b = 3{,}3$

b) $O = 80$; $a = 6{,}0$; $c = 2{,}5$

c) $O = 90$; $a = 2{,}5$; $b = 3{,}5$

4. Stelle eine Formel für die Gesamtlänge k aller Kanten eines Quaders auf. Isoliere in der Formel die Variable a [die Variable b; die Variable c] auf der einen Seite.
Bilde selbst Zahlenbeispiele.

5. Die Formel für das Volumen eines Quaders lautet: $V = a \cdot b \cdot c$.
Isoliere die Variable a [die Variable b; die Variable c] auf einer Seite der Gleichung.
Beispiele: (1) $V = 900\ m^3$; $b = 3\ m$; $c = 8\ m$ (2) $V = 720\ cm^3$; $a = 3{,}5\ cm$; $c = 4{,}5\ cm$
Berechne die fehlende Seitenlänge.

6. Zum Firmenjubiläum schreibt ein Kaufhaus seinen Kunden in einem Monat für jeden Einkauf 7,5 % der Einkaufssumme als Bonuspunkte gut. Dabei wird auf ganze Bonuspunkte abgerundet.

a) Berechne, wie viele Bonuspunkte es für folgende Einkäufe gibt:
19,95 €, 37,35 €, 259,00 €, 79,53 €.

b) Zur schnellen Berechnung der Anzahl der Bonuspunkte kann eine Tabellenkalkulation verwendet werden. Erstelle zunächst eine Formel, mit der man die (ungerundete) Zahl der Bonuspunkte aus der Einkaufssumme berechnen kann.

TAB **c)** Berechne mithilfe eines Tabellenkalkulations-Programmes die Anzahl der Bonuspunkte für die Einkäufe: 32,56 €, 49,87 €, 197,45 €, 299,00 €, 275,89 €.

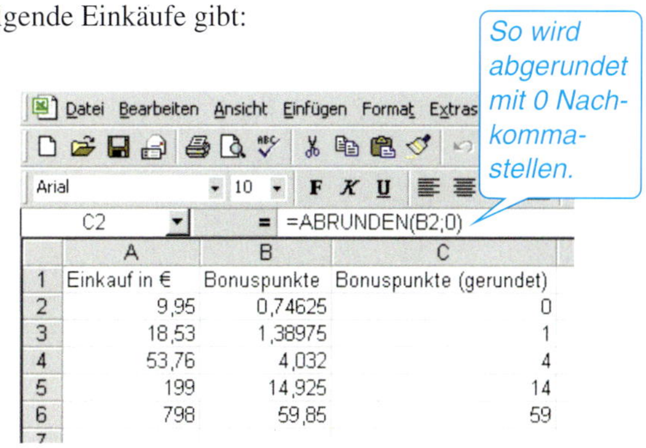

	A	B	C
1	Einkauf in €	Bonuspunkte	Bonuspunkte (gerundet)
2	9,95	0,74625	0
3	18,53	1,38975	1
4	53,76	4,032	4
5	199	14,925	14
6	798	59,85	59

d) Um an der Verlosung des Hauptgewinnes teilnehmen zu können, benötigt Frau Bode noch 13 Bonuspunkte. Für wie viel Euro muss sie noch einkaufen, um diese zu erhalten?

e) Forme die Formel aus Teilaufgabe b) so um, dass man sie zur Berechnung der nötigen Einkaufssumme zu vorgegebener Anzahl von Bonuspunkten verwenden kann.

7. Geschäftsleute und Firmen benötigen für das Finanzamt die Rechnungsbeträge ausschließlich Mehrwertsteuer.

a) Herr Grotjahn hat für seine Bäckerei ein neues Regal für 298 € einschließlich Mehrwertsteuer gekauft. Berechne den Preis ohne Mehrwertsteuer.

b) Erstelle eine Formel, mit der man aus dem Rechnungsbetrag einschließlich Mehrwertsteuer den Rechnungsbetrag ohne Mehrwertsteuer ermitteln kann.

TAB **c)** Berechne mithilfe eines Tabellenkalkulations-Programmes die Beträge ohne Mehrwertsteuer für folgende Rechnungsbeträge einschließlich Mehrwertsteuer:
239 €, 199,95 €, 159,00 €, 395 €, 99,99 €.

1.9.2 Lösen von Gleichungen mit Parametern

Einstieg

a) Bestimmt die Lösungsmengen der Gleichungen.

(1) $(x+1)^2 - x(x+2) = x$ (3) $(x+3)^2 - x(x+6) = x$ (5) $(x+5)^2 - x(x+10) = x$

(2) $(x+2)^2 - x(x+4) = x$ (4) $(x+4)^2 - x(x+8) = x$ (6) $(x+6)^2 - x(x+12) = x$

b) Sicherlich sind euch Gemeinsamkeiten der Gleichungen und auch der Lösungsmengen aufgefallen. Formuliert eine allgemeine Vermutung und beweist diese.

Aufgabe 1

a) Bestimme die Lösungsmenge der Gleichung.

(1) $(x+1)^2 - (x-1)^2 = 1$ (3) $(x+3)^2 - (x-3)^2 = 9$ (5) $(x+5)^2 - (x-5)^2 = 25$

(2) $(x+2)^2 - (x-2)^2 = 4$ (4) $(x+4)^2 - (x-4)^2 = 16$ (6) $(x+6)^2 - (x-6)^2 = 36$

b) Die Gleichungen in Teilaufgabe a) haben eine bestimmte Form. Beschreibe diese mithilfe einer Variablen und äußere eine Vermutung über die Lösungsmenge. Beweise diese auch.

Lösung

a) Durch Umformung ergibt sich

(1) $(x+1)^2 - (x-1)^2 = 1 \quad L = \{\frac{1}{4}\}$ (4) $(x+4)^2 - (x-4)^2 = 16 \quad L = \{1\}$

(2) $(x+2)^2 - (x-2)^2 = 4 \quad L = \{\frac{1}{2}\}$ (5) $(x+5)^2 - (x-5)^2 = 25 \quad L = \{\frac{5}{4}\}$

(3) $(x+3)^2 - (x-3)^2 = 9 \quad L = \{\frac{3}{4}\}$ (6) $(x+6)^2 - (x-6)^2 = 36 \quad L = \{\frac{3}{2}\}$

b) Alle Gleichungen aus Teilaufgabe a) haben die Form

$(x+a)^2 - (x-a)^2 = a^2$

mit einem bestimmten Wert für a. Für $a = 1$ ergibt sich Gleichung (1), …, für $a = 6$ ergibt sich Gleichung (6).

Die Ergebnisse aus Teilaufgabe a) legen die *Vermutung* $L = \{\frac{a}{4}\}$ nahe.

Zum Bestimmen der Lösungsmenge wendet man zunächst die binomischen Formeln an

$$\begin{aligned} x^2 + 2ax + a^2 - [x^2 - 2ax + a^2] &= a^2 \\ x^2 - 2ax + a^2 - x^2 + 2ax - a^2 &= a^2 \\ 4ax &= a^2 \end{aligned}$$

Fall 1: Ist $a \neq 0$, so kann man die Gleichung durch $4a$ dividieren und erhält:

$x = \frac{a^2}{4a} = \frac{a}{4}$

Dies bestätigt die Vermutung.

Fall 2: Ist $a = 0$, so kann man die Gleichung nicht durch $4a$ dividieren, da dann $4a = 0$ ist. Die Gleichung lautet in diesem Fall $0x = 0$; ihre Lösungsmenge ist die Menge $\mathbb{Q}$ aller rationalen Zahlen. Für den Spezialfall $a = 0$ trifft die Vermutung *nicht* zu.

Ergebnis: Die Gleichung $(x+a)^2 - (x-a)^2 = a^2$ hat die Lösungsmenge

$L = \{\frac{a}{4}\}$, falls $a \neq 0$, und $L = \mathbb{Q}$, falls $a = 0$.

Information

Soll man die Lösungsmenge einer Gleichung mit mehr als einer Variablen bestimmen, so muss man wissen, welche Variable **Lösungsvariable** ist und welche Variablen **Parameter** sind.

Beim Bestimmen der Lösungsmenge muss man die Gleichung so umformen, dass die Lösungsvariable isoliert auf einer Seite steht.

Übungsaufgaben

2. Bestimme die Lösungsmenge; x ist Lösungsvariable.

a)	b)	c)	d)
$2x - a = 0$	$\frac{x}{2} - 5a = 0$	$3x + 12a = 0$	$x - a = 4x + 3a$
$7x - 28a = 0$	$7(x + c) = 0$	$5(x - a) = 0$	$8x + 3a = x - a + 4$

1.10 Gleichungen vom Typ $T_1 \cdot T_2 = 0$

Einstieg

a) Unter den Zahlen im Korb rechts sind die Lösungen folgender Gleichungen.
$(x + 1)(x - 3) = 0$
$(x - 2)(x - 7) = 0$
$(2x + 6)(x + 15) = 0$
Stelle möglichst einfach fest, welche Gleichungen welche Lösungen hat.

b) Was ist euch in Teilaufgabe a) aufgefallen? Versucht, ein Verfahren für das Lösen solcher Aufgaben zu finden. Begründet auch.

Einführung

Bestimme die Lösungsmenge der Gleichung $(x - 5) \cdot (x + 3) = 0$. Bei dieser Gleichung führt das Ausmultiplizieren *nicht* auf eine einfach lösbare Gleichung. Zeige das.
Einfacher ist folgender Weg: Überlege, wann das Ergebnis einer Multiplikation null sein kann. Wenn beide Faktoren verschieden von null sind, ist auch das Ergebnis nicht null. Also:
$(x - 5) \cdot (x + 3) = 0$ kann nur erfüllt sein, wenn
$(x - 5) = 0$ *oder* $(x + 3) = 0$, sonst nicht. Also:
$x = 5$ *oder* $x = -3$

Probe für die Zahl 5:

$(5 - 5) \cdot (5 + 3) = 0$ (wahr?)	
LS: $(5 - 5) \cdot (5 + 3)$ $= 0 \cdot 8$ $= 0$	RS: 0

Probe für die Zahl –3:

$(-3 - 5) \cdot (-3 + 3) = 0$ (wahr?)	
LS: $(-3 - 5) \cdot (-3 + 3)$ $= -8 \cdot 0$ $= 0$	RS: 0

Ergebnis: Die Gleichung $(x - 5) \cdot (x + 3) = 0$ hat die Lösungsmenge $L = \{5; -3\}$.

Information

(1) Null als Ergebnis einer Multiplikation

Die Lösung der obigen Gleichung gelang durch Anwendung des folgenden Satzes:

> Ein Produkt ist gleich 0, wenn mindestens ein Faktor 0 ist, sonst nicht.

Jn der lateinischen Sprache wird zwischen dem ausschließenden *oder* (aut) und dem einschließenden (vel) unterschieden.

(2) Lösen einer Gleichung vom Typ $T_1 \cdot T_2 = 0$

Zum Lösen einer Gleichung von der Form, dass das Produkt zweier Terme T_1 und T_2 den Wert null haben soll, geht man so vor:

$T_1 \cdot T_2 = 0$
$T_1 = 0$ *oder* $T_2 = 0$

$(x - 3) \cdot (6 - 2x) = 0$
$x - 3 = 0$ *oder* $6 - 2x = 0$
$x = 3$ *oder* $6 = 2x$
$x = 3$ *oder* $3 = x$
$L = \{3\}$

Das *oder* hier ist kein ausschließendes *entweder … oder …*
Es kann auch vorkommen, dass beide Terme zugleich null sind.

Übungsaufgaben

1. Bestimme die Lösungsmenge.

a) $(x - 4)(x - 9) = 0$
$(x - 5)(x + 3) = 0$
$(x - 8)(3 - x) = 0$

b) $(x - 1{,}5)(x - 2) = 0$
$(x + 1{,}1)(x + 6{,}6) = 0$
$(4{,}5 - x)(0{,}2 + x) = 0$

c) $y(y - 10) = 0$
$(z - 3{,}5)z = 0$
$(0{,}1 - z)z = 0$

2. Bestimme die Lösungsmenge.

a) $(3x - 6)(x + 4) = 0$
$(x - 11)(5x - 20) = 0$
$x(7x + 35) = 0$
$(9x - 99)(8 - x) = 0$
$(5 - 10x)(9 + 3x) = 0$

b) $(6x + 18)(2x - 14) = 0$
$(24 - 8x)(30 - 6x) = 0$
$(9x + 9)(7x + 21) = 0$
$(12x - 36)(33 - 11x) = 0$
$(14 + 2x)(14 - 2x) = 0$

c) $y(2y - 5) = 0$
$3z(12 + 5z) = 0$
$(8x - 12)x = 0$
$(16 + 10y)7y = 0$
$-z(35 - 7z) = 0$

3. Gebt jeder eine Gleichung an, die folgende Lösungsmenge hat. Vergleicht eure Gleichungen. Erklärt euch gegenseitig, wie ihr vorgegangen seid.

a) $\{4; 8\}$ **b)** $\{-7; 3\}$ **c)** $\{-2; -5\}$ **d)** $\{0; 6\}$ **e)** $\{\frac{3}{4}; -\frac{1}{2}\}$

4. Kontrolliere die Hausaufgaben von Tom, Tina, Tobias und Urs.

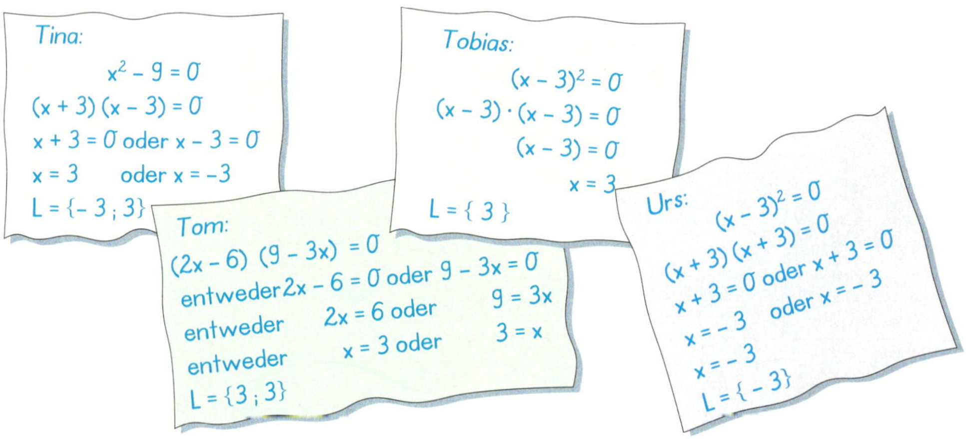

5. Bestimme die Lösungsmenge.

a) $x^2 - 7x = 0$
$x^2 + 5x = 0$
$4x - x^2 = 0$
$11x + x^2 = 0$

b) $x^2 - 9 = 0$
$y^2 - 64 = 0$
$25 - x^2 = 0$
$49 - x^2 = 0$

c) $6x^2 - 24 = 0$
$11z^2 - 11 = 0$
$40 - 10x^2 = 0$
$135 - 15x^2 = 0$

d) $3x^2 + 5x = 0$
$7x^2 - x = 0$
$4x - 11x^2 = 0$
$-3x - 2x^2 = 0$

6. Bestimme die Lösungsmenge; Lösungsvariable ist x.

a) $(x - a)(x - 7) = 0$
b) $(x + s)(x - p) = 0$
c) $(x + r)(x + s) = 0$
d) $x(x - a) = 0$
e) $(2x - r)(x - 5) = 0$
f) $(3x - c)(4x + c) = 0$

7. Bestimme die Lösungsmenge. Beachte dabei: Du musst zunächst eine Termumformung wie Ausklammern oder Anwenden einer binomischen Formel durchführen.

a) $x^2 - 4x + 4 = 0$
$x^2 + 10x + 25 = 0$
$x^2 - 3x + \frac{9}{4} = 0$

b) $x^2 + 24x + 144 = 0$
$x^2 - 0{,}2x + 0{,}01 = 0$
$x^2 + \frac{1}{3}x + \frac{1}{36} = 0$

c) $(x - 3)(x - 4) = 12$
$(x - 2)(x + 4) + 8 = 0$
$(8y + 2)(9y + 3) = 6$

8. Fülle die Lücke im Heft aus, sodass die Gleichung die angegebene Lösungsmenge hat.

a) $(3x - 21)(5x - \square) = 0;$ $\{7; 5\}$
b) $(2x + \square)(4x - 12) = 0;$ $\{3; 8\}$
c) $(7x - \square)(3x + 9) = 0;$ $\{-3; 0\}$
d) $(\square \cdot x + 7)\,8x = 0;$ $\{1; 0\}$
e) $(\square \cdot x - 1)(x + 6) = 0;$ $\{-6; 0{,}1\}$
f) $(\square \cdot x + 8)(x + 4) = 0;$ $\{-4\}$

1.11 Aufgaben zur Vertiefung

1. **a)** In den Term $2n$ werden nacheinander die Zahlen 1, 2, 3, 4, 5, … eingesetzt. Welche Zahlen erhält man als Wert des Terms?

b) Stelle einen Term auf, der beim Einsetzen von 1, 2, 3, 4, 5, … die ungeraden Zahlen ab 1 [ab 3] liefert.

c) Bilde die Differenz zweier benachbarter Quadratzahlen. Welche Zahlen erhältst du? Begründe dies.
Anleitung: $(n+1)^2 - n^2 = ?$

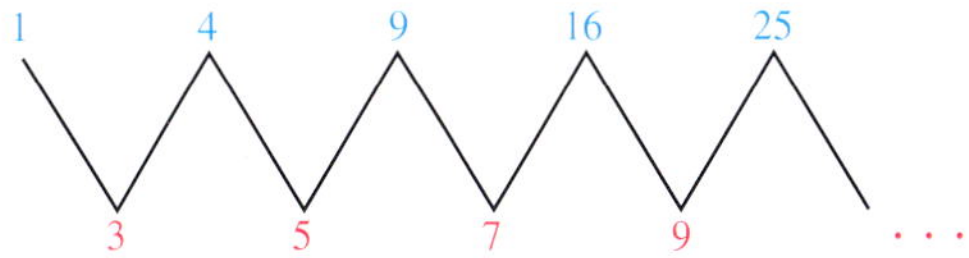

2. **a)** Setze die nebenstehende Folge von Quadraten fort.
(1) Welche Gesetzmäßigkeiten erkennst du über die Anzahl der Punkte?
(2) Das Quadrat soll n Punkte auf einer Seite haben. Wie viele Punkte hat es dann insgesamt?
Erstelle einen Term und begründe damit die in Teilaufgabe (1) gefundene Gesetzmäßigkeit.

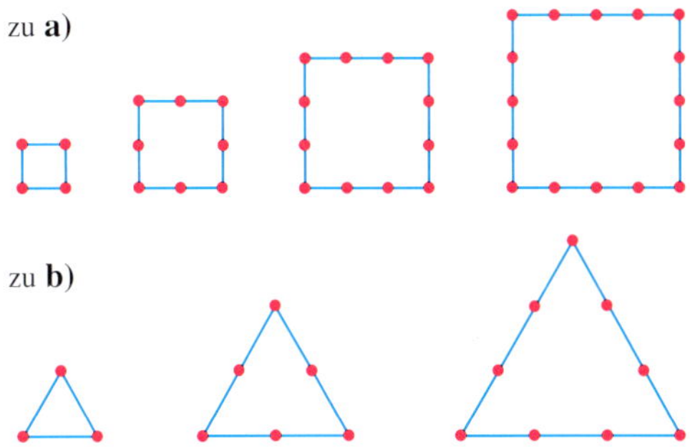

b) Führe ähnliche Überlegungen wie in der Teilaufgabe a) mit der Folge von Dreiecken durch.

3. **a)** Bilde das Produkt aus einer natürlichen Zahl und der übernächsten natürlichen Zahl. Berechne mehrere Beispiele. Was fällt auf? Begründe.

b) Zeige: Die Summe der Quadrate zweier aufeinander folgenden natürlichen Zahlen ist um 1 größer als das doppelte Produkt dieser Zahlen.

4. **a)** Zeige an der Figur rechts, dass für $a, b, c > 0$ gilt:
$(a+b+c)^2 = a^2 + b^2 + c^2 + 2ab + 2ac + 2bc$

b) Weise nach, dass die Formel aus Teilaufgabe a) auch für negative Zahlen gilt.

c) Berechne mithilfe der Formel von Teilaufgabe a).

(1) $(a-b+c)^2$	(4) $(7a-2b-8c)^2$
(2) $(a+b-c)^2$	(5) $(p^2-3p+1)^2$
(3) $(4a+2b+3c)^2$	(6) $(2a^2+b^2+3c)^2$

CAS **d)** Stelle selbst Aufgaben, die du mithilfe der Formel aus Teilaufgabe a) bearbeiten kannst. Kontrolliere mit einem CAS.

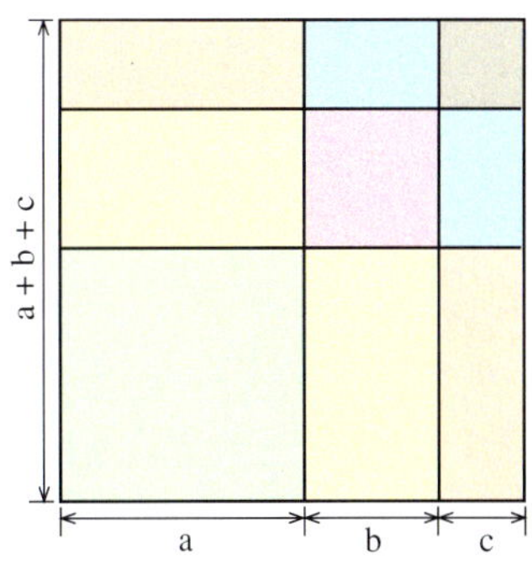

5. Der Entwurf für das Firmen-Logo einer Fluggesellschaft soll in verschiedenen Größen aufgedruckt werden.

a) Erstelle einen Term für die Größe der blauen [silbernen] Fläche.

b) Wie groß sind die Flächen für a = 2 cm [5 cm; 30 cm]?

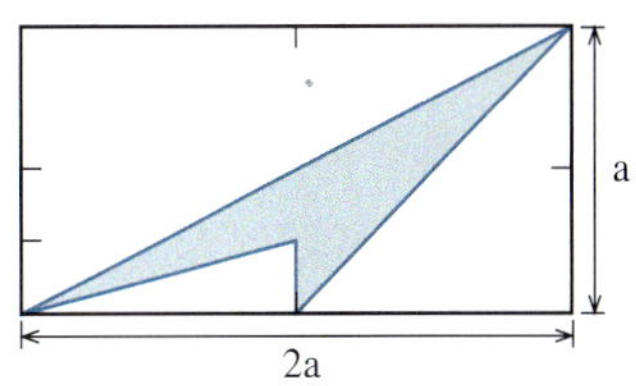

Bist du fit?

1. Löse die Klammern auf und vereinfache, wenn möglich.

a) $3a(7b+c)$ **b)** $8x(9y-12z)$ **c)** $(x^2+1)\cdot 2x$ **d)** $-r(2r-s)$ **e)** $x-(2x-3)$ **f)** $7a^2-a(5+a)$ **g)** $(9a+2)(3+b)$ **h)** $(7p-q)(2+q)$ **i)** $(3u-2v)(u-4v)$ **j)** $(2x+3)^2$ **k)** $(4a-2b)^2+166\cdot a$ **l)** $(p+2q)(p-2q)$

2. **a)** $6(a-24b)+3(5b-2a)$ **b)** $r(4-12s)-4s(3r+1)$ **c)** $-u(v-7)-(1-u)$ **d)** $(7x-5y)^2-(5y-7x)^2$ **e)** $(4a-3b)(a+5b)-(2a+b)^2$ **f)** $9(3x-5y)+(8x-3)(5y+1)$

3. Bestimme die Lösungsmenge.

a) $(2-x)^2=(2+x)^2$
b) $(8x-6)(4x-2)=32x^2+52$
c) $(6+x)^2=x(4+x)+44$
d) $(2x-8)(2x+10)=4x^2-64$
e) $(3x+9)(4x-8)=(x-1)(12x+60)+132$
f) $(2y-8)(y+5)\cdot 2=(2y+8)(2y-8)$
g) $7(2x-2)=6(4x+7)$
h) $(2x-2)(3x-6)-(3x-6)-(3x-27)2x=0$

4. **a)** Stelle auf zwei verschiedene Weisen einen Term auf, der den Flächeninhalt der stark umrandeten Figur angibt.

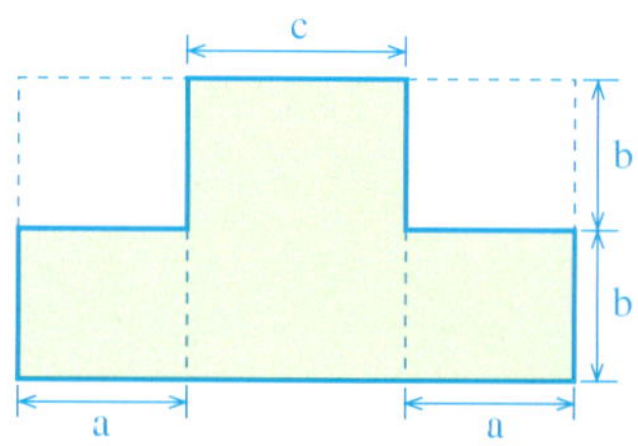

b) Berechne den Wert beider Terme: 6 für a, 3 für b und 8 für c [2,4 für a; 3,5 für b; 7,2 für c]; Maße in cm.

c) Zeige durch Termumformung, dass beide Terme wertgleich zueinander sind.

d) Timo hat den Term $2b\cdot(a+b)$ erstellt. Prüfe, ob dies stimmt.

e) Wie groß muss die Länge c sein, wenn a = 5, b = 4 (Maße in cm) und der Flächeninhalt 104 cm² beträgt?

f) Stelle einen Term für den Umfang der Figur auf; berechne ihn für die Maße aus Teilaufgabe b).

5. Klammere so aus, dass der Term in der Klammer möglichst einfach wird.

a) $12ab+7bc$; $-4x-4y$ **b)** $40xy-25xz$; $-5x^2-10xy$ **c)** $45-27ab+36x^2$; $-24a-30b+66b$ **d)** $0{,}9u-0{,}9u^2+0{,}9u$; $\frac{r}{2}+\frac{r^2}{2}-\frac{3}{2}rs$

6. Faktorisiere.

a) $16x^2-25y^2$ **b)** $64x^2-192xy+144y^2$ **c)** $5x^2+10xy+5y^2$

7. Ein quadratisches Eckgrundstück muss an zwei benachbarten Seiten einen 1 m breiten Streifen für die Anlage eines neuen Fahrradweges abgeben. Dadurch verringert sich seine Größe um 57 m². Berechne die neue Grundstücksgröße.

8. Essigessenz enthält 20 % Essigsäure, gewöhnlicher Essig 5 %.
Essigessenz soll mit so viel gewöhnlichem Essig vermischt werden, dass 10%iger Essig für Reinigungszwecke entsteht.
In welchem Mengenverhältnis muss man Essigessenz und Essig mischen?
Tipp: Beginne mit einem selbst gewählten Beispiel.

Bleib fit im ...
Umgang mit dem Dreisatz

Zum Aufwärmen

1. Zuckerrüben werden zur Herstellung von Zucker verwendet. Aus 100 kg Zuckerrüben erhält man 18 kg Zucker.

a) Wie viel Zucker kann man aus 200 kg, 300 kg, 150 kg, 650 kg Zuckerrüben erzeugen?

b) Es sollen 180 kg, 90 kg, 900 kg, 45 kg Zucker hergestellt werden. Wie viel Zuckerrüben werden dafür benötigt?

2. Ein Rechteck ist 72 mm lang und 36 mm breit. Wie breit ist ein Rechteck mit gleichem Flächeninhalt, wenn es 36 mm, 24 mm, 18 mm, 144 mm, 108 mm lang ist?

Zum Erinnern

Eine Größe heißt **proportional** zu einer zweiten Größe, wenn die folgende Regel gilt:
Verdoppelt (verdreifacht, vervierfacht, ...) man einen Wert der ersten Größe, so *verdoppelt* (verdreifacht, vervierfacht, ...) sich auch der zugehörige Wert der zweiten Größe.

Eine Größe heißt **antiproportional** zu einer zweiten Größe, wenn die folgende Regel gilt:
Verdoppelt (verdreifacht, vervierfacht, ...) man einen Wert der ersten Größe, so *halbiert* (drittelt, viertelt, ...) sich auch der zugehörige Wert der zweiten Größe.

Lösungsverfahren für Dreisatzaufgaben

Prüfe zunächst, ob die Größen proportional oder antiproportional zueinander sind.

Löse die Aufgabe dann mithilfe einer Tabelle:

(1) Trage das gegebene Wertepaar und den dritten bekannten Wert ein.
(2) Finde einen geeigneten Hilfswert.
(3) Fülle die Lücken entsprechend den Regeln für proportionale oder antiproportionale Zuordnungen aus.

Ist die Zuordnung der ersten Größe zur zweiten weder proportional noch antiproportional, so kann man die Aufgabe nicht mit dem Dreisatz lösen.

Beispiele:

Benzinkauf an einer Tankstelle

	Benzin-Volumen (in *l*)	Preis (in €)	
	40	60,80	
: 8	5	□	: 8
· 9	45	□	· 9

Frühjahrspflege eines Parks

	Anzahl der Gärtner	Benötigte Arbeitstage	
	18	12	
: 18	1	□	· 18
· 24	24	□	: 24

Zum Trainieren

3. Bei einer Tankstelle betrug die Rechnung für 10 *l* Superbenzin 15,09 €. Fülle die Tabelle aus.

Volumen (in *l*)	10	50	40	26	36
Preis (in €)	15,09				

4. In einem alten Rezept für eine Fleischfüllung werden neben anderen Zutaten 150 g Fleisch, 30 g Speck und 2 geriebene Kartoffeln empfohlen. Wie viel Speck und Kartoffeln sollte man zu 250 g Fleisch hinzu fügen?

5. Eine überschwemmte Tiefgarage könnte durch vier gleich starke Pumpen in 10 Stunden leergepumpt werden.

a) Wie lange dauert der Vorgang, wenn nur zwei solcher Pumpen zur Verfügung stehen?

b) Wie viele solcher Pumpen benötigt man, um die Tiefgarage in 8 Stunden leerzupumpen?

6. Bei der Montage von Deckenbrettern rechnet man, dass ein Paket mit 100 Schraubkrallen für eine Fläche von 5,5 m^2 reicht.

a) Wie viele Schraubkrallen sollte man für das Montieren bei einer Deckenfläche von 22 m^2 bereitstellen?

b) Für welche Fläche reichen 3 Pakete mit je 250 Krallen?

7. Beim Füllen eines Öltanks sind nach 6 min erst 1 500 *l* Heizöl in den Tank gepumpt worden. Wie lange dauert es noch, bis die restlichen 3 500 *l* Heizöl im Tank sind?

8. Erik und Jan besteigen einen Aussichtsturm. Vom Eingang führen 50 gleich hohe Stufen bis zum ersten Aussichtspunkt. Beim Hinaufsteigen stellt Jan fest, dass der 1,62 m große Erik so hoch wie 9 Stufen ist.

a) Wie hoch liegt der erste Aussichtspunkt über dem Eingang?

b) Der zweite Aussichtspunkt liegt 35 Stufen über dem ersten Aussichtspunkt. Wie hoch liegt der zweite Aussichtspunkt über dem Eingang?

PET
Abkürzung für Polyethylenterephthalat
hochbeständiger, fester Kunststoff

9. Ein Getränkebetrieb füllte bisher Mineralwasser in Glasflaschen mit 0,7 *l* Inhalt ab. In jedem Kasten waren 12 Flaschen. Die Produktion wird jetzt auf PET-Flaschen mit 1,25 *l* Inhalt umgestellt. Die neuen Kästen enthalten jeweils 8 Flaschen.

a) Wie viele Glasflaschen bzw. alte Kästen benötigte man bisher für 21 000 *l* Mineralwasser?

b) Wie viele PET-Flaschen bzw. neue Kästen benötigt man jetzt für 21 000 *l* Mineralwasser?

c) Welche Menge (in Liter) an Mineralwasser enthalten 1 000 alte bzw. 1 000 neue Kästen?

10. Bei einer durchschnittlichen Geschwindigkeit von 80 $\frac{km}{h}$ legt Frau Berger mit dem Auto in 3 h 15 min eine Strecke von 260 km zurück.

a) Wie weit fährt sie bei 80 $\frac{km}{h}$ in 4 Stunden?

b) Wie lange würde Frau Berger für 260 km mit einer Geschwindigkeit von 90 $\frac{km}{h}$ brauchen?

11. Norman benötigte für einen 42 km langen Lauf 2 h 20 min. Warum kann man nicht mit einem Dreisatz-Verfahren berechnen, wie lange Norman für einen Halbmarathon-Lauf von 21 km brauchen wird?

2. LINEARE FUNKTIONEN

E·O·F
ermöglicht Ihnen günstige Möglichkeiten
3 €
Grundgebühr
einschließlich 3 Stunden
0,02 €
je weitere Minute

i-online
Internet-Tarif für Viel-Surfer
4 €
Grundgebühr einschließlich 2 Stunden
0,01 € je weitere Minute

INTER-CHAT
Ohne Grundgebühr!
Sie zahlen nur für Ihre Zeit im Netz
0,03 € pro Minute

COMPUTER-TIPP vergleicht Internet-Tarife
Der günstigste Anbieter für Sie auf einen Blick

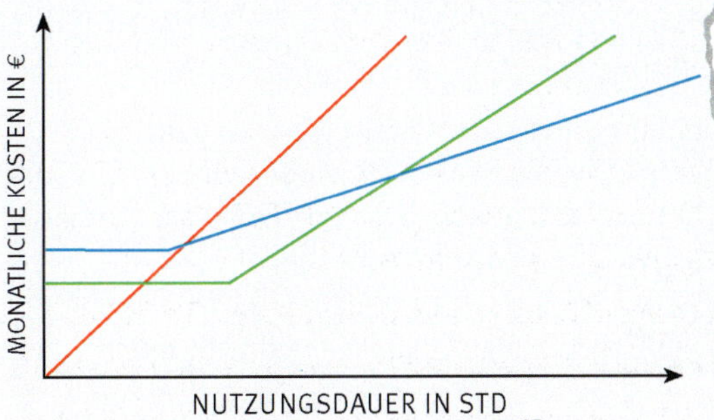

- Überprüfe die Angaben von Computer-Tipp und Net-Praxis für einige Beispiele.

NET-PRAXIS vergleicht

Dauer \ Provider	E·O·F	i-online	INTER-CHAT
2h	3,00	4,00	3,60
5h	5,40	5,80	9,00
10h	11,40	8,80	18,00
20h	23,40	14,80	36,00
50h	59,40	32,80	90,00

In den obigen Beispielen werden die Internet-Gebühren als Tarifangaben in Diagrammen und in Tabellen verglichen. Dies sind zwei Darstellungen für die Zuordnung
Nutzungsdauer (in h) → *Monatliche Kosten (in €)*.
In Klasse 7 hast du auch schon Zuordnungen betrachtet.
In diesem Kapitel wirst du spezielle Zuordnungen genauer untersuchen. Mit ihnen lassen sich viele Sachprobleme lösen.

Lernfeld: Eindeutig gerade

Windmessungen

In meteorologischen Stationen wie der auf dem Brocken werden Windgeschwindigkeit und Windrichtung im Laufe eines Tages aufgezeichnet.
Die beiden Grafiken geben die Messungen an einem Tag zwischen 18.00 Uhr und 24.00 Uhr an.
Die Windrichtungen sind in Graden der Windrose angegeben.

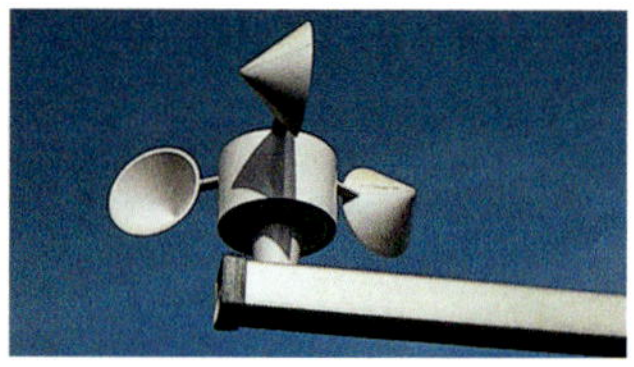

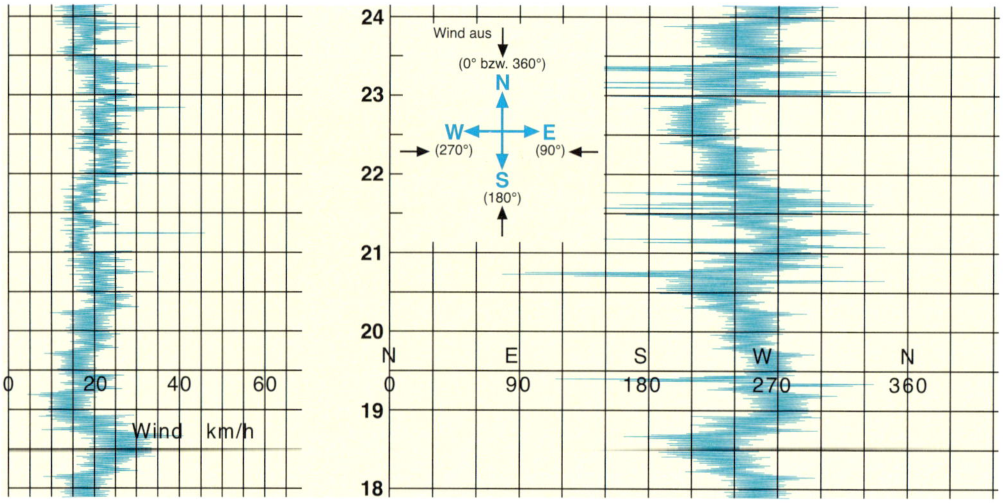

- Beschreibe die beiden Graphen. Welche Informationen kannst du ihnen entnehmen?
- Gib die Zeitpunkte an, zu denen die höchste und die niedrigste Windgeschwindigkeit gemessen wurde.
- Lies die vorherrschende Windrichtung ab und beschreibe dein Vorgehen.

Experimente mit Münzen

In dieser Aufgabe sollt ihr die beiden Experimente *Kipplineal* und *Gummiband* durchführen.

Materialbedarf:

Ein Beutel mit einem Gummiband zum Aufhängen, möglichst Millimeterpapier oder Maßband, ein 20 bis 30 cm langes Lineal, 10 gleiche Münzen.

1. Experiment (Kipplineal):

Ein Lineal wird über eine Tischkante geschoben, bis es kippt. Es werden nach und nach Münzen auf das überstehende Ende gelegt und die überstehende Kipplänge d gemessen.
Führt das Experiment mit 1, 2, … 10 Münzen durch.

2. Experiment (Gummiband):

Hängt den Beutel zunächst ohne Münzen auf und markiert eine „Nulllinie" am Knoten des Gummis auf dem Millimeterpapier. Füllt nach und nach die Münzen ein und markiert jedes Mal die Höhe des Knotens.

- Stellt jeweils Zusammenhänge zwischen der Anzahl der Münzen und der Kipplänge bzw. der Länge des Gummibandes her und stellt sie grafisch dar.
- Erstellt für beide Situationen begründete Prognosen über den Ausgang der Experimente, wenn ihr 15 oder 20 Geldstücke nehmen würdet.

Temperaturen in der Höhe

In dem Bild sind die Daten der durchschnittlichen Temperaturen in einem Monat über die Jahre von 1960 bis 1991 im Juli und Dezember in Abhängigkeit von der Meereshöhe der Messstationen in Bayern dargestellt.

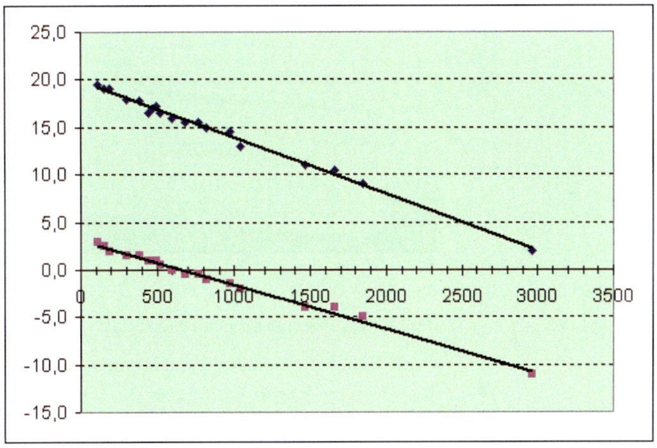

Der Trend ist uns bekannt und klar erkennbar: Je höher ein Ort liegt, umso niedriger ist die Temperatur.

- Benutzt die Grafik und macht genaue Aussagen über diesen Trend.
  Wie verändert sich die Temperatur bei einem Höhenunterschied von 1 000 m?
- Schätzt die Temperatur im Juli und Dezember in einer Höhe von 2 000 m sowie 2 500 m und auf der Zugspitze.
- Bestimmt die Höhe, auf der jeweils die 0 °C-Grenze im Juli und im Dezember ist.
- In der folgenden Tabelle findet ihr die entsprechenden Werte für 16 Schweizer Stationen. Fertigt selbst eine geeignete Graphik an und zeichnet nach Augenmaß geeignete Geraden ein.

Höhe (in m)	1 320	380	450	560	1 600	3 300	1 040	1 590	1 850	1 200	400	500	2 000	350	200	1 000
Temp. im Dez. (in °C)	−1	1	1	0,2	−2	−11	−2	−4,4	−2,2	−1	2	−0,3	−4,6	3,7	1,1	−0,4
Temp. im Juli (in °C)	13,6	18,2	17,5	17,5	10,7	1,3	14,1	11,3	11,5	14,4	19,3	16,5	8,9	20,8	20,6	16,6

- Vergleiche die Trendergebnisse in den beiden Regionen Bayern und der Schweiz.

2.1 Funktionen als eindeutige Zuordnungen

Einstieg

Es gibt verschiedene Meinungen darüber, wie schwer man bei einer bestimmten Körpergröße sein sollte. Die folgenden Vorschläge beziehen sich auf einen erwachsenen Mann. Vergleicht die Vorschläge. Bereitet dazu eine Folie vor, mit der ihr eure Ergebnisse präsentiert.

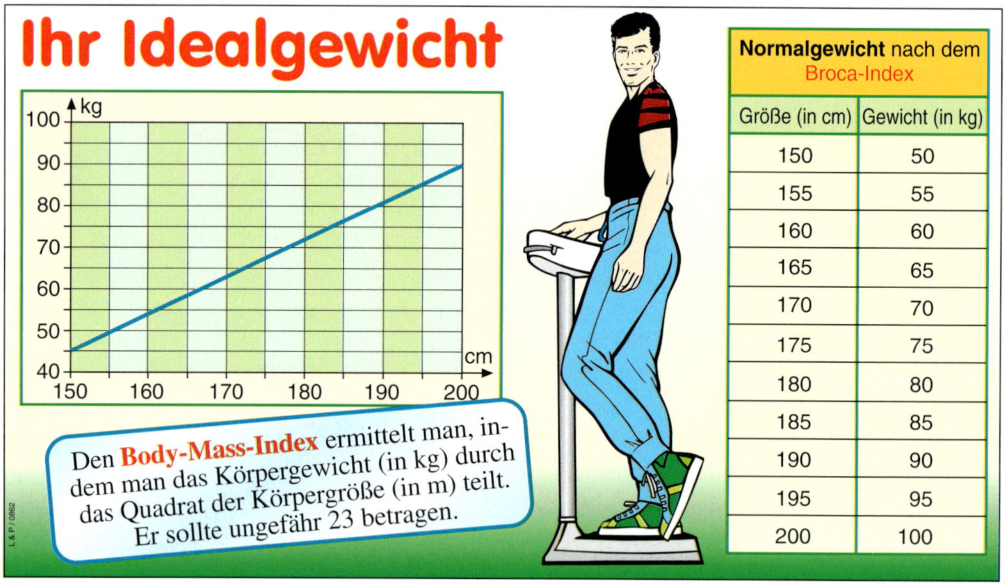

Größe (in cm)	Gewicht (in kg)
150	50
155	55
160	60
165	65
170	70
175	75
180	80
185	85
190	90
195	95
200	100

Aufgabe 1

Wertetabelle, Graph, Funktionsgleichung

Frau Siede beabsichtigt, ein neues Auto zu kaufen. Drei Modelle sind in der engeren Wahl. Für die Kaufentscheidung ist ihr der Benzinverbrauch dieser Modelle besonders wichtig.

(1) Für das Modell *Rasanti* gibt eine Automobilzeitschrift folgende Tabelle an:

Geschwindigkeit (in $\frac{\text{km}}{\text{h}}$)	50	70	90	100	120	130	150	180
Benzinverbrauch (in *l* pro 100 km)	6,1	6,4	7,0	7,3	8,0	8,5	10,0	13,8

(2) Für das Modell *Luna* ist im Prospekt das unten links stehende Diagramm abgebildet.

(3) Für das neue Modell *Cargo* gibt es nur eine Information aus der technischen Anleitung des Autohändlers (siehe unten rechts).

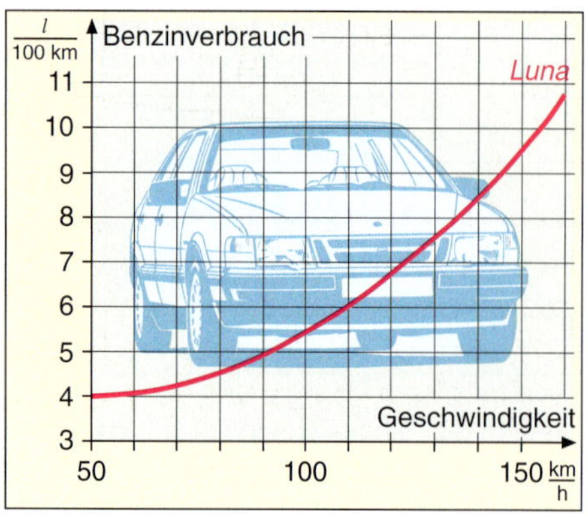

CARGO

INFO

Die Höchstgeschwindigkeit beträgt 140 $\frac{\text{km}}{\text{h}}$. Für Geschwindigkeiten x (in $\frac{\text{km}}{\text{h}}$) zwischen 50 $\frac{\text{km}}{\text{h}}$ und 140 $\frac{\text{km}}{\text{h}}$ lässt sich der Benzinverbrauch y (in *l* pro 100 km) beschreiben durch: $y = 0{,}001\,x^2 - 0{,}1\,x + 6{,}3$.

a) Stelle den Benzinverbrauch aller drei Modelle in Abhängigkeit von der Geschwindigkeit in einem gemeinsamen Diagramm dar. Erstelle dazu zunächst für das Modell *Cargo* eine Zuordnungstabelle (Wertetabelle).

b) Welche Informationen für die Kaufentscheidung können diesem Diagramm entnommen werden?

Lösung

a) Für das Modell *Cargo* berechnet man den Benzinverbrauch in *l* pro 100 km bei einer Geschwindigkeit von 50 $\frac{\text{km}}{\text{h}}$ bzw. 60 $\frac{\text{km}}{\text{h}}$ wie folgt:

Für 50 $\frac{\text{km}}{\text{h}}$ erhält man: $0{,}001 \cdot 50^2 - 0{,}1 \cdot 50 + 6{,}3 = 2{,}5 - 5 + 6{,}3 = 3{,}8$,
also einen Benzinverbrauch von 3,8 *l* pro 100 km.

Für 60 $\frac{\text{km}}{\text{h}}$ erhält man: $0{,}001 \cdot 60^2 - 0{,}1 \cdot 60 + 6{,}3 = 3{,}6 - 6 + 6{,}3 = 3{,}9$,
also einen Benzinverbrauch von 3,9 *l* pro 100 km.

Ebenso berechnet man den Benzinverbrauch auch bei den anderen Geschwindigkeiten:

Geschwindigkeit (in $\frac{\text{km}}{\text{h}}$)	50	60	70	80	90	100	110	120	130	140
Benzinverbrauch (in *l* pro 100 km)	3,8	3,9	4,2	4,7	5,4	6,3	7,4	8,7	10,2	11,9

Größere Zahlen als 140 dürfen in die angegebene Formel nicht eingesetzt werden, da die Höchstgeschwindigkeit des *Cargo* 140 $\frac{\text{km}}{\text{h}}$ beträgt.

Den Benzinverbrauch der drei Modelle kann man gut am folgenden Diagramm vergleichen.

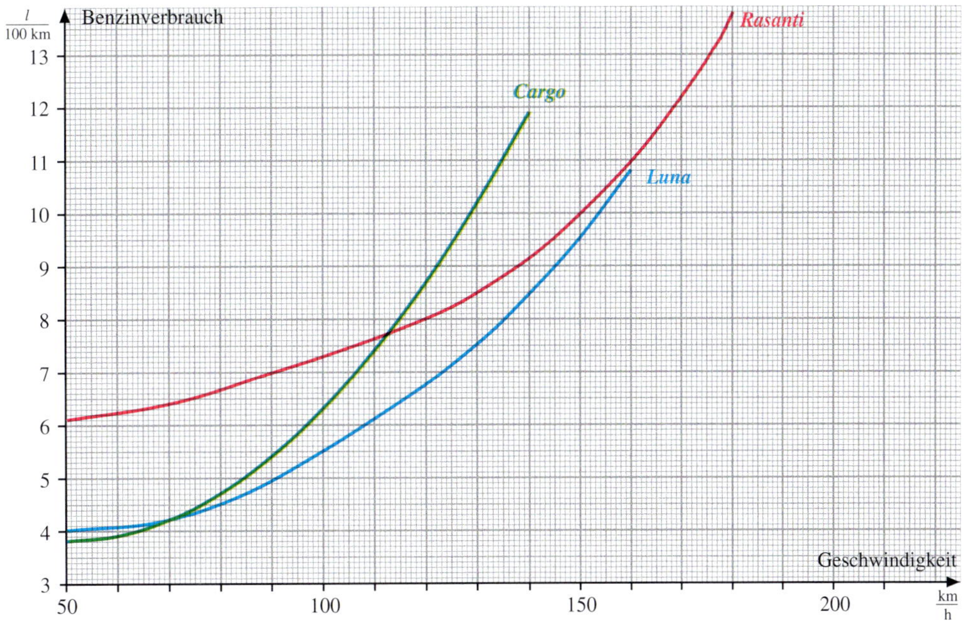

b) Für kleinere Geschwindigkeiten hat das Modell *Cargo* einen besonders günstigen Benzinverbrauch, der aber mit zunehmender Geschwindigkeit steil ansteigt und ungünstig wird.
Das Modell *Rasanti* hat schon bei kleinen Geschwindigkeiten einen recht hohen Benzinverbrauch, der aber bei hohen Geschwindigkeiten kleiner ist als der des *Cargo*.
Das Modell *Luna* hat bei fast allen Geschwindigkeiten den niedrigsten Benzinverbrauch.

Aufgabe 2

Nicht eindeutige Zuordnung

Zur Planung von Überholvorgängen von Zügen und um Auswirkungen von Verspätungen abschätzen zu können, hat die Deutsche Bahn einen *grafischen Fahrplan*. Er ordnet jedem Punkt der Fahrstrecke den Zeitpunkt zu, zu dem sich ein bestimmter Zug dort befindet.

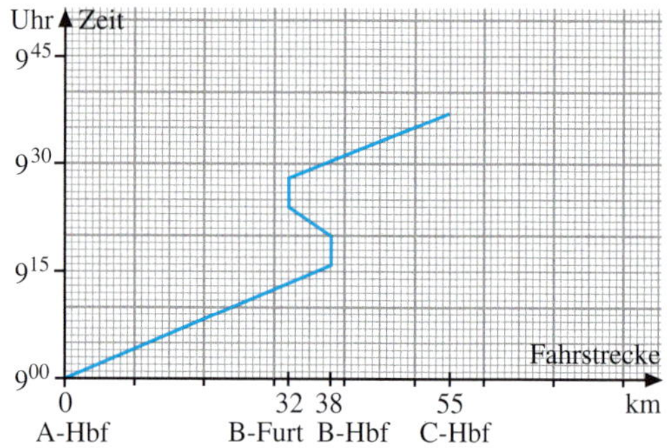

a) Entnimm aus dem nebenstehenden grafischen Fahrplan, wie dieser Zug fährt.

b) Auf dieser Strecke finden Arbeiten am Gleisunterbau statt. Für die Sicherheit der Arbeiter ist zu bestimmen:
(1) Wann ist der Zug 19 km von A-Hbf entfernt?
(2) Wann ist der Zug 35 km von A-Hbf entfernt?

Lösung

a) Der Zug fährt um 9.00 Uhr im A-Hbf ab, durchquert B-Furt ohne dort zu halten und kommt dann um 9.16 Uhr in B-Hbf an. Dort fährt er um 9.20 Uhr ab, zurück nach B-Furt, wo er um 9.24 Uhr ankommt. Um 9.28 Uhr fährt er weiter nach C-Hbf, wo er um 9.37 Uhr ankommt.

b) (1) Der Zug ist um 9.08 Uhr 19 km von A-Hbf entfernt.
(2) Diese Frage lässt sich nicht eindeutig beantworten. Sowohl um 9.15 Uhr als auch um 9.22 Uhr und 9.29 Uhr befindet sich der Zug in 35 km Entfernung von A-Hbf.

Information

(1) Begriff der Funktion – Definitionsmenge

In Aufgabe 1 wird bei einem Automodell jeder Geschwindigkeit ein ganz bestimmter Benzinverbrauch zugeordnet, d.h. die Zuordnung *Geschwindigkeit* → *Benzinverbrauch* ist eindeutig.
Dagegen ist in Aufgabe 2 die Zuordnung *Streckenpunkt* → *Uhrzeit* nicht eindeutig.
Eindeutige Zuordnungen nennen wir in der Mathematik **Funktionen.**
Die Automodelle aus Aufgabe 1 haben unterschiedliche Höchstgeschwindigkeiten: Beim Modell *Cargo* kann nur Geschwindigkeiten bis zu 140 $\frac{\text{km}}{\text{h}}$ ein Benzinverbrauch zugeordnet werden, beim Modell *Rasanti* dagegen Geschwindigkeiten bis zu 178 $\frac{\text{km}}{\text{h}}$.
Die Menge der möglichen Ausgangsgrößen bezeichnet man als die *Definitionsmenge* der Funktion.

Definition
Bei einer *eindeutigen Zuordnung* wird *jeder* Zahl (Größe) x aus ihrer **Definitionsmenge** *eine ganz bestimmte* Zahl (Größe) zugeordnet. Eine solche Zuordnung heißt **Funktion.** Die einer Zahl x aus der Definitionsmenge eindeutig zugeordnete Zahl y heißt **Funktionswert** von x oder Funktionswert an der **Stelle** x.

(2) Mehrere Möglichkeiten zur Angabe einer Funktion

Die Funktionen in Aufgabe 1, die den Benzinverbrauch in Abhängigkeit von der Geschwindigkeit angeben, haben wir durch ihren *Graphen* bzw. durch ihre *Wertetabelle* beschrieben. Für das Modell *Cargo* gibt es sogar eine *Formel*, mit der sich der Benzinverbrauch y (in *l* pro 100 km) aus der Geschwindigkeit x $\left(\text{in } \frac{\text{km}}{\text{h}}\right)$ berechnen lässt:

$y = 0{,}001\,x^2 - 0{,}1\,x + 6{,}3$ für x aus der Definitionsmenge $D = \{x \mid 50 \le x \le 140\}$.

Diese Funktion lässt sich auch angeben durch ihre *Zuordnungsvorschrift:*

$x \to y$ mit $y = 0{,}001\,x^2 - 0{,}1\,x + 6{,}3$; kurz: $x \to 0{,}001\,x^2 - 0{,}1\,x + 6{,}3$.

Der Term $0{,}001\,x^2 - 0{,}1\,x + 6{,}3$, mit dem man die Funktionswerte berechnet, heißt *Funktionsterm*.

Wertetabellen sind hilfreich für das Zeichnen von Graphen.

Eine Funktion kann auf verschiedene Weisen angegeben werden:

- **algebraisch**
  Hierbei wird festgelegt, wie die Funktionswerte berechnet werden. Dies kann erfolgen mithilfe
  (1) einer **Zuordnungsvorschrift** oder
  (2) einer **Funktionsgleichung** oder
  (3) eines **Funktionsterms** oder auch
  (4) **verbal**.

  In jedem Fall muss die Definitionsmenge vereinbart sein, damit bekannt ist, welchen Stellen Funktionswerte zugeordnet werden.
- **tabellarisch**
  In einer **Wertetabelle** werden die Funktionswerte zu bestimmten Stellen notiert.
- **grafisch**
  Die Zuordnung zwischen den Stellen und den Funktionswerten wird durch einen **Graphen** dargestellt.

Beispiel: Quadratfunktion

Definitionsmenge: $D = \mathbb{Q}$

Zuordnungsvorschrift: $x \rightarrow x^2$
Funktionsgleichung: $y = x^2$
Funktionsterm: x^2

verbal: Jeder Zahl ist ihr Quadrat zugeordnet.

Wertetabelle:

x	y
–2	4
–1	1
0	0
1	1
2	4

Graph:

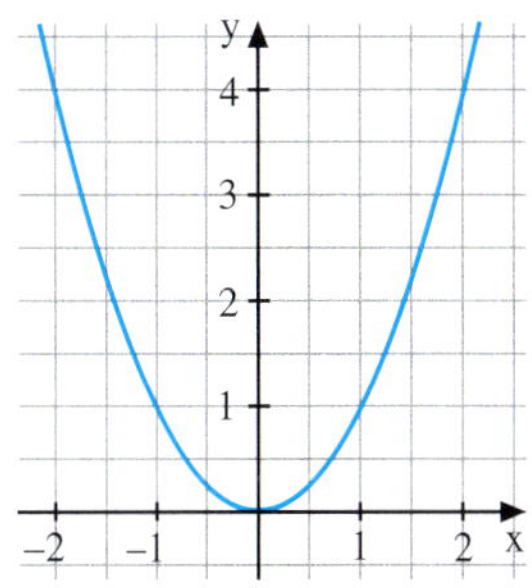

$\mathbb{Q}\setminus\{1\}$, gelesen: $\mathbb{Q}$ ohne 1, ist die Menge aller rationalen Zahlen ungleich 1.

(3) Weitere Beispiele für Funktionen

(1) $x \rightarrow 2x$
Definitionsmenge $\mathbb{Q}$

(2) $x \rightarrow \frac{1}{x}$
Definitionsmenge $\mathbb{Q}\setminus\{0\}$, da für 0 der Nenner 0 wird

(3) $z \rightarrow \frac{z}{z-1}$
Definitionsmenge $\mathbb{Q}\setminus\{1\}$, da für 1 der Nenner 0 wird

Vereinbarung: Wenn die Definitionsmenge einer Funktion nicht angegeben ist, soll die größtmögliche in $\mathbb{Q}$ genommen werden.

Weiterführende Aufgaben

3. *Kurzbezeichnungen für Funktionen und Funktionswerte*

a) Durch die Zuordnungsvorschrift $x \rightarrow x \cdot (4 - x)$ mit der Definitionsmenge $\mathbb{Q}$ ist eine Funktion angegeben. Wir wollen diese Funktion kurz mit einem Buchstaben, z. B. f, bezeichnen. f ist also der Name der gegebenen Funktion. Die Funktion f hat an der Stelle 1 den Funktionswert 3. Dafür schreibt man kurz:
$f(1) = 3$, gelesen: *f von 1 gleich 3.*

Funktion f: $x \rightarrow x \cdot (4 - x)$
Funktionsterm: gleichung
$f(x) = x \cdot (4 - x)$
Es gilt:
$f(1) = 1 \cdot (4 - 1) = 1 \cdot 3 = 3$
$f(2) = 2 \cdot (4 - 2) = 2 \cdot 2 = 4$

Entsprechend schreibt man auch für den Funktionsterm einer Funktion f kurz: f(x), gelesen: *f von x.*
Hier ist $x \cdot (4 - x)$ der Funktionsterm, d.h.: $f(x) = x \cdot (4 - x)$
Bestimme die Funktionswerte $f(0)$, $f(3)$, $f(4)$, $f\left(\frac{2}{5}\right)$, $f(4{,}5)$, $f(-7)$, $f(-0{,}5)$, $f\left(-\frac{3}{7}\right)$.

b) g soll der Name der Funktion mit der Zuordnungsvorschrift $z \rightarrow \frac{z}{z-1}$ und der Definitionsmenge $\mathbb{Q}\setminus\{1\}$ sein. Gib die Kurzbezeichnung für den Funktionsterm $\frac{z}{z-1}$ an. Funktionsgleichung
Bestimme dann die Funktionswerte $g(2)$, $g(-1)$, $g(0)$, $g\left(\frac{1}{2}\right)$, $g\left(-\frac{1}{2}\right)$, $g(1{,}1)$, $g(-99)$.

4. *Nicht jede Gleichung mit zwei Variablen ist eine Funktionsgleichung*

Gegeben ist die Gleichung (1) $y = |x|$; (2) $y = x^2(2 - x)$; (3) $|y| = x$.

a) Setze für x rationale Zahlen ein. Welchen Wert bzw. welche Werte musst du dann jeweils für y einsetzen, damit eine wahre Aussage entsteht?
Bei welcher dieser Gleichungen mit zwei Variablen erhält man zu jedem x genau einen Wert für y?
Eine solche Gleichung heißt dann auch *Funktionsgleichung.*

Funktionsgleichung: $y = |x|$

x	y	
-1	1	denn $y = \|-1\| = 1$
$-\frac{1}{2}$	$\frac{1}{2}$	denn $y = \|-\frac{1}{2}\| = \frac{1}{2}$
0	0	denn $y = \|0\| = 0$
$\frac{1}{2}$	$\frac{1}{2}$	denn $y = \|\frac{1}{2}\| = \frac{1}{2}$

b) Zeichne den Graphen zu den Gleichungen. Wie kann man an den Graphen feststellen, ob die Zuordnung $x \rightarrow y$ eindeutig ist?

5. *Punktprobe*

Eine Funktion f ist gegeben durch ihre Funktionsgleichung:

a) $y = 1 + \frac{x}{2}$ **b)** $y = \frac{1}{2}x^2$ **c)** $y = \frac{4}{x}$

Stelle fest, welche der Punkte $P_1(-2|0)$, $P_2(-1|0{,}5)$, $P_3(1|3)$, $P_4(2|2)$, $P_5(4|1)$ und $P_6(4|3)$ zum Graphen der Funktion gehören. Verfahre wie im Beispiel.

Funktionsgleichung: $y = 2x + 1$

$P_1(4|9)$ gehört zum Graphen von f, denn seine Koordinaten erfüllen die Gleichung $y = 2x + 1$, d.h. die Aussage $9 = 2 \cdot 4 + 1$ ist wahr.

$P_2(3|8)$ gehört *nicht* zum Graphen von f, denn seine Koordinaten erfüllen *nicht* die Funktionsgleichung $y = 2x + 1$, d.h. die Aussage $8 = 2 \cdot 3 + 1$ ist falsch.

Übungsaufgaben

6. In einer Wetterwarte wurde die Lufttemperatur aufgezeichnet.

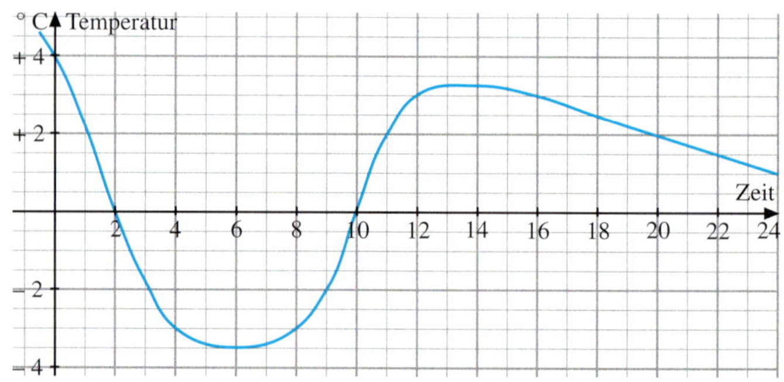

a) Lies aus dem Graphen den Wert der Lufttemperatur zu den Zeitpunkten 0 Uhr, 4 Uhr, 8 Uhr, …, 24 Uhr ab. Notiere die Ergebnisse in einer Wertetabelle.
Ist die Zuordnung *Zeitpunkt → Lufttemperatur* eindeutig, d.h. eine Funktion?

b) Wann hatte die Lufttemperatur den Wert 1 °C?
Ist die Zuordnung *Lufttemperatur → Zeitpunkt* eindeutig? Begründe die Antwort.

7. Ist der Graph ein Funktionsgraph? Begründe.

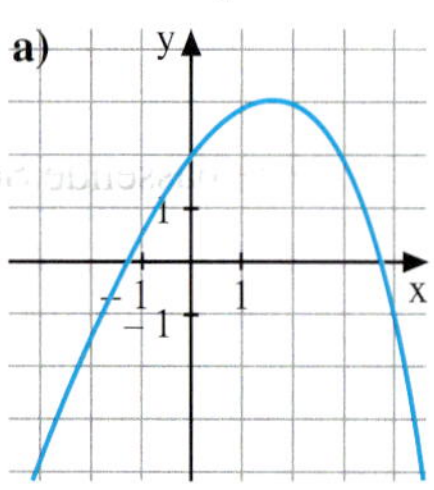

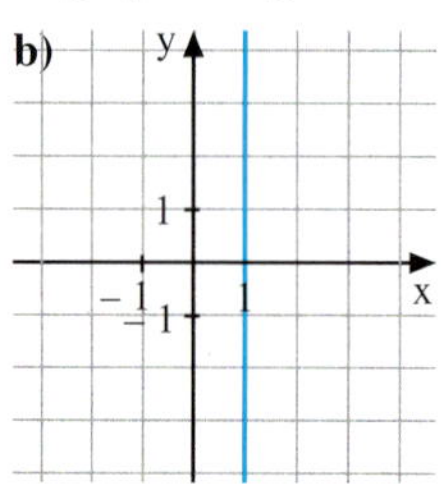

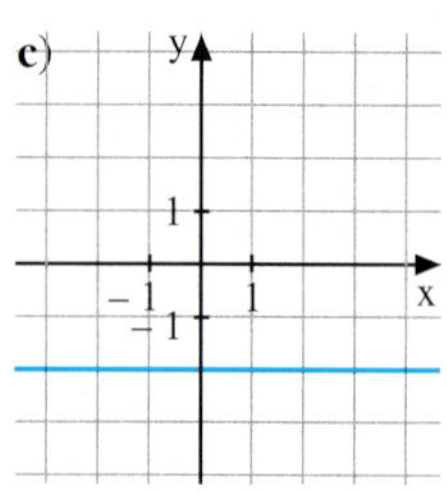

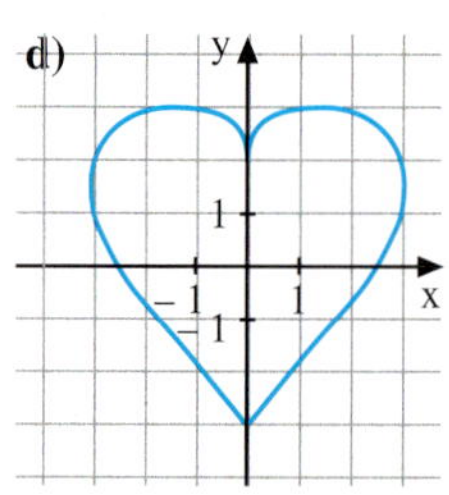

8. Kann der Graph zu einer Funktion gehören? Begründe.

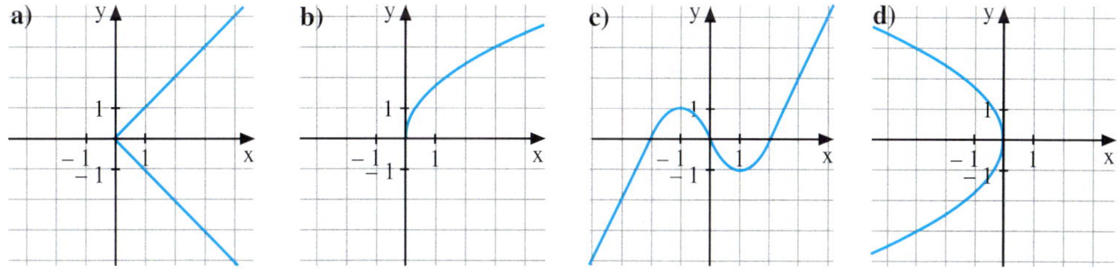

9. **a)** Welchen Flächeninhalt hat jeweils ein Quadrat mit der Seitenlänge 0,5 cm; 1 cm; 1,5 cm; 2 cm; x cm?
Stelle die Ergebnisse in einer Wertetabelle zusammen. Zeichne den Graphen der Zuordnung *Seitenlänge x (in cm)* → *Flächeninhalt y (in cm²)*.
Wähle dazu auch weitere Seitenlängen. Was für Zahlen darfst du hier für x einsetzen? Liegt eine Funktion vor?

b) Ordne jeder Zahl x ihre Quadratzahl x^2 zu. Setze dabei in den Term x^2 für x auch negative Zahlen ein.
Stelle die Ergebnisse in einer Wertetabelle zusammen und zeichne den Graphen der Zuordnung *Zahl* → *Quadrat der Zahl*. Liegt eine Funktion vor? Begründe.

10. Die Flasche eines ätzenden Spezialreinigungsmittels soll einen deutlichen Hinweis auf die Gefährlichkeit tragen. Dieser soll in einem 6 cm^2 großen Rechteck stehen.
Betrachte die Zuordnung *Rechtecklänge (in cm)* → *Rechteckbreite (in cm)*.

a) Erstelle eine Formel, mit der man die Werte für die Breite unmittelbar aus denen für die Länge berechnen kann. Liegt eine Funktion vor? Begründe.

b) Lege eine Wertetabelle an und zeichne den Graphen.

11. Jan ist heute gemütlich zur Schule gegangen, bis er lange an einer Kreuzung warten musste, auf der ein Schwertransporter liegen geblieben war. Danach beeilte er sich so sehr, dass er gerade noch rechtzeitig in der Schule war.

a) Welcher der beiden Graphen beschreibt diese Situation? Begründe deine Meinung.

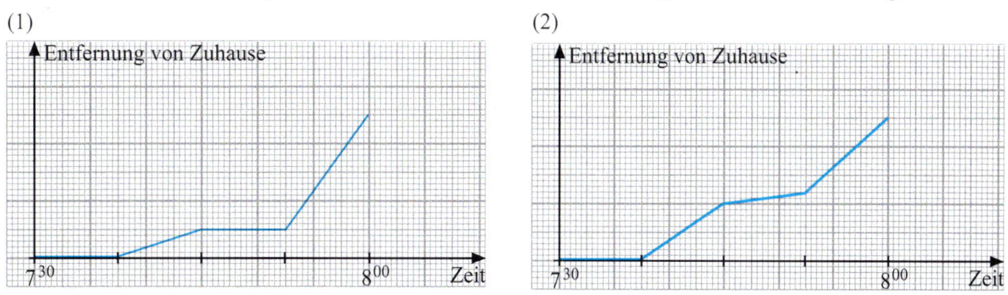

b) Schreibe zu den nicht zutreffenden Graphen eine eigene passende Schulweggeschichte.

c) Einer zeichnet einen Graphen für den Schulweg, der andere erzählt eine passende Geschichte. Danach werden die Rollen getauscht.

d) Geht jetzt umgekehrt vor: Einer erzählt eine Geschichte, der andere zeichnet den Graphen dazu. Wechselt euch hierbei ab.

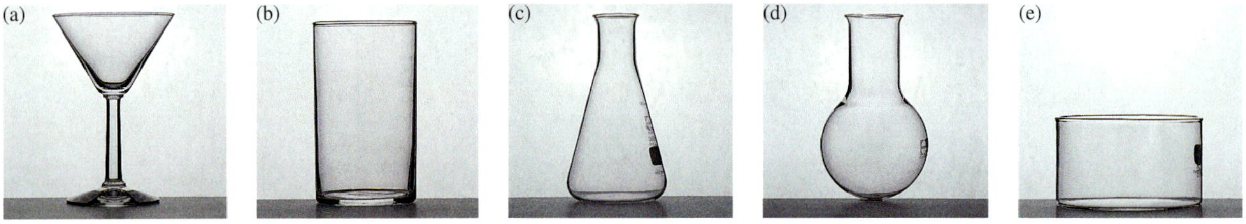

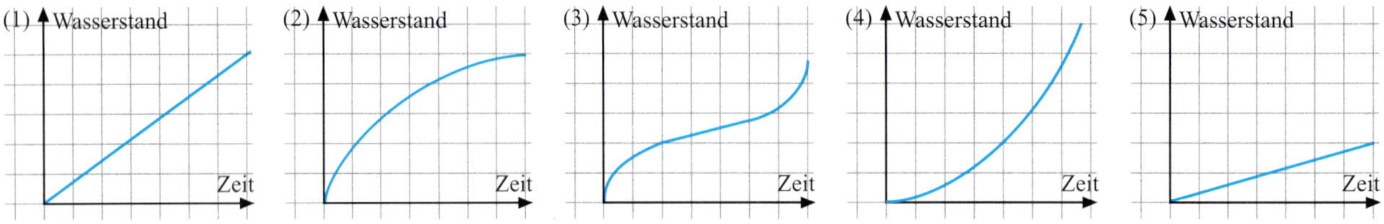

12. Die oben abgebildeten Gefäße werden von einem gleichmäßig laufenden Wasserhahn gefüllt. Dabei wird jeweils der Graph der Funktion *Zeitpunkt* → *Wasserstand* betrachtet. Entscheide, welcher Graph zu welchem Gefäß gehört.

13. Badewannen mit dem unten gezeichneten Querschnitt werden von einem gleichmäßig laufenden Wasserhahn gefüllt. Skizziere den Graph der Funktion *Zeitpunkt* → *Wasserstand*.

(1) (2)

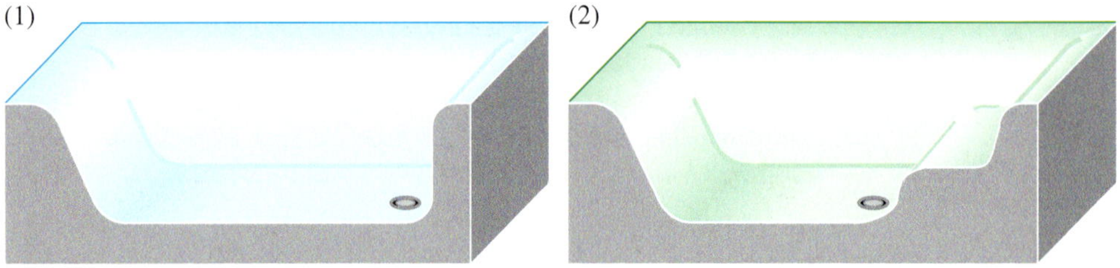

14. Jeder Partner stellt die folgenden beiden Geschichten grafisch dar. Kontrolliert euch anschließend gegenseitig.

a) Während des Morgens wird es immer wärmer und dann wird es plötzlich gegen Mittag durch einen aufziehenden Gewittersturm kühler. Kurze Zeit nach dem Sturm wird es wieder wärmer, bevor es sich nach dem Sonnenuntergang abkühlt.

b) Direkt nachdem ein Patient mit einer hohen Herzschlagfrequenz ein bestimmtes Medikament verabreicht bekam, sank die Frequenz schnell ab. Mit nachlassender Wirkung des Medikamentes stieg die Herzschlagfrequenz dann langsam wieder an.

x	y
−3	
−2	

15. Setze in die Funktionsgleichung **a)** $y = 2x - 1$, **b)** $y = x^2 - 2$, **c)** $y = x \cdot (2 + x)$ für x der Reihe nach −3, −2, −1, 0, 1, …, 8 ein. Bestimme die zugehörigen Werte für y. Stelle die Wertepaare zu einer Wertetabelle zusammen und zeichne den Graphen.

16. Eine Funktion f ist gegeben durch den Funktionsterm:

a) $f(x) = 4x$ **b)** $f(x) = 1 + \frac{1}{2}x$ **c)** $f(x) = -x^2$ **d)** $f(z) = (1 - z)^2$

(1) Zeichne den Graphen von f mithilfe einer Wertetabelle.

(2) Lies aus dem Graphen ab: $f(0{,}4)$; $f(-\frac{4}{5})$; $f(1{,}5)$; $f(-1{,}5)$. Kontrolliere rechnerisch.

17. Welche der Punkte $P_1(8|0)$, $P_2(0|0)$, $P_3(-5|2)$, $P_4(-2|5)$, $P_5(0|5)$, $P_6(2|3)$ und $P_7(-1|4)$ liegen auf dem Graphen zu $y = -\frac{2}{5}x$ $[y = 5 - x^2]$?

Auf den Punkt gebracht:
Graphen zeichnen mit Computer und GTR

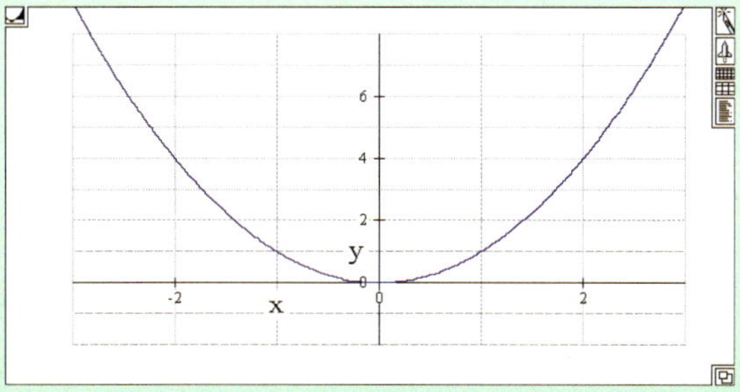

plot ⟨engl.⟩
math.: (Kurve) aufzeichnen

Das Zeichnen von Graphen mithilfe von Wertetabellen kann mühsam und zeitaufwändig sein. Spezielle Computerprogramme und grafikfähige Taschenrechner (GTR) erledigen dies sehr schnell. Man bezeichnet den so angefertigten Graphen auch als **Plot**, den Vorgang als Plotten. Ein solches Programm befindet sich auch auf der CD „Mathematik interaktiv", die Band 7 beigefügt war.

window ⟨engl.⟩
Fenster

1. Der Bereich, in dem der Graph gezeichnet werden soll, kann beim GTR mithilfe des Befehls **WINDOW** festgelegt werden.
Am einfachsten ist es, zu einer gegebenen Gleichung den Graphen zu zeichnen. Die Eingabe der Gleichung erfolgt beim GTR über die Taste **Y =**, das Zeichnen mit dem Befehl **Graph**.

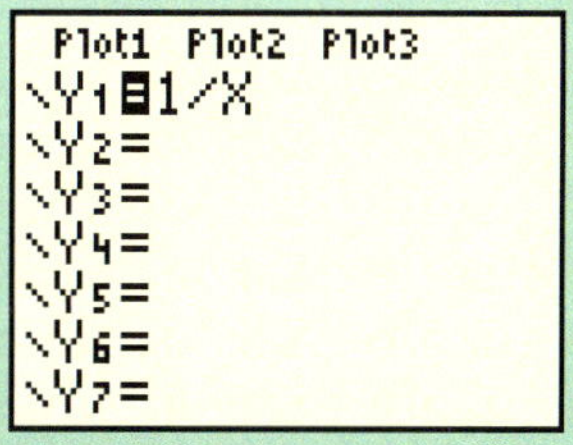

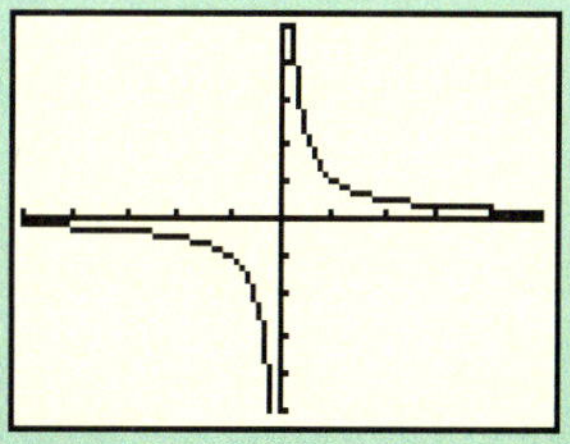

trace ⟨engl.⟩
1. Spur
2. ausfindig machen, aufspüren

Mithilfe des Befehls **TRACE** kannst du einzelne Werte genau ablesen. Probiere das bei deinem Computerprogramm oder GTR.

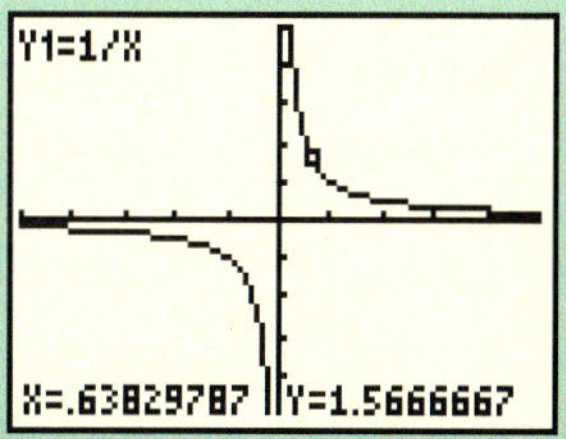

2. Der Verlauf des Graphen mit der Funktionsgleichung $y = \frac{1}{x}$ lässt sich in der Nähe der y-Achse nicht so gut erkennen. Du kannst ein anderes Fenster mithilfe des Befehls **WINDOW** eingeben.
Eine andere Möglichkeit ist das Verwenden des Befehls **ZOOM**.
Probiere diese Möglichkeit bei deinem GTR aus.

zoom ⟨engl.⟩
nah herangehen, heranholen

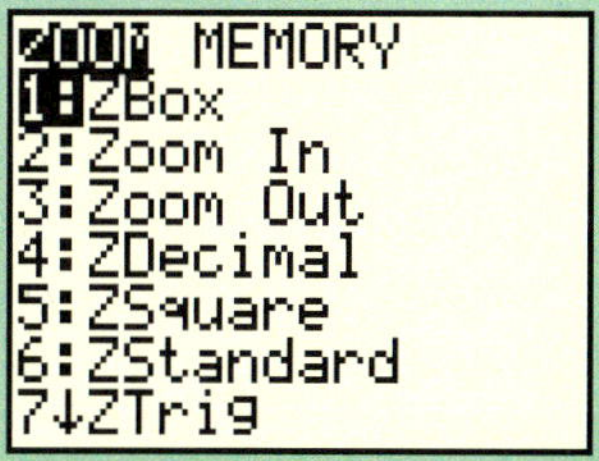

3. Auch GTR und Computerprogramme erstellen eine Wertetabelle. Du kannst sie mithilfe des Befehls **TABLE** ablesen. Mit dem Befehl **TBLSET** kannst du Vorgaben für das Anlegen der Wertetabelle machen. Probiere das aus.

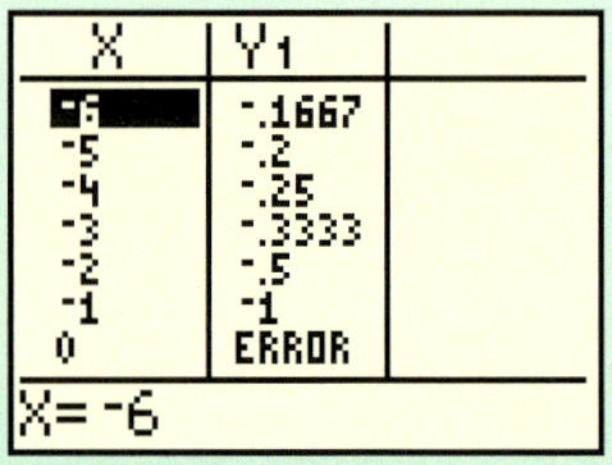

4. Du kannst auch mehrere Graphen in ein gemeinsames Koordinatensystem zeichnen, wenn du nicht nur bei Y_1 im **Y =** -Menü Gleichungen angibst, sondern auch bei Y_2, … Probiere das aus.

5. Auch wenn du keine Gleichung zur Verfügung hast, sondern nur einzelne Punkte kennst, kannst du mithilfe des Befehls **STAT** den dazugehörigen Graphen plotten lassen.

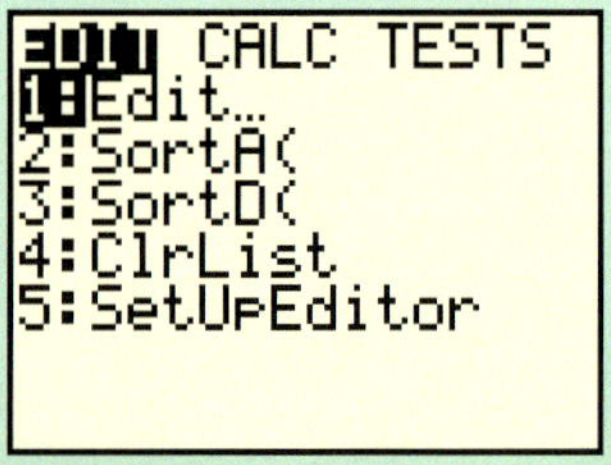

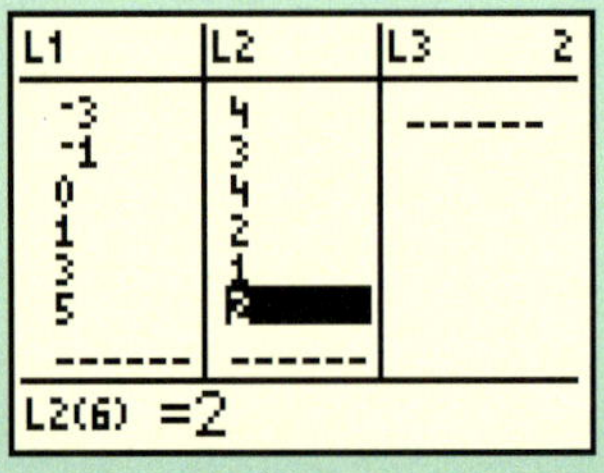

Beim Typ des Graphen kannst du z. B. auswählen, ob einzelne Punkte gezeichnet werden sollen und mit welchem Symbol. Du kannst die Punkte auch verbinden lassen oder ein Stabdiagramm zeichnen. Probiere die verschiedenen Möglichkeiten mit deinem Gerät aus.

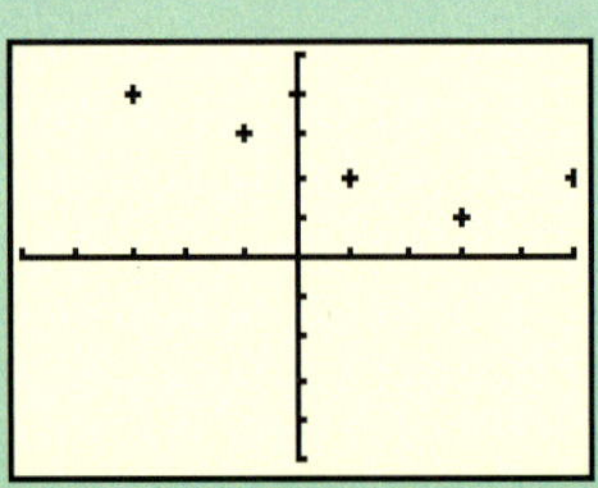

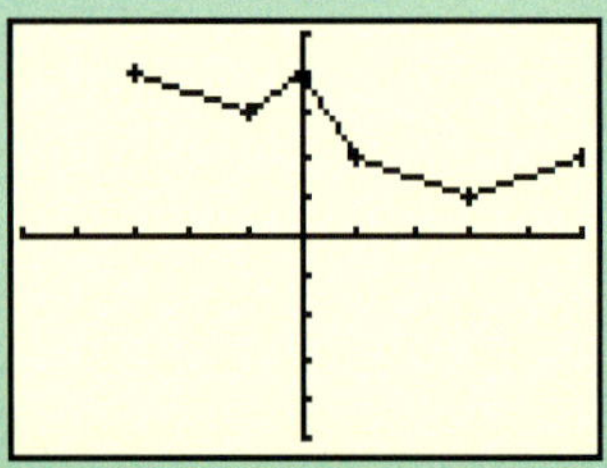

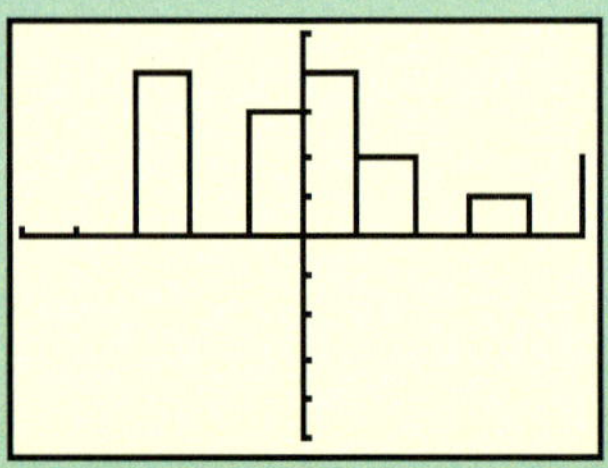

Spiel für 2 Personen

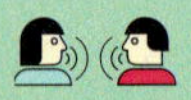

6. Ein Spieler denkt sich eine einfache Gleichung für einen Graphen aus und erstellt dazu im Kopf eine kleine Wertetabelle. Diese gibt er mit **STAT** in den GTR ein und lässt den Graphen zeichnen. Der Partner gibt im **Y =** -Menü die von ihm vermutete Gleichung ein und lässt den Graphen zeichnen. Es wird die Anzahl der Versuche gezählt, bis er die richtige Gleichung findet. Danach wird gewechselt.

Graphen mit Computer und GTR

- Zu einer Funktionsgleichung lässt sich mit Computerprogrammen oder GTR schnell ein Graph zeichnen. Auch eine Wertetabelle steht zur Verfügung.
- Ist keine Funktionsgleichung bekannt, so kann man zu einer Wertetabelle verschiedene grafische Darstellungen erzeugen.

2.2 Proportionale Funktionen

2.2.1 Graph proportionaler Funktionen

Einstieg

Betrachtet die Umrechnung von heute üblichen Celsius- in Réaumur-Temperaturen. Legt eine Tabelle an und zeichnet einen Graphen der Funktion *Temperatur (in °C) → Temperatur (in °R)*. Beschreibt die Funktion und ihren Graphen. Erstellt auch die Funktionsgleichung.

Temperaturmessung nach Réaumur und Celsius

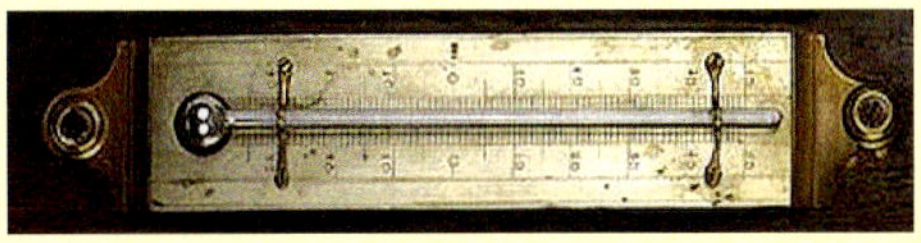

Der französische Naturforscher René-Antoine Ferchault de Réaumur führte 1730 eine Temperaturskala ein, bei der der Schmelzpunkt von Wasser bei 0° R und der Siedepunkt von Wasser bei 80° R liegt. Zwischen diesen beiden Fixpunkten nahm Réaumur eine Einteilung in 80 gleich große Gradabstufungen vor. Seine Messergebnisse waren nicht sonderlich genau, da er die Temperaturmessungen anhand der Ausdehnung von Alkohol vornahm. Genauere Werte erhielt der schwedische Physiker Anders Celsius mit einem Quecksilber-Thermometer im Jahr 1742: Im Gegensatz zur heute verwendeten Celsius-Skala legte er den Siedepunkt von Wasser mit 0° und den Gefrierpunkt mit 100° fest. Dies erscheint heutzutage ungewöhnlich, hatte aber den Vorteil, dass negative Temperaturen praktisch nicht vorkamen.
Erst Celsius‘ Schüler Carl von Linné drehte im Jahre 1745 kurz nach Celsius‘ Tod die Skala um: 0°C für den Gefrierpunkt und 100°C für den Siedepunkt von Wasser. Seitdem wird sie ausschließlich in letzterer Form verwendet.

L & P / 2907

Aufgabe 1

a) Notiere den Preis für 2 kg, 3 kg, 4 kg, 12 kg, x kg Äpfel in einer Wertetabelle für die Funktion *Menge x (in kg) → Preis y (in €)*. Erstelle die Funktionsgleichung. Zeichne den Graphen und beschreibe ihn. Wie ändert sich der Preis, wenn man die Menge verdoppelt [verdreifacht]?

b) Verwende nun die gleiche Funktionsvorschrift wie in Teilaufgabe a). Wähle aber als Definitionsmenge $\mathbb{Q}$, d.h. auch negative Ausgangswerte sind möglich. Wie ändert sich der Graph? Wie ändert sich der Wert für y, wenn man den Wert für x verdoppelt [verdreifacht]?

Lösung

a) Das Preisschild „1,25 € pro kg“ gibt eine Funktion *verbal* an.

Wertetabelle:

Menge (in kg)	Preis (in €)
1	1,25
2	2,50
3	3,75
4	5,00
⋮	⋮
12	15
⋮	⋮
x	1,25 · x

Funktionsgleichung: $y = 1{,}25 \cdot x$

Graph:

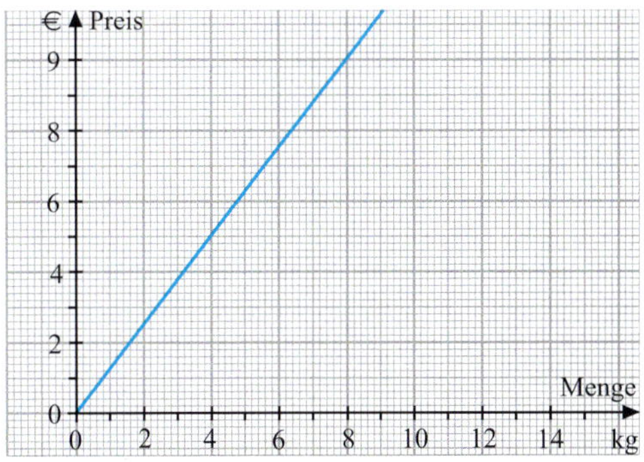

Der Graph ist *geradlinig*. Er ist eine Halbgerade, die im Koordinatenursprung beginnt.

Wenn man die Menge verdoppelt [verdreifacht], wird auch der Preis verdoppelt [verdreifacht]. Der Preis ist also proportional zur Menge.

b)

x	1,25 · x
3	3,75
2	2,5
1	1,25
0	0
– 1	– 1,25
– 2	– 2,5
– 3	– 3,75

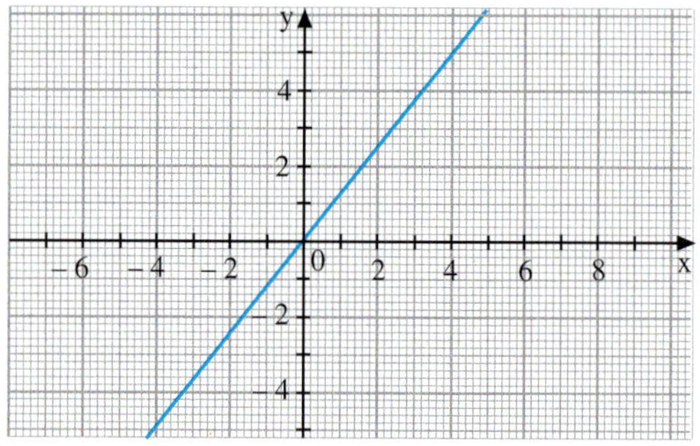

Auch hier gilt: Wenn man den Wert für x verdoppelt [verdreifacht], wird auch der Funktionswert y verdoppelt [verdreifacht].
Der Graph zur Funktionsgleichung $y = 1{,}25 \cdot x$ mit $x \in \mathbb{Q}$ ist eine *Gerade* durch den Koordinatenursprung.

Information

(1) Proportionale Funktion

In Aufgabe 1 ist der Preis der Äpfel proportional zur gekauften Menge. Wir nennen daher die Zuordnung *Menge (in kg) → Preis (in €)* eine proportionale Zuordnung oder proportionale Funktion.

> Eine Zuordnung mit der Funktionsgleichung $y = m \cdot x$ heißt **proportionale Funktion.**
> Die Definitionsmenge ist $\mathbb{Q}$.

(2) Proportionalität von Ausgangswerten und Funktionswerten bei proportionalen Funktionen

An dem Beispiel aus der Aufgabe 1 haben wir gesehen:

> Bei *proportionalen Funktionen* gilt: Verdoppelt, verdreifacht, vervierfacht, ... man einen x-Wert, so verdoppelt, verdreifacht, vervierfacht, ...sich auch der zugehörige y-Wert.
> Die x- und y-Werte sind proportional zueinander.

Beweis: Setzt man in den Funktionsterm $f(x) = m \cdot x$ statt x als Ausgangswert 2x ein, so erhält man den Funktionswert $f(2x) = m \cdot (2x) = 2 \cdot (mx) = 2 \cdot f(x)$, der doppelt so groß wie $f(x)$ ist.
Entsprechendes gilt für andere Vielfache.

(3) Graph einer proportionalen Funktion

Malpunkte darf man weglassen, wenn keine Missverständnisse möglich sind:
$5x = 5 \cdot x$

In Aufgabe 1 b) haben wir den Graphen zu der proportionalen Funktion f mit dem Term $f(x) = 1{,}25 \cdot x$ und der Definitionsmenge $\mathbb{Q}$ betrachtet. Vergrößert man hier einen Ausgangswert x um 1, so nimmt der Funktionswert um 1,25 zu, denn

$$f(x+1) = 1{,}25\,(x+1)$$
$$= 1{,}25x + 1{,}25$$
$$= f(x) + 1{,}25.$$

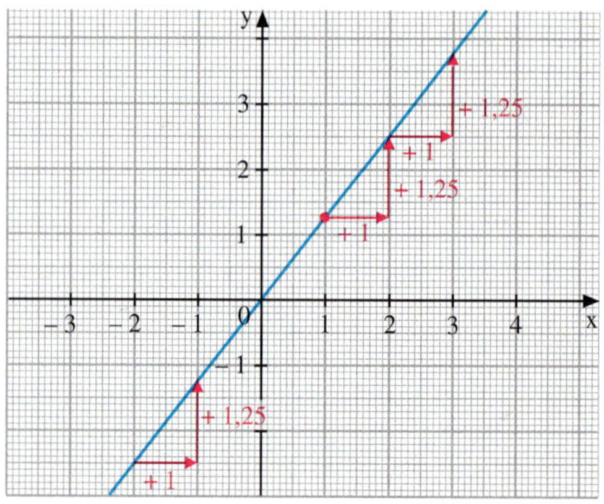

Das bedeutet: Wenn man von einem Punkt des Graphen um 1 nach rechts und dann um 1,25 nach oben geht, erreicht man wieder einen Punkt des Graphen.
Auf dem Graph geht man dabei stets in der gleichen Richtung. Der Graph ist geradlinig.

Der Graph einer proportionalen Funktion ist eine Gerade durch den Ursprung.

Beispiel: $y = \frac{1}{2}x$

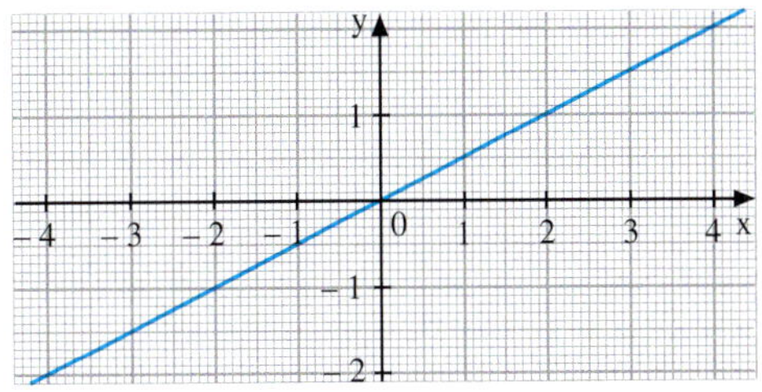

Weiterführende Aufgaben

2. *Proportionale Funktionen mit der Funktionsgleichung y = mx und negativen Werten für m*

Die Funktion f hat $\mathbb{Q}$ als Definitionsmenge und die Funktionsgleichung:

a) $y = -1{,}25x$ **b)** $y = -3x$ **c)** $y = -x$ **d)** $y = mx$ mit $m = -\frac{3}{4}$

Zeichne den Graphen. Überlege, wie viele Punkte du dazu mindestens benötigst.
Untersuche, ob auch hier gilt:
Wenn man eine Stelle x verdoppelt, so verdoppelt sich auch der Funktionswert von x.

3. *Quotientengleichheit*

a) Annettes Mutter hat in der letzten Zeit ihre Ausgaben für Benzin in einer Tabelle notiert.

(1) Hat sich der Benzinpreis geändert?

(2) Was folgt aus dem Ergebnis von (1) für die Funktion *Benzinvolumen (in l) → Preis (in €)*?

Benzinmenge (in *l*)	Preis (in €)
20	29,00
27	39,15
41	59,45
26	37,70

b) Um zu prüfen, ob eine Wertetabelle zu einer proportionalen Funktion gehört, kannst du die Quotienten aus den Funktionswerten und den zugehörigen Ausgangswerten betrachten.
Die proportionale Funktion hat die Funktionsgleichung:

(1) $y = 1{,}8x$

x	y	y : x
2	3,6	1,8
− 5	− 9	

(2) $y = -0{,}4x$

Quotient

x	y	y : x
5	− 2	− 0,4
− 4	1,6	

Ergänze die Tabelle durch weitere Zahlenpaare für x und y. Was stellst du fest? Begründe.
Für welches Zahlenpaar kannst du die dritte Spalte nicht ausfüllen? Woran liegt das?

Quotientengleichheit

Bei einer proportionalen Funktion mit der Gleichung $y = mx$ gilt:

Der Quotient $y : x$ ist immer der gleiche, denn $\frac{y}{x} = \frac{mx}{x} = m$.

Dabei muss man $x = 0$ ausschließen, da man durch 0 nicht dividieren kann.

Übungsaufgaben

4. In einem Lehrbuch für Fahrschüler sind Faustregeln für die beiden Funktionen *Geschwindigkeit* → *Reaktionsweg* und *Geschwindigkeit* → *Bremsweg* angegeben.

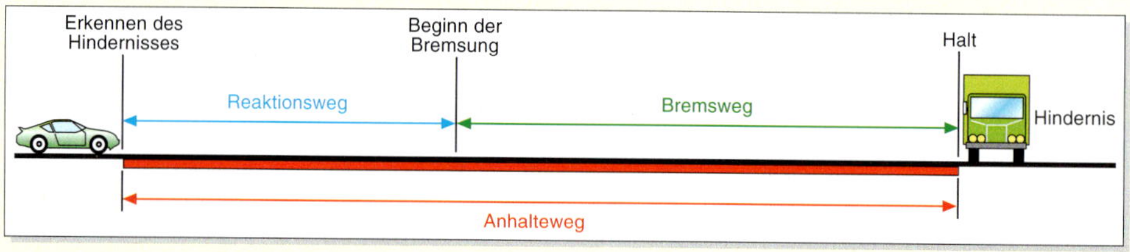

Der Reaktionsweg
Vom Sehen eines Hindernisses bis zum Niedertreten des Bremspedals legt das Fahrzeug einen bestimmten Weg zurück. Dieser Weg wird Reaktionsweg genannt. Für seine Länge gilt die Faustregel:

Reaktionsweg in m = (Geschwindigkeit in $\frac{\text{km}}{\text{h}}$: 10) mal 3

Der Bremsweg
Vom Niedertreten des Bremspedals bis zum Stillstand des Fahrzeugs legt das Fahrzeug einen bestimmten Weg zurück. Dieser Weg wird Bremsweg genannt. Für seine Länge gilt die Faustregel:

Bremsweg in m = (Geschwindigkeit in $\frac{\text{km}}{\text{h}}$: 10) mal (Geschwindigkeit in $\frac{\text{km}}{\text{h}}$: 10)

Betrachte die Geschwindigkeiten $10\,\frac{\text{km}}{\text{h}}$, $20\,\frac{\text{km}}{\text{h}}$, …, $100\,\frac{\text{km}}{\text{h}}$.

a) Lege für die Funktion *Geschwindigkeit* → *Reaktionsweg* eine Tabelle an. Sind die Größen proportional zueinander? Zeichne den Graphen dieser Funktion. Beschreibe ihn.

b) Lege für die Funktion *Geschwindigkeit* → *Bremsweg* eine Tabelle an. Sind diese Größen proportional zueinander? Zeichne den Graphen dieser Funktion. Beschreibe ihn. Vergleiche den Graphen mit dem aus Teilaufgabe a).

1 l = 1 dm³

5. Ein leeres Gefäß wird mit Wasser gefüllt. In jeder Minute fließen 3 *l* Wasser in das Gefäß.

a) Zeichne den Graphen der Funktion *Zeit (in min)* → *Wasservolumen (in l)*. Lege eine Wertetabelle an; notiere auch die Funktionsgleichung.

b) Das Gefäß ist quaderförmig: 30 cm lang und 20 cm breit. Gib Wertetabelle, Graph und Funktionsgleichung für die Funktion *Zeit (in min)* → *Wasserhöhe (in dm)* an.

6. Beim Schlussverkauf setzt ein Händler alle Preise um 20 % herab.
Stelle mithilfe einer Wertetabelle die Funktion grafisch dar. Notiere die Funktionsgleichung.
Ist die Funktion proportional? Begründe.

a) *alter Preis* → *Preisnachlass* **b)** *alter Preis* → *neuer Preis*

7. Die proportionale Funktion f hat den Funktionsterm $f(x) = 2{,}5x$ $[f(t) = -4t]$.

a) Zeichne den Graphen.

b) Welcher der Punkte $P_1(-1|\frac{3}{5})$, $P_2(10|4)$, $P_3(-2|-5)$, $P_4(10|1)$, $P_5(\frac{1}{2}|-2)$ liegt auf dem Graphen?

c) Die folgenden Punkte liegen auf dem Graphen. Bestimme die fehlende Koordinate.
$P_1(2|\square)$; $P_2(-1|\square)$; $P_3(\square|6)$; $P_4(\square|-3)$

d) An welcher Stelle nimmt die Funktion den Wert 100 $[-10;\ 0{,}1;\ -\frac{1}{2}]$ an?

e) Erkläre, wie du in den Teilaufgaben b), c) und d) vorgegangen bist. Vergleiche mit deinem Partner.

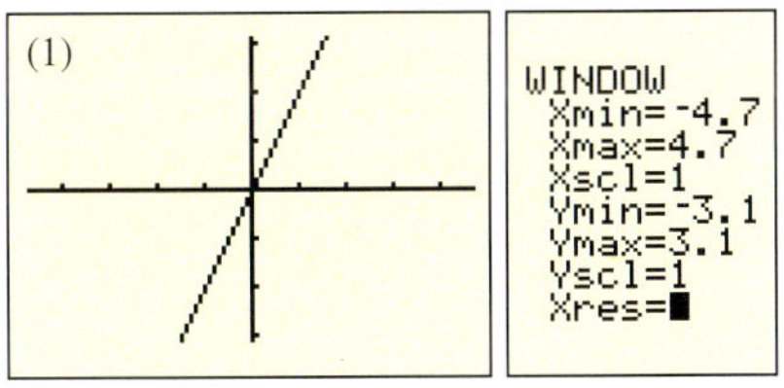

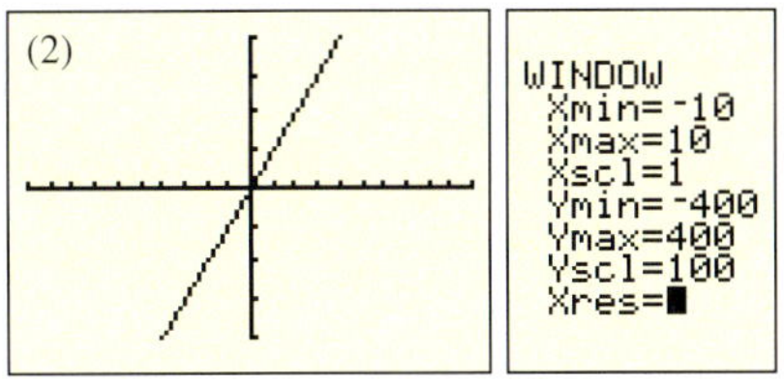

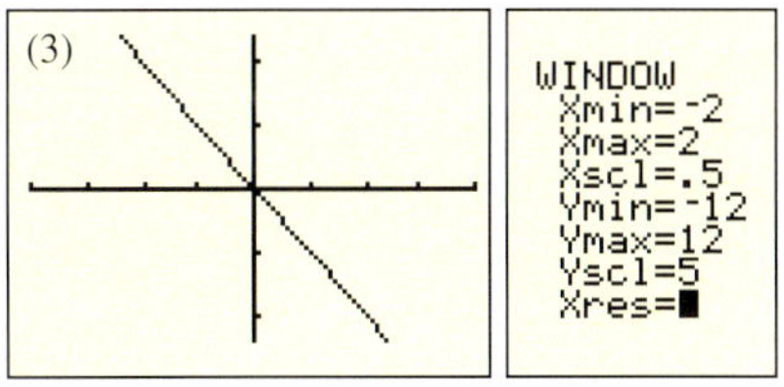

GTR **8.** Oben siehst du Graphen, die mit einem GTR gezeichnet wurden. Welche Funktionsgleichung könnte eingegeben worden sein?

9. Prüfe mithilfe der Quotientengleichheit, ob die Wertetabelle zu einer proportionalen Funktion gehört. Zeichne auch die zugehörigen Punkte in ein Koordinatensystem. Falls eine proportionale Funktion vorliegt: Gib die Funktionsgleichung an.

a)

x	y
3	3,6
4	4,8
5	6
6	7,2

b)

x	y
– 1	3,5
0	0
1	– 3,5
2	– 7

c)

x	y
4	3,2
3	2,4
2	1,6
1	0,4

d)

x	y
– 1	0,5
0	0
1	0,5
2	1

e)

x	y
– 1	1
0	0
1	1
2	4

10. Ergänze die Tabelle so, dass diese zu einer proportionalen Funktion gehört. Gib auch die Funktionsgleichung an.

a)

x	y
– 2	6
1	
4	

b)

x	y
0,5	
	– 6
– 2	– 1

c)

x	y
2,4	3,6
0	
	– 2

d)

x	y
– 0,1	
	0
1	– 0,1

e)

x	y
	– 10
	– 0,5
– 3	– 7,5

11. Jeder erstellt selbst eine Wertetabelle für eine proportionale Funktion sowie eine, die nicht zu einer proportionalen Funktion gehört. Tauscht eure Tabellen aus und findet heraus, welche der beiden Tabellen zu einer proportionalen Funktion gehört. Beschreibt euch gegenseitig, wie ihr beim Aufstellen und beim Prüfen der Tabellen vorgegangen seid.

GTR **12.** Mit dem GTR hast du mehrere verschiedene Möglichkeiten festzustellen, ob ein Punkt auf dem Graphen einer Funktion liegt.

a) Die folgenden Beispiele zeigen, wie Schüler versucht haben zu überprüfen, ob der Punkt $P(4{,}5\,|\,-2{,}7)$ auf dem Graphen der Funktion zu $y = -0{,}6\,x$ liegt.

Cursor bewegen

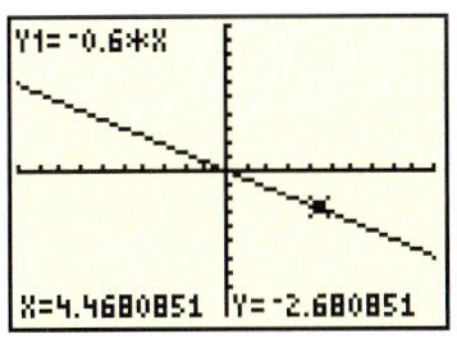

Trace-Befehl

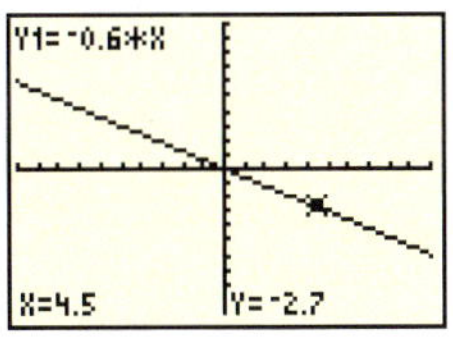

Wertetabelle

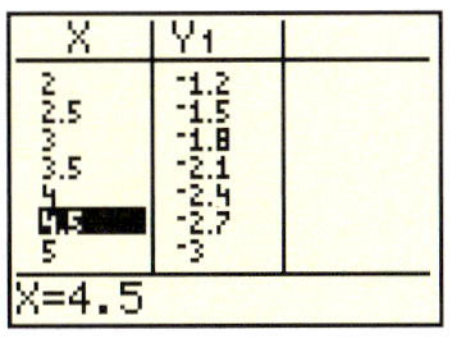

Funktionsgleichung

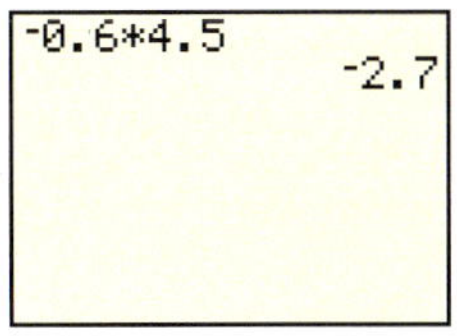

Probiere die verschiedenen Vorgehensweisen mit deinem GTR aus. Vergleiche sie miteinander und bewerte sie.

b) Untersuche möglichst geschickt mit dem GTR, ob die Punkte $P(15{,}2\,|\,41{,}04)$ und $Q(-9{,}8\,|\,-25{,}96)$ auf dem Graphen der Funktion zu $y = 2{,}7\,x$ liegen.

13. **a)** Berechne 1 %; 2 %; 3 %; 4 %; ...; 10 % von 250 €. Lege eine Tabelle an.

Grundwert G = 250 €		
Prozentsatz p %	1 %	2 %
Prozentwert W		

b) Wie verändert sich der Prozentwert W (bei festem Grundwert), wenn man den Prozentsatz verdoppelt, verdreifacht, ...?

c) Zeichne den Graphen der Funktion *Prozentsatz* → *Prozentwert* (bei festem Grundwert G = 250 €). Um was für eine Funktion handelt es sich? Begründe.
Gib auch die Funktionsgleichung an; verwende dabei die Variablen p und W.

14. **a)** Berechne 5 % von 10 €; 20 €; 30 €; ...; 100 €. Lege eine Tabelle an.

b) Wie verändert sich der Prozentwert W (bei festem Prozentsatz p % = 5 %), wenn man den Grundwert verdoppelt, verdreifacht, ...?

c) Zeichne den Graphen der Funktion *Grundwert* → *Prozentwert* (bei festem Prozentsatz p % = 5 %). Um was für eine Funktion handelt es sich? Begründe.
Gib auch die Funktionsgleichung an; benenne die Variablen sinnvoll.

GTR **15.** Marc hat den Graphen der Funktion zu $y = 2x$ mit dem GTR gezeichnet. Er behauptet: „Der Graph ist keine Gerade. Auch liegt offensichtlich keine Funktion vor."
Nimm Stellung dazu: Wie kommt er zu dieser Behauptung? Was hältst du von dieser Behauptung?

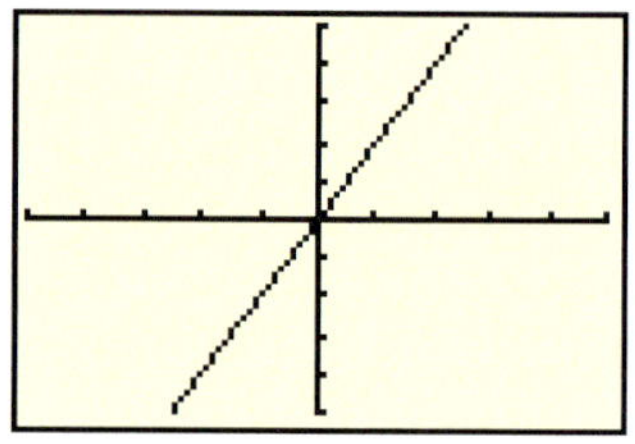

GTR **16.** Bei experimentell ermittelten Werten können stets Messungenauigkeiten vorliegen. Dies muss man bei der Auswertung großzügig berücksichtigen.

(1) In einem Versuch werden der Druck p und das Volumen V einer Gasmenge gemessen.

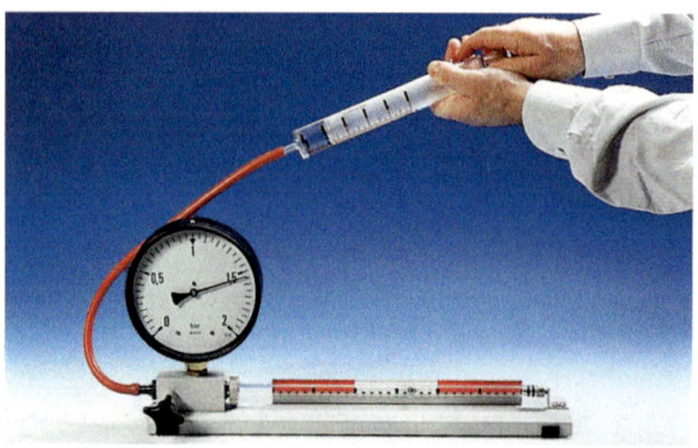

p (in bar)	0,6	0,8	1,0	1,2	1,4	1,6
V (in cm^3)	19	14,6	11,9	9,5	8,3	7,2

(2) Im Schülerexperiment wurden Messwerte für die Abhängigkeit des Widerstandes R von der Länge *l* des Leiters ermittelt.

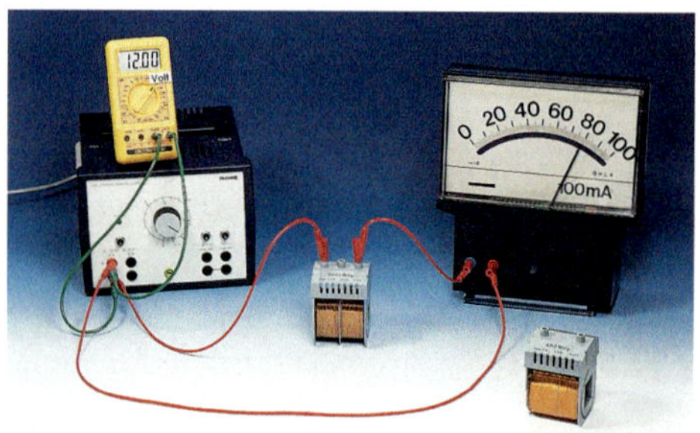

l (in m)	1	1,5	2	2,5	3	3,5
R (in Ω)	10,3	15,5	21	26	31	36

Ohm, Abkürzung Ω vom griechischen Buchstaben Omega, ist die Einheit des Widerstandes.

a) Stelle die Messwertpaare mit dem GTR grafisch dar. Beschreibe dein Vorgehen.

b) Skizziere den Graphen im Koordinatensystem und notiere die Window-Werte.

c) Untersuche jeweils, ob die beiden Größen proportional [antiproportional] zueinander sind. Begründe.

2.2.2 Steigung – Steigungsdreieck

Einstieg 

Mit Vollgas die Schanze hoch

Für einen Werbespot lässt eine Automobilfirma einen 335 PS starken Pkw mit Allrad-Antrieb die 80 % steile Schischanze im finnischen Jämsä hochfahren.
Einziges Hilfsmittel sind Spike-Reifen, das Seil dient nur zur Sicherung im Notfall.

Steilste Straße der Welt

Laut dem Guiness-Buch der Rekorde ist die Baldwin-Street in North East Valley in Neuseeland die steilste Straße der Welt. Sie weist 35 % Steigung auf. Das bedeutet: Pro 100 m in waagerechter Richtung nimmt die Höhe um 35 m zu. Die Steigung ist der Quotient:

$\frac{35\text{ m}}{100\text{ m}} = \frac{35}{100} = 0{,}35 = 35\ \%$

Zeichnet für die Skischanze eine Gerade mit der Steigung 80 % durch den Ursprung des Koordinatensystems. Vergleicht auch mit der Steigung der Baldwin-Street und der in den Alpen häufig vorkommenden Steigung von 12 %.
Ermittelt für alle drei Geraden die Funktionsgleichung.
Überlegt auch, ob es eine Steigung von 100 % gibt.
Führt entsprechende Untersuchungen für 10 %, 40 %, 100 % und 150 % Gefälle durch.

Einführung

(1)

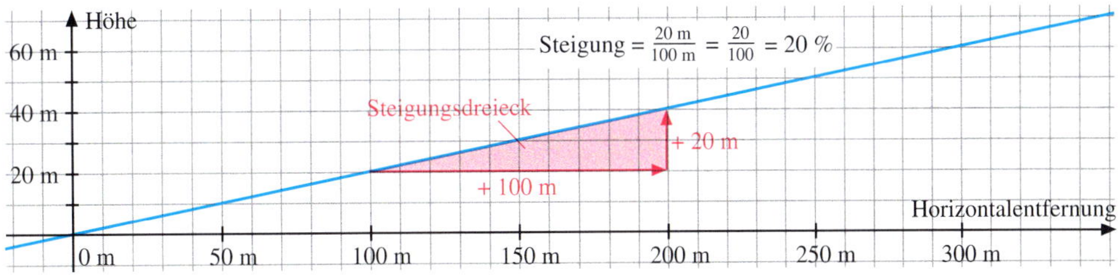

Das Verkehrsschild informiert über die *Steigung* einer Straße. Was bedeutet hier 20 %?
20 % Steigung bedeutet: Auf je 100 m Horizontalentfernung nimmt die Höhe um jeweils 20 m zu (siehe auch das Steigungsdreieck im Bild oben rechts).
Im Koordinatensystem ist die Straße als steigende Gerade dargestellt. Sie ist der Graph der Zuordnung *Horizontalentfernung x (in m) → Höhe y (in m)*.
Diese hat die Funktionsgleichung $y = \frac{20}{100}x$.
Es handelt sich hier also um eine proportionale Funktion mit der Gleichung $y = m x$ mit positivem m, nämlich $m = 0{,}2$. Der Faktor m gibt hier die (positive) Steigung der Geraden (der Straße) an.

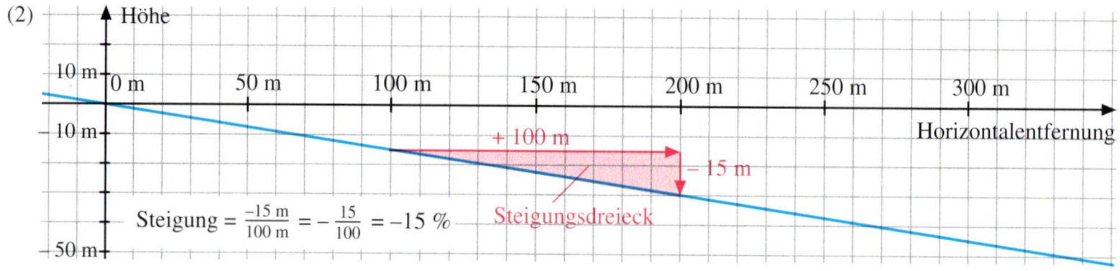

Dieses Verkehrsschild zeigt das Gefälle einer Straße an.

15 % Gefälle bedeutet: Auf je 100 m Horizontalentfernung nimmt die Höhe um jeweils 15 m ab (siehe auch das Steigungsdreieck im Bild oben).

Im Koordinatensystem ist die Straße als fallende Gerade dargestellt. Sie ist Graph der Funktion *Horizontalentfernung x (in m)* → *Höhe y (in m)*. Diese hat die Funktionsgleichung $y = -\frac{15}{100}x$.

Es handelt sich also um eine proportionale Funktion mit der Gleichung $y = mx$ mit negativem m, nämlich $m = -0{,}15$. Der Faktor m gibt auch hier die (negative) Steigung der Geraden (Straße) an.

Information

Die Gerade zu einer proportionalen Funktion mit $y = mx$

- *steigt* (von links nach rechts), wenn m positiv ist, und
- *fällt* (von links nach rechts), wenn m negativ ist.

Man nennt m die **Steigung** der Geraden.

Die Steigung m lässt sich mithilfe eines *Steigungsdreiecks* berechnen:

$$m = \frac{y_2 - y_1}{x_2 - x_1}$$

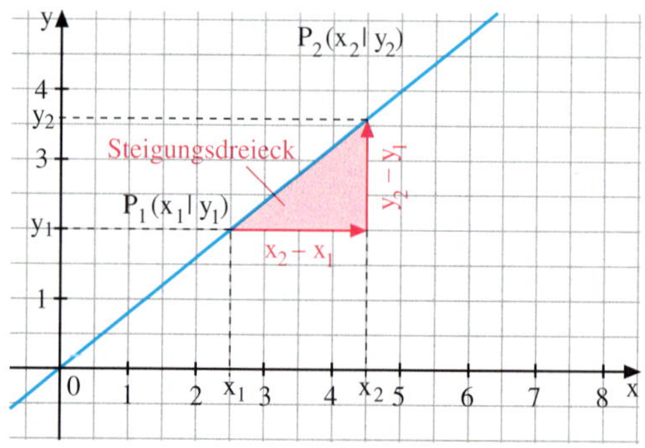

Weiterführende Aufgaben

2. *Unterschiedlich große Steigungsdreiecke bei gleicher Steigung*

Zeichne den Graphen der proportionalen Funktion f mit

a) $f(x) = 1{,}2x$ **c)** $f(x) = -1{,}5x$

b) $f(x) = 0{,}6x$ **d)** $f(x) = -\frac{3}{4}x$

Wie ändert sich der Funktionswert, wenn man den Wert für x

(1) um 1 vergrößert,

(2) um 2 vergrößert,

(3) um 5 vergrößert,

(4) um 1 vermindert?

Zeichne auch entsprechende Steigungsdreiecke.

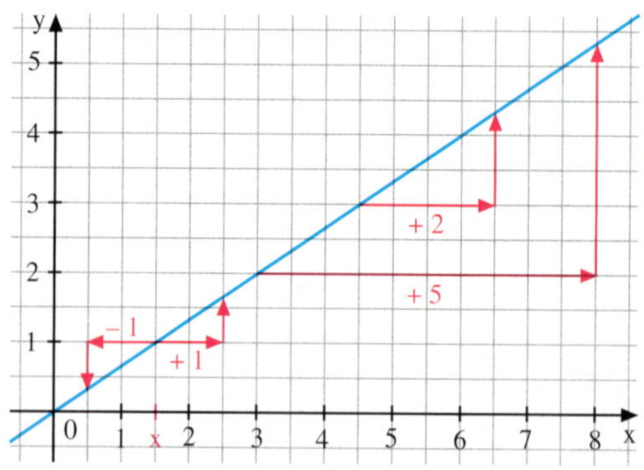

3. *Geeignete Steigungsdreiecke für das Zeichnen des Graphen*

Zeichne (ohne Wertetabellen anzulegen) in dasselbe Koordinatensystem die Graphen der proportionalen Funktionen mit den Steigungen $m = 5$; $m = -0{,}2$; $m = 1$; $m = -1{,}3$; $m = \frac{2}{3}$.

Gehe jeweils vom Ursprung $O(0|0)$ aus. Überlege, ob es günstiger ist, nur einen Schritt oder mehrere Schritte nach rechts oder sogar nach links zu gehen.

Zeichnen des Graphen der proportionalen Funktion mit der Gleichung y = mx

1. Fall: $m > 0$ *Beispiel:* $m = 2$

Gehe vom Ursprung $O(0|0)$ aus
1 Schritt nach rechts und 2 Schritte nach oben
oder
2 Schritte nach rechts und $2 \cdot 2$ Schritte nach oben
oder … oder auch
1 Schritt nach links und 2 Schritte nach unten
oder …

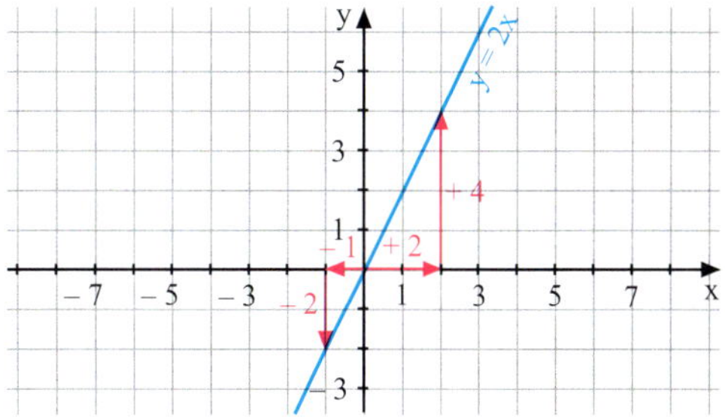

2. Fall: $m < 0$ *Beispiel:* $m = -1{,}5$

Gehe vom Ursprung $O(0|0)$ aus
1 Schritt nach rechts und 1,5 Schritte nach unten
oder
2 Schritte nach rechts und $2 \cdot 1{,}5$ Schritte nach unten
oder … oder auch
1 Schritt nach links und 1,5 Schritte nach oben
oder …

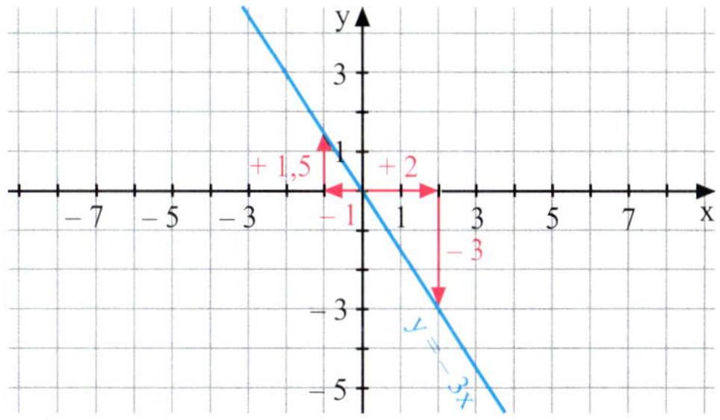

Übungsaufgaben

4. Gib zunächst an, ob die Gerade zu der angegebenen Funktion steigt oder fällt. Zeichne sie dann mithilfe eines geeigneten Steigungsdreiecks und gib ihre Steigung an.

a) $y = 3x$ **b)** $y = -2x$ **c)** $y = 1{,}4x$ **d)** $y = -0{,}5x$ **e)** $y = -1{,}2x$

5. Wie ändert sich der Funktionswert, wenn man x um 1 [um 2; um 3] erhöht?
Welchen Wert hat die Steigung m der Geraden?

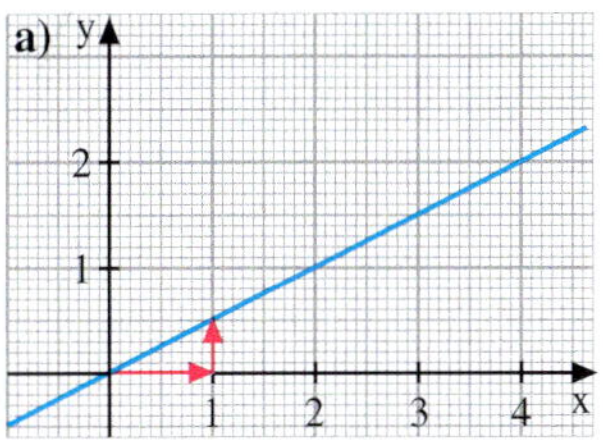

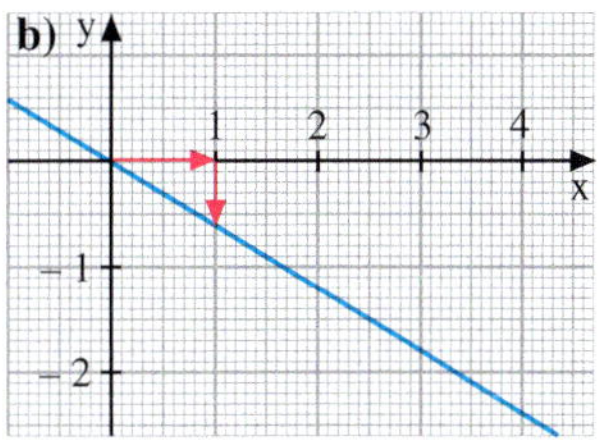

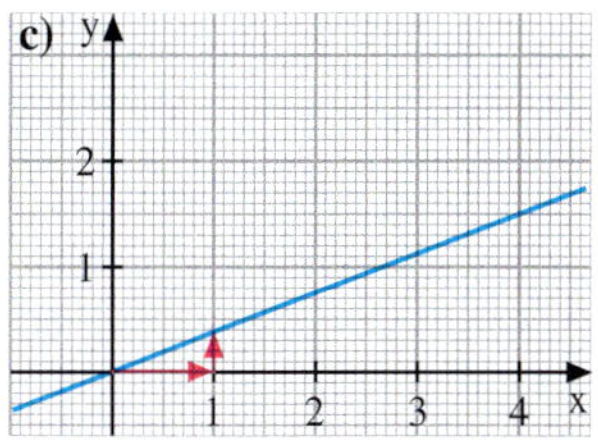

6. Zeichne für verschiedene Werte von m die Graphen von Funktionen mit der Gleichung $y = m \cdot x$ in ein Koordinatensystem. Wie ändert sich der Graph, wenn man den Faktor m ändert?

7. Zeichne mithilfe eines Steigungsdreiecks den Graphen der proportionalen Funktion, ohne eine Wertetabelle anzulegen.

a) $f(x) = 2{,}4x$ **c)** $f(x) = 0{,}3x$ **e)** $f(x) = -\frac{4}{5}x$ **g)** $g(x) = -0{,}4x$ **i)** $g(x) = -x$

b) $f(x) = 1{,}4x$ **d)** $f(x) = -\frac{x}{4}$ **f)** $f(x) = \frac{x}{7}$ **h)** $g(x) = -\frac{x}{10}$ **j)** $f(t) = \frac{7}{2}t$

Wie ändert sich der Funktionswert, wenn man x um 4 erhöht [um 5 erhöht; um 5 vermindert]?

8. Rechts siehst du Fabians Hausaufgaben. Kontrolliere sie. Wie könntest du ihm erklären, was er falsch gemacht hat?

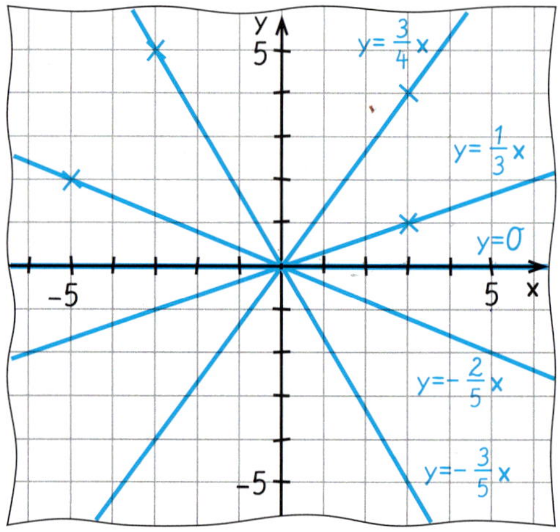

9. Zeichne den Graphen der proportionalen Funktion. Gehe dabei vom Ursprung

a) um 1 nach rechts, um 1,6 nach oben;

b) um 1 nach rechts, um 1,8 nach unten;

c) um 2 nach rechts, um 5,4 nach oben;

d) um 5 nach links, um 6 nach unten;

e) um 3 nach rechts, um 5,4 nach oben.

Notiere die Steigung m und die Funktionsgleichung.

10. Notiere zu jeder Geraden die Steigung. Gib auch die Funktionsgleichung an.

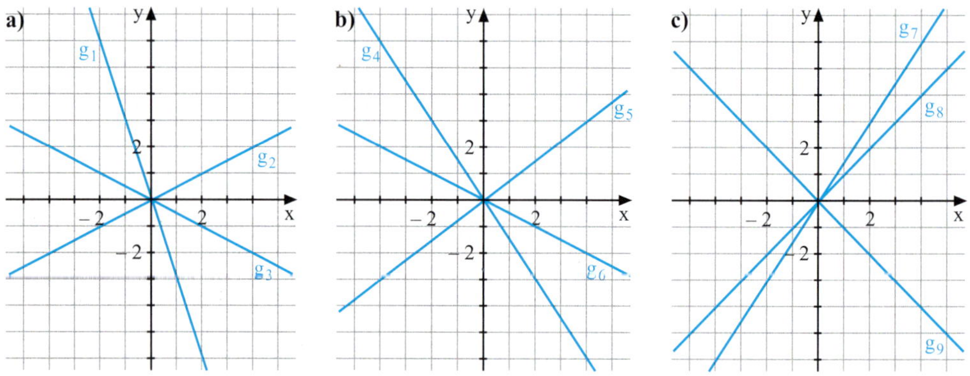

11. Jeder zeichnet drei Geraden, die durch den Ursprung gehen, in ein Koordinatensystem und lässt seinen Partner die dazugehörige Funktionsgleichung aufstellen.

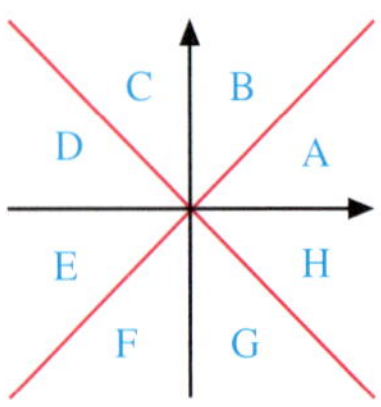

12. Links wurde das Koordinatensystem in 8 Bereiche unterteilt. Die Achsen haben beide gleiche Einteilung. In welchen Bereichen verläuft der Graph zu

a) $y = \frac{1}{2}x$; **b)** $y = -2x$; **c)** $y = 2x$; **d)** $y = -\frac{3}{4}x$?

13. Der Graph einer proportionalen Funktion geht durch den Punkt P:

a) $P(1|5)$ **b)** $P(1|-3)$ **c)** $P\left(1|-\frac{3}{2}\right)$ **d)** $P(5|-2)$ **e)** $P(3|5{,}1)$ **f)** $P(-1|-4)$

Notiere die Steigung m und die Funktionsgleichung.

Spiel GTR

14. Ein Spieler zeichnet mit dem GTR einen Punkt. Der Partner muss dann den Graphen einer proportionalen Funktion durch diesen Punkt zeichnen lassen. Hat er es geschafft, wird gewechselt.

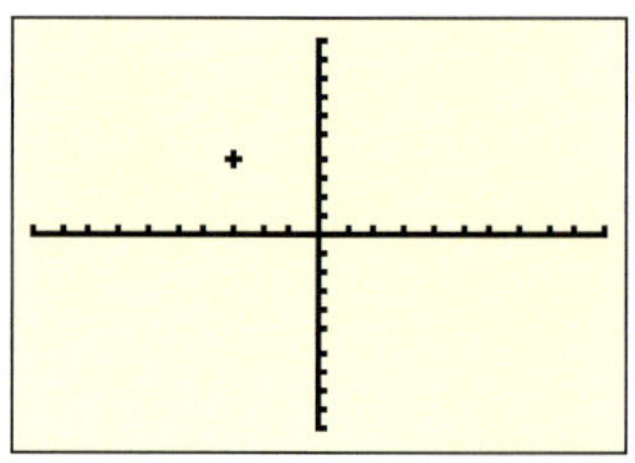

2.3 Lineare Funktionen und ihre Graphen

Einstieg

Eine Schraubenfeder hat (unbelastet) eine Länge von 6 cm. Die Länge ändert sich, wenn man die Feder mit Wägestücken belastet, und zwar um 0,5 cm je kg Belastung.

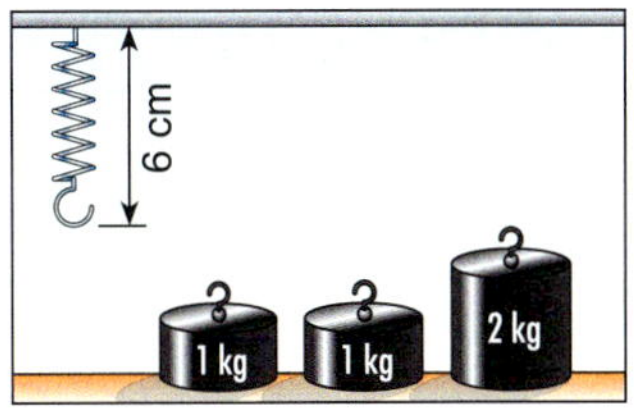

a) Legt für die folgenden Funktionen jeweils eine Wertetabelle an. Zeichnet damit ihre Graphen und vergleiche sie.
(1) *Belastung (in kg) → Verlängerung der Feder (in cm)*
(2) *Belastung (in kg) → Federlänge (in cm)*

b) Notiert die Funktionsgleichung.

c) Wie ändert sich die Länge der Feder, wenn man die Belastung um 2,4 kg erhöht [um 1,8 kg verringert]?

d) Bei welcher Belastung hat die Feder die Länge 8 cm [9,5 cm; 10,2 cm]?

e) Die Feder darf, ohne Schaden zu nehmen, nur bis zu einer Länge von 20 cm ausgezogen werden. Mit wie viel kg darf man die Feder höchstens belasten?

Aufgabe 1

In der Physik spricht man von Masse statt Gewicht.

a) 1 m^3 Kies wiegt 2 Tonnen. Im Folgenden ist das Kiesvolumen jeweils in m^3 angegeben, das Kiesgewicht in t.

(1) Notiere für die Funktion
Kiesvolumen x → Kiesgewicht y
die Funktionsgleichung. Zeichne den Graphen.

(2) Ein Lastwagenanhänger wiegt leer 3 Tonnen und wird mit Kies beladen. Zeichne in dasselbe Koordinatensystem den Graphen für die Funktion
Kiesvolumen x → Gesamtgewicht des Anhängers y.
Notiere die Funktionsgleichung.

b) Wähle als Definitionsmenge $\mathbb{Q}$ und als Funktionsterm: (1) $2x$; (2) $2x + 3$; (3) $2x - 6$.
Zeichne alle drei Graphen in dasselbe Koordinatensystem. Wie kommt man von dem ersten Graphen zu den beiden anderen? Wie kann man das an dem Term erkennen?

Lösung

a) (1) 1 m^3 Kies wiegt 2 Tonnen.
x m^3 Kies wiegen 2x Tonnen.
Funktionsgleichung: $y = 2x$

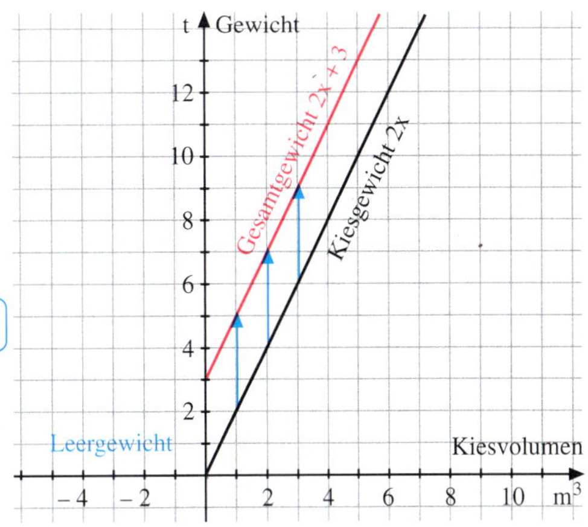

(2) Das Gesamtgewicht setzt sich zusammen aus dem Gewicht der Kiesladung, 2x Tonnen, und dem Gewicht des leeren Anhängers, 3 Tonnen.

Kiesgewicht | Hängergewicht

Funktionsgleichung: $y = 2x + 3$

Das Gesamtgewicht ist immer um 3 t größer als das Kiesgewicht. Du kommst also vom ersten Graphen (Kiesgewicht) zum zweiten Graphen (Gesamtgewicht), indem du überall um 3 Einheiten nach oben gehst. Das bedeutet: Wenn du den ersten Graphen *um 3 Einheiten nach oben verschiebst*, erhältst du den zweiten.

b) Jetzt dürfen auch negative Zahlen für x eingesetzt werden, da die gesamte Menge $\mathbb{Q}$ der rationalen Zahlen Definitionsmenge ist. Der Graph zum Funktionsterm 2x ist eine Gerade mit der Steigung 2 durch den Ursprung. Der Funktionsterm 2x + 3 ist für jeden Wert von x um 3 größer als der Funktionsterm 2x. Man erhält also den Graphen zu y = 2x + 3, indem man den Graphen zu y = 2x um 3 Einheiten nach oben schiebt. Diese verschobene Gerade hat ebenfalls die Steigung 2. Der Funktionsterm 2x – 6 ist für jeden Wert von x um 6 kleiner als der Funktionsterm 2x. Man erhält den Graphen zu y = 2x – 6, indem man den Graphen zu y = 2x um 6 Einheiten nach unten schiebt. Diese verschobene Gerade hat ebenfalls die Steigung 2.

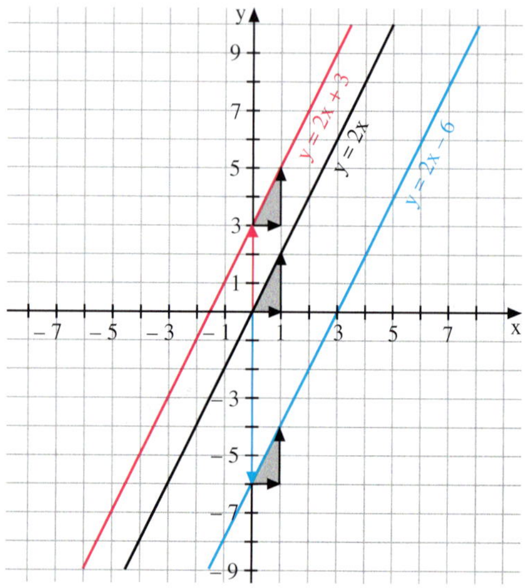

Wenn man den Graphen zu y = 2x
- *um 3 Einheiten nach oben verschiebt*, erhält man den Graphen zu y = 2x + 3;
- *um 6 Einheiten nach unten verschiebt*, erhält man den Graphen zu y = 2x – 6.

Information

Eine Funktion mit der Funktionsgleichung y = mx + b heißt **lineare Funktion**.
Der Graph einer linearen Funktion ist *geradlinig*.
m ist die *Steigung* der Geraden.
Die Gerade schneidet die y-Achse im Punkt P(0|b).
b nennt man daher *y-Achsenabschnitt* (oder auch *Ordinatenabschnitt*).

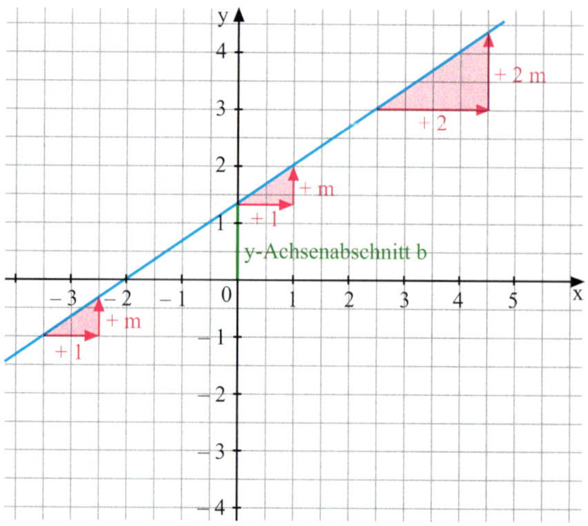

Anmerkung: Die Definitionsmenge einer linearen Funktion ist die Menge $\mathbb{Q}$ aller rationalen Zahlen (falls nichts anderes vereinbart wird).

Weiterführende Aufgaben

2. *Zeichnen des Graphen einer linearen Funktion mithilfe von m und b*
Gegeben ist die Funktionsgleichung einer linearen Funktion. Notiere die Steigung m und den y-Achsenabschnitt b. Zeichne den Graphen.

a) $y = \frac{3}{4}x - 2$ **b)** $y = -\frac{1}{3}x + 1$ **c)** $y = -x + 4{,}5$ **d)** $y = x$ **e)** $y = -3$ **f)** $y = 0$

Anmerkung: Die Gleichung y = x ist eine kurze Schreibweise für y = 1 · x + 0.
Die Gleichung y = –3 ist eine kurze Schreibweise für y = 0 · x – 3.

Anleitung zum Zeichnen des Graphen einer linearen Funktion mithilfe der Steigung m und des y-Achsenabschnitts b

Gegeben ist die Funktionsgleichung
$y = m x + b$.

Beispiel: $m = \frac{2}{3}$ und $b = 2$

Der Graph der linearen Funktion ist eine Gerade und daher durch zwei Punkte festgelegt.

(1) Ein Punkt der Geraden ist durch den y-Achsenabschnitt b schon gegeben: $P(0 | b)$.

(2) Einen weiteren Punkt kann man mithilfe der Steigung finden:
Gehe von P aus um 1 nach rechts und um m nach oben.
Im Beispiel rechts ist es aber besser, nicht nur um 1 nach rechts zu gehen, sondern z.B. um 3 nach rechts und um 2 nach oben zu gehen.

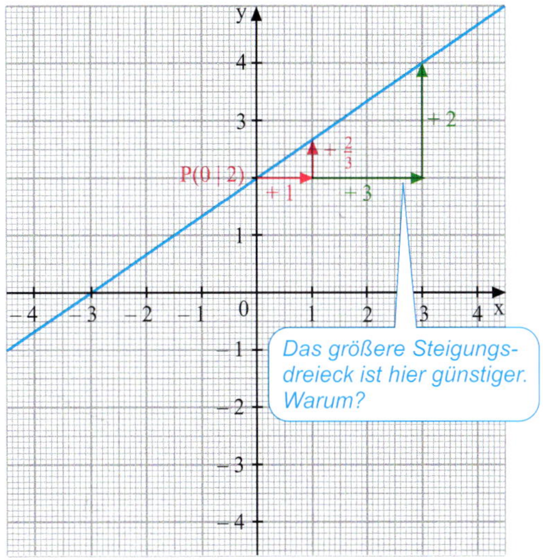

3. *Lage zweier Geraden zueinander*

Zeichne die Graphen der beiden linearen Funktionen in dasselbe Koordinatensystem. Beschreibe ihre Lage zueinander.

(1) $y = 1{,}5x - 3$
$y = \frac{1}{4}x + 4$

(2) $y = \frac{1}{2}x + 4$
$y = \frac{1}{2}x - 2$

(3) $y = -4 - 4x$
$2y + 8x = -8$

zuerst nach y auflösen

Stimmen auch die y-Achsenabschnitte noch überein, so fallen die Geraden zusammen.

Lage zweier Geraden zueinander

(1) Haben zwei Geraden übereinstimmende Steigungen, so sind sie parallel zueinander.

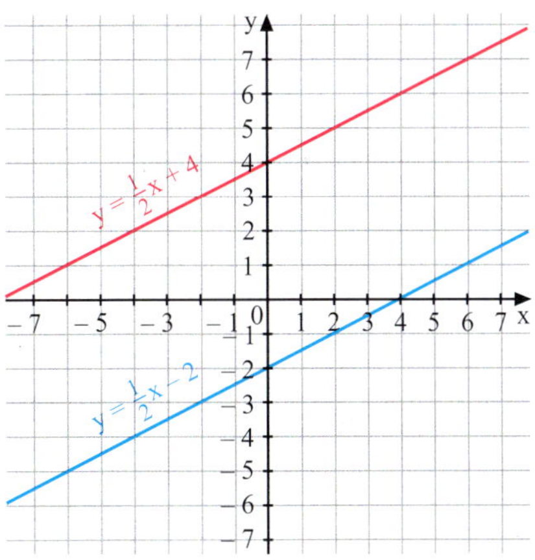

(2) Haben zwei Geraden verschiedene Steigungen, so schneiden sie sich in einem Punkt.

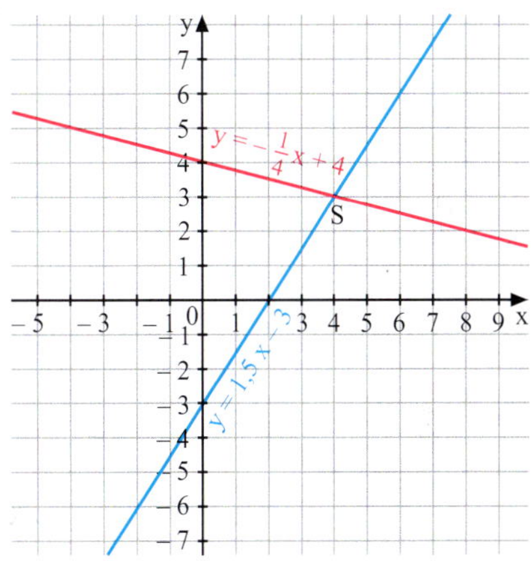

Übungsaufgaben

4. **a)** Zeichne den Graphen zu $y = \frac{3}{4}x$ sowie die Graphen zu $y = \frac{3}{4}x + b$ für verschiedene Werte von b.
Welchen Einfluss hat der Summand b auf den Graphen?

b) Untersuche diese Fragestellung auch für Geraden mit anderen Steigungen.

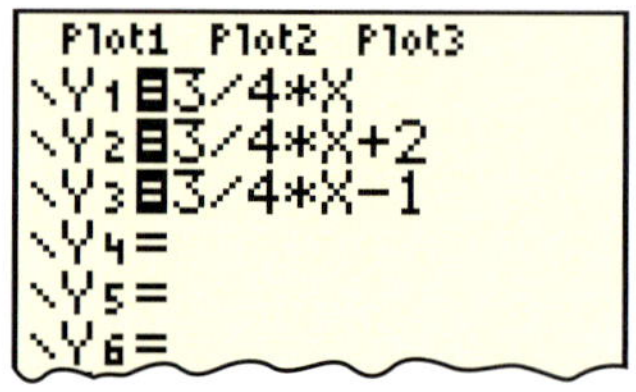

5. Eine Kerze ist anfangs 21 cm lang. Beim Brennen wird sie stündlich um 1,2 cm kürzer.

a) Zeichne den Graphen der Funktion *Brenndauer x (in Stunden) → Länge y (in cm).*

b) Notiere die Funktionsgleichung.

c) Wie lang ist die Kerze nach 5 [7,5; 12,5] Stunden?

d) Nach wie viel Stunden ist die Kerze nur noch 3,8 cm lang?

e) Nach wie viel Stunden ist die Kerze abgebrannt?

ϑ (Theta) griechischer Buchstabe

6. Eisen dehnt sich bei Erwärmung aus. Daher müssen bei Stahlbrücken Dehnungsfugen eingebaut werden. Die Funktion
Temperatur → Breite der Dehnungsfuge
ist eine lineare Funktion.
An einer Stahlbrücke wurde die Dehnungsfuge bei unterschiedlichen Temperaturen ausgemessen (Tabelle rechts).

Temperatur ϑ (in °C)	Fugenbreite b (in mm)
0	48
25	28

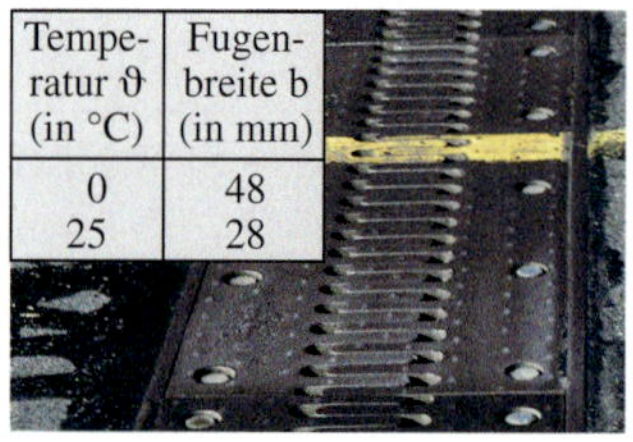

a) Bestimme die Funktionsgleichung, zeichne den Graphen.

b) Berechne jeweils die Breite b der Dehnungsfuge für die Temperatur ϑ:
30 °C; 10 °C; −10 °C; −15 °C.

c) Bei welcher Temperatur ist die Dehnungsfuge 54 mm breit?

d) Welche Höchsttemperatur hat man bei der Konstruktion der Brücke angenommen?

7. Beim Tauchen in großer Tiefe ist man einem hohen Wasserdruck ausgesetzt. Das Auftauchen an die Wasseroberfläche darf nur langsam geschehen, damit ein Druckausgleich im Körper des Tauchers stattfinden kann.
Ein Taucher befindet sich in 22 m Tiefe. Pro Minute kann er um 5 m auftauchen.
Jeder Partner bestimmt die Funktionsgleichung der Funktion
Auftauchdauer (in min) → Tauchtiefe (in m) und zeichnet den Graphen in sein Heft.
Stellt euch anschließend abwechselnd Fragen, die sich mithilfe dieses Graphen beantworten lassen.

8. Zeichne den Graphen der proportionalen Funktion. Verschiebe dann den Graphen um 4 Einheiten nach oben [um 1 Einheit nach unten] und gib für den neuen Graphen die entsprechende Funktionsgleichung an.

a) $y = 1{,}5x$ **b)** $y = -4x$ **c)** $y = -\frac{2}{3}x$ **d)** $s = \frac{5}{4}r$ **e)** $v = -\frac{u}{5}$

9. Zeichne den Graphen der linearen Funktion f.
In welchem Punkt schneidet der Graph die y-Achse?
Zeichne den Graphen derjenigen proportionalen Funktion g, deren Graph die gleiche Steigung m hat. Notiere die zugehörige Funktionsgleichung $y = g(x)$.

a) $f(x) = 0{,}4x + 1$ **b)** $f(x) = -\frac{1}{2}x + 3{,}5$ **c)** $f(x) = x - \frac{4}{5}$ **d)** $f(x) = -\frac{3}{4}x - \frac{5}{2}$

10. Zeichne in dasselbe Koordinatensystem die Graphen der linearen Funktionen f, g und h. Welche der drei Funktionen ist eine proportionale Funktion? Wie kommt man von dem Graphen dieser proportionalen Funktion zu den Graphen der beiden anderen?

a) $f(x) = 0{,}5x + 4$
$g(x) = 0{,}5x$
$h(x) = 0{,}5x - 2$

b) $f(x) = -1{,}5x + 5$
$g(x) = -1{,}5x - 4$
$h(x) = -1{,}5x$

11. Rechts siehst du Sophies Hausaufgaben. Kontrolliere sie.

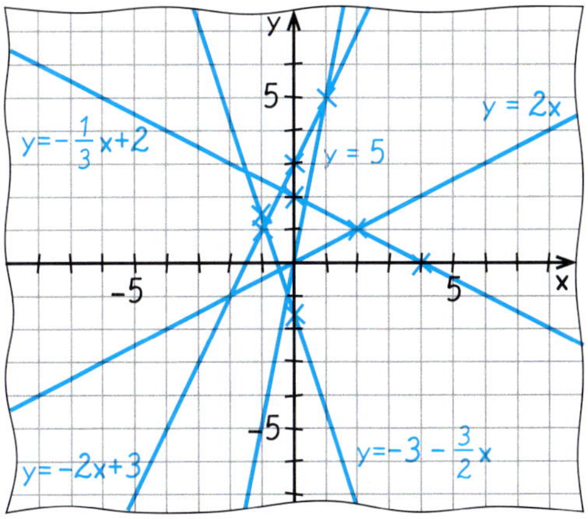

12. Jeder Partner zeichnet die Graphen der angegebenen linearen Funktionen in ein Koordinatensystem. Danach lässt er seine Zeichnungen von seinem Partner kontrollieren.

a)

Partner A	Partner B
$y = 2x + 1$	$y = 2x - 1$
$y = -2x - 1$	$y = -2x - 3$
$y = \frac{1}{4}x + 5$	$y = -\frac{1}{4}x + 2$
$y = -\frac{2}{5}x + \frac{1}{2}$	$y = -\frac{3}{4}x - 2$
$y = -\frac{3}{4}x - \frac{3}{4}$	$y = -\frac{3}{5}x - \frac{1}{2}$

b)

Partner A	Partner B
$y = 1{,}5x + 1$	$y = -2{,}5x - 1$
$f(x) = -0{,}4x$	$y = 0{,}8x$
$y = 4 - 0{,}5x$	$f(x) = 3 + 0{,}25x$
$y = \frac{x}{2} - 3$	$y = \frac{x}{3} - 2$
$f(x) = -\frac{3}{2}$	$f(x) = \frac{5}{2}$

13. Wie lautet die Funktionsgleichung zu jeder der fünf Geraden? Vergleiche die Funktionsterme.

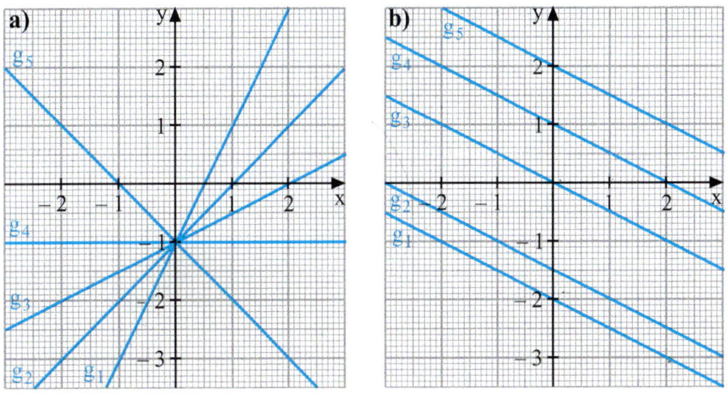

14. Jeder zeichnet drei Geraden in ein Koordinatensystem und lässt seinen Partner die dazugehörige Funktionsgleichung aufstellen.

15. Bestimme zu jedem Graphen die Funktionsgleichung.

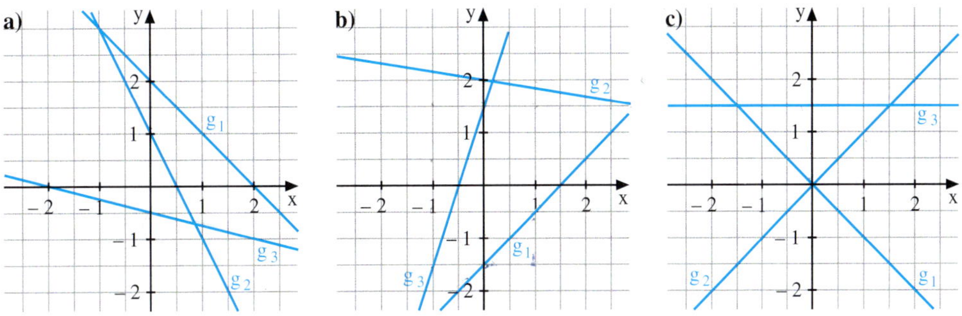

16. Zeichne den Graphen der linearen Funktion f. Wie ändert sich der Funktionswert, wenn man den Wert für x um 1 vergrößert? Welche Steigung und welchen y-Achsenabschnitt hat die Gerade? Notiere die Funktionsgleichung.

a) $f(x) = 0 \cdot x + 4$ **c)** $f(x) = 3$ **e)** $f(x) = 0$

b) $f(x) = 0 \cdot x - 1$ **d)** $f(x) = -3$ **f)** $f(x) = x$

17. Ermittle rechnerisch, ob die angegebenen Punkte auf dem Graphen der Funktion liegen. Kontrolliere anschließend zeichnerisch.

a) $y = -2x + 3$; $P_1(1|1)$, $P_2(5|-1)$, $P_3(-3|-3)$, $P_4(0|1{,}5)$

b) $y = \frac{1}{2}x - 4$; $P_1(0|4)$, $P_2(4|2)$, $P_3(-4|-6)$, $P_4(5|-1{,}5)$

c) $y = -\frac{2}{3}x + 5$; $P_1(3|3)$, $P_2(1|6)$, $P_3(-3|7)$, $P_4\left(2|3\frac{2}{3}\right)$

d) $y = 0{,}8x + 2{,}5$; $P_1(5|4{,}5)$, $P_2(0|3)$, $P_3(-3|0)$, $P_4(-1|3{,}3)$

18. Gib die Gleichung einer Geraden an, für die Folgendes gilt:
(1) Sie verläuft nur durch den 1. und 3. Quadranten.
(2) Sie verläuft durch die ersten drei Quadranten.
(3) Sie verläuft nur durch zwei Quadranten.
Du kannst zur Kontrolle den Graphen zeichnen (lassen).

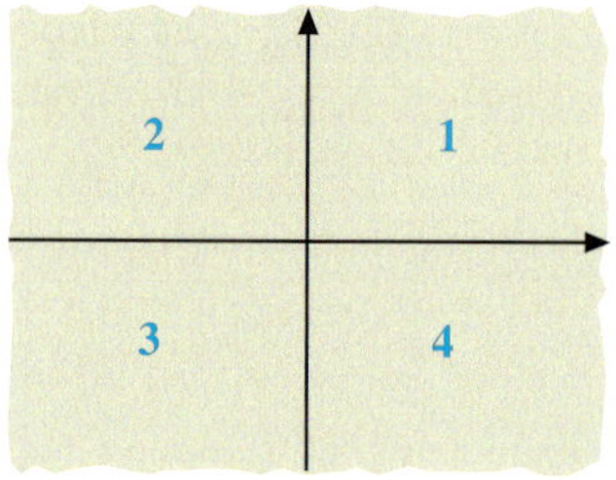

19. Beschreibe den Verlauf der Geraden zu y = mx + b im Koordinatensystem in Abhängigkeit von der Steigung m und dem y-Achsenabschnitt b.

GTR **20.** Zeichne den Graphen der Funktion zu $y = -\frac{1}{2}x + 3$ mit dem GTR so, dass er
(1) sehr flach,
(2) etwas steil,
(3) sehr steil wirkt.
Notiere deine im Window-Menü eingestellten Werte.

GTR **21.** Mehrere Schüler und Schülerinnen haben den Graphen der linearen Funktion mit der Funktionsgleichung $y = 4x + 1$ gezeichnet. Vergleicht die Bilder und erklärt die Unterschiede.

Anne:

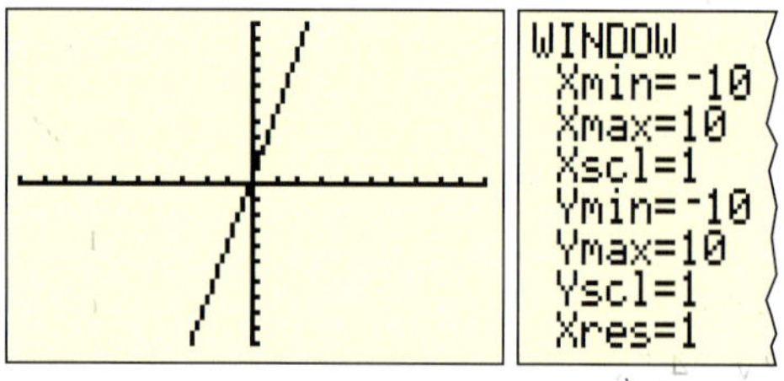

Bastian:

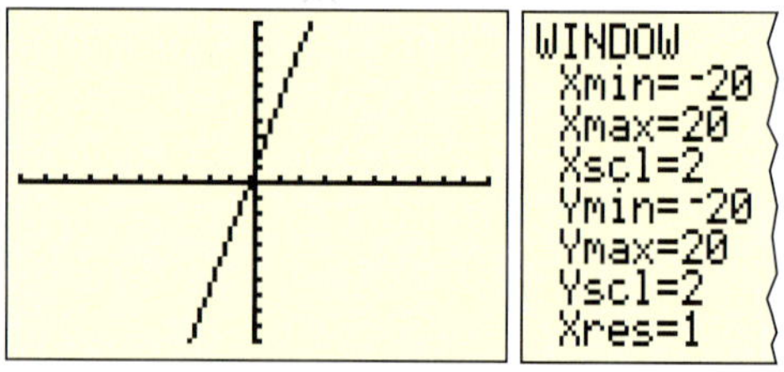

Caroline:

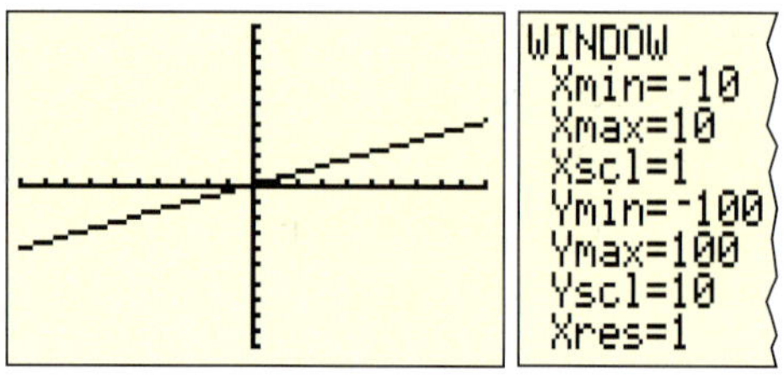

David:

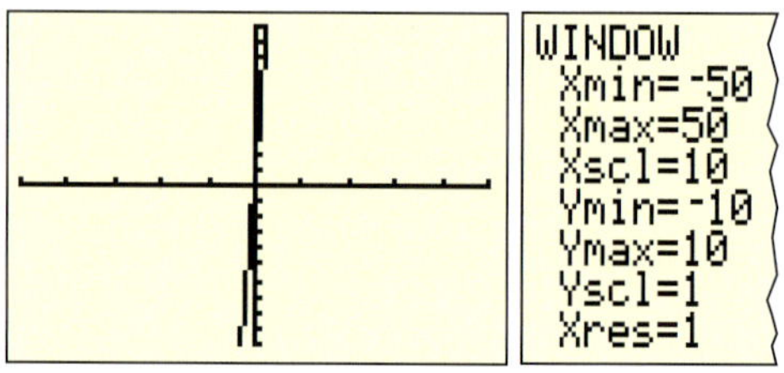

GTR **22.** Ermittle die auf den Koordinatenachsen gewählte Einteilung.

a) $y = 0{,}1\,x + 10$, **b)** $y = -2\,x + 10$, **c)** $y = 30$

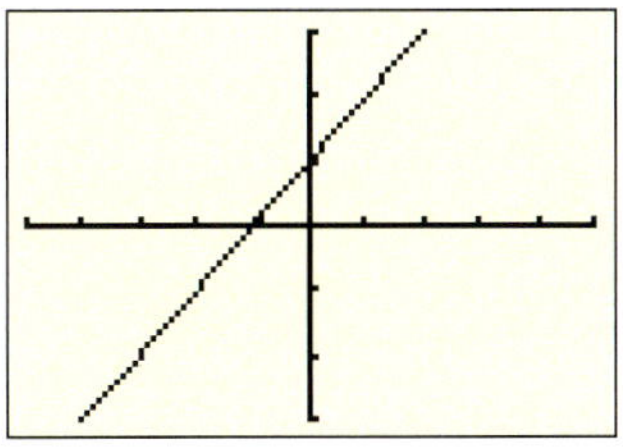
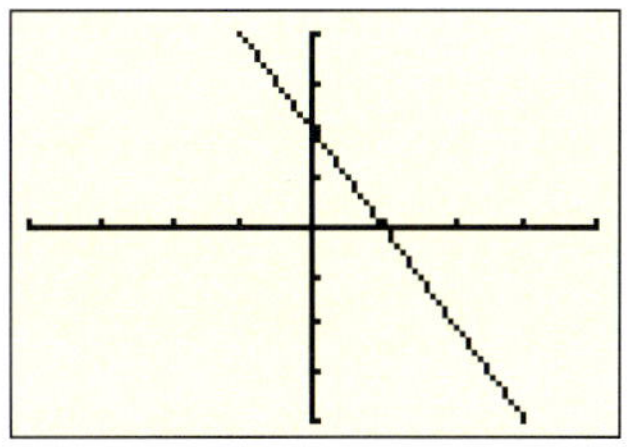
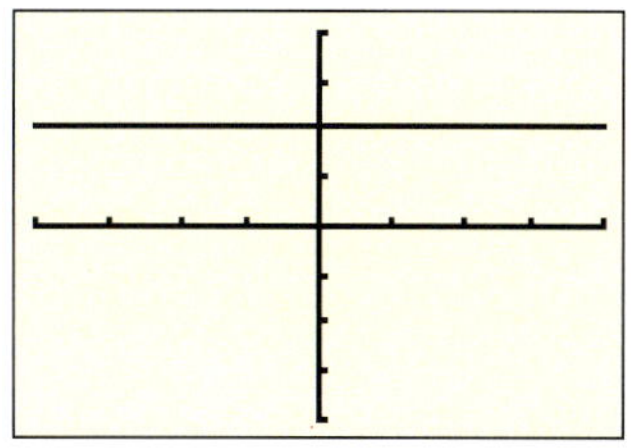

23. Bei gleichschenkligen Dreiecken ergibt sich aus der Größe der Basiswinkel eindeutig die Größe des dritten Winkels.
Bestimme die Funktionsgleichung für die Funktion
Größe des Basiswinkels → Größe des dritten Winkels.
Beachte auch, welche Werte für die Größe eines Basiswinkels möglich sind. Zeichne den Graphen.

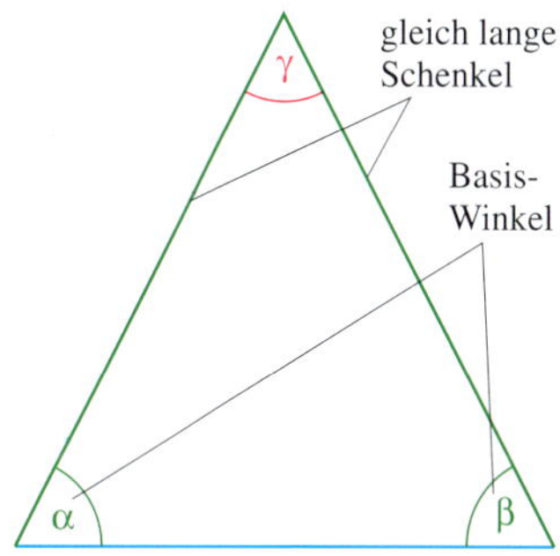

24. Untersuche rechtwinklige Dreiecke auf die Abhängigkeit der beiden übrigen Winkel voneinander. Erstelle eine Funktionsgleichung und zeichne den Graphen.

25. Ein quaderförmiges Schwimmbecken ist mit Wasser gefüllt, die Wasserhöhe beträgt 2,5 m. Das Schwimmbecken soll leer gepumpt werden. Dabei sinkt der Wasserspiegel in jeder Stunde um 0,4 m.

a) Zeichne mithilfe einer Wertetabelle den Graphen der Funktion
Zeit (in Stunden) → Wasserhöhe (in m).
Notiere auch die Funktionsgleichung.

b) Nach wie viel Stunden ist das Becken leer gepumpt?

c) Die Pumpe bewegt stündlich 6 m^3 Wasser. Wie groß ist die Grundfläche des Beckens?

26. Jede der Gleichungen beschreibt eine lineare Funktion. Zeichne jeweils die beiden Graphen in ein Koordinatensystem.
Beschreibe ihre Lage zueinander.

a) $y = x - 3$ und $y = -3x - 11$

b) $y = -x + 1$ und $x + y = -1$

c) $x + 3y = 6$ und $6y = 12 - 2x$

d) $x - \frac{3}{2}y - 3 = 0$ und $\frac{3}{2}x - y - 3 = 0$

27. Beschreibe die Lage der Geraden zueinander – ohne die Geraden zu zeichnen.

a) $y = 0{,}5x$ und $y = -x + 6$

b) $2y + 3x = -4$ und $3y + 4{,}5x = 21$

c) $y - x = -19$ und $y - \frac{1}{3}x = 15$

d) $1{,}5y + x = 0{,}5$ und $3y = 1 - 2x$

28. Gegeben ist die Gerade g mit der Gleichung $y = 3x - 6$.
Gib die Gleichung einer Geraden an, die

a) parallel zu g ist und durch den Punkt $P(0|2)$ verläuft;

b) denselben y-Achsenabschnitt wie g hat, aber fällt;

c) die x-Achse an derselben Stelle schneidet wie g.

2.4 Nullstellen linearer Funktionen – Grafische Deutung des Lösens linearer Gleichungen *Zum Selbstlernen*

Ziel

Du kannst schon den Graphen einer linearen Funktion zeichnen, weiter kannst du etliche Gleichungen durch Umformen lösen. Hier lernst du, das Lösen linearer Gleichungen vom Typ $ax + b = c$ am Graphen einer linearen Funktion zu deuten.

Zum Erarbeiten

Nullstelle einer linearen Funktion

A

Heutzutage kann man mit einem Flugzeug fast um die halbe Welt fliegen. Dazu benötigt es große Mengen an Kerosin als Treibstoff. Haben die Flugzeuge erst einmal ihre Flughöhe (ca. 12 000 m) erreicht, so fliegen sie gleichmäßig über weite Strecken. Langstreckenflugzeuge können bis zu 11 000 km am Stück fliegen.

Ein Flugzeug startet mit 21,6 t Kerosin im Tank. Nach 500 km Flug sind noch 20 t im Tank.

Betrachte die Funktion ***Flugstrecke x (in km) → Kerosinmenge y (in t)****; erstelle ihre Funktionsgleichung und zeichne ihren Graphen. Welche Vereinfachungen musst du dazu vornehmen?*

Wie weit kann dieses Flugzeug höchstens fliegen?

Zur Vereinfachung nehmen wir an, dass das Flugzeug bei seinem Flug stets gleichmäßig viel Kerosin verbraucht. Nach 500 km Flug hat sich die Kerosinmenge von 21,6 t auf 20 t verringert, das entspricht einen Verbrauch von 1,6 t auf 500 km, also in t pro km: $\frac{1,6}{500} = 0,0032$

Damit ergibt sich: Kerosinverbrauch (in t) für x km: $0,0032 \cdot x$

Kerosinmenge (in t) nach x km: $21,6 - 0,0032 \cdot x$

Somit lautet die Funktionsgleichung: $y = 21,6 - 0,0032\,x$

Dieses ist die Gleichung einer Geraden. Der y-Achsenabschnitt ist 21,6, die Steigung −0,0032. Das Flugzeug kann höchstens so lange fliegen, bis der Kerosinvorrat verbraucht ist, also den Wert 0 hat. Die zugehörige Flugstrecke kann man auf verschiedene Weise ermitteln:

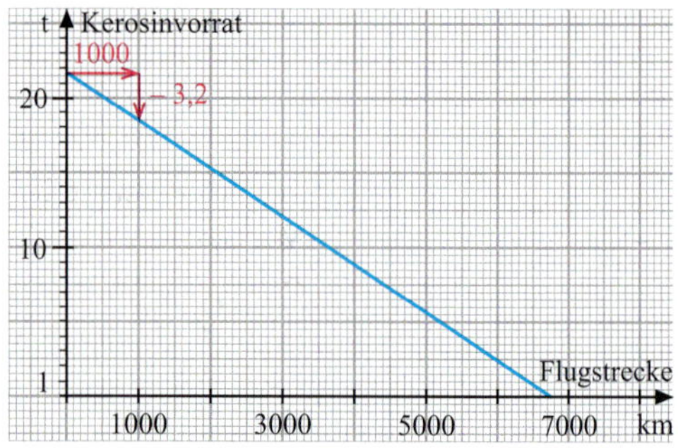

- Am Graphen kannst du sie am Schnittpunkt des Graphen mit der x-Achse ablesen, da hier $y = 0$ gilt. Du erhältst als Flugstrecke ungefähr 6 700 km.
- Du kannst auch mit einer Wertetabelle arbeiten.

x (in km)	0	500	1 000	2 000	3 000	4 000	5 000	6 000	6 500
y (in t)	21,6	20	18,4	15,2	12	8,8	5,6	2,4	0,8

Einen genaueren Wert erhältst du mit noch kleineren Abständen in der Tabelle.

- Den genauen Wert kannst du durch Lösen einer Gleichung erhalten:
Gesucht ist die Flugstrecke x (in km), für die der Kerosinvorrat y (in t) den Wert 0 hat, also

$21,6 - 0,0032 \cdot x = 0 \quad | -21,6$

$-0,0032 \cdot x = -21,6 \quad | :(-0,0032)$

$x = 6750$

Ergebnis: Nach 6 750 km Flugstrecke ist der Kerosinvorrat aufgebraucht.

Zum Selbstlernen

Information

(1) Nullstelle einer Funktion

In der obigen Aufgabe haben wir die Flugstrecke gesucht, zu der die Kerosinmenge 0 gehört. Diese Flugstrecke ist im Graphen der Funktion *Flugstrecke x (in km) → Kerosinmenge y (in t)* die Stelle, an der die x-Achse geschnitten wird.

An der Nullstelle trifft der Graph die x-Achse.

Definition

Eine Stelle x_0, an der eine Funktion f den Wert 0 annimmt, heißt **Nullstelle** der Funktion.
Für eine Nullstelle gilt also $f(x_0) = 0$.

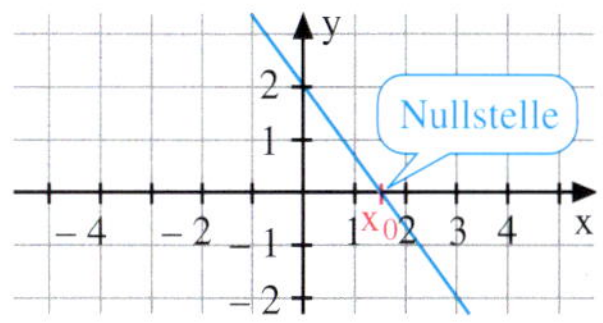

GTR

(2) Bestimmen von Nullstellen mit einem GTR

Mit einem GTR kann man auf verschiedene Weise die Nullstelle einer Funktion bestimmen.

- Man kann den Graphen zeichnen und mithilfe des TRACE-Befehls die Nullstelle annähern. Auf diese Weise erhält man aber nur wenig genaue Werte.

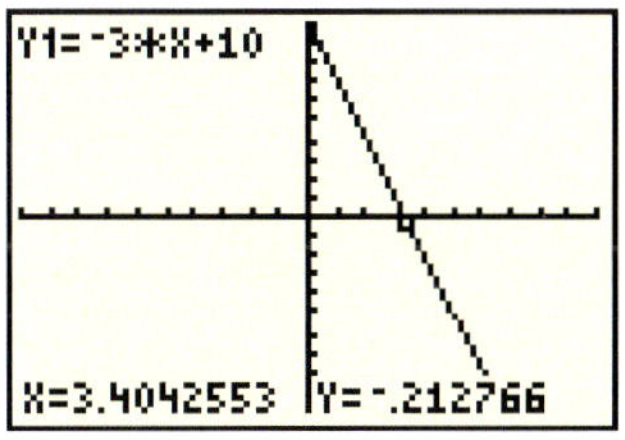

- Man kann in der Wertetabelle die Nullstelle näherungsweise heraussuchen.
  Durch Verfeinerung der Schrittweite in der Tabelle kann man den gesuchten Wert beliebig genau annähern.

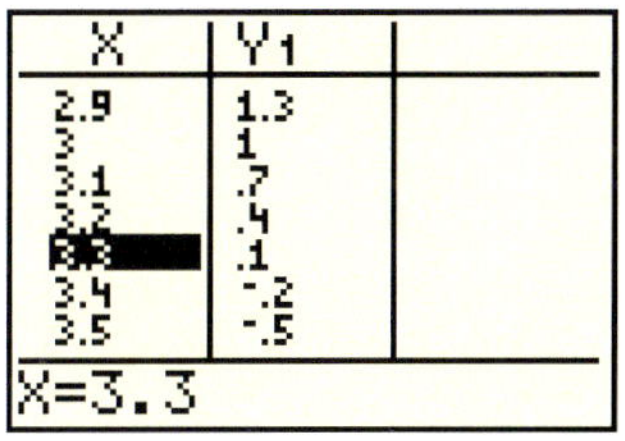

- Mit einem GTR kann man Nullstellen einer Funktion näherungsweise mithilfe des Befehls *zero* aus dem Menü *CALC* ermitteln. Dazu muss man ein Intervall angeben, in dem die zu bestimmende Nullstelle liegt: *Left Bound* und *Right Bound* dienen zur Eingabe der Intervallgrenzen. Mit *Guess* wird dann noch ein Schätzwert für die Nullstelle eingegeben.

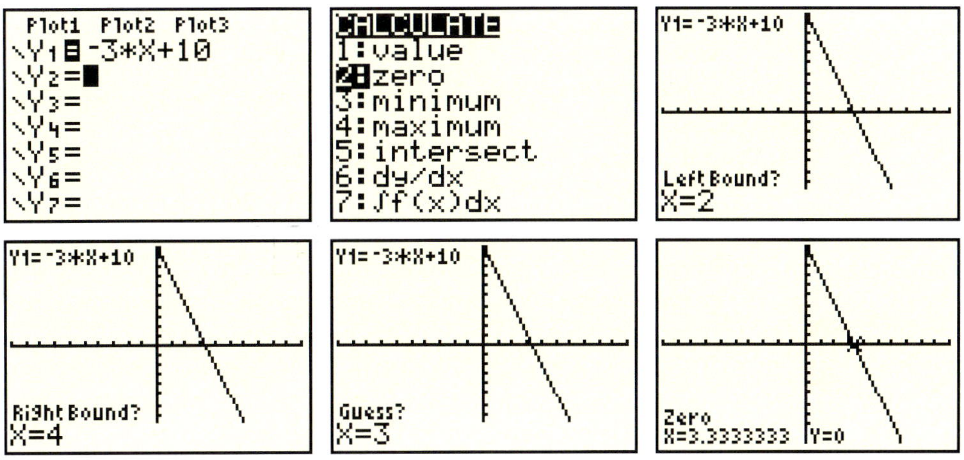

Vergleiche diese drei Möglichkeiten.

Zum Selbstlernen

CAS

(3) Bestimmen von Nullstellen mit einem CAS

Mit einem CAS-Rechner kannst du die Nullstelle auch algebraisch durch Lösen einer Gleichung exakt bestimmen.

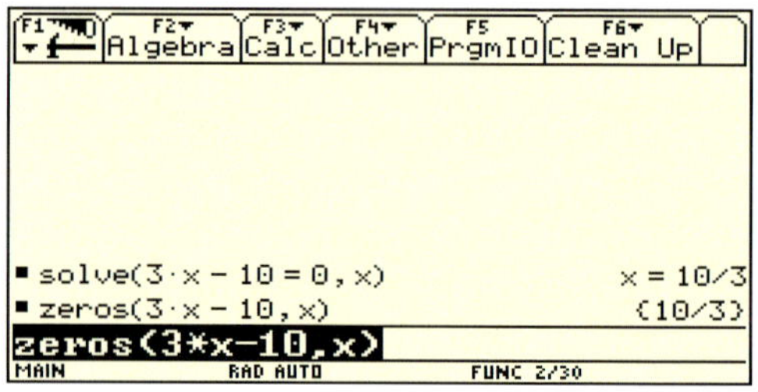

Zum Erarbeiten

Lösen einer linearen Gleichung am Graphen deuten

Aus Sicherheitsgründen darf ein Flugzeug nicht so weit fliegen, bis der Tank leer ist. Bestimme für das auf Seite 82 beschriebene Flugzeug, nach welcher Flugstrecke noch eine Mindestreserve von 3 t im Tank vorhanden ist. Lies zunächst am Graphen ab, rechne dann.

Zum Ablesen am Graphen gehst du vom auf der y-Achse eingetragenen Funktionswert 3 auf der y-Achse parallel zu x-Achse bis zum Graphen und von dort parallel zur y-Achse auf die x-Achse. Du liest ab: $x \approx 5800$ km.

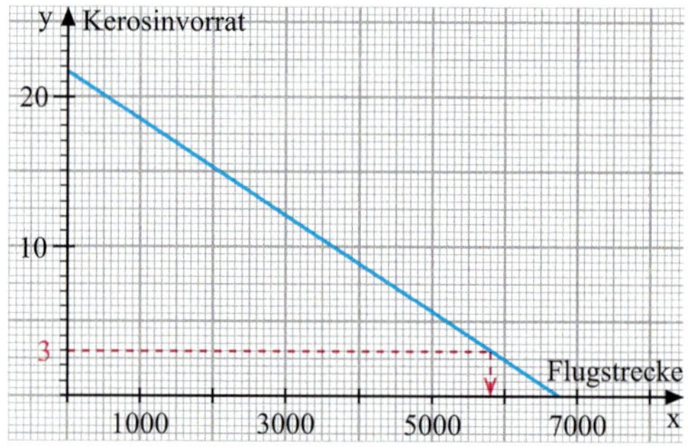

Zur exakten Bestimmung setzt du den Kerosinvorrat $y = 21{,}6 - 0{,}0032 \cdot x$ mit 3 gleich:

$$21{,}6 - 0{,}0032 \cdot x = 3 \quad | -21{,}6$$
$$-0{,}0032 \cdot x = -18{,}6 \quad | :(-0{,}0032)$$
$$x = 5812{,}5$$

Ergebnis: Nach 5 812,5 km Flugstrecke ist nur noch der Mindestwert von 3 t Kerosin vorhanden.

Information

In dem obigen Auftrag hast du ein Sachproblem auf zwei verschiedene Weisen gelöst: einmal durch Ablesen am Graphen und einmal durch Lösen einer Gleichung. Allgemein gilt:

Das Lösen einer linearen Gleichung der Form

$ax + b = c$

kann am Graphen der linearen Funktion mit der Gleichung $y = ax + b$ gedeutet werden: An welcher Stelle (x-Wert) nimmt die Funktion den y-Wert c an?

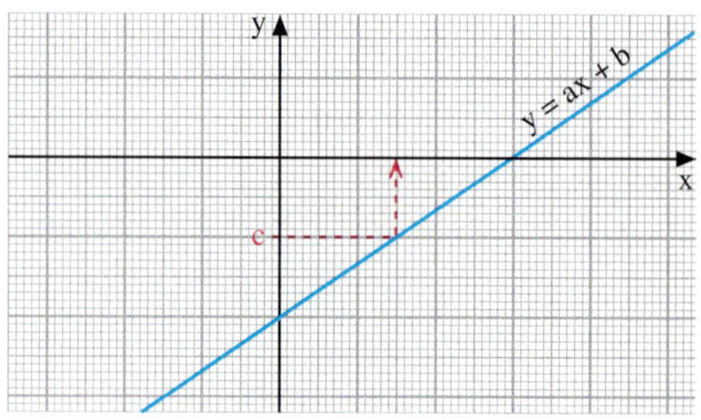

Zum Üben

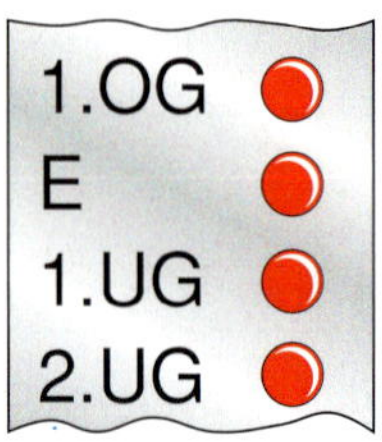

1. In einem Hochhaus befindet sich ein Fahrstuhl 80 m über der Erdoberfläche. In 2 Sekunden kann er über 2 Geschosse, also 6 m hinabfahren. Nimm an, dass er unterwegs in keinem Stockwerk hält.

a) Erstelle die Funktionsgleichung für die Funktion *Fahrdauer (in s)* → *Höhe (in m)* und zeichne deren Graphen.

b) Wie lange dauert es, bis er im Erdgeschoss ankommt?

c) Wie lange dauert es, bis er im 3. Untergeschoss ankommt?

Zum Selbstlernen

2. Zeichne den Graphen der Funktion. Bestimme ihre Nullstelle.

a) $y = 2x - 5$ **b)** $y = -4x + 7$ **c)** $y = \frac{1}{2}x + 3$ **d)** $y = -\frac{3}{4}x - 2$

3. Schreibe eine Zusammenfassung, wie man die Nullstelle einer Funktion ermitteln kann

a) ohne GTR; **b)** mit GTR; **c)** mit CAS.

4. Berechne die Nullstelle der Funktion mit der angegebenen Gleichung.

a) $y = -3x + 7$ **c)** $y = 0{,}3x + 15$ **e)** $y = \frac{3}{5}x - 7$ **g)** $y = 4x$

b) $y = 2x - 9$ **d)** $y = -1{,}2x - 9$ **f)** $y = -\frac{4}{3}x + 5$ **h)** $y = 3$

5. Ein Heißluftballon befindet sich in 200 m Höhe. Zum Landen verringert er seine Höhe mit der Sinkgeschwindigkeit $1{,}5\,\frac{m}{s}$.

a) Zeichne den Graphen der Funktion *Zeit* → *Höhe*.

b) Bestimme, wann der Ballon landet.

c) Ab wann unterschreitet der Ballon eine Mindesthöhe von 10 m?

d) Zum sicheren Landen darf die Sinkgeschwindigkeit bis auf höchstens $2\,\frac{m}{s}$ erhöht werden. Wie viel früher landet der Ballon dann?

6. Berechne die Stelle, an der die Funktion den angegebenen Wert annimmt. Kontrolliere grafisch.

a) $y = -2x + 5$; Wert: 10 **c)** $y = -0{,}2x + 11$; Wert: 2,4 **e)** $y = \frac{3}{5}x - 7$; Wert: 4

b) $y = 3x - 5$; Wert: –4 **d)** $y = 1{,}5x - 7$; Wert: 3 **f)** $y = -\frac{4}{3}x + 5$; Wert: –1

7. Zeichne einen Funktionsgraphen, an dem du das Lösen der angegebenen Gleichung verdeutlichen kannst.

a) $2x - 3 = 4$ **b)** $-\frac{1}{2}x + 2 = 4$ **c)** $x + 2 = 5$ **d)** $4 = -x + 2$

8. Rechts siehst du, wie die Gleichung $3x - 5 = 2$ durch Umformen gelöst wurde. Zeichne zu jeder der drei Zeilen den zugehörigen Graphen.
Wie unterscheiden sich die Darstellungen, was ist gemeinsam?

GTR **9.** Versuche die Nullstelle im Kopf zu bestimmen oder zu überschlagen, wo sie ungefähr liegt. Zeichne den Graphen der Funktion zur Kontrolle mit dem GTR.

a) $y = 30 - 2x$ **b)** $y = 3{,}2x + 62$ **c)** $y = 0{,}04x - 4$ **d)** $y = 0{,}8x + 54$

GTR **10.** Lasse die Funktionen zeichnen und lies den Schnittpunkt ihrer Graphen ab. Achte auf geeignete WINDOW-Einstellungen.

a) $y = 30 - 2x$; $y = -20 + 3x$ **c)** $y = -4 + 0{,}04x + 5$; $y = 2 + \frac{2}{50}x$

b) $y = -8x + 624$; $y = -4x + 462$; **d)** $y = -3x + 512$; $y = 0{,}03x - 200$

11. Gib drei lineare Funktionen mit der Nullstelle 4 an.

12. Zeichne die lineare Funktion, deren Graph durch die Punkte $P(3 \mid 4)$ und $Q(5 \mid 3)$ verläuft und lies ihren y-Achsenabschnitt ab.
Welche Nullstelle hat diese Funktion? Wie lautet ihre Funktionsgleichung?

Zum Selbstlernen

Auf den Punkt gebracht:
Dokumentieren von Rechnerergebnissen

Der grafikfähige Taschenrechner hilft dir, mathematische Probleme schnell und zuverlässig zu bearbeiten sowie neue Erkenntnisse zu gewinnen. Dafür stehen dir in der Regel mehrere Strategien zur Verfügung, aus denen du auswählen kannst.

1. Sandra beobachtet eine 10 cm hohe zylinderförmige Kerze und stellt fest, dass diese etwa 1,6 cm pro Stunde abbrennt. Nach drei Stunden scheint die Kerze zur Hälfte abgebrannt zu sein. Sandra möchte das gern überprüfen. Sie nimmt ihren Rechner zu Hilfe und bearbeitet die Aufgabe gemeinsam mit ihrer Nachbarin Maike. Beide notieren die Ergebnisse im Heft.
Erläutere und bewerte die beiden Hefteinträge.

Sandra

Aufgabe:
Eine 10 cm hohe zylinderförmige Kerze brennt etwa 1,6 cm pro Stunde ab
Frage: Wann ist die Kerze zur Hälfte abgebrannt?
Lösung:
x: Zeit in Stunden
y: Höhe der Kerze in cm
$y = 10 - 1{,}6x$
Eingabe: $y1(x) = 10 - 1{,}6x$; Schrittweite: 1; Startwert: 0
Aus der Tabelle kann man entnehmen, dass die Kerze nach 3 Stunden noch nicht zur Hälfte abgebrannt ist. Eine Verfeinerung der Schrittweite führt zu dem Ergebnis:

x	3,000	3,123	3,124	3,125
y1(x)	5,2	5,0032	5,0016	5,0000

Antwort:
Die Kerze ist erst nach 3,125 Stunden, d.h. nach 3 Stunden 7 Minuten und 30 Sekunden zur Hälfte abgebrannt, wenn sie pro Stunde gleichmäßig um 1,6 cm abbrennt.

Maike

Wann ist die Kerze zur Hälfte abgebrannt?
$y = 10 - 1{,}6x$
Nach 3,125 Stunden.

2. Marius und Pascal haben die Aufgabe rechts mit dem GTR bearbeitet.

> 100 g Gummitierchen kosten 0,98 €.
> - Jens kauft 180 g, Annika 85 g, Florian 300 g und Sarah 70 g der Gummitierchen. Wie viel muss jeder bezahlen?
> - Sabine hat nur noch 1,55 € in der Tasche. Wie viele Gummitierchen kann sie sich dafür kaufen?

a) Erläutere ihr Vorgehen anhand folgender Rechnerbilder.

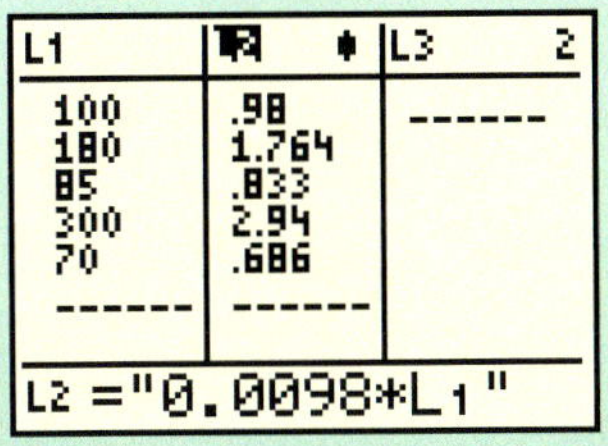

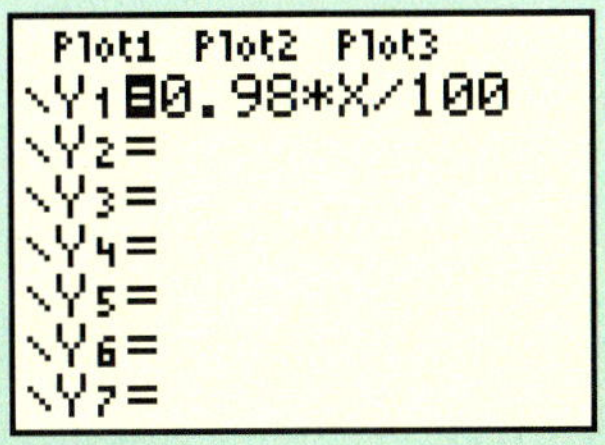

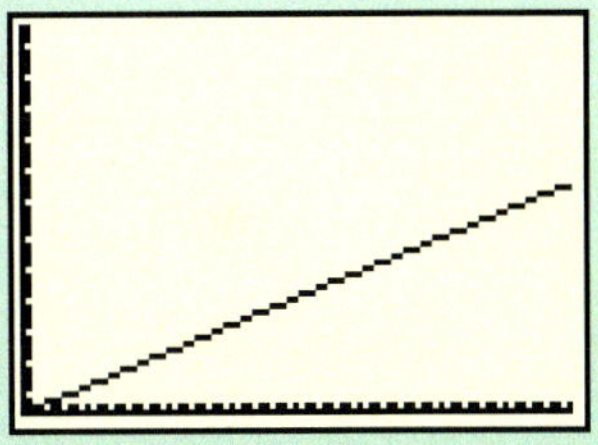

b) Marius und Pascal haben die Lösung im Heft notiert. Vergleiche und bewerte die Hefteinträge.

Marius

Gummitierchen	Preis
100,00	0,9800
180,00	1,7640
85,00	.8330
300,00	2,9400
70,00	.6860

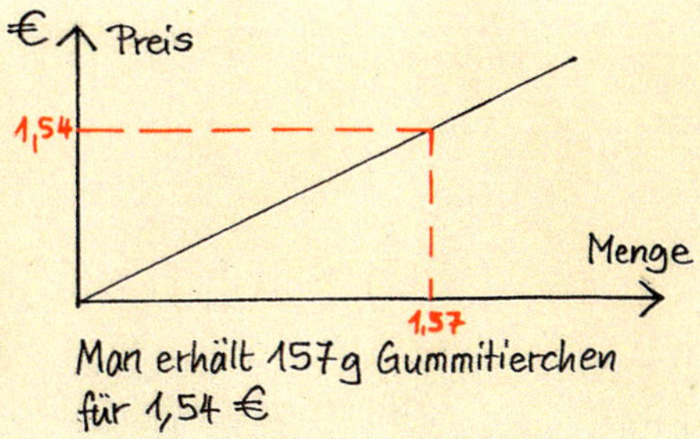

Pascal

Menge (in g)	Preis (in €)
70	0,69
85	0,83
100	0,98
180	1,76
300	2,94

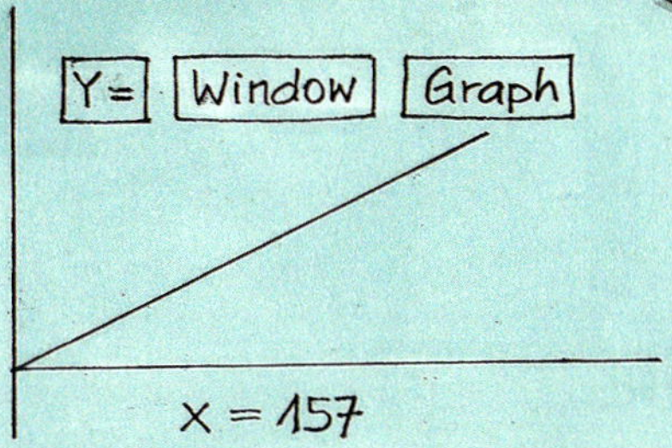

Merke
Was du nur im Rechner hast, nutzt dir auf Dauer wenig!

Dokumentieren von Rechnerergebnissen im Heft

Wenn eine Aufgabe mit dem Rechner gelöst wurde, ist ein gründliches Notieren der Rechenwege im Heft besonders wichtig.

- Notiere, ob du grafisch oder tabellarisch vorgegangen bist.
- Beim Übertragen einer Tabelle in das Heft muss die Tabelle mit Spaltenüberschriften versehen werden; hierzu gehören auch die Einheiten. Runde die Ergebnisse sinnvoll.
- Beim Übertragen eines Graphen in das Heft müssen die Achsen beschriftet werden. An der Einteilung der Achsen muss das gewählte WINDOW erkennbar sein.
- Eine detaillierte Angabe von Rechnerbefehlen ist in aller Regel nicht erforderlich.

2.5 Geraden durch Punkte

2.5.1 Geraden durch zwei Punkte

Einstieg

Ein Flugzeug überquert den Nordpol in 11 km Höhe und misst als Außentemperatur –65 °C. Ein anderes Flugzeug überquert den Nordpol zum selben Zeitpunkt in 8 km Höhe. Es misst als Außentemperatur –50 °C.
Welche Temperaturen herrschen in anderen Flughöhen?
Zeichnet den Graphen der Funktion *Höhe über dem Nordpol (in km) → Lufttemperatur in der Troposphäre (in °C)*.
Erstellt dazu auch eine Funktionsgleichung.

Atmosphäre

Die Atmosphäre lässt sich in verschiedene Schichten gliedern. In der untersten, der Troposphäre, sinkt die Temperatur im Mittel um einige °C pro Kilometer. Dieser Bereich ist die wolkenreichste Schicht. Die Troposphäre reicht bis zur Tropopause; diese Grenzschicht liegt etwa zwischen 16 Kilometer Höhe über tropischen Regionen und 11 Kilometer Höhe über Polargebieten.

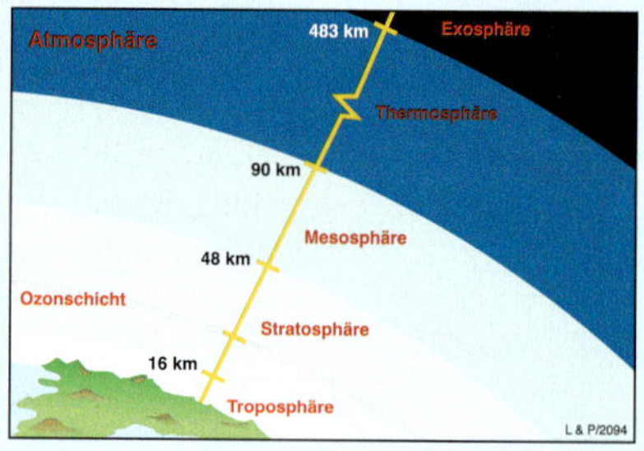

Aufgabe 1

Familie Wagner hat einen 6 200 Liter fassenden Regenwasserspeicher, in dem sich nach einer längeren Trockenperiode nur noch 210 Liter befinden. In der Nacht beginnt zur Freude des Hausbesitzers ein lang andauernder, gleichmäßiger Regen (so genannter Landregen).
Um abschätzen zu können, was dieser Landregen bringt, misst er morgens um 5.30 Uhr den Wasserstand von 2 100 Litern und ein zweites Mal um 6.45 Uhr 2 450 Liter.

a) Beschreibe die Abhängigkeit der Wassermenge im Regenbehälter von der Dauer des Landregens durch eine Funktion.

b) Bestimme, wie lange der Landregen noch andauern muss, um den Behälter komplett zu füllen.

Clever sparen, Regenwasser nutzen!

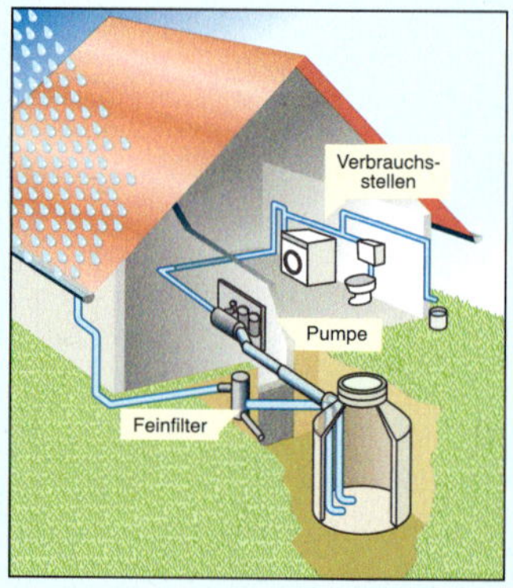

Aufgrund gestiegenen Wasserverbrauchs in den vergangenen Jahren wird das Wasser immer knapper. Statistiken belegen, dass ein Bundesbürger durchschnittlich 150 Liter kostbares Trinkwasser pro Tag verbraucht. Doch für rund 50 Prozent der Anwendungen ist die Qualität von Trinkwasser nicht zwingend erforderlich, zum Beispiel für die Toilettenspülung, die Waschmaschine, die Garten- und Grünanlagenbewässerung oder auch für Autowaschanlagen. Durch moderne Anlagen lassen sich bis zu 50% Trinkwasser sparen. Demnach ermöglicht Regenwasser-Nutzung die Einsparung von etwa 75 Liter Wasser pro Person und Tag.

Lösung

Für $5^{\underline{30}}$ Uhr schreiben wir 5,5.

a) Geht man von der Modellannahme aus, dass der Regen völlig gleichmäßig fällt, so steigt die Wassermenge im Regenwasserbehälter gleichmäßig an. Daher handelt es sich bei der Funktion *Uhrzeit x → Regenwassermenge y (in l) im Behälter* eine lineare Funktion. Sie hat eine Funktionsgleichung der Form $y = m \cdot x + b$.

Zum Messwert 2 100 *l* um 5.30 Uhr gehört der Punkt $P_1(5{,}5\,|\,2\,100)$ des Graphen und zum Messwert 2 450 *l* um 6.45 Uhr der Punkt $P_2(6{,}75\,|\,2\,450)$. Mithilfe dieser beiden Punkte kann die Steigung m der zugehörigen Geraden bestimmt werden:

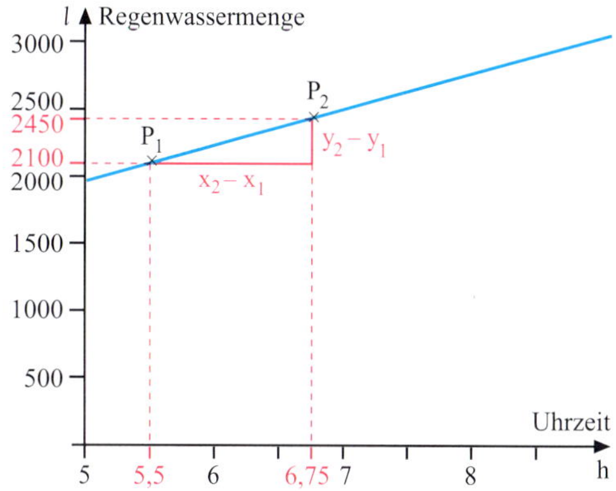

$$m = \frac{y_2 - y_1}{x_2 - x_1} = \frac{2\,450 - 2\,100}{6{,}75 - 5{,}5} = 280$$

Pro Stunde fließen also 280 Liter Wasser in den Behälter. Die Funktionsgleichung hat somit die Form $y = 280 \cdot x + b$ mit noch unbekanntem y-Achsenabschnitt b. Dieser kann bestimmt werden, indem man die Punktprobe mit einem der beiden Messwerte durchführt. Mit dem Messwert $(5{,}5\,|\,2\,100)$ erhält man die Gleichung:

$280 \cdot 5{,}5 + b = 2\,100$

Durch Umformen erhält man aus dieser Gleichung:

$1\,540 + b = 2\,100$

$b = 560$

Somit hat die lineare Funktion *Uhrzeit x → Regenwassermenge y (in l) im Behälter* die Funktionsgleichung $y = 280 \cdot x + 560$

b) Den Zeitpunkt der kompletten Füllung des Regenwasser-Behälters kann man z. B. aus einer genügend großen Zeichnung des Graphen ablesen.
Diese Stelle kann man auch *algebraisch* ermitteln:
Da die Stelle x gesucht ist, an der die Funktion mit $y = 280x + 560$ den Wert 6 200 annimmt, kann man die Gleichung $280x + 560 = 6\,200$ lösen.
Durch Umformen ergibt sich: $280x = 5\,640$

$$x = \frac{5\,640}{280} = \frac{141}{7} \approx 20{,}14$$

0,14 Stunden sind $0{,}14 \cdot 60$ Minuten, also ungefähr 8 Minuten. Bei gleichmäßig anhaltendem Regen ist der Regenwasserbehälter also um 20.08 Uhr gefüllt.

Information

Gegeben sind für eine lineare Funktion die beiden Punkte $P_1(x_1\,|\,y_1)$ und $P_2(x_2\,|\,y_2)$ der zugehörigen Geraden.

Mithilfe von $\frac{y_2 - y_1}{x_2 - x_1}$ wird die Steigung m berechnet.

Der noch fehlende y-Achsenabschnitt b lässt sich über die Punktprobe berechnen, indem man die Koordinaten des Punktes P_1 oder P_2 in die Gleichung einsetzt und b berechnet:

also $y_1 = m \cdot x_1 + b$, also $b = y_1 - m \cdot x_1$
oder $y_2 = m \cdot x_2 + b$, also $b = y_2 - m \cdot x_2$

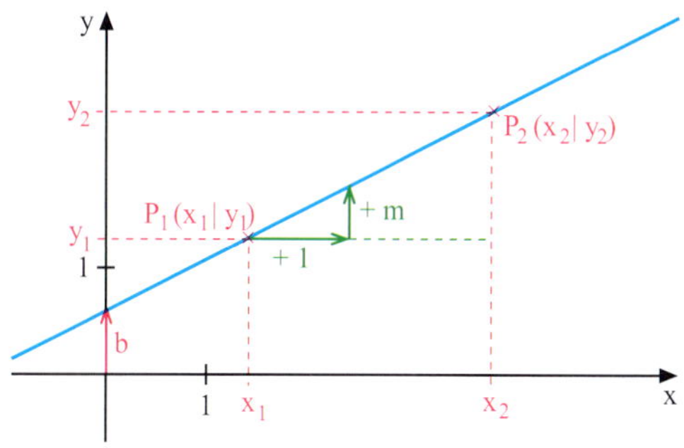

Übungsaufgaben

2. Bestimme die Gleichung der Geraden, die durch die Steigung m und einen Punkt P auf der Geraden gegeben ist.

a) $m = -2$; $P(-4|1)$ **b)** $m = \frac{2}{5}$; $P(3|2)$ **c)** $m = -\frac{2}{3}$; $P(2|-3)$ **d)** $m = 3$; $P(-1|2)$

3. Ein Partner bestimmt die Gleichung der Geraden durch die angegebenen Punkte. Der zweite Partner zeichnet die Gerade durch die beiden Punkte in ein Koordinatensystem und liest am Graphen Steigung und y-Achsenabschnitt ab.
Vergleicht eure Ergebnisse und wechselt euch nach jeder Aufgabe ab.

a) $A(6|2)$, $B(-2|-5)$ **b)** $A(2|3)$, $B(0|3)$ **c)** $A(-0{,}5|0{,}25)$, $B(2|4)$ **d)** $A(-4|3)$, $B(-2|2)$

4. Aus dem Graphen einer linearen Funktion f wurden Werte abgelesen:
$f(101) = 271{,}1$; $f(102{,}4) = 275{,}6$; $f(104{,}6) = 280{,}1$; $f(106) = 283{,}6$.
Aufgrund eines Abschreibfehlers ist ein Wert falsch angegeben.

a) Stelle grafisch fest, welcher Wert falsch ist.

b) Bestimme eine Funktionsgleichung der Funktion f und korrigiere den falschen Wert.

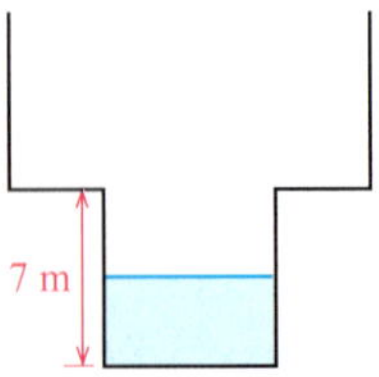

5. Der Wasserspeicher der Gemeinde Burgwedel wird im Laufe der Nacht mit einer gleichmäßig zufließenden Wassermenge befüllt. Der Einfüllvorgang beginnt um 18.00 Uhr. In bestimmten Zeitabständen wird die Höhe des Wasserspiegels abgelesen:

Uhrzeit	18:00	19:45	20:45	21:15	22:00	23:00	00:15	1:00	2:00	3:00
Pegelstand (in m)	0	1,75	3,85	4,55		7	7,75	8,2		9,4

a) Stelle die Messdaten grafisch dar.

b) Untersuche, ob du die fehlenden Werte in der Tabelle ergänzen kannst.

c) Untersuche, ob du Daten dieser Tabelle durch Geradengleichungen beschreiben kannst.

2.5.2 Geraden durch Punktwolken

Einstieg

In biologischen Studien ist man zu der Annahme gekommen, dass das Zirpen der Grillen abhängig von der Temperatur ist. Folgende Daten geben diesen Zusammenhang wieder.

Temperatur (in °C)	17	18	19	22	23
Zirpen/min	105	110	110	130	152

Temperatur (in °C)	24	25	26	28	29	30
Zirpen/min	156	160	170	175	196	212

Untersucht, ob die Abhängigkeit durch eine lineare Funktion beschrieben werden kann.
Bestimmt gegebenenfalls deren Gleichung.

Aufgabe 1

Ben und Esther wollen für eine Arbeit beim Wettbewerb „Schüler experimentieren" untersuchen, wie sich die Luftfeuchtigkeit auf das Temperaturempfinden auswirkt. In einem Raum der Temperatur 25 °C verändern sie die Luftfeuchtigkeit durch Aufhängen feuchter Tücher und den Einsatz eines Luftbefeuchters. Sie führen dann eine Versuchsperson in diesen Raum. Diese soll angeben, wie warm sie es empfindet.

Null Grad sind nicht immer null Grad

Die „gefühlte Temperatur"

Neben den errechneten Temperaturen geben unsere „Wetterfrösche" in Wetterberichten auch gerne mal einen weiteren Temperaturwert an: die „gefühlte Temperatur". Und die gefühlte Temperatur weicht schon mal zehn Grad Celsius von den gemessenen Werten ab. Denn wie ein Mensch Temperatur empfindet, ist abhängig vom tatsächlichen Wärmeverlust des Körpers. Hierbei spielen Wind und Luftfeuchtigkeit eine große Rolle. Moderne Klimaanlagen regeln daher nicht nur die Temperatur, sondern auch die Luftfeuchtigkeit, um ein behagliches Klima zu schaffen.

Die folgende Tabelle zeigt die ersten Ergebnisse von Ben und Esther.

Luftfeuchtigkeit (in %)	30	35	40	45	50	55	60	65	70	75	80	85	90	95
Gefühlte Temperatur (in °C)	25	26	27	28	30	30	29	31	30	34	34	33	36	38

Stelle die Messwerte grafisch dar. Beschreibe den Graphen und ermittle, eine Formel, mit der man einen Schätzwert für die gefühlte Temperatur in Abhängigkeit von der Luftfeuchtigkeit berechnen kann.

Lösung

Die gefühlten Temperaturen steigen in etwa mit der Luftfeuchtigkeit an. Durch die eingezeichneten Punkte lässt sich nach Augenmaß eine Gerade zeichnen, von der die Punkte nur wenig entfernt sind. Diese Gleichung hat den y-Achsenabschnitt 19 und die Steigung $\frac{10}{50} = 0{,}2$.

Die eingezeichnete Gerade hat somit die Gleichung $y = 0{,}2\,x + 19$.

Mit ihr lassen sich Schätzwerte für die gefühlte Temperatur y (in °C) in Abhängigkeit von der Luftfeuchtigkeit x (in %) ermitteln.

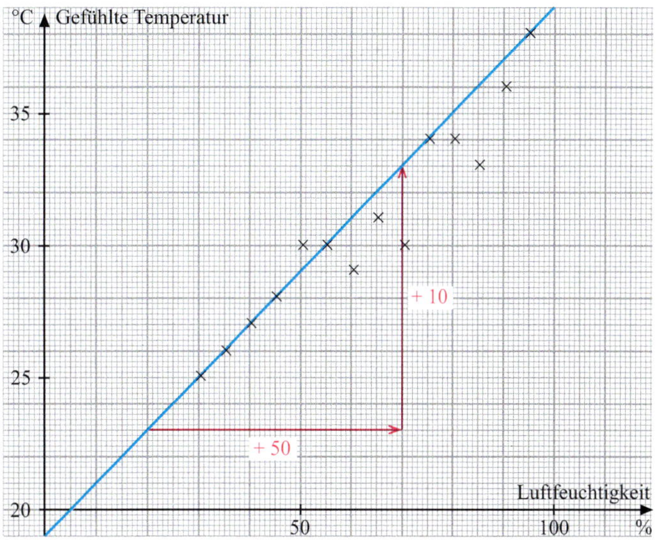

Beispiel: Bei einer Luftfeuchtigkeit von 60 % erhältst du als Schätzwert für die gefühlte Temperatur (in °C): $0{,}2 \cdot 60 + 19 = 12 + 19 = 31$.

In einem 25 °C warmen Raum sollte man bei einer Luftfeuchtigkeit von 60 % meinen, es sei 31 °C warm.

Übungsaufgaben

2. In einem Experiment wurde der elektrische Widerstand eines Drahtstücks bei verschiedenen Temperaturen gemessen. Die Tabelle zeigt die Ergebnisse:

Temperatur (in °C)	50	80	100	110	120	140	160
Widerstand (in Ohm)	53,3	58,4	61,9	63,9	65,3	69	72,3

a) Zeichne den Graphen des Widerstands in Abhängigkeit von der Temperatur und zeige, dass die Abhängigkeit durch eine lineare Funktion beschrieben werden kann.

b) Verwende die gefundene Gleichung, um den Widerstand bei 25 °C zu bestimmen.

3. Die folgende Tabelle zeigt die Entwicklung der Siegerzeiten des 100-m-Laufs bei Olympischen Sommerspielen seit 1948 sowohl bei den Frauen als auch bei den Männern.

a) Bestimme zu beiden Punktmengen eine Ausgleichsgerade.

b) Bestimme den Zeitpunkt, ab dem Frauen schneller sind als Männer. Bewerte dein Ergebnis.

Jahre	48	52	56	60	64	68	72	76	80	84	88	92	96	00	04
Zeiten Männer	10,30	10,40	10,50	10,20	10,00	9,90	10,14	10,06	10,25	9,99	9,92	9,96	9,84	9,87	9,85
Zeiten Frauen	11,90	11,50	11,50	11,00	11,40	11,00	11,07	11,01	11,06	10,97	10,54	10,82	10,94	10,75	10,93

4. In einer 12. Klasse wurden Schüler nach einem Mathematiktest befragt, wie viele Stunden sie in die Vorbereitung investiert hatten. Die Angaben wurden in Beziehung zu ihren Ergebnissen gesetzt. So besagt das Zahlenpaar (3 | 77), dass einer der Schüler bei 3 Stunden Vorbereitung 77 von 100 möglichen Punkten erreicht hat.

Stunden	3,0	2,5	1,5	2,6	1,0	5,5	4,2	3,7	0,5	3,5	8,2	5,4	9,3	7,0	5,2	8,4
Punkte	82	71	73	75	47	78	90	85	56	87	94	70	89	96	74	100

Bestimme eine Ausgleichsgerade zu der Punktmenge und bewerte deine Ergebnisse.

5. a) Messt Länge und Breite eurer Füße und untersucht, ob die Abhängigkeit der beiden Maße durch eine lineare Funktion beschrieben werden kann.

b) Sucht nach weiteren Größen, bei denen ihr eine lineare Abhängigkeit vermutet, und überprüft dies durch eine Messreihe.

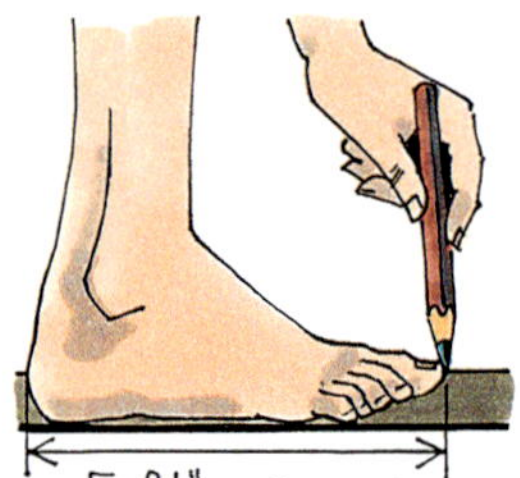

6. Die Tabelle gibt das Alter von verheirateten Paaren wieder.

Alter der Frauen	29	23	45	42	56	47	19	72	24	51	16	17	70	57	84	29	35
Alter der Männer	34	25	54	50	42	47	20	81	27	54	18	24	70	57	87	23	35

Bestimme zu der Punktmenge eine Ausgleichsgerade. Bewerte dein Ergebnis.

Im Blickpunkt

Im Blickpunkt

GTR

Regressionsgeraden durch Punktwolken

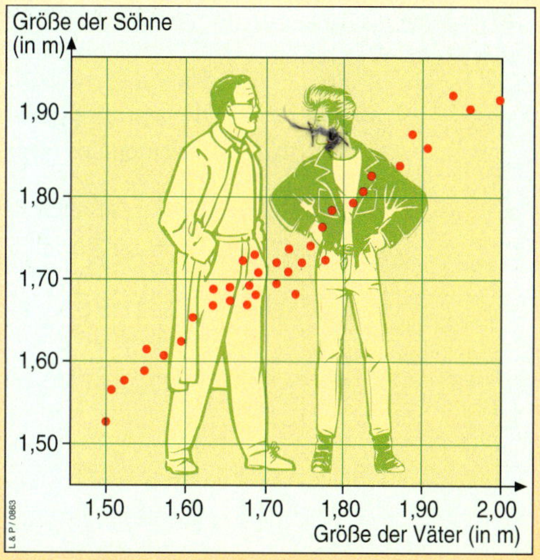

Der englische Biologe und Statistiker Sir Francis Galton (1822–1911) verglich die Körpergröße von Männern mit der ihrer Väter. Er fand dabei heraus, dass Söhne von ganz kleinen Vätern nicht so klein wie der Vater sind und Söhne von großen Vätern nicht ganz so groß wie der Vater sind: So hat ein Vater, der zum Beispiel um 30 cm größer als der Durchschnitt ist, einen Sohn, der weniger als 30 cm über dem Durchschnitt der Söhne liegt. Galton formulierte das Ergebnis so, dass die Körpergröße von Söhnen extrem großer bzw. kleiner Väter wieder in Richtung zum Durchschnittswert „zurückschreitet".

regredior, regressus sum ⟨**lat.**⟩
zurückgehen

1. Die Abbildung rechts zeigt entsprechende Messwerte.

a) Finde Beispiele, an denen du Galtons Aussage verdeutlichst.

b) Es sieht so aus, als ob man durch die Punkte eine Gerade legen kann, von der sie nur wenig abweichen. Diese Gerade nennt man *Regressionsgerade*.
Zeichne selber für folgende Messwerte einen Graphen. Zeichne dann nach Augenmaß eine Gerade ein, von der die Punkte nur wenig abweichen. Ermittle auch die Gleichung dieser Geraden.

Größe des Vaters (in cm)	150	156	161	165	172	174	175	181	185	188	191	200
Größe des Sohnes (in cm)	152	154	159	170	174	175	175	179	186	185	189	192

c) Triff mithilfe dieser Geraden eine Vorhersage, welche Körpergröße man für den Sohn eines 1,70 m großen Vaters erwarten kann.

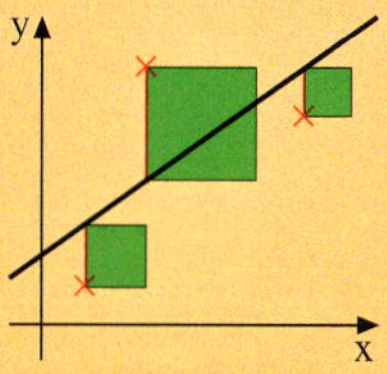

d) Für viele Auswertungen in den Naturwissenschaften reicht es aus, die Regressionsgerade nach Augenmaß durch die Punktwolke zu legen. Bei sehr vielen Messwerten wird das aber unbequem. Man hat vereinbart, die Regressionsgerade folgendermaßen zu finden:
Zu jedem Punkt wird der Abstand zum direkt darunter liegenden Punkt der Regressionsgeraden ermittelt und quadriert. Die Regressionsgerade ist dann diejenige, für die die Summe der Flächeninhalte dieser Quadrate möglichst klein ist. Diese Regressionsgerade kannst du auch mit deinem grafikfähigen Taschenrechner ermitteln:
Gib zunächst die Koordinaten der Messpunkte mit dem Befehl **STAT**, dort im Menü **EDIT**, und dort im Untermenü **Edit** in zwei Listen, z.B. L1 und L2 ein. Mit dem Befehl **STATPLOT** kannst du einen Plot der Werte vereinbaren. Vereinbare anschließend mit dem Befehl **WINDOW** ein geeignetes Fenster zum Zeichnen der Werte und lasse die Punkte mit dem Befehl **GRAPH** zeichnen.

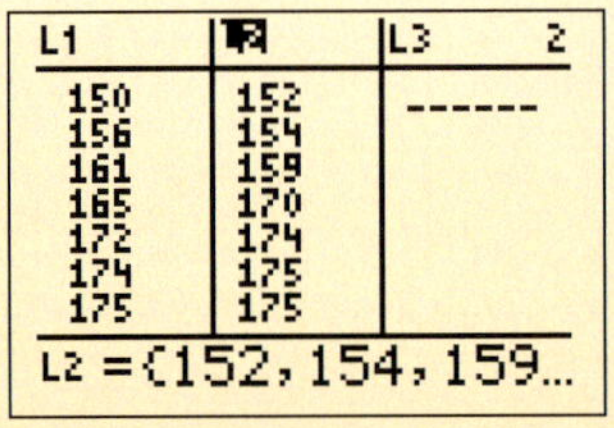

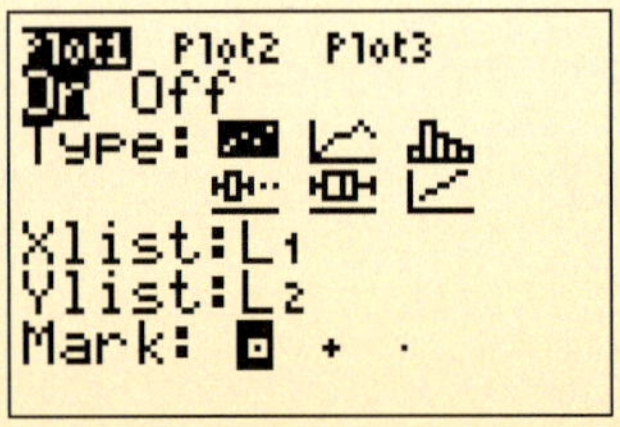

Das Bestimmen der Funktionsgleichung der Regressionsgerade erfolgt mithilfe des Befehls **LinReg**; diesen findest du mit dem Befehl **STAT**, dort im Untermenü **CALC**. Bei diesem Befehl muss als erstes die Liste der 1. Koordinaten der Messpunkte (hier L1), als zweites die Liste der 2. Koordinaten (hier L2) und dann die Variable angegeben werden, in der der Funktionsterm gespeichert werden soll (hier Y1). Auf dem Bildschirm erscheinen dann die Koeffizienten des Funktionstermes, den du aber auch im **Y=**-Menü nachlesen kannst.

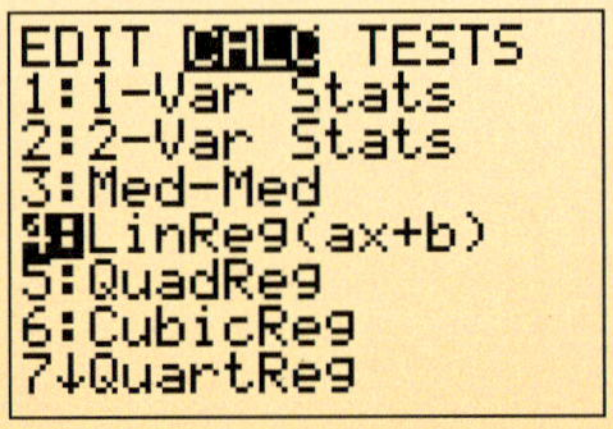

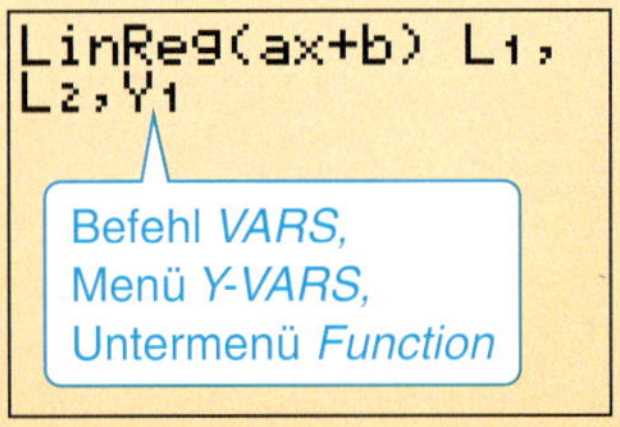

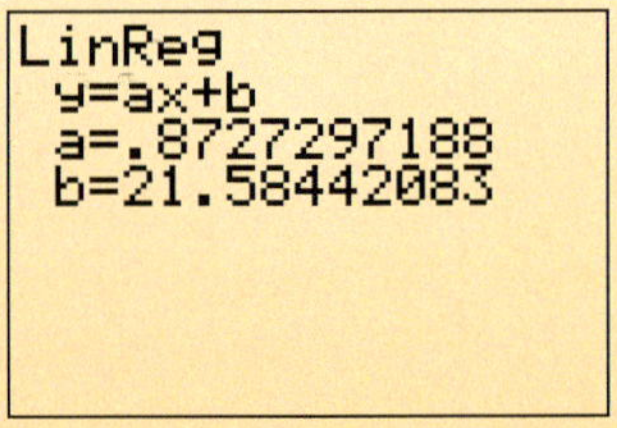

Mit dem Befehl **GRAPH** wird dann die gefundene Gerade durch die Messpunkte gezeichnet, sodass du einen Eindruck von der Güte der Regressionsgeraden gewinnst.
Probiere aus, wie du bei deinem Rechner vorgehen musst.

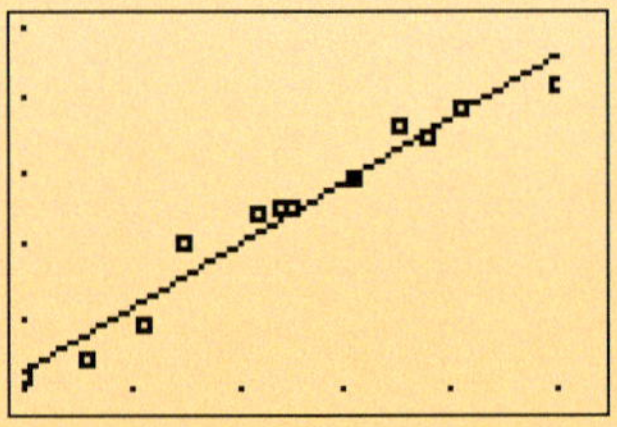

2. Temperaturen werden mit zunehmender Windstärke als wesentlich kälter empfunden als sie laut Thermometer tatsächlich sind. Daher wird in vielen Wetterberichten im Winter neben der tatsächlichen Temperatur auch die „gefühlte Temperatur“ genannt. Die folgende Tabelle enthält die bei 0 °C gefühlte Temperatur in Abhängigkeit von der Windstärke.

Windstärke (in Beaufort)	0	1	2	3	4	5	6	7	8
Gefühlte Temperatur (in °C)	0	– 1	– 2	– 7	– 11	– 14	– 17	– 18	– 19

a) Stelle mit deinem GTR die Daten grafisch dar. Ermittle dann die Gleichung der Regressionsgeraden.

b) Triff mithilfe der Regressionsgeraden eine Vorhersage: Welche Temperatur wird man bei 0 °C und 10 Beaufort fühlen?

3. In einer Kultur werden Bakterien gezüchtet. Die Bakterien vermehren sich durch Zellteilung. Um optimale Wachstumsbedingungen zu gewährleisten, werden die Bakterien in eine spezielle Nährlösung gegeben. Nach einem Tag bedecken die Bakterien eine Fläche von 158 mm², das Gefäß ist 75 cm² groß. Am darauf folgenden Tag wird jeweils um dieselbe Uhrzeit die von den Bakterien bedeckte Fläche gemessen.
Weitere Messwerte:
2. Tag: 191 mm² 3. Tag: 231 mm² 8. Tag: 600 mm² 9. Tag: 726 mm²
Prüfe mit dem GTR, ob die Messwerte mit einer linearen Funktion beschrieben werden können.

2.6 Vermischte Übungen

1. Mithilfe eines Messbechers kann man für Zucker aus der Einfüllhöhe das Gewicht bestimmen.

Höhe (in cm)	Gewicht (in g)
4	16
6	54
8	128
10	250
12	432
14	686

a) Veranschauliche die Funktion *Höhe x (in cm) → Gewicht y (in g)* durch einen Graphen.

b) Stelle mithilfe des Graphen fest: Welche Höhen haben die Skalenstriche für 50 g, 100 g, 200 g und 500 g?

c) Welche der Funktionsgleichungen $y = x^2$; $y = \frac{5}{2}x^2 - 6x$; $y = \frac{1}{4}x^3$ passt zu dieser Funktion?

d) Berechne mithilfe der richtigen Funktionsgleichung das Gewicht des Zuckers für eine Einfüllhöhe von 15 cm.
Prüfe mithilfe der Funktionsgleichung die Ergebnisse von Teilaufgabe b).

2. Die lineare Funktion hat die Gleichung $y = mx + 3$ [$y = \frac{2}{3}x + c$].
Welche Zahl muss man für m [für c] einsetzen, damit der Graph durch den Punkt

a) $P(4|7)$, **b)** $P(-1|0)$, **c)** $P(\frac{1}{6}|2)$, **d)** $P(2|3)$ geht?

3. Berechne den Funktionswert an der Stelle 10 [-10; 0; 1; $-0{,}5$; $\frac{1}{3}$; $-\frac{2}{5}$].

a) $y = 6x$ **b)** $y = -x + \frac{1}{2}$ **c)** $y = \frac{3}{4}x - 0{,}1$ **d)** $s = 1 - \frac{r}{5}$ **e)** $y = 4{,}5$

4. An welcher Stelle nimmt die lineare Funktion für y den Wert 1 [-1; 0; 2; -2; 2,5; $-\frac{3}{4}$] an?

a) $y = 2x - 5$ **b)** $y = -2x + 5$ **c)** $y = 8x + 1{,}2$ **d)** $y = \frac{5}{6}x - 1$ **e)** $y = 0{,}8t + 0{,}2$

5. Jonas behauptet: „Der Graph jeder linearen Funktion ist eine Gerade. Also gibt es zu jeder Geraden im Koordinatensystem eine lineare Funktion, die diese Gerade als Graphen hat.“
Nimm Stellung zu dieser Aussage.

6. In den USA wird die Temperatur nicht in °C, sondern in °F (gesprochen: Grad Fahrenheit) gemessen. Der Physiker Daniel Gabriel Fahrenheit (Danzig 1686 – Den Haag 1736) legte die Temperatur des Gefrierpunktes von Wasser mit 32 °F fest, den Siedepunkt mit 212 °F.

a) Zeichne einen Graphen für die Funktion *Temperatur (in °C) → Temperatur (in °F).*
Ermittle daraus die Gleichungen für die Umwandlung von °C in °F und umgekehrt.

b) Gibt es eine Temperatur, die auf der Celsius- und der Fahrenheit-Skala dieselbe Gradzahl hat?

c) Moritz ist im Urlaub in den USA. Er verwendet zur Umrechnung der Temperatur in °F in die Temperatur °C eine Faustformel. Was hältst du von dieser Faustformel?

7. Liegen die folgenden Punkte auf dem Graphen einer linearen Funktion?
Falls ja, gib die Funktionsgleichung an. Falls nein, begründe die Antwort.

a) $P_1(0|4)$; $P_2(-1|3)$; $P_3(3|1)$,
b) $P_1(0|-2)$; $P_2(2|0)$; $P_3(4|4)$,
c) $P_1(0|5)$; $P_2(3|3)$; $P_3(-3|7)$,
d) $P_1(0|0)$; $P_2(4|2)$; $P_3(-6|-3)$.

8. Von vier Firmen, die Personenwagen vermieten, werden für den gleichen Wagentyp folgende Mietkosten berechnet:

Untersucht und vergleicht die Angebote. Schreibt mit euren Ergebnissen einen Bericht für eine Verbraucherzeitschrift.

9. In der Tabelle ist in jeder Spalte eine lineare Funktion angegeben. Ergänze die freien Felder im Heft.

Sachverhalt	Eine anfangs 8 cm hohe Kerze wird beim Brennen stündlich 1,5 cm kürzer.			
Wertetabelle		x: 0, 2, 4, 6 y: 4, 5, 6, 7		
Funktions-gleichung			$y = 2x - 1$	
Graph				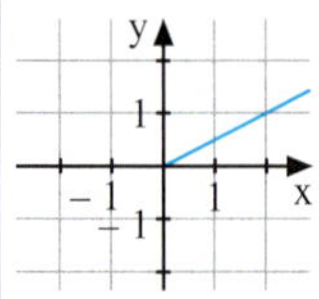

10. **a)** Erzeuge die Muster aus Geraden auf deinem GTR.

(1)
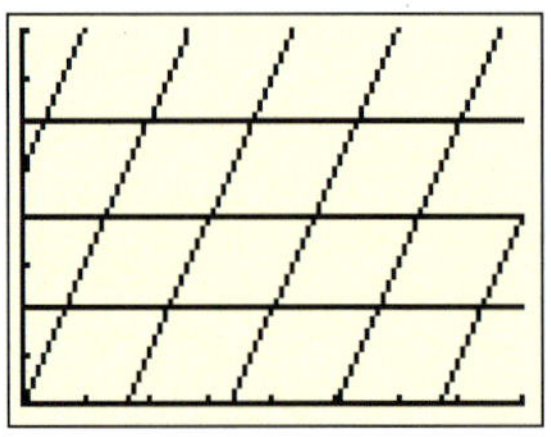

(2)
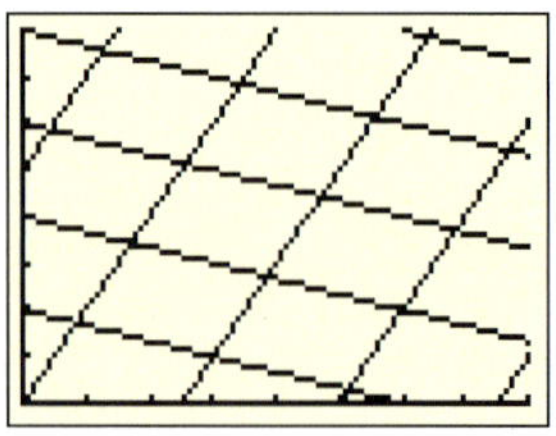

(3)
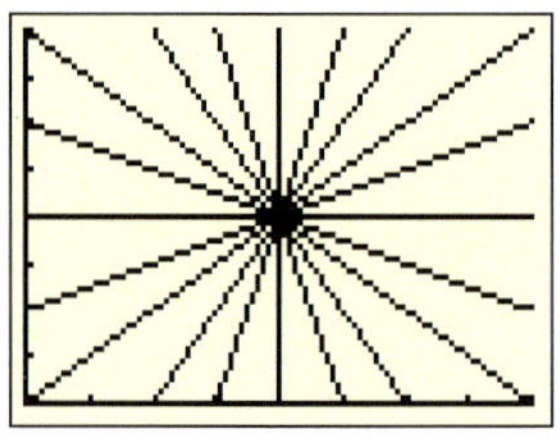

b) Findet auch eigene Muster und lasst sie von euren Partner auf dem GTR erzeugen.

11. Erkundigt euch nach aktuellen Handy- und Internet-Tarifen. Fertigt zum Vergleich grafische Darstellungen an, die ihr im Klassenraum aushängt.

2.7 Antiproportionale Funktionen

Einstieg

Ein Warnhinweis auf einer Tabakpackung soll 18 cm² groß sein.

a) Entwerft verschiedene Möglichkeiten. Zeichnet anschließend für diese Rechtecke den Graphen der Zuordnung *Länge → Breite*.
Erstellt auch eine Funktionsgleichung.

b) Verwendet die Funktionsgleichung aus Teilaufgabe a) für negative Werte. Was stellt ihr fest?

Aufgabe 1

a) Ein Schild mit den Pflegehinweisen in einem T-Shirt soll 6 cm² groß sein.
Zeichne den Graphen der Zuordnung *Länge x (in cm) → Breite y (in cm)*.
Welche besondere Zuordnung liegt vor?
Erstelle auch die Funktionsgleichung.

b) Verwende dieselbe Funktionsgleichung wie in Teilaufgabe a). Setze für x auch negative Zahlen ein.
Lege eine entsprechende Wertetabelle an und zeichne den Graphen.

Lösung

a)

Länge (in cm)	Breite (in cm)
1	6
2	3
3	2
4	1,5
6	1

(Pfeile: Länge · 2, · 3, · 1,5; Breite : 2, : 3, : 1,5)

Wenn man bei gleichem Flächeninhalt die Länge verdoppelt (verdreifacht), verändert sich die Breite auf die Hälfte (auf ein Drittel). Die Zuordnung *Länge → Breite* ist also *antiproportional*.
Das Produkt der Maßzahlen aus Länge und Breite hat stets den gleichen Wert:
$x \cdot y = 6$
Daraus ergibt sich die Funktionsgleichung $y = \frac{6}{x}$.

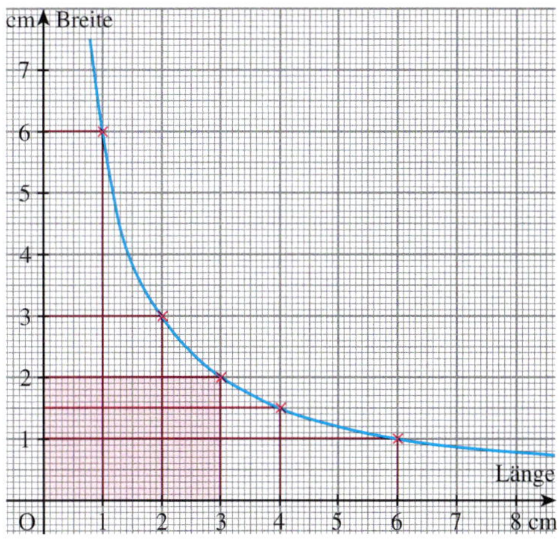

b) Wir erstellen eine Wertetabelle zu der Funktionsgleichung $y = \frac{6}{x}$.

x	y
– 6	– 1
– 3	– 2
– 2	– 3
– 1	– 6
1	6
2	3
3	2
6	1

Man nennt einen solchen Graphen eine *Hyperbel*. Er besteht aus zwei Teilen.
Beachte:
Zu $x = 0$ gibt es keinen Funktionswert y, da man durch 0 nicht dividieren kann.

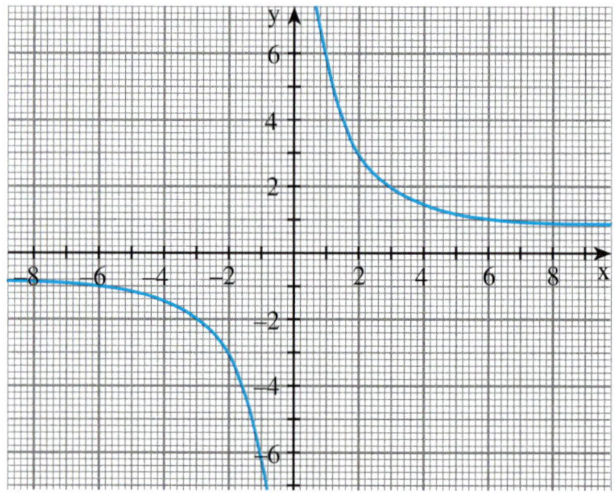

Information

Eine Funktion mit der Gleichung $y = \frac{k}{x}$, wobei $x \neq 0$, heißt **antiproportionale Funktion**.

Ihre Definitionsmenge ist die Menge $\mathbb{Q}$ ohne die Zahl 0.
Der Graph einer antiproportionalen Funktion ist eine **Hyperbel**.

Bei antiproportionalen Funktionen liegt **Produktgleichheit** vor. Das Produkt $x \cdot y$ hat stets denselben Wert k ungleich Null.

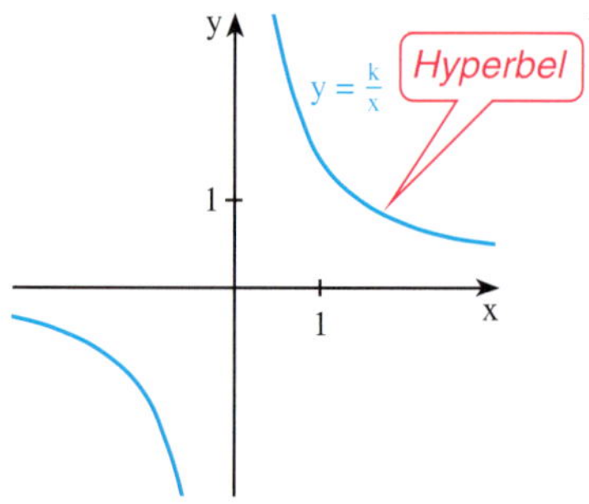

Übungsaufgaben

2. Zeichne den Graphen der antiproportionalen Funktion mit der Gleichung:
a) $y = \frac{1}{x}$ **b)** $y = \frac{2,4}{x}$ **c)** $y = \frac{1}{2x}$ **d)** $y = \frac{-8}{x}$ **e)** $y = -\frac{6}{x}$

3. Eine Softwarefirma plant für die Erstellung eines Computerprogramms 12 Programmierer für 15 Arbeitstage ein.

a) Wie viele Arbeitstage müssen eingeplant werden, wenn nur 6; 9; 10 Programmierer eingesetzt werden können?

b) Erstelle für die Zuordnung *Anzahl der Programmierer* → *Anzahl der Arbeitstage* die Funktionsgleichung. Bestätige mithilfe der Produktgleichheit, dass die Funktion antiproportional ist.

c) Wie viele Programmierer müssen eingesetzt werden, damit der Auftrag in 20 [12; 10; 4] Arbeitstagen erledigt werden kann?

4. Die Funktion hat die Funktionsgleichung $y = \frac{k}{x}$. Für welchen Wert k gehört der Punkt P zum Graphen der Funktion? Bestimme dann die Funktionswerte an den Stellen 1; –1,4; $-\frac{1}{2}$.
a) P(3|4) **b)** P(8|0,5) **c)** P(–5|–1) **d)** P(–2|4,5)

5. Ergänze die fehlenden Koordinaten so, dass alle Punkte auf der gleichen Hyperbel liegen. Notiere auch die Gleichung der zugehörigen Funktion.
$P_1(1,2|2)$, $P_2(\blacksquare|0,96)$, $P_3(-4|\blacksquare)$, $P_4(\blacksquare|-2,4)$, $P_5(\blacksquare|-5,76)$

Im Blickpunkt

Im Blickpunkt

Energie sparen

Energie ist teuer! Außerdem sind viele Verfahren zur Energieerzeugung belastend für unsere Umwelt. Daher werden mittlerweile viele Energie sparende Produkte angeboten. Diese sollen die Umwelt schonen. Wie wirkt sich der Kauf dieser Produkte auf unser Portmonee aus?

kWh = Kilowattstunde
Wh = Wattstunde
1000 Wh = 1 kWh
1 kWh kostet 0,17 €

1. Eine 75-W-Glühlampe kostet 0,80 €. Brennt sie eine Stunde lang, so benötigt man 75 Wh (Wattstunden) elektrische Energie. Ihre Lebensdauer beträgt 1 000 Brennstunden.
Diese Glühlampe leuchtet genauso hell wie eine 15-W-Energiesparlampe. Diese kostet 5 € und hat eine Lebensdauer von 8 000 Brennstunden. Pro Brennstunde benötigt sie 15 Wh.

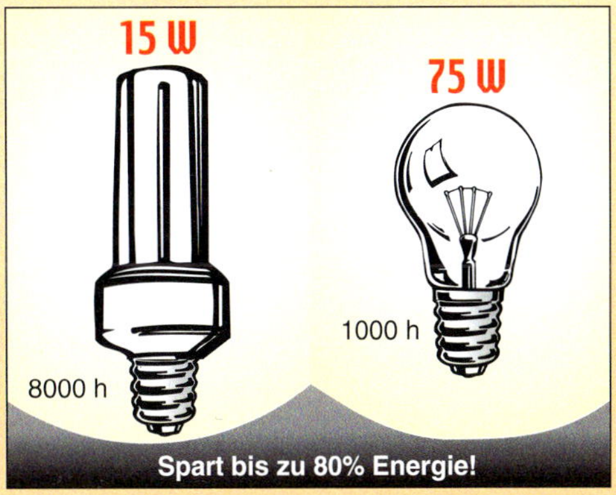

a) Welche Kosten sind nach 1 000 [8 000] Stunden mit einer Energiesparlampe entstanden, welche mit einer gewöhnlichen Glühlampe?

b) Zeichne jeweils den Graphen der Funktion *Brenndauer* → *Kosten* und vergleiche.

2. Für einen MP3-Player wird eine 1,5-Volt-AAA-Micro-Batterie benötigt. Eine kostet 0,90 €. Ihre Lebensdauer beträgt 18 Spielstunden.
Ein 1,5-V-Akku kostet 4 €, das entsprechende Ladegerät 9 €.
Für das Laden eines Akkus werden 0,9 Wh elektrische Energie benötigt; eine Mignonbatterie liefert 1,8 Wh elektrische Energie.
Nach wie vielen Spielstunden hat sich der Kauf der Akkus auch finanziell gelohnt?

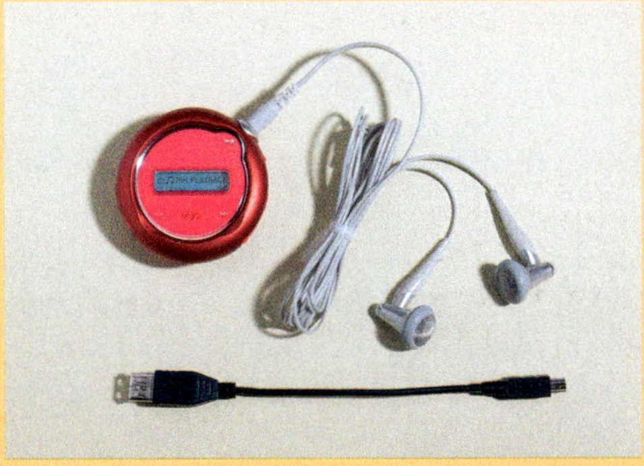

3. Erkundigt euch, wie viel Energie eine Stereo-Anlage, ein Fernseher und andere Geräte im Standby-Betrieb erfordern.
Macht Annahmen über die tägliche Betriebsdauer im Standby-Betrieb.
Wie viel kann man durch Ausschalten im Jahr sparen?
Gestaltet damit Plakate, die ihr in der Klasse aufhängt.

2.8 Aufgaben zur Vertiefung

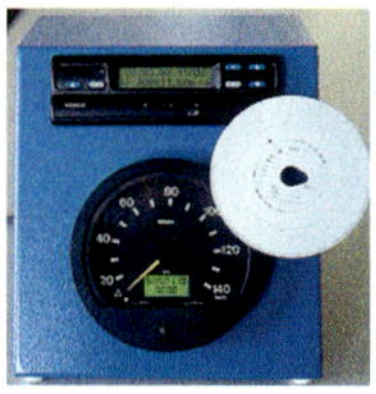

1. In manchen Dienstwagen ist ein Fahrtenschreiber eingebaut. Dieses Gerät zeichnet den Graphen der Funktion
Zeitpunkt → gefahrene Geschwindigkeit
auf ein rundes Stück Papier.
Zeichne den Graphen in ein gewöhnliches Koordinatensystem und entnimm ihm Informationen über die Autofahrt.

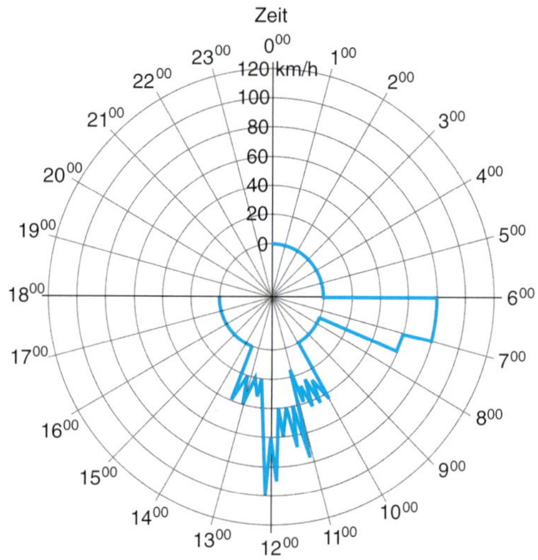

2. *Stückweise lineare Funktionen*

Manche Firmen verschicken Werbematerial als Infopost an alle Haushalte. Diese Sendungen werden nicht mit Briefmarken versehen und zu einem besonderen Preis befördert.

Zeichne den Graphen. Beachte dabei:
- ○ markiere so einen Punkt, der nicht zum Graphen gehört.
- ● markiere so einen Punkt, der zum Graphen gehört.

Infopost an alle Haushalte in Ballungszentren (Stand 01.01.2007)

Gewicht (in g)	Porto pro 1000 Stück (in €)
bis 20	25,00
über 20 bis 50	39,00
über 50 bis 100	64,00
über 100 bis 500	89,00
über 500 bis 1000	105,00

3. Eine Autovermietung verleiht Motorräder. Für ein neues Modell wird dem Abrechnungscomputer folgender Tarif für die eintägige Miete M (in €) in Abhängigkeit von der gefahrenen Strecke s (in km) eingegeben:

$$M(s) = \begin{cases} 29 & \text{falls } 0 \le s \le 50 \\ 29 + (s - 50) \cdot 0{,}2 & \text{falls } s > 50 \end{cases}$$

a) Zeichne den Graphen auf Millimeterpapier und beschreibe ihn.

b) Gib den Tarif für ein Werbeplakat in einer leicht verständlichen Formulierung an.

GTR **4.** Rechts siehst du, wie man mit dem GTR den Graphen einer abschnittsweise definierten Funktion zeichnen kann. Notiere den Funktionsterm in der üblichen Schreibweise mit Fallunterscheidung.

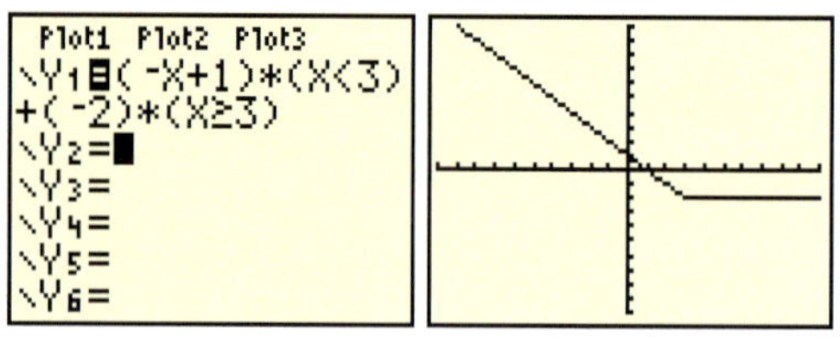

5. Eine Brennstoff-Firma bietet Heizöl frei Haus zu nebenstehenden Preisen an.

Unsere aktuellen Heizölpreise
(Stand August 2007)

Menge (in l)	Preis pro l (in €)
bis 1000	0,67
über 1000 bis 3000	0,61
über 3000 bis 5000	0,59
über 5000	0,57

L&P / 2794

a) Erstelle für die Funktion
Menge (in l) → Gesamtpreis (in €)
die Funktionsgleichung.

b) Zeichne den Graphen der Funktion auf Millimeterpapier.

c) Erwin Knauser möchte genau 3 000 *l* Heizöl bestellen. Seine Nachbarin Mathilde Pfiffig rät ab. Erläutere, warum.

d) Die Firma erstellt ihre Rechnungen nicht genau nach dieser Tabelle, sondern ist bei bestimmten Abnahmemengen großzügiger, damit die Überlegungen von Frau Pfiffig nicht nötig sind. Zeichne andersfarbig den Graphen für den tatsächlichen Gesamtpreis ein.

e) Erstelle die Funktionsgleichung für den so berechneten tatsächlichen Gesamtpreis.

6. a) Zeichne zunächst den Graphen der Funktion mit $f(x) = 2x - 4$. Erzeuge daraus (ohne Wertetabelle) den Graphen der Funktion mit $g(x) = |2x - 4|$.

b) Zeichne die Graphen zu $h(x) = |2x| - 4$ und $i(x) = 2 \cdot |x| - 4$.

7. Eine Autovermietung bietet als Tagestarife für einen Transporter an:

AUTOVERMIETUNG

Transporter

Tarif 1
Grundpreis: 51 €
zusätzlich 0,42 € für jeden gefahrenen Kilometer

Tarif 2
Grundpreis: 78 €
zusätzlich 0,28 € für die Mehrkilometer
50 km frei

Untersuche die Angebote. Schreibe eine Empfehlung für die Wahl des günstigsten Tarifs.

8. Im Internet gibt es Börsen, die den Ankauf und Verkauf von Dingen vermitteln. Jeder kann Verkaufsangebote und Verkaufsgesuche dort veröffentlichen. Diese Börsen erhalten für ihren Dienst eine Verkaufsprovision, die vom Verkäufer zu zahlen ist und vom Verkaufspreis abhängt.

a) Gib für 20 €; 40 €; 80 €; 100 €; 640 € sowie 1 000 € jeweils die Provision an.

b) Zeichne den Graphen der Provisionsfunktion und stelle die Funktionsgleichungen für jeden Abschnitt auf.

c) Zeichne zum Vergleich die Provision, die sich ergäbe, wenn einfach immer 5 % des Verkaufspreises angesetzt würden. Wofür sorgt die gestaffelte Regelung?

Buy & sell online

Verkaufspreis	Verkaufsprovision
1,00 € - 50,00 €	5,0% des Verkaufspreises
50,01 € - 500,00 €	2,50 € plus 4,0% des Preises über 50,01 €
über 500,01 €	20,50 € plus 2,0% des Preises über 500,01 €

Bist du fit?

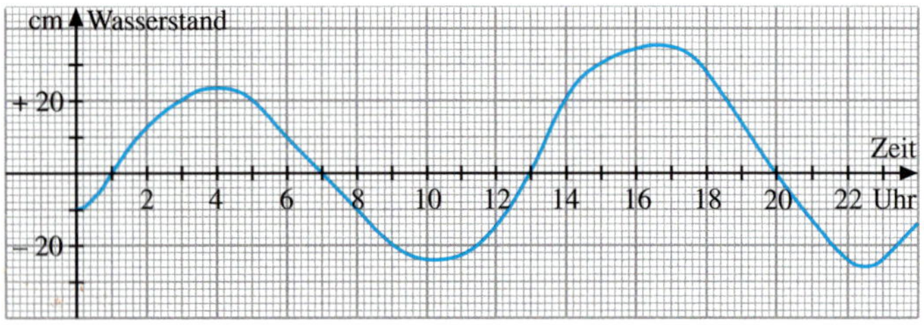

1. Das Diagramm zeigt den Wasserstand in einem Seehafen.

a) Wie hoch ist der Wasserstand um 3.00 Uhr, 5.00 Uhr, 8.00 Uhr, 10.00 Uhr, 14.00 Uhr, 18.00 Uhr, 20.00 Uhr, 24.00 Uhr?

b) Zu welchem Zeitpunkt beträgt der Wasserstand + 20 cm [0 cm; – 20 cm]?

c) Welche der Zuordnungen *Zeit → Wasserstand*, *Wasserstand → Zeit* ist eine Funktion?

2. Zeichne den Graphen der Funktion, ohne eine Wertetabelle anzulegen.

a) $y = 5x$ **c)** $y = \frac{5}{3}x$ **e)** $y = -x + 1$ **g)** $y = 1{,}4x - 2$ **i)** $y = 2 - \frac{1}{2}x$

b) $y = -4x$ **d)** $y = -0{,}9x$ **f)** $y = x + 2{,}5$ **h)** $y = 3 - 3x$ **j)** $y = 2$

3. Gegeben ist die Funktion mit der Gleichung $y = \frac{3}{4}x + 1{,}5$. Gib eine Funktion an, deren Graph

a) steiler verläuft; **b)** flacher verläuft; **c)** parallel verläuft; **d)** denselben y-Achsenabschnitt hat.

4. Welche der Punkte $P_1(1|1)$, $P_2(9|-3)$, $P_3(-3|-7)$ gehören zum Graphen von $y = 2x - 1$?

5. Der Graph einer linearen Funktion geht durch P_1 und P_2. Ermittle die Funktionsgleichung. Wie muss man den Graphen verschieben, damit man den einer proportionalen Funktion erhält?

a) $P_1(0|-2)$, $P_2(1|1)$ **b)** $P_1(0|-1)$, $P_2(-1|-4)$ **c)** $P_1(-6|0)$, $P_2(-3|1)$

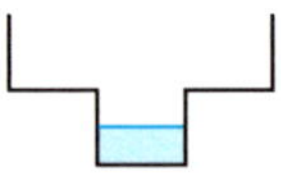

6. Du siehst links den Querschnitt eines Wasserauffangbeckens. In das Becken wird gleichmäßig Wasser gelassen. Die Graphen zeigen die Füllhöhe in Abhängigkeit der Füllzeit.

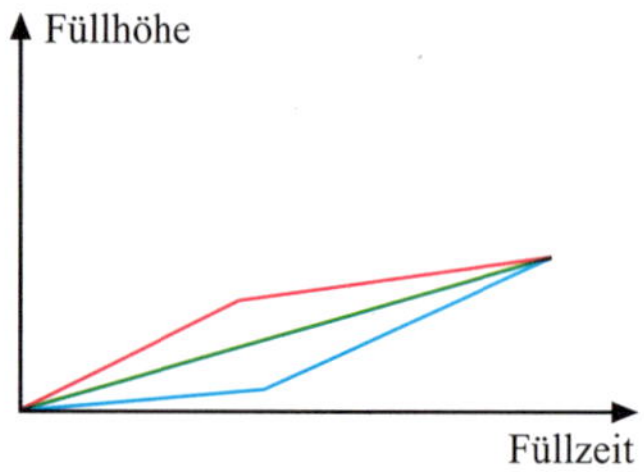

a) Bestimme begründet den Graphen, der zu dem Becken passt.

b) Zeichne jeweils den Querschnitt eines Auffangbeckens, zu dem die anderen Graphen passen.

7. Gib zu jeder Geraden die Funktionsgleichung an.

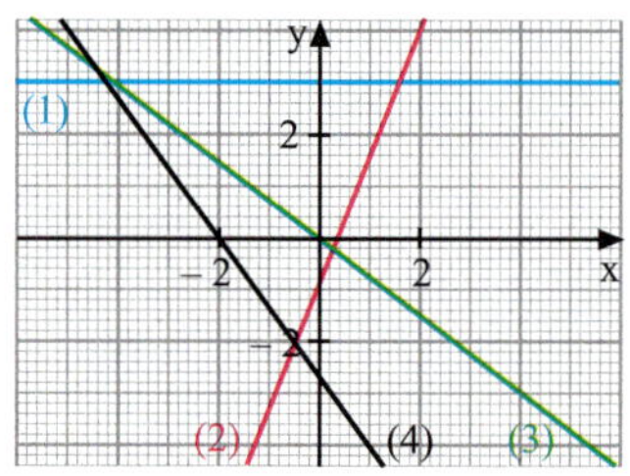

8. Ein Fallschirmspringer hat 20 Sekunden nach dem Öffnen des Fallschirms noch eine Höhe von 250 m über dem Boden. Er sinkt in jeder Sekunde um 5 m.

a) In welcher Höhe wurde der Fallschirm geöffnet?

b) Stelle die Funktionsgleichung auf für die Funktion *Fallzeit bei geöffnetem Fallschirm (in s) → Höhe über dem Boden (in m).* Wie lange dauert das Absinken bei geöffnetem Fallschirm?

9. Bestimme die Nullstellen der Funktion mit: **a)** $y = \frac{5}{6}x - 1$; **b)** $y = 1{,}2x + 3$.

10. Entscheide ohne GTR, ob der Punkt $P(20|380)$ unterhalb oder oberhalb des Graphen zu $y = 21x - 30$ liegt.

3. LINEARE GLEICHUNGEN MIT ZWEI VARIABLEN – SYSTEME LINEARER GLEICHUNGEN

- Kannst du die Knobelaufgabe lösen?
  Es kann hilfreich sein, wenn du dir zu jeder Waage im Gleichgewicht eine Gleichung notierst mit den unbekannten Gewichten des Buches und der Katze.

In diesem Kapitel wirst du lernen, wie man die Lösung von mehreren Gleichungen mit mehreren Variablen bestimmt, wenn alle Gleichungen zugleich erfüllt sein sollen. Du wirst dies zeichnerisch und auch rechnerisch durchführen.

Lernfeld: Geraden mit System

Vielfältige Lösungen

- Sina überlegt, wie sie einen Geldbetrag von 36 Cent bezahlen kann, wenn ihr nur Münzen zu 2 Cent und 5 Cent zur Verfügung stehen. Welche Möglichkeiten gibt es?

Anzahl der 2-Cent-Münzen	Anzahl der 5-Cent-Münzen	Geld-betrag
8	4	36 Cent

- Stelle deinem Nachbarn eine ähnliche Aufgabe. Kontrolliere sein Ergebnis.

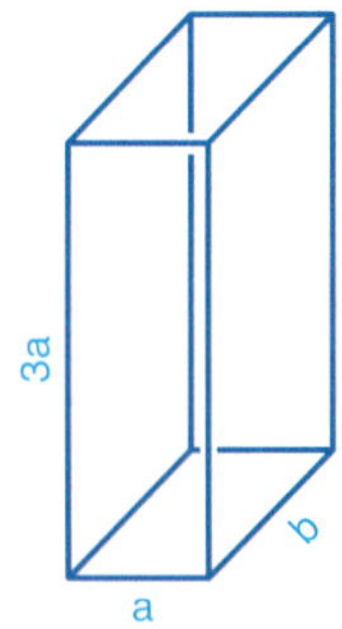

- Für die Herstellung von Drahtmodellen für Quader der abgebildeten Form stehen 280 cm Draht zur Verfügung. Ermittelt fünf Möglichkeiten für die Kantenlängen a und b.
  Könnte man auch 100 Möglichkeiten für a und b ermitteln? Wie könnte man die Lösungen veranschaulichen?
  Wie viele Möglichkeiten für eine quadratische Säule gibt es? Welche Abmessungen hat der Quader dann?

- Was ist das gemeinsame Neue bei den vorhergehenden beiden Aufgaben? Schreibt einen Text. Vielleicht findet ihr auch selbst ein neues Beispiel dafür.

Gegenseitige Lage von Geraden im Koordinatensystem

- Zeichne mit dem GTR oder dem Programm Graphix von der CD-Rom aus Band 7 zwei Geraden. Welche verschiedenen Fälle können auftreten? Überlege, ob du an den Geradengleichungen erkennen kannst, welcher der Fälle vorliegt.
  Schreibe einen Merksatz.

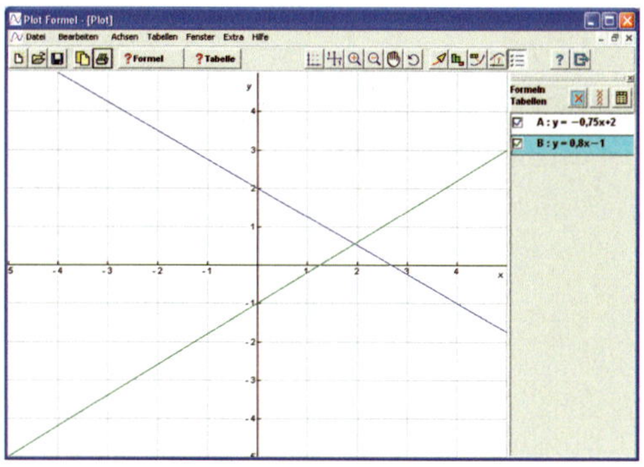

- Nun sollen zwei Geraden durch den Punkt P(3|5) verlaufen. Notiert mögliche Geradengleichungen.
  Vergleicht eure Vorschläge.

Vergleichen lohnt sich

- Vergleicht die beiden Tarife. Schreibt einen Text für eine Verbraucherberatung zu diesen Tarifen.

- Recherchiert, welche Stromtarife in eurem Heimatort angeboten werden.
  Vergleicht diese Tarife.

Tarife

Tarif Eco
Jährlich sind 52 € Grundgebühr und 17,50 Cent pro Kilowattstunde (kWh) zu bezahlen.

Tarif Hyper
Monatlich sind 8,50 € und 16,40 Cent pro kWh zu bezahlen.

Mit 1 kWh kann man ungefähr einen halben Tag lang fernsehen.

3.1 Lineare Gleichungen der Form $ax + by = c$

3.1.1 Lösungen einer linearen Gleichung mit zwei Variablen – Graph

Einstieg

Jan will mit 10 m Maschendrahtzaun einen rechteckigen Auslauf für seine Kaninchen abgrenzen. Der Auslauf soll an das Haus grenzen. Eine Zaunseite soll in Verlängerung der Wand laufen. Findet mehrere Möglichkeiten.
Beschreibt den Zusammenhang zwischen Länge und Breite durch eine Gleichung.

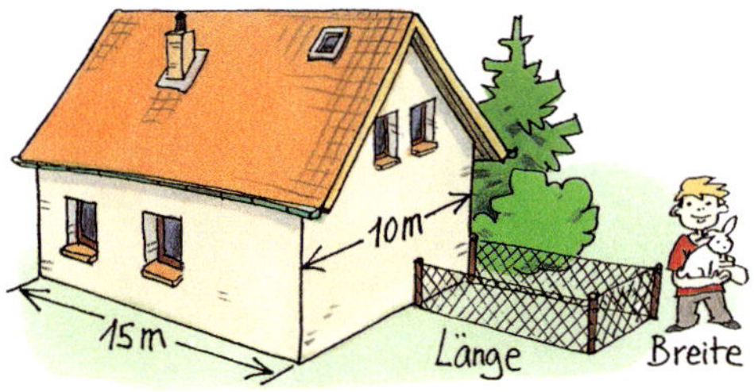

Aufgabe 1

Eine Baustoff-Firma hat zwei Ziegelwerke, in denen auch besondere Ziegelsteine hergestellt werden können. Das Werk in Xanten kann davon täglich 24 m^3 produzieren, das Werk in Yburg täglich 60 m^3.
Ein Kunde erteilt der Firma einen Auftrag über 300 m^3 Ziegel und schätzt: „Wenn beide Werke daran arbeiten, müsste das doch innerhalb von $3\frac{1}{2}$ Tagen zu schaffen sein."
Die Produktionsleiterin der Firma dagegen meint: „Das ist Arbeit für 5 Tage in Xanten und 3 Tage in Yburg."

a) Wer hat Recht?

b) Welche anderen Möglichkeiten gibt es, diesen Auftrag auf die beiden Werke zu verteilen? Nimm dazu an, das Werk in Xanten arbeite an x Tagen für diesen Auftrag und das Werk in Yburg an y Tagen. Stelle eine Bedingung (Gleichung) dafür auf, dass auf diese Weise der Auftrag erledigt wird.
Forme die Gleichung so um, dass du leicht andere Möglichkeiten berechnen kannst. Stelle deine Ergebnisse in einer Tabelle dar. Begründe, dass durch diese Gleichung eine lineare Funktion gegeben ist.

c) Zeichne den Graphen der linearen Funktion, um alle Möglichkeiten der Auftragsaufteilung zu veranschaulichen. Lies weitere ab.

Lösung

a) Wird an dem Auftrag in jedem der beiden Ziegelwerke $3\frac{1}{2}$ Tage gearbeitet, so werden insgesamt $3\frac{1}{2} \cdot 24\ m^3 + 3\frac{1}{2} \cdot 60\ m^3 = 294\ m^3$ Ziegel produziert. Das reicht noch nicht ganz.
Wird an dem Auftrag 5 Tage in Xanten und 3 Tage in Yburg gearbeitet, so erhält man $5 \cdot 24\ m^3 + 3 \cdot 60\ m^3 = 300\ m^3$, also genau die Auftragsmenge.
Die Produktionsleiterin hat folglich Recht.

b) *(1) Erstellen einer Gleichung*
An x Tagen in Xanten und y Tagen in Yburg werden zusammen $x \cdot 24\ m^3 + y \cdot 60\ m^3$ Ziegel gefertigt. Rechnen wir nur mit den Maßzahlen für das Volumen, so muss folgende Gleichung erfüllt sein:
$24x + 60y = 300$

(2) Berechnen anderer Möglichkeiten
Wir lösen die Gleichung nach y auf:

$$24x + 60y = 300$$
$$60y = -24x + 300$$
$$y = -0{,}4x + 5$$

Aus dieser Form der Gleichung lässt sich zu jeder Arbeitszeit x in Xanten sofort genau eine dazu gehörende Arbeitszeit y in Yburg berechnen (siehe Wertetabelle). Durch diese Gleichung der Form $y = mx + b$ ist also eine lineare Funktion gegeben.

x	$y = -0{,}4x + 5$
0	5
1	4,6
2	4,2
3	3,8
4	3,4
5	3

c) Der Graph der linearen Funktion ist eine Gerade. Schneller als mit einer Wertetabelle lässt sich der Graph einer linearen Funktion mithilfe von y-Achsenabschnitt und Steigung zeichnen:
Die Gerade mit $y = -0{,}4x + 5$ hat den y-Achsenabschnitt $b = 5$, sie schneidet die y-Achse also im Punkt $P(0|5)$. Ihre Steigung beträgt $m = -0{,}4 = -\frac{2}{5}$.
Geht man von dem Schnittpunkt P der Geraden mit der y-Achse 5 Schritte nach rechts und 2 nach unten, so erhält man einen weiteren Punkt der Geraden. Die Koordinaten eines jeden Punktes der Geraden liefern eine Lösung unseres Problems:
Der Punkt $P_1(2{,}5|4)$ auf der Geraden bedeutet, dass man 2,5 Tage in Xanten und 4 Tage in Yburg an dem Auftrag arbeiten könnte. Weitere Möglichkeiten ergeben sich aus Punkt $P_2(7{,}5|2)$ auf der Geraden, usw.

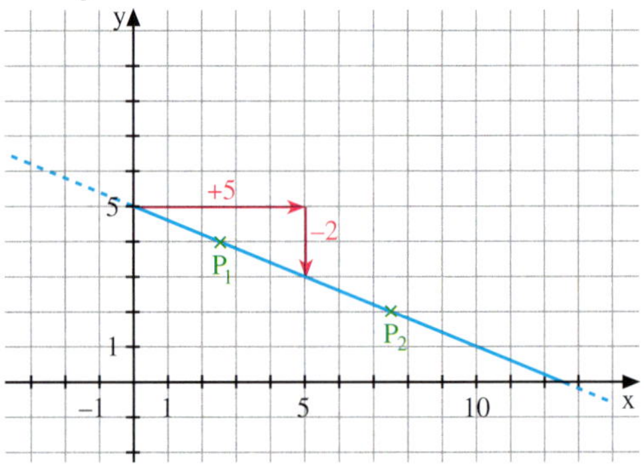

Für diese Aufgabe muss die einschränkende Bedingung beachtet werden, dass x und y nicht negativ sind. Also stellen nur die Punkte der Geraden, die im 1. Quadranten liegen, eine Lösung der Aufgabe dar.

Information

(1) Lineare Gleichung mit zwei Variablen

Eine Gleichung wie $24x + 60y = 300$ nennt man eine *lineare Gleichung mit zwei Variablen.*
Weitere Beispiele für lineare Gleichungen mit zwei Variablen sind:

$0{,}5x + 6y = 8$; $\quad 3s - 5t = 20$; $\quad y = \frac{x}{2} - 1$; $\quad -u + \frac{7}{4}v = 0$; $\quad 2x + 7 = 3y$.

(2) Geordnetes Zahlenpaar als Lösung einer Gleichung mit zwei Variablen

Lösungen einer Gleichung mit zwei Variablen sind nicht einzelne Zahlen, sondern stets *Paare von Zahlen.*

Beispiele:
Das Zahlenpaar $(5|3)$ ist eine Lösung der Gleichung $24x + 60y = 300$, denn wenn man 5 für x und 3 für y in die Gleichung einsetzt, erhält man die wahre Aussage $24 \cdot 5 + 60 \cdot 3 = 300$.
Man sagt auch: Das Zahlenpaar $(5|3)$ *erfüllt* die Gleichung.
$(-5|7)$ ist ebenfalls eine Lösung der Gleichung, da $24 \cdot (-5) + 60 \cdot 7 = 300$ eine wahre Aussage ist.
$(7|-5)$ ist dagegen keine Lösung der Gleichung, da $24 \cdot 7 + 60 \cdot (-5) = 300$ eine falsche Aussage ist; das Zahlenpaar $(7|-5)$ erfüllt *nicht* die Gleichung. Es kommt also auf die Reihenfolge der Zahlen in dem Zahlenpaar an; man spricht von einem *geordneten* Zahlenpaar.
Die Lösungsmenge einer linearen Gleichung mit zwei Variablen ist eine Menge geordneter Paare.
Die Grundmenge einer linearen Gleichung ist dementsprechend nicht $\mathbb{Q}$, sondern die Menge aller Paare, die man aus rationalen Zahlen bilden kann.

Eine Gleichung der Form $a \cdot x + b \cdot y = c$ sowie jede Gleichung, die durch Äquivalenzumformung auf diese Form gebracht werden kann, heißt **lineare Gleichung mit zwei Variablen**.
Für x und für y werden Zahlen aus $\mathbb{Q}$ eingesetzt. Die Grundmenge einer linearen Gleichung mit zwei Variablen ist also die Menge aller Zahlenpaare, die man aus rationalen Zahlen bilden kann. Damit ist auch jede Lösung einer solchen Gleichung ein Zahlenpaar.

Beispiel: $4x + 3y = 2$
$(-1|2)$ ist eine Lösung der Gleichung, denn $4 \cdot (-1) + 3 \cdot 2 = 2$ ist wahr.
$(2|3)$ ist keine Lösung der Gleichung, denn $4 \cdot 2 + 3 \cdot 3 = 2$ ist falsch.

Bei Sachaufgaben (Modellierungen) sind häufig nicht alle rationalen Zahlen zulässig. Es ist dann eine **einschränkende Bedingung** zu beachten.

(3) Graph einer Gleichung mit zwei Variablen

Wir fassen jede Lösung der Gleichung $24x + 60y = 300$ als Koordinatenpaar eines Punktes auf. Um solche Koordinatenpaare zu finden, ist es günstiger, diese Gleichung nach y aufzulösen:

$y = -0{,}4x + 5$

Dies ist die Gleichung einer linearen Funktion.

x	*−0,4x + 5*	*Koordinatenpaar*
−2	5,8	(−2|5,8)
0	5	(0|5)
2	4,2	(2|4,2)

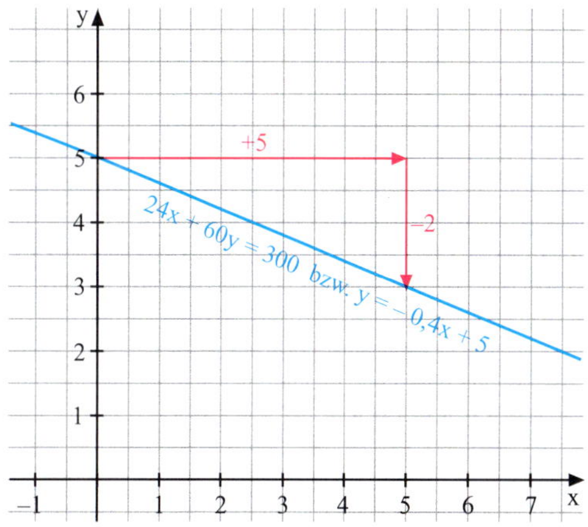

Die Menge aller Punkte, deren Koordinaten die Gleichung erfüllen, bildet den Graphen der Gleichung. Da $y = -0{,}4x + 5$ die Gleichung einer linearen Funktion ist, ist der Graph eine Gerade.

Weiterführende Aufgabe

2. *Punktprobe*
Welche der Punkte $P_1(2|1)$, $P_2(1|4)$, $P_3(4|2)$, $P_4(2|3)$, $P_5(-2|-1)$, $P_6(-8|10)$ gehören zum Graphen der linearen Gleichung?
a) $2x + 3y = 14$ **b)** $5x - 3y = -7$ **c)** $\frac{x}{4} - \frac{y}{2} = 0$ **d)** $y = -0{,}9x + 2{,}8$

Übungsaufgaben

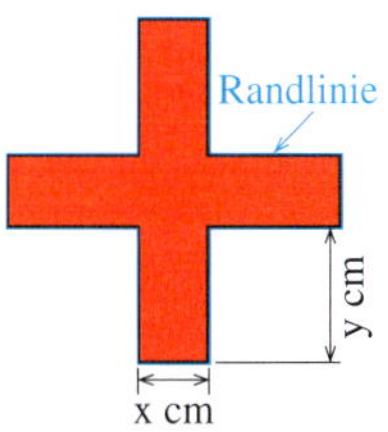

3. Ein Kreuz in der nebenstehenden Form soll gezeichnet werden. Dabei soll die gesamte Randlinie genau 40 cm lang sein. Sonst sind Länge und Breite der einzelnen Teile noch nicht festgelegt.
a) Gib die geforderte Bedingung für die Randlinie in Form einer Gleichung an.
b) Welche der Zahlenpaare (2|4), (6|2), (8|3), (4,5|1), (3|3,5), $(\frac{1}{2}|\frac{19}{4})$ sind Lösungen dieser Gleichung mit zwei Variablen?
c) Löse die Gleichung nach y auf. Zeichne den Graphen der Funktion $x \rightarrow y$.
d) Ermittle die einschränkende Bedingung:
Welcher Zahlenwert darf von x nicht überschritten [nicht unterschritten] werden; welcher y-Wert gehört dazu?
Welcher Zahlenwert darf von y nicht überschritten [nicht unterschritten] werden; welcher x-Wert gehört dazu?

4. Welche der Zahlenpaare $(4|4)$, $(-1|1)$, $(1|-6)$, $(2|0)$, $(-1|9)$, $(0|\frac{1}{4})$ sind Lösungen von

a) $x + y = 8$; **b)** $7x + 8y = 2$; **c)** $-2s + \frac{1}{3}t = -4$; **d)** $2x + 2y = 16$?

5. Nenne drei Zahlenpaare, die Lösung der Gleichung $-2x + 5y = 3$ sind. Nenne auch Zahlenpaare, die keine Lösung sind.

6. Gegeben ist eine Gleichung mit zwei Variablen. Löse die Gleichung nach y auf. Zeichne dann mithilfe der Funktionsgleichung den Graphen.

a) $4x + 2y = 10$ **b)** $3x - 5y = 20$ **c)** $\frac{x}{2} + y = -3{,}5$ **d)** $\frac{x + y}{4} = 1$

7. Zeichne den Graphen der linearen Gleichung $ax + by = c$ mit:

a) $a = 18;\ b = 6;\ c = 9$ **b)** $a = 5;\ b = -2;\ c = 7$ **c)** $a = -3;\ b = -1;\ c = 0$

8. Zur linearen Gleichung $3s - 2t = 12$ gehören zwei Funktionen: $s \rightarrow t$ und auch $t \rightarrow s$. Bestimme für beide die Funktionsgleichung. Zeichne die entsprechenden Geraden in zwei Koordinatensysteme nebeneinander. Vergleiche.

9. In welchem Punkt schneidet der Graph die y-Achse, in welchem die x-Achse?

a) $3y = 12x + 15$ **b)** $4x + 5y = 5$ **c)** $x - 3y = 0$ **d)** $\frac{x}{2} + \frac{y}{4} - \frac{3}{4} = 0$

10. Welche der Punkte $P_1(1|1)$, $P_2(0{,}5|1)$, $P_3(1|-1)$, $P_4(-1|1)$, $P_5(-3|0)$, $P_6(0{,}2|3{,}2)$ und $P_7(3|6)$ gehören zum Graphen der linearen Gleichung?

a) $y - x = 3$ **b)** $2y + 9x = 11$ **c)** $\frac{u}{2} + 0{,}3v = \frac{1}{5}$ **d)** $\frac{2x - y}{7} = 0$

11. Ergänze die Koordinaten der Punkte $P_1(0|\square)$, $P_2(\square|0)$, $P_3(1|\square)$, $P_4(\square|6)$, $P_5(-0{,}2|\square)$ und $P_6(\square|-0{,}6)$ so, dass diese zum Graphen der angegebenen linearen Gleichung gehören.

a) $x + y = 1$ **b)** $2x - 5y = 0$ **c)** $\frac{x}{2} + \frac{y}{3} = 2$ **d)** $-1{,}2x + 0{,}4y = 4{,}8$

12. Das Zahlenpaar $(2|-3)$ ist die Lösung einer linearen Gleichung. Wie könnte diese lauten? Gib mindestens drei verschiedene Möglichkeiten an.

13. Denke dir eine lineare Gleichung und nenne deinem Partner nur drei Lösungspaare der Gleichung. Er soll die Gleichung herausfinden. Stimmt sie genau mit deiner Gleichung überein?

14. Miriam hat für ein Klassenfest Weizen- und Vollkornbrötchen eingekauft. Sie hat insgesamt 24 € bezahlt.
Wie viele Brötchen könnte sie von jeder Sorte gekauft haben?
Notiere dazu eine Gleichung mit zwei Variablen und gib mehrere Lösungen an.
Zeichne auch den Graphen.

15. **a)** Nenne die fünf kleinsten Geldbeträge, die man mit 20-€- und 50-€-Scheinen zahlen kann.

b) 430 € sollen mit 20-€-Scheinen und 50-€-Scheinen ausgezahlt werden. Erstelle eine Gleichung mit zwei Variablen, um alle Möglichkeiten zu finden.

c) Gibt es Lösungen der Gleichung aus Teilaufgabe b), die für die Auszahlung des Betrages keine Bedeutung haben?

16. Patrick hat Lösungen einer linearen Gleichung grafisch ermittelt.
Kontrolliere seine Ergebnisse.

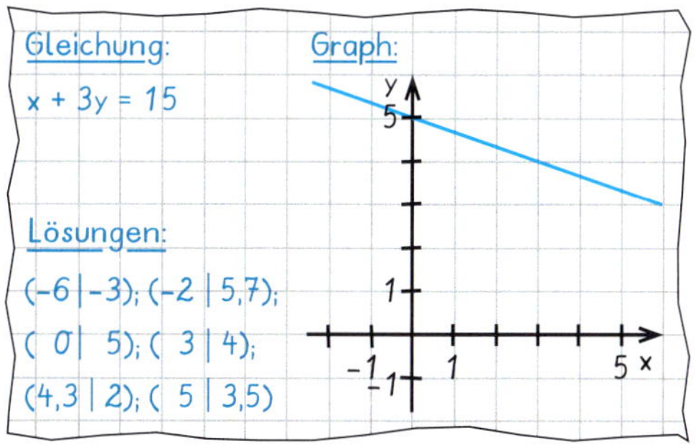

3.1.2 Sonderfälle bei linearen Gleichungen mit zwei Variablen

Einstieg Bildet acht (ungefähr) gleich große Teams in der Klasse. Jedes Team ist für eine Gleichung zuständig.

Team 1 und 5	Team 2 und 6	Team 3 und 7	Team 4 und 8
$0 \cdot x + 2 \cdot y = -6$	$3 \cdot x + 0 \cdot y = 7{,}5$	$0 \cdot x + 7 \cdot y = 0$	$4{,}3 \cdot x + 0 \cdot y = 0$

Jedes Team bestimmt 5 Lösungen der Gleichung, stellt sie in einer Wertetabelle dar und zeichnet den Graphen. Versucht, die Gleichung nach x und nach y aufzulösen, und entscheidet, ob die Zuordnung $x \to y$ eine Funktion ist. Anschließend vergleichen die Teams mit derselben Gleichung ihre Lösungen und bereiten eine Präsentation im Klassenraum vor.

Aufgabe 1 Zeichne den Graphen der linearen Gleichung **a)** $0 \cdot x + 2 \cdot y = 6$; **b)** $3 \cdot x + 0 \cdot y = 12$.
Lege dazu eine Tabelle für die passenden Einsetzungen für x und für y an. Nach welcher Variablen kannst du die Gleichung auflösen? In welchem Fall liegt eine Funktion vor, in welchem nicht?

Lösung

a)

x	y
– 2	3
– 1	3
0	3
1	3
2	3

Ein Punkt gehört immer dann zu dem Graphen, wenn seine y-Koordinate 3 ist. Die x-Koordinate kann beliebig sein.

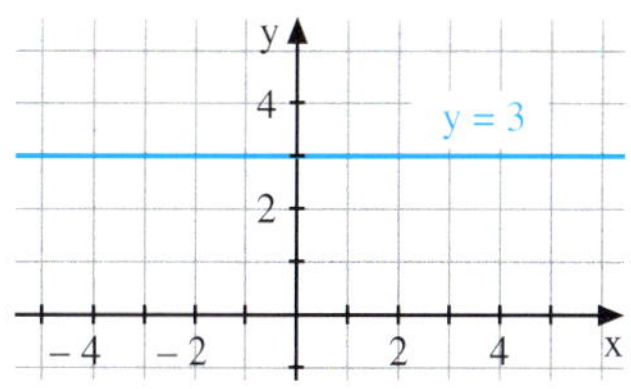

Die Gleichung $0 \cdot x + 2y = 6$ kann nach y aufgelöst werden. Man erhält: $y = 3$.
Da jedem Wert von x genau ein y-Wert zugeordnet ist, liegt eine Funktion vor.

b)

x	y
4	– 2
4	– 1
4	0
4	1
4	2

Ein Punkt gehört immer dann zu dem Graphen, wenn seine x-Koordinate 4 ist. Die y-Koordinate kann beliebig sein.

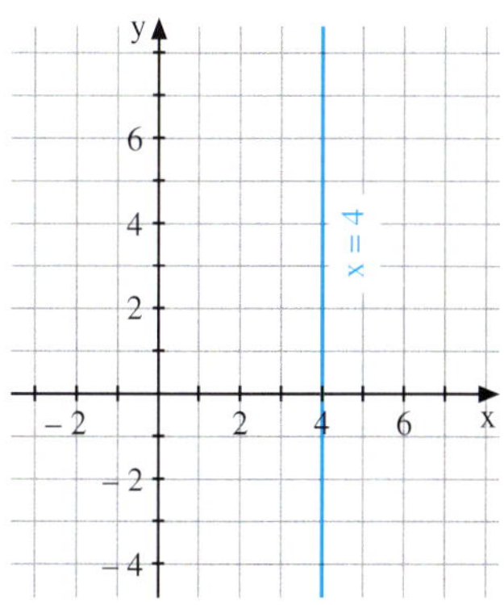

Die Gleichung $3x + 0 \cdot y = 12$ kann *nicht* nach y aufgelöst werden, da man durch 0 nicht dividieren kann. Sie kann aber nach x aufgelöst werden. Man erhält: $x = 4$.
Es liegt keine Funktion vor, weil der Stelle 4 mehrere y-Werte zugeordnet sind. Die Zuordnung $x \to y$ ist nicht eindeutig.

Weiterführende Aufgabe

2. *Sonderfall $a = 0$ und $b = 0$ bei der Gleichung $ax + by = c$*

Gegeben ist die Gleichung **a)** $0 \cdot x + 0 \cdot y = 1$; **b)** $0 \cdot x + 0 \cdot y = 0$.

Welcher der folgenden Fälle trifft zu?

(1) Es gibt keine Lösung.
(2) Es gibt genau eine Lösung.
(3) Es gibt mehrere, aber nur endlich viele Lösungen.
(4) Jedes beliebige Zahlenpaar ist eine Lösung.
(5) Der Graph ist eine Gerade.

Information

(1) Kurzform einer linearen Gleichung mit zwei Variablen

Eine Gleichung der Form $y = 3$ oder auch $x = 4$ kann man als *Kurzform* einer linearen Gleichung mit zwei Variablen auffassen, wenn man sich die zweite Variable wie folgt ergänzt denkt:

$y = 3$ ergänzt zu $0 \cdot x + y = 3$; $x = 4$ ergänzt zu $x + 0 \cdot y = 4$.

(2) Ausschließen des Sonderfalles a = 0 und b = 0

Damit der Graph einer linearen Gleichung der Form $ax + by = c$ eine Gerade ist, verlangt man häufig, dass bei einer linearen Gleichung $a \neq 0$ *oder* $b \neq 0$ ist. Man schließt also den Sonderfall $a = 0$ *und* $b = 0$ aus (vergleiche Aufgabe 2).

(3) Geraden als Graphen linearer Gleichungen mit zwei Variablen

Koeffizient, Vorfaktor der Variablen

Sind die Koeffizienten einer linearen Gleichung nicht beide zugleich null, so ist ihr Graph eine Gerade.

Eine lineare Gleichung der Form $ax + by = c$ mit $a \neq 0$ und $b \neq 0$ kann durch Auflösen nach y auf die Form $y = mx + n$ gebracht werden. Eine solche Gleichung ist eine Funktionsgleichung.
Der Graph ist eine steigende oder fallende Gerade.

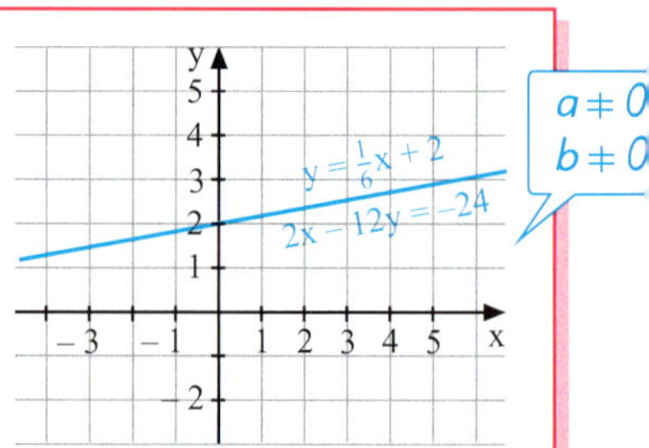

Eine lineare Gleichung der Form $0 \cdot x + by = c$ mit $b \neq 0$ kann durch Auflösen nach y auf die Form $y = r$ gebracht werden. Eine solche Gleichung ist eine Funktionsgleichung.
Der Graph einer Gleichung der Form $y = r$ ist eine Parallele zur x-Achse.

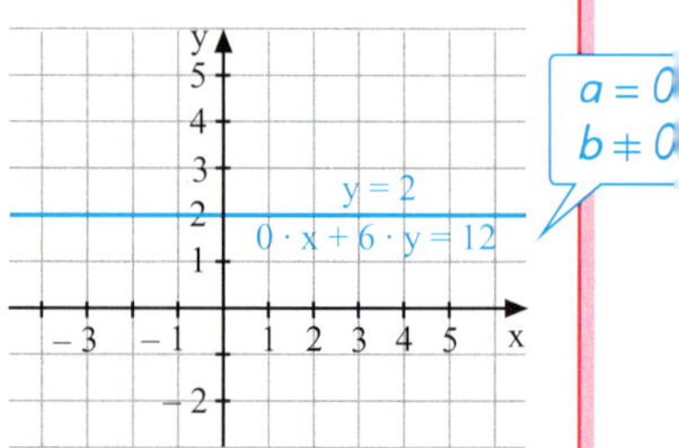

Eine lineare Gleichung der Form $ax + 0 \cdot y = c$ mit $a \neq 0$ kann durch Auflösen nach x auf die Form $x = r$ gebracht werden. Eine solche Gleichung ist *keine* Funktionsgleichung.
Der Graph einer Gleichung der Form $x = r$ ist eine Parallele zur y-Achse.

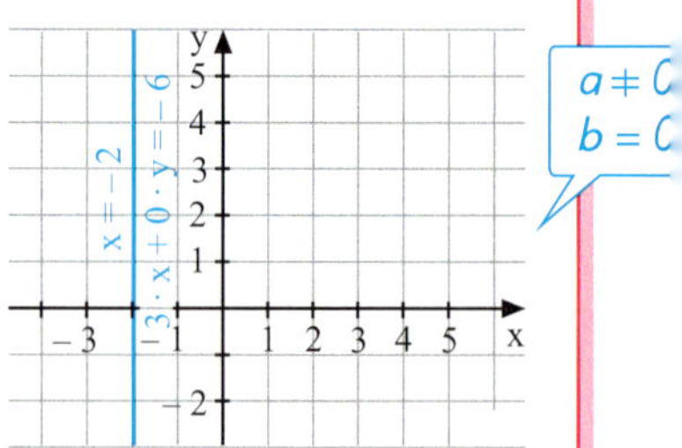

Übungsaufgaben

3. Sind auch folgende Geraden Graphen linearer Gleichungen? Versuche eine lineare Gleichung dafür anzugeben.

a) Parallele zur x-Achse durch $P(2|3)$ **b)** Parallele zur y-Achse durch $P(2|3)$

4. Zeichne mithilfe einer Wertetabelle den Graphen der linearen Gleichung:

a) $0 \cdot x + 5y = 10$ **b)** $4x + 0 \cdot y = 6$ **c)** $0 \cdot x - 2y = 4{,}8$ **d)** $-5x + 0 \cdot y = -4{,}5$

Notiere die Gleichung auch in der Kurzform. Löse dazu nach x oder y auf.

5. Gegeben ist eine lineare Gleichung in der vereinfachten Form (Kurzform).

a) $x = 5$ **b)** $y = -1$ **c)** $x = \frac{1}{2}$ **d)** $y = 5$ **e)** $x = -1$

Welche der Zahlenpaare $(1|5)$, $(\frac{1}{2}|-1)$, $(5|2)$, $(5|-1)$ sind Lösungen der Gleichung?

6. Notiere zunächst die (in Kurzform gegebene) Gleichung in der ausführlichen Form, sodass beide Variablen x und y vorkommen. Zeichne dann den zugehörigen Graphen.

a) $y = 6$ **b)** $x = 2$ **c)** $y = -1{,}5$ **d)** $x = -5{,}5$ **e)** $y = \frac{5}{2}$ **f)** $6x = 3$ **g)** $-2y = 1$

7. Gib zu der Geraden eine passende lineare Gleichung mit zwei Variablen an; notiere diese auch in der Kurzform. Gehört die Gerade zu einer linearen Funktion? Begründe.

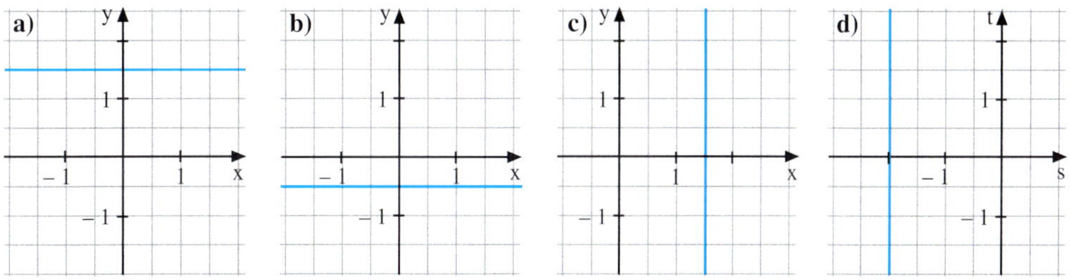

8. Jeder notiert vier Gleichungen für Geraden, die parallel zu den Koordinatenachsen sind. Tauscht eure Hefte und zeichnet die zugehörigen Geraden. Kontrolliert anschließend gemeinsam.

9. Jeder zeichnet in ein Koordinatensystem vier Geraden, die parallel zu den Koordinatenachsen sind. Tauscht euer Heft mit dem des Nachbarn und beschriftet die Geraden mit den zugehörigen Gleichungen. Kontrolliert anschließend gemeinsam.

10. Notiere (auch in Kurzform) die Gleichungen der beiden Geraden, die vom Koordinatenursprung 4,2 Einheiten Abstand haben und parallel zur x-Achse [y-Achse] sind.

11. Welche lineare Gleichung hat die Gerade, die durch den Punkt $P(4|-7)$ $[P(-1{,}9|5{,}3)]$ geht und

a) parallel zur x-Achse ist; **b)** parallel zur y-Achse ist?

12. Jede der beiden Koordinatenachsen kannst du als Graph einer linearen Gleichung mit zwei Variablen auffassen. Notiere eine Gleichung für die x-Achse [y-Achse].

13. Kontrolliere Kevins Zusammenfassung.

*Jede lineare Gleichung mit den Variablen x und y hat als Graph eine Gerade.
Hat eine der beiden Variablen oder beide den Koeffizienten null, so liegt der Sonderfall vor, dass die Gerade keine Steigung hat.*

3.2 Systeme linearer Gleichungen – Grafisches Lösungsverfahren

Einstieg

Wann sind die Kerzen gleichlang?
Wie lang sind sie dann?
Von welchen Modellannahmen seid ihr bei der Bearbeitung ausgegangen?

Aufgabe 1

Elektrische Energie wird in Kilowattstunden (kWh) gemessen. Ein Elektrizitätsunternehmen bietet seinen Kunden zwei Tarife an.
Patricks Mutter stellt fest:
„In diesem Monat habe ich im Wochenendhaus gerade so viel Strom verbraucht, dass ich nach beiden Tarifen gleich viel bezahlt hätte.“

ELEKTRON

Tarif	AKZENT	BASIS
Monatlicher Grundpreis	4,00 €	7,50 €
Arbeitspreis je kWh	0,25 €	0,11 €

Wie viele Kilowattstunden hat Patricks Mutter verbraucht? Wie viel Euro hat sie zu zahlen? Gehe zur Lösung der Aufgabe in zwei Schritten vor:

(1) Erstelle für jeden Tarif eine lineare Gleichung mit zwei Variablen. Welche Bedingung muss erfüllt sein?
(2) Zeichne die Graphen dieser linearen Gleichungen in ein gemeinsames Koordinatensystem. Beantworte die gestellten Fragen anhand der Zeichnung.

Lösung

(1) *(a) Einführen von Variablen für die gesuchten Größen*
Anzahl der monatlich verbrauchten Kilowattstunden: x
Monatliche Kosten in Euro: y

(b) Aufstellen der Gleichung für Tarif AKZENT
Nach Tarif AKZENT ist je kWh 0,25 € zu zahlen, also für x kWh zusammen $0{,}25 \cdot x$.
Zusammen mit dem Grundpreis von 4 € ergibt sich für die monatlichen Kosten in €:
$y = 0{,}25x + 4$

(c) Aufstellen der Gleichung für Tarif BASIS
Für die monatlichen Kosten y nach Tarif BASIS ergibt sich entsprechend: $y = 0{,}11x + 7{,}5$

(d) Verbinden beider Gleichungen
Es muss nun die Anzahl x von Kilowattstunden gefunden werden, für die sowohl Tarif AKZENT als auch Tarif BASIS die gleichen monatlichen Kosten y ergeben. Gesucht sind also Zahlen x und y, für die beide Gleichungen zugleich erfüllt sind:
$y = 0{,}25x + 4$ *und* $y = 0{,}11x + 7{,}5$

(2) *Zeichnen der Graphen*
Zu jeder dieser Gleichungen gehört eine Gerade im Koordinatensystem. Wir zeichnen sie mithilfe von Steigung und y-Achsenabschnitt. Beide Geraden schneiden sich in einem Punkt. Dieser Schnittpunkt ist $S(25|10{,}25)$.
Die Koordinaten des Schnittpunktes, nämlich 25 und 10,25, erfüllen beide lineare Gleichungen zugleich:
$10{,}25 = 0{,}25 \cdot 25 + 4$ *und* $10{,}25 = 0{,}11 \cdot 25 + 7{,}5$

Ergebnis: Patricks Mutter hat in diesem Monat 25 kWh Strom verbraucht; dafür sind sowohl nach dem Tarif AKZENT als auch nach dem Tarif BASIS 10,25 € zu zahlen.

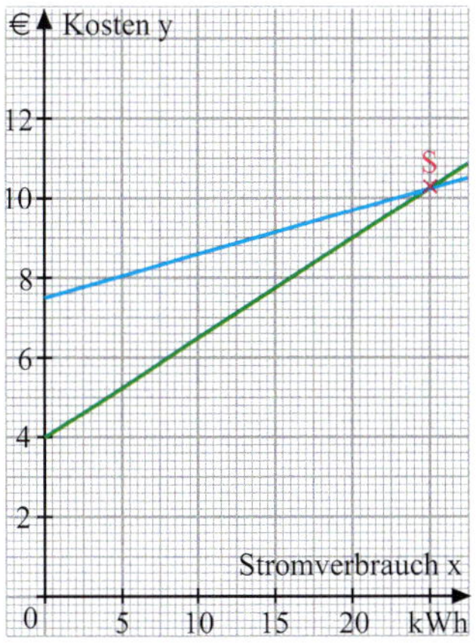

Information

(1) Lineares Gleichungssystem

Zur Lösung der Aufgabe 1 auf Seite 112 haben wir ein Zahlenpaar $(x|y)$ gesucht, das zugleich die linearen Gleichungen $y = 0{,}25x + 4$ *und* $y = 0{,}11x + 7{,}5$ erfüllt. Die beiden durch „und" verbundenen Gleichungen bilden zusammen ein *lineares Gleichungssystem.* Um zu verdeutlichen, dass beide Gleichungen zusammen gehören, verwenden wir folgende Schreibweise:

$$\left| \begin{array}{l} y = 0{,}25x + 4 \\ y = 0{,}11x + 7{,}5 \end{array} \right|$$

Die Lösung dieses Gleichungssystems ist keine einzelne Zahl, sondern das Zahlenpaar $(25|10{,}25)$.

Verknüpft man zwei lineare Gleichungen mit zwei Variablen durch **und**, so entsteht ein **lineares Gleichungssystem**. Jedes Zahlenpaar, dessen Zahlen die erste *und* zugleich die zweite Gleichung des Gleichungssystems erfüllen, ist eine Lösung dieses Gleichungssystems.

Beispiel:

$$\left| \begin{array}{l} x + y = 5 \\ 2x - y = 13 \end{array} \right|$$

Lösung: $(6|-1)$
Probe: $6 + (-1) = 5$ und $2 \cdot 6 - (-1) = 13$

Beide Gleichungen sind durch „und" verbunden.

(2) Grafisches Lösen eines Gleichungssystems

In Aufgabe 1 auf Seite 112 wurde die Lösung des linearen Gleichungssystems aus einer grafischen Darstellung im Koordinatensystem abgelesen.

Verfahren zur grafischen Lösung eines linearen Gleichungssystems
(a) Forme beide Gleichungen so um, dass du ihre Graphen gut zeichnen kannst. Zeichne die entsprechenden Geraden in ein gemeinsames Koordinatensystem.
(b) Das Koordinatenpaar jedes Punktes, der auf beiden Geraden zugleich liegt, ist eine Lösung des linearen Gleichungssystems.
(c) Führe eine Probe durch.

Anmerkung: Sowohl beim Zeichnen der Geraden als auch beim Ablesen der Koordinaten des Schnittpunktes aus der Zeichnung können Ungenauigkeiten auftreten. Daher ist es möglich, dass es sich bei den abgelesenen Werten nur um Näherungswerte für die Koordinaten des Schnittpunktes handelt. Du weißt also nicht, ob du die Lösung oder nur eine Näherungslösung erhalten hast. Mithilfe der Probe kannst du dies feststellen.
Eine Näherungslösung kannst du in der Form $x \approx \dots$ und $y \approx \dots$ schreiben.

Weiterführende Aufgabe

2. *Drei Fälle beim Lösen linearer Gleichungssysteme*

Bestimme die Lösungen folgender Gleichungssysteme grafisch. Was fällt dir auf?

(1) $\left|\begin{array}{l} 2x - 4y = -2 \\ 3x + \quad y = 11 \end{array}\right|$ (2) $\left|\begin{array}{l} -x + 2y = 4 \\ 2x - 4y = 6 \end{array}\right|$ (3) $\left|\begin{array}{r} 2x + y = -4 \\ -6x - 3y = 12 \end{array}\right|$

Information

(1) Klassifikation linearer Gleichungssysteme

Einteilung linearer Gleichungssysteme mit zwei Variablen

Enthalten beide Gleichungen eines linearen Gleichungssystems zwei Variablen (kein Sonderfall einer Gleichung mit nur einer oder keiner Variablen), so gibt es folgende drei Fälle:

1. Fall: Beide Geraden haben verschiedene Steigungen. Sie schneiden sich dann in einem Punkt. Das Gleichungssystem hat also *genau eine* Lösung.
Die Lösungsmenge besteht aus einem einzigen Zahlenpaar.

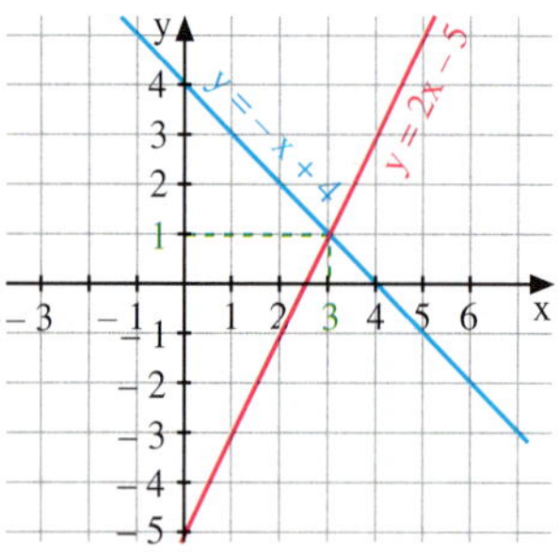

$L = \{(3|1)\}$

2. Fall: Beide Geraden haben die gleiche Steigung, aber verschiedene y-Achsenabschnitte. Beide Geraden sind dann parallel zueinander und schneiden sich nicht.
Das Gleichungssystem hat also *keine* Lösung.
Die Lösungsmenge ist leer.

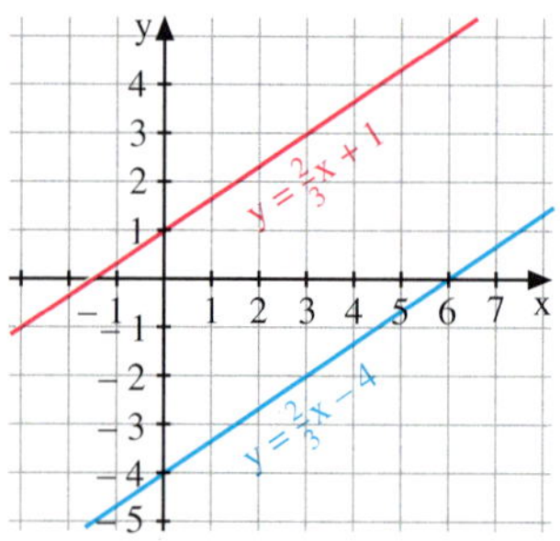

$L = \{\ \}$

3. Fall: Beide Geraden stimmen in der Steigung und im y-Achsenabschnitt überein. Sie fallen dann zusammen.
Das Gleichungssystem hat *unendlich viele* Lösungen.
Die Lösungsmenge besteht aus allen Zahlenpaaren, die diese Geradengleichung erfüllen.

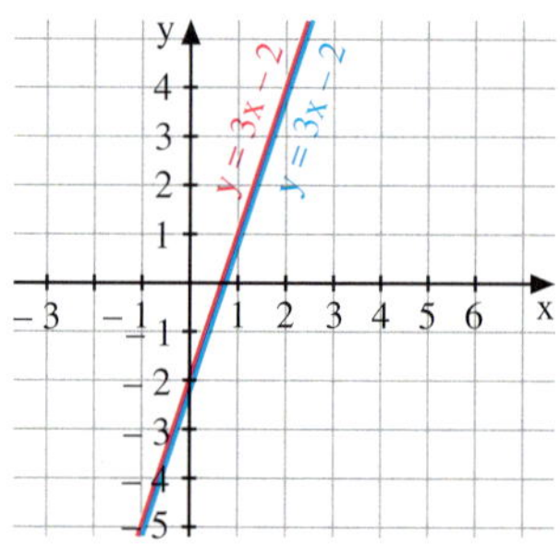

$L = \{(x|y) \mid y = 3x - 2\}$

Menge aller Paare (x | y), für die gilt: y = 3x − 2

(2) Grafisches Lösen linearer Gleichungssysteme mit dem GTR

(1) *Bestimmen des Schnittpunktes mit dem TRACE-Befehl*

Grafikfähige Taschenrechner können unbequeme Zeichenarbeit übernehmen, um lineare Gleichungssysteme zu lösen. Betrachte z.B.: $\left|\begin{array}{l} y = \quad 0{,}3x - 25 \\ y = -0{,}25x + 63 \end{array}\right|$.

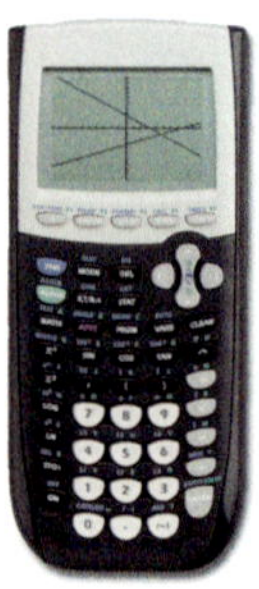

Es ist mühsam, ein geeignetes Koordinatensystem zu finden, sodass der Schnittpunkt der beiden Geraden gut ablesbar ist. Auf der y-Achse ist wegen der Achsenabschnitte ein Ausschnitt ungefähr von −30 bis +70 zu betrachten. Da die erste Gerade mit dem kleineren y-Achsenabschnitt ansteigt und die zweite Gerade mit dem größeren y-Achsenabschnitt fällt, liegt der Schnittpunkt sicher rechts von der y-Achse. Durch Probieren findest du ein geeignetes Fenster. Es gibt mehrere Möglichkeiten, die Koordinaten des Schnittpunktes mit dem GTR zu ermitteln.

Mithilfe von TRACE kannst du mit dem Cursor auf einer Geraden bis zum Schnittpunkt wandern und dessen Koordinaten ablesen.

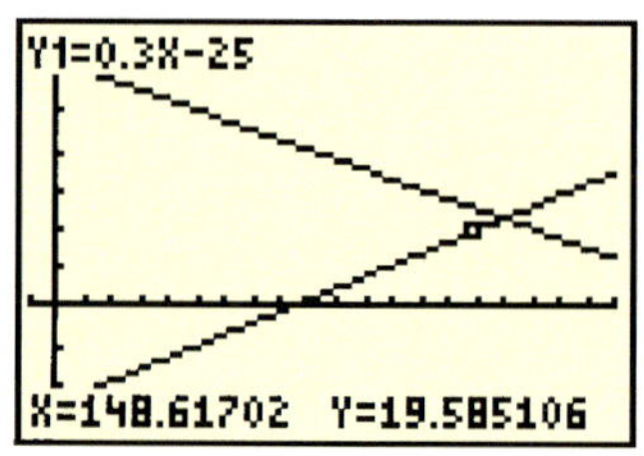

(point of) intersection ⟨engl.⟩ Schnittpunkt

(2) *Bestimmen des Schnittpunktes mit dem intersect-Befehl*

Aus dem **Calculate**-Menü wählen wir **intersect**.

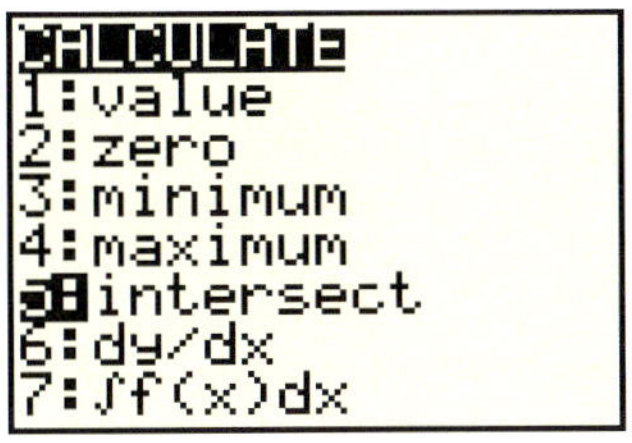

Der aktuelle Graph wird mit der Frage **First curve?** angezeigt.

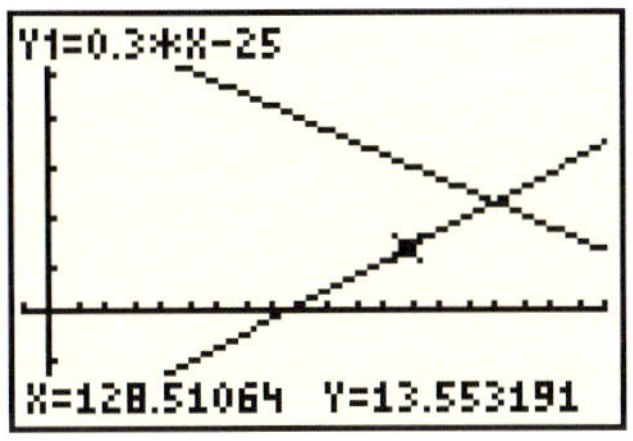

Wir wählen mit den Tasten ▲ oder ▼ die erste Kurve aus und bestätigen mit ENTER.

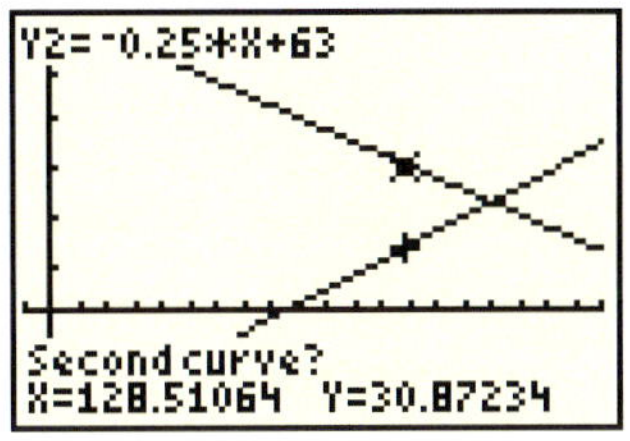

Mit der zweiten Kurve verfahren wir genau so.

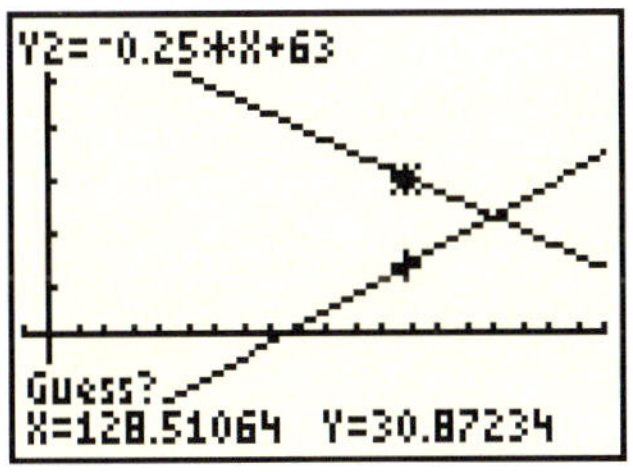

Dann geben wir auf die Frage **Guess?** einen Schätzwert ein.

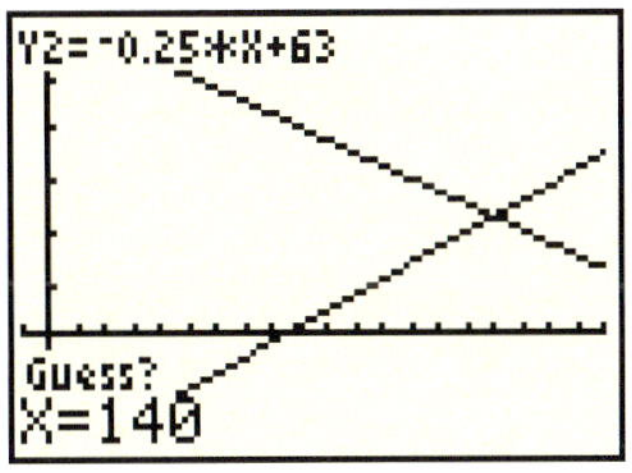

Nach dem Drücken von ENTER werden die Koordinaten des Schnittpunkts angezeigt.

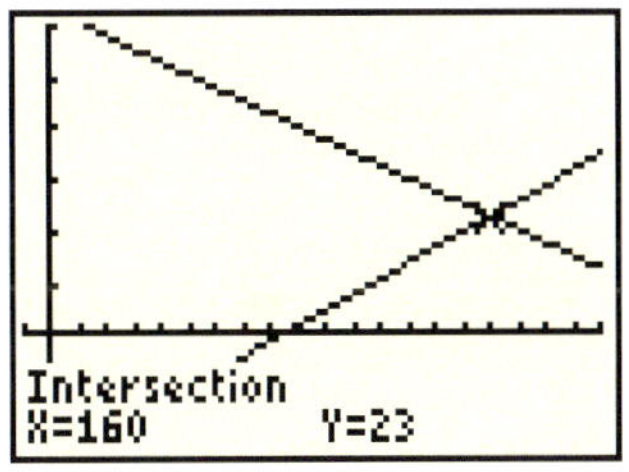

Ergebnis: Der Schnittpunkt S der beiden Geraden ist S(160|23), die Lösung des linearen Gleichungssystems ist das Paar (160|23).

(3) *Probe mit dem GTR*

Nicht immer sind die angezeigten Werte die exakten Koordinaten des Schnittpunkts. Führe zur Kontrolle eine Probe durch, indem du im Menü **CALCULATE** den Befehl **value** wählst und die erste Koordinate eintippst (in unserem Fall 160). Du kannst dir dann mithilfe der Cursortasten ▲ und ▼ die zugehörigen Funktionswerte anzeigen lassen. Stimmen sie überein, handelt es sich wahrscheinlich um einen exakten Wert.

Eine weitere Möglichkeit liefert der Befehl **TABLE**, mit dem du dir eine Wertetabelle für beide Funktionen anzeigen lassen kannst; du musst im Menü **TBLSET** jedoch eine Startzahl **TblStart** und eine Schrittweite **ΔTbl** eingeben, um einen geeigneten Ausschnitt der Tabelle zu erhalten.

Übungsaufgaben

3. Ein Gaswerk bietet den Kunden zwei Tarife an. Im Monat April hat Familie Siede so viel Gas verbraucht, dass der Gesamtpreis bei beiden Tarifen der gleiche ist.
Wie viel Gas hat sie verbraucht und wie viel muss sie bezahlen?
Stelle ein Gleichungssystem auf und löse die Aufgabe zeichnerisch.

EUROGAS

Tarif	MINI	CLASSIC
Monatlicher Grundpreis	5,00 €	10,00 €
Preis je m³	0,45 €	0,25 €

4. Für eine Theateraufführung wurden insgesamt 100 Karten verkauft. Die Karten für Erwachsene kosteten 10 €. Ein Teil der Karten wurde an Jugendliche zum ermäßigten Preis von 5 € abgegeben. Insgesamt wurden 700 € eingenommen.
Wie viele Karten wurden an Jugendliche verkauft, wie viele an Erwachsene?

5. Welches der Zahlenpaare (2|2), (3|5), (0|1), (1|2), (4|0), (0|2), (–1|1) ist Lösung des Gleichungssystems $2x + y = 6$ *und* $3x - y = 4$?

6. Ermittle zeichnerisch die Lösungsmenge des Gleichungssystems. Führe eine Probe durch.

a) $\left| \begin{array}{l} x = 1 - y \\ 6x + 24 = 4y \end{array} \right|$ **b)** $\left| \begin{array}{l} 6x = 2y - 8 \\ 8y - 12 = 4x \end{array} \right|$ **c)** $\left| \begin{array}{l} y + 2 = 1{,}5 \\ 2y = 10 \end{array} \right|$ **d)** $\left| \begin{array}{l} \frac{1}{2}x - \frac{3}{2} = 0 \\ 2y - x = 6 \end{array} \right|$ **e)** $\left| \begin{array}{l} 3p - 4q = 4 \\ 2p + q = 10 \end{array} \right|$

7. Im Jugendherbergsverzeichnis ist angegeben, dass in der Jugendherberge in Eulenburg 145 Jugendliche in 35 Zimmern übernachten können. Es gibt nur Dreibett- und Fünfbettzimmer. Wie viele Dreibettzimmer und wie viele Fünfbettzimmer hat diese Jugendherberge?

8. Simon löst das Gleichungssystem $y = 2x - 5$ *und* $y = x - 3$. Er schreibt sogar einen Antwortsatz: „Das Gleichungssystem hat die Lösungen 2 und – 1." Was sagst du dazu?

9. Nutze zur Lösung den GTR. Kontrolliere dein Ergebnis mit einer Probe.

a) $\left| \begin{array}{l} y = 5x - 8 \\ y = -3x + 9 \end{array} \right|$ **b)** $\left| \begin{array}{l} y = 1{,}27x - 3{,}79 \\ y = -3{,}83x + 2{,}85 \end{array} \right|$ **c)** $\left| \begin{array}{l} y = -\frac{3}{11}x + \frac{7}{9} \\ y = \frac{13}{5}x - \frac{7}{3} \end{array} \right|$ **d)** $\left| \begin{array}{l} 2y - 11 = 0 \\ 4y + 3x = 30 \end{array} \right|$

10. Kontrolliere Stefans Hausaufgaben.

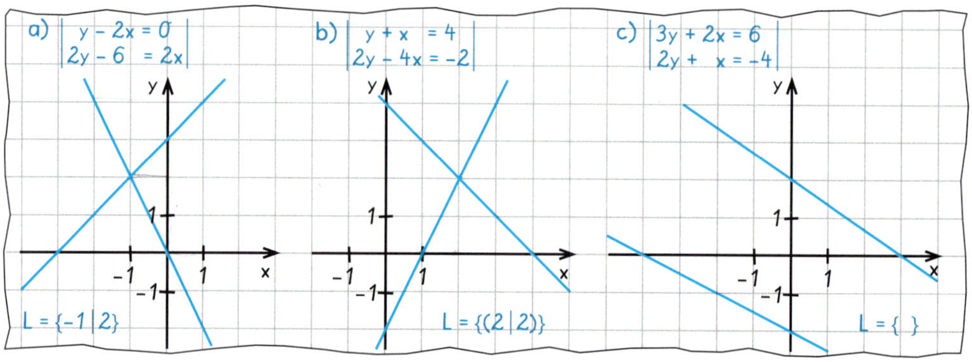

11. Bestimme zeichnerisch die Lösungsmenge des Gleichungssystems. Gib schon nach dem Auflösen der Gleichungen nach einer Variablen an, welcher der 3 Fälle (Seite 114 oben) vorliegt.

a) $\left| \begin{array}{l} 6y - 3x = 9 \\ -8y + 4x = -10 \end{array} \right|$ **c)** $\left| \begin{array}{l} 2x + y = 6 \\ 3x + 2y = 8 \end{array} \right|$ **e)** $\left| \begin{array}{l} 3x - 6y = 9 \\ 4x - 9y = 12 \end{array} \right|$ **g)** $\left| \begin{array}{l} 3u - v = 6 \\ u - 3v = 6 \end{array} \right|$

b) $\left| \begin{array}{l} 4x + 2y = 5 \\ -2x - y = -\frac{5}{2} \end{array} \right|$ **d)** $\left| \begin{array}{l} 3x - 6y = 2 \\ -1{,}5x + 3y = 1 \end{array} \right|$ **f)** $\left| \begin{array}{l} x - 9 = 0 \\ 2x - 3y = 6 \end{array} \right|$ **h)** $\left| \begin{array}{l} s + 3t = 6 \\ 2s + 6t = 9 \end{array} \right|$

12. Gib jeweils ein Gleichungssystem und seine Lösungsmenge an.

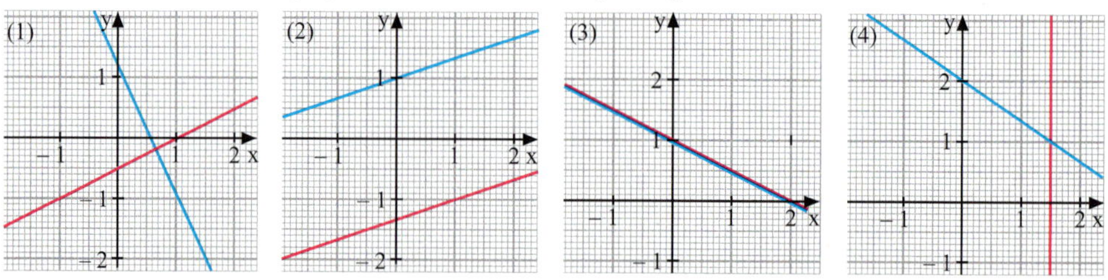

13. Jeder gibt zur Gleichung $2x - 5y = 3$ eine zweite an, sodass das Gleichungssystem
(1) keine Lösung; (2) genau eine Lösung; (3) unendlich viele Lösungen hat.
Vergleicht eure Lösungen. Was ist verschieden, was stimmt überein?

3.3 Gleichsetzungsverfahren

Einstieg

Löse das Gleichungssystem rechts zeichnerisch. Vergleiche deine Lösung mit der des Nachbarn.
Führt eine Probe durch.
Versucht auf rechnerischem Weg zu einer exakten Lösung zu gelangen.

$$\left| \begin{array}{l} y = x - 1 \\ y = -2x + 4 \end{array} \right|$$

Aufgabe 1

Die (zeichnerische) Bestimmung der Lösungsmenge des linearen Gleichungssystems $\left| \begin{array}{r} 4x + 4y = 8 \\ -6x + 3y = -9 \end{array} \right|$ führt auf das Gleichungssystem $\left| \begin{array}{l} y = -x + 2 \\ y = 2x - 3 \end{array} \right|$.

Aus der Zeichnung lässt sich nur eine Näherungslösung ablesen. Bestimme die Koordinaten des Schnittpunktes der beiden Geraden rechnerisch.

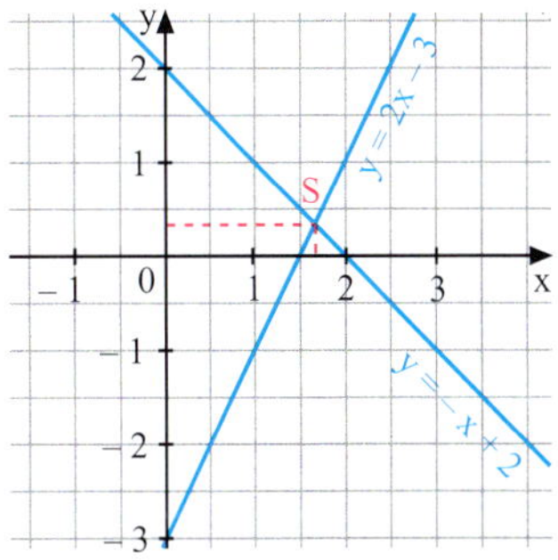

Lösung

Wenn x die erste Koordinate des Schnittpunktes S angibt, dann bezeichnen die rechten Seiten $-x + 2$ und $2x - 3$ des Gleichungssystems die zweite Koordinate des Schnittpunktes S, also dieselbe Zahl. Die rechten Seiten der beiden linearen Gleichungen müssen somit denselben Wert haben. Daraus erhalten wir folgende Gleichung:

$-x + 2 = 2x - 3 \quad \vert -2x$ $-3x + 2 = -3 \quad \vert -2$ $-3x = -5 \quad \vert :(-3)$	Gleichsetzen der rechten Seiten ergibt eine Gleichung, die nur noch eine Variable enthält: die x-Koordinate des gesuchten Lösungspaares.
$x = \frac{5}{3}$	Die x-Koordinate des Lösungspaares ist $\frac{5}{3}$.
$y = -x + 2$ $y = -\frac{5}{3} + 2$	Einsetzen von $\frac{5}{3}$ für x in der ersten Gleichung des Systems liefert eine Gleichung für die y-Koordinate des Lösungspaares.
$y = \frac{1}{3}$	Die y-Koordinate ist $\frac{1}{3}$.
$L = \{(\frac{5}{3} \mid \frac{1}{3})\}$	Lösungsmenge

Statt $\frac{5}{3}$ in die erste Gleichung, hätte man $\frac{5}{3}$ auch in die zweite Gleichung einsetzen können.

Probe: 1. Gleichung: $4 \cdot \frac{5}{3} + 4 \cdot \frac{1}{3} = 8$ (w);
2. Gleichung: $-6 \cdot \frac{5}{3} + 3 \cdot \frac{1}{3} = -9$ (w)

Ergebnis: Die Lösungsmenge des Gleichungssystems enthält das Paar $(\frac{5}{3} \mid \frac{1}{3})$, also $L = \{(\frac{5}{3} \mid \frac{1}{3})\}$.

Information

Dieses Lösungsverfahren für lineare Gleichungssysteme nennt man **Gleichsetzungsverfahren**, da die rechten Seiten der beiden Gleichungen des umgeformten Systems einander gleichgesetzt wurden. In der obigen Lösung haben wir zum Lösen des Gleichungssystems mit zwei Variablen zunächst eine Gleichung mit einer Variablen erzeugt und diese gelöst. Dann haben wir diese Lösung in eine der umgeformten Gleichungen eingesetzt.
Man kann den Lösungsweg so aufschreiben, dass stets Gleichungssysteme mit derselben Lösungsmenge untereinander stehen. Dadurch wird deutlich, dass ein Gleichungssystem als Ganzes zum Lösen umgeformt wird (siehe nächste Seite).

$\left\lvert \begin{array}{r} 4x + 4y = 8 \\ -6x + 3y = -9 \end{array} \right\rvert$	Wir lösen beide Gleichungen nach y auf.
$\left\lvert \begin{array}{l} y = -x + 2 \\ y = 2x - 3 \end{array} \right\rvert$	Wir setzen die rechten Seiten der beiden Gleichungen gleich und behalten die zweite Gleichung bei (für spätere Berechnung von y).
$\left\lvert \begin{array}{r} 2x - 3 = -x + 2 \\ y = 2x - 3 \end{array} \right\rvert$	Wir vereinfachen die erste Gleichung.
$\left\lvert \begin{array}{l} 3x = 5 \\ y = 2x - 3 \end{array} \right\rvert$	Wir lösen die erste Gleichung nach x auf.
$\left\lvert \begin{array}{l} x = \frac{5}{3} \\ y = 2x - 3 \end{array} \right\rvert$	Wir setzen den berechneten Wert in die zweite Gleichung ein.
$\left\lvert \begin{array}{l} x = \frac{5}{3} \\ y = 2 \cdot \frac{5}{3} - 3 \end{array} \right\rvert$	Wir vereinfachen die zweite Gleichung.
$\left\lvert \begin{array}{l} x = \frac{5}{3} \\ y = \frac{1}{3} \end{array} \right\rvert \quad L = \{(\frac{5}{3} \mid \frac{1}{3})\}$	Lösungsmenge

Die untereinander geschriebenen linearen Gleichungssysteme haben alle die gleiche Lösungsmenge. Man sagt auch, dass diese Gleichungssysteme zueinander **äquivalent** sind.

Gleichsetzungsverfahren zur rechnerischen Lösung von Gleichungssystemen

(1) Löse beide Gleichungen nach einer gemeinsamen Variablen auf.
(2) Erzeuge dann durch Gleichsetzen eine Gleichung mit nur noch einer Variablen. Behalte eine der beiden Gleichungen mit zwei Variablen bei.
(3) Berechne aus der Gleichung mit nur einer Variablen eine Koordinate des Lösungspaares.
(4) Setze diesen Wert in die andere Gleichung ein und berechne daraus die andere Koordinate.
(5) Gib die Lösungsmenge an. Du kannst zur Kontrolle auch eine Probe durchführen.

Übungsaufgaben

2. Bestimme die Lösungsmenge mithilfe des Gleichsetzungsverfahrens. Mache die Probe.

a) $\left\lvert \begin{array}{l} y = 2x - 11 \\ y = 3x - 14 \end{array} \right\rvert$ **b)** $\left\lvert \begin{array}{l} x = 3y + 14 \\ x = 5y + 22 \end{array} \right\rvert$ **c)** $\left\lvert \begin{array}{l} x - 10y = 10 \\ 6x + 2y = 32 \end{array} \right\rvert$ **d)** $\left\lvert \begin{array}{l} 3p - 2q = 11 \\ 2p - 6q = -12 \end{array} \right\rvert$

3. Beim Gleichsetzungsverfahren ist es nicht unbedingt erforderlich, die Gleichungen nach x oder y aufzulösen. Bei den folgenden Gleichungssystemen ist es geschickter, für das Gleichsetzen andere Terme zu verwenden.

a) $\left\lvert \begin{array}{l} 5y = 2x - 1 \\ 5y = 3x - 6 \end{array} \right\rvert$ **b)** $\left\lvert \begin{array}{r} 16x = 13 - 21y \\ -16x = 15 + 25y \end{array} \right\rvert$ **c)** $\left\lvert \begin{array}{r} -9y + 2x = 4 \\ 5y = 2x - 4 \end{array} \right\rvert$ **d)** $\left\lvert \begin{array}{r} 2s = -t + 11 \\ s = 2t - 7 \end{array} \right\rvert$

4. Löse das Gleichungssystem möglichst günstig mit dem Gleichsetzungsverfahren.

a) $\left\lvert \begin{array}{l} 4y = 3x - 4 \\ 4y = 5x - 20 \end{array} \right\rvert$ **c)** $\left\lvert \begin{array}{l} 6x - 5y = 42 \\ 2x + 3y = 42 \end{array} \right\rvert$ **e)** $\left\lvert \begin{array}{r} v = 3u - 4 \\ 2v = 5u + 3 \end{array} \right\rvert$ **g)** $\left\lvert \begin{array}{l} 0{,}5x = 0{,}3y - 0{,}19 \\ 0{,}5x = 1{,}1y - 1{,}23 \end{array} \right\rvert$

b) $\left\lvert \begin{array}{r} 1y = 4x - 6 \\ 11y = 9x - 41 \end{array} \right\rvert$ **d)** $\left\lvert \begin{array}{l} 7x + 32y = 13 \\ 9x + 8y = 83 \end{array} \right\rvert$ **f)** $\left\lvert \begin{array}{l} 6y = 3x - 2 \\ 2y = 2x + 2 \end{array} \right\rvert$ **h)** $\left\lvert \begin{array}{l} 5y = \frac{1}{2}x + \frac{1}{3} \\ 5y = \frac{2}{3}x + \frac{1}{6} \end{array} \right\rvert$

3.4 Einsetzungsverfahren *Zum Selbstlernen*

Ziel

Rechts siehst du den Anfang des Lösens eines Gleichungssystems mit dem Gleichsetzungsverfahren. Wegen der Brüche ist das Lösen dieses Gleichungssystems etwas mühsam.
Du wirst in diesem Abschnitt ein weiteres rechnerisches Lösungsverfahren kennen lernen, das bei diesem Gleichungssystem einfacher und schneller zum Ziel führt als das Gleichsetzungsverfahren.

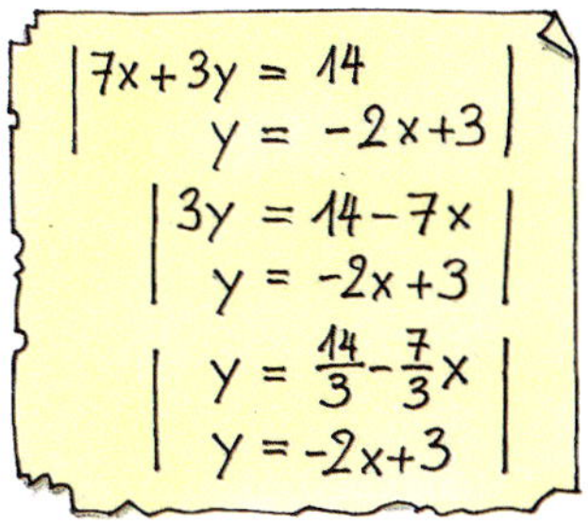

Zum Erarbeiten

A *Löse das obige Gleichungssystem, indem du für die Variable y der ersten Gleichung die rechte Seite der zweiten Gleichung einsetzt. Erläutere das Verfahren.*

$$\left|\begin{array}{l} 7x + 3y = 14 \\ y = -2x + 3 \end{array}\right|$$

$$\left|\begin{array}{l} 7x + 3(-2x + 3) = 14 \\ y = -2x + 3 \end{array}\right|$$

$$\left|\begin{array}{l} 7x - 6x + 9 = 14 \\ y = -2x + 3 \end{array}\right|$$

$$\left|\begin{array}{l} x + 9 = 14 \\ y = -2x + 3 \end{array}\right|$$

$$\left|\begin{array}{l} x = 5 \\ y = -2 \cdot 5 + 3 \end{array}\right|$$

$$\left|\begin{array}{l} x = 5 \\ y = -7 \end{array}\right|$$

$L = \{(5|-7)\}$

Die zweite Gleichung sagt, dass y und $-2x + 3$ denselben Wert haben sollen; deshalb darfst du das y der ersten Gleichung durch den Term $-2x + 3$ ersetzen.
In der ersten Gleichung kommt die Variable y nicht mehr vor. Die erste Gleichung kannst du jetzt wie gewohnt nach x auflösen und den erhaltenen Wert in die zweite Gleichung einsetzen.

Einsetzungsverfahren zur rechnerischen Lösung von Gleichungssystemen

(1) Löse eine der beiden Gleichungen nach einer Variablen auf.
(2) Setze den erhaltenen Term in die andere Gleichung ein und löse die Gleichung.
(3) Setze die berechnete Koordinate in die andere, beibehaltene Gleichung ein und bestimme daraus die andere Koordinate des Lösungspaares.
(4) Gib die Lösungsmenge an.
(5) Du kannst zur Kontrolle auch eine Probe durchführen.

Zum Üben

1. Löse das lineare Gleichungssystem mithilfe des Einsetzungsverfahrens. Mache die Probe.

a) $\left|\begin{array}{l} 5x + y = 2 \\ y = 7x - 22 \end{array}\right|$ **b)** $\left|\begin{array}{l} x = 5y + 11 \\ 10x - 6y = 0 \end{array}\right|$ **c)** $\left|\begin{array}{l} 7x - 3y = 17 \\ x = 4y + 6 \end{array}\right|$ **d)** $\left|\begin{array}{r} 13x - 9y = -41 \\ x - 5y = -1 \end{array}\right|$

2. Löse vorteilhaft mithilfe des Einsetzungsverfahrens, indem du nicht für eine Variable, sondern für einen Term einsetzt.

a) $\left|\begin{array}{l} -4x + 7y = -1 \\ 7y = -x + 19 \end{array}\right|$ **b)** $\left|\begin{array}{r} 13x - \frac{1}{6}y = -5 \\ \frac{1}{6}y = 5x + 9 \end{array}\right|$ **c)** $\left|\begin{array}{l} 2x + \frac{1}{3}y = -5 \\ -6x + y = 9 \end{array}\right|$ **d)** $\left|\begin{array}{l} -6x + 42y = 0 \\ 13x - 70y = -21 \end{array}\right|$

Zum Selbstlernen

3.5 Additionsverfahren

3.5.1 Subtraktion zweier Gleichungen eines Systems

Einstieg

Die Kosten für eine Taxifahrt setzen sich aus einer Grundgebühr und den Kosten für die gefahrenen Kilometer zusammen. Ein Fahrgast bezahlt für eine 7 km lange Taxifahrt 8,40 €. Die Rückfahrt ist wegen eines Umweges 10 km lang und kostet 11,25 €. Berechnet die Kosten für 1 km und die Grundgebühr.

Einführung

Laurin und Louisa haben bei demselben Internet-Anbieter Abzüge im Format 10 × 13 von ihren Fotos anfertigen lassen. Dieser Anbieter stellt neben den Kosten für die Abzüge eine feste Versandkostenpauschale in Rechnung.
Laurin hat für 45 Abzüge insgesamt 6,49 € bezahlt, Louisa hat für 34 Abzüge 5,39 € bezahlt.
Wie viel kostet ein Abzug im Format 10 × 13 und wie hoch ist die Versandkostenpauschale?

Laurin überlegt so:

45 Abzüge und Versand kosten 6,49 €
34 Abzüge und Versand kosten 5,39 €

Preisdifferenz: 11 Abzüge kosten 1,10 €

1 Abzug kostet 1,10 € : 11 = 0,10 €

Versand kostet: 5,39 € – 34 · 0,10 €

Versand kostet 1,99 €

Louisa schreibt diese Überlegungen auf:
Versandkostenpauschale (in €): x
Preis pro Abzug (in €): y

$\left| \begin{array}{l} x + 45y = 6{,}49 \\ x + 34y = 5{,}39 \end{array} \right| \; \text{(–)}$

$\left| \begin{array}{r} 11y = 1{,}10 \\ x + 34y = 5{,}39 \end{array} \right|$

$\left| \begin{array}{r} y = 0{,}10 \\ x + 34 \cdot 0{,}10 = 5{,}39 \end{array} \right|$

$\left| \begin{array}{l} y = 0{,}10 \\ x = 5{,}39 - 34 \cdot 0{,}10 \end{array} \right|$

$\left| \begin{array}{l} y = 0{,}10 \\ x = 1{,}99 \end{array} \right|$

Ergebnis: Die Versandkostenpauschale beträgt 1,99 €, ein 10 × 13-Abzug kostet 0,10 €.

Information

Subtraktionsverfahren

Bei dem obigen Lösungsverfahren werden die beiden Seiten zweier Gleichungen jeweils voneinander subtrahiert. Dafür sagen wir auch kürzer: Die beiden Gleichungen werden voneinander subtrahiert. Dadurch wird das Gleichungssystem gezielt so verändert, dass eine der beiden Gleichungen nur noch eine Variable enthält.

Übungsaufgaben

1. Jennifer kauft am Schulkiosk zwei Hefte und drei Äpfel. Sie bezahlt dafür 2,20 €. Aljascha zahlt für zwei Hefte und einen Apfel 1,40 €. Wie viel kostet ein Apfel, wie viel ein Heft?

2. Bestimme die Lösungsmenge mit dem Subtraktionsverfahren. Mache die Probe.

a) $\left|\begin{array}{l} 2x + 5y = 23 \\ 2x - 3y = -1 \end{array}\right|$ **b)** $\left|\begin{array}{l} 4x + 3y = 11 \\ 3x + 3y = 9 \end{array}\right|$ **c)** $\left|\begin{array}{l} -5x + 6y = 16 \\ -5x + y = -14 \end{array}\right|$ **d)** $\left|\begin{array}{l} 4x - 5y = 37 \\ 4x + y = 7 \end{array}\right|$

3.5.2 Lösen eines Gleichungssystems mit dem Additionsverfahren

Einstieg

Lea hat versucht, die Gleichungssysteme möglichst geschickt zu lösen.

$$\left|\begin{array}{l} 2x + 3y = 11 \\ 7x - 3y = -2 \end{array}\right| \oplus \qquad \left|\begin{array}{l} 4x - 5y = -23 \\ -2x + 3y = 13 \end{array}\right| \; | \cdot 2 \qquad \left|\begin{array}{l} 3x + 4y = 2 \\ 2x + 7y = -3 \end{array}\right| \; \begin{array}{l} | \cdot 2 \\ | \cdot (-3) \end{array}$$

$$\left|\begin{array}{l} 9x = 9 \\ 7x - 3y = -2 \end{array}\right| \qquad \left|\begin{array}{l} 4x - 5y = -23 \\ -4x + 6y = 26 \end{array}\right| \qquad \left|\begin{array}{l} 6x + 8y = 4 \\ -6x - 21y = 9 \end{array}\right|$$

$$\left|\begin{array}{l} x = 1 \end{array}\right| \qquad \left|\begin{array}{l} y = 3 \end{array}\right| \qquad \left|\begin{array}{l} -13y = 13 \end{array}\right|$$

Betrachtet ihre Lösungsansätze und erläutert ihre Überlegungen. Vollendet dann die Lösungswege. Formuliert anschließend ein mögliches Vorgehen, wie man ein Gleichungssystem geschickt lösen kann.

Einführung

Das Gleichungssystem $\left|\begin{array}{r} 3x + 7y = 24 \\ -3x + 2y = 3 \end{array}\right|$ bietet sich nicht für das Subtraktionsverfahren an.

Dagegen lässt es sich schnell vereinfachen, wenn man die linken Seiten der beiden Gleichungen und auch die rechten Seiten der beiden Gleichungen addiert:

Linke Seiten: $(3x + 7y) + (-3x + 2y) = 9y$ *Rechte Seiten:* $24 + 3 = 27$

Behält man eine der beiden Gleichungen bei, z. B. die zweite, so ergibt sich als neues Gleichungssystem:

$\left|\begin{array}{r} 9y = 27 \\ -3x + 2y = 3 \end{array}\right|$ Aus dieser Gleichung lässt sich y berechnen.

$\left|\begin{array}{r} y = 3 \\ -3x + 2y = 3 \end{array}\right|$

$\left|\begin{array}{r} y = 3 \\ -3x + 2 \cdot 3 = 3 \end{array}\right|$ Der Wert für y wird sofort in die 2. Gleichung eingesetzt.

$\left|\begin{array}{r} y = 3 \\ -3x = -3 \end{array}\right|$ Aus dieser Gleichung lässt sich nun x berechnen.

$\left|\begin{array}{l} y = 3 \\ x = 1 \end{array}\right|$ *Probe:* 1. Gleichung: $3 \cdot 1 + 7 \cdot 3 = 24$ (w)
2. Gleichung: $-3 \cdot 1 + 2 \cdot 3 = 3$ (w)

Ergebnis: $L = \{(1|3)\}$

Aufgabe 1

Bestimme die Lösungsmenge des linearen Gleichungssystems $\begin{vmatrix} 2x + 9y = -1 \\ 3x + 2y = 10 \end{vmatrix}$.

Hinweis: Durch bloßes Addieren oder Subtrahieren der beiden Gleichungen lässt sich keine Gleichung mit nur einer Variablen erhalten. Forme zunächst die beiden Gleichungen des Gleichungssystems so um, dass durch das Additionsverfahren eine der beiden Variablen wegfällt.

Lösung

$\begin{vmatrix} 2x + 9y = -1 \\ 3x + 2y = 10 \end{vmatrix} \quad \begin{matrix} |\cdot 3 \\ |\cdot(-2) \end{matrix}$

Wir multiplizieren beide Gleichungen so, dass die Koeffizienten von x in den beiden Gleichungen Gegenzahlen voneinander sind.

$\begin{vmatrix} 6x + 27y = -3 \\ -6x - 4y = -20 \end{vmatrix} \Big\} \oplus$

Wir behalten die zweite Gleichung bei, da sie kleinere Koeffizienten als die erste Gleichung besitzt.

$\begin{vmatrix} 23y = -23 \\ 3x + 2y = 10 \end{vmatrix}$

Die Gleichung mit den kleineren Koeffizienten beibehalten.

$\begin{vmatrix} y = -1 \\ 3x + 2y = 10 \end{vmatrix}$

$\begin{vmatrix} y = -1 \\ 3x + 2\cdot(-1) = 10 \end{vmatrix}$

Der Wert für y wird in die zweite Gleichung eingesetzt.

$\begin{vmatrix} y = -1 \\ 3x = 12 \end{vmatrix}$

$\begin{vmatrix} y = -1 \\ x = 4 \end{vmatrix}$

$L = \{(4|-1)\}$

Probe: 1. Gleichung: $2\cdot 4 + 9\cdot(-1) = -1$ (wahr)
2. Gleichung: $3\cdot 4 + 2\cdot(-1) = 10$ (wahr)

Information

Additionsverfahren zur Lösung eines linearen Gleichungssystems

(1) Muliplliziere (oder dividiere) eine oder beide Gleichungen mit von 0 verschiedenen Zahlen, sodass die Koeffizienten einer Variablen in den beiden Gleichungen Gegenzahlen voneinander sind.
(2) Addiere die beiden Gleichungen. Behalte als zweite Gleichung eine der beiden Gleichungen des Ausgangssystems bei.
(3) Eine der beiden Gleichungen enthält nur noch eine Variable. Berechne daraus eine Koordinate des Lösungspaares. Setze sie anschließend in die andere Gleichung ein und berechne daraus die andere Koordinate.
(4) Gib die Lösungsmenge an.
(5) Du kannst zur Kontrolle auch eine Probe durchführen.

Übungsaufgaben

2. Bestimme die Lösungsmenge des Gleichungssystems mit dem Additionsverfahren.

a) $\begin{vmatrix} -x + 7y = 5 \\ 3x + 5y = 11 \end{vmatrix}$ **d)** $\begin{vmatrix} x + 7y = -17 \\ 4x + y = 13 \end{vmatrix}$ **g)** $\begin{vmatrix} -5x + y = 18 \\ 2x - 6y = 4 \end{vmatrix}$

b) $\begin{vmatrix} -4x + 6y = 14 \\ 4x + 3y = -5 \end{vmatrix}$ **e)** $\begin{vmatrix} -u + 5v = 0 \\ -3u - 4v = -19 \end{vmatrix}$ **h)** $\begin{vmatrix} 3x + 5y = 2 \\ -15x + 25y = -10 \end{vmatrix}$

c) $\begin{vmatrix} -x - 5y = -17 \\ 7x + 5y = -1 \end{vmatrix}$ **f)** $\begin{vmatrix} -2x + 5y = 19 \\ 3x - 4y = -18 \end{vmatrix}$ **i)** $\begin{vmatrix} 6x - 3y = 3 \\ -4x + 2y = -2 \end{vmatrix}$

3. Bestimme die Lösungsmenge. Du kannst das Ergebnis mit einer Probe überprüfen.

a) $\left| \begin{array}{l} 2x - 3y = -13 \\ 5x + 2y = -\ 4 \end{array} \right|$ **c)** $\left| \begin{array}{l} x - 4y = 5 \\ -3x - 4y = 5 \end{array} \right|$ **e)** $\left| \begin{array}{l} \frac{1}{2}x + \frac{1}{2}y = 0 \\ -x - y = 1 \end{array} \right|$

b) $\left| \begin{array}{l} -2p + 7q = 5 \\ 6p - 21q = 10 \end{array} \right|$ **d)** $\left| \begin{array}{l} 6x - 3y = -9 \\ 8x - y = 0 \end{array} \right|$ **f)** $\left| \begin{array}{l} \frac{1}{2}x + \frac{5}{3}y = 11 \\ 5x - \frac{1}{2}y = 7 \end{array} \right|$

4. Antonio hat Gleichungssysteme mit dem Additionsverfahren gelöst. Betrachtet seine Ansätze und überlegt gemeinsam, ob man noch geschickter vorgehen könnte.

$\left| \begin{array}{l} 2x - 5y = -4 \\ 3x + 9y = 27 \end{array} \right| \begin{array}{l} \mid \cdot 9 \\ \mid \cdot 5 \end{array}$ $\left| \begin{array}{l} 3x - 7y = -27 \\ 6x + 12y = 24 \end{array} \right| \mid \cdot (-2)$ $\left| \begin{array}{l} -6x + 11y = 12 \\ 9x - 13y = -18 \end{array} \right| \begin{array}{l} \mid \cdot 9 \\ \mid \cdot 6 \end{array}$

$\left| \begin{array}{l} 18x - 45y = -36 \\ 15x + 45y = 135 \end{array} \right|$ $\left| \begin{array}{l} -6x + 14y = 54 \\ 6x + 12y = 24 \end{array} \right|$ $\left| \begin{array}{l} -54x + 99y = 108 \\ 54x - 78y = 108 \end{array} \right|$

5. Benutze das Additionsverfahren. Multipliziere so, dass keine Brüche auftreten.

a) $\left| \begin{array}{l} 2x + 3y = 9 \\ \frac{1}{3}x - \frac{1}{5}y = 12 \end{array} \right|$ **e)** $\left| \begin{array}{l} 2\frac{1}{4}x + 2\frac{1}{5}y = 29 \\ 1\frac{1}{2}x + 1\frac{2}{5}y = 19 \end{array} \right|$

b) $\left| \begin{array}{l} \frac{8}{11}x + \frac{3}{4}y = 14 \\ \frac{6}{11}x - \frac{1}{2}y = 2 \end{array} \right|$ **f)** $\left| \begin{array}{l} \frac{2}{3}w + \frac{1}{6}z = \frac{5}{8} \\ 5w + z = 3 \end{array} \right|$

c) $\left| \begin{array}{l} \frac{3}{2}u - 2v = 9 \\ \frac{2}{5}u + \frac{1}{3}v = 5 \end{array} \right|$ **g)** $\left| \begin{array}{l} \frac{2}{3}p - \frac{5}{7}q = \frac{2}{3} \\ p + q = 10\frac{2}{3} \end{array} \right|$

d) $\left| \begin{array}{l} \frac{3}{2}x + \frac{6}{7}y = 108 \\ \frac{1}{5}x - \frac{1}{8}y = 1 \end{array} \right|$ **h)** $\left| \begin{array}{l} \frac{7x + 4y}{5} = \frac{5x + 1}{2} \\ \frac{5x + 1}{3} = \frac{3y + 10}{8} \end{array} \right|$

$\left| \begin{array}{l} \frac{1}{4}x + \frac{1}{3}y = 3 \\ \frac{1}{8}x - \frac{1}{6}y = \frac{1}{2} \end{array} \right|$

Multipliziere die 1. Gleichung mit dem Hauptnenner 12 und die 2. Gleichung mit dem Hauptnenner 24.

$\left| \begin{array}{l} 3x + 4y = 36 \\ 3x - 4y = 12 \end{array} \right|$

⋮

$L = \{(8|3)\}$

6. Beim Additionsverfahren kann man oft die Zwischenschritte im Kopf ausrechnen. Dadurch spart man Zeit und Schreibarbeit.

$\left| \begin{array}{l} 2x + y = 4 \\ x - 2y = -3 \end{array} \right| \begin{array}{l} \mid \cdot 2 \\ \end{array} \Big\} \oplus \quad \mid \cdot (-2) \Big\} \oplus$

$\left| \begin{array}{l} 5x = 5 \\ 5y = 10 \end{array} \right|$

$\left| \begin{array}{l} x = 1 \\ y = 2 \end{array} \right|$

$\left| \begin{array}{l} 2x + 3y = 9 \\ -3x + 2y = -7 \end{array} \right| \begin{array}{l} \mid \cdot 2 \\ \mid \cdot (-3) \end{array} \Big\} \oplus \begin{array}{l} \mid \cdot 3 \\ \mid \cdot 2 \end{array} \Big\} \oplus$

$\left| \begin{array}{l} 13x = 39 \\ 13y = 13 \end{array} \right|$

$\left| \begin{array}{l} x = 3 \\ y = 1 \end{array} \right|$

Löse entsprechend.

a) $\left| \begin{array}{l} 2x + 3y = 39 \\ 3x + 2y = 41 \end{array} \right|$ **b)** $\left| \begin{array}{l} 7x + 6y = 10 \\ 5x + 2y = 6 \end{array} \right|$ **c)** $\left| \begin{array}{l} 2x - 4y = -64 \\ x + 3y = 73 \end{array} \right|$ **d)** $\left| \begin{array}{l} 2{,}2x + 0{,}9y = 4{,}4 \\ 2{,}6x + 2{,}7y = 8{,}8 \end{array} \right|$

3.5.3 Sonderfälle beim rechnerischen Lösen

Einstieg Bildet acht (ungefähr) gleich große Teams in der Klasse. Jedes Team ist für ein Gleichungssystem zuständig.

Team 1 und 5
$$\left| \begin{array}{l} x - 2y = -3 \\ -5x + 10y = 13 \end{array} \right|$$

Team 2 und 6
$$\left| \begin{array}{l} x = 1 - 2y \\ 3x + 6y = 3 \end{array} \right|$$

Team 3 und 7
$$\left| \begin{array}{l} -x - 8y = 6 \\ 1{,}5x + 12y = -9 \end{array} \right|$$

Team 4 und 8
$$\left| \begin{array}{l} 4x - 7y = -13 \\ 7y = 5 + 4x \end{array} \right|$$

Jedes Team versucht, das Gleichungssystem zu lösen. Beschreibt, welche unerwartete Situation dabei auftritt. Welche Aussage könnt ihr über die Lösungsmenge machen? Gebt – falls möglich – ein Lösungspaar oder mehrere Lösungspaare an.
Anschließend vergleichen die Teams mit demselben Gleichungssystem ihre Lösungen und bereiten eine Präsentation in der Klasse vor.

Aufgabe 1

a) Ermittle die Lösung des Gleichungssystems:

(1) $\left| \begin{array}{l} 6x + 4y = 4 \\ 9x + 6y = 5 \end{array} \right|$ (2) $\left| \begin{array}{l} 4x - 2y = 14 \\ 6x - 3y = 21 \end{array} \right|$

b) Überprüfe dein Ergebnis an den Geraden, die zu den Gleichungen gehören.

Lösung

a) Wir lösen beide Gleichungssysteme mit dem Additionsverfahren.

(1)

(1) $\left| \begin{array}{l} 6x + 4y = 4 \\ 9x + 6y = 5 \end{array} \right| \begin{array}{l} | \cdot 3 \\ | \cdot (-2) \end{array}$

(2) $\left| \begin{array}{r} 18x + 12y = 12 \\ -18x - 12y = -10 \end{array} \right| \Big\} \oplus$

(3) $\left| \begin{array}{r} 0 = 2 \\ 9x + 6y = 5 \end{array} \right|$

Die erste Gleichung des Systems (3) ist eine falsche Aussage. Man kann also kein Zahlenpaar $(x|y)$ einsetzen, sodass die erste *und* die zweite Gleichung des Systems zu wahren Aussagen werden.
Folglich ist die Lösungsmenge leer:
$L = \{\ \}$

(2)

(1) $\left| \begin{array}{l} 4x - 2y = 14 \\ 6x - 3y = 21 \end{array} \right| \begin{array}{l} | \cdot 3 \\ | \cdot (-2) \end{array}$

(2) $\left| \begin{array}{r} 12x - 6y = 42 \\ -12x + 6y = -42 \end{array} \right| \Big\} \oplus$

(3) $\left| \begin{array}{r} 0 = 0 \\ 6x - 3y = 21 \end{array} \right|$

Die erste Gleichung des Systems (3) ist eine wahre Aussage. Bei der Einsetzung von jedem Zahlenpaar $(x|y)$, das die zweite Gleichung erfüllt, sind die erste *und* die zweite Gleichung des Systems wahre Aussagen.
Folglich enthält die Lösungsmenge unendlich viele Zahlenpaare:
$L = \{(x|y) \mid y = 2x - 7\}$ *Obige Gleichung nach y aufgelöst*

b) Zur Probe lösen wir beide Gleichungen des Gleichungssystems nach y auf.

(1) $6x + 4y = 4$ liefert $y = -1{,}5x + 1$.
$9x + 6y = 5$ liefert $y = -1{,}5x + \frac{5}{6}$.
Die Geraden zu diesen beiden Gleichungen sind parallel zueinander bei verschiedenen y-Achsenabschnitten.
Sie haben keinen Punkt gemeinsam.

(2) $4x - 2y = 14$ liefert $y = 2x - 7$.
$6x - 3y = 21$ liefert $y = 2x - 7$.
Die Geraden zu diesen beiden Gleichungen fallen zusammen.
Sie haben also unendlich viele Punkte gemeinsam.

Information

Entsteht beim Umformen einer Gleichung eines linearen Gleichungssystems eine falsche Aussage wie z.B. $-8 = 4$, so gibt es kein Zahlenpaar, das diese Aussage und die zweite Gleichung zugleich erfüllt. Die Lösungsmenge dieses linearen Gleichungssystems ist also die leere Menge:
$L = \{\ \}$
Die Graphen der Gleichungen sind zueinander parallele Geraden ohne gemeinsamen Punkt.

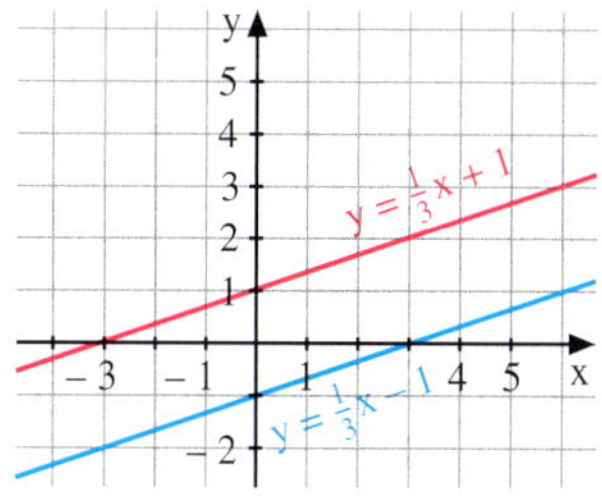

Entsteht beim Umformen einer Gleichung eines linearen Gleichungssystems eine wahre Aussage wie z.B. $12 = 12$, so erfüllen alle Zahlenpaare, die die zweite Gleichung erfüllen, auch das ganze Gleichungssystem. Seine Lösungsmenge enthält dann unendlich viele Elemente:
$L = \{(x|y) \mid y = mx + b\}$
Die Graphen der Gleichungen sind zusammenfallende Geraden.
Für das abgebildete Beispiel gilt:
$L = \{(x|y) \mid y = -x + 1\}$

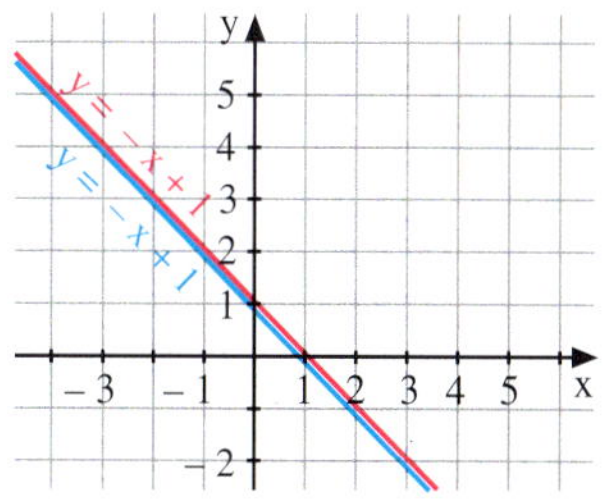

Übungsaufgaben

2. Bestimme die Lösungsmenge der Gleichungssysteme rechts. Zeichne zur Probe auch die zugehörigen Geraden.

(1) $\left| \begin{array}{l} 2y - 3x = 4 \\ -6y + 9x = 15 \end{array} \right|$ (2) $\left| \begin{array}{l} 2x - 4y = 6 \\ -3x + 6y = -9 \end{array} \right|$

3. Gib bei unendlichen Lösungsmengen drei verschiedene Lösungen an.

(1) $\left| \begin{array}{r} 2x - 4y = -1 \\ -4x + 8y = 2 \end{array} \right|$ (3) $\left| \begin{array}{r} 4x - 6y = 5 \\ -3x + 4{,}5y = 2{,}5 \end{array} \right|$ (5) $\left| \begin{array}{r} \frac{1}{2}x - \frac{1}{3}y = 1 \\ 3x = 6 + 2y \end{array} \right|$

(2) $\left| \begin{array}{r} 2x + 3y = 7 \\ -6x - 9y = 20 \end{array} \right|$ (4) $\left| \begin{array}{r} 48x - 8y = 0 \\ 36x - 6y = 0 \end{array} \right|$ (6) $\left| \begin{array}{r} 3x + 6y = 9 \\ -5x - 10y = -15 \end{array} \right|$

4. Milan hat Gleichungssysteme gelöst. Kontrolliere seine Aufgaben.

a) $\left| \begin{array}{r} 6x - 4y = -3 \\ -9x + 6y = 4{,}5 \end{array} \right| \begin{array}{l} \cdot 3 \\ \cdot 2 \end{array}$
$\left| \begin{array}{r} 0 = 0 \\ -9x + 6y = 4{,}5 \end{array} \right|$
$L = \{-9x + 6y = 4{,}5\}$

b) $\left| \begin{array}{r} 10x - 2y = 4 \\ 5x - y = -2 \end{array} \right| \begin{array}{l} \\ \cdot 2 \end{array}$
$\left| \begin{array}{l} 0 = 0 \\ y = 5x + 2 \end{array} \right|$
$L = \{(x|y) \mid 5x + 2\}$

c) $\left| \begin{array}{l} u + 2v = 0 \\ u - 3y = 0 \end{array} \right|$
$u + 2v \neq u - 3y$
also:
$L = \{\ \}$

5. Welche der Lösungsmengen L_a, L_b, L_c, L_d, L_e gehören zu den Gleichungssystemen (1) bis (5)?

(1) $\left| \begin{array}{l} 7 = 7 \\ y = 5 \end{array} \right|$

$L_b = \{(x|y) \mid x = -3\}$

$L_c = \{(x|y) \mid y = 5\}$

(5) $\left| \begin{array}{l} 5 = 5 \\ -7 = -7 \end{array} \right|$

$L_e = \{(x|y) \mid x, y \text{ beliebig}\}$

(4) $\left| \begin{array}{l} 6x + 2y = 0 \\ -2 = -2 \end{array} \right|$

$L_a = \{(x|y) \mid y = -3x\}$

$L_d = \{\ \}$

(3) $\left| \begin{array}{l} x = -3 \\ 3 = 3 \end{array} \right|$

(2) $\left| \begin{array}{l} 2x - 0{,}4y = 3 \\ -3 = 3 \end{array} \right|$

3.5.4 Vermischte Übungen

1. Löse eines der Gleichungssysteme nach dem Gleichsetzungs-, eines nach dem Einsetzungs- und eines nach dem Additionsverfahren. Wähle möglichst geschickt. Begründe deine Wahl.

(1) $\left| \begin{array}{l} \frac{1}{3}y = \frac{1}{2}x - 1 \\ \frac{1}{4}y = \frac{2}{5}x - 1 \end{array} \right|$ (2) $\left| \begin{array}{l} 8x - 8y + 4 = 0 \\ 2y = 2x + 1 \end{array} \right|$ (3) $\left| \begin{array}{l} 2x - 3y = -13 \\ 5x + 2y = -4 \end{array} \right|$

2. Julia hat lineare Gleichungssysteme gelöst. Kontrolliere ihre Aufgaben.

a) $\left| \begin{array}{r} 4x - 2y = 3 \\ y = 2x \end{array} \right|$ $\left| \begin{array}{r} 4x - 4x = 3 \\ y = 2x \end{array} \right|$ $L = \{\ \}$

b) $\left| \begin{array}{r} 6x + y = 3x \\ y = -2x \end{array} \right|$ $\left| \begin{array}{r} 6x - 2x = 3x \\ y = -2x \end{array} \right|$ $L = \{\ \}$

c) $\left| \begin{array}{r} x - 4y = 3 \\ x = 3 + 4y \end{array} \right|$ $\left| \begin{array}{r} 3 + 4y - 4y = 3 \\ x = 3 + 4y \end{array} \right|$ $L = \{(x|y) \mid x = 3 + 4y\}$

3. Bestimme die Lösungsmenge mit einem geeigneten Verfahren. Gib nach möglichst wenigen Umformungsschritten an, ob das System eine, keine oder unendlich viele Lösungen hat.

a) $\left| \begin{array}{l} 2x - 3y = 15 \\ 3x - 2y = 15 \end{array} \right|$ **f)** $\left| \begin{array}{r} x = 3 - y \\ 3x + 2y = 5 \end{array} \right|$ **k)** $\left| \begin{array}{r} x = 4y - 5 \\ 5 + 8y = x \end{array} \right|$

b) $\left| \begin{array}{r} 2x + 3y = 5 \\ 2x = -3y + 6 \end{array} \right|$ **g)** $\left| \begin{array}{l} 2y + 8x = 10 \\ 3y + 12x = 15 \end{array} \right|$ **l)** $\left| \begin{array}{r} \frac{y}{3} = \frac{5}{6} - \frac{x}{5} \\ \frac{x}{2} + \frac{y}{3} = 1 \end{array} \right|$

c) $\left| \begin{array}{r} u = 3 - 2v \\ 5u + 10v = 15 \end{array} \right|$ **h)** $\left| \begin{array}{l} 6x + 2y = -10 \\ 6x - 3y = 0 \end{array} \right|$ **m)** $\left| \begin{array}{l} 3x - 2y = 0 \\ 9x - 6y = 0 \end{array} \right|$

d) $\left| \begin{array}{l} y = -4x + 11 \\ y = 3x \end{array} \right|$ **i)** $\left| \begin{array}{r} 2w + 7z = 7z \\ 2w = 3{,}5 \end{array} \right|$ **n)** $\left| \begin{array}{r} 2x - 6y = -8 \\ -3x + 9y = 12 \end{array} \right|$

e) $\left| \begin{array}{r} r = 2s - 6 \\ 3r + 6s = -2 \end{array} \right|$ **j)** $\left| \begin{array}{l} -x + 4y = 5 \\ 2x - 16y = 10 \end{array} \right|$ **o)** $\left| \begin{array}{r} \frac{1}{2}x - 8y = 1 \\ \frac{x}{2} = 8y + 1 \end{array} \right|$

4. Ermittle die Lösungsmenge. Du kannst das Ergebnis mit einer Probe überprüfen.

a) $\left| \begin{array}{r} 3x + 5y = 38 \\ y = 6x + 1 \end{array} \right|$ **f)** $\left| \begin{array}{l} q = 2p - 0{,}75 \\ q = 7p - 3{,}25 \end{array} \right|$ **k)** $\left| \begin{array}{l} x + \frac{10}{3}y = 11 \\ 10x - y = 7 \end{array} \right|$

b) $\left| \begin{array}{l} 2x + 5y = 14 \\ 2x - 6y = -30 \end{array} \right|$ **g)** $\left| \begin{array}{l} 2x + 3y = 1 \\ 3x + 4{,}5y = 1{,}5 \end{array} \right|$ **l)** $\left| \begin{array}{l} 2{,}5w - 3{,}5z = 31 \\ 1{,}5w + 4{,}5z = -21 \end{array} \right|$

c) $\left| \begin{array}{l} y = -4x + 23 \\ y = 3x - 12 \end{array} \right|$ **h)** $\left| \begin{array}{r} 15y = 33 - 9x \\ 2x = 14y - 10 \end{array} \right|$ **m)** $\left| \begin{array}{r} \frac{1}{3}x - \frac{2}{9}y = 18 \\ \frac{4}{9}x = \frac{2}{3}x - \frac{1}{3} \end{array} \right|$

d) $\left| \begin{array}{r} 5x - 10y = 20 \\ -3x + 6y = -10 \end{array} \right|$ **i)** $\left| \begin{array}{l} s = 3t - 2 \\ s = 8{,}5 - 4t \end{array} \right|$ **n)** $\left| \begin{array}{l} 1\frac{1}{5}x - 1\frac{1}{3}y = 0 \\ 2\frac{1}{2}x - 1\frac{1}{4}y = 0 \end{array} \right|$

e) $\left| \begin{array}{r} 3x - 5y = -14 \\ x + y = 6 \end{array} \right|$ **j)** $\left| \begin{array}{l} x = -2y + 6\frac{1}{6} \\ y = 2x - \frac{2}{3} \end{array} \right|$ **o)** $\left| \begin{array}{r} -2{,}2x + 5y = -8 \\ 5{,}5x - 12{,}5y = 20 \end{array} \right|$

5. Gib je ein Gleichungssystem an, das sich besonders geschickt mit dem Gleichsetzungsverfahren, dem Einsetzungsverfahren, dem Subtraktionsverfahren und dem Additionsverfahren lösen lässt. Dein Partner löst die Gleichungssysteme. Hat er das Verfahren gewählt, an das du gedacht hast?

6. Löse zeichnerisch. Gib bei den unendlichen Lösungsmengen drei verschiedene Lösungspaare an. Setze den GTR sinnvoll ein.

a) $\left| \begin{array}{r} 2x + y = 0 \\ x - y = -6 \end{array} \right|$ **b)** $\left| \begin{array}{r} y = 0{,}125x + 2 \\ 2x - 16y + 8 = 0 \end{array} \right|$ **c)** $\left| \begin{array}{l} 13{,}8x = 4 + y \\ 27x - 2y = 59 \end{array} \right|$ **d)** $\left| \begin{array}{l} y = 0{,}036x \\ y + 0{,}03 = 0{,}01x \end{array} \right|$

7. Vereinfache und ermittle die Lösung.

a) $\left| \begin{array}{r} 11x - 7y = 3x + 2y + 22 \\ 8x + 3y = 5x + 8y + 5 \end{array} \right|$

b) $\left| \begin{array}{r} 27u - 16 = 15u - 5v + 6 \\ 19u + 11v = u + 4v + 32 \end{array} \right|$

c) $\left| \begin{array}{r} 2(x + 3) + 3(x - 2y) = 6 \\ 6(2y - x) - 4(x + 3) = 12 \end{array} \right|$

d) $\left| \begin{array}{r} 3(y - 4x) + 6(x - 4y) = 0 \\ 9(4x - y) + 18(4y - x) = 0 \end{array} \right|$

e) $\left| \begin{array}{l} -x + 9 = y \\ 4(x - 1) = 3 - 4y \end{array} \right|$

f) $\left| \begin{array}{l} 2(y - 3{,}5x) = 5 - 7x \\ y - 5 = x - 2y \end{array} \right|$

g) $\left| \begin{array}{l} 2(x + 3y) - 6y = -4 \\ 15y - 3(x + 5y) = 6 \end{array} \right|$

h) $\left| \begin{array}{l} \frac{1}{2}y - x = 0{,}5(y - 2x) \\ 4(0{,}5x + y) - y = 3y + 2x \end{array} \right|$

i) $\left| \begin{array}{r} 5(x - 1) + 4(y + 2) = 19 \\ 3(x + 4) + (y - 10) = 6 \end{array} \right|$

j) $\left| \begin{array}{r} 3(2x + 7y + 1) + 4(4x - 5y - 2) = 16 \\ 6(x + y - 5) - 5(3x + 2y - 8) = 5 \end{array} \right|$

k) $\left| \begin{array}{l} \frac{1}{2}(p - 1) + \frac{1}{3}(q + 1) = 2 \\ \frac{3}{4}(p + 1) + \frac{2}{5}(q + 3) = 5 \end{array} \right|$

l) $\left| \begin{array}{r} \frac{3}{8}(x + 4) + \frac{2}{3}(y - 3) = 1 \\ \frac{1}{4}(x - 4) - \frac{5}{6}(y + 6) = -5 \end{array} \right|$

8. Addiert man zu einer Zahl das Doppelte einer zweiten Zahl, so erhält man 142. Dagegen ergibt sich 5, wenn man das Fünffache der ersten Zahl von der zweiten subtrahiert.

9. Gib jeweils ein lineares Gleichungssystem mit der angegebenen Lösungsmenge an.

a) $L = \{(0|4{,}7)\}$ **c)** $L = \{\ \}$ **e)** $L = \{(x|y) | y = -\frac{1}{2}x + 3\}$

b) $L = \{(x|y) | y = 13{,}7\}$ **d)** $L = \{(x|y) | x = -2{,}8\}$ **f)** $L = \{(0|0)\}$

10. Stelle in einer gegliederten Zusammenstellung die verschiedenen Lösungsmethoden für lineare Gleichungssysteme zusammen.
Erläutere, in welchen Fällen du dich für welches Lösungsverfahren entscheidest.
Vergiss nicht, auf die unterschiedlichen Arten von Lösungsmengen hinzuweisen.

11. Ein Stromversorgungsunternehmen bietet nebenstehende Tarife an.
Untersuche, bei welchem monatlichen Verbrauch Tarif A bzw. B bzw. C am günstigsten ist. Fertige eine Zeichnung an.

Tarif	All	Basic	Classic
Monatlicher Grundpreis	2,50 €	4,50 €	10,50 €
Arbeitspreis je kWh	0,10 €	0,09 €	0,07 €

E-TRON

12. Eine alte chinesische Aufgabe: In einem Käfig befinden sich insgesamt 35 Hühner und Kaninchen. Zusammen haben sie 94 Beine.
Wie viele Kaninchen, wie viele Hühner sind im Käfig?

Im Blickpunkt

Im Blickpunkt

Lösen linearer Gleichungssysteme mithilfe des GTR

Das Lösen linearer Gleichungssysteme wird bei nicht ganzzahligen Koeffizienten und Lösungen rechenaufwändig. Heutzutage kann man hier bequem GTR- und CAS-Rechner einsetzen, um schnell exakte Lösungen rechnerisch zu erhalten.

Möchte man z. B. das nebenstehende Gleichungssystem lösen, so kann man statt der Gleichungen nur die Koeffizienten der Variablen und die Zahlen der rechten Seiten notieren, um Schreibarbeit zu sparen. Unten siehst du dieses Vorgehen im Vergleich zum Üblichen in der ausführlichen Schreibweise.

$$\left| \begin{array}{l} 3x - 9y = 27 \\ 2x - \;\; y = 8 \end{array} \right|$$

Ausführliche Schreibweise:

$$\left| \begin{array}{r} 3x - 9y = 27 \\ 2x - y = 8 \end{array} \right| \;|\cdot(-9)$$

$$\left| \begin{array}{r} 3x - 9y = 27 \\ -18x + 9y = -72 \end{array} \right| \Big\} \oplus$$

$$\left| \begin{array}{r} -15x \quad = -45 \\ 2x - y = 8 \end{array} \right| \;|:(-15)$$

$$\left| \begin{array}{r} x \quad = 3 \\ 2x - y = 8 \end{array} \right| \;|\cdot(-2)$$

$$\left| \begin{array}{r} -2x \quad = -6 \\ 2x - y = 8 \end{array} \right| \Big\} \oplus$$

$$\left| \begin{array}{r} x = 3 \\ -y = 2 \end{array} \right| \;|\cdot(-1)$$

$$\left| \begin{array}{r} x = 3 \\ y = -2 \end{array} \right|$$

Verkürzte Schreibweise der *Koeffizienten*:

$$\left| \begin{array}{rrr} 3 & -9 & 27 \\ 2 & -1 & 8 \end{array} \right| \;|\cdot(-9)$$

$$\left| \begin{array}{rrr} 3 & -9 & 27 \\ -18 & 9 & -72 \end{array} \right| \Big\} \oplus$$

$$\left| \begin{array}{rrr} -15 & 0 & -45 \\ 2 & -1 & 8 \end{array} \right| \;|:(-15)$$

$$\left| \begin{array}{rrr} 1 & 0 & 3 \\ 2 & -1 & 8 \end{array} \right| \;|\cdot(-2)$$

$$\left| \begin{array}{rrr} -2 & 0 & -6 \\ 2 & -1 & 8 \end{array} \right| \Big\} \oplus$$

$$\left| \begin{array}{rrr} 1 & 0 & 3 \\ 0 & -1 & 2 \end{array} \right| \;|\cdot(-1)$$

$$\left| \begin{array}{rrr} 1 & 0 & 3 \\ 0 & 1 & -2 \end{array} \right|$$

Du siehst, dass man mit der verkürzten Schreibweise in entsprechender Weise mit dem Additionsverfahren arbeiten kann wie mit dem ausführlich geschriebenen Gleichungssystem.

Die verkürzte Schreibweise bezeichnet man auch als *Koeffizientenmatrix* oder kurz nur *Matrix*. Du kannst sie auf folgende Weise in den GTR eingeben:

Matrix ⟨lat.⟩, *Plural*: Matrizen, Math: rechteckiges Schema von Zahlen

Wähle im Menü **MATRIX** den Befehl EDIT, um die Matrix [A] (oder [B], [C], usw.) einzugeben.

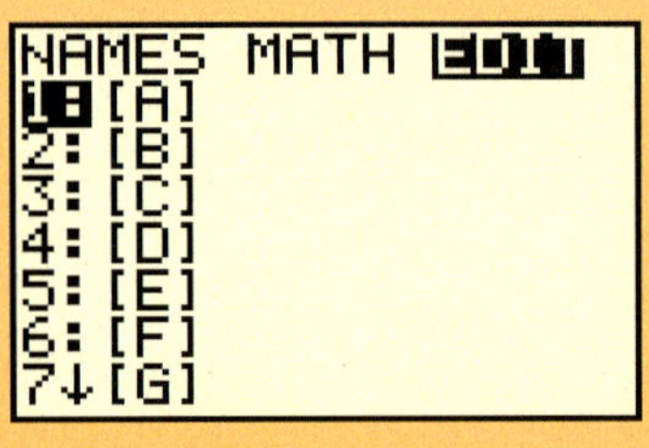

Jetzt musst du angeben, dass die Matrix 2 Zeilen und 3 Spalten haben soll.

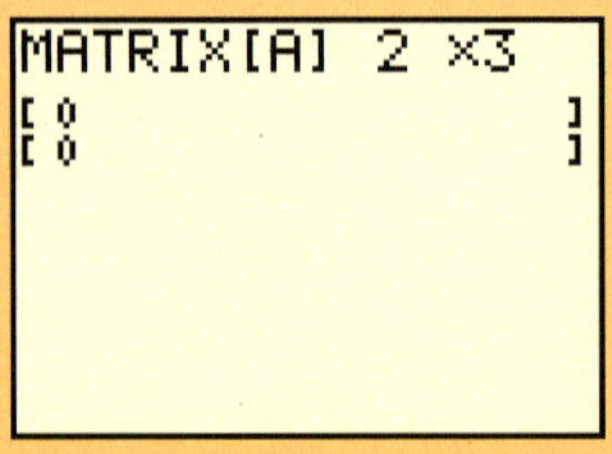

In das Tabellenraster gibst du die Koeffizienten des Gleichungssystems ein.

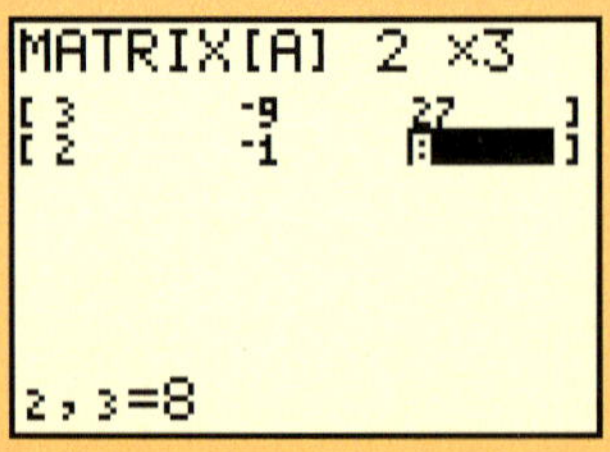

Nachdem du mit der Taste **QUIT** zum normalen Bildschirm zurückgekehrt bist, kannst du dir mit der Tastenkombination **MATRIX/** NAMES die eingegebene Matrix anzeigen lassen.

```
[A]
        [[3  -9 27]
         [2  -1 8 ]]
```

Zugehöriges Gleichungssystem:

$\left| \begin{array}{l} 3x - 9y = 27 \\ 2x - y = 8 \end{array} \right|$

Um das Gleichungssystem vom GTR lösen zu lassen, wählst du wieder das Menü **MATRIX**.

rref
Abkürzung für row reduced echolon from (engl).

Wähle das Untermenü MATH und gehe mithilfe der Pfeiltasten zum Befehl **rref(**.

```
NAMES MATH EDIT
7↑augment(
8:Matr▸list(
9:List▸matr(
0:cumSum(
A:ref(
B:rref(
C↓rowSwap(
```

Über die Tastenkombination **MATRIX**/NAMES gibst du [A] ein und bestätigst mit ENTER.

```
rref([A])
         [[1 0 3 ]
          [0 1 -2]]
```

Aus der angezeigten Matrix kannst du die Lösung ablesen:

$\left| \begin{array}{l} x = 3 \\ y = -2 \end{array} \right|$

1. Löse folgende Gleichungssysteme entsprechend mit dem GTR.

a) $\left| \begin{array}{l} 6x - 5y = 29 \\ 4x - 4y = 24 \end{array} \right|$ **b)** $\left| \begin{array}{l} 7x + 3y = -21 \\ 3x + 2y = 4 \end{array} \right|$ **c)** $\left| \begin{array}{l} \frac{2}{3}x + \frac{5}{6}y = \frac{2}{5} \\ -4x + \frac{4}{7}y = -2 \end{array} \right|$ **d)** $\left| \begin{array}{l} 3{,}7x \;\; + 4{,}1y = 20{,}8 \\ 0{,}25x - 7y \;\; = 6{,}9 \end{array} \right|$

Tipp

Um $\frac{2}{3}$ in den GTR einzugeben, tippe $2 \div 3$.
Mit dem Befehl Frac im Menü MATH kannst du Ergebnisse in Bruchform anzeigen lassen, wenn die Nenner nicht zu groß sind.

2. Grafikfähige Taschenrechner können ein lineares Gleichungssystem auch dann lösen, wenn ein Sonderfall vorliegt. Unten siehst du zwei Beispiele.
Notiere die zu den Koeffizientenmatrizen gehörenden Gleichungssysteme in ausführlicher Form und begründe, welcher Sonderfall vorliegt. Kontrolliere deine Behauptung durch händische Berechnung.

a)

```
[A]
      [[-1 2  3]
       [2  -4 1]]
rref([A])
        [[1 -2 0]
         [0 0  1]]
```

$0x + 0y = 1$

b)

```
[A]
         [[1 2 3 ]
          [4 8 12]]
rref([A])
          [[1 2 3]
           [0 0 0]]
```

$0x + 0y = 0$

3. a) Löse die Gleichungssysteme rechts mit und ohne den GTR. Woran erkennst du anhand der Lösungsmatrix des GTR, ob die Lösungsmenge leer ist oder unendlich viele Elemente hat?

(1) $\left| \begin{array}{r} x - 4y = 3 \\ -2x + 8y = -2 \end{array} \right|$ (2) $\left| \begin{array}{r} x - 4y = -6 \\ -2x + 8y = 12 \end{array} \right|$

b) Bestimme mit dem GTR die Lösungsmenge:

(1) $\left| \begin{array}{r} 10x - 15y = 25 \\ -12x + 18y = -30 \end{array} \right|$ (2) $\left| \begin{array}{l} -0{,}7x + 2{,}3y \;\; = -4 \\ 0{,}84x - 2{,}76y = 3{,}9 \end{array} \right|$ (3) $\left| \begin{array}{l} 0{,}3r - 4{,}7s = 3{,}9 \\ 4{,}2r + 5{,}1s = -1{,}2 \end{array} \right|$

4. Amelie kauft 12 Semmeln und 7 Kornknacker und zahlt 7,37 €. Jens kauft 13 Semmeln und 5 Kornknacker; er zahlt 6,46 €. Wie viel kostet eine Semmel, wie viel kostet ein Kornknacker?

3.6 Modellieren mithilfe linearer Gleichungssysteme

Einstieg

Versucht, aus dem Angebot die Kosten für eine Anzeige im Format XL und die für eine Anzeige im Format L zu ermitteln.
Überlegt, welche Annahmen ihr dazu machen müsst.

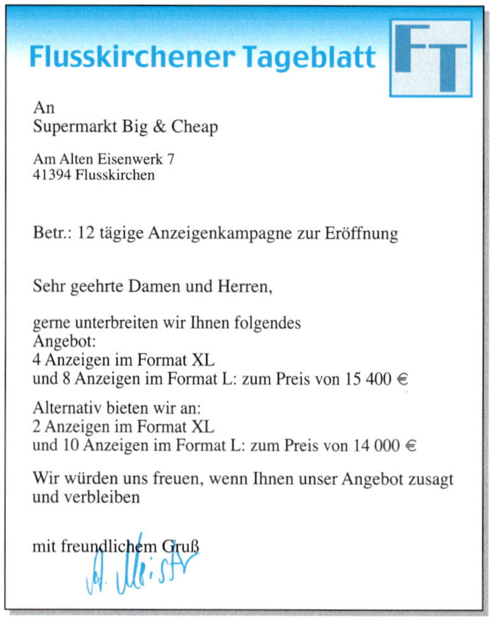
Flusskirchener Tageblatt FT

An
Supermarkt Big & Cheap

Am Alten Eisenwerk 7
41394 Flusskirchen

Betr.: 12 tägige Anzeigenkampagne zur Eröffnung

Sehr geehrte Damen und Herren,

gerne unterbreiten wir Ihnen folgendes Angebot:
4 Anzeigen im Format XL
und 8 Anzeigen im Format L: zum Preis von 15 400 €

Alternativ bieten wir an:
2 Anzeigen im Format XL
und 10 Anzeigen im Format L: zum Preis von 14 000 €

Wir würden uns freuen, wenn Ihnen unser Angebot zusagt und verbleiben

mit freundlichem Gruß

Aufgabe 1

Algebraisches Lösungsverfahren

Jan möchte ein Kantenmodell eines Quaders mit quadratischer Grundfläche aus einem 120 cm langen Holzstab herstellen. Die Kante der Grundfläche und die Höhe sollen zusammen 25 cm lang sein.
Bestimme die Abmessungen des Quaders.

Lösung

Wir gehen in folgenden Schritten vor:

(1) Modellannahme

Wir berücksichtigen nicht, wie die Verbindung der einzelnen Holzstäbe an den Ecken erfolgt und welche Auswirkungen das auf die Kantenlängen hat. Wir modellieren die Kanten als Strecken.

(2) Anfertigen einer Skizze und Festlegen der Variablen

Länge der Kante der quadratischen Grundfläche (in cm): x
Länge der Höhe (in cm): y

(3) Aufstellen der Bedingungen

Aus dem Holzstab der Länge 120 cm müssen insgesamt 8 Kanten der Länge x cm und 4 Kanten der Länge y cm hergestellt werden.
Also muss gelten: $8x + 4y = 120$
Die quadratische Kante und die Höhe sollen zusammen 25 cm lang sein.
Also muss gelten: $x + y = 25$

(4) Aufstellen und Lösen eines linearen Gleichungssystems

Aus den beiden Bedingungen, die zugleich erfüllt sein müssen, ergibt sich das nebenstehende lineare Gleichungssystem.

$$\left| \begin{array}{l} 8x + 4y = 120 \\ x + y = 25 \end{array} \right|$$

Zum Lösen kannst du z. B. beide Seiten der ersten Gleichung durch 4 dividieren und dann das Subtraktionsverfahren anwenden. Du erhältst schließlich das vereinfachte Gleichungssystem rechts.

$$\left| \begin{array}{l} x = 5 \\ y = 20 \end{array} \right|$$

(5) Probe am Sachverhalt

Die Werte für x und y sind positiv, kommen also für Längen infrage. Der Gesamtmaterialbedarf ist dann $8 \cdot 5\text{ cm} + 4 \cdot 20\text{ cm} = 40\text{ cm} + 80\text{ cm} = 120\text{ cm}$; der 120 cm lange Holzstab reicht aus. Die Kante der quadratischen Grundfläche und die Höhe sind zusammen 5 cm + 20 cm = 25 cm lang – wie gefordert.

(6) Ergebnis

Der Quader hat als Grundfläche ein Quadrat der Seitenlänge 5 cm und eine Höhe von 20 cm. Jan muss also 8 Kanthölzer der Länge 5 cm zuschneiden und 4 Kanthölzer der Länge 20 cm.

Aufgabe 2

Vergleich verschiedener Lösungswege

In Bielefeld startet ein Intercity-Express, der ohne Halt mit einer Geschwindigkeit von $110\,\frac{\text{km}}{\text{h}}$ über Minden nach Hannover fährt. Im 45 km von Bielefeld entfernten Minden fährt zur gleichen Zeit ein durchgehender Güterzug mit der Geschwindigkeit $50\,\frac{\text{km}}{\text{h}}$ nach Hannover ab.
Wann und in welcher Entfernung von Bielefeld holt der Intercity-Express den Güterzug ein?

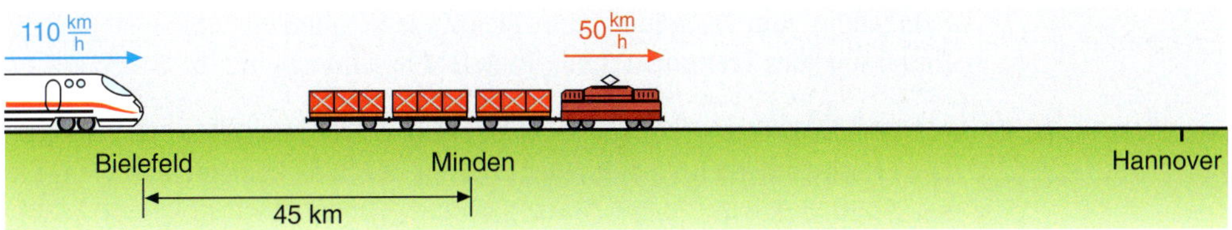

Lösung

Wir betrachten die Entfernung der Züge von Bielefeld. Gesucht ist der Zeitpunkt, an dem diese Entfernung für beide Züge übereinstimmt. Diesen können wir auf verschiedene Weise bestimmen:

(A) Tabellarisches Lösen

Wir berechnen die Entfernungen z. B. alle 10 Minuten und tragen diese in eine Tabelle ein. Der ICE legt in 10 Minuten ein Strecke von $110\text{ km} : 6 = 18\frac{1}{3}\text{ km}$ zurück, der Güterzug nur eine Strecke von $50\text{ km} : 6 = 8\frac{1}{3}\text{ km}$. Damit erhalten wir die Tabelle rechts, wobei vorausgesetzt wurde, dass beide Züge mit gleichbleibender Geschwindigkeit fahren.
Nach 40 Minuten ist der ICE noch näher an Bielefeld als der Güterzug, nach 50 Minuten ist es jedoch umgekehrt. Also muss zu einem Zeitpunkt zwischen 40 und 50 Minuten der ICE den Güterzug überholt haben.

Zeit (in min)	Entfernung des ICE (in km)	Entfernung des Güterzuges (in km)
0	0	45
10	$18\frac{1}{3}$	$53\frac{1}{3}$
20	$36\frac{2}{3}$	$61\frac{2}{3}$
30	55	70
40	$73\frac{1}{3}$	$78\frac{1}{3}$
50	$91\frac{2}{3}$	$86\frac{2}{3}$

Diesen Zeitpunkt könnten wir noch genauer bestimmen, indem wir die Zeitpunkte, zu denen wir die Entfernungen berechnen, feiner einteilen als in 10-Minuten-Abständen, z. B. in 5-Minuten- oder sogar 1-Minuten-Abständen.

(B) Grafisches Lösen

Wir stellen die Entfernung der Züge von Bielefeld grafisch dar. Wenn wir davon ausgehen, dass die Züge mit gleich bleibender Geschwindigkeit fahren, sind die Graphen Geraden. Diese können wir jeweils mithilfe von zwei Punkten zeichnen: Der ICE hat zum Zeitpunkt 0 h eine Entfernung von 0 km von Bielefeld und zum Zeitpunkt 1 h eine Entfernung von 110 km. Diese beiden Punkte tragen wir ein und verbinden sie mit einer Geraden. Entsprechend verbinden wir für den Güterzug die Punkte zu (0 h | 45 km) und (1 h | 95 km). Aus dem Diagramm kann man ablesen, dass die beiden Züge nach ca. 0,7 h gleich weit von Bielefeld entfernt sind.

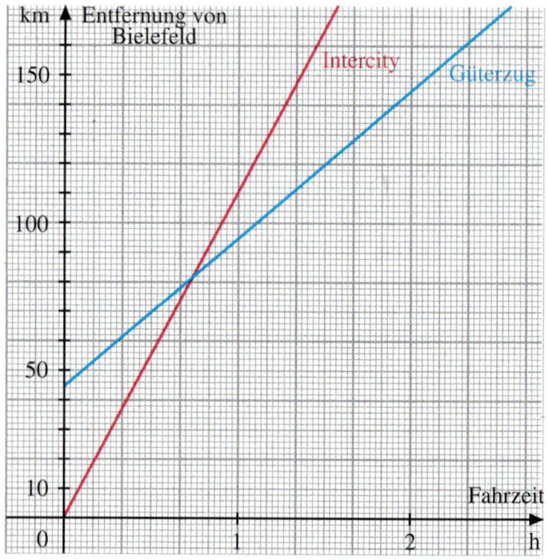

(C) Algebraisches Lösen

Wir gehen in den Schritten wie in Aufgabe 1 vor.

(1) *Modellannahme*

Wir gehen davon aus, dass beide Züge die ganze Zeit mit gleich bleibender Geschwindigkeit fahren.

(2) *Festlegen der Bezeichnungen*

Fahrzeit bis zum Treffpunkt der beiden Züge in Stunden: f
Entfernung des Treffpunktes von Bielefeld in Kilometern: e

(3) *Aufstellen der Bedingungen*

Die Geschwindigkeit v ist der Quotient aus der zurückgelegten Weglänge s und der dafür benötigten Zeit t, kurz $v = \frac{s}{t}$.

Diese Gleichung lässt sich umformen zu:
$s = v \cdot t$

Da der Intercity-Express f Stunden mit der Geschwindigkeit $110\,\frac{km}{h}$ gefahren ist, ist seine Entfernung von Bielefeld in km:
$e = 110 \cdot f$

Der Güterzug hat nur $50 \cdot f$ km zurückgelegt, hatte aber 45 km Vorsprung:
$e = 50 \cdot f + 45$

Einschränkende Bedingung: $e \geq 0$ und $f \geq 0$.

(4) *Aufstellen und Lösen des Gleichungssystems*

$\left|\begin{array}{l} e = 110\,f \\ e = 50\,f + 45 \end{array}\right|$ ergibt umgeformt: $\left|\begin{array}{l} e = 82{,}5 \\ f = 0{,}75 \end{array}\right|$

Die gefundene Lösung genügt der einschränkenden Bedingung.

(5) *Probe:* In 0,75 Stunden legt der Intercity-Express $110\,\frac{km}{h} \cdot 0{,}75\,h = 82{,}5\,km$ zurück. Der Güterzug befindet sich in einer Entfernung von $50\,\frac{km}{h} \cdot 0{,}75\,h + 45\,km = 82{,}5\,km$ von Bielefeld.

(6) *Ergebnis:* Nach einer Dreiviertelstunde überholt der Intercity-Express den Güterzug in einer Entfernung von 82,5 km von Bielefeld.

Information

Schritte beim Modellieren mithilfe linearer Gleichungssysteme

(1) Stelle den Sachverhalt mit allen gegebenen Größen in einer Zeichnung, einem Diagramm, einer Tabelle o. ä. dar.
(2) Führe Variablen für die gesuchten Größen ein und ergänze damit die Zeichnung, …
(3) Stelle aus den Bedingungen Gleichungen auf.
(4) Löse das entstandene lineare Gleichungssystem.
(5) Kontrolliere, ob es noch einschränkende Bedingungen gibt. Lass alle Lösungen weg, die den einschränkenden Bedingungen nicht genügen.
(6) Führe mit den übrigen Lösungen eine Probe am Text durch.
(7) Formuliere einen Ergebnissatz.

Übungsaufgaben

3. Aus einer 3 m langen Aluminiumwinkelleiste soll ein rechteckiger Rahmen angefertigt werden. Die längeren Seiten des Rahmens sollen doppelt [dreimal; viermal] so lang wie die kürzeren Seiten sein. Wie lang und wie breit wird der Rahmen?

4. Ein gleichschenkliges Dreieck hat den Umfang 40 cm.

a) Jeder Schenkel ist 5 cm länger als die Basis. Wie lang sind die Basis und die Schenkel?

b) Jeder Schenkel ist 5 cm kürzer als die Basis. Bestimme die Länge jeder Seite.

5. Von zwei Strecken ist die eine 24 cm kürzer als die andere, während sie zusammen 44 cm lang sind. Bestimme ein gleichschenkliges Dreieck, dessen Basis die kürzere Strecke und dessen einer Schenkel die längere Strecke ist.

6. Gibt es Rechtecke mit folgenden Eigenschaften?

a) Der Umfang ist um 10 cm länger als die kürzere und um 5 cm länger als die längere Seite.

b) Der Umfang beträgt 20 cm. Verkürzt man die längere Seite um 5 cm, so beträgt der Umfang nur noch 10 cm.

7. Verlängert man bei einem rechtwinkligen Dreieck die dem rechten Winkel anliegenden Seiten um je 2 cm, vergrößert sich der Flächeninhalt um 14 cm^2. Verkürzt man sie dagegen um je 2 cm, so mindert sich der Flächeninhalt um 10 cm^2.
Berechne die Länge der dem rechten Winkel anliegenden Seiten.

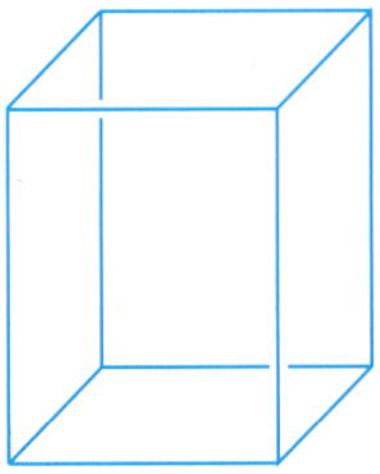

8. Zur Herstellung des Kantenmodells eines Quaders mit zwei einander gegenüberliegenden quadratischen Seitenflächen werden 88 cm Draht benötigt. Verdoppelt man die Seitenlänge der Quadrate und halbiert die übrigen Seitenlängen des Quaders, so werden 28 cm mehr Draht benötigt. Welche Kantenlängen haben die Quader?

9. Herr Meyer kauft jeden Tag Brötchen. Gestern kaufte er 6 Weizenbrötchen und 2 Roggenbrötchen und zahlte dafür 3,60 €. Heute zahlt er für 4 Weizenbrötchen und 4 Roggenbrötchen zusammen 4,00 €. Wie teuer ist ein Weizenbrötchen, wie teuer ein Roggenbrötchen?

10. Herr Soetbeer hat 12 000 € und 8 000 € auf zwei verschiedenen Konten mit verschiedenen Zinssätzen. Er erhält dafür 535 € Jahreszinsen, die er sofort abhebt. Dabei vermindert er gleichzeitig das 12 000-€-Konto um 4 000 € und überträgt diese 4 000 € auf das 8 000-€-Konto. Jetzt erhält er 540 € Jahreszinsen. Welche Zinssätze waren gültig?

11. Frau Witt hatte im Juli für 426 kWh eine Stromrechnung von 49,83 €; im Mai 52,39 € für 458 kWh. Wie hoch sind Arbeitspreis (kWh-Preis) und Grundgebühr?

12. Frau Schmidt legt zwei Geldbeträge zu $2\frac{3}{4}$ % bzw. zu $3\frac{3}{5}$ % an und erhält nach einem Jahr dafür 549 € Zinsen, die sie sofort abhebt. Im folgenden Jahr wird der niedrigere Zinssatz um 0,5 % erhöht, der höhere um 0,4 % gesenkt. Jetzt bekommt sie 14 € mehr an Jahreszinsen.
Welche Geldbeträge hat sie angelegt?

13. Frau Ude hat für einen Hauskauf eine Hypothek aufgenommen. Am Ende des ersten Jahres zahlt sie 5 000 € zurück sowie 3 600 € Zinsen. Am Ende des zweiten Jahres zahlt sie nur noch 3 555 € Zinsen. Berechne den anfangs geliehenen Geldbetrag (Kredithöhe) und den Zinssatz.

14. Anja fährt mit dem Fahrrad von Linnich in Richtung Titz mit der Geschwindigkeit $14\,\frac{\text{km}}{\text{h}}$. Zur gleichen Zeit startet Felix in Titz in Richtung Linnich mit der Geschwindigkeit $16\,\frac{\text{km}}{\text{h}}$. Linnich und Titz sind 12 km voneinander entfernt.
Wie lange dauert es, bis sich Anja und Felix treffen?
Wie weit ist der Treffpunkt von Linnich bzw. von Titz entfernt?

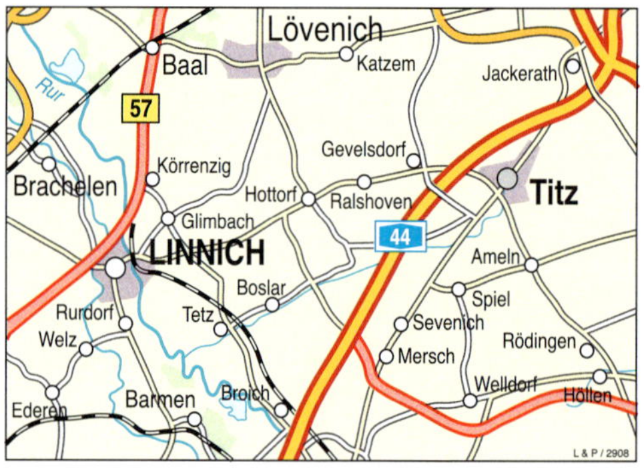

Seemeile (**Abk. sm**)
Längenmaß in der Seefahrt:
1 sm = 1,852 km

Knoten (**Abk. kn**)
Maß für die Geschwindigkeit in der Seefahrt:
$1\text{ kn} = 1\,\frac{\text{sm}}{\text{h}}$

15. Anderthalb Tage nach der Abfahrt eines Frachtschiffes mit der Geschwindigkeit 21 Knoten von New York nach Bremen folgt ein Schnelldampfer mit der Geschwindigkeit 28 Knoten.
Wie lange dauert es, bis der zweite Dampfer den ersten eingeholt hat?
Wie weit ist der Treffpunkt noch von New York entfernt?

16. Im Luftpostverkehr fliegt ein Flugzeug um 10 Uhr morgens von Hannover nach Berlin unter günstigem Wind mit der Geschwindigkeit $480\,\frac{\text{km}}{\text{h}}$ ab. Um 10.10 Uhr fliegt ein Postflugzeug von Berlin mit dem Ziel London in der Richtung über Hannover. Da der Gegenwind seinen Flug stark behindert, kann es nur mit der Geschwindigkeit $320\,\frac{\text{km}}{\text{h}}$ vorwärts kommen. Berlin und Hannover sind 240 km voneinander entfernt.
Wann begegnen sich die beiden Flugzeuge; wie weit sind sie bis dann geflogen?

17. Die Bahnentfernung zwischen Lüneburg und Hannover beträgt 130 km. Um 9.07 Uhr fährt in Lüneburg ein Sonderzug ab, der um 10.07 Uhr in Hannover ankommt.
Schon um 8.57 Uhr ist in Lüneburg ein Güterzug mit der Geschwindigkeit $60\,\frac{\text{km}}{\text{h}}$ in Richtung Hannover abgefahren.
Wann überholt der Sonderzug den Güterzug?
Wie weit sind die beiden Züge dann noch von Hannover entfernt?

18. Hannover und Nürnberg sind 500 km voneinander entfernt. Von Hannover fährt ein Auto in Richtung Nürnberg mit der Geschwindigkeit $80\,\frac{\text{km}}{\text{h}}$. Zur gleichen Zeit fährt von Nürnberg aus ein Auto dem ersten Auto entgegen. Beide Autos treffen sich nach 4 Stunden.
Mit welcher Geschwindigkeit ist das zweite Auto gefahren?
Wie weit ist der Treffpunkt von Hannover bzw. von Nürnberg entfernt?

19. Düren und Jülich sind 20 km voneinander entfernt. Von Düren fährt Tim um 10.00 Uhr und in Richtung Jülich mit der Geschwindigkeit $20\,\frac{\text{km}}{\text{h}}$. Von Jülich aus radelt Lotta in Richtung Düren mit der Geschwindigkeit $18\,\frac{\text{km}}{\text{h}}$. Beide treffen sich an einer Stelle, die 5 km von Düren entfernt ist.
Wann ist Lotta in Jülich abgefahren?
Wie lange ist Lotta [Tim] gefahren?

20. Michael fährt um 15.00 Uhr mit seinem Fahrrad von Xanten über Uedem in das 26 km entfernte Goch, wo er um 17.00 Uhr ankommt.
Dort ist um 15.20 Uhr Anne gestartet und um 16.00 Uhr im 8 km entfernten Uedem angekommen.
Wann und wo haben sich beide getroffen?

21. **a)** Dortmund, Werl und Paderborn liegen an der Bundesstraße 1. Werl ist 35 km von Dortmund und 65 km von Paderborn entfernt. Von Dortmund fährt um 8.00 Uhr ein Pkw mit $97\,\frac{\text{km}}{\text{h}}$ nach Paderborn. Um 8.10 Uhr fährt ein Lkw von Werl mit der Geschwindigkeit $72\,\frac{\text{km}}{\text{h}}$ nach Paderborn.
Wann und wo überholt der Pkw den Lkw?

b) Der Pkw will den Lkw nach 60 km einholen. Wann muss er starten?

22. Zwei Schnecken sind 147 cm voneinander entfernt, sie kriechen in dieselbe Richtung, die eine legt 8,3 cm in der Minute zurück, die andere 4,9 cm. Wann treffen sich die Schnecken?
Gib deine Modellannahme an.

23. Fährt ein Schiff einen Fluss bergwärts, so ist seine Geschwindigkeit gegenüber dem Ufer die Differenz der Eigengeschwindigkeit des Schiffes in ruhendem Wasser und der Strömungsgeschwindigkeit des fließenden Wassers. Bei der Talfahrt dagegen werden die beiden Geschwindigkeiten addiert.
Die Motorschiffe einer Schweizerischen Schifffahrtsgesellschaft benötigen für die 10 km lange Strecke auf dem Hochrhein von Stein am Rhein nach Diessenhofen 35 Minuten und in umgekehrter Richtung 60 Minuten.
Berechne die Eigengeschwindigkeit der Schiffe und die Strömungsgeschwindigkeit des Rheins.

24. In der Reisezeit wird der Verkehr auf den Autobahnen von Flugzeugen überwacht. Auf einer Autobahn hat sich eine Autoschlange gebildet. Das Flugzeug überfliegt die Schlange in $3\frac{1}{2}$ Minuten in Fahrtrichtung und entgegen der Fahrtrichtung in $2\frac{1}{2}$ Minuten. Die Geschwindigkeit des Flugzeuges beträgt $200\,\frac{\text{km}}{\text{h}}$.
Wie lang ist die Autoschlange? Welche Geschwindigkeit hat sie?

25. Bei einem Übungsflug benötigt ein Kleinflugzeug, um 360 km zurückzulegen, bei Gegenwind 1 Stunde 40 Minuten und auf dem Heimflug bei Rückenwind 1 Stunde 30 Minuten.
Bestimme die Eigengeschwindigkeit und die Windgeschwindigkeit.

26. Ulrich und Anne lassen auf ihrer Modellrennbahn einen blauen und einen roten Rennwagen auf den jeweils getrennten, 8,00 m langen Fahrspuren fahren.
Fahren beide Autos in gleicher Richtung, so überholt der blaue den roten Wagen jeweils nach 60 Sekunden; fahren sie aber einander entgegen, so begegnen sie sich jeweils nach 5 Sekunden.
Mit welcher Durchschnittsgeschwindigkeit fahren die beiden Modellautos?

Aufgaben aus alter Zeit

27. Viertausend Jahre alt ist folgende Aufgabe aus Babylon:
„Ein Viertel der Breite und Länge zusammen sind 7 Handbreiten. Länge und Breite zusammen sind 10 Handbreiten."
Berechne Länge und Breite.

28. Griechisches Epigramm:

SCHWER BEPACKT EIN ESELCHEN GING UND DES ESELEINS MUTTER; UND DIE ESELIN SEUFZTE SEHR; DA SAGTE DAS SÖHNLEIN: MUTTER, WAS KLAGST DU WIE EIN JAMMERNDES MÄGDLEIN? GIB EIN PFUND MIR AB, SO TRAG ICH DOPPELTE BÜRDE; NIMMST DU ES ABER VON MIR, GLEICH VIEL DANN HABEN WIR BEIDE. RECHNE MIR AUS, WENN DU KANNST, MEIN BESTER, WIE VIEL SIE GETRAGEN.

29. Aus Adam Rieses Rechenbüchlein von 1524:
Einer spricht zu dem anderen: Gib mir 1 Pfennig, so habe ich so viel wie du. Darauf spricht der andere zum ersten: Gib mit 1 Pfennig, so habe ich zweimal so viel als dir bleibt. Ich möchte wissen, wie viel jeder gehabt hat.

M ist die Abkürzung für die alte Währung Mark.

30. Aus dem 1620 erschienenen Buch „Wohlgegründt Kunst und artig Rechenbuch" des Kölner Rechenmeisters Henricus Roselen:
Einer kauft für 6 M 36 Pomeranzen und 24 Granatäpfel. In demselben Laden kauft ein anderer für 8 M 18 Pomeranzen samt 72 Granatäpfeln. Wie viel Pomeranzen und wie viel Granatäpfel erhielt man für 1 M?

31. Aus Leonhard Eulers „Vollständiger Anleitung zur Algebra":

a) Zwei Personen sind $\frac{2}{9}$ Rubel schuldig, nun hat zwar jeder Geld, doch nicht so viel, dass er diese gemeinschaftliche Schuld bezahlen könnte; darum sagt der erste zu dem anderen: „Gibst du mir $\frac{2}{4}$ deines Geldes, so könnte ich die Schuld sogleich allein bezahlen." Der andere antwortet dagegen: „Gibst du mir $\frac{3}{4}$ deines Geldes, so kann ich die Schuld allein bezahlen." Wie viel Geld hat jeder gehabt?

b) 20 Personen, Männer und Frauen, besuchen ein Gasthaus. Ein Mann gibt 8 Groschen, eine Frau 7 Groschen aus und die ganze Zeche beläuft sich auf 6 Reichsthaler. Nun ist die Frage, wie viele Männer und Frauen es sind.
Hinweis: Ein Reichsthaler war in 24 Groschen unterteilt.

Auf den Punkt gebracht:
Tabelle, Graph oder Gleichung?

Verschiedene Verfahren zum Lösen von Gleichungssystemen

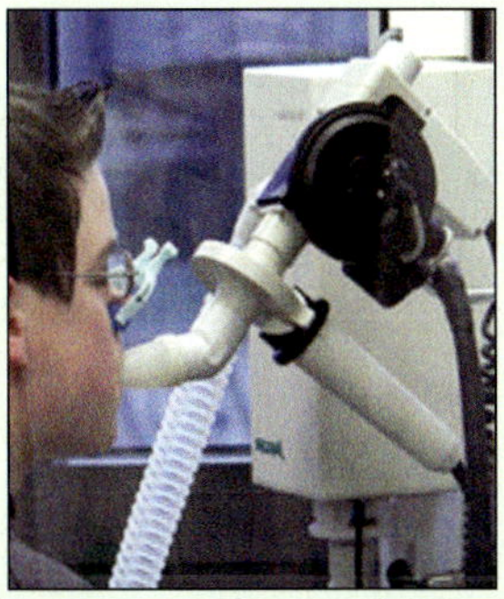

Lungenfunktionstest

In Ruhe atmet man mit jedem Atemzug nur etwa 1,5 l Luft ein, das maximale Atemvolumen, die so genannte Vitalkapazität V (in l) ist jedoch deutlich größer. Man misst es, indem man maximal einatmet und anschließend maximal ausatmet. Diese Größe liegt je nach Körpergröße h (in m), Alter a (in Jahren), Geschlecht und Konstitution etwa zwischen 2,5 l und 7 l. Normalwerte für Europäer können nach den folgenden Formeln ermittelt werden:

Frauen: $V = 5{,}2\,h - 0{,}018\,a - 4{,}36$
Männer: $V = 5{,}2\,h - 0{,}022\,a - 3{,}6$

Gibt es ein Alter, indem für eine 1,80 m große Frau und einen 1,69 m großen Mann die gleiche Vitalkapazität zu erwarten ist?

L & P / 2991

Unten siehst du verschiedene Möglichkeiten zum Lösen des obigen Problems. Vergleiche diese und erörtere Vorteile und Nachteile. Ziehe dazu auch die sinnvolle Genauigkeit des Ergebnisses in Betracht.

algebraisch:

$$\left| \begin{array}{l} V = 5{,}2 \cdot 1{,}80 - 0{,}018 \cdot a - 4{,}36 \\ V = 5{,}2 \cdot 1{,}69 - 0{,}022 \cdot a - 3{,}6 \end{array} \right|$$

$$\left| \begin{array}{l} V = 9{,}36 - 4{,}36 - 0{,}018 \cdot a \\ V = 8{,}788 - 3{,}6 - 0{,}022 \cdot a \end{array} \right|$$

$$\left| \begin{array}{l} V = 5 - 0{,}018 \cdot a \\ V = 5{,}188 - 0{,}022 \cdot a \end{array} \right|$$

$$\left| \begin{array}{l} 5 - 0{,}018 \cdot a = 5{,}188 - 0{,}022 \cdot a \\ V = 5 - 0{,}018 \cdot a \end{array} \right|$$

$$\left| \begin{array}{l} 0{,}004 \cdot a = 0{,}188 \\ V = 5 - 0{,}018 \cdot a \end{array} \right|$$

$$\left| \begin{array}{l} a = 47 \\ V = 5 - 0{,}018 \cdot 47 = 4{,}154 \end{array} \right|$$

Im Alter von 47 Jahren haben beide eine Vitalkapazität von 4,154 Liter.

grafisch:

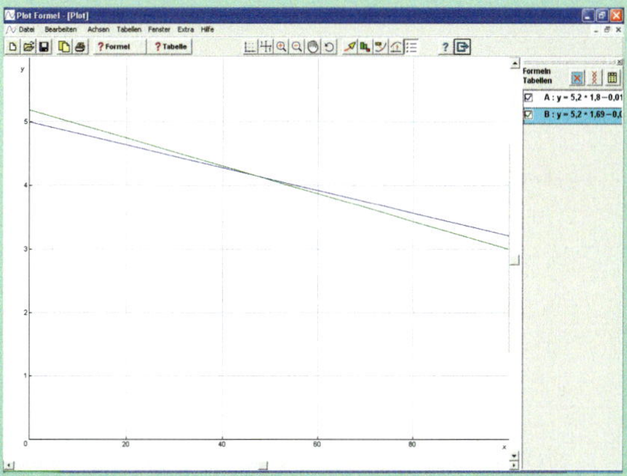

tabellarisch:

	A	B	C	D	E	F
1	Alter in Jahrer	Vitalkapazität Frau (1,69 m groß)	Vitalkapazität (Mann 1,80 m groß)			
22	40	4,28	4,308			
23	41	4,262	4,286			
24	42	4,244	4,264			
25	43	4,226	4,242			
26	44	4,208	4,22			
27	45	4,19	4,198			
28	46	4,172	4,176			
29	47	4,154	4,154			
30	48	4,136	4,132			
31	49	4,118	4,11			
32	50	4,1	4,088			
33	51	4,082	4,066			
34	52	4,064	4,044			
35	53	4,046	4,022			
36	54	4,028	4			
37	55	4,01	3,978			
38	56	3,992	3,956			
39	57	3,974	3,934			
40	58	3,956	3,912			
41	59	3,938	3,89			
42	60	3,92	3,868			
43						

Gleichungen und Gleichungssysteme kann man grafisch, tabellarisch und durch Umformen algebraisch lösen. Folgende Fragen helfen dir, dich für eines der drei Verfahren zu entscheiden.

(1) Kannst du die Gleichung algebraisch lösen oder bist du auf eines der beiden anderen Verfahren angewiesen?
(2) Ist ein genaues Ergebnis wichtig oder genügt ein Näherungswert?
(3) Welches der Verfahren ist am wenigsten aufwändig?
(4) Willst du den Lösungsweg präsentieren? Welches Verfahren ist dafür am besten geeignet?

- Seht euch die folgenden Aufgabenstellungen genau an und beantwortet die im Kasten genannten Fragen für jede der Aufgaben.
- Entscheidet euch dann jeweils für ein Lösungsverfahren und begründet eure Entscheidung.
- Löst die Aufgaben nach dem von euch gewählten Verfahren.

Original im Papyrus Rhind: **Umschrift auf Hieroglyphen:**

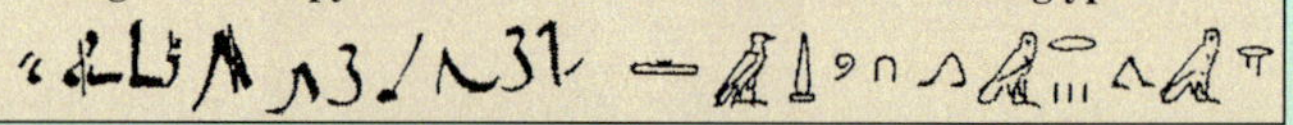

1. In dem ägyptischen Mathematikbuch Papyrus Rhind aus der Zeit um 1700 v. Chr. befindet sich eine Aufgabe in der bis ins Mittelalter gebräuchlichen Kurzfassung: **$\frac{2}{3}$ hinzu, $\frac{1}{3}$ weg, 10 ist der Rest.**

a) Der Ansatz lautet $\left(x + \frac{2}{3}x\right) - \frac{1}{3}\left(x + \frac{2}{3}x\right) = 10$. Schreibe hierzu einen ausführlichen Text und löse die Aufgabe.

b) In der Kurzfassung könnte „$\frac{1}{3}$ weg" auch noch anders aufgefasst werden. Gib an, wie. Erstelle und löse dann die entsprechende Gleichung.

2. Zwei Kajakfahrer planen, einen Fluss zur gleichen Zeit in entgegengesetzter Richtung zu befahren und gemeinsam eine Pause einzulegen, wenn sie sich begegnen. Nun überlegen sie, wann und wo dies voraussichtlich sein wird. Dazu tragen sie die folgenden Informationen zusammen:
Die Einstiegsstellen liegen 25 km voneinander entfernt; die Strömungsgeschwindigkeit des Flusses beträgt im Mittel $3\,\frac{km}{h}$. Der Paddler, der gegen die Strömung fahren möchte, weiß, dass er auf stehenden Gewässern eine Durchschnittsgeschwindigkeit von $8{,}5\,\frac{km}{h}$ erreicht. Der zweite Paddler ist die Strecke bereits vorher flussabwärts gefahren und hat dabei in 5-km-Abständen die Zeit notiert (siehe Tabelle).

Gefahrene Strecke	Zeit
5 km	30 min
10 km	1 h 10 min
15 km	2 h
20 km	2 h 50 min
25 km	3 h 30 min

3. Das Wachstum verschiedener Pflanzenarten wurde untersucht, indem täglich die Höhe jeder Pflanze gemessen und protokolliert wurde. Die Messwerte für Weizen sind in der nebenstehenden Tabelle aufgeführt. Für die Feuerbohne ergab sich ein annähernd lineares Wachstum von etwa 6 mm pro Tag. Die beiden Pflanzenarten zeigen demnach ein deutlich unterschiedliches Wachstumsverhalten. Nun soll ermittelt werden, nach welcher Zeit beide Pflanzen die gleiche Wuchshöhe erreicht haben.

Tag	Höhe der Pflanze (in cm)	Tag	Höhe der Pflanze (in cm)
0	0,0	9	10,6
1	0,5	10	11,7
2	0,9	11	15,7
3	1,5	12	16,7
4	1,7	14	19,9
5	2,4	15	20,3
6	4,6	16	20,4
7	5,2	17	20,4
8	8,8		

3.7 Aufgaben zur Vertiefung

1. Warum ist das Gleichungssystem rechts kein *lineares* Gleichungssystem?
Trotzdem kannst du das Gleichungssystem lösen. Beschreibe, wie du vorgehst.

$$\left| \begin{aligned} xy &= 3 + 2x \\ 2xy - 8 &= 3x \end{aligned} \right|$$

2. **a)** $\left| \begin{aligned} 2 + y + (2x-1)^2 &= 3y + (4x-1)(x+1) \\ 5x + (6y+2)^2 &= (9y+1)(4y-2) + 82 \end{aligned} \right|$ **b)** $\left| \begin{aligned} y - (3x-2)(3x+2) &= 3y - 9x(x-1) \\ (5y+1)^2 - (5y+2)^2 &= 45x - 23 \end{aligned} \right|$

3. Bernd und Anna wollen das Gleichungssystem $\left| \begin{aligned} \tfrac{2}{7} &= 3x + 4y \\ \tfrac{2}{7} &= 2x + 2y \end{aligned} \right|$ lösen.

Bernd möchte das Gleichsetzungsverfahren anwenden, weil beide Gleichungen nach $\frac{2}{7}$ aufgelöst sind. Anna ist skeptisch: „Das bringt keinen Vorteil." Was meinst du dazu? Kann man das Gleichungssystem überhaupt nach Bernds Vorstellung lösen?

4. Simon behauptet: „Gleichsetzungsverfahren, Einsetzungsverfahren, Subtraktionsverfahren und Additionsverfahren – nun kennen wir schon vier verschiedene Lösungsverfahren!"
Anja entgegnet: „Eigentlich könnte man aber auch sagen, dass wir nur zwei verschiedene Verfahren kennen!"
Was meinst du dazu?

5. Gegeben ist das lineare Gleichungssystem $\left| \begin{aligned} x - 5y &= a \\ 3x + by &= 57 \end{aligned} \right|$ mit den Lösungsvariablen x und y.

Gesucht sind Zahlen a und b, sodass das System

a) die Lösung $(2|1)$ hat; **b)** keine Lösung hat; **c)** unendlich viele Lösungen hat.

6. Gegeben ist das lineare Gleichungssystem $\left| \begin{aligned} y &= mx + 3 \\ y &= -2x + t \end{aligned} \right|$ mit den Lösungsvariablen x und y.

Welche Bedingungen müssen die Zahlen m und t erfüllen, damit das System eine, keine, unendlich viele Lösungen hat? Begründe jeweils deine Antwort.

7. Betrachte das Angebot rechts. Wie teuer ist ein Radiergummi, ein Bleistift, ein Buntstift aus dem Sortiment?

Führe drei Variablen ein:
Preis eines Radiergummis (in €): x
Preis eines Bleistiftes (in €): y
Preis eines Buntstiftes (in €): z

Löse das sich ergebende Gleichungssystem mit drei Gleichungen und drei Lösungsvariablen.

8. Löse das Gleichungssystem mit drei Gleichungen und den drei Lösungsvariablen x, y und z.

a) $\left| \begin{aligned} x + y + z &= -2 \\ -x + 2y + 2z &= -7 \\ 2x + 3y + z &= 1 \end{aligned} \right|$ **b)** $\left| \begin{aligned} x + y - z &= 8 \\ x - y + z &= -4 \\ -x + y + z &= 0 \end{aligned} \right|$ **c)** $\left| \begin{aligned} x + 5y + 4z &= -3 \\ -x \qquad + 5z &= 6 \\ x + 3y + 4z &= 3 \end{aligned} \right|$

Bist du fit?

1. Welche lineare Gleichung mit den Variablen x und y gehört zu dem Graphen?

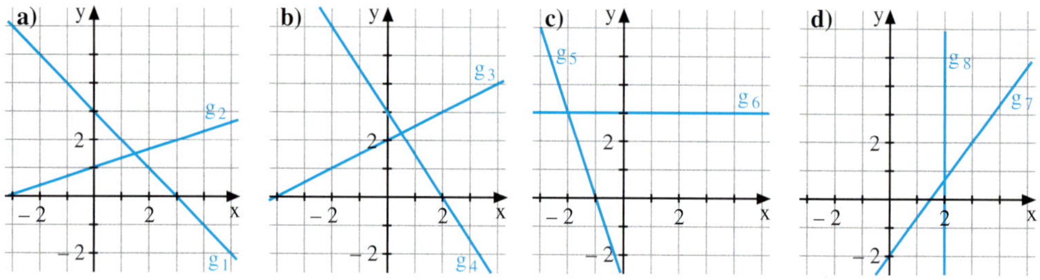

2. Welche der Punkte $P_1(1|-1)$, $P_2(9|-5)$, $P_3(-1|-3)$, $P_4(-0{,}2|-1)$, $P_5(9|8{,}2)$ gehören zu dem Graphen der linearen Gleichung?

a) $x + y = 4$ **b)** $x - y = 0{,}8$ **c)** $2x + 3y = -1$ **d)** $5x - 4y - 7 = 0$ **e)** $y = -3$ **f)** $x = 9$

3. Löse a) und b) nach dem Gleichsetzungsverfahren, c) und d) nach dem Einsetzungsverfahren.

a) $\left| \begin{array}{l} y = -x + 8 \\ y = x - 2 \end{array} \right|$ **b)** $\left| \begin{array}{l} \frac{1}{2}x = 3y + 7 \\ \frac{1}{2}x - 5y = 15 \end{array} \right|$ **c)** $\left| \begin{array}{l} 3x - 2y = 2 \\ 2y = 4x + 2 \end{array} \right|$ **d)** $\left| \begin{array}{l} 11y - 15x = 4 \\ x = 3y - 15 \end{array} \right|$

4. Löse nach dem Additionsverfahren.

a) $\left| \begin{array}{r} 2x - y = 2 \\ y - x = 14 \end{array} \right|$ **b)** $\left| \begin{array}{r} 5u + 9v - 42 = 0 \\ 10u + 3v - 39 = 0 \end{array} \right|$ **c)** $\left| \begin{array}{l} \frac{1}{2}x = \frac{1}{3}y + 1 \\ \frac{1}{4}x = \frac{4}{3}y - 10 \end{array} \right|$ **d)** $\left| \begin{array}{l} 3k - 6m = 15 \\ -\frac{1}{2}k + m = -\frac{5}{2} \end{array} \right|$

5. Löse nach einem möglichst günstigen Verfahren; kontrolliere mit einer Probe.

a) $\left| \begin{array}{l} 9x + 4y = 37 \\ y = 6x + 1 \end{array} \right|$ **c)** $\left| \begin{array}{l} x = 2y - 4 \\ 4x + 7y = -1 \end{array} \right|$ **e)** $\left| \begin{array}{l} 3r + 2s = 2 \\ 6r - 8s = -2 \end{array} \right|$ **g)** $\left| \begin{array}{l} 3x + 4{,}5y = 1{,}5 \\ -2{,}5x - 3y = -1 \end{array} \right|$

b) $\left| \begin{array}{l} 6x + 4y = 9 \\ 6x - 5y = -18 \end{array} \right|$ **d)** $\left| \begin{array}{l} 3x + 2y = 4 \\ 4x - 5y = -10 \end{array} \right|$ **f)** $\left| \begin{array}{l} 2x = 2y - 4 \\ 3x - 3y = -5 \end{array} \right|$ **h)** $\left| \begin{array}{l} y = 3x - 2 \\ 2y - 6x = -4 \end{array} \right|$

6. **a)** $\left| \begin{array}{l} 2{,}2x + 0{,}9y = 4{,}4 \\ 2{,}6x + 2{,}7y = 8{,}8 \end{array} \right|$ **b)** $\left| \begin{array}{r} -1{,}5x + 2{,}5y = 3{,}5 \\ 2{,}1x - 3{,}5y = -4{,}9 \end{array} \right|$ **c)** $\left| \begin{array}{r} 10(x-2) - 4(y+1) = 26 \\ 9(x+1) - 6(y-2) = 54 \end{array} \right|$

7. Auf einer Ferienreise suchte die Familie ein Gasthaus zur Übernachtung. Wie viele Einzelzimmer und wie viele Doppelzimmer hat das Gasthaus?

8. Der Umfang eines Rechtecks ist 28,8 cm lang. Der Flächeninhalt wird um 17,35 cm² kleiner, wenn die eine Seite um 4,5 cm verlängert und die andere um 3,5 cm verkürzt wird. Zeichne das Rechteck.

9. Ein Kajakfahrer, der eine Durchschnittsgeschwindigkeit von $4{,}5\,\frac{km}{h}$ erreicht, braucht für die Hin- und Rückfahrt einer Trainingsstrecke insgesamt 4 Stunden. Das Wasser hat in Richtung der Hinfahrt eine Strömungsgeschwindigkeit von $1{,}5\,\frac{km}{h}$.
Wie lange dauern Hin- und Rückfahrt einzeln? Wie lang ist die Strecke?

Bleib fit im …
Umgang mit Zufallsexperimenten

Zum Aufwärmen

1. Krischan und Sophie würfeln mit einem Oktaeder, dessen Seitenflächen mit den Zahlen von 1 bis 8 beschriftet sind.

a) Bestimme die Wahrscheinlichkeit dafür,
(1) eine 3 zu werfen,
(2) keine 3 zu werfen,
(3) mindestens 3 zu werfen,
(4) eine durch 3 teilbare Zahl zu werfen.

b) Krischan erhält beim Werfen 1, 7, 6, 2, 4, 5, 8.
Wie groß ist die Wahrscheinlichkeit, beim nächsten Wurf eine 3 zu erhalten?

c) Sophie ist nicht sicher, ob dieser Würfel wirklich alle Zahlen mit gleicher Wahrscheinlichkeit liefert.
Wie kann sie das überprüfen?

Zum Erinnern

(1) Wahrscheinlichkeiten von Ergebnissen bei einstufigen Zufallsexperimenten

Man kann zwei Typen von Zufallsexperimenten unterscheiden:

- Bei **LAPLACE-Experimenten** wird ein Zufallsgerät benutzt, bei dem kein Grund ersichtlich ist, warum eines der möglichen Ergebnisse eine größere Chance als ein anderes hat aufzutreten. Besitzt ein solches Zufallsexperiment n mögliche Ergebnisse, so beträgt die Wahrscheinlichkeit für das Auftreten eines bestimmten Ergebnisses $\frac{1}{n}$.
  Beispiele: Werfen einer Münze, Werfen eines Würfels, Drehen eines Glücksrades mit gleich großen Sektoren, Ziehen von gleichartigen Kugeln aus einer Urne.

- Bei **Nicht-LAPLACE-Experimenten** lassen sich die Wahrscheinlichkeiten für die einzelnen möglichen Ergebnisse nicht durch Symmetrieüberlegungen (oder Ähnliches) bestimmen.
  Beispiel: Reißnägel unterscheiden sich durch unterschiedliche Druckflächen und unterschiedliche Längen der Nägel; man kann nicht vorhersagen, wie oft ein Reißnagel beim Werfen auf der Seite liegen bleibt oder mit der Spitze nach oben zeigt.
  Weitere Beispiele: Werfen eines LEGO-Würfels oder eines Kronkorkens.

  Aufgrund von langen Versuchsreihen kann man jedoch Schätzwerte für die zugrunde liegenden Wahrscheinlichkeiten bestimmen.

Beispiel: Lego-Vierer

Ergebnis	1	2	3	4	5	6
Wahrscheinlichkeit	0,48	0,06	0,06	0,28	0,06	0,06

Das **empirische Gesetz der Großen Zahlen** besagt, dass bei wiederholten Durchführungen die *relativen Häufigkeiten,* mit denen das betrachtete Ergebnis eines Zufallsexperiments auftritt, mit zunehmender Versuchsanzahl in der Regel immer weniger um die Wahrscheinlichkeit schwanken.

(2) Wahrscheinlichkeiten von Ereignissen bei einstufigen Zufallsexperimenten

Ergebnisse eines Zufallsexperiments kann man zu *Ereignissen* zusammenfassen.

Beispiel: Beim Werfen eines Würfels gehören zum Ereignis *gerade Augenzahl* die Ergebnisse 2, 4 und 6. Dieses Ereignis wird durch die Menge {2; 4; 6} angegeben.

> Die *Wahrscheinlichkeit eines Ereignisses* erhält man als Summe der Wahrscheinlichkeiten der zugehörigen Ergebnisse (*Summenregel*).

Bei LAPLACE-Experimenten verwendet man speziell die **LAPLACE-Regel**:

Wahrscheinlichkeit,
engl.: probability
franz.: probabilité
lat.: probabilitas

> Für die Wahrscheinlichkeit eines Ereignisses E bei einem LAPLACE-Experiment gilt:
>
> $$P(E) = \frac{\text{Anzahl der zu E gehörenden Ergebnisse}}{\text{Anzahl aller möglichen Ergebnisse}}$$
>
> *Beispiel:* Werfen eines Würfels   P(gerade Augenzahl) $= \frac{3}{6} = \frac{1}{2}$

Zum Trainieren

2. Bei einem Geburtstag werden kleine Gewinne mit einem Würfelspiel verteilt. Worauf würdest du setzen?
(1) Erscheinen einer Primzahl beim Werfen des Oktaeders
(2) Erscheinen einer geraden Zahl beim Werfen eines gewöhnlichen Würfels

3. Marc spielt mit seinen Großeltern Skat. Er denkt, dass die erste Karte, die er erhält, ein Glücks- oder Unglückszeichen ist.
Bestimme die Wahrscheinlichkeit dafür, dass die 1. Karte

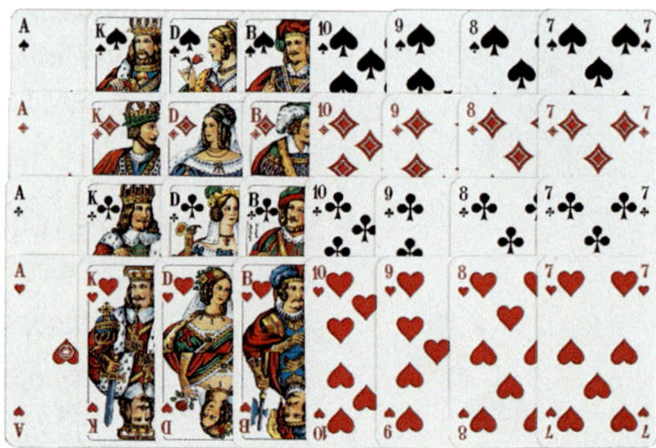

a) der Kreuz-Bube ist;
b) ein Bube ist;
c) eine Kreuz-Karte ist;
d) eine rote Karte ist;
e) eine Karte ohne Punkte (also 7, 8 oder 9) ist.

4. Bestimme für einen Lego-Vierer mithilfe der auf Seite 141 angegebenen Wahrscheinlichkeitsverteilung die Wahrscheinlichkeit für das Werfen

a) einer geraden Augenzahl;
b) einer ungeraden Augenzahl;
c) einer Augenzahl von höchstens 3;
d) einer Augenzahl von mindestens 2;
e) einer durch 7 teilbaren Augenzahl;
f) einer kleineren Augenzahl als 7.

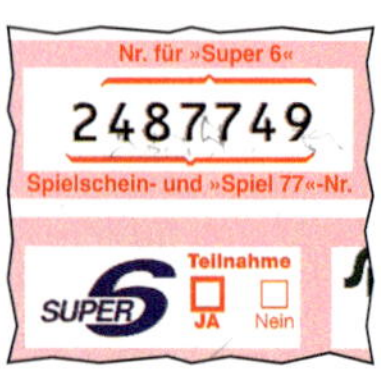

5. *Super 6* ist eine Zusatzlotterie zum gewöhnlichen Lottospiel. Bei jeder Ziehung wird eine sechsstellige Gewinnzahl von 000000 bis 999999 gezogen, die mit der Spielschein-Nummer verglichen wird. Die Teilnahme kostet 1,25 €. Bestimme für jede Gewinnhöhe die Wahrscheinlichkeit.

Gewinnzahl	Gewinn
6 richtige Endziffern:	100.000,00 €
5 richtige Endziffern:	6.666,00 €
4 richtige Endziffern:	666,00 €
3 richtige Endziffern:	66,00 €
2 richtige Endziffern:	2,50 €

4. DATEN UND ZUFALL

Maximilian muss auf seinem Weg zur Schule zwei Straßen überqueren und dabei das Ampelsignal beachten.

Manchmal, wenn er es besonders eilig hat, zeigen beide Ampeln Rot. An anderen Tagen lässt er sich Zeit, weil es unterwegs viel zu sehen gibt, und trotzdem zeigen beide Ampeln Grün. Es scheint also vom Zufall abzuhängen, ob Maximilian bei Grün oder bei Rot an einer Ampel ankommt.

- Was kommt öfter vor:
  Beide Ampeln zeigen Rot
  oder
  Beide Ampeln zeigen Grün?
- Schätze, wie oft es vorkommt, dass er zweimal hintereinander Rot hat.
- Wie kann man den Vorgang mit den unterschiedlich eingestellten Ampeln simulieren?

Maximilian muss zweimal nacheinander die Ampel beachten; dabei hängt es vom Zufall ab, ob sie Rot oder Grün für ihn zeigt. Hier liegt also ein zweistufiges Zufallsexperiment vor.

In diesem Kapitel beschäftigen wir uns mit der Frage, wie man Wahrscheinlichkeiten für zweistufige Zufallsexperimente berechnet. Außerdem beschäftigen wir uns mit der Darstellung von Häufigkeitsverteilungen.

Lernfeld: Experimente mit Zufall und Geschick

A Werfen von Reißnägeln

Reißnägel können mit der Spitze nach oben ( ) oder zur Seite ( ) liegen bleiben.

- Bestimmt zunächst für die euch zur Verfügung stehende Sorte von Reißnägeln die Wahrscheinlichkeit für die Ergebnisse „ “ und „ “.

- Jetzt sollen zwei Reißnägel dieser Sorte zugleich geworfen werden. Stellt eine Prognose: Wie oft werden die Ereignisse „einmal , einmal “, „zweimal “ und „zweimal “ auftreten?

- Überprüft nun eure Prognose: Werft zwei Reißnägel 100-mal. Bestätigt euer Experiment eure Prognose? Vergleicht auch mit den Ergebnissen eurer Mitschülerinnen und Mitschüler.
- Überlegt mit eurem Partner: Hätte man den Zufallsversuch auch mit einem Reißnagel durchführen können, der zweimal geworfen wird?

A Junge oder Mädchen?

Tabellenkalkulation kann die Auswertung erleichtern.

In Deutschland beträgt die Wahrscheinlichkeit dafür, dass ein Neugeborenes ein Junge ist, etwa 51,4 %.
Viele Eltern wünschen sich, beim zweiten Kind ein Pärchen zu erhalten.

- Überlegt in Gruppenarbeit, welche „Typen“ von 2-Kind-Familien es gibt und wie hoch der Anteil dieser Familien sein müsste.
- Führt in eurer Schule eine Umfrage durch, um eure Vermutung zu überprüfen.
- Wird euer Befragungsergebnis verfälscht, wenn ihr in eurer Erhebung Familien mit zwei Kindern doppelt erfasst, weil ihr beide Geschwister fragt?
- Überlegt entsprechend: Welche Typen von 3-Kind-Familien gibt es? Wie hoch müsste deren Anteil sein?

A Leistungen mit Noten bewerten

Bei vielen sportlichen Wettbewerben wie z. B. in der Leichtathletik geht es um „schneller – höher – weiter". Die erzielten Leistungen können ganz genau in Meter oder Sekunde gemessen werden. In anderen Disziplinen erhalten Teilnehmer eines Wettbewerbs Bewertungen durch eine Jury, z. B. Haltungsnoten oder Noten für die Gestaltung beim Eiskunstlaufen.

Citius, altius, fortius
(lateinisch)
deutsch: **Schneller, Höher, Stärker**
ist das heutige Motto der Olympischen Spiele.
Es wurde vorgeschlagen von Pierre de Coubertin nach einer Idee des französischen Dominikanerpaters Henri Didon, der diese Formulierung zuerst auf einem Schulsportfest in Arcueil verwendete, bei dem Coubertin als Wettkampfleiter anwesend war. 1894 schlug Coubertin auf der Schlusssitzung des Gründungskongresses des IOC diese drei Worte als Devise vor.
Offiziell wurde diese Devise zum ersten Mal während der Olympischen Sommerspiele 1924 in Paris zitiert.

Bei einigen dieser Wettbewerbe addiert man die von den Juroren erteilten Noten, bei anderen lässt man zunächst die schlechteste und die beste Bewertung weg.

- Überlegt, warum ein solches Verfahren sinnvoll sein kann.
- Probiert es aus: Welche Auswirkungen hat es, wenn man eine ganzzahlige Notenskala von 1 bis 6 benutzt oder eine von 1 bis 10? Führt dazu einen klasseninternen Wettbewerb durch.
  Bestimmt eine Jury aus 5 bis 7 Personen und einigt euch auf den Klassenwettbewerb.
  Hier einige Vorschläge:
  (1) Wer hat die schönste Schrift? Die Schülerinnen und Schüler, die nicht zur Jury gehören, schreiben den gleichen Satz an die Tafel.
  (2) Wer kann den Inhalt eines Zeitungsartikels am besten wiedergeben? Die Teilnehmer am Wettbewerb treten einzeln vor die Jury und tragen vor.
  (3) Wer liest einen fremden (fremdsprachigen) Text am besten vor?
  (4) …

A Papierflieger-Wettbewerb

Jeder aus der Klasse faltet Flieger aus einem DIN-A4-Blatt. Jeder darf dann drei Flüge mit seinem Modell durchführen.
Einigt euch darauf, was ihr bewerten möchtet: Flugdauer, Flugweite, Eleganz des Fluges, …
Überlegt auch, wie ihr bewerten möchtet: Bestes Ergebnis, Mittelwert der Ergebnisse, Gleichmäßigkeit der Leistung, …

- Legt eine Bestenliste der Schülerinnen und Schüler der Klasse an.
- Versucht auch, die Bestenliste grafisch darzustellen.
- Wer gehört zur oberen, zur unteren Hälfte, wer zum besten Viertel, wer zum schlechtesten?

4.1 Zweistufige Zufallsexperimente – Baumdiagramme

Einstieg 

In einer Fabrik werden hergestellte Porzellanbecher nacheinander auf Form und Farbe geprüft. Bei der Form unterscheidet man nach gut, mittelmäßig und schlecht, bei der Farbe nach gleichmäßig und ungleichmäßig.
Jeder Becher durchläuft beide Kontrollen. Stellt übersichtlich dar, welche Kombinationsmöglichkeiten auftreten können.

Aufgabe 1

Tetraeder, Vierflächner, dreiseitige Pyramide

Baumdiagramme mit gleichwahrscheinlichen Pfaden

Robin und Verena beginnen ein „Mensch-ärgere-dich-nicht"-Spiel. Statt eines normalen Spielwürfels verwenden sie einen Tetraeder-Würfel mit den Zahlen 1, 2, 3 und 4. Hier hat die Augenzahl Vier eine besondere Rolle: Bevor man das erste Mal setzen darf, muss man eine Vier würfeln.

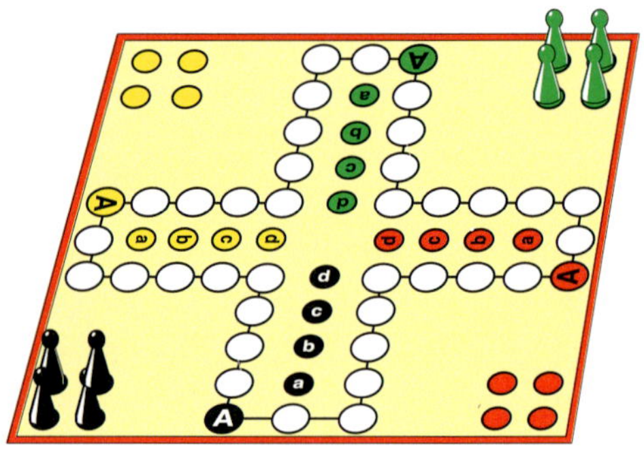

a) Verena fängt an. Sie hat bereits beim ersten Wurf eine Vier und ist im Spiel. Welche Wahrscheinlichkeit hat dieser Glückswurf?

b) Als Robin an die Reihe kommt, hat er nach zwei Würfen noch keine Vier erzielt und redet schon von Pech.
Bestimme die Wahrscheinlichkeit für das Ereignis:
„Mit zwei Tetraederwürfen keine einzige Vier"
Was hältst du von Robins Aussage?

Lösung

a) Da für den ersten Wurf eines Tetraederwürfels ein Laplace-Experiment vorliegt, gilt für ein Ergebnis: P(Glückswurf) = P(Vier im ersten Wurf) = $\frac{1}{4}$ = 25 %.

b) Das Zufallsexperiment besteht aus zwei Würfen, die nacheinander durchgeführt werden. Die möglichen Ergebnisse des ersten und zweiten Wurfes kann man zeichnerisch in zwei Stufen darstellen.

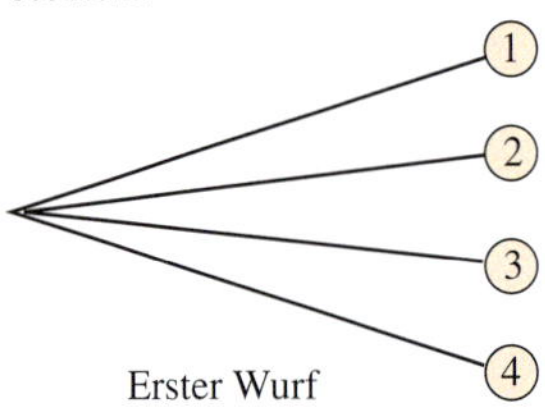

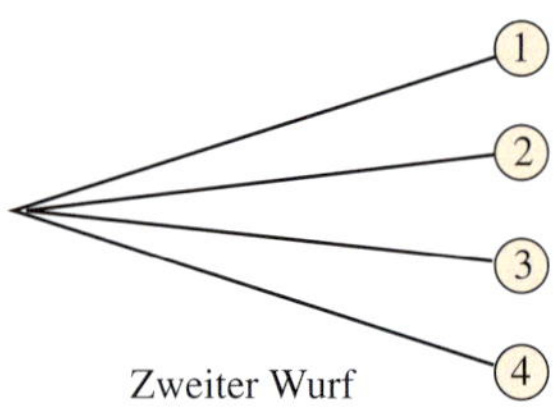

Aus diesen beiden Stufen kann man das Zufallsexperiment zusammensetzen und in einem so genannten *Baumdiagramm* darstellen. Dabei muss man beachten, dass nach jedem der vier möglichen Ergebnisse des ersten Wurfs jedes Mal eines der vier Ergebnisse des zweiten Wurfs eintreten kann.

Daher ergeben sich 4 · 4, also 16 Pfade, die alle dieselbe Wahrscheinlichkeit aufweisen; es liegt also ein zweistufiges Laplace-Experiment vor.

9 Pfade führen zum Ereignis „Keinmal Vier“.

Damit gilt:

$P(\text{keine Vier}) = \frac{9}{16} = 56{,}25\,\%$.

Da die Wahrscheinlichkeit etwas über 0,5 liegt, kann man hier noch nicht von besonderem Pech reden.

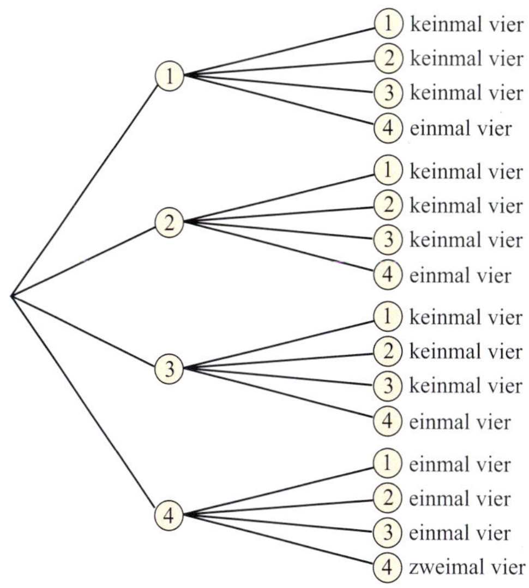

Information

(1) Zweistufige Zufallsexperimente

Manche Zufallsexperimente werden in zwei Schritten *nacheinander* durchgeführt.

Beispiele:

- Jemand wirft zweimal hintereinander eine Münze.
- Eine zweistellige Glückszahl wird so bestimmt, dass ein Glücksrad mit den Sektoren 0, 1, 2, …, 9 zweimal hintereinander gedreht wird.
- Jemand würfelt zweimal hintereinander.

Man nennt solche Zufallsexperimente **zweistufig**; die Ergebnisse werden als Paare wie z. B. (2|3) notiert.

(2) Baumdiagramme – Pfad in einem Baumdiagramm

Zweistufige Zufallsexperimente lassen sich in Form von Baumdiagrammen darstellen, um einen Überblick über alle möglichen Ergebnisse zu erhalten. Zu jedem der möglichen Ergebnisse des Zufallsexperiments gehört ein so genannter **Pfad** im Baumdiagramm. Er beginnt an der Wurzel des Baums, verläuft über die Verzweigungen und endet mit der zweiten Stufe.
Jedes Ergebnis kann man als Paar notieren: (W|Z) bedeutet, erst Wappen und dann Zahl zu werfen.

Beispiel: Zweifacher Münzwurf

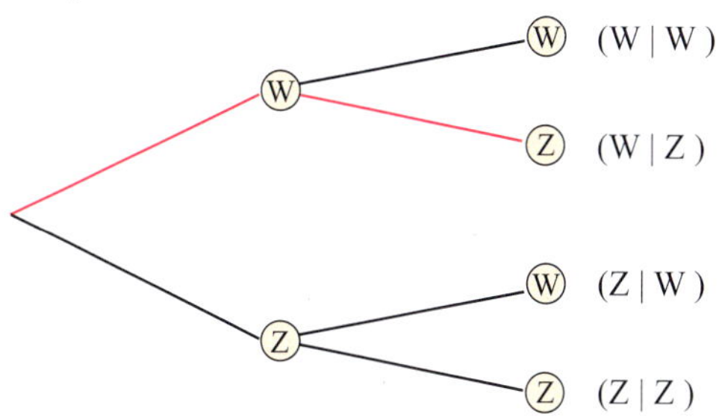

Der rote Pfad gehört zum Ergebnis (W|Z).

Aufgabe 2

Baumdiagramme mit verschiedenen Wahrscheinlichkeiten

Bei einem Schulfest kann man an einem Stand nacheinander an zwei Glücksrädern spielen. Gewinner ist, wer für beide Glücksräder richtig voraussagt, auf welchen Feldern die Zeiger stehen bleiben werden. Beim linken Glücksrad ist $\frac{1}{4}$ der Fläche rot gefärbt, $\frac{3}{4}$ der Fläche sind blau. Das rechte Glücksrad besteht aus gleich großen Feldern, in denen man die Nummern 1 oder 2 oder 3 findet. Im Bild steht der linke Zeiger auf „Rot", der rechte Zeiger deutet auf „1".

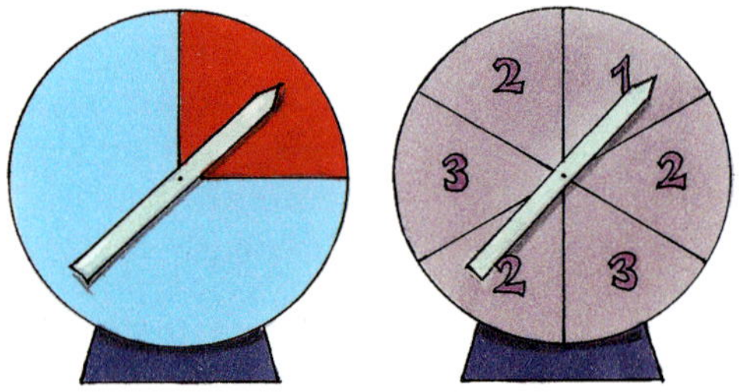

Dieses Ergebnis kann man als Paar (R | 1) notieren.

a) Welche anderen Ergebnisse sind möglich? Bestimme die Ergebnismenge.

b) Stelle das zweistufige Zufallsexperiment durch ein Baumdiagramm dar. Notiere am Ende eines jeden Pfades das zugehörige Ergebnis. Schreibe an die einzelnen Teile des Pfades die zugehörigen Wahrscheinlichkeiten.
Begründe, dass es nicht sinnvoll ist, davon auszugehen, dass alle Ergebnisse die gleiche Chance besitzen.

Lösung

a) Zu den beiden Farben „Rot" und „Blau" können jeweils die drei Zahlenergebnisse „1", „2" und „3" kommen. Damit besteht die Ergebnismenge aus 6 Paaren:
(R | 1), (R | 2), (R | 3), (B | 1), (B | 2), (B | 3).

b) In der ersten Stufe können die beiden Farben „R" und „B" auftreten. Zu jeder dieser Farben gibt es in der zweiten Stufe drei mögliche Zahlen. Damit entstehen in dem Baumdiagramm insgesamt 2 · 3, also 6 Pfade, die zu den 6 Paaren führen.

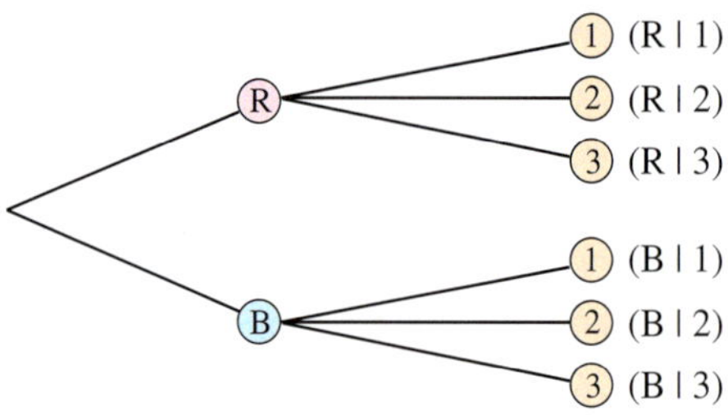

Da bei dem linken Glücksrad $\frac{1}{4}$ der Fläche rot und $\frac{3}{4}$ der Fläche blau gefärbt ist, kann man davon ausgehen, dass die Wahrscheinlichkeit für das Stoppen des Zeigers auf „Rot" $\frac{1}{4}$ ist und die für das Stoppen auf „Blau" $\frac{3}{4}$ beträgt.

Bei dem rechten Glücksrad trägt eines der sechs gleich großen Felder die Nummer „1", die zugehörige Wahrscheinlichkeit ist somit $\frac{1}{6}$. Da drei von den sechs Feldern die Nummer „2" tragen, beträgt die Wahrscheinlichkeit für „2" entsprechend $\frac{3}{6}$, also $\frac{1}{2}$. Für „3" ergibt sich die Wahrscheinlichkeit $\frac{1}{3}$.

In der ersten Stufe hat „Blau" eine höhere Wahrscheinlichkeit als „Rot", in der folgenden zweiten Stufe hat „2" die höchste Wahrscheinlichkeit. Damit ist das Ergebnis (B | 2) sicher vor dem Ergebnis (R | 1) bevorzugt.

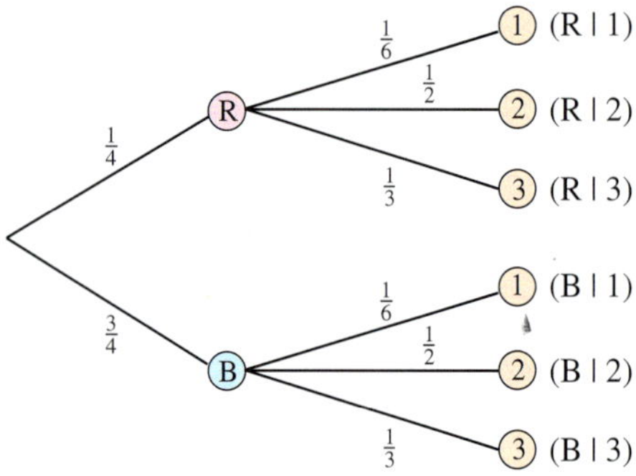

Die Ergebnisse dieses zweistufigen Zufallsexperiments sind somit nicht alle gleich wahrscheinlich. Es liegt folglich kein Laplace-Experiment vor.

Weiterführende Aufgaben

3. *Veränderte Anordnung der Stufen eines Baumdiagramms*

Bei der Aufgabe 2 (Seite 148) ist nicht beschrieben, ob zunächst das linke und dann das rechte Glücksrad gedreht wird. Deshalb ist es auch möglich, das Zufallsexperiment durch ein Baumdiagramm zu beschreiben, bei dem zunächst die möglichen Ergebnisse des rechten Glücksrades und dann die des linken Glücksrades erfasst werden. Zeichne ein solches Baumdiagramm.

4. *Doppelter Münzwurf – nacheinander bzw. gleichzeitig*

a) Eine Münze wird zweimal geworfen. Stelle die möglichen Ergebnisse des Zufallsexperiments in einem Baumdiagramm dar.

b) Eine 5-Cent- und eine 10-Cent-Münze werden gleichzeitig geworfen. Überlege, wie sich auch dieses Zufallsexperiment in einem Baumdiagramm darstellen lässt.

c) Zwei gleichartige Münzen werden (1) gleichzeitig, (2) nacheinander geworfen. Zeichne Baumdiagramme. Vergleiche mit den Baumdiagrammen aus den Teilaufgaben a) und b).

5. *Mehrstufige Zufallsexperimente*

Man kann Zufallsexperimente auch mehr als zweimal durchführen.
Überlegt, wie man einen 3-fachen Münzwurf mithilfe eines Baumdiagramms darstellen kann.
Wie kann man die einzelnen Ergebnisse notieren?

Information

(1) Summenprobe im Baumdiagramm

Trägt man in ein vollständig gezeichnetes Baumdiagramm an den einzelnen Strecken alle Wahrscheinlichkeiten ein, so ist *immer* eine Kontrolle möglich:
Die Summe der Wahrscheinlichkeiten nach jeder Verzweigung bis zur nächsten Stufe ist immer 1 (*Summenprobe*).

(2) Deutung gleichzeitig durchgeführter Zufallsexperimente als zweistufige Zufallsexperimente

Oft kann man Zufallsexperimente, bei denen Vorgänge *gleichzeitig* erfolgen, als mehrstufig auffassen. Hier spielt es dann keine Rolle, welchen Teilvorgang man als 1. oder 2. Stufe ansieht.

Beispiele:
- Ein roter und ein blauer Würfel werden gleichzeitig geworfen.
- Zwei unterschiedliche Münzen werden gleichzeitig geworfen.
- Zwei Lose werden gleichzeitig aus einer Lostrommel gezogen.

(3) Mehrstufige Zufallsexperimente

Zufallsexperimente mit mehr als zwei Stufen kann man in einem **mehrstufigen Baumdiagramm** darstellen.
Bei dreistufigen Zufallsexperimenten werden die Ergebnisse als *Tripel* notiert, z.B. (W|Z|W).

Beispiel: Dreifacher Münzwurf

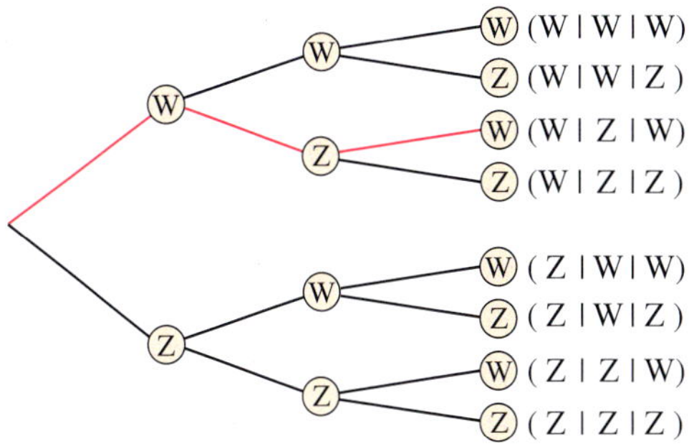

Der rote Pfad gehört zum Ergebnis (W|Z|W).

Übungsaufgaben

6. In einem Gefäß sind eine rote, zwei blaue und drei grüne Kugeln. Nacheinander werden zwei Kugeln gezogen (und nicht wieder zurückgelegt).
Stelle das Zufallsexperiment in einem Baumdiagramm dar.

7. Ein Tetraeder wird zweimal geworfen. Welche Ergebnisse gehören zu den Ereignissen? Berechne auch die Wahrscheinlichkeit dieser Ereignisse.

E_1: Mindestens einmal Augenzahl 1.
E_2: Beim zweiten Wurf Augenzahl 1.
E_3: Nur beim zweiten Wurf Augenzahl 1.
E_4: Nur ungerade Augenzahlen.
E_5: Eine gerade, eine ungerade Augenzahl.
E_6: Augensumme drei.

8. Eine Münze und ein Würfel werden nacheinander geworfen.

a) Stellt das Zufallsexperiment in einem Baumdiagramm dar. Welche Ergebnisse sind möglich?

b) Welche Baumdiagramme könnt ihr zeichnen, wenn Münze und Würfel gleichzeitig geworfen werden?

9. **a)** Zwei Glücksräder werden gedreht. Stelle das Zufallsexperiment in einem Baumdiagramm dar. Welche der Pfade gehören zum Ereignis *Zweimal dieselbe Farbe*? Welchem Ergebnis wird man die größte Wahrscheinlichkeit zuordnen?

b) Zwei Glücksräder werden gedreht. Ergänze die Eintragungen am Baumdiagramm. Gib an, wie groß die verschiedenen Sektoren der beiden Glücksräder sind. Welchem Ergebnis wird man die kleinste Wahrscheinlichkeit zuordnen?

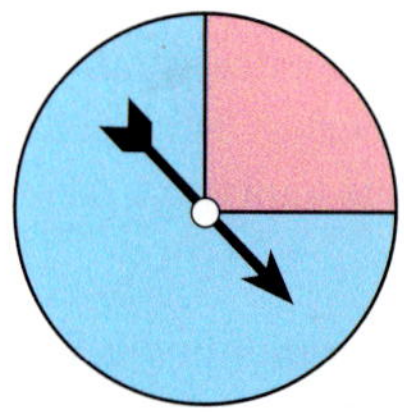
Glücksrad A

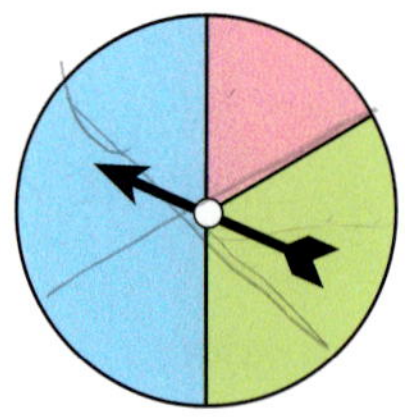
Glücksrad B

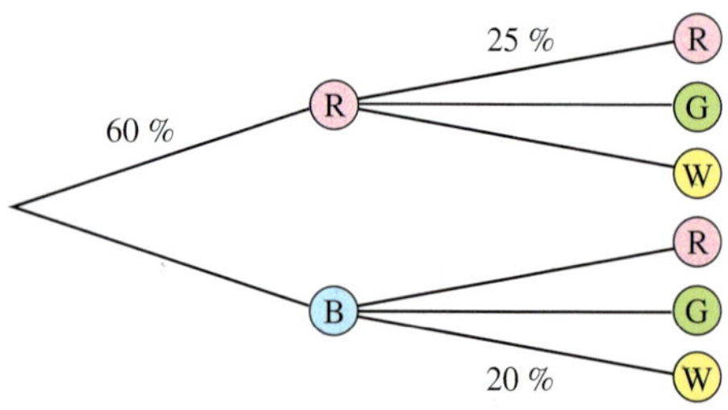

10. Mit dem Programm VU-Statistik auf der CD „Mathematik interaktiv“ aus dem Band 7 kann man auch Baumdiagramme zeichnen. Den Befehl findest du im Menü Wahrscheinlichkeit unter Wahrscheinlichkeitsbaum.

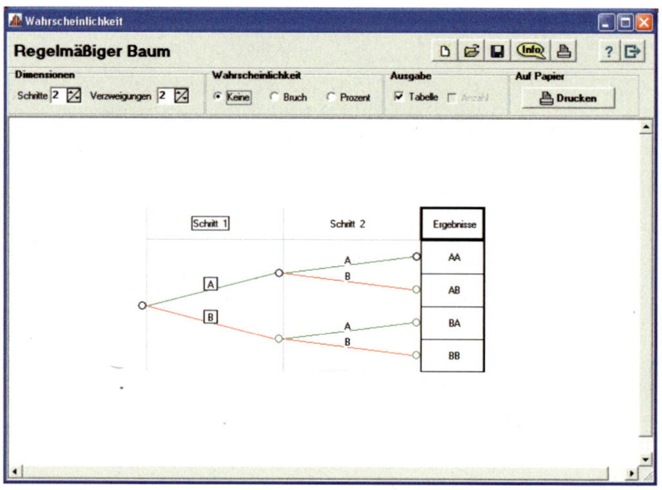

11. Eine Münze wird zweimal geworfen. Beschreibe die Ereignisse mit Worten.
$E_1 = \{(W|W); (W|Z); (Z|W)\}$ $E_2 = \{(W|W); (Z|Z)\}$ $E_3 = \{(W|Z); (Z|W)\}$

12. In einer Urne liegen 2 rote, 2 blaue und 2 grüne Kugeln. Nacheinander werden zwei Kugeln gezogen. Gezogene Kugeln werden nicht wieder zurückgelegt.

a) Zeichne ein passendes Baumdiagramm.

b) Wie viele Ergebnisse sind möglich?

13. Gib ein Zufallsexperiment an, das durch das folgende Baumdiagramm beschrieben wird. Ergänze die fehlenden Wahrscheinlichkeiten. Kann man einem der Ergebnisse eine höhere Wahrscheinlichkeit als anderen zuordnen?

a)

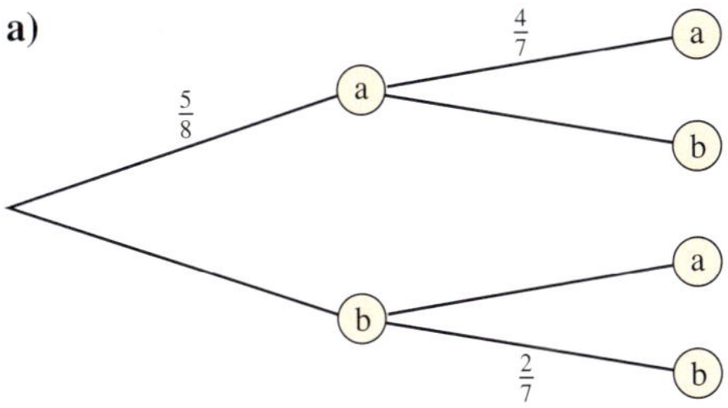

b)

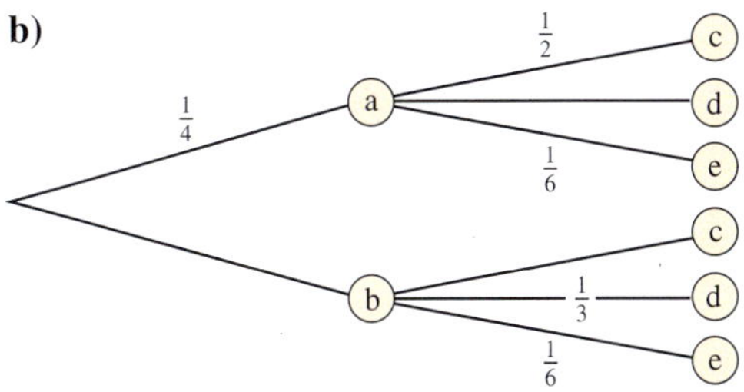

14. In einer Klasse mit 30 Schülerinnen und Schülern wird eine Erhebung durchgeführt. Die Ergebnisse der Erhebung sind durch das nebenstehende Baumdiagramm dargestellt. Ergänze die fehlenden Wahrscheinlichkeiten. Gib eine Erhebung an, die zu dem Baumdiagramm passen könnte.

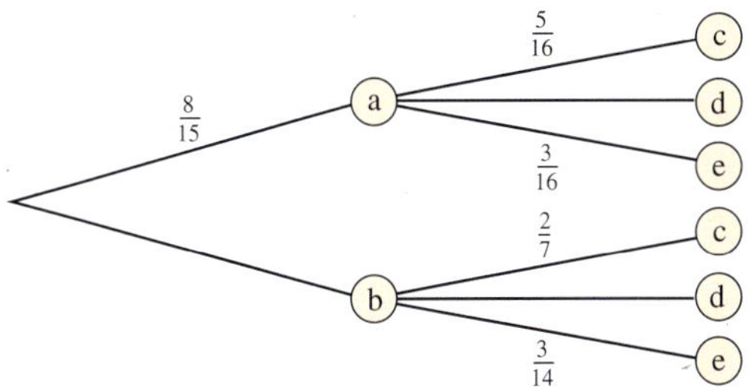

15. Robin und Verena beginnen ein „Mensch-ärgere-dich-nicht"-Spiel mit einem üblichen Spielwürfel. Nach zwei Würfen hat Robin noch keine Sechs erzielt, er beginnt wie so oft von „großem Pech" zu reden. Verena versucht, ihm mithilfe einer Tabelle Klarheit über das zweistufige Experiment zu verschaffen.

Zwei Würfe		Erster Wurf					
		1	2	3	4	5	6
Zweiter Wurf	1	Pech	Pech				Glück
	2						Glück
	3				Pech		
	4						
	5						
	6		Glück				

a) Ergänze die Tabelle in deinem Heft.

b) Bei wie vielen Ergebnissen hat Robin Glück, bei wie vielen Pech?

c) Beschreibe, wie ein entsprechendes Baumdiagramm aussehen könnte.

d) Ist Robins Meinung „großes Pech" vertretbar?

4.2 Pfadregeln

Einstieg

BLUTGRUPPEN

Zur Erklärung, dass Bluttransfusionen häufig fehlschlagen, unterschied der österreichische Mediziner Karl Landsteiner im Jahr 1901 vier verschiedene Blutgruppen: A, B, AB und 0.
Blutgruppe A enthält rote Blutkörperchen, die an ihrer Oberfläche Moleküle vom Typ A haben und außerdem Antikörper gegen die Moleküle vom Typ B, die auf der Oberfläche roter Blutkörperchen der Blutgruppe B sitzen. In Blutgruppe B wiederum sind entsprechend Antikörper gegen A enthalten. Die Blutgruppe AB weist keinen der beiden Antikörper auf, denn deren rote Blutkörperchen besitzen beide Moleküle, A und B. Die roten Blutkörperchen der Blutgruppe 0 haben weder A- noch B- Eigenschaften, es können aber Antikörper gegen beide Typen gebildet werden. Erhält ein Träger der Blutgruppe B eine Transfusion mit Blut der Gruppe A, greifen die Anti-A-Antikörper des Empfängers die übertragenen Blutkörperchen der Spenderblutgruppe A an und bewirken so eine Verklumpung der Blutkörperchen. Da Blut der Gruppe 0 keine der beiden Oberflächeneigenschaften besitzt, kann es fast jedem Menschen übertragen werden. Man nennt es daher Universalspenderblut. Träger der Blutgruppe AB besitzen keine Antikörper und können daher Bluttransfusionen aller vier Blutgruppen empfangen,sie sind Universalempfänger.
Die Verteilung der vier Blutgruppen ist in Deutschland wie folgt:

A	0	B	AB
43 %	41 %	11 %	5%

Zwei nicht verwandte Personen kommen zur Blutspende. Wie groß ist die Wahrscheinlichkeit, dass
(1) die erste Person Blutgruppe A hat, die zweite Person Blutgruppe B,
(2) die beiden Personen gleiche Blutgruppen haben,
(3) mindestens eine der Personen die seltene Blutgruppe AB hat?

Aufgabe 1

Das Glücksrad rechts hat drei verschieden große Felder. Das blaue Feld ist doppelt so groß wie das rote Feld; das grüne Feld hat die dreifache Größe des roten Feldes.

a) Das Glücksrad wird einmal gedreht. Ordne den Einzelergebnissen „Grün“, „Rot“, „Blau“ Wahrscheinlichkeiten zu.

b) Das Glücksrad wird zweimal hintereinander gedreht.
(1) Stelle dieses Zufallsexperiment durch ein Baumdiagramm dar und trage die zugehörigen Wahrscheinlichkeiten ein.
(2) Das Zufallsexperiment *Zweifaches Drehen des Glücksrades* wird 600-mal durchgeführt. Wie oft kann man dabei das Ergebnis (*Rot*|*Grün*) erwarten?
(3) Welche Wahrscheinlichkeit kann man dem Ergebnis (*Rot*|*Grün*) zuordnen? Wie kann man diese Wahrscheinlichkeit direkt aus den Wahrscheinlichkeiten längs des Pfades bestimmen?
(4) Welche Wahrscheinlichkeit hat das Ereignis „Beide Male dieselbe Farbe“?

Lösung

a) Das grüne Feld nimmt die Hälfte der gesamten Fläche ein:
P (Grün) = $\frac{1}{2}$.

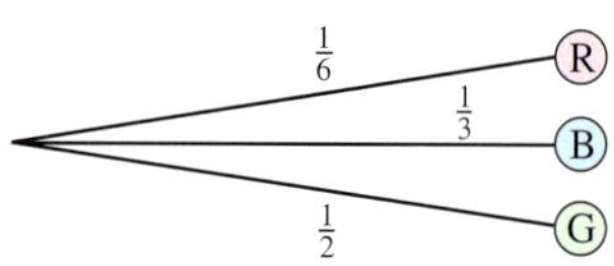

Das rote Feld ist ein Drittel des grünen Feldes, also ein Sechstel der gesamten Fläche:
P (Rot) = $\frac{1}{6}$.
Die blaue Fläche ist doppelt so groß wie die rote Fläche, also $\frac{1}{3}$ der gesamten Fläche:
P (Blau) = $\frac{1}{3}$.

b) (1)

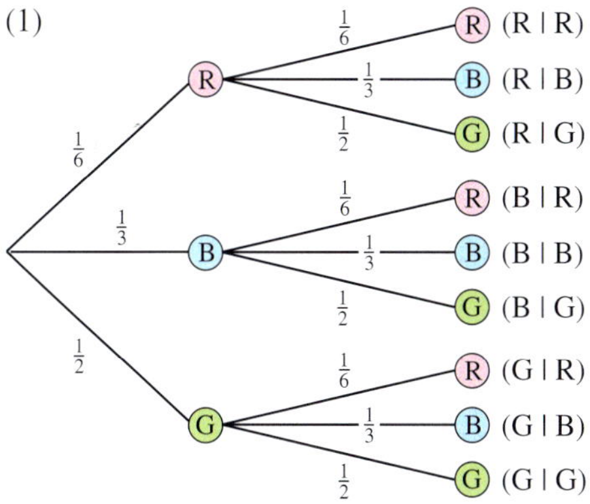

(2) Bei ungefähr $\frac{1}{6}$ aller Drehungen des Glücksrades bleibt der Zeiger auf *Rot* stehen, d. h. bei ungefähr 100 der 600 Versuchsdurchführungen. Bei ungefähr der Hälfte aller Drehungen des Glücksrades hält der Zeiger auf dem *grünen* Feld an; also auch bei der Hälfte der 100 Zufallsexperimente, bei denen er zuvor auf *Rot* stehen blieb.

Das Ergebnis (*Rot* | *Grün*) wird also bei ungefähr 50 der 600 Doppeldrehungen vorkommen.

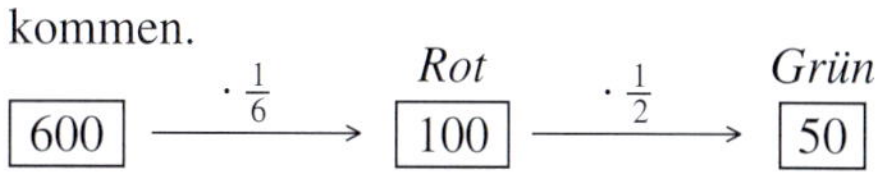

(3) Die Wahrscheinlichkeit für das Ergebnis (*Rot* | *Grün*) ist $\frac{50}{600}$, also $\frac{1}{12}$.
Die Wahrscheinlichkeit für das Ergebnis (*Rot* | *Grün*) kann man auch als Produkt aus den Wahrscheinlichkeiten für Rot ($\frac{1}{6}$) und für Grün ($\frac{1}{2}$) berechnen, denn bei einem Sechstel der Versuchsdurchführungen erscheint Rot, bei der Hälfte davon Grün. Die Hälfte von einem Sechstel ist ein Zwölftel: $\frac{1}{6} \cdot \frac{1}{2} = \frac{1}{12}$.

(4) Zum Ereignis „Beide Male dieselbe Farbe" gehören die Ergebnisse (R | R), (B | B) und (G | G). Damit ergibt sich nach der Summenregel
P(Beide Male dieselbe Farbe)
$= P(R|R) + P(B|B) + P(G|G)$
$= \frac{1}{36} + \frac{1}{9} + \frac{1}{4} = \frac{1}{36} + \frac{4}{36} + \frac{9}{36} = \frac{14}{36} = \frac{7}{18}$.

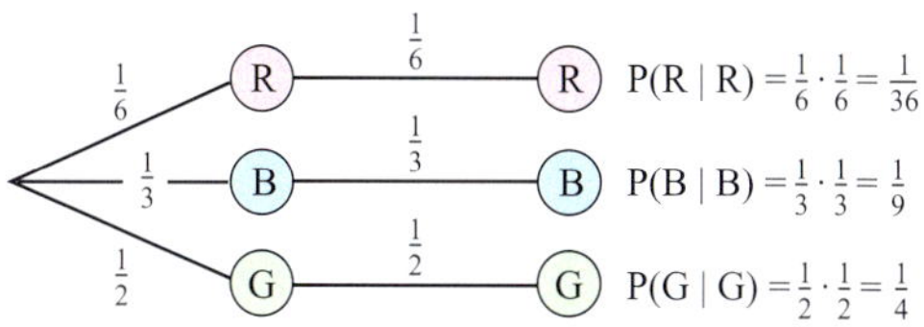

Information

(1) Pfadmultiplikationsregel

Bei einem zweistufigen Zufallsexperiment erhält man die Wahrscheinlichkeit eines Ergebnisses, das durch einen Pfad in einem Baumdiagramm dargestellt ist, folgendermaßen:

Pfadmultiplikationsregel

Die Wahrscheinlichkeit eines Pfades ist gleich dem Produkt der Wahrscheinlichkeiten längs des Pfades.

Beispiel:

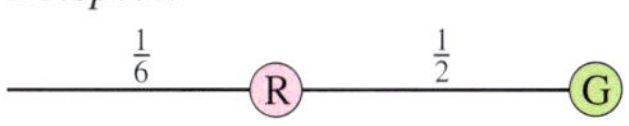

Ergebnis: (R | G)

Wahrscheinlichkeit: $\frac{1}{6} \cdot \frac{1}{2}$, also $\frac{1}{12}$

(2) Pfadadditionsregel

Die Wahrscheinlichkeit eines Ereignisses wird als Summe der Wahrscheinlichkeiten der zugehörigen Ergebnisse berechnet (*Summenregel*). Da jedes Ergebnis eines mehrstufigen Zufallsexperiments mithilfe eines Pfades in einem Baumdiagramm dargestellt werden kann, gilt:

Pfadadditionsregel

Gehören zu einem Ereignis mehrere Pfade in einem Baumdiagramm, dann erhält man die Wahrscheinlichkeit des Ereignisses, indem man die Pfadwahrscheinlichkeiten der einzelnen zu dem Ereignis gehörenden Ergebnisse addiert.

(3) Vereinfachtes Baumdiagramm

Bei der Lösung der Teilaufgabe b) (4) haben wir nicht die Wahrscheinlichkeiten aller Pfade des Baumdiagramms berechnet, sondern nur die der Pfade mit identischen Farben bei der 1. und 2. Stufe.
Will man bei einem mehrstufigen Zufallsexperiment nur die Wahrscheinlichkeit *eines* Ereignisses bestimmen, dann genügt es, ein *vereinfachtes* Baumdiagramm zu zeichnen, das nur die interessierenden Pfade enthält. Es entfällt dann aber die Möglichkeit der Summenprobe.

Weiterführende Aufgaben

2. *Anwendung der Komplementärregel bei zweistufigen Zufallsexperimenten*

Ein Glücksrad wird zweimal gedreht. Betrachtet das Ereignis.
E: *Der Zeiger bleibt mindestens einmal auf dem roten Feld stehen.*
Wie groß ist die Wahrscheinlichkeit für dieses Ereignis?

Komplementärregel

Die Wahrscheinlichkeit $P(E)$ eines Ereignisses E und die Wahrscheinlichkeit $P(\bar{E})$ des zugehörigen Gegenereignisses $\bar{E}$ ergänzen sich zu 1:

$$\mathbf{P(E) + P(\bar{E}) = 1}$$

3. *Anwenden der Regeln bei einem dreistufigen Zufallsexperiment*

Das Glücksrad aus Aufgabe 1 a) wird dreimal gedreht.
(1) Welche Wahrscheinlichkeit hat das Ereignis *Dreimal dieselbe Farbe*?
(2) Ist es günstiger, auf das Ereignis *Dreimal dieselbe Farbe* zu wetten oder auf das Ereignis *Drei verschiedene Farben*?

Übungsaufgaben

4. Ein Glücksrad wird zweimal gedreht. Zeichne das zugehörige Baumdiagramm.

(1)

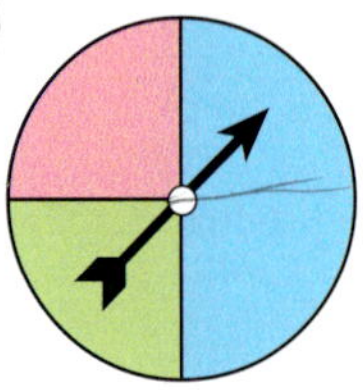

(2)

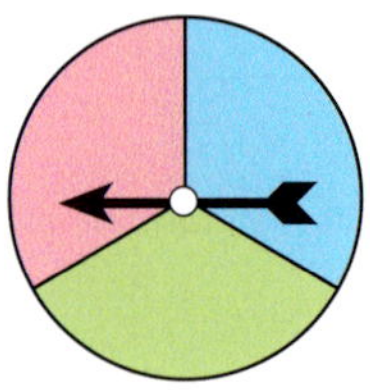

(3)

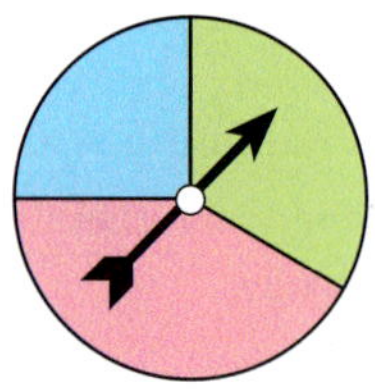

(4)

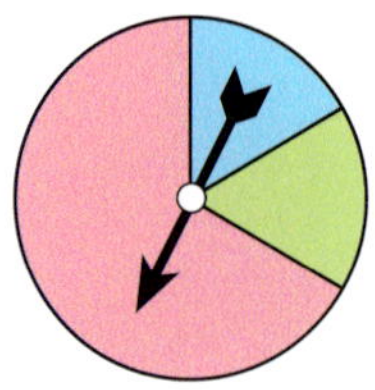

a) Welche Wahrscheinlichkeit hat das Ergebnis (Rot|Grün)?
b) Welche Wahrscheinlichkeit hat das Ereignis *Zweimal dieselbe Farbe?*
c) Bei welchem Glücksrad ist es günstig, auf das Ereignis *Zweimal dieselbe Farbe* zu setzen?

5. Bevor ein Buch gedruckt wird, werden die probeweise gedruckten Seiten auf Fehler durchgesehen. Der erste Kontrolleur findet erfahrungsgemäß 70 % der Fehler und korrigiert sie. Bei der nächsten Kontrolle werden (von übrig bleibenden Fehlern) 50 % entdeckt.
Mit welcher Wahrscheinlichkeit ist ein Fehler, der ursprünglich in einem Drucktext vorhanden war, auch nach diesen beiden Kontrollen noch nicht entdeckt?

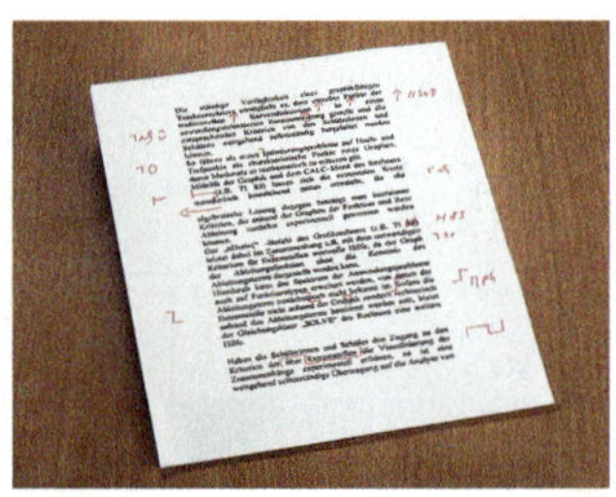

6. **a)** Mit dem Programm VU-Statistik auf der CD „Mathematik interaktiv" aus dem Band 7 kann man auch Baumdiagramme mit Wahrscheinlichkeiten erzeugen. Den Befehl findet ihr im Menü Wahrscheinlichkeit unter Wahrscheinlichkeitsbaum.

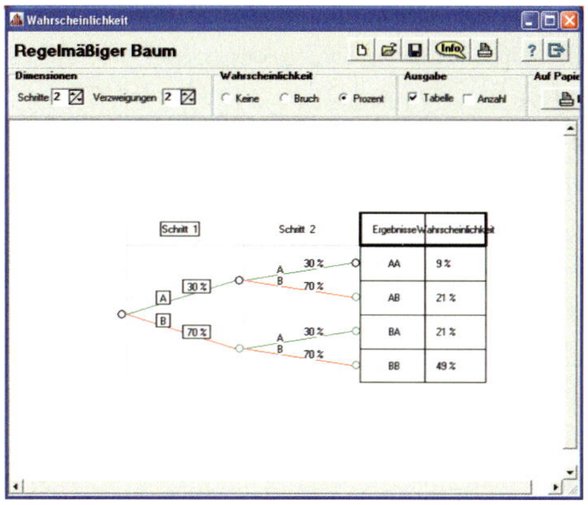

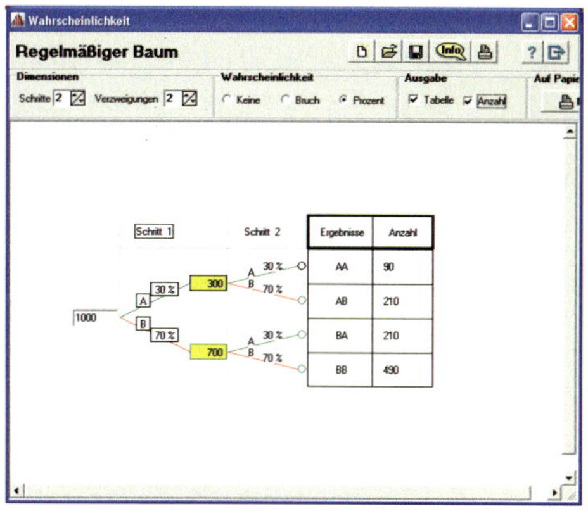

b) Benutzt das Programm, um Baumdiagramm und Wahrscheinlichkeiten von Aufgabe 1 zu bestimmen.

7. Welche der folgenden Schlussfolgerungen ist richtig?

(1) Ungefähr 40 % der Deutschen haben Blutgruppe 0; 30 % der Blutspender beim Deutschen Roten Kreuz sind unter 20 Jahre alt. Ein Blutspender beim DRK wird ausgelost.
Der Leiter der Blutspendeaktion vermutet, dass die Wahrscheinlichkeit, dass diese Person unter 20 Jahre alt ist *und* Blutgruppe 0 hat, ungefähr 12 % beträgt.

(2) 40 % der Schülerinnen und Schüler einer Klasse haben im Fach Deutsch eine gute Note (1 oder 2); im Fach Englisch sind es 30 %.
Hieraus folgt, dass der Anteil derer, die in beiden Fächern eine gute Note haben, ungefähr 12 % beträgt.

8. Julia schlägt Maria das folgende Spiel vor:
„Du darfst aus dem Becher 2 Kugeln nacheinander ziehen, ohne die erste zurückzulegen. Du gewinnst, wenn sie die gleichen Farben haben, sonst gewinne ich."

a) Sollte Maria sich auf das Spiel einlassen,
(1) wenn 3 rote und 4 blaue Kugeln in dem Becher sind;
(2) wenn 3 rote und 3 blaue Kugeln in dem Becher sind;
(3) wenn 6 rote und 3 blaue Kugeln in dem Becher sind?

b) Jetzt soll die erste gezogene Kugel nach dem Ziehen zurückgelegt werden. Welche der Spielregeln (1) bis (3) sind nun günstig für Maria, welche für Julia?

9. Ein Skatspiel besteht aus 32 Karten, jeweils 8 Kreuzkarten, 8 Pikkarten, 8 Herzkarten und 8 Karokarten. Beim Austeilen erhält jeder Spieler 10 Karten, 2 Karten werden verdeckt als Skat auf den Tisch gelegt. Bestimme die Wahrscheinlichkeit, dass im Skat

a) zwei Herzkarten liegen;

b) zwei gleichfarbige Karten liegen;

c) eine Herzkarte und eine Karokarte liegen.

10. Auf dem Tisch liegen verdeckt 8 Zahlkärtchen. Davon werden zwei Kärtchen gezogen und aus den Ziffern eine zweistellige Zahl gebildet.

a) Das erste gezogene Kärtchen stellt die Zehnerziffer dar. Dann wird das Kärtchen wieder zurückgelegt und nach dem Mischen wird ein zweites Kärtchen gezogen. Dies stellt die Einerziffer dar.
(1) Wie viele Ergebnisse sind möglich?
(2) Begründe, dass es sich bei diesem Zufallsexperiment um ein Laplace-Experiment handelt.
(3) Wie groß ist die Wahrscheinlichkeit, dass bei diesem Ziehen eine Zahl unter 20 entsteht?

b) Das erste gezogene Kärtchen stellt die Zehnerziffer dar. Das erste Kärtchen wird nicht zurückgelegt. Dann wird ein zweites Kärtchen gezogen. Die zweite Ziffer stellt die Einerziffer dar.
(1) Wie viele Ergebnisse sind möglich?
(2) Handelt es sich bei diesem Zufallsexperiment um ein Laplace-Experiment? Begründe.
(3) Wie groß ist die Wahrscheinlichkeit, dass bei diesem Ziehen eine Zahl unter 20 entsteht?

c) Die beiden Kärtchen werden gleichzeitig gezogen und so angeordnet, dass eine möglichst hohe Zahl entsteht. Bestimme die Wahrscheinlichkeit, dass bei diesem Ziehvorgang eine Zahl unter 30 entsteht.

11. Beim Roulette bleibt die Kugel in einem der Felder mit den Nummern 0, 1, …, 36 liegen. Davon sind 18 Felder rot markiert. Luiz hat noch zwei Chips, von denen er je einen in zwei aufeinander folgenden Spielen auf „Rot“ setzen will. Bleibt die Kugel in einem roten Feld liegen, so erhält er seinen Einsatz und einen gleich hohen Gewinn zurück. Sonst ist der Einsatz verloren.

a) Wie viele Chips kann Luiz nach zwei Spielen besitzen?

b) Berechne für jede dieser Möglichkeiten die Wahrscheinlichkeit.

c) Warum heißt es in Spielerkreisen: „Auf Dauer gewinnt immer die Bank“?

Dränage **⟨franz.⟩**
Entwässerungsleitung im Boden; med.: Ableitung von Wundflüssigkeiten.

12. In einen Schacht wird Wasser aus einer Dränage geleitet. Steht es dort zu hoch, kann es in den Keller eines Gebäudes eindringen. Daher wird das Wasser automatisch ab einem gewissen Wasserstand abgepumpt. Zur Sicherheit befinden sich im Schacht zwei unabhängig voneinander arbeitende Pumpen, damit ein Abpumpen auch dann noch erfolgt, wenn eine der beiden Pumpen versagt. Nach Werksangaben wird für die Pumpe garantiert, dass sie zu jedem Zeitpunkt mit einer Wahrscheinlichkeit von 99,9 % funktioniert.

a) Mit welcher Wahrscheinlichkeit fallen beide Pumpen zur gleichen Zeit aus?

b) Wie groß ist die Wahrscheinlichkeit für das korrekte Abpumpen?

c) Eine der beiden Pumpen soll durch eine teurere ersetzt werden, die in 99,99 % aller Fälle funktioniert. Auf welchen Wert steigt dadurch die Wahrscheinlichkeit für die einwandfreie Funktion?

13. Martin und Alexa werfen mit zwei Würfeln um Gummibärchen.

a) Martin gewinnt ein Bärchen, wenn die Summe der beiden Augenzahlen gerade ist. Mit wie vielen Bärchen kann Martin bei 30 Doppelwürfen rechnen?

b) Alexa gewinnt ein Bärchen, wenn das Produkt der beiden Augenzahlen ungerade ist. Mit wie vielen Bärchen kann Alexa bei 50 Doppelwürfen rechnen?

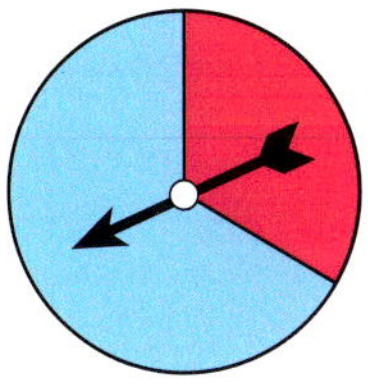

14. Ein Glücksrad wird dreimal gedreht. Stelle das Zufallsexperiment in einem Baumdiagramm dar. Welche Wahrscheinlichkeit hat das Ereignis

(1) dreimal Rot;
(2) dreimal dieselbe Farbe;
(3) zweimal Rot;
(4) öfter Rot als Blau?

15. Eine Münze wird dreimal nacheinander geworfen. Stelle das Zufallsexperiment in einem Baumdiagramm dar. Bestimme für das angegebene Ereignis die Wahrscheinlichkeit seines Eintretens.

(1) zuerst Wappen, dann zweimal Zahl
(2) nicht dreimal Wappen
(3) der letzte Wurf ist Zahl
(4) mindestens einmal Wappen
(5) mehr Wappen als Zahl
(6) gleich oft Wappen und Zahl
(7) Pasch (d.h. drei gleiche Ergebnisse)
(8) höchstens zweimal Zahl
(9) der erste Wurf ist Wappen
(10) der zweite Wurf ist Zahl

16. Wirft man Reißnägel einer bestimmten Sorte, dann tritt Lage „Kopf: Spitze nach oben“ mit Wahrscheinlichkeit 0,4 und Lage „Spitze zur Seite“ mit Wahrscheinlichkeit 0,6 auf.
Ein Reißnagel wird dreimal geworfen.

a) Mit welcher Wahrscheinlichkeit tritt das Ergebnis (Kopf | Kopf | Seite) auf?

b) Welche Wahrscheinlichkeit hat das Ereignis *Kopf kommt öfter als Seite*?

c) Welche Wahrscheinlichkeit hat das Ereignis *Nur Kopf oder nur Seite*?

17. a) Die Wahrscheinlichkeit für Wappen beim Münzwurf ist $\frac{1}{2}$, d.h. durchschnittlich kommt auf 2 Würfe einmal Wappen. Wie groß ist die Wahrscheinlichkeit für das Ereignis *(Genau) einmal Wappen* beim zweifachen Münzwurf?

b) Die Wahrscheinlichkeit für *Augenzahl 1 oder 2* beim Würfeln ist $\frac{1}{3}$. Wie groß ist die Wahrscheinlichkeit für das Ereignis *(Genau) einmal Augenzahl 1 oder 2* beim dreifachen Würfeln?

c) Die Wahrscheinlichkeit für *Zweimal Wappen* beim Werfen zweier Münzen beträgt $\frac{1}{4}$. Wie groß ist die Wahrscheinlichkeit, dass bei einem vierfachen Doppelwurf von Münzen das Ergebnis *Zweimal Wappen* (genau) einmal auftritt?

18. Robin und Verena beginnen ein „Mensch-ärgere-dich-nicht“-Spiel mit einem üblichen Spielwürfel. Als Robin an die Reihe kommt, hat er nach drei Würfen noch keine einzige Sechs erzielt und ist enttäuscht. Verena stellt das dreistufige Zufallsexperiment mit den Einzel-Ergebnissen „Sechs“ und „Keine Sechs“ mit einem geeigneten Baumdiagramm dar. Zeichne es und erkläre damit Robin, dass noch kein Grund für eine Enttäuschung vorliegt.

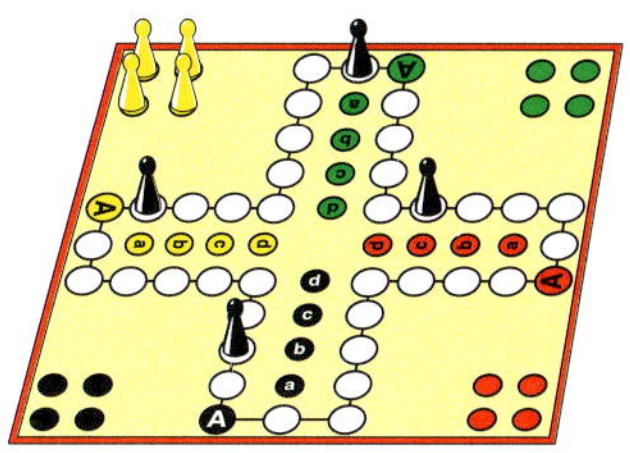

19. In Deutschland haben 43 % der Einwohner Blutgruppe A. Fünf Personen kommen zur Blutspende. Wie groß ist die Wahrscheinlichkeit, dass (genau) zwei Personen Blutgruppe A haben? Zeichne ein vereinfachtes Baumdiagramm, das nur die 10 Pfade enthält, die zum Ereignis *Zweimal Blutgruppe A* gehören.

20. Zu Annas Schulweg gehören 3 Kreuzungen mit Fußgängerampeln. Häufig, wenn sie es eilig hat, zeigen alle drei Ampeln Rot. An anderen Tagen kommt es auch vor, dass alle 3 Ampeln gerade Grün zeigen, wenn sie kommt. Zur genaueren Untersuchung dieses Sachverhalts stoppt Anna die Rot- und Grünzeiten der Ampeln.

	Ampel 1	Ampel 2	Ampel 3
Rotzeit	60 s	60 s	40 s
Grünzeit	30 s	20 s	60 s

Nimm an, dass die Ampeln nicht auf „Grüne Welle“ geschaltet sind, d. h. es ist an jeder Ampel zufällig, ob man sie bei Rot oder Grün antrifft.

a) Berechne zunächst für jede Ampel einzeln die Wahrscheinlichkeit dafür, dass sie bei Annas Ankunft Rot bzw. Grün zeigt. Zeichne dann ein Baumdiagramm.

b) Wie groß ist die Wahrscheinlichkeit, dass alle 3 Ampeln bei Annas Ankunft Rot zeigen?

c) Wie groß ist die Wahrscheinlichkeit dafür, dass alle 3 Ampeln Grün zeigen?

d) Wie groß ist die Wahrscheinlichkeit dafür, dass mindestens eine Ampel Rot zeigt?

e) Wie groß ist die Wahrscheinlichkeit dafür, dass genau eine Ampel Rot zeigt?

21. Das Glücksrad rechts wird mehrfach gedreht.
Mit welcher Wahrscheinlichkeit wird der Zeiger spätestens beim 3. Mal auf *Rot* stehen bleiben?
Überlege: Welche Ergebnisse gehören zu diesem Ereignis, welche nicht?

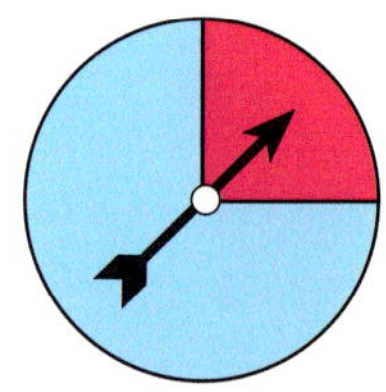

22. Laura und Katharina würfeln abwechselnd solange, bis die Augenzahl 1 gefallen ist; jeder wirft jedoch höchstens dreimal. Laura beginnt. Gewinnt Laura auf lange Sicht öfter als Katharina oder haben beide gleiche Gewinnchancen?

a) Stellt Vermutungen auf; ihr könnt das Spiel auch selbst einige Male durchführen, bevor ihr eine Vermutung aufstellt.

b) Berechnet die Wahrscheinlichkeit dafür, dass Laura gewinnt.

c) Wie groß ist die Wahrscheinlichkeit, dass es bei einer Spielrunde keinen Gewinner gibt? Wie viele von 100 Spielen müssen wiederholt werden, weil es keinen Sieger gibt?

23. Bei einem Fernsehquiz mit hohen Gewinnmöglichkeiten müssen die 10 Kandidaten zunächst unter Zeitdruck vier Begriffe in die richtige Reihenfolge bringen. Der Moderator behauptet, dass man bei einer zufällig getippten Reihenfolge eine Wahrscheinlichkeit von $\frac{1}{24}$ besteht, die richtige Reihenfolge erwischt zu haben. Hat er recht?

24. Beim Spiel „Monopoly“ wird mit zwei Würfeln geworfen. Manchmal landet man während des Spiels im „Gefängnis“. Man kann sich daraus selbst befreien, wenn man innerhalb der nächsten drei Spielrunden einen Pasch (zwei gleiche Augenzahlen) wirft, sonst muss man eine Strafe zahlen.
Vergleiche die Wahrscheinlichkeiten von „Selbst befreien“ und „Strafe zahlen“.

4.3 Streuung bei Häufigkeitsverteilungen – Boxplots

Einstieg

In zwei 8. Klassen wurde im Fach Mathematik ein Vergleichstest geschrieben. Die nebenstehenden Listen geben die von den Schülerinnen und Schülern erreichten Punktzahlen an. Vergleicht die beiden Klassen.

Einführung

Zum Vergleich der Leistungen der Schüler in verschiedenen Ländern (z.B. PISA-Studie) oder in Klassen werden Tests geschrieben. Die Veröffentlichung aller Einzelergebnisse ist oft zu umfangreich. Die bloße Angabe eines Mittelwerts dagegen zeigt viele Besonderheiten nicht. Daher zeichnet man oft so genannte Boxplots.

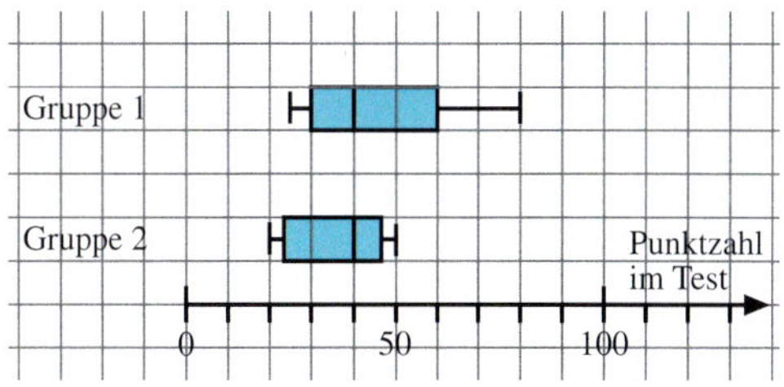

Ein Boxplot teilt die Ergebnisse mithilfe von 5 Grenzen ein:
Wir betrachten dazu die Gruppe 1.
Der mittlere Strich innerhalb des blauen Rechtecks bei 40 Punkten bedeutet, dass die untere Hälfte der Schüler bis zu 40 Punkten geschrieben hat und die obere Hälfte 40 Punkte und mehr.
Die Striche ganz links und ganz rechts geben die minimale und die maximale Punktzahl an, die erzielt wurde, hier 25 und 80.
Die linke Begrenzung des Rechtecks halbiert noch einmal die untere Hälfte der Schüler: Ein Viertel der Schüler hat höchstens 30 Punkte erzielt.
Entsprechend halbiert die rechte Begrenzung des Rechtecks die obere Hälfte: Ein Viertel der Schüler hat mindestens 60 Punkte erzielt.
Entnimm dem Boxplot für Gruppe 2 entsprechende Informationen.

Information

(1) Wiederholung: Median

Kann man die Ausprägungen eines Merkmals nach der Rangfolge ordnen, so kann man den Median bestimmen.

Den **Median** (*Zentralwert*) einer Stichprobe erhält man so:
Zunächst werden die Werte der Urliste ihrer Rangfolge nach geordnet.
Bei ungerader Anzahl von Werten ist der Median der in der Mitte stehende Wert.
Bei gerader Anzahl von Werten kann man die beiden mittleren Werte als Median angeben (wenn möglich, wählt man häufig den Mittelwert dieser beiden Werte als Median).

Beispiel:
1; 6; 2; 3; 2
Rangfolge:
1; 2; 2; 3; 6
↑ mittlerer Wert
Ergebnis:
Der Median ist 2.

(2) Spannweite

Ein grobes Maß zur Beschreibung der **Streuung** einer Häufigkeitsverteilung ist die *Spannweite*.

> Die **Spannweite** einer Häufigkeitsverteilung ist die Differenz zwischen dem größten und dem kleinsten Wert.
>
> *Beispiel*:
> Fünf Schüler stoppen die Zeit beim 100-m-Lauf: 15,4 s; 14,5 s; 15,5 s; 15,8 s; 15,3 s
>
> *Spannweite*: 15,8 s – 14,5 s = 1,3 s

(3) Boxplots – Quartile

Ein Boxplot ist folgendermaßen aufgebaut:

Box ⟨engl.⟩ Kasten
Plot ⟨engl.⟩ math.: (Kurve) aufzeichnen
Whisker ⟨engl.⟩ Schnurrbarthaar einer Katze

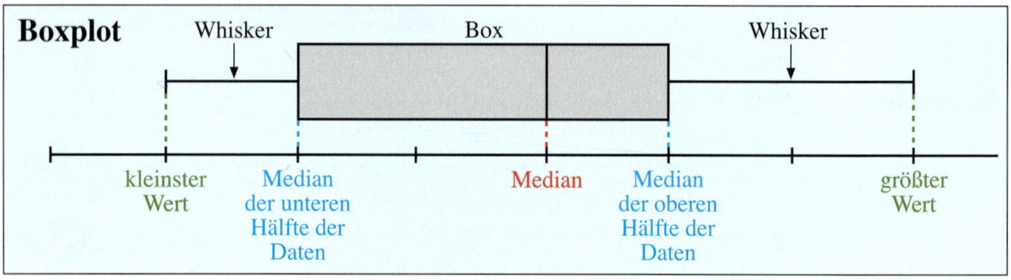

quartus ⟨lat.⟩ der Vierte
quartus pars ⟨lat.⟩ ein Viertel

Der Median der unteren Hälfte wird auch als **unteres Quartil** bezeichnet. Entsprechend nennt man den Median der oberen Hälfte der Daten **oberes Quartil**.
Die Differenz von oberem und unterem Quartil heißt *Quartilabstand*.

(4) Ausreißer

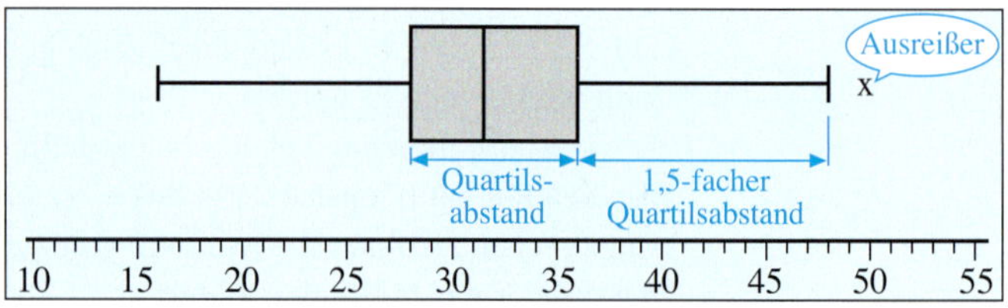

Man findet sehr häufig Abbildungen von Boxplots, bei denen die Whisker nicht bis zum kleinsten bzw. dem größten Wert durchgezeichnet werden, sondern bei denen die Länge auf das 1,5-fache des Quartilabstandes beschränkt ist. Hierdurch werden Daten außerhalb dieses Bereichs als so genannte **Ausreißer** herausgestellt.

(5) Darstellung von Boxplots mit dem GTR

Wir können Boxplots von einem grafikfähigen Taschenrechner zeichnen lassen. Die Liste mit Daten geben wir im **STAT**-Menü über den **EDIT**-Befehl ein. Die grafische Darstellung wird durch den **STAT PLOT**-Befehl veranlasst. Als Grafik-Typ wählen wir die zweite Option der Boxplots; bei der ersten Option werden Ausreißer markiert, siehe dazu Information (4).

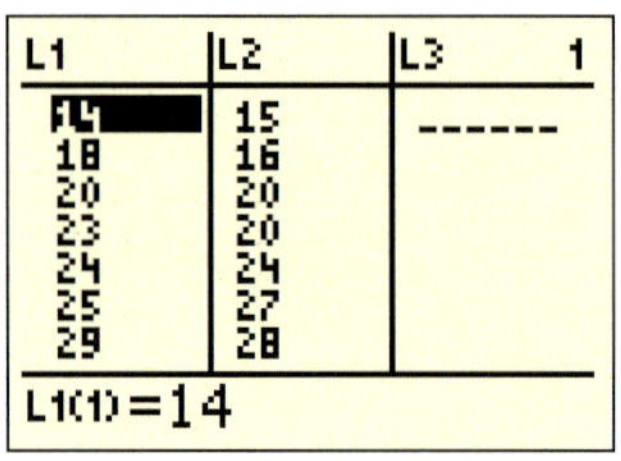

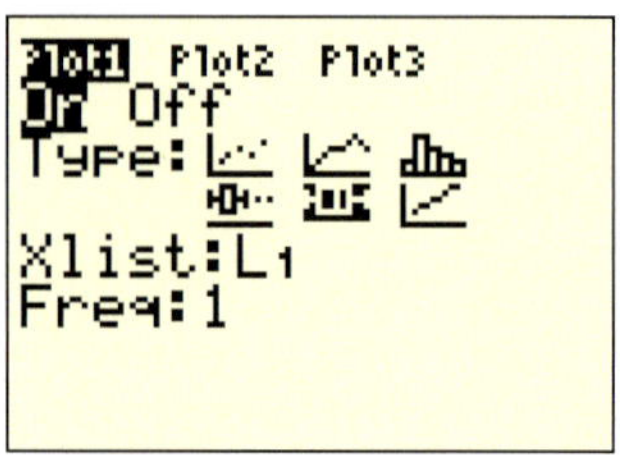

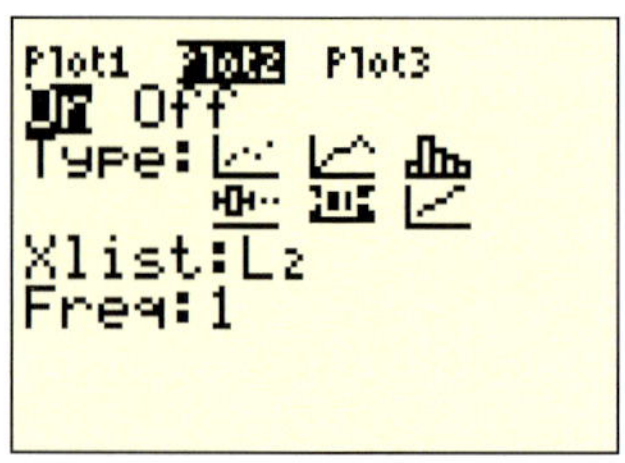

Das Zeichenfenster muss so eingestellt werden, dass alle Werte zwischen x_{min} und x_{max} liegen, y_{min} sollte auf einen negativen Wert festgelegt werden, damit die x-Achse im Zeichenfenster liegt.

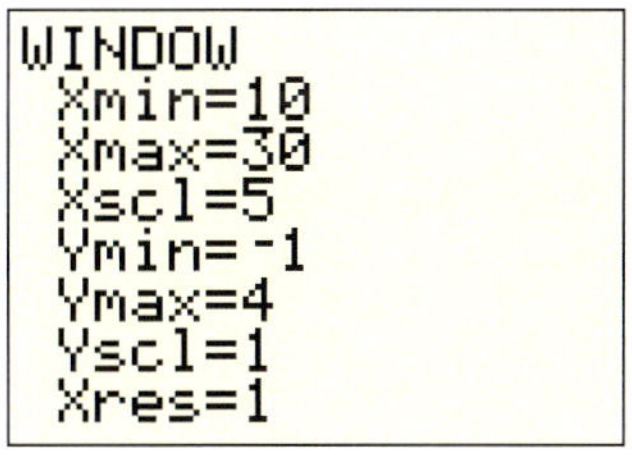

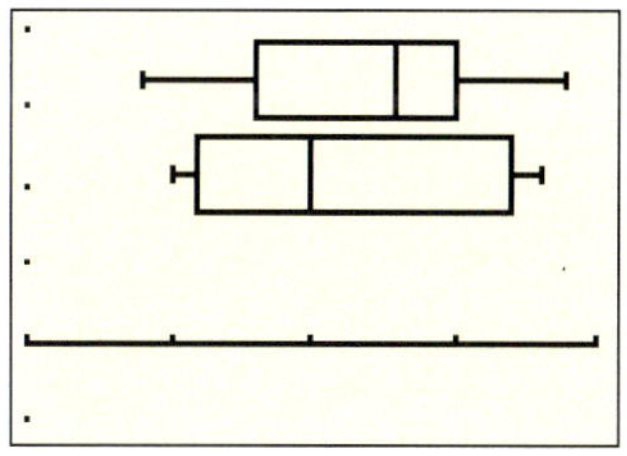

Sollen mehrere Boxplots gezeichnet werden, so müssen mehrere Plots vereinbart werden. Die Boxplots werden vom oberen Bildrand aus gezeichnet.

Mithilfe des TRACE-Befehls kann man die charakteristischen Werte der Datenmenge ablesen; man wandert dazu mithilfe der Pfeiltasten von links nach rechts – im Beispiel: der kleinste Wert (Minimum) von Liste L1 liegt bei 14, das untere (erste) Quartil (Q1) bei 18, der Median (MED) bei 23, das obere (dritte) Quartil (Q3) bei 25, der größte Wert (Maximum) von Liste L1 bei 29. Entsprechend kommt man mit der Pfeiltaste nach unten zu den charakteristischen Werten von Liste L2.

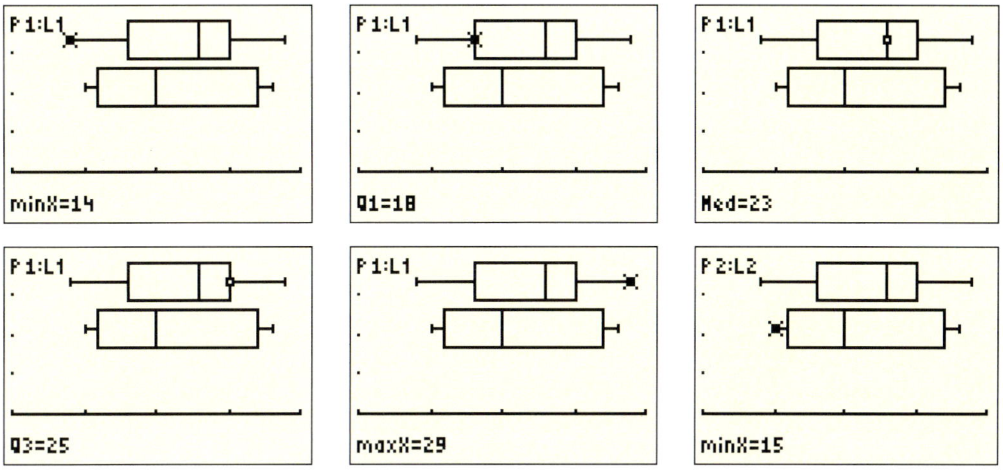

Aufgabe 1

In den beiden Spielzeiten 2005/06 und 2006/07 der Fußball-Bundesliga ergaben sich die nebenstehenden Tabellenstände (Angabe der Mannschaften mit erreichter Punktzahl).
Wie viele Punkte sind demnach in der Regel notwendig, um zur Spitzengruppe (oberes Viertel) der Bundesliga zu gehören? Wie viele Punkte bringen Abstiegsgefahr (unteres Viertel)?
Fasse dazu die Punktzahlen aus den beiden Spielzeiten zu einer Häufigkeitsverteilung zusammen und stelle diese in Form eines Boxplots dar.

	2005 / 2006			2006 / 2007	
1	Bayern München	75	1	VFB Stuttgart	70
2	Werder Bremen	70	2	FC Schalke 04	68
3	Hamburger SV	68	3	Werder Bremen	66
4	FC Schalke 04	61	4	Bayern München	60
5	Bayer Leverkusen	52	5	Bayer Leverkusen	51
6	Hertha BSC Berlin	48	6	1. FC Nürnberg	48
7	Borussia Dortmund	46	7	Hamburger SV	45
8	1. FC Nürnberg	44	8	VfL Bochum	45
9	VFB Stuttgart	43	9	Borussia Dortmund	44
10	Mönchengladbach	42	10	Hertha BSC Berlin	44
11	Mainz 05	38	11	Hannover 96	44
12	Hannover 96	38	12	Arminia Bielefeld	42
13	Arminia Bielefeld	37	13	Energie Cottbus	41
14	Eintracht Frankfurt	36	14	Eintracht Frankfurt	40
15	VFL Wolfsburg	34	15	VFL Wolfsburg	37
16	Kaiserslautern	33	16	Mainz 05	34
17	1. FC Köln	30	17	Alemannia Aachen	34
18	MSV Duisburg	27	18	Mönchengladbach	26

Lösung

Wir stellen die Punktzahlen aus den beiden Spielzeiten in einer gemeinsamen Liste geordnet zusammen:

26, 27, 30, 33, 34, 34, 34, 36, 37, 37, 38, 38, 40, 41, 42, 42, 43, 44, 44, 44, 44, 45, 45, 46, 48, 48, 51, 52, 60, 61, 66, 68, 68, 70, 70, 75

Diese Tabelle enthält 36 Werte. Der Median ist also das arithmetische Mittel aus dem 18. und 19. Wert.

26, 27, 30, 33, 34, 34, 34, 36, 37, 37, 38, 38, 40, 41, 42, 42, 43, 44, | 44, 44, 44, 45, 45, 46, 48, 48, 51, 52, 60, 61, 66, 68, 68, 70, 70, 75

Median
44

Die untere Hälfte umfasst 18 Werte. Das untere Quartil ist das arithmetische Mittel aus dem 9. und 10. Wert. Entsprechend ist das obere Quartil das arithmetische Mittel aus dem 27. und 28. Wert.

26, 27, 30, 33, 34, 34, 34, 36, 37, | 37, 38, 38, 40, 41, 42, 42, 43, 44, | 44, 44, 44, 45, 45, 46, 48, 48, 51, | 52, 60, 61, 66, 68, 68, 70, 70, 75

unteres Quartil 37 — Median 44 — oberes Quartil ~~37~~ 51,5

Mit diesen Werten zeichnen wir den Boxplot.

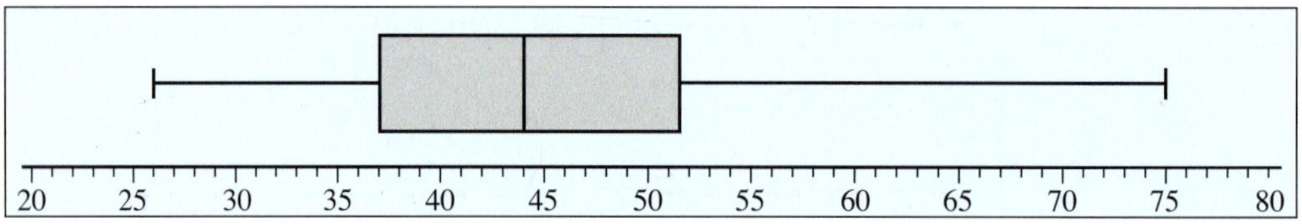

Wir lesen ab: Der Median liegt bei 44 Punkten, das untere Quartil bei 37 Punkten, das obere bei 51,5 Punkten. Mannschaften sind also abstiegsgefährdet, wenn sie weniger als 37 Punkte haben. Mannschaften gehören zur Spitzengruppe, wenn sie 52 oder mehr Punkte erreichen.

Weiterführende Aufgaben

2. *Sonderfälle bei der Bestimmung des Medians und der Quartile*

a) Zeichne einen Boxplot zu den Daten 1; 2; 3; 3; 3; 3; 4.

b) Kontrolliere dein Ergebnis mit dem GTR.

c) Untersuche weitere Sonderfälle an selbst erzeugten Listen.

3. *Zeichnen eines Boxplots einer Häufigkeitsverteilung mit absoluten Häufigkeiten*

In Aufgabe 1 wurden die Daten aus den Spielzeiten 2005/2006 und 2006/2007 der Bundesliga ausgewertet. Um eine breitere Datenbasis zu erhalten, sollen nun vier Spielzeiten von 2003/2004 bis 2006/2007 zusammen ausgewertet werden. In den Spielzeiten 2003/2004 und 2004/2005 wurden nebenstehende Punktzahlen erreicht.

	2003 / 2004	
1	Werder Bremen	74
2	Bayern München	68
3	Bayer Leverkusen	65
4	VFB Stuttgart	64
5	VFL Bochum	56
6	Borussia Dortmund	55
7	FC Schalke 04	50
8	Hamburger SV	49
9	Hansa Rostock	44
10	VFL Wolfsburg	42
11	Mönchengladbach	39
12	Hertha BSC Berlin	39
13	SC Freiburg	38
14	Hannover 96	37
15	Kaiserslautern	36
16	Eintracht Frankfurt	32
17	1860 München	32
18	1. FC Köln	23

	2004 / 2005	
1	Bayern München	77
2	FC Schalke 04	63
3	Werder Bremen	59
4	Hertha BSC Berlin	58
5	VFB Stuttgart	58
6	Bayer Leverkusen	57
7	Borussia Dortmund	55
8	Hamburger SV	51
9	VFL Wolfsburg	48
10	Hannover 96	45
11	Mainz 05	43
12	Kaiserslautern	42
13	Arminia Bielefeld	40
14	1. FC Nürnberg	38
15	Mönchengladbach	36
16	VfL Bochum	35
17	Hansa Rostock	30
18	SC Freiburg	18

a) Zeichne einen Boxplot. Fasse dazu zunächst alle Punktzahlen in einer Tabelle mit absoluten Häufigkeiten zusammen.

Punktzahl	18	23	26	30
Häufigkeit	1	1	1	2

b) Zeichne nun zu der Häufigkeitstabelle einen Boxplot mit dem GTR. Verwende dazu eine Liste für die Punktzahlen und eine zweite für die absoluten Häufigkeiten.

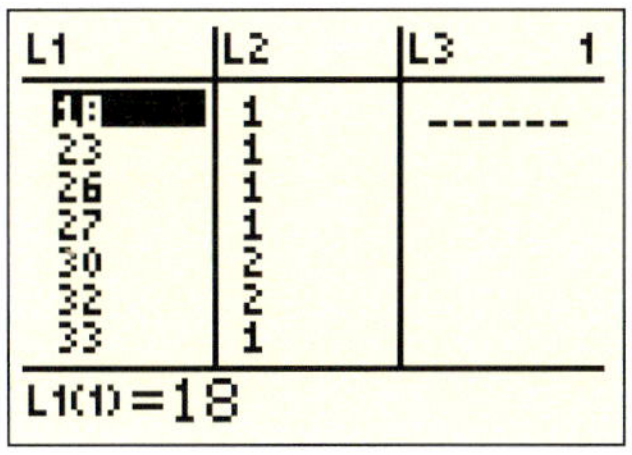

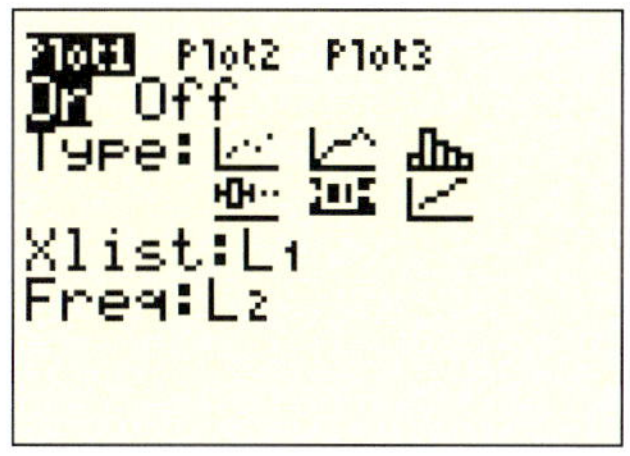

Übungsaufgaben

4. Eine Autozeitschrift hat ein Automodell von 14 Frauen und 18 Männern auf den Benzinverbrauch (in *l* pro 100 km) testen lassen. Vergleiche die Stichproben anhand von Boxplots.

Frauen: 7,0; 4,8; 6,1; 8,8; 4,5; 5,7; 7,9; 5,7; 7,4; 4,8; 5,6; 7,2; 5,3; 5,4

Männer: 6,3; 8,9; 9,0; 5,4; 9,4; 8,9; 7,6; 5,3; 9,7; 7,3; 7,2; 6,3; 7,9; 4,6; 6,0; 9,8; 6,5; 4,4

5. In einer Firma füllen drei Maschinen Blumensamen einer Neuzüchtung in Tüten ab. Im Rahmen einer Qualitätskontrolle werden von allen Maschinen abgefüllte Tüten nachgewogen.
Haben die drei Maschinen gleich gut gearbeitet?

gemessenes Gewicht (in g)	Anzahl der Tüten von Maschine A	Maschine B	Maschine C
10,0	0	0	1
10,1	1	3	2
10,2	3	2	2
10,3	4	3	3
10,4	4	4	4
10,5	4	2	4
10,6	3	4	0
10,7	1	2	3
10,8	0	0	1

6. Testet euer Zeitgefühl. Lasst verdeckt eine Stoppuhr anlaufen. Wenn ihr meint, dass 10 Sekunden vergangen sind, haltet ihr sie wieder an. Führt 15 Versuche durch und zeichnet einen Boxplot.
Vergleicht mit den Ergebnissen eurer Mitschüler.

7. Mit dem Programm VU-Statistik auf der CD „Mathematik interaktiv" aus dem Band 7 könnt ihr eure Reaktionszeiten messen. Verwendet Boxplots zur Darstellung der Dauer bis zum Betätigen der Leertaste. Dabei macht die Option rechts Ausreißer deutlich.
Wie sehen eure Boxplots aus? Wer von euch erreicht den niedrigsten Wert des Medians, wer schafft den geringsten Quartilabstand?

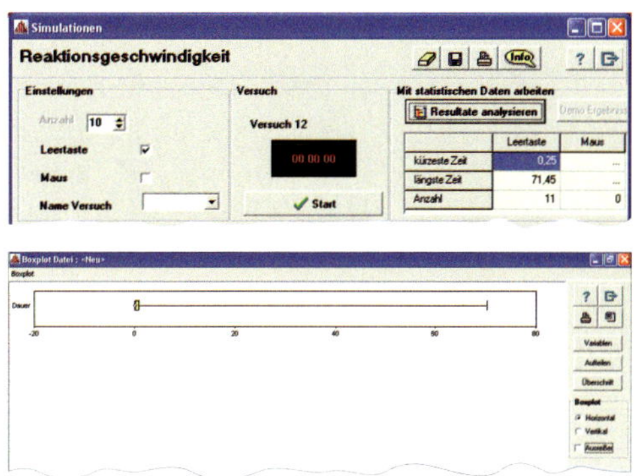

8. a) Zu Beginn des neuen Schuljahrs werden die Geburtsdaten der Schülerinnen und Schüler von zwei Klassen eingetragen. Untersuche die Altersstruktur der Parallelklassen 8 a und 8 b; zeichne Boxplots zur Altersstruktur der beiden Klassen. Vergleiche.

8a	8b	8a	8b	8a	8b
17.03.1994	15.07.1993	13.08.1993	17.03.1994	24.09.1993	26.02.1994
08.05.1994	09.04.1994	24.12.1993	08.04.1994	15.04.1994	25.05.1994
18.08.1993	16.12.1993	06.02.1994	28.06.1994	07.12.1993	12.11.1993
09.08.1993	06.08.1993	11.08.1994	30.08.1994	13.03.1994	30.09.1994
26.09.1993	21.05.1994	05.02.1994	13.01.1994	18.04.1994	04.07.1994
03.05.1994	24.09.1993	28.09.1992	31.05.1994	09.03.1994	17.08.1993
02.11.1993	27.06.1994	12.03.1994	30.07.1993	10.07.1993	09.11.1993
14.03.1994	06.02.1994	28.12.1993	16.06.1994	30.04.1994	
12.03.1994	21.04.1994	18.09.1993	13.04.1994		
30.08.1993	04.05.1994	12.05.1994	17.05.1994		

b) Besorgt euch aktuelle Daten von euren Parallelklassen. Welche Besonderheiten der Alterszusammensetzungen fallen auf?

9. Mithilfe des Programms VU-Statistik auf der CD aus Band 7 können wir den Münzwurf simulieren. Das Programm zeichnet automatisch Boxplots, wenn man diese Münzwurfserien mehrfach wiederholt.

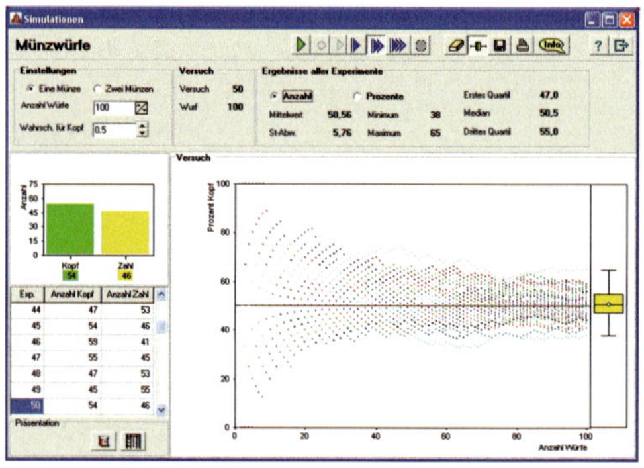

a) Worauf beziehen sich die Boxplots in der Abbildung rechts?
Was bedeutet ein Kreuzchen oberhalb oder unterhalb des Boxplots?

b) Simuliere den 100fachen, 200fachen, 400fachen Münzwurf jeweils 10-mal. Was fällt an den zugehörigen Boxplots auf?

10. Ordne die Häufigkeitsdiagramme den passenden Boxplots zu. Erkläre die unterschiedliche Länge der Whisker.

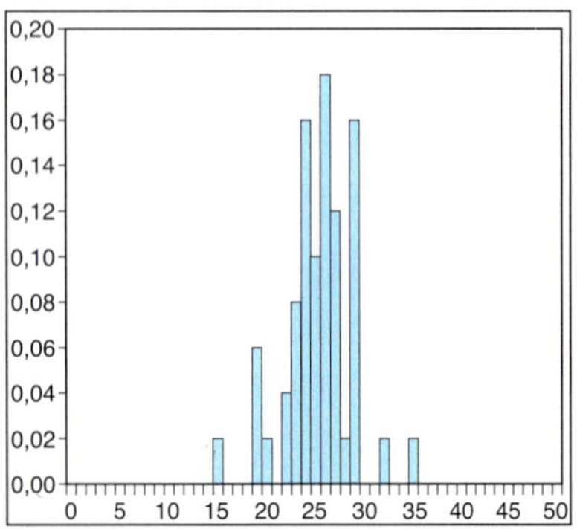

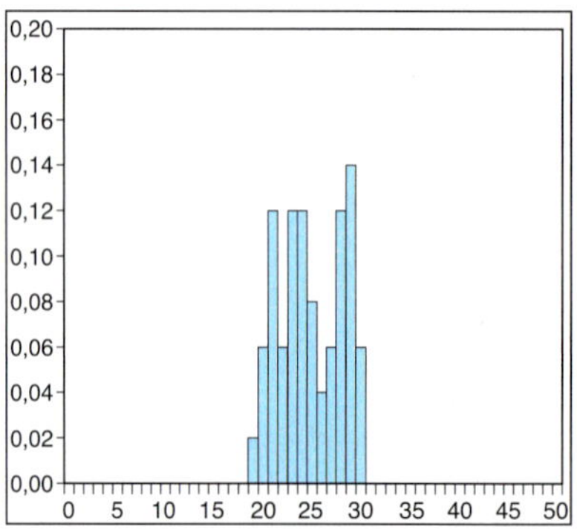

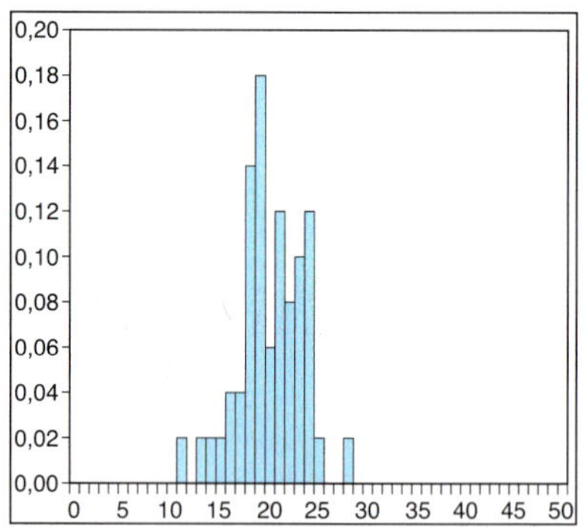

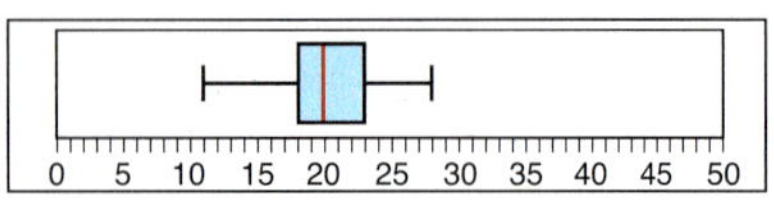

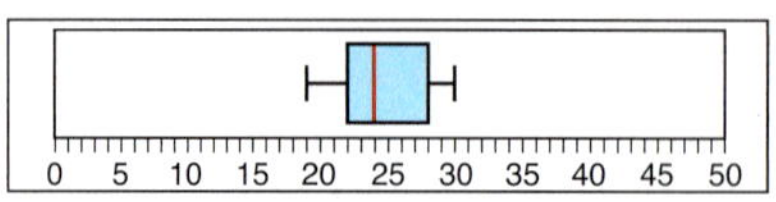

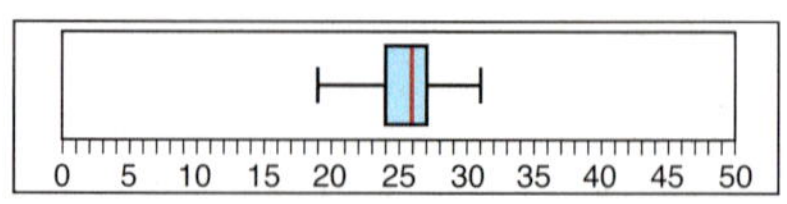

4.4 Aufgaben zur Vertiefung

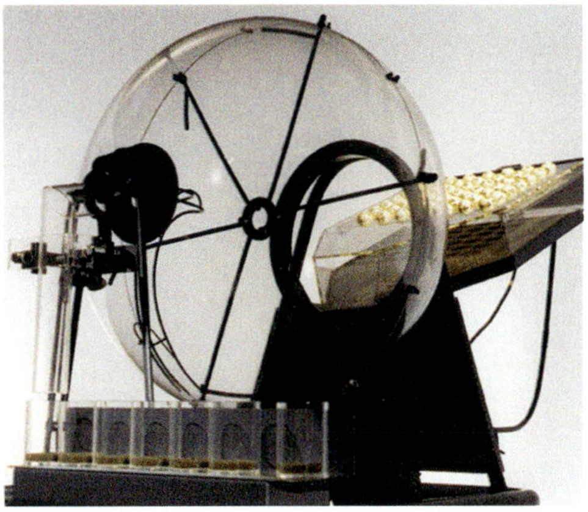

1. Bei der Lottoziehung *6 aus 49* werden nacheinander 6 Kugeln aus einer Urne mit 49 nummerierten Kugeln ohne Zurücklegen gezogen.

a) Begründe: Die Wahrscheinlichkeit, alle 6 Zahlen richtig vorherzusagen, beträgt:
$\frac{6}{49} \cdot \frac{5}{48} \cdot \frac{4}{47} \cdot \frac{3}{46} \cdot \frac{2}{45} \cdot \frac{1}{44} = \frac{1}{13\,983\,816}$

b) Begründe: Die Wahrscheinlichkeit, keine der 6 Zahlen richtig vorherzusagen, beträgt:
$\frac{43}{49} \cdot \frac{42}{48} \cdot \frac{41}{47} \cdot \frac{40}{46} \cdot \frac{39}{45} \cdot \frac{38}{44}$

c) Jede Woche werden ungefähr 100 Millionen Tipps abgegeben. Wie viele Tipps mit *6 Richtigen* [*0 Richtigen*] werden etwa dabei sein?

d) Kontrolliere dein Ergebnis durch Recherche der letzten Wochenziehungen im Internet.

2. a) Sechs Freunde sitzen zusammen und feiern den Geburtstag von Leon. Dabei fällt ihnen auf, dass jeder von ihnen in einem anderen Monat Geburtstag hat. „Mich wundert das nicht“, sagt Pascal, „schließlich gibt es doch 12 Monate und wir sind sechs!“

(1) Schätze zunächst, wie häufig es vorkommt, dass 6 zufällig ausgewählte Personen in lauter verschiedenen Monaten Geburtstag haben.

(2) Begründe dazu, warum die gesuchte Wahrscheinlichkeit gleich $P(E) = \frac{12}{12} \cdot \frac{11}{12} \cdot \frac{10}{12} \cdot \frac{9}{12} \cdot \frac{8}{12} \cdot \frac{7}{12}$ ist, und berechne den Term.

(3) Welche Wahrscheinlichkeit hat also das Ereignis $\overline{E}$: *Mindestens zwei von sechs zufällig ausgewählten Personen haben im gleichen Monat Geburtstag?*

b) (1) Wie groß ist die Wahrscheinlichkeit, dass von 10 zufällig ausgewählten Personen mindestens zwei am gleichen Tag Geburtstag haben?

(2) Berechne die gesuchte Wahrscheinlichkeit auch für 15, 20, 25 Personen.

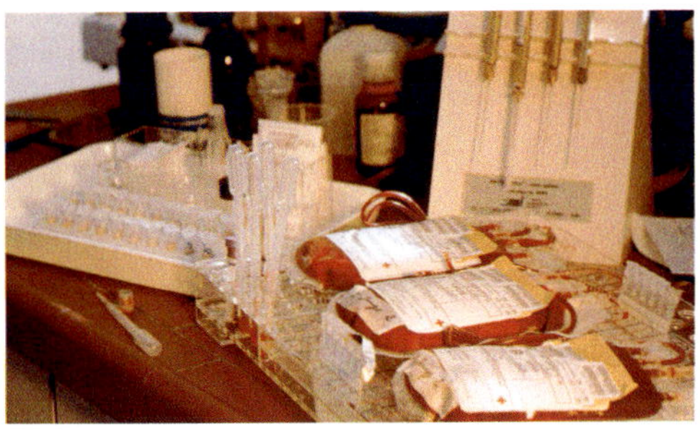

3. Bei einer Blutspende-Stelle eines Krankenhauses werden dringend Spenden der Blutgruppe B benötigt, die nur bei 11 % der Einwohner Deutschlands vorhanden ist. Nacheinander kommen einzelne Spender zum Krankenhaus.

a) Berechne die Wahrscheinlichkeit, dass unter 5 Blutspendern auch mindestens einer mit Blutgruppe B ist.

b) Wie viele Spender sind notwendig, damit die Wahrscheinlichkeit für das Ereignis *Mindestens ein Spender hat Blutgruppe B* größer ist als 90 %?

Im Blickpunkt

Im Blickpunkt

Klassische Probleme aus der Geschichte der Wahrscheinlichkeitsrechnung

1. Warum lohnt es sich, beim 4-fachen Würfeln darauf zu wetten, dass mindestens eine Sechs fällt, aber nicht darauf, dass beim 24-fachen Würfeln mit zwei Würfeln mindestens ein Sechser-Pasch auftritt?

BLAISE PASCAL (1623–1662) und PIERRE DE FERMAT (1607–1665) korrespondierten 1654 über die Lösung dieses Problems des CHEVALIER DE MÉRÉ – dies gilt als die „Geburtsstunde" der Wahrscheinlichkeitsrechnung.
Betrachte zur Lösung das Ereignis
E_1: *Beim 4-fachen Würfeln fällt keine Sechs* bzw.
E_2: *Beim 24-fachen Würfeln mit zwei Würfeln fällt keine Doppelsechs* und jeweils das zugehörige Gegenereignis. Vergleiche die berechneten Wahrscheinlichkeiten.

2. Bei einem Glücksspiel, das aus mehreren Runden besteht, gewinnt derjenige von zwei Mitspielern den gesamten Spieleinsatz, der als erster eine bestimmte Punktzahl erreicht. Das Spiel muss bei einem gewissen Zwischenstand abgebrochen werden. Wie ist die gerechte Aufteilung des Spieleinsatzes?

Dieses so genannte *Problème des partis* findet sich im Buch „Della Summa de Arithmetica Geometria Proportioni et Proportionalita" von LUCA PACIOLI (1445–1514). PACIOLI gab eine Lösung an, die von GERONIMO CARDANO (1501–1576) und von NICCOLO TARTAGLIA (1449–1557) kritisiert wurde. PIERRE DE FERMAT und BLAISE PASCAL lösten das Problem 1654 mithilfe eines Baumdiagramms.
PASCAL und FERMAT sahen es als gerecht an, wenn die ausgefallenen Runden des abgebrochenen Spiels durch Münzwurf ersetzt werden.
Angenommen, eine Mannschaft gewinnt das Spiel, wenn sie 6 Punkte erreicht hat; das Spiel musste beim Stand von 5 : 2 abgebrochen werden. Zeichne ein Baumdiagramm für die ausstehenden Runden und bestimme die Wahrscheinlichkeit dafür, dass die führende Mannschaft gewinnt.

3. Der holländische Mathematiker CHRISTIAN HUYGENS (1629–1695) nahm 1657 verschiedene bekannte Probleme in das erste große Lehrbuch der Wahrscheinlichkeitsrechnung „Van reeckening in spelen von geluck" (lateinisch: „De ratiociniis in ludo aleae") auf. HUYGENS löste viele Aufgaben, indem er Gewinnerwartungen berechnete.
Wir betrachten die in Aufgabe 2 beschriebene Situation eines Spiels, das beim Stand von 5 : 2 abgebrochen wurde und das eigentlich solange hätte dauern sollen, bis eine Mannschaft 6 Punkte erreicht hat. Wie oft muss man im Mittel noch die Münze werfen, um das unterbrochene Spiel zu Ende zu bringen?

4. Beim Würfeln mit 2 Würfeln tritt die Augensumme 11 genauso häufig auf wie Augensumme 12. Beide Augensummen kommen dreimal so häufig vor wie Augensumme 7.

Dem großen Mathematiker GOTTFRIED WILHELM LEIBNIZ (1646–1716) werden diese Behauptungen nachgesagt. Überprüfe dies. Bestimme dazu allgemein die Wahrscheinlichkeit für die Augensummen 2, 3, 4, ..., 12 beim zweifachen Würfeln.

5. Die Wahrscheinlichkeit für eine Sechs ist $\frac{1}{6}$; also lohnt es sich darauf zu wetten, dass eine Sechs in drei Würfen auftritt.

Diese Aussage findet man im Buch „Liber de ludo aleae" (Über das Glücksspiel) von GERONIMO CARDANO (1501–1576). Überprüfe diese Behauptung.

6. Erhält man beim Werfen mit 3 Würfeln Augensumme 10 häufiger als Augensumme 9?

GALILEO GALILEI (1564–1642) wurde diese Aufgabe von seinem Fürsten vorgelegt. Überprüfe diese Behauptung.

7. Aus einem Kartenspiel mit 32 Karten [52 Karten] werden zufällig 4 Karten ohne Zurücklegen gezogen. A wettet mit B, dass dies 4 Karten mit verschiedenen Symbolen sind (Kreuz, Pik, Herz, Karo). Bei welchem Wetteinsatz ist dies eine faire Wette?

Aufgaben dieser Art schickte PIERRE DE FERMAT (1607–1665) an CHRISTIAN HUYGENS (1629–1695). Was müsste B zahlen, wenn A einen Euro setzen würde?

8. 13 Karten werden gut gemischt und eine Karte nach der anderen abgehoben. Stimmt kein Kartenwert mit der Ziehungsnummer überein, so gewinnt der Spieler, andernfalls die Bank.

Dieses so genannte *Rencontre-Problem* findet sich zum ersten Mal im „Essai d'Analyse sur les Jeux de Hazard" von PIERRE RÉMOND DE MONTMORT (1678–1719). Seit einer Arbeit von LEONHARD EULER (1707–1783) wird das Problem als Rencontre-Problem bezeichnet („Calcul de la probabilité dans le jeu de rencontre", 1751). Löse dieses Problem für ein Kartenspiel mit 3 Karten [4 Karten]. Mit welcher Wahrscheinlichkeit stimmt bei keiner Karte der Kartenwert mit der Nummer überein [bei einer Karte; bei zwei Karten; bei drei Karten; bei vier Karten]? *Hinweis:* Nimm für das Ass den Kartenwert 1.

9. A und B spielen mit einem Würfel. Derjenige von beiden hat gewonnen, der als Erster eine Sechs wirft. Welche Chancen hat A zu gewinnen?
(1) A beginnt; dann würfelt B; danach ist A wieder an der Reihe usw.
(2) A beginnt und wirft einmal; dann folgt B; anschließend darf A zweimal würfeln, dann B zweimal usw.
(3) A beginnt und wirft einmal; dann würfelt B zweimal; anschließend darf A dreimal würfeln, dann B viermal usw.

Aufgaben dieser Art findet man im Buch „Ars conjectandi" („Mutmaßungskunst") des Schweizer Mathematikers JACOB BERNOULLI (1655–1705). Berechne die Wahrscheinlichkeiten für einen Gewinn von A bzw. innerhalb der ersten 10 Runden.

Bist du fit?

1. a) Das abgebildete Glücksrad wird zweimal gedreht. Bestimme die Wahrscheinlichkeit für das Ereignis:
E_1: Zweimal die gleiche Farbe
E_2: Zwei verschiedene Farben

b) In einer Urne befinden sich 12 gleichartige Kugeln, davon 5 rote, 4 blaue, 2 grüne und 1 gelbe. Zwei Kugeln werden ohne Zurücklegen gezogen. Bestimme die Wahrscheinlichkeiten der Ereignisse E_1 und E_2 aus Teilaufgabe a).

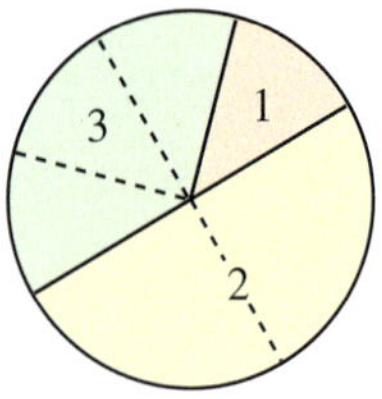

2. Bei einer Geburtstagsfeier wird für eine Verlosung eine Glückszahl bestimmt: Zunächst dreht man das Glücksrad links und erhält eine Zahl. Danach wirft man eine Münze; bei Zahl wird die Glücksradzahl verdoppelt, bei Wappen bleibt sie unverändert.
Welche Glückszahlen sind möglich? Bestimme ihre Wahrscheinlichkeiten.

3. Das Büro einer Firma ist mit einer Sicherung an der Haupttür und einem Bewegungsmelder im Kassenraum gegen Einbruch gesichert. Nach Werksangaben wird garantiert, dass die Türsicherung in 99,5 %, der Bewegungsmelder in 98,5 % aller Störungen funktioniert.

a) Welche Wahrscheinlichkeit wird für das gleichzeitige Funktionieren beider Sicherungssysteme garantiert?

b) Bestimme die Wahrscheinlichkeit, dass beim Einbruch beide Sicherungen versagen können.

c) Die Firma möchte einen anderen Bewegungsmelder installieren, sodass die Wahrscheinlichkeit für ein ungehindertes Eindringen bei höchstens 1 : 100 000 liegt. Mit welcher Wahrscheinlichkeit müsste dann das Funktionieren des Melders garantiert sein?

4. Bei einem Wettbewerb im Kirschkern-Weitspucken werden die erreichten Weiten gemessen.
Beschreibe die Informationen des abgebildeten Boxplots mit Worten.

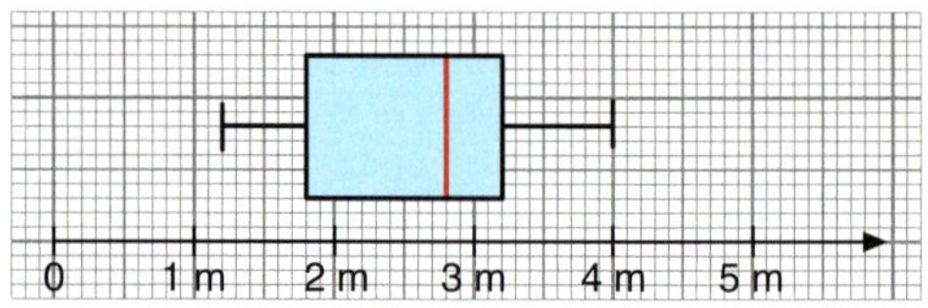

5. Eine Autozeitschrift testet zwei neue Automodelle hinsichtlich ihres Benzinverbrauchs. Die Tabelle gibt an, was verschiedene Fahrer auf 100 km verbrauchten (Angaben in Liter pro 100 km).

Auto A	5,4	6,7	5,3	6,1	5,9	7,2	5,4	7,0	6,5	5,7	7,3	6,7			
Auto B	6,5	5,7	5,4	5,9	6,7	6,3	5,5	6,5	5,8	6,0	6,1	5,3	5,2	5,2	6,2

Bestimme Median und Quartile und zeichne Boxplots zu den Daten. Vergleiche die Testergebnisse.

Bleib fit im ...
Umgang mit Prozenten

Zum Aufwärmen

1. Schreibe den dargestellten Anteil als Bruch, als Dezimalbruch und in Prozent.

a) 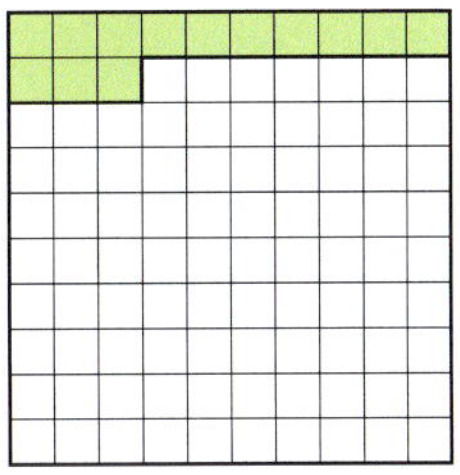
b) 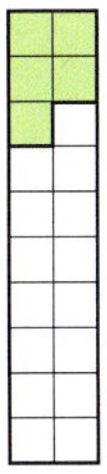
c) 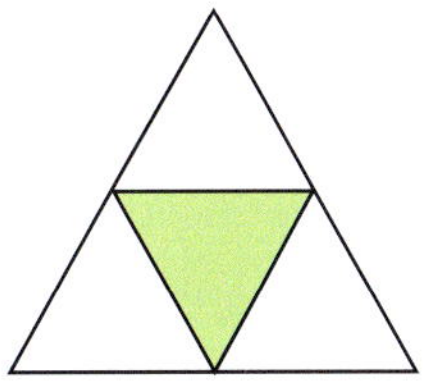
d) 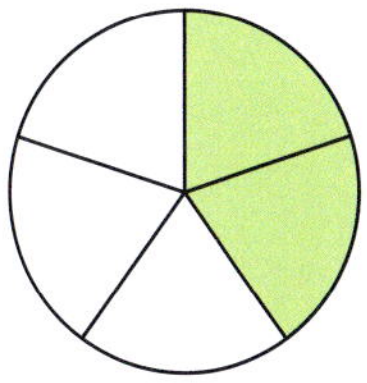
e) 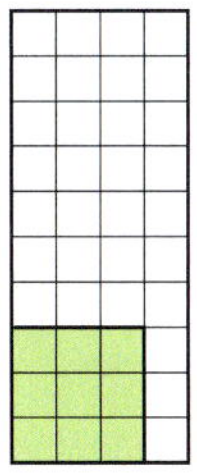

2. Bei verpacktem Aufschnitt ist oft der Fettanteil in Prozent angegeben.

a) Ein Schinken enthält 20 % Fett. Wie viel g Fett enthält eine Scheibe, die 15 g wiegt?

b) Eine Salami wird untersucht: In 80 g sind 24 g Fett enthalten. Welchen Fettanteil hat diese Salami?

c) Eine Käsesorte trägt die nebenstehende Aufschrift. Wie viel wiegt eine Käsescheibe?

Zum Erinnern

(1) Angabe von Anteilen in Prozent

Anteile an einem Ganzen gibt man oft in Prozent an; Prozent bedeutet *Hundertstel*.
Das Ganze bezeichnet man als **Grundwert** G, den Teil als **Prozentwert** W, den Anteil als **Prozentsatz** p %.

$$p\,\% = \frac{p}{100}$$

Ganzes → **Grundwert**; Anteil → · Prozentsatz; Teil → **Prozentwert**

Grundwert $\xrightarrow{\cdot \text{ Prozentsatz}}$ **Prozentwert**

(2) Grundaufgaben der Prozentrechnung

- Man berechnet den Prozentwert, indem man den Grundwert mit dem Prozentsatz multipliziert.

Wie viel sind 16 % von 300 €?

Ansatz: $300\text{ €} \xrightarrow{\cdot 16\,\%} W$

Rechnung: $W = 300\text{ €} \cdot \frac{16}{100}$
$= 300\text{ €} \cdot 0{,}16 = 48\text{ €}$

- Man berechnet den Grundwert, indem man den Prozentwert durch den Prozentsatz dividiert.

30 % eines Grundwertes sind 18 €.

Ansatz: $G \xrightarrow{\cdot 30\,\%} 18\text{ €}$

Rechnung: $G = 18\text{ €} : \frac{30}{100}$
$= 18\text{ €} \cdot \frac{100}{30} = 60\text{ €}$

- Man berechnet den Prozentsatz, indem man den Prozentwert durch den Grundwert dividiert und das Ergebnis in der Prozentschreibweise notiert.

Wie viel % sind 24 € von 80 €?

Ansatz: $80\text{ €} \xrightarrow{\cdot p\,\%} 24\text{ €}$

Rechnung: $p\,\% = \frac{24\text{ €}}{80\text{ €}}$
$= 0{,}3 = \frac{30}{100} = 30\,\%$

(3) Prozentsätze über 100 %

Erhöht man einen Grundwert um einen Anteil, so kann man den erhöhten Wert mit dem Grundwert vergleichen: es ergibt sich dann ein Prozentsatz über 100 %.

Nach einer Erhöhung um 25 % beträgt der Tubeninhalt 75 ml.

Ansatz: [100 %] $\xrightarrow{+25\,\%}$ [25 % | 100 %] } 125 %

G $\xrightarrow{\cdot 125\,\%}$ 75 ml

Rechnung: G = 75 ml : 1,25 = 60 ml

125 % = 1,25

Zum Trainieren

3. Betrachte die Packung mit dem Parma-Schinken links.

a) Wie viel Fett nimmst du zu dir, wenn du eine Scheibe dieses Schinkens isst?

b) Jemand macht Diät. Wie viel Scheiben von dem Schinken darf er noch essen, wenn er damit nur noch 5 g Fett zu sich nehmen möchte?

c) Ein anderer Bratenaufschnitt enthält 5 g Fett in 90 g Braten. Wie viel % Fett muss auf der Verpackung ausgezeichnet werden?

4. In einem kleinen Staat stellen sich 4 Parteien zur Wahl:

Demokratische Mitte	25 471 Stimmen	Grünes Engagement	11 003 Stimmen
Sozialer Fortschritt	19 323 Stimmen	Liberale Freiheit	2 517 Stimmen

a) Berechne den Stimmenanteil jeder Partei und zeichne ein Kreisdiagramm.

b) Nur die Parteien, die mehr als 5 % der abgegebenen Stimmen erhalten haben, kommen in das Parlament. Wie viele Stimmen hätte die Liberale Freiheit mehr erringen müssen, um in das Parlament einzuziehen?

5. Betrachte die beiden Kakao-Packungen rechts. Kontrolliere, ob die Angabe „40 % Zucker-reduziert" korrekt ist.

6. Beim Herunterladen einer großen Datei aus dem Internet wird angegeben, dass nach 2 Minuten 34 % der Datei übertragen worden sind. Wie lange dauert der gesamte Vorgang voraussichtlich?

7. In dieser Aufgabe geht es um die Mehrwertsteuer.

a) Im Großhandel sind die Warenpreise netto, d.h. ohne Mehrwertsteuer ausgezeichnet. Tim sieht im Großhandel einen Computer zu 799 €.
Wie viel kostet dieser einschließlich 19 % Mehrwertsteuer?

b) Maries Computer hat im Einzelhandel 899 € gekostet.
Wie viel Mehrwertsteuer ist im Preis enthalten?

c) Ein Elektro-Discount-Markt startet zum Jahresanfang eine große Werbeaktion mit den rechts abgebildeten Anzeigen. Bewerte diese im Hinblick auf mathematische Richtigkeit.

5. QUADRATWURZELN – REELLE ZAHLEN

Familie Müller und Familie Jess haben zwei Grundstücke, die an dieselbe Straße angrenzen. Am Jahresende bekommen beide Familien eine Rechnung von der Stadtverwaltung; die Kosten für Straßenreinigung sollen bezahlt werden.
Familie Jess wundert sich:
Obwohl ihr Grundstück kleiner ist als das der Familie Müller, soll sie einen höheren Betrag bezahlen! Wie ist das zu erklären?

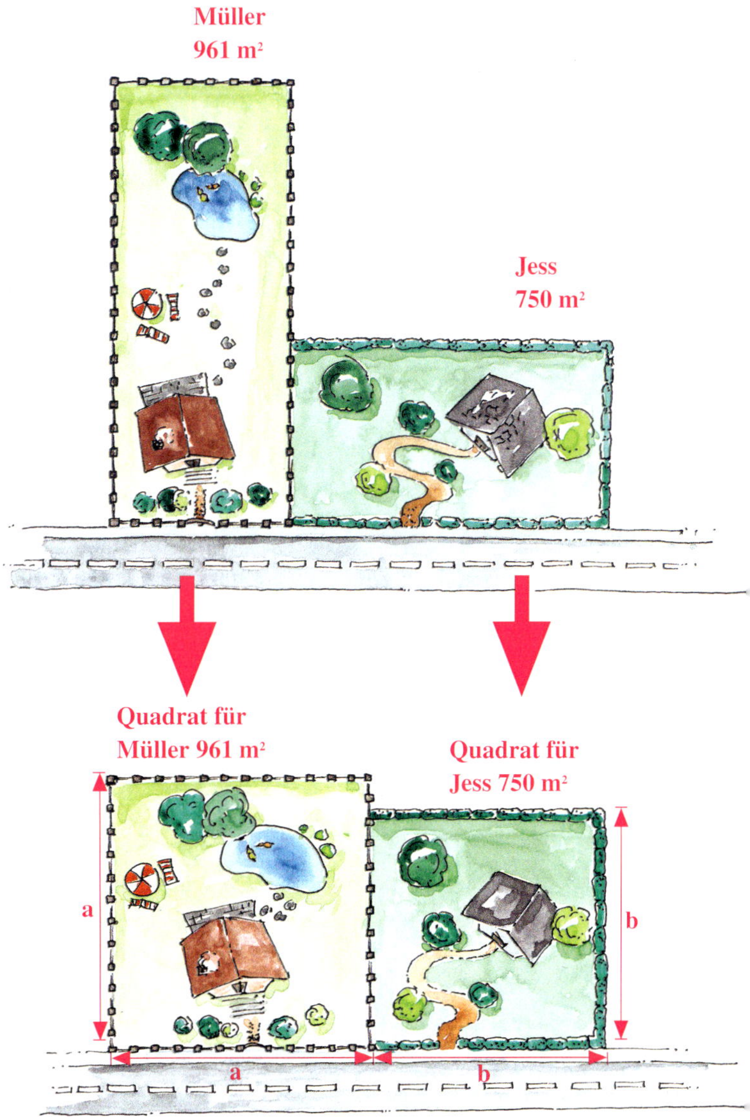

Die Stadtverwaltung berechnet die Kosten nach der Länge der Grundstücksseite, die an die Straße angrenzt, also nach der Länge der „Straßenfront“. Man nennt dieses Abrechnungsverfahren *„Straßenfront-Maßstab“*.
Im nächsten Jahr soll ein neues Berechnungsverfahren eingeführt werden, das für mehr Gerechtigkeit sorgen soll:
Man denkt sich jedes Grundstück in ein quadratisches Grundstück verwandelt, wobei der Flächeninhalt gleich bleiben soll.
Nach der Seitenlänge dieses quadratischen Grundstücks sollen dann die Gebühren berechnet werden.
Das neue Berechnungsverfahren heißt *„Quadratwurzel-Maßstab“*.

- Welches der beiden Verfahren findest du gerechter? Denke z. B. auch an Eckgrundstücke.

Was die Quadratwurzeln mit einem Quadrat zu tun haben und wie man mit Quadratwurzeln rechnet, lernst du in diesem Kapitel.

Lernfeld: Entdeckungen an Zahlen

A Unterschiedliche Striche: Bruchstrich – Periodenstrich

- Kevin hat nebenstehende Bruchzahlen in den Taschenrechner eingegeben. Erläutert die Anzeige.

```
5/22
         .2272727273
6/15
                  .4
120/66
         1.818181818
```

- Kevin hat zu weiteren Brüchen die Dezimalbrüche berechnet:
  $\frac{25}{8} = 3{,}125$; $\frac{40}{12} = 3{,}\overline{3}$; $\frac{205}{300} = 0{,}68\overline{3}$
  Anschließend hat er alle sechs Bruchzahlen in drei Gruppen sortiert:
  Gruppe A: $\frac{6}{15}$ und $\frac{25}{8}$; Gruppe B: $\frac{120}{66}$ und $\frac{2}{3}$; Gruppe C: $\frac{205}{300}$ und $\frac{5}{22}$.
  Könnt ihr beschreiben, nach welchen Kriterien Kevin die Einteilung vorgenommen hat?

- Sortiert ein: $\frac{3}{25}$; $\frac{25}{15}$; $\frac{235}{99}$; $\frac{567}{140}$; $\frac{173}{660}$; $\frac{7\,432}{1\,000}$.
  Bildet selbst Beispiele. Überlegt vor der Umwandlung, ob ihr entscheiden könnt, in welche der Gruppen A bis C die Bruchzahl gehört.

- Nun zur umgekehrten Fragestellung.
  Wie wandelt man einen Dezimalbruch in einen Bruch um?
  Untersucht die verschiedenen Fälle, die ihr oben unterschieden habt.
  - ▸ Ein Fall ist recht einfach. Welcher?
  - ▸ Entdeckt an den Ergebnissen von 1 : 9, 4 : 9, 1 : 99, 52 : 99, 7 : 999, 214 : 999 eine Regel.
  - ▸ Für die anderen Fälle könnt ihr euch an dem Beispiel rechts orientieren.

  Stellt zwei eigene Beispiele der Klasse vor. Mit dem Taschenrechner könnt ihr vorher die Probe machen.

$$\begin{aligned} 0{,}6\overline{24} &= \tfrac{6}{10} + 0{,}0\overline{24} \\ &= \tfrac{6}{10} + \tfrac{10}{10} \cdot 0{,}0\overline{24} \\ &= \tfrac{6}{10} + \tfrac{1}{10} \cdot 0{,}\overline{24} \\ &= \tfrac{6}{10} + \tfrac{1}{10} \cdot \tfrac{24}{99} \\ &= \tfrac{618}{990} \\ &= \tfrac{103}{165} \end{aligned}$$

- Kevin hat in den Taschenrechner $\frac{1}{3}$ und $\frac{2}{3}$ eingegeben. Er betrachtet die Dezimalbrüche und addiert.
  „Die Summe ist 1. Die Probe mit den Bruchzahlen stimmt auch.“
  Lisa meint, dass Kevin doch etwas nicht richtig beachtet hat. Was meint sie damit?
  Betrachtet auch das Beispiel $\frac{19}{66} + \frac{47}{66}$. Sucht weitere Beispiele. Könnt ihr eine Regel angeben?

```
1/3
         .3333333333
2/3
         .6666666667
```

Quadratische Muster

In ein Fliesenmuster mit dem Grundraster 20 cm × 20 cm soll in jede zweite Fliese ein quadratisches Muster eingefügt werden.

- Wie groß ist die Seitenlänge des eingefügten blauen Quadrats? Ihr könnt zeichnen und rechnen. Könnt ihr die Seitenlänge auch auf ganze Millimeter gerundet angeben? Geht es noch genauer?
- Löst die Aufgabe auch mit anderen Abmessungen für das Grundraster.
- Kann man umgekehrt die Abmessungen des Grundrasters ermitteln, wenn die Seitenlänge der inneren Fliese bekannt ist (z.B. 5 cm)?

Lösungen von $x^2 = a$

Bei linearen Gleichungen wie z.B. $2x + 3 = 5x - 9$ kannst du die Lösungsmenge grafisch, tabellarisch und auch algebraisch ermitteln. Hier soll nun eine einfache quadratische Gleichung gelöst werden.

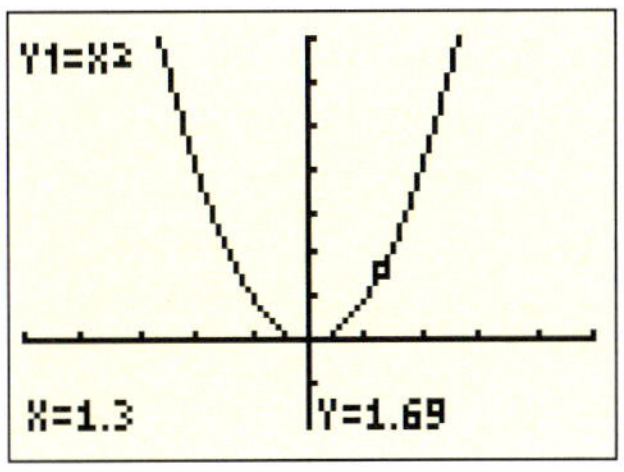

- Zeichne mit dem GTR oder dem Programm Graphix von der CD aus Band 7 den Graphen zu $y = x^2$. Dieser Graph soll dir helfen, Lösungen der Gleichung $x^2 = a$ zu ermitteln.
  Untersuche Beispiele.
  Nutze auch weitere Möglichkeiten des Rechners, um Lösungen genauer zu ermitteln. Mache jeweils die Probe.
- Sind die mit dem Rechner ermittelten Lösungen exakt?
  Wähle z.B. für a Zahlen zwischen 1 und 2, die eine bzw. zwei Nachkommastellen haben.
- Untersuche auch die Anzahl von Lösungen in Abhängigkeit von a.
- Stellt eure Entdeckungen in der Klasse auf einem Plakat zusammen.

5.1 Quadratwurzeln

5.1.1 Einführung der Quadratwurzeln

Einstieg

Der USA-Staat Wyoming hat eine Größe von ungefähr 250 000 km². Seine Fläche kann näherungsweise als Quadrat betrachtet werden.
Wie lang ist die Grenze von Wyoming ungefähr?

Aufgabe 1

Das Grundstück der Familie Müller aus dem Einführungsbeispiel auf Seite 171 ist 961 m² groß. Bestimme die Seitenlänge eines quadratischen Grundstücks gleicher Größe.

Lösung

Man erhält den Flächeninhalt eines Quadrates, indem man die Seitenlänge a quadriert: $A = a^2$
Hier ist der Flächeninhalt 961 m² gegeben, gesucht ist die Seitenlänge.
Wir suchen also eine Maßzahl, für die gilt: $961 = a^2 = a \cdot a$
Die gesuchte Maßzahl muss etwas größer als 30 sein, denn $30 \cdot 30 = 900$ ist kleiner als 961.
Wir finden 31, denn $31 \cdot 31 = 961$.

Ergebnis: Die gesuchte Seitenlänge beträgt 31 m.

Information

Radix ⟨lat.⟩
Wurzel, Basis

Definition

Gegeben ist eine nichtnegative Zahl a.
Unter der **Quadratwurzel** aus a (kurz: *Wurzel* aus a) versteht man diejenige nichtnegative Zahl, die mit sich selbst multipliziert die Zahl a ergibt. Für die Quadratwurzel aus a schreibt man $\sqrt{a}$.
Die Zahl a unter dem **Wurzelzeichen** heißt **Radikand.** Das Bestimmen der Quadratwurzel heißt **Wurzelziehen** (**Radizieren**).

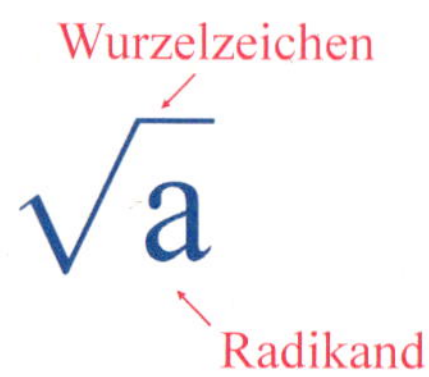

Beispiele: $\sqrt{961} = 31$, denn $31 \cdot 31 = 961$ und $31 \geq 0$

$\sqrt{0{,}09} = 0{,}3$, denn $0{,}3 \cdot 0{,}3 = 0{,}09$ und $0{,}3 \geq 0$

$\sqrt{\frac{4}{25}} = \frac{2}{5}$, denn $\frac{2}{5} \cdot \frac{2}{5} = \frac{4}{25}$ und $\frac{2}{5} \geq 0$

$\sqrt{0} = 0$, denn $0 \cdot 0 = 0$ und $0 \geq 0$

Beachte:

(1) Eine Quadratwurzel ist stets nichtnegativ. Es ist also z. B. $\sqrt{9} = +3$, obwohl auch $(-3) \cdot (-3) = 9$ ist. Man möchte vermeiden, dass z. B. $\sqrt{9}$ zwei verschiedene Zahlen bezeichnet.
(2) Quadratwurzeln kann man nur aus nichtnegativen Zahlen bilden, denn das Produkt zweier gleicher Zahlen kann niemals negativ sein. $\sqrt{-4}$ ist oben nicht definiert.

Übungsaufgaben

2. Berechne die Quadratzahlen 1^2; 2^2; 3^2; …; 24^2; 25^2. Sie helfen dir bei den folgenden Aufgaben.

3. Gib die Seitenlänge eines Quadrates mit dem gegebenen Flächeninhalt an.

a) $36\ \text{cm}^2$ **b)** $324\ \text{cm}^2$ **c)** $6{,}25\ \text{cm}^2$ **d)** $56{,}25\ \text{cm}^2$ **e)** $146{,}41\ \text{dm}^2$

4. Berechne die Wurzeln im Kopf, wenn es sie gibt:

a) $\sqrt{49}$ **d)** $\sqrt{81}$ **g)** $\sqrt{-64}$ **j)** $\sqrt{1}$ **m)** $\sqrt{169}$ **p)** $\sqrt{10\,000}$ **s)** $\sqrt{22\,500}$
b) $\sqrt{225}$ **e)** $\sqrt{0}$ **h)** $\sqrt{289}$ **k)** $\sqrt{-196}$ **n)** $\sqrt{576}$ **q)** $\sqrt{6\,400}$ **t)** $\sqrt{1\,000\,000}$
c) $\sqrt{144}$ **f)** $\sqrt{484}$ **i)** $\sqrt{121}$ **l)** $\sqrt{361}$ **o)** $\sqrt{-900}$ **r)** $\sqrt{14\,400}$ **u)** $\sqrt{1\,225}$

5. **a)** $\sqrt{\frac{1}{4}}$ **c)** $\sqrt{\frac{16}{100}}$ **e)** $\sqrt{\frac{81}{100}}$ **g)** $\sqrt{\frac{169}{196}}$ **i)** $\sqrt{\frac{361}{324}}$ **k)** $\sqrt{-\frac{4}{256}}$ **m)** $\sqrt{\frac{400}{441}}$
b) $\sqrt{\frac{1}{9}}$ **d)** $\sqrt{\frac{81}{225}}$ **f)** $\sqrt{\frac{25}{144}}$ **h)** $\sqrt{\frac{49}{225}}$ **j)** $\sqrt{\frac{36}{289}}$ **l)** $\sqrt{\frac{324}{121}}$ **n)** $\sqrt{\frac{484}{64}}$

6. Nimm Stellung zu den Behauptungen rechts.

7. **a)** $\sqrt{0{,}25}$ **e)** $\sqrt{2{,}56}$ **i)** $\sqrt{0{,}0049}$
b) $\sqrt{0{,}16}$ **f)** $\sqrt{6{,}25}$ **j)** $\sqrt{0{,}0004}$
c) $\sqrt{0{,}01}$ **g)** $\sqrt{-3{,}24}$ **k)** $\sqrt{0{,}0576}$
d) $\sqrt{0{,}09}$ **h)** $\sqrt{0{,}0225}$ **l)** $\sqrt{0{,}0289}$

8. Berechne. Was fällt dir auf?

a) $\sqrt{144}$; $\sqrt{14\,400}$; $\sqrt{1{,}44}$; $\sqrt{0{,}0144}$
b) $\sqrt{324}$; $\sqrt{3{,}24}$; $\sqrt{32\,400}$; $\sqrt{0{,}0324}$
c) Denke dir ähnliche Aufgaben aus.

9. Schreibe als Quadratwurzel, wenn es geht.

a) 12 **b)** 17 **c)** −32 **d)** 300 **e)** 0,7 **f)** $\frac{5}{7}$

$4 = \sqrt{16}$

10. Berechne. Was fällt dir auf?

a) $\sqrt{10^6}$; $\sqrt{10^{10}}$; $\sqrt{10^{26}}$; $\sqrt{2^6}$ $\sqrt{2^{10}}$
b) $\sqrt{\frac{1}{10^4}}$; $\sqrt{\frac{1}{10^6}}$; $\sqrt{\frac{1}{10^{14}}}$; $\sqrt{\frac{1}{2^6}}$; $\sqrt{\frac{1}{2^{16}}}$

$\sqrt{3^8} = 3^4$
denn $3^4 \cdot 3^4 = 3^8$

11. **a)** Welche Wurzel ist größer: $\sqrt{25}$ oder $\sqrt{36}$?
b) Begründe an der Figur rechts:
(1) Wenn a größer wird, wird $\sqrt{a}$ auch größer.
Wenn a kleiner wird, wird $\sqrt{a}$ auch kleiner.
(2) Wenn $\sqrt{a}$ größer wird, wird a auch größer.
Wenn $\sqrt{a}$ kleiner wird, wird a auch kleiner.

12. Kontrolliere die Hausaufgaben.

a) $\sqrt{256} = 16$ b) $\sqrt{-1024} = 32$ c) $\sqrt{1024} = 32$ d) $\sqrt{1000} = 33{,}4$ e) $\sqrt{0{,}04} = -0{,}2$

13. **a)** $\sqrt{\sqrt{81}}$ **b)** $\sqrt{\sqrt{16}}$ **c)** $\sqrt{\sqrt{256}}$ **d)** $\sqrt{\sqrt{1\,296}}$ **e)** $\sqrt{\sqrt{1}}$

$\sqrt{\sqrt{625}} = \sqrt{25} = 5$

14. Welche der Zahlen sind gleich? Schreibe als Gleichungsketten.

a) $16;\ 2^2;\ 4 \cdot 4;\ \sqrt{4};\ 2;\ \sqrt{16};\ 2 \cdot 2;\ \sqrt{\sqrt{16}}$

b) $0{,}1;\ \frac{1}{100};\ \frac{1}{10};\ 0{,}01;\ \sqrt{\frac{1}{100}};\ \left(\frac{1}{10}\right)^2;\ \frac{10}{100};\ \sqrt{0{,}01}$

15. Ein quadratischer Bauplatz ist 841 m^2 groß. Er soll mit einem Bauzaun umgeben werden. Für die Einfahrt sollen 4 m frei bleiben. Wie viel m Zaun benötigt man?

16. Die Oberfläche eines Würfels ist 54 dm^2 [150 dm^2; 16 224 cm^2] groß. Wie groß ist sein Volumen?

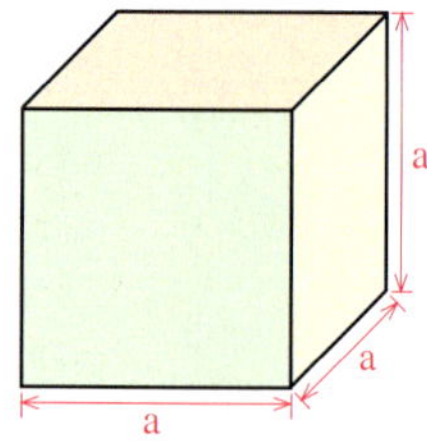

17. Berechne im Kopf.

a) $3 \cdot \sqrt{100}$ **c)** $\sqrt{100 - 51}$ **e)** $\sqrt{9 \cdot \sqrt{16}}$

b) $\sqrt{6 + 19}$ **d)** $\sqrt{30 + \frac{1}{2} \cdot 12}$ **f)** $\sqrt{0{,}1 : \sqrt{\frac{1}{100}}}$

5.1.2 Näherungsweises Berechnen von Quadratwurzeln

Einstieg

Zeichne ein Quadrat mit der Seitenlänge 1 dm. Zeichne wie im Bild rechts ein Quadrat mit einem doppelt so großen Flächeninhalt 2 dm^2.
Miss die Seitenlänge des neuen Quadrates. Versuche, diese Seitenlänge noch genauer anzugeben.
Vergleiche mit deinem Partner.

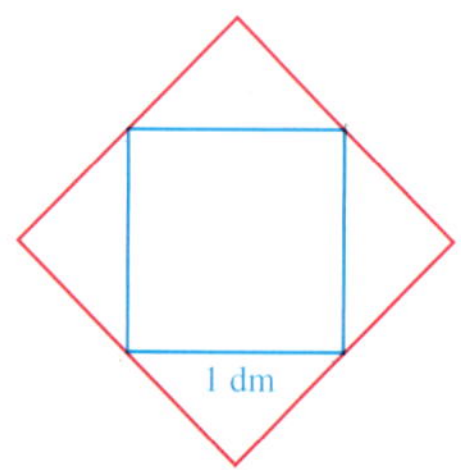

Einführung

Für die Straßenreinigungsgebühren nach dem Quadratwurzel-Maßstab denkt man sich das 750 m^2 große Grundstück von Familie Jess auf Seite 171 in ein Quadrat verwandelt. Welche Seitenlänge hat dieses Quadrat dann?
Es ist also $\sqrt{750}$ gesucht.

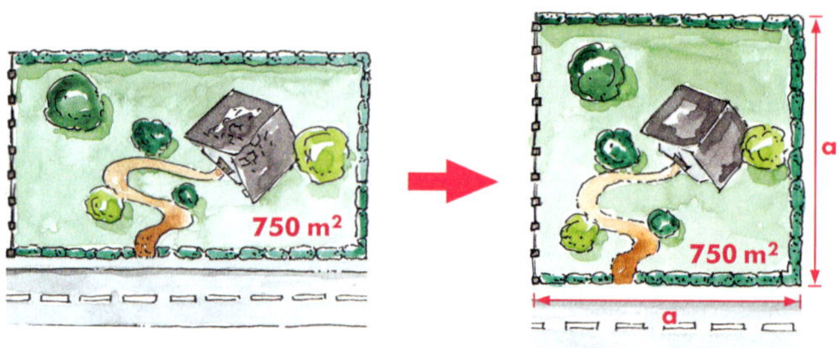

Durch Probieren finden wir, dass die Seitenlänge a des Quadrates zwischen 27 m und 28 m liegen muss, denn $27^2 = 729$ und $28^2 = 784$.
Um die Seitenlänge in der Einheit dm genau anzugeben, probieren wir, zwischen welchen der Zahlen $27{,}1^2;\ 27{,}2^2;\ \ldots;\ 27{,}9^2$ die Zahl 750 liegt.
Wir finden: $27{,}3 < \sqrt{750} < 27{,}4$, denn $27{,}3^2 = 745{,}29 < 750 < 750{,}76 = 27{,}4^2$.
Auch auf volle cm genau können wir die Seitenlänge angeben:
$27{,}38 < \sqrt{750} < 27{,}39$, denn $27{,}38^2 = 749{,}6644 < 750 < 750{,}2121 = 27{,}39^2$.
Die gesuchte Seitenlänge liegt zwischen 27,38 m und 27,39 m. Der Fehler beträgt höchstens 1 cm.
Man könnte die gesuchte Seitenlänge noch genauer bestimmen.

Information

(1) Dezimalbruch-Darstellung von Wurzeln

Bei dem Grundstück von Familie Müller auf Seite 171 konnten wir die Seitenlänge ganz genau angeben. Können wir dies auch bei dem obigen Grundstück der Familie Jess tun?

Wir betrachten dazu in jedem Schritt eine weitere Nachkommastelle:

Zu kleine Zahl x	Begründung x^2	Zu große Zahl y	Begründung y^2	Differenz (Genauigkeit)
27,386	749,992996	27,387	750,047769	0,001
27,3861	749,99847321	27,3862	750,00395044	0,0001
27,38612	749,9995 … 4	27,38613	750,0001 … 9	0,00001
⋮	⋮	⋮	⋮	⋮

Mit dem in der Tabelle benutzten Verfahren können wir immer weitere Nachkommastellen für $\sqrt{750}$ berechnen. Aber auch der Taschenrechnerwert 27,38612788 ist nicht genau $\sqrt{750}$. Das kann man nachweisen, indem man 27,38612788 mit sich selbst multipliziert. Dabei reicht es aus, die letzte Stelle zu betrachten:

Kann es sein, dass man irgendwann auf einen abbrechenden Dezimalbruch a stößt, dessen Quadrat exakt 750 ergibt?
Da man Endnullen weglässt, sind die möglichen Endziffern von a dann 1, 2, …, 9. Beim Quadrieren erhält man die Endziffern 1, 4, 9, 6, 5, 6, 9, 4, 1. Wir erhalten für a^2 nie 750,0.
Allgemein gilt:

> Die Wurzel aus einer natürlichen Zahl n ist entweder eine natürliche Zahl (falls n eine Quadratzahl ist) oder ein nichtabbrechender Dezimalbruch.

(2) Intervallschachtelung für Wurzeln

Ziel eines Verfahrens wie oben ist es, den Wert für die Wurzel immer genauer zwischen zwei Zahlen einzuschachteln. Auf diese Weise gelingt es, immer weitere Stellen der Dezimalbruchdarstellung für die Wurzel zu ermitteln.
Will man ausdrücken, dass z. B. $\sqrt{750}$ zwischen 27 und 28 liegt, so sagt man:
$\sqrt{750}$ liegt im **Intervall** von 27 bis 28; geschrieben [27; 28].
Ein Intervall ist also eine Zahlenmenge der Form $[27; 28] = \{x \mid 27 \leq x \leq 28\}$.

Zahlengerade	Intervall
	[27; 28]
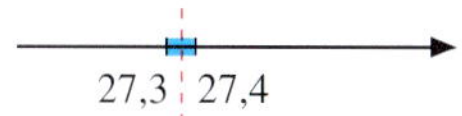	[27,3; 27,4]
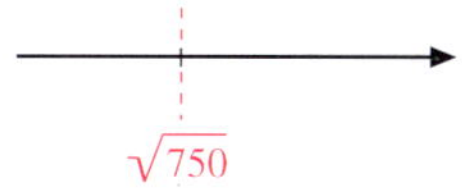	[27,38; 27,39]
	⋮

(3) Bestimmen von Wurzeln mit dem Taschenrechner

Bei Taschenrechnern verschiedenen Typs gibt es unterschiedliche Tastenfolgen zum Wurzelziehen. Probiere mit deinem Taschenrechner, wie du Quadratwurzeln ermitteln kannst. Kontrolliere deine Ergebnisse durch Quadrieren.

Weiterführende Aufgabe

1. *Gesicherte Ziffern einer Zahl*

In der Einführung auf Seite 176 hast du ermittelt, dass die gesuchte Seitenlänge des Quadrats zwischen 27,38 m und 27,39 m liegen muss. Die Dezimalbruchdarstellung der Maßzahl muss daher mit 27,38 beginnen. Diese Ziffern sind gesichert.

$27{,}38 < \sqrt{750} < 27{,}39$
liefert $\sqrt{750} = 27{,}38\ldots$

Bestimme anhand der Tabelle der Information (1) weitere gesicherte Ziffern für $\sqrt{750}$.

Übungsaufgaben

2. Bestimme im Kopf, zwischen welchen natürlichen Zahlen die Quadratwurzel liegt.

a) $\sqrt{10}$ **c)** $\sqrt{60}$ **e)** $\sqrt{102}$ **g)** $\sqrt{143}$
b) $\sqrt{40}$ **d)** $\sqrt{200}$ **f)** $\sqrt{29}$ **h)** $\sqrt{390}$

$4 < \sqrt{20} < 5$

3. Schätze das Ergebnis. Dein Partner kontrolliert mit dem Rechner. Tauscht die Rollen nach jeder Teilaufgabe.

a) $\sqrt{30}$ **b)** $\sqrt{50}$ **c)** $\sqrt{163}$ **d)** $\sqrt{197}$ **e)** $\sqrt{\frac{1}{8}}$ **f)** $\sqrt{\frac{1}{17}}$

4. Bestimme wie im Beispiel rechts *ohne* Benutzung der Wurzeltaste die Quadratwurzel auf eine Stelle nach dem Komma.

a) $\sqrt{20}$ **b)** $\sqrt{60}$ **c)** $\sqrt{70}$ **d)** $\sqrt{80}$ **e)** $\sqrt{110}$

$6 \leq \sqrt{40} < 7$
$6{,}1^2 = 37{,}21$; $6{,}2^2 = 38{,}44$;
$6{,}3^2 = 39{,}69$; $6{,}4^2 = 40{,}96$,
also $\sqrt{40} = 6{,}3\ldots$

5. Bestimme mit der Wurzeltaste die Quadratwurzeln. Runde auf drei Stellen nach dem Komma.

$\sqrt{53}$; $\sqrt{105}$; $\sqrt{363}$; $\sqrt{66{,}4}$; $\sqrt{5{,}396}$; $\sqrt{\frac{56}{13}}$; $\sqrt{82\frac{4}{7}}$; $\sqrt{\frac{6-\frac{1}{3}}{5}}$

6. Bestimme mithilfe des Taschenrechners $\sqrt{2\,000}$. Begründe, warum der angezeigte Wert nicht der exakte Wert sein kann.

7. Ein rechteckiges Grundstück ist 35 m lang und 27 m breit. Es soll gegen ein gleich großes quadratisches Grundstück getauscht werden.

8. **a)** Beweise wie in der Information auf Seite 177, dass kein abbrechender Dezimalbruch gleich $\sqrt{2}$ sein kann.

b) Warum versagt der Beweis aus Teilaufgabe a) bei $\sqrt{4}$?

9. Erläutere den folgenden Satz:
Die Quadratwurzel aus einer natürlichen Zahl n ist eine natürliche Zahl, wenn n eine Quadratzahl ist. Andernfalls ist $\sqrt{n}$ kein abbrechender Dezimalbruch.

Primzahl:
Natürliche Zahl mit genau zwei Teilern.

10. Begründe: Die Wurzel aus einer Primzahl ist nie eine natürliche Zahl.

11. Nimm auf deinem Taschenrechner die kleinste verfügbare Zahl größer als 9 (zum Beispiel 9,000000001). Berechne dann deren Wurzel.
Erkläre das Ergebnis und begründe erneut, dass der Taschenrechner nicht alle Quadratwurzeln genau angeben kann.

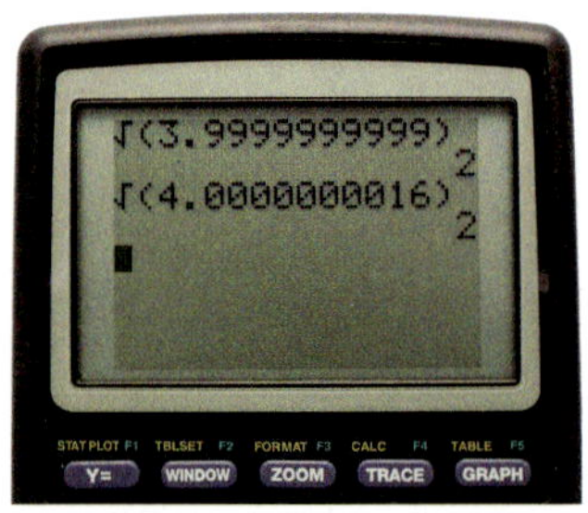

12. Findet mehrere verschiedene Zahlen, die auf euren Taschenrechnern die gleiche Anzeige für ihre Wurzel bewirken.

5.1.3 Intervallhalbierungsverfahren

Einstieg

In einer Fernsehshow soll ein Kandidat eine vorher gedachte rationale Zahl zwischen 1 und 64 auf eine Nachkommastelle erraten. Dabei dürfen nur Fragen gestellt werden, auf die mit JA bzw. NEIN geantwortet werden kann. Der Kandidat erhält ein Startkapital von 1 000 €. Für jede gestellte Frage muss er 50 € zahlen.
Denkt euch eine rationale Zahl aus und führt das Spiel entsprechend durch. Entwickelt dabei ein Verfahren, wie man die gedachte Zahl mit möglichst wenig Fragen erraten kann.

Einführung

Du hast Wurzeln schon durch zielgerichtetes Probieren näherungsweise bestimmt (siehe Seite 176). Jetzt soll ein *systematisches* Verfahren entwickelt werden, das sich so eindeutig beschreiben lässt, dass es gut von einem Computer durchgeführt werden kann.

Intervall [a ; b]
Menge aller Zahlen x, für die gilt:
$a \le x \le b$

Für z. B. $\sqrt{3}$ kann man folgendermaßen Näherungswerte systematisch verbessern.
$\sqrt{3}$ liegt offensichtlich zwischen 1 und 2, denn es gilt:
$1^2 = 1 < 3$ und $2^2 = 4 > 3$.
Wir halbieren das Intervall [1; 2], in dem $\sqrt{3}$ liegt und entscheiden, ob die Mitte des Intervalls 1,5 eine untere oder eine obere Näherungszahl für $\sqrt{3}$ ist:
$1{,}5^2 = 2{,}25 < 3$. Also liegt $\sqrt{3}$ zwischen 1,5 und 2.
Wir bilden wieder die Intervallmitte von [1,5; 2] als Mittelwert der beiden Intervallgrenzen:
$(1{,}5 + 2) : 2 = 1{,}75$.

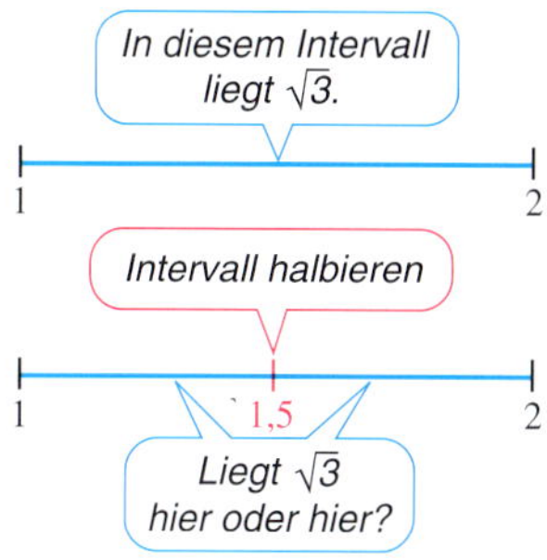

Wegen $1{,}75^2 = 3{,}0625 > 3$ ist 1,75 eine obere Näherungszahl für $\sqrt{3}$; also liegt $\sqrt{3}$ zwischen 1,5 und 1,75.

Diese Überlegungen lassen sich gut in einer Tabelle zusammenfassen:

Untere Näherungszahl	Obere Näherungszahl	Mittelwert	Mittelwert^2	Differenz der Näherungszahlen
1	2	1,5	2,25	2 – 1 = 1
1,5	2	1,75	3,0625	2 – 1,5 = 0,5
1,5	1,75	1,625	2,640625	1,75 – 1,5 = 0,25
1,625	1,75	1,6875	≈ 2,85	0,125
1,6875	1,75	1,71875	≈ 2,95	0,0625
1,71875	1,75	1,734375	≈ 3,01	0,03125
1,71875	1,734375	1,7265625	≈ 2,98	0,015625

wird von Schritt zu Schritt halbiert

Also gilt: $1{,}7265625 \le \sqrt{3} \le 1{,}734375$.
Dafür schreiben wir auch:
$\sqrt{3} \in [1{,}7265625; 1{,}734375]$, gelesen: *$\sqrt{3}$ liegt in dem Intervall von 1,7265625 bis 1,734375.*
Die somit gesicherten Ziffern von $\sqrt{3}$ sind 1,7.

Information

(1) Intervallhalbierungsverfahren

Das obige Verfahren erzeugt bei jedem Schritt aus einem Intervall, in dem die gesuchte Wurzel liegt, ein neues, nur noch halb so langes Intervall, in dem die gesuchte Wurzel liegt. Man nennt es daher **Intervallhalbierungsverfahren**.
Seine Vorgehensweise lässt sich in wenigen Schritten eindeutig formulieren:

1. Schritt: Lege eine untere und eine obere Näherungszahl für die gesuchte Wurzel fest.

2. Schritt: Bilde den Mittelwert aus den beiden Näherungszahlen.

3. Schritt: Ist das Quadrat des Mittelwertes größer als der Radikand, so wähle den Mittelwert als neue obere Grenze und behalte die alte untere Näherungszahl bei.
Andernfalls ist der Mittelwert eine neue untere Näherungszahl und die alte obere wird beibehalten.

4. Schritt: Wiederhole die Schritte 2 und 3, bis die gewünschte Genauigkeit erreicht ist.

(2) Algorithmus für das Intervallhalbierungsverfahren

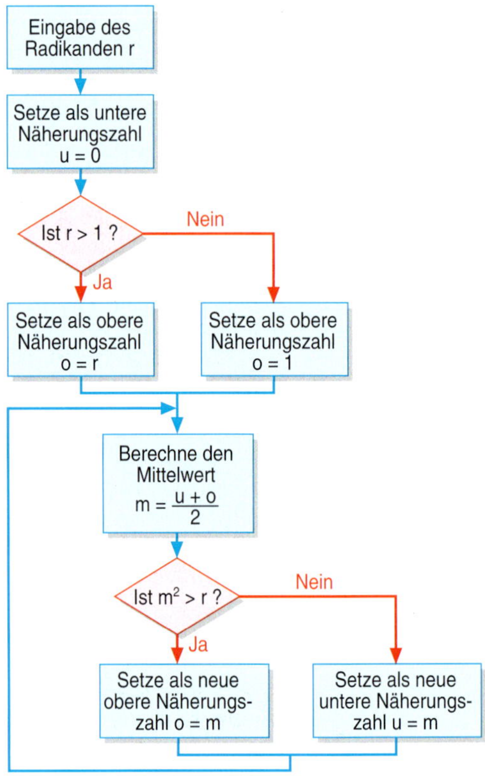

Wir haben das Intervallhalbierungsverfahren Schritt für Schritt genau beschrieben. Eine solche Folge eindeutig formulierter, bis ins Einzelne festgelegter Schritte, die zur Lösung eines Problems führen, bezeichnet man als einen **Algorithmus**, wenn man zusätzlich noch festlegt, wann man die Berechnung beendet.
Diese Bezeichnung geht zurück auf den persisch-arabischen Mathematiker Al Chwarismi, der 820 n. Chr. ein Rechenbuch mit dem Titel „Algorismus" verfasste.

Al Chwarismi: 780–846

Das Intervallhalbierungsverfahren lässt sich von einem Computer durchführen, wenn man nur noch das Finden der unteren und oberen Näherungszahl im 1. Schritt präzisiert. Betrachte dazu das rechts dargestellte *Ablaufdiagramm* des Intervallhalbierungsverfahrens.
Bei einem Tabellenkalkulations-Programm lässt sich eine Zelle je nach Erfülltsein einer Bedingung mit einem Wert oder im anderen Fall mit einem Alternativwert mit folgender Formel belegen: **WENN**(Bedingung;Wert;Alternativwert).
Unten siehst du die entsprechenden Befehle in einem Rechenblatt. Damit erhält man dann durch automatische Berechnung auf einen Schlag beliebig viele Schritte des Intervallhalbierungsverfahrens.

	A	B	C	D	E	F
1	Intervallhalbierungsverfahrer			Radikand =	0,6	
2						
3	unten	oben	mitte	mitte^2	Oben - unten	
4	=0	=WENN($E$1>1;$E$1;1)	=(A4+B4)/2	=C4^2	=B4-A4	
5	=WENN(D4>$E$1;A4;C4)	=WENN(D4>$E$1;C4;B4)	=(A5+B5)/2	=C5^2	=B5-A5	
6	=WENN(D5>$E$1;A5;C5)	=WENN(D5>$E$1;C5;B5)	=(A6+B6)/2	=C6^2	=B6-A6	
7	=WENN(D6>$E$1;A6;C6)	=WENN(D6>$E$1;C6;B6)	=(A7+B7)/2	=C7^2	=B7-A7	
8	=WENN(D7>$E$1;A7;C7)	=WENN(D7>$E$1;C7;B7)	=(A8+B8)/2	=C8^2	=B8-A8	
9	=WENN(D8>$E$1;A8;C8)	=WENN(D8>$E$1;C8;B8)	=(A9+B9)/2	=C9^2	=B9-A9	
10	=WENN(D9>$E$1;A9;C9)	=WENN(D9>$E$1;C9;B9)	=(A10+B10)/2	=C10^2	=B10-A10	
11	=WENN(D10>$E$1;A10;C1	=WENN(D10>$E$1;C10;B1	=(A11+B11)/2	=C11^2	=B11-A11	
12	=WENN(D11>$E$1;A11;C1	=WENN(D11>$E$1;C11;B1	=(A12+B12)/2	=C12^2	=B12-A12	
13	=WENN(D12>$E$1;A12;C1	=WENN(D12>$E$1;C12;B1	=(A13+B13)/2	=C13^2	=B13-A13	

Man kann die schrittweise Verbesserung der Näherungszahlen auch grafisch darstellen lassen.

	A	B	C	D	E
1	Intervallhalbierungsverfahren			Radikand =	0,6
2					
3	unten	oben	mitte	mitte^2	oben - unten
4	0	1	0,5	0,25	1
5	0,5	1	0,75	0,5625	0,5
6	0,75	1	0,875	0,765625	0,25
7	0,75	0,875	0,8125	0,66015625	0,125
8	0,75	0,8125	0,78125	0,61035156	0,0625
9	0,75	0,78125	0,765625	0,58618164	0,03125
10	0,765625	0,78125	0,7734375	0,59820557	0,015625
11	0,7734375	0,78125	0,77734375	0,60426331	0,0078125
12	0,7734375	0,77734375	0,77539063	0,60123062	0,00390625
13	0,7734375	0,77539063	0,77441406	0,59971714	0,00195313
14	0,77441406	0,77539063	0,77490234	0,60047364	0,00097656
15	0,77441406	0,77490234	0,7746582	0,60009533	0,00048828
16	0,77441406	0,7746582	0,77453613	0,59990622	0,00024414
17	0,77453613	0,7746582	0,77459717	0,60000077	0,00012207
18	0,77453613	0,77459717	0,77456665	0,5999535	6,1035E-05
19					

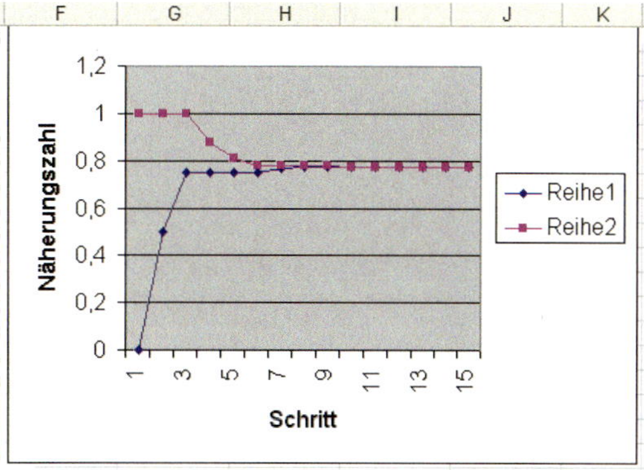

Übungsaufgabe

1. Schließe die Wurzel mit dem Intervallhalbierungsverfahren zwischen zwei Zahlen ein, die sich um weniger als 0,1 unterscheiden.

a) $\sqrt{19}$ b) $\sqrt{27}$ c) $\sqrt{0{,}7}$ d) $\sqrt{50}$ e) $\sqrt{7{,}4}$ f) $\sqrt{100}$

5.1.4 Irrationale Wurzeln

Einstieg

Jakob weiß, dass $\sqrt{2}$ kein abbrechender Dezimalbruch ist. Zu der Taschenrechner-Anzeige 1,41421356237 hat er nach vielen Mühen einen Bruch gefunden, der einen nicht abbrechenden Dezimalbruch besitzt. Rechts seht ihr seine Überlegungen, ob dieser genau $\sqrt{2}$ ist.

a) Erläutert seine Überlegungen.

b) Überlegt entsprechend, ob es einen anderen Bruch $\frac{m}{n}$ gibt, der genau $\sqrt{2}$ ist.

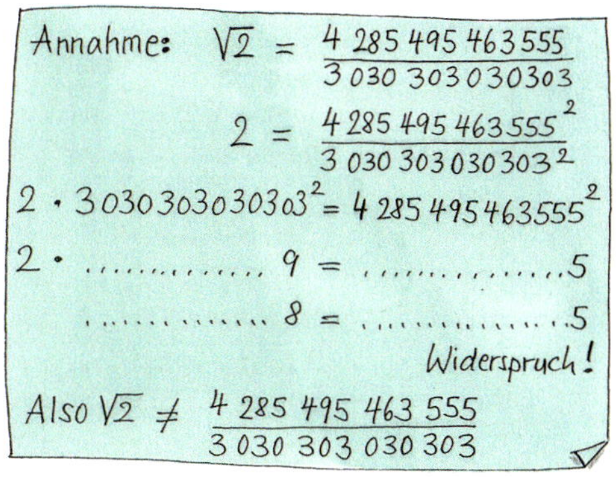

Einführung

Im Abschnitt 5.1.2 haben wir beim näherungsweisen Berechnen von Wurzeln gezeigt, dass $\sqrt{2}$ nicht durch einen abbrechenden Dezimalbruch darstellbar ist. Kann aber irgendwann einmal wie z. B. bei der Umwandlung von $\frac{5}{6}$ in einen Dezimalbruch eine Periode auftreten? Wir versuchen also $\sqrt{2}$ als Bruch $\frac{m}{n}$ zu schreiben, wobei m eine ganze Zahl und n eine von null verschiedene natürliche Zahl ist. Ein vollständig gekürzter Bruch kann nur dann sogar eine ganze Zahl darstellen, wenn der Nenner n gleich 1 ist $\left(\text{z. B. } \frac{51}{17} = \frac{3}{1} = 3\right)$. Quadriert man einen gekürzten Bruch, dann ist das Ergebnis auch nicht weiter kürzbar $\left(\text{z. B. } \left(\frac{5}{18}\right)^2 = \frac{5 \cdot 5}{18 \cdot 18} = \frac{25}{324}\right)$.

Wenn $\sqrt{2}$ eine Bruchzahl ist, dann müsste sie sich als vollständig gekürzter Bruch $\frac{m}{n}$ darstellen lassen. Da $\sqrt{2}$ zwischen 1 und 2 liegt, ist $\sqrt{2}$ sicherlich keine natürliche Zahl. Folglich ist n ungleich 1. Nimmt man $\frac{m}{n} = \sqrt{2}$ an und quadriert beide Seiten der Gleichung, so ergibt sich $\frac{m \cdot m}{n \cdot n} = 2$. Da der Nenner $n \cdot n$ ungleich 1 ist und der Bruch bereits gekürzt ist, kann $\frac{m \cdot m}{n \cdot n}$ nicht gleich der natürlichen Zahl 2 sein. Also ergibt sich:

$\sqrt{2}$ kann nicht als Bruch dargestellt werden.

Aufgabe 1

Wir wissen einerseits, dass $\sqrt{2}$ nicht als abbrechender Dezimalbruch geschrieben werden kann. Andererseits haben wir auch gezeigt, dass $\sqrt{2}$ nicht als Bruch geschrieben werden kann.
Daher soll im Folgenden der Zusammenhang zwischen Brüchen und Dezimalbrüchen genauer untersucht werden.

a) Verwandle die Brüche $\frac{53}{40}$ und $\frac{20}{7}$ in Dezimalbrüche.

b) Begründe, warum jeder Bruch $\frac{m}{n}$ mit $m, n \in \mathbb{N}^*$ entweder einen abbrechenden oder einen periodischen Dezimalbruch liefert.

c) Verwandle nun umgekehrt den abbrechenden Dezimalbruch 23,68 zurück in einen gewöhnlichen Bruch.

d) Verwandle den periodischen Dezimalbruch $0{,}0\overline{18}$ zurück in einen gewöhnlichen Bruch.
Anleitung: Vergleiche $1\,000 \cdot 0{,}0\overline{18}$ und $10 \cdot 0{,}0\overline{18}$.

Lösung

a) (1) $53 : 40 = 1{,}325$

$\underline{40}$
130
$\underline{120}$
100
$\underline{80}$
200
$\underline{200}$
0

Der Rest ist Null.

Ergebnis: $\frac{53}{40} = 1{,}325$. Dies ist ein **abbrechender** Dezimalbruch.

(2) $20 : 7 = 2{,}\overline{857142}$

$\underline{14}$
60
$\underline{56}$
40
$\underline{35}$
50
$\underline{49}$
10
$\underline{7}$
30
$\underline{28}$
20
$\underline{14}$
6

Der Rest 6 wiederholt sich. Folglich wiederholt sich auch die Rechnung in dem roten Feld und damit die Ziffernfolge 857142.

Ergebnis: $\frac{20}{7} = 2{,}\overline{857142}$. Dies ist ein **periodischer** (nicht abbrechender) Dezimalbruch.

b) Die möglichen Reste, die bei der Division $m : n$ auftreten können, sind die Zahlen $0, 1, 2, 3, \ldots, n-2$ und $n-1$. Also muss spätestens im n-ten Schritt der Rest 0 erscheinen oder aber es muss ein Rest erscheinen, der schon vorher vorgekommen ist, da es nur n mögliche Reste gibt.
Das bedeutet aber, dass der Dezimalbruch nach spätestens $n-1$ Nachkommastellen abbricht oder aber eine Periode hat, die aus höchstens $n-1$ Ziffern besteht.

c) An der 1. Stelle nach dem Komma stehen die Zehntel, an der 2. die Hundertstel, usw.
Also gilt:
$23{,}68 = 23 + \frac{6}{10} + \frac{8}{100} = \frac{2\,300 + 60 + 8}{100} = \frac{2\,368}{100} = \frac{592}{25}$

d) Es ist $1\,000 \cdot 0{,}0\overline{18} = 18{,}\overline{18}$
und $10 \cdot 0{,}0\overline{18} = 0{,}\overline{18}$

Diese beiden Ergebnisse stimmen in allen Nachkommastellen überein. Also erhalten wir durch Subtraktion

$1\,000 \cdot 0{,}0\overline{18} = 18{,}\overline{18}$
$10 \cdot 0{,}0\overline{18} = 0{,}\overline{18}$ | –

$990 \cdot 0{,}0\overline{18} = 18$

Daraus ergibt sich $0{,}0\overline{18} = \frac{18}{990} = \frac{1}{55}$.

Information

(1) Charakterisierung rationaler Zahlen

In Aufgabe 1 haben wir an Beispielen gesehen:

(a) Wandelt man einen Bruch in einen Dezimalbruch um, so ist dieser entweder abbrechend, oder er wird periodisch.

(b) Umgekehrt lässt sich jeder abbrechende aber auch jeder periodische Dezimalbruch in einen gewöhnlichen Bruch umwandeln.

Folglich gilt:

Rationale Zahlen sind die Zahlen, die sich mit Brüchen angeben lassen. Gibt man sie mit Dezimalbrüchen an, so sind diese abbrechend oder periodisch.

Beispiele:

$\frac{13}{4} = 3{,}75$	abbrechender Dezimalbruch
$-\frac{2}{3} = -0{,}66666\ldots = -0{,}\overline{6}$	reinperiodischer Dezimalbruch
$\frac{7}{45} = 0{,}15555\ldots = 0{,}1\overline{5}$	nicht reinperiodischer Dezimalbruch

(2) Unzulänglichkeit der rationalen Zahlen zum Wurzelziehen

$\sqrt{2}$ ist nicht als gewöhnlicher Bruch darstellbar; $\sqrt{2}$ ist keine rationale Zahl.

In der gleichen Weise lässt sich zeigen, dass alle Wurzeln aus natürlichen Zahlen, die keine Quadratzahlen sind, keine rationalen Zahlen sein können (siehe Aufgabe 9 auf Seite 178).
Auf Seite 187 werden wir deshalb einen erweiterten Zahlbereich einführen. Ein derartiges Vorgehen (Zahlbereichserweiterung) hast du schon zweimal kennen gelernt: von den natürlichen Zahlen zu den Bruchzahlen (positiven rationalen Zahlen) und von den positiven rationalen Zahlen zu den rationalen Zahlen.

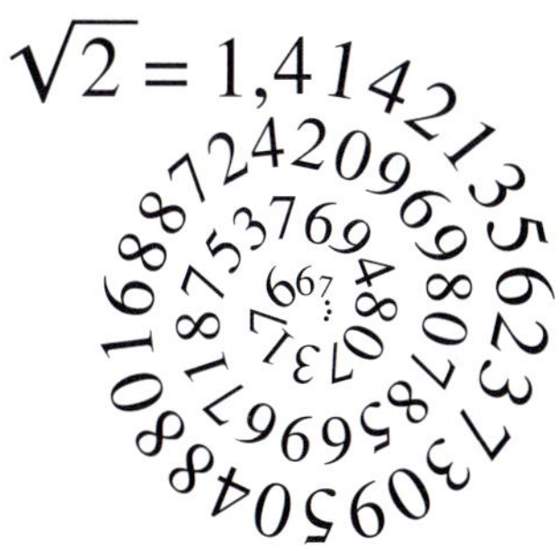

$\sqrt{2}$, $\sqrt{3}$, $\sqrt{5}$ sind Beispiele für **irrationale Zahlen** *(nichtrationale Zahlen)*. Sie lassen sich nicht als Bruch darstellen. Als Dezimalbruch geschrieben sind solche Zahlen nichtabbrechend und auch nichtperiodisch:

$\sqrt{2} = 1{,}4142135623\ldots$

Beachte:

$\sqrt{4}$ und $\sqrt{\frac{25}{9}}$ sind keine irrationalen Zahlen, sondern rationale, denn $\sqrt{4} = 2$ und $\sqrt{\frac{25}{9}} = \frac{5}{3}$.

Weiterführende Aufgabe

2. *Neunerperioden*

Verwandle den periodischen Dezimalbruch $0{,}\overline{9}$ in einen gewöhnlichen Bruch.
Du erhältst ein Ergebnis, das zunächst unglaublich erscheint. Überlege, dass es dennoch korrekt ist.

Übungsaufgaben

3. Beweise wie in der Einführung, dass es keine Bruchzahl gibt, die genau gleich der angegebenen Quadratwurzel ist.

a) $\sqrt{8}$ b) $\sqrt{18}$ c) $\sqrt{1\,000}$

4. Wende die Schritte des Beweises für die Irrationalität von $\sqrt{2}$ aus der Einführung auf Seite 181 auf die Quadratwurzel an. Was stellst du fest?

a) $\sqrt{25}$ b) $\sqrt{100}$ c) $\sqrt{1\,024}$

5. Bestimme (mit dem Taschenrechner) die Dezimalbruchdarstellung der Zahlen. Gib dann die ersten vier Intervalle einer Schachtelung für die Zahl wie in den Beispielen an.

a) $\sqrt{23}$ e) 12,1
b) $\sqrt{110}$ f) $\frac{125}{16}$
c) $\sqrt{1{,}3}$ g) $0{,}\overline{9}$
d) $\frac{8}{3}$ h) $\sqrt{\sqrt{10}}$

> $\sqrt{56} = 7{,}48331\ldots$
> [7; 8]; [7,4; 7,5]; [7,48; 7,49]; [7,483; 7,484]
> $\frac{5}{4} = 1{,}25$
> [1; 2]; [1,2; 1,3]; [1,24; 1,25]; [1,249; 1,250]

6. Schreibe als Dezimalbruch.

a) $\frac{2}{22}$ **d)** $-\frac{7}{25}$ **g)** $\frac{100}{999}$ **j)** $-\frac{7}{9}$ **m)** $\frac{10}{13}$
b) $-\frac{2}{5}$ **e)** $\frac{17}{40}$ **h)** $-\frac{2}{3}$ **k)** $\frac{222}{37}$ **n)** $-\frac{5}{14}$
c) $\frac{19}{12}$ **f)** $-\frac{13}{16}$ **i)** $\frac{23}{16}$ **l)** $-\frac{8}{11}$ **o)** $\frac{75}{64}$

> $\frac{8}{11} = 8 : 11 = 0{,}7272\ldots = 0{,}\overline{72}$

7. Schreibe als Dezimalbruch.

a) $\frac{1}{7}$; $\frac{2}{7}$; $\frac{3}{7}$; $\frac{4}{7}$; $\frac{5}{7}$; $\frac{6}{7}$
b) $\frac{1}{13}$; $\frac{2}{13}$; $\frac{3}{13}$; $\frac{4}{13}$; $\frac{5}{13}$; $\frac{6}{13}$; $\frac{7}{13}$; $\frac{8}{13}$; $\frac{9}{13}$; $\frac{10}{13}$; $\frac{11}{13}$; $\frac{12}{13}$

Was fällt dir auf?

8. Schreibe als gewöhnlichen Bruch (gekürzt).

a) 14,75 **b)** 0,3333 **c)** –17,05 **d)** 0,0002 **e)** 1,03125 **f)** –8,290

9. Verwandle den periodischen Dezimalbruch in einen gewöhnlichen, gekürzten Bruch.

a) $2{,}\overline{7}$ d) $2{,}\overline{07}$ g) $2{,}0\overline{7}$ j) $3{,}\overline{2}$ m) $3{,}\overline{200}$ p) $3{,}00\overline{2}$
b) $0{,}\overline{24}$ e) $0{,}\overline{240}$ h) $0{,}2\overline{40}$ k) $0{,}\overline{024}$ n) $0{,}\overline{2400}$ q) $0{,}2\overline{400}$
c) $22{,}3\overline{5}$ f) $-5{,}3\overline{28}$ i) $19{,}19\overline{1}$ l) $3{,}40\overline{552}$ o) $0{,}1\overline{9}$ r) $7{,}24\overline{9}$

10. Lara weiß, dass $\sqrt{10}$ kein abbrechender Dezimalbruch ist. Erläutert und vollendet ihre Überlegungen rechts.

> Ist $\sqrt{10}$ ein periodischer Dezimalbruch?
> Dann ist $\sqrt{10}$ ein Bruch.
> $\sqrt{10} = \frac{m}{n} \quad |\,(\,)^2$
> $10 = \frac{m^2}{n^2} \quad |\cdot n^2$
> $10n^2 = m^2$
> Die Zahl m^2 endet auf 0 oder 2 oder
> 4.... Nullen, aber die Zahl $10n^2$

Im Blickpunkt

Im Blickpunkt

Schnelle Berechnung von Wurzeln mit dem Heronverfahren

Um Näherungswerte für Wurzeln zu bestimmen, verwenden Taschenrechner und Computer spezielle Rechenverfahren. Ein solches Rechenverfahren geht auf den griechischen Mathematiker *Heron von Alexandria* (ca. 60 n. Chr.) zurück. Wir machen uns das Verfahren an einem Beispiel klar:

	rechnerisch	**geometrisch**
Problem	Gesucht ist ein Näherungswert für $\sqrt{6}$, also ein Dezimalbruch x, für den gilt: $x \cdot x = 6$	Wir suchen die Seitenlänge eines Quadrats mit dem Flächeninhalt 6. 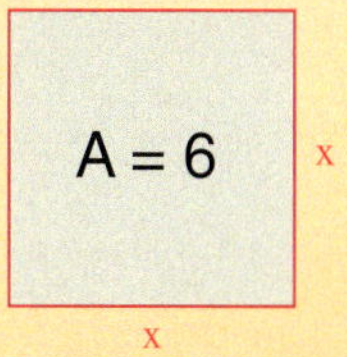
Idee	Wir nehmen zunächst zwei verschiedene Zahlen, deren Produkt 6 ergibt. Diese lassen sich leicht finden, z. B.: $3 \cdot 2 = 6$ Dann nähern wir die beiden Faktoren einander immer mehr an, bis sie fast gleich groß sind.	Wir nehmen zunächst ein Rechteck mit dem Flächeninhalt 6, z. B. mit den Seitenlängen 3 und 2. 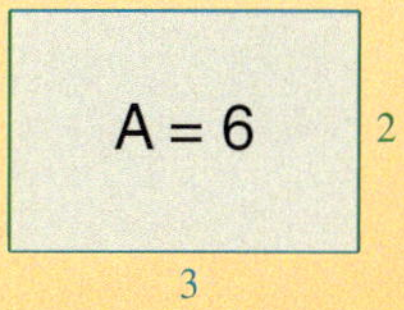 Wir verwandeln das Rechteck immer mehr in ein Quadrat.
Systematische Durchführung des Verfahrens	*1. Schritt:* (a) Wähle einen Startwert als ersten Faktor, z. B. $a_0 = 3$. (b) Berechne den zweiten Faktor: $b_0 = \frac{6}{a_0} = 2$ *2. Schritt:* (a) Wähle a_1 als Mittelwert von a_0 und b_0: $a_1 = \frac{(a_0 + b_0)}{2} = \frac{(3 + 2)}{2} = 2{,}5$ (b) Berechne den zweiten Faktor: $b_1 = \frac{6}{a_1} = 2{,}4$ *3. Schritt:* (a) Wähle a_2 als Mittelwert von a_1 und b_1: $a_2 = \frac{(a_1 + b_1)}{2} = 2{,}45$ (b) Berechne den zweiten Faktor: $b_2 = \frac{6}{a_2} \approx 2{,}448$	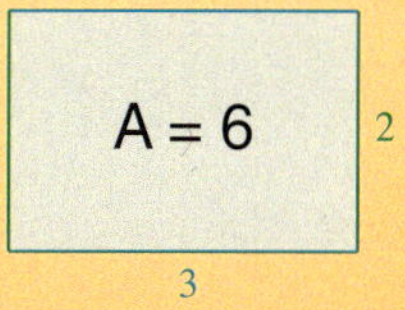 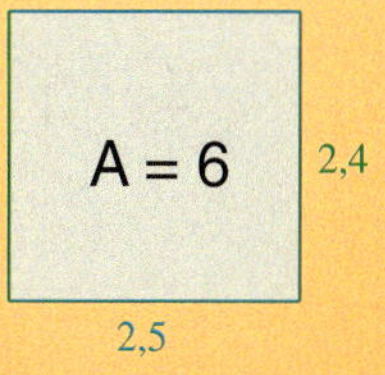 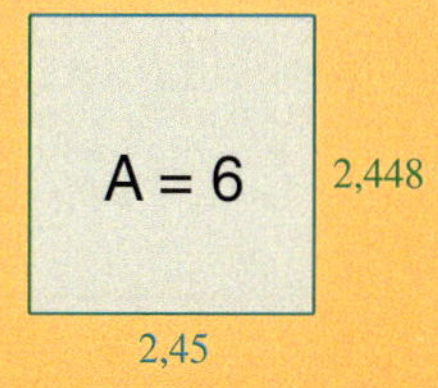

Die Ergebnisse unserer Rechnung fassen wir in einer Tabelle zusammen.

Faktor a	Faktor b = $\frac{6}{a}$	Mittelwert m = $\frac{a+b}{2}$	Kontrolle ($m^2 = 6$?)
3	2	2,5	6,25
2,5	2,4	2,45	6,0025
2,45	2,448979591 …	2,449489795	6,00000026
2,449489795 …	2,449489689 …	2,449489742 …	6,00000000 …

1. Führe die ersten drei Schritte des *Heronverfahrens* mit einem Taschenrechner durch für:
a) $\sqrt{30}$ (Startwert 5); **b)** $\sqrt{13}$ (Startwert 3). Prüfe den Näherungswert durch Quadrieren.

TAB **2.** Das *Heron-Verfahren* lässt sich leicht mithilfe einer Tabellenkalkulation durchführen. Die linke Abbildung unten zeigt ein solches Programm am Beispiel der Berechnung von $\sqrt{10}$. Die rechte Abbildung unten zeigt die Formeln, die in das Tabellenblatt eingegeben wurden. Vergleiche mit der Berechnung in der Abbildung links.

	A	B	C	D
1	Radikand	10		
2	Startwert	3		
3				
4	Faktor a	Faktor b	Mittelwert m	Kontrolle m²
5	3,0000000	3,3333333	3,1666667	10,0277778
6	3,1666667	3,1578947	3,1622807	10,0000192
7	3,1622807	3,1622746	3,1622777	10,0000000
8	3,1622777	3,1622777	3,1622777	10,0000000
9	3,1622777	3,1622777	3,1622777	10,0000000
10	3,1622777	3,1622777	3,1622777	10,0000000
11	3,1622777	3,1622777	3,1622777	10,0000000
12				
13				

	A	B	C	D
1	Radikand	10		
2	Startwert	3		
3				
4	Faktor a	Faktor b	Mittelwert m	Kontrolle m²
5	=B2	=$B$1/A5	=(A5+B5)/2	=C5^2
6	=C5	=$B$1/A6	=(A6+B6)/2	=C6^2
7	=C6	=$B$1/A7	=(A7+B7)/2	=C7^2
8	=C7	=$B$1/A8	=(A8+B8)/2	=C8^2
9	=C8	=$B$1/A9	=(A9+B9)/2	=C9^2
10	=C9	=$B$1/A10	=(A10+B10)/2	=C10^2
11	=C10	=$B$1/A11	=(A11+B11)/2	=C11^2
12				

Dividiere die Zahl aus Zelle B1 durch die Zahl aus Zelle A11.

Berechne den Mittelwert der Zahlen aus den Zellen A11 und B11.

In wenigen Schritten liefert das Verfahren einen sehr guten Näherungswert für $\sqrt{10}$.

a) Erstelle mit einem Tabellenkalkulationsprogramm ein Rechenblatt zur Berechnung von $\sqrt{10}$ mit dem Startwert 3.

b) Wähle weitere Startwerte (auch die Zahl 1 und die Zahl 2). Vergleiche.

3. Fasst man die ersten beiden Schritte des Heronverfahrens zusammen, so erhält man einen besseren Näherungswert. Begründe die folgende Formel.

> x_0 soll ein Näherungswert für $\sqrt{a}$ sein.
> Dann ist $\frac{1}{2}\left(x_0 + \frac{a}{x_0}\right) = x_1$ ein erheblich besserer Näherungswert.

TAB **4.** **a)** Erstelle mit einem Tabellenkalkulationsprogramm ein Rechenblatt, das die Formel aus Aufgabe 3 verwendet.

b) Gib verschiedene Radikanden ein. Untersuche, wie sich der Startwert auf die Schnelligkeit des Verfahrens auswirkt. Probiere verschiedene Startzahlen aus. Wähle auch einen ganzzahligen Wert, der dicht am Wurzelwert liegt.

5. Vergleiche das Intervallhalbierungsverfahren und das Heronverfahren hinsichtlich der Schnelligkeit zur Bestimmung von Näherungswerten für eine Wurzel.

5.2 Reelle Zahlen

Einstieg

Zeichnet um den Ursprung eines Koordinatensystems einen Kreis mit dem Radius 3. Zeichnet in diesen Kreis die Durchmesser, die die Winkel zwischen den Koordinatenachsen halbieren. Verbindet die Endpunkte der Durchmesser zu einem Viereck. Was für ein Viereck entsteht? An welchen Stellen schneiden die Seiten dieses Vierecks die Koordinatenachsen genau?

Aufgabe 1

Erläutere, warum an der markierten Stelle x auf der Zahlengeraden die irrationale Zahl $\sqrt{2}$ liegt.

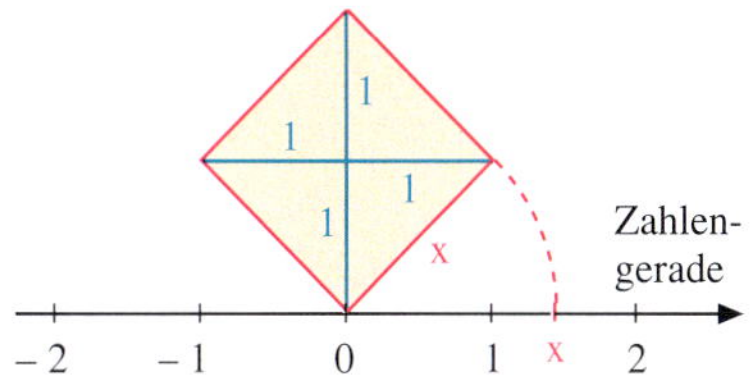

Lösung

Der Flächeninhalt des Quadrates hat die Maßzahl 2, denn es setzt sich zusammen aus vier zueinander kongruenten Dreiecken, die jeweils den Flächeninhalt $\frac{1}{2} \cdot 1 \cdot 1$, also $\frac{1}{2}$ haben.
Die Seitenlänge hat demnach die Maßzahl $\sqrt{2}$.
Sie wurde mithilfe eines Zirkels auf die Zahlengerade übertragen.

Information

(1) Reelle Zahlen

In früheren Schuljahren haben wir nur Punkte auf der Zahlengeraden betrachtet, die rationalen Zahlen zugeordnet waren. In Aufgabe 1 haben wir gesehen, dass man der irrationalen Zahl $\sqrt{2}$ genau einen Punkt auf der Zahlengeraden zuordnen kann. Es gibt also Punkte auf der Zahlengeraden, denen keine rationale Zahl zugeordnet ist. Will man jeden Punkt der Zahlengeraden erfassen, so muss man eine neue Zahlenmenge betrachten; die rationalen Zahlen reichen nicht mehr aus.

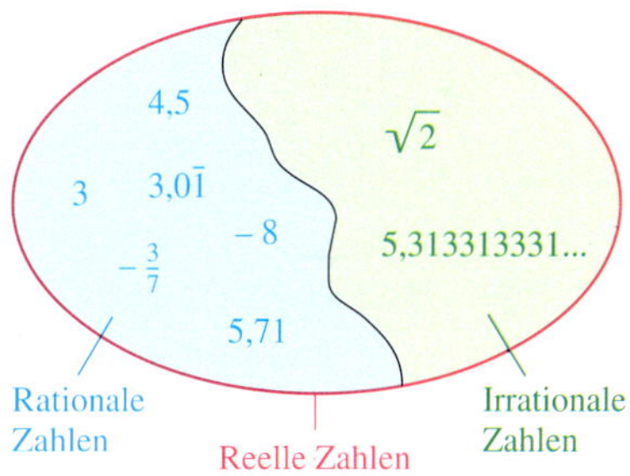

Rationale und irrationale Zahlen fasst man zur **Menge ℝ der reellen Zahlen** zusammen.

> Jeder Punkt auf der Zahlengeraden stellt eine reelle Zahl dar. Umgekehrt gehört zu jeder reellen Zahl ein Punkt auf der Zahlengeraden.

(2) Darstellung reeller Zahlen durch Dezimalbrüche

In Abschnitt 5.1.4 hast du gesehen, dass beim Umwandeln eines Bruches in einen Dezimalbruch entweder ein abbrechender oder ein periodischer Dezimalbruch entsteht.

> Jede reelle Zahl lässt sich als Dezimalbruch schreiben. Ist die reelle Zahl rational, so ist dieser Dezimalbruch abbrechend oder periodisch. Ist die reelle Zahl irrational, so hat der zugehörige Dezimalbruch unendlich viele Nachkommastellen ohne Periode.

Weiterführende Aufgaben

2. *Dichtliegen der rationalen Zahlen in $\mathbb{R}$*

a) Begründe, dass zwischen den rationalen Zahlen 1 und 1,1 noch unendlich viele weitere rationale Zahlen liegen.

b) Überlege: Kann man die nächste rationale Zahl angeben, die unmittelbar auf die rationale Zahl 1 folgt?

3. *Unendlich viele irrationale Zahlen*

$\sqrt{2}$ ist ein Beispiel für eine reelle Zahl. Begründe davon ausgehend, dass es unendlich viele irrationale Zahlen auf der Zahlengeraden gibt.

(1) Zwischen zwei rationalen Zahlen liegen auf der Zahlengeraden noch unendlich viele weitere rationale Zahlen. Man sagt dazu:
Die rationalen Zahlen liegen dicht auf der Zahlengeraden.
(2) Zu einer rationalen Zahl gibt es keine Zahl, die direkt darauf folgt.
(3) Es gibt unendlich viele irrationale Zahlen auf der Zahlengeraden.

Übungsaufgaben

4. Konstruiere die Zahlen $\sqrt{2}$ und $5 \cdot \sqrt{2}$ sowie $\frac{1}{2} \cdot \sqrt{2}$ auf der Zahlengeraden.

5. **a)** Zeige, dass man mit der Figur rechts $\sqrt{50}$ konstruieren kann.

b) Konstruiere ebenso: $\sqrt{8}$.

c) Gib drei weitere Radikanden an, deren Wurzeln man ebenso ermitteln kann. Konstruiere ebenso.

d) Warum kannst du $\sqrt{14}$ nicht auf diese Weise konstruieren?

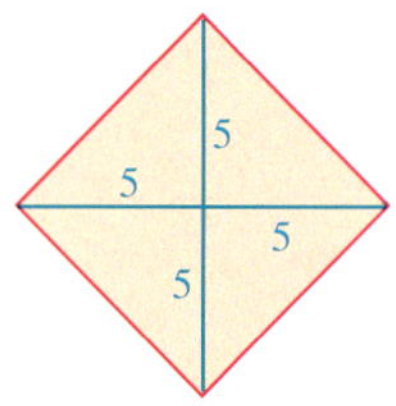

6. (1) Begründe: Die Seitenlänge eines Quadrates mit dem Flächeninhalt A beträgt $\sqrt{A}$.
(2) Begründe: In einem Quadrat mit der Seitenlänge a hat die Diagonale die Länge $\sqrt{2a^2}$.

7. Setzt 0,12233344445 … zu einem nichtabbrechenden Dezimalbruch fort, sodass er
(1) eine rationale Zahl darstellt; (2) eine irrationale Zahl darstellt.
Formuliert jeweils mehrere geeignete Anweisungen zur Fortsetzung; gebt Begründungen an.

8. Formuliere eine nahe liegende Vorschrift zur Fortsetzung des Dezimalbruchs. Entscheide dann, ob er eine rationale oder eine irrationale Zahl darstellt.

(1) 3,181811111 … (3) 3,1881818181 … (5) 0,5152152152 …
(2) 3,181881888 … (4) 0,414243444546 … (6) 0,1515251525152 …

9. **a)** Begründe, dass zwischen 0,1 und 0,2 noch unendlich viele weitere rationale Zahlen liegen.

b) Begründe, dass zwischen $\frac{1}{3}$ und $\frac{2}{3}$ noch unendlich viele weitere rationale Zahlen liegen.

10. Beweise, dass alle Vielfachen von $\sqrt{3}$ irrationale Zahlen sind.

11. Konstruiere auf der Zahlengeraden den Punkt für $\sqrt{0{,}5}$.
Anleitung: Begründe dazu, dass der Punkt für $\sqrt{0{,}5}$ genau in der Mitte zwischen 0 und $\sqrt{2}$ liegt.

5.3 Zusammenhang zwischen Radizieren und Quadrieren

Einstieg

Wir haben das Wurzelziehen (Radizieren) mithilfe des Quadrierens erklärt. Untersucht nun den Zusammenhang zwischen Quadrieren und Radizieren genau.

Wählt dazu mehrmals eine Zahl.

Der eine Partner bildet deren Quadrat und radiziert anschließend das Ergebnis.

Der andere radiziert zunächst die Zahl und bildet anschließend von dem Ergebnis das Quadrat.

Vergleicht eure Ergebnisse. Formuliert eine Vermutung und überprüft, ob diese für alle Zahlen gilt.

Aufgabe 1

a) Führe für die Zahlen 9; 6,25; 2; $\frac{1}{4}$; 0; -1; -4; $-\frac{25}{4}$ folgende Anweisungsfolge durch, sofern möglich.

(1) Ziehe zuerst die Wurzel aus der Zahl und quadriere dann dieses Ergebnis.

(2) Quadriere zuerst die Zahl und ziehe dann die Wurzel aus dem Ergebnis.

Notiere deine Ergebnisse jeweils in Form einer Tabelle.

b) Was fällt auf? Formuliere sowohl für (1) als auch für (2) eine Regel.

Lösung

a) (1) Radizieren → Quadrieren

a	$\sqrt{a}$	$(\sqrt{a})^2$
9	3	9
6,25	2,5	6,25
2	$\sqrt{2}$	2
$\frac{1}{4}$	$\frac{1}{2}$	$\frac{1}{4}$
0	0	0
-1	nicht möglich	–
-4	nicht möglich	–
$-\frac{25}{4}$	nicht möglich	–

(2) Quadrieren → Radizieren

a	a^2	$\sqrt{a^2}$
9	81	9
6,25	39,0625	6,25
2	4	2
$\frac{1}{4}$	$\frac{1}{16}$	$\frac{1}{4}$
0	0	0
-1	1	1
-4	16	4
$-\frac{25}{4}$	$\frac{625}{16}$	$\frac{25}{4}$

b) (1) Diese Anweisungsfolge ist nur für positive Zahlen und die Zahl 0 durchführbar. Sie liefert als Endergebnis wieder die Ausgangszahl.
Für negative Zahlen ist die Wurzel nicht definiert, daher ist die Anweisungsfolge nicht durchführbar.

(2) Diese Anweisungsfolge ist dagegen für *alle* Zahlen durchführbar. Für nichtnegative Zahlen liefert sie als Endergebnis wieder die Ausgangszahl.
Für negative Zahlen liefert sie deren Gegenzahl.
Zusammengefasst kann man sagen, dass diese Anweisungsfolge als Ergebnis den Betrag der Zahl liefert.

$\sqrt{(-4)^2} = |-4|$

Information

Die Lösung der Aufgabe 1 zeigt:

> $a \in \mathbb{R}$ bedeutet: a ist eine reelle Zahl.

Satz

(1) Für alle $a \in \mathbb{R}$ gilt: $\mathbf{\sqrt{a^2} = |a|}$

(2) Für alle $a \in \mathbb{R}$ mit $a \geq 0$ gilt:

(a) $\mathbf{\sqrt{a^2} = a}$

Das Quadrieren wird durch das Radizieren rückgängig gemacht:

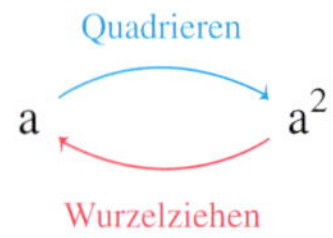

(b) $\mathbf{(\sqrt{a})^2 = a}$

> Für $a < 0$ ist $\sqrt{a}$ nicht definiert

Das Radizieren wird durch das Quadrieren rückgängig gemacht:

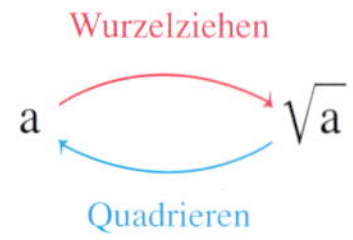

Beweis:

(1) $\sqrt{a^2}$ ist definiert als diejenige nichtnegative Zahl, die quadriert a^2 ergibt.
$|a|$ ist nichtnegativ.
Um $\sqrt{a^2} = |a|$ zu beweisen, müssen wir noch zeigen, dass $|a|^2 = a^2$ ist.
Für $a \geq 0$ gilt: $|a| = a$, also $|a|^2 = a^2$.
Für $a < 0$ gilt: $|a| = -a$, also $|a|^2 = (-a)^2 = a^2$.

> $|-3| = 3 = -(-3)$

> Für $a < 0$ ist $|a| = -a$

(2a) Ist ein Spezialfall von (1): Für alle $a \geq 0$ ist $|a| = a$.

(2b) Für nichtnegative Zahlen a ist $\sqrt{a}$ definiert als die Zahl, die quadriert a ergibt.

Weiterführende Aufgaben

2. *Definitionsmenge von Wurzeltermen*

a) Jonas hat mit einer Tabellenkalkulation eine Wertetabelle für den Term $\sqrt{8x - 12}$ erzeugt. Als er sich die Wertetabelle anschaut, wundert er sich. Was meinst du dazu?

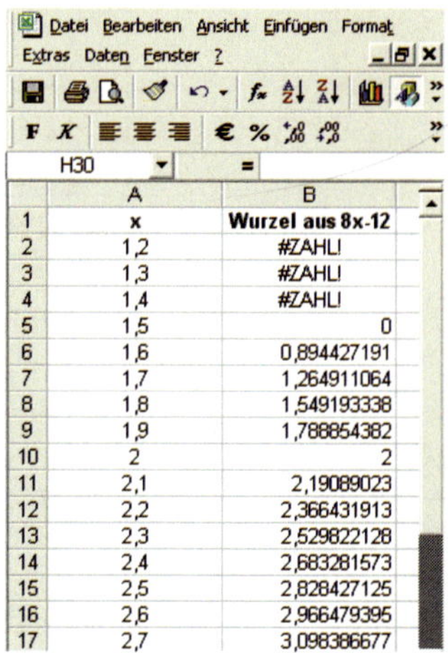

	A	B
1	x	Wurzel aus 8x-12
2	1,2	#ZAHL!
3	1,3	#ZAHL!
4	1,4	#ZAHL!
5	1,5	0
6	1,6	0,894427191
7	1,7	1,264911064
8	1,8	1,549193338
9	1,9	1,788854382
10	2	2
11	2,1	2,19089023
12	2,2	2,366431913
13	2,3	2,529822128
14	2,4	2,683281573
15	2,5	2,828427125
16	2,6	2,966479395
17	2,7	3,098386677

b) Für welche reellen Zahlen x ist die Wurzel definiert? Bestimme die Definitionsmenge wie im Beispiel.

(1) $\sqrt{3x + 12}$　　(3) $\sqrt{-|x|}$

(2) $\sqrt{x^2 + 1}$　　(4) $\sqrt{-2 - x^2}$

> $\sqrt{5x - 12}$ ist nur definiert,
> falls: $5x - 12 \geq 0$
> Umgeformt: $5x \geq 12$
> $x \geq 2{,}4$
> Definitionsmenge:
> $D = \{x \in \mathbb{R} \mid x \geq 2{,}4\}$

3. *Vereinfachen von Wurzeltermen*

Bestimme die Definitionsmenge des Terms. Vereinfache dann den Wurzelterm.

a) $\left(\sqrt{2a+1}\right)^2$ **c)** $\sqrt{4z^2}$

b) $\left(-\sqrt{2x+4}\right)^2$ **d)** $\sqrt{(-(a+1))^2}$

$\sqrt{25(x+3)^2}$, $D = \mathbb{R}$
$= \sqrt{(5(x+3))^2}$
$= |5(x+3)|$
$= 5|x+3|$, da $5 > 0$

4. *Lösungsmenge der Gleichung $x^2 = a$*

Bestimme die Lösungsmenge der Gleichung.

a) $x^2 = 16$ **c)** $x^2 = 0$

b) $x^2 = 5$ **d)** $x^2 = -25$

$x^2 = 7$ |Wurzelziehen
$|x| = \sqrt{7}$
$x = \sqrt{7}$ *oder* $x = -\sqrt{7}$
$L = \{-\sqrt{7};\ \sqrt{7}\}$

Information

(1) Lösungsmenge einer Gleichung der Form $x^2 = a$

Die Gleichung $x^2 = 2$ hat in der Grundmenge $\mathbb{Q}$ keine Lösung, da $\sqrt{2}$ irrational ist. In der Grundmenge $\mathbb{R}$ hat die Gleichung $x^2 = 2$ dagegen zwei Lösungen: $\sqrt{2}$ und $-\sqrt{2}$.
Ab jetzt wählen wir $\mathbb{R}$ als Grundmenge für Gleichungen, sofern es nicht anders vereinbart wird.

Satz: *Lösungsmenge der Gleichung $x^2 = a$*

(1) Für $a > 0$ hat diese Gleichung genau zwei Lösungen, die sich nur durch das Vorzeichen unterscheiden, nämlich $\sqrt{a}$ und $-\sqrt{a}$, also $L = \{-\sqrt{a};\ \sqrt{a}\}$.

(2) Für $a = 0$ hat diese Gleichung genau eine Lösung, nämlich 0, also $L = \{0\}$.

(3) Für $a < 0$ hat diese Gleichung keine Lösung, also $L = \{\ \}$.

(2) Unterschied zwischen dem Bestimmen der Lösungsmenge einer Gleichung der Form $x^2 = a$ und dem Wurzelziehen

Beachte: $\sqrt{4} = 2$, aber $\sqrt{4} \neq -2$.

$\sqrt{7}$ ist ein Name für eine Zahl, nämlich für diejenige nichtnegative Zahl, die quadriert 7 ergibt. Bei Bedarf kann man diese irrationale Zahl näherungsweise angeben: $\sqrt{7} \approx 2{,}646$.
Beim Lösen der Gleichung $x^2 = 7$ sucht man alle Zahlen, die diese Gleichung erfüllen. $\sqrt{7}$ ist eine solche Zahl, denn $\left(\sqrt{7}\right)^2 = 7$. Aber auch $-\sqrt{7}$ ist eine solche Zahl, denn auch $\left(-\sqrt{7}\right)^2 = 7$.
Da dies die beiden einzigen Zahlen sind, die quadriert 7 ergeben, ist die Lösungsmenge der obigen Gleichung $L = \{-\sqrt{7};\ \sqrt{7}\}$.
Das Bestimmen der Lösungsmenge der Gleichung $x^2 = a$ und das Wurzelziehen aus a sind also verschiedene Tätigkeiten, die man nicht verwechseln darf.

Übungsaufgaben

5. Bestimme ohne Taschenrechner.

a) $\left(\sqrt{125}\right)^2$ **d)** $\left(\sqrt{\frac{1}{168}}\right)^2$ **g)** $-\sqrt{17{,}5^2}$ **j)** $\left(\sqrt{2^2}\right)^2$ **m)** $\sqrt{\sqrt{2^2}}$

b) $\left(\sqrt{0{,}0016}\right)^2$ **e)** $\sqrt{325^2}$ **h)** $\sqrt{\left(-\frac{25}{144}\right)^2}$ **k)** $\left(\sqrt{(-3)^2}\right)^2$ **n)** $-\left(\sqrt{\sqrt{3}}\right)^2$

c) $\left(-\sqrt{33}\right)^2$ **f)** $\sqrt{17{,}5^2}$ **i)** $\left(\sqrt{2}\right)^2$ **l)** $\sqrt{\left(\sqrt{2}\right)^2}$ **o)** $\sqrt{\left(-\sqrt{3}\right)^2}$

6. Bestimme die Definitionsmenge des Wurzelterms.

a) $\sqrt{x+5}$ **d)** $\sqrt{7+p}$ **g)** $\sqrt{2x+18}$ **j)** $\sqrt{(x-3)^2-(x^2+1)}$

b) $\sqrt{a-3}$ **e)** $\sqrt{4+2x}$ **h)** $\sqrt{\frac{3}{4}x-18}$ **k)** $\sqrt{(x-1)\cdot 4+(x+2)\cdot 5}$

c) $\sqrt{5-a}$ **f)** $\sqrt{7-5x}$ **i)** $\sqrt{3v+7-8v}$ **l)** $\sqrt{z^2+1-(z-1)^2}$

7. Bestimme die Definitionsmenge des Wurzelterms.

a) $\sqrt{x^2-4}$ **c)** $\sqrt{x^2+4}$ **e)** $\sqrt{\sqrt{x+3}}$ **g)** $\sqrt{\sqrt{x}-3}$ **i)** $\sqrt{|x|}$

b) $\sqrt{4-x^2}$ **d)** $\sqrt{x^3+1}$ **f)** $\sqrt{\sqrt{x}+3}$ **h)** $\sqrt{3-\sqrt{x}}$ **j)** $\sqrt{|x|-2}$

8. Bestimme zunächst die Definitionsmenge des Terms. Vereinfache dann.

a) $\sqrt{c^2}$ **c)** $-\left(\sqrt{c}\right)^2$ **e)** $-\left(\sqrt{(-c)^2}\right)^2$ **g)** $\sqrt{(-3r)^2}$ **i)** $\sqrt{(2-a)^2}$

b) $\sqrt{(-c)^2}$ **d)** $\left(-\sqrt{c}\right)^2$ **f)** $\sqrt{(3r)^2}$ **h)** $-\sqrt{(3r)^2}$ **j)** $\left(\sqrt{1-a}\right)^2$

9. Prüfe die folgende Behauptung.
Für alle $x \in \mathbb{R}$ gilt:

a) $\sqrt{x^2} = x$ **c)** $\sqrt{(-x)^2} = x$ **e)** $\sqrt{(-x)^2} = -|x|$ **g)** $\sqrt{x^2} = -x$

b) $\sqrt{(-x)^2} = -x$ **d)** $\sqrt{x^2} = |x|$ **f)** $\sqrt{(-x)^2} = |-x|$ **h)** $\sqrt{x^2} = |-x|$

10. Bestimme die Lösungsmenge (ohne Taschenrechner).

a) $x^2 = 1\,600$ **d)** $x^2 = 196$ **g)** $x^2 = 8\,100$ **j)** $x^2 = 4{,}84$ **m)** $x^2 = 0$

b) $x^2 = -256$ **e)** $x^2 = 3$ **h)** $x^2 = 10\,000$ **k)** $x^2 = -12{,}25$ **n)** $x^2 = \frac{9}{100}$

c) $x^2 = -3$ **f)** $x^2 = 625$ **i)** $x^2 = 6{,}25$ **l)** $x^2 = 2$ **o)** $x^2 = \frac{49}{81}$

11. Kim und Sascha haben die Graphen zu $y = \left(\sqrt{x}\right)^2$ und $y = \sqrt{x^2}$ mit einem Programm zeichnen lassen. Welcher Graph gehört zu welchem Funktionsterm? Entscheidet, ohne Hilfsmittel zu benutzen.

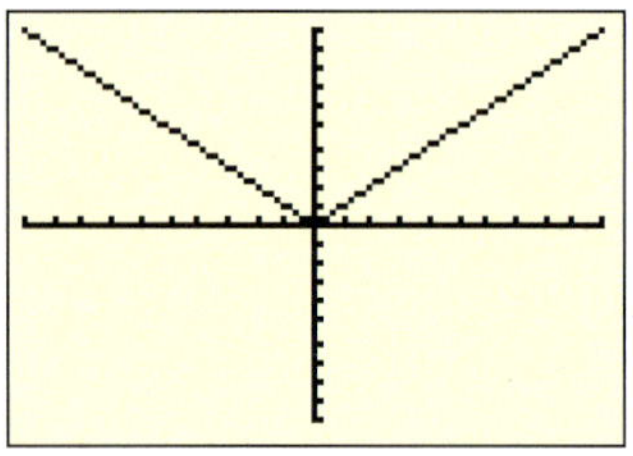

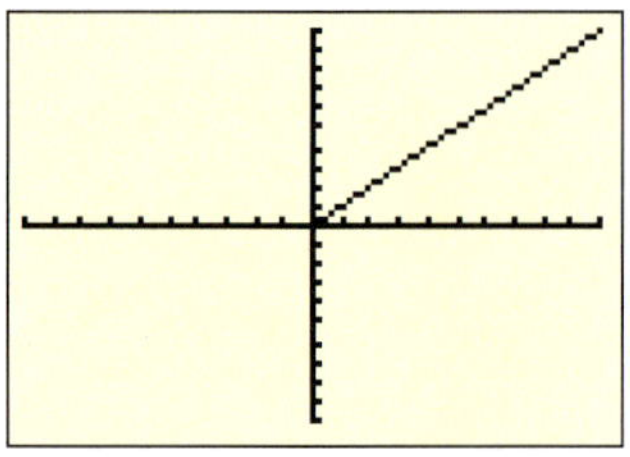

12. Kontrolliere folgende Hausaufgaben.

Robert
$x^2 = 2$
$x = 1{,}414$
$L = \{1{,}414\}$

Sarah
$x^2 = -6{,}25$
$x = -2{,}5$
$L = \{-2{,}5\}$

Urs
$x^2 = 7$
$x = \sqrt{7}$
$L = \{\sqrt{7}\}$

Valentina
$x^2 = 10$
$x = \sqrt{10}$ oder $x = -\sqrt{10}$
$L = \{\sqrt{10}; -\sqrt{10}\}$

Tom
$x^2 = 3$
$x = 1{,}73$ oder $x = -1{,}73$
$L = \{1{,}73; -1{,}73\}$

13. Bestimme die Lösungsmenge.

a) $x^2 - 9 = 0$ **c)** $2u^2 - 50 = 0$ **e)** $3x^2 + 12 = 0$ **g)** $3x^2 = 2x^2 + 4$

b) $z^2 + 4 = 0$ **d)** $-3x^2 = -27$ **f)** $2x^2 - 13 = 9$ **h)** $5p^2 = 7p^2 - 18$

14. Gib eine Gleichung der Form $x^2 = a$ an, welche die folgende Lösungsmenge hat.

a) $\{-7;\ 7\}$ **b)** $\{-\sqrt{5};\ \sqrt{5}\}$ **c)** $\{\ \}$ **d)** $\{-\frac{3}{4};\ \frac{3}{4}\}$ **e)** $\{-1{,}2;\ 1{,}2\}$ **f)** $\{0\}$

5.4 Rechenregeln für Quadratwurzeln und ihre Anwendung

Einstieg CAS

Lucas hat mit dem CAS-Rechner seiner großen Schwester Marie Aufgaben mit Wurzeln berechnet. Links stehen die Eingaben, rechts die Ergebnisse.
Marie sagt: „Guck doch mal genau hin. Das kannst du doch genauso gut im Kopf!"
Könnt ihr Regeln für das Rechnen mit Wurzeln erkennen? Überprüft diese an eigenen Beispielen.

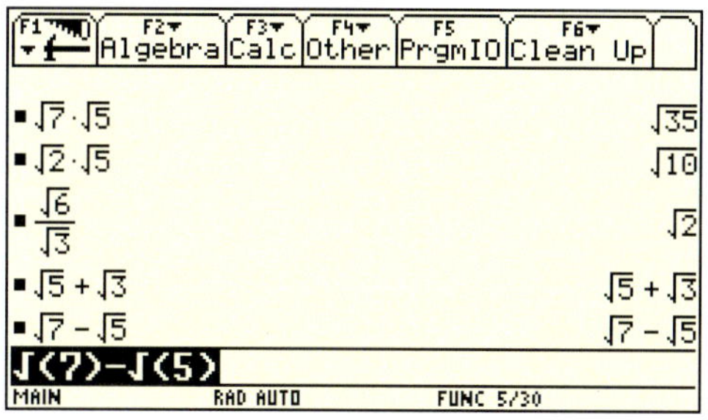

Einführung

Michael hat die nebenstehenden Aufgaben im Kopf gerechnet, Nora hat mithilfe des Taschenrechners kontrolliert.

Aufgabe	Michael	Nora
$\sqrt{18}+\sqrt{2}$	$\sqrt{20}$	5,656854249
$\sqrt{18}-\sqrt{2}$	$\sqrt{16}=4$	2,828427125
$\sqrt{18}\cdot\sqrt{2}$	$\sqrt{36}=6$	6
$\sqrt{18}:\sqrt{2}$	$\sqrt{9}=3$	3

Nora überlegt: „Die ersten beiden Rechnungen von Michael können gar nicht stimmen:
$\sqrt{20}$ ist nämlich kleiner als 5;
ebenso ist 4 nicht gleich 2,8…
Die anderen Ergebnisse sind erstaunlich:
Die Faktoren $\sqrt{18}$ und $\sqrt{2}$ haben unendlich viele Stellen nach dem Komma, das Produkt jedoch keine einzige. Ebenso ist es beim Quotienten. Sind diese Ergebnisse genau oder Näherungswerte?"
Michael schlägt vor: „Machen wir doch die Probe bei der dritten Aufgabe. Wenn ihr Ergebnis wirklich $\sqrt{36}$ ist, muss das Quadrat von $\sqrt{18}\cdot\sqrt{2}$ genau 36 sein.

$$\left(\sqrt{18}\cdot\sqrt{2}\right)^2=\left(\sqrt{18}\cdot\sqrt{2}\right)\cdot\left(\sqrt{18}\cdot\sqrt{2}\right)=\sqrt{18}\cdot\sqrt{18}\cdot\sqrt{2}\cdot\sqrt{2}=18\cdot 2=36$$

$\sqrt{18}\cdot\sqrt{2}$ ergibt quadriert 36 und ist auch nichtnegativ.

Daher muss es die Wurzel von 36, also 6 sein."

Aufgabe 1

a) Begründe, dass $\frac{\sqrt{18}}{\sqrt{2}}$ genau $\sqrt{9}$, also gleich 3 ist.

b) Formuliere einfache Regeln für die Berechnung des Produktes und des Quotienten zweier Wurzeln. Welche Ergebnisse erwartest du für

(1) $\sqrt{80}\cdot\sqrt{5}$; (2) $\frac{\sqrt{5}}{\sqrt{80}}$; (3) $\sqrt{80}:\sqrt{5}$?

Kontrolliere anschließend mit dem Taschenrechner.

c) Bestätige an den Beispielen von $\sqrt{9}+\sqrt{16}$ und $\sqrt{100}-\sqrt{36}$, dass keine ähnlich einfachen Regeln für die Summe und die Differenz von Wurzeln gelten.

Lösung

a) Um zu überprüfen, ob $\frac{\sqrt{18}}{\sqrt{2}}$ die Wurzel aus 9 ist, berechnen wir das Quadrat von $\frac{\sqrt{18}}{\sqrt{2}}$:

$$\left(\frac{\sqrt{18}}{\sqrt{2}}\right)^2=\frac{\sqrt{18}}{\sqrt{2}}\cdot\frac{\sqrt{18}}{\sqrt{2}}=\frac{\sqrt{18}\cdot\sqrt{18}}{\sqrt{2}\cdot\sqrt{2}}=\frac{18}{2}=9.$$

Das Quadrat von $\frac{\sqrt{18}}{\sqrt{2}}$ ist also 9.

Da $\frac{\sqrt{18}}{\sqrt{2}}$ ferner nichtnegativ ist, ist $\frac{\sqrt{18}}{\sqrt{2}}$ die Wurzel aus 9, also tatsächlich $\frac{\sqrt{18}}{\sqrt{2}}=\sqrt{9}=3$.

b) Wenn zwei Wurzeln multipliziert werden sollen, kann man zunächst nur die Radikanden multiplizieren und aus diesem Ergebnis die Wurzel ziehen.
Wenn zwei Wurzeln dividiert werden sollen, kann man zunächst nur die Radikanden dividieren und aus diesem Ergebnis die Wurzel ziehen.

(1) $\sqrt{80} \cdot \sqrt{5} = \sqrt{80 \cdot 5} = \sqrt{400} = 20$

(2) $\frac{\sqrt{5}}{\sqrt{80}} = \sqrt{\frac{5}{80}} = \sqrt{\frac{1}{16}} = \frac{1}{4}$

(3) $\sqrt{80} : \sqrt{5} = \sqrt{80 : 5} = \sqrt{16} = 4$

Der Taschenrechner liefert genau diese Ergebnisse.

c) $\sqrt{9} + \sqrt{16} = 3 + 4 = 7$, aber $\sqrt{9 + 16} = \sqrt{25} = 5$.

$\sqrt{100} - \sqrt{36} = 10 - 6 = 4$, aber $\sqrt{100 - 36} = \sqrt{64} = 8$.

Beachte also: Für die Summe und die Differenz von Wurzeln gelten *keine* einfachen Regeln.

Information

Wurzelgesetze für Produkte und Quotienten

(W1) Man kann zwei Wurzeln multiplizieren, indem man die Radikanden multipliziert und dann die Wurzel zieht.
Für alle $a \geq 0$, $b \geq 0$ gilt: $\mathbf{\sqrt{a} \cdot \sqrt{b} = \sqrt{a \cdot b}}$

(W2) Man kann zwei Wurzeln dividieren, indem man die Radikanden dividiert und dann die Wurzel zieht.
Für alle $a \geq 0$, $b > 0$ gilt: $\mathbf{\frac{\sqrt{a}}{\sqrt{b}} = \sqrt{\frac{a}{b}}}$

Beweis von (W1):
Die Behauptung $\sqrt{a} \cdot \sqrt{b} = \sqrt{a \cdot b}$ bedeutet: $\sqrt{a} \cdot \sqrt{b}$ ist die Wurzel aus dem Produkt $a \cdot b$.
Dazu müssen wir zeigen:
(a) Das Quadrat von $\sqrt{a} \cdot \sqrt{b}$ ist $a \cdot b$.
(b) $\sqrt{a} \cdot \sqrt{b}$ ist nichtnegativ.

Assoziativ- und Kommutativgesetz angewandt

Zu (a): $\left(\sqrt{a} \cdot \sqrt{b}\right)^2 = \left(\sqrt{a} \cdot \sqrt{b}\right) \cdot \left(\sqrt{a} \cdot \sqrt{b}\right) = \sqrt{a} \cdot \sqrt{a} \cdot \sqrt{b} \cdot \sqrt{b} = a \cdot b$

Zu (b): Da $\sqrt{a}$ und $\sqrt{b}$ nichtnegativ sind, ist auch das Produkt $\sqrt{a} \cdot \sqrt{b}$ nichtnegativ.

Aus (a) und (b) folgt: $\sqrt{a} \cdot \sqrt{b} = \sqrt{a\,b}$

Beweis von (W2):
Die Behauptung $\frac{\sqrt{a}}{\sqrt{b}} = \sqrt{\frac{a}{b}}$ bedeutet: $\frac{\sqrt{a}}{\sqrt{b}}$ ist die Wurzel aus dem Quotienten $\frac{a}{b}$.
Dazu müssen wir zeigen:
(a) Das Quadrat von $\frac{\sqrt{a}}{\sqrt{b}}$ ist $\frac{a}{b}$.
(b) $\frac{\sqrt{a}}{\sqrt{b}}$ ist nichtnegativ.

Zu (a): $\left(\frac{\sqrt{a}}{\sqrt{b}}\right)^2 = \frac{\sqrt{a}}{\sqrt{b}} \cdot \frac{\sqrt{a}}{\sqrt{b}} = \frac{\sqrt{a} \cdot \sqrt{a}}{\sqrt{b} \cdot \sqrt{b}} = \frac{a}{b}$.

Zu (b): Da $\sqrt{a}$ und $\sqrt{b}$ nichtnegativ sind, ist auch der Quotient $\frac{\sqrt{a}}{\sqrt{b}}$ nichtnegativ.

Aus (a) und (b) folgt: $\frac{\sqrt{a}}{\sqrt{b}} = \sqrt{\frac{a}{b}}$

Weiterführende Aufgaben

2. *Vereinfachen von Wurzeltermen mit den Wurzelgesetzen*

Bestimme zunächst die Definitionsmenge des Terms. Vereinfache ihn dann.

a) $\sqrt{5a} \cdot \sqrt{20a^3}$

b) $\frac{\sqrt{3b^3}}{\sqrt{27b}}$

c) $\frac{\sqrt{8(x-1)^3}}{\sqrt{2(x-1)}}$

d) $\sqrt{15b} \cdot \frac{\sqrt{5}}{\sqrt{3b^3}}$

$$\begin{aligned} &\sqrt{3(x-1)} \cdot \sqrt{27 \cdot (x-1)^3} \quad (\text{für } x \geq 1) \\ &= \sqrt{3(x-1) \cdot 27 \cdot (x-1)^3} \quad (\text{W1}) \\ &= \sqrt{81(x-1)^4} \\ &= \sqrt{81} \cdot \sqrt{(x-1)^4} \quad (\text{W1}) \\ &= 9 \cdot (x-1)^2 \end{aligned}$$

CAS **3.** *Teilweises Wurzelziehen*

a) Die Lehrerin zeigt der Klasse die nebenstehende Anzeige eines CAS-Rechners. Sie meint: „Ihr könnt die vom Computer-Algebra-System vorgenommenen Umformungen sogar beweisen."

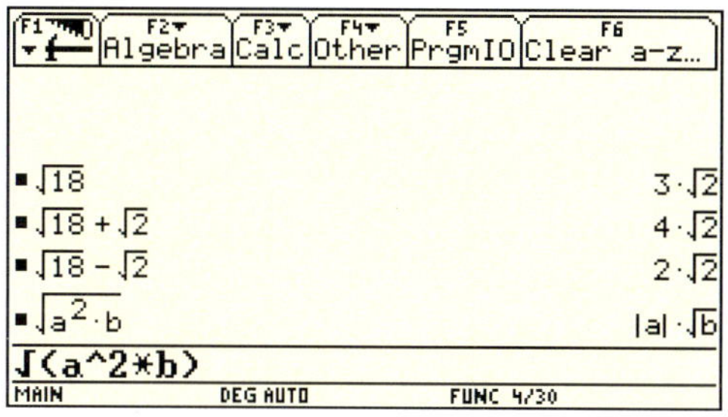

b) Beweise die folgenden Gesetze für teilweises Wurzelziehen.

(1) $\sqrt{a^2 b} = |a| \cdot \sqrt{b}$ (für $b \geq 0$)

(2) $\sqrt{\frac{a}{b^2}} = \frac{\sqrt{a}}{|b|}$ (für $a \geq 0,\ b \neq 0$)

(3) $\sqrt{\frac{a^2}{b}} = \frac{|a|}{\sqrt{b}}$ (für $b > 0$)

c) Ziehe teilweise die Wurzel.

(1) $\sqrt{50}$ (2) $\sqrt{4b}$ (5) $\sqrt{ab^2c^3}$

(2) $\sqrt{\frac{3}{16}}$ (4) $\sqrt{\frac{a}{9}}$ (6) $\sqrt{\frac{2u^2v}{9w^3}}$

$$\sqrt{\frac{2x^2y^3}{9z^4}} = \sqrt{\frac{x^2 \cdot y^2 \cdot 2y}{9z^4}} = \frac{|x| \cdot y}{3z^2}\sqrt{2y}$$

(für $y \geq 0,\ z \neq 0$)

4. *Addition und Subtraktion von Termen mit Wurzeln*

Es gibt keine allgemeinen einfachen Gesetze für die Summe und die Differenz von Wurzeln. In einigen besonderen Fällen kann man aber doch vereinfachen.

a) Erläutere die Rechnungen. Was für eine Umformung wurde vorgenommen?

(1) $5 \cdot \sqrt{6} + 7 \cdot \sqrt{6} = 12 \cdot \sqrt{6}$ (2) $7 \cdot \sqrt{5} - 2 \cdot \sqrt{5} = 5 \cdot \sqrt{5}$ (3) $5 \cdot \sqrt{6} - \sqrt{6} = 4 \cdot \sqrt{6}$

b) Beweise die folgenden Behauptungen durch teilweises Wurzelziehen.

(1) $\sqrt{3} + \sqrt{12} = \sqrt{27}$ (2) $\sqrt{12} - \sqrt{3} = \sqrt{3}$ (3) $|a| \cdot \sqrt{b} - \sqrt{4a^2b} + \sqrt{a^2b} = 0$

Übungsaufgaben

5. Berechne mithilfe des Wurzelgesetzes (W1).

a) $\sqrt{8} \cdot \sqrt{18}$ **d)** $\sqrt{5} \cdot \sqrt{20}$ **g)** $\sqrt{2{,}4} \cdot \sqrt{0{,}6}$

b) $\sqrt{2} \cdot \sqrt{32}$ **e)** $\sqrt{10} \cdot \sqrt{16{,}9}$ **h)** $\sqrt{\frac{1}{3}} \cdot \sqrt{48}$

c) $\sqrt{60} \cdot \sqrt{15}$ **f)** $\sqrt{1{,}6} \cdot \sqrt{1\,000}$ **i)** $\sqrt{\frac{4}{5}} \cdot \sqrt{80}$

$$\begin{aligned} \sqrt{3} \cdot \sqrt{27} &= \sqrt{3 \cdot 27} \\ &= \sqrt{81} \\ &= 9 \end{aligned}$$

6. **a)** $\sqrt{25 \cdot 9}$ **d)** $\sqrt{169 \cdot 144}$ **g)** $\sqrt{9 \cdot 16 \cdot 49}$

b) $\sqrt{36 \cdot 16}$ **e)** $\sqrt{0{,}16 \cdot 49}$ **h)** $\sqrt{(-4) \cdot (-16)}$

c) $\sqrt{64 \cdot 225}$ **f)** $\sqrt{0{,}81 \cdot 121}$ **i)** $\sqrt{(-36) \cdot (-81)}$

$$\begin{aligned} \sqrt{49 \cdot 81} &= \sqrt{49} \cdot \sqrt{81} \\ &= 7 \cdot 9 \\ &= 63 \end{aligned}$$

7. Zerlege zuerst den Radikanden in kleine Quadratzahlen.

a) $\sqrt{676}$ **c)** $\sqrt{1\,521}$ **e)** $\sqrt{1\,089}$ **g)** $\sqrt{2\,025}$
b) $\sqrt{1\,296}$ **d)** $\sqrt{6\,084}$ **f)** $\sqrt{1\,764}$ **h)** $\sqrt{784}$

$\sqrt{1\,444} = \sqrt{4 \cdot 361} = \ldots$

8. Berechne mithilfe des Wurzelgesetzes (W2).

a) $\sqrt{20} : \sqrt{5}$ **d)** $\sqrt{147} : \sqrt{3}$ **g)** $\sqrt{0{,}8} : \sqrt{0{,}2}$
b) $\sqrt{75} : \sqrt{3}$ **e)** $\sqrt{40} : \sqrt{2{,}5}$ **h)** $\sqrt{7{,}2} : \sqrt{0{,}05}$
c) $\sqrt{360} : \sqrt{10}$ **f)** $\sqrt{30} : \sqrt{1{,}2}$ **i)** $\sqrt{10{,}8} : \sqrt{1{,}2}$

$$\sqrt{125} : \sqrt{5} = \sqrt{125 : 5} = \sqrt{25} = 5$$

9. Berechne die Wurzel durch Anwenden des Wurzelgesetzes (W2) von rechts nach links.

a) $\sqrt{\frac{49}{9}}$ **c)** $\sqrt{6\frac{1}{4}}$ **e)** $\sqrt{\frac{0{,}25}{0{,}49}}$ **g)** $\sqrt{\frac{1{,}69}{2{,}56}}$
b) $\sqrt{\frac{625}{4}}$ **d)** $\sqrt{\frac{1{,}44}{25}}$ **f)** $\sqrt{\frac{6{,}25}{2{,}25}}$ **h)** $\sqrt{\frac{0{,}0025}{0{,}0049}}$

$\sqrt{\frac{4}{25}} = \frac{\sqrt{4}}{\sqrt{25}} = \frac{2}{5} = 0{,}4$

10. Vereinfache.

a) $\sqrt{y} \cdot \sqrt{y}$ **c)** $\sqrt{x} \cdot \sqrt{x y^2}$ **e)** $\sqrt{3b} \cdot \sqrt{3a^2b}$ **g)** $\sqrt{0{,}2u} \cdot \sqrt{0{,}05u}$
b) $\sqrt{y} \cdot \sqrt{y^3}$ **d)** $\sqrt{5y} \cdot \sqrt{20y}$ **f)** $\sqrt{45z} \cdot \sqrt{\frac{16}{5}z}$ **h)** $\sqrt{0{,}9x^2} \cdot \sqrt{0{,}4x^2}$

11. **a)** $\sqrt{x^3} : \sqrt{x}$ **b)** $\sqrt{x^2y} : \sqrt{y}$ **c)** $\sqrt{a} : \sqrt{ab^2}$ **d)** $\sqrt{uv} : \sqrt{u^3}$

12. **a)** $\sqrt{9x^2}$ **c)** $\sqrt{36a^4}$ **e)** $\sqrt{p^2q^2r^2}$ **g)** $\sqrt{1{,}96x^2y^4}$
b) $\sqrt{x^2y^2}$ **d)** $\sqrt{81m^2n^2}$ **f)** $\sqrt{9m^4n^4}$ **h)** $\sqrt{25u^2v^4w^6}$

13. Für welche Zahlen a und b gilt: (1) $\sqrt{a} - \sqrt{b} = \sqrt{a-b}$; (2) $\sqrt{a} + \sqrt{b} = \sqrt{a+b}$?

14. Vereinfache durch teilweises Wurzelziehen.

a) $\sqrt{12}$ **c)** $\sqrt{72}$ **e)** $\sqrt{125}$ **g)** $\sqrt{360}$ **i)** $\sqrt{720}$ **k)** $\sqrt{1\,331}$ **m)** $\sqrt{\frac{7}{25}}$
b) $\sqrt{32}$ **d)** $\sqrt{180}$ **f)** $\sqrt{192}$ **h)** $\sqrt{525}$ **j)** $\sqrt{980}$ **l)** $\sqrt{\frac{3}{16}}$ **n)** $\sqrt{\frac{3}{400}}$

15. **a)** $\sqrt{7a^2}$ **d)** $\sqrt{12c^2}$ **g)** $\sqrt{z^5}$ **j)** $\sqrt{3a^2b^4}$ **m)** $\sqrt{\frac{30}{a^2}}$ **o)** $\sqrt{\frac{2a^2}{b^2}}$ **q)** $\sqrt{\frac{a^3}{b^4}}$
b) $\sqrt{2b^2}$ **e)** $\sqrt{x^2y}$ **h)** $\sqrt{25x^3}$ **k)** $\sqrt{10a^3b^2}$ **n)** $\sqrt{\frac{a}{49}}$ **p)** $\sqrt{\frac{a}{b^4}}$ **r)** $\sqrt{\frac{8r^4}{s^3}}$
c) $\sqrt{4x}$ **f)** $\sqrt{cd^2}$ **i)** $\sqrt{18ab^2}$ **l)** $\sqrt{0{,}81xz^3}$

16. Jeder denkt sich fünf Terme aus, bei denen teilweises Wurzelziehen möglich ist. Der Partner formt die Terme entsprechend um.

17. Bringe den Vorfaktor unter das Wurzelzeichen.

a) $2 \cdot \sqrt{17}$ **c)** $0{,}5 \cdot \sqrt{28}$ **e)** $\frac{11}{6} \cdot \sqrt{\frac{6}{11}}$ **g)** $10 \cdot \sqrt{17{,}33}$
b) $7 \cdot \sqrt{10}$ **d)** $\frac{3}{4} \cdot \sqrt{11}$ **f)** $2 \cdot \sqrt{3{,}25}$ **h)** $2{,}5 \cdot \sqrt{\frac{1}{50}}$

$2 \cdot \sqrt{3} = \sqrt{4} \cdot \sqrt{3} = \sqrt{12}$

18. Bringe den Vorfaktor unter das Wurzelzeichen.

a) $a \cdot \sqrt{b}$ **b)** $2c \cdot \sqrt{d^2}$ **c)** $uv \cdot \sqrt{\frac{u}{v}}$ **d)** $abc \cdot \sqrt{\frac{a}{bc}}$ **e)** $x^2y \cdot \sqrt{\frac{x}{y}}$ **f)** $\frac{p}{q} \cdot \sqrt{\frac{q}{p}}$

19. **a)** Berechne – soweit möglich – ohne Taschenrechner. Was fällt auf?

$\sqrt{0{,}09}$; $\sqrt{0{,}9}$; $\sqrt{9}$; $\sqrt{90}$; $\sqrt{900}$; $\sqrt{9\,000}$; $\sqrt{90\,000}$

b) Begründe: Wird der Radikand verhundertfacht [durch 100 dividiert], so wird die Quadratwurzel verzehnfacht [durch 10 dividiert].

c) Formuliere die Regel aus Teilaufgabe b) als Kommaverschiebungsregel.

20. Berechne im Kopf.

a) $\sqrt{62\,500}$ **d)** $\sqrt{48\,400}$ **g)** $\sqrt{0{,}000036}$

b) $\sqrt{810\,000}$ **e)** $\sqrt{0{,}0025}$ **h)** $\sqrt{0{,}000625}$

c) $\sqrt{49\,000\,000}$ **f)** $\sqrt{0{,}0121}$ **i)** $\sqrt{0{,}000004}$

$\sqrt{14\,400} = \sqrt{144 \cdot 100}$
$= 12 \cdot 10$
$= 120$

21. Setze das Komma so, dass eine wahre Aussage entsteht. Ergänze gegebenenfalls Nullen.

a) $\sqrt{1{,}5129} = 123$ **c)** $\sqrt{980\,100} = 99$ **e)** $\sqrt{200} \approx 14\,142$

b) $\sqrt{605{,}16} = 246$ **d)** $\sqrt{0{,}3025} = 55$ **f)** $\sqrt{0{,}03} \approx 1\,732$

22. Kontrolliere Julians Hausaufgaben.

a) $\sqrt{p^2+q^2}$
$=\sqrt{p^2}+\sqrt{q^2}$
$=|p|+|q|$

b) $\sqrt{p^2\cdot q^2}$
$=\sqrt{p^2}\cdot\sqrt{q^2}$
$=p\cdot q$

c) $\sqrt{\frac{p^2}{16}}$
$=\frac{\sqrt{p^2}}{\sqrt{16}}$
$=\frac{|p|}{4}$

d) $\sqrt{p^2-1}$
$=\sqrt{p^2}-\sqrt{1}$
$=p-1$

23. Vereinfache durch Zusammenfassen gleichartiger Glieder.

a) $3\sqrt{5}+8\sqrt{5}$ **d)** $3{,}5\sqrt{6}-1{,}4\sqrt{6}$ **g)** $3\sqrt{3}-6\sqrt{3}+\sqrt{3}+9\sqrt{3}$

b) $5\sqrt{7}-9\sqrt{7}$ **e)** $\frac{3}{4}\sqrt{7}+\frac{1}{2}\sqrt{7}$ **h)** $\sqrt{10}-6\sqrt{10}+10\sqrt{10}$

c) $6\sqrt{5}-\sqrt{5}$ **f)** $\frac{5}{6}\sqrt{2}-\frac{7}{8}\sqrt{2}$ **i)** $7{,}2\sqrt{2}-9{,}1\sqrt{3}+4{,}3\sqrt{2}-4{,}4\sqrt{3}$

24. Vereinfache wie im Beispiel.

a) $\sqrt{2}+\sqrt{32}$ **d)** $3\sqrt{2}-2\sqrt{8}$ **g)** $7\sqrt{27}+4\sqrt{48}$

b) $\sqrt{27}-\sqrt{3}$ **e)** $6\sqrt{3}+\sqrt{12}$ **h)** $8\sqrt{63}-6\sqrt{28}$

c) $\sqrt{45}-\sqrt{20}$ **f)** $-8\sqrt{5}+3\sqrt{20}$ **i)** $3\sqrt{44}-7\sqrt{99}$

$\sqrt{27}+\sqrt{147}$
$=\sqrt{9\cdot 3}+\sqrt{49\cdot 3}$
$=3\sqrt{3}+7\sqrt{3}$
$=10\sqrt{3}$

25. Überprüfe die Rechnungen.

a) $\sqrt{3}+\sqrt{27}=\sqrt{48}$ d) $\sqrt{28}-\sqrt{7}=\sqrt{7}$ g) $\sqrt{2}-\sqrt{18}=-\sqrt{2}$

b) $\sqrt{50}-\sqrt{2}=\sqrt{32}$ e) $\sqrt{28}+\sqrt{63}=\sqrt{175}$ h) $\sqrt{3}-\sqrt{27}=-2\sqrt{3}$

c) $\sqrt{5}+\sqrt{20}=\sqrt{45}$ f) $\sqrt{147}-\sqrt{75}=\sqrt{12}$ i) $\sqrt{0{,}5}-\sqrt{2}=-\sqrt{0{,}5}$

26. **a)** $\sqrt{2}-\sqrt{18}+\sqrt{50}$ **c)** $\sqrt{3}+\sqrt{12}+\sqrt{27}+\sqrt{48}$ **e)** $\sqrt{1\,200}-\sqrt{800}+\sqrt{400}$

b) $\sqrt{27}+\sqrt{75}-\sqrt{108}$ **d)** $4\sqrt{28}+5\sqrt{112}-9\sqrt{175}$ **f)** $7\sqrt{45}-8\sqrt{405}+3\sqrt{605}$

27. **a)** $7\sqrt{x}+4\sqrt{x}$ **d)** $3{,}5\sqrt{z}-1{,}3\sqrt{z}$ **g)** $7\sqrt{4y}-5\sqrt{9y}$

b) $5\sqrt{a}-7\sqrt{a}$ **e)** $\sqrt{25a}+\sqrt{a}$ **h)** $5\sqrt{r}-7\sqrt{s}+4\sqrt{r}+4\sqrt{s}$

c) $-\sqrt{b}+3\sqrt{b}$ **f)** $\sqrt{36x}-\sqrt{49x}$ **i)** $\sqrt{121a}-\sqrt{9b}+\sqrt{49b}-\sqrt{25a}$

5.5 Umformen von Wurzeltermen *Zum Selbstlernen*

Ziel

Du kannst schon mithilfe des Distributivgesetzes Terme umformen, in denen Summen multipliziert werden. Hier erweiterst du dein Wissen auf solche Terme, in denen auch Wurzeln vorkommen.

Zum Erarbeiten

Anwenden des Distributivgesetzes

Distributivgesetz
$a \cdot (b + c) = a \cdot b + a \cdot c$

A *Verwandle folgende Terme in Summen:*

(1) $\left(10 + \sqrt{2}\right)\sqrt{2}$ *(2)* $\sqrt{a}\left(\sqrt{a} - b\right)$ *(3)* $\left(\sqrt{3x} - \sqrt{x} + 1\right)\sqrt{x}$

Durch Anwenden des Distributivgesetzes erhältst du:

(1) $\left(10 + \sqrt{2}\right) \cdot \sqrt{2} = 10 \cdot \sqrt{2} + \sqrt{2} \cdot \sqrt{2} = 10\sqrt{2} + 2$

(2) $\sqrt{a}\left(\sqrt{a} - b\right) = \sqrt{a} \cdot \sqrt{a} - \sqrt{a} \cdot b = a - b\sqrt{a}$

(3) $\left(\sqrt{3x} - \sqrt{x} + 1\right) \cdot \sqrt{x} = \sqrt{3x} \cdot \sqrt{x} - \sqrt{x} \cdot \sqrt{x} + 1 \cdot \sqrt{x} = \sqrt{3x^2} - x + \sqrt{x}$
$= \sqrt{3}x - x + \sqrt{x}$
$= \left(\sqrt{3} - 1\right)x + \sqrt{x}$

Anwenden der binomischen Formeln

Binomische Formeln
$(a + b)^2 = a^2 + 2ab + b^2$
$(a - b)^2 = a^2 - 2ab + b^2$
$(a + b)(a - b) = a^2 - b^2$

A *Verwandle folgende Terme in Summen:*

(1) $\left(\sqrt{2} + \sqrt{18}\right)^2$ *(2)* $\left(\sqrt{a} - \sqrt{b}\right)^2$ *(3)* $\left(\sqrt{a} + \sqrt{b}\right) \cdot \left(\sqrt{a} - \sqrt{b}\right)$

Durch Anwenden der binomischen Formeln erhältst du:

(1) $\left(\sqrt{2} + \sqrt{18}\right)^2 = \sqrt{2}^2 + 2\sqrt{2}\,\sqrt{18} + \sqrt{18}^2 = 2 + 2\sqrt{36} + 18 = 2 + 2 \cdot 6 + 18 = 32$

(2) $\left(\sqrt{a} - \sqrt{b}\right)^2 = \sqrt{a}^2 - 2\sqrt{a}\,\sqrt{b} + \sqrt{b}^2 = a - 2\sqrt{ab} + b$

(3) $\left(\sqrt{a} + \sqrt{b}\right)\left(\sqrt{a} - \sqrt{b}\right) = \sqrt{a}^2 - \sqrt{b}^2 = a - b$

Beseitigen von Wurzeln im Nenner

A *Marc hat in einen CAS-Rechner Terme mit Wurzeln im Nenner eingegeben (linke Spalte). Die Ausgaben in der rechten Spalte überraschen ihn zunächst.*
Welche Umformungen hat der CAS-Rechner vorgenommen?

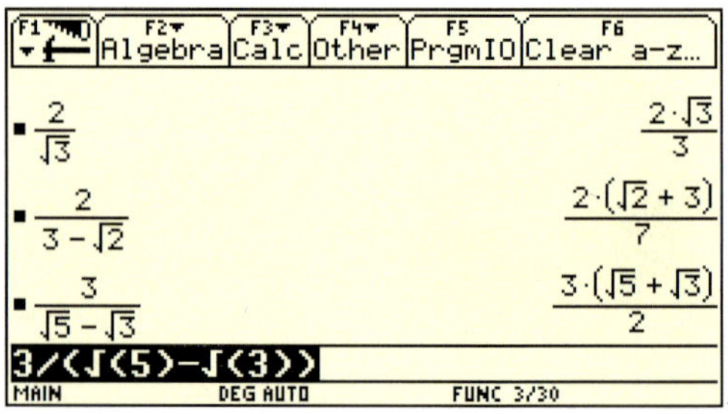

Der CAS-Rechner hat die Brüche so erweitert, dass keine Wurzeln mehr im Nenner erscheinen:

(1) $\frac{2}{\sqrt{3}} = \frac{2 \cdot \sqrt{3}}{\sqrt{3} \cdot \sqrt{3}} = \frac{2\sqrt{3}}{3}$

(2) $\frac{2}{3 - \sqrt{2}} = \frac{2\,(3 + \sqrt{2})}{(3 - \sqrt{2})(3 + \sqrt{2})} = \frac{2\,(3 + \sqrt{2})}{3^2 - \sqrt{2}^2} = \frac{2\,(\sqrt{2} + 3)}{9 - 2} = \frac{2\,(\sqrt{2} + 3)}{7}$

(3) $\frac{3}{\sqrt{5} - \sqrt{3}} = \frac{3\,(\sqrt{5} + \sqrt{3})}{(\sqrt{5} - \sqrt{3})\,(\sqrt{5} + \sqrt{3})} = \frac{3\,(\sqrt{5} + \sqrt{3})}{\sqrt{5}^2 - \sqrt{3}^2} = \frac{3\,(\sqrt{5} + \sqrt{3})}{5 - 3} = \frac{3\,(\sqrt{5} + \sqrt{3})}{2}$

Zum Üben

1. Vereinfache durch Ausmultiplizieren bzw. Dividieren.

a) $\sqrt{7} \cdot (1 + \sqrt{7})$ **d)** $(2 \cdot \sqrt{6} + 0{,}5) \cdot \sqrt{6}$ **g)** $(\sqrt{50} + \sqrt{20}) : \sqrt{2}$

b) $3 \cdot \sqrt{5} \cdot (3 + \sqrt{20})$ **e)** $(0{,}5 \cdot \sqrt{44} - 1{,}5) \cdot 2 \cdot \sqrt{11}$ **h)** $(3 \cdot \sqrt{75} - \sqrt{30}) : (-\sqrt{3})$

c) $\sqrt{6} \cdot (6 \cdot \sqrt{6} - 5 \cdot \sqrt{24})$ **f)** $(\sqrt{5} + \sqrt{7}) \cdot (-\sqrt{7})$ **i)** $(5 \cdot \sqrt{55} + 7 \cdot \sqrt{77}) : \sqrt{11}$

2. Klammere aus.

a) $a\sqrt{5} - b\sqrt{5}$ **c)** $x\sqrt{z} - y\sqrt{z}$ **e)** $\sqrt{7x^3} - \sqrt{28x^5}$ **g)** $\sqrt{r} + \sqrt{rs}$

b) $a\sqrt{b} + 2\sqrt{b}$ **d)** $3\sqrt{x^3} - a\sqrt{x^3}$ **f)** $\sqrt{7a} + \sqrt{4a}$ **h)** $\sqrt{ab^2} - \sqrt{ac^2}$

3. **a)** $x\sqrt{5} - 5\sqrt{x} + 3x\sqrt{5} - 7\sqrt{x}$ **d)** $w\sqrt{uv^3} - v\sqrt{u^3v} + u\sqrt{uv}$

b) $a\sqrt{b} - 4a\sqrt{b} + b\sqrt{a} + 2a\sqrt{b}$ **e)** $\sqrt{u^3vw} - \sqrt{uv^3} - \sqrt{uvw^3}$

c) $(x + 1)\sqrt{y} - (x - 1)\sqrt{y}$ **f)** $a\sqrt{c^5} + bc\sqrt{c^3} + c^2\sqrt{c}$

4. Frau Lindemann verblüfft ihre Klasse mit einem Rechentrick. Sie ist in der Lage, aus dem Ergebnis sofort die gedachte Zahl anzugeben.
Wie geht sie vor? Begründe ihr Vorgehen.

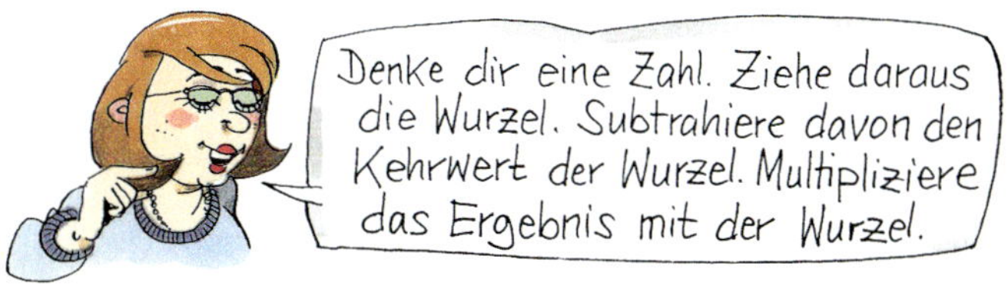

5. Vereinfache durch Ausmultiplizieren.

a) $(\sqrt{4c} + \sqrt{81c}) \cdot \sqrt{c}$ **c)** $\sqrt{x} \cdot (\sqrt{x} + \sqrt{x^3} + \sqrt{x^5})$ **e)** $\sqrt{x} \cdot (\sqrt{xyz} + \sqrt{xy})$

b) $(\sqrt{9a} + 3) \cdot \sqrt{9a}$ **d)** $(\sqrt{uv} - v) \cdot \sqrt{u}$ **f)** $(3\sqrt{a} - 7\sqrt{b})(5\sqrt{b} + 8\sqrt{a})$

6. Vereinfache zunächst; berechne dann im Kopf.

a) $(5 + \sqrt{13}) \cdot (5 - \sqrt{13})$ **c)** $(5\sqrt{7} + \sqrt{10}) \cdot (5\sqrt{7} - \sqrt{10})$ **e)** $(\sqrt{6} - \sqrt{24})^2$

b) $(\sqrt{6} - \sqrt{5}) \cdot (\sqrt{6} + \sqrt{5})$ **d)** $(\sqrt{20} + \sqrt{5})^2$ **f)** $(5\sqrt{8} - 3\sqrt{2})^2$

7. Kontrolliere Sarahs Hausaufgaben.

a) $(\sqrt{p} + \sqrt{q})^2 = (\sqrt{p})^2 + (\sqrt{q})^2 = p + q$

b) $(\sqrt{r} - \sqrt{s})^2 = (\sqrt{r})^2 - \sqrt{r}\sqrt{s} - \sqrt{s}^2 = r - \sqrt{rs} - s^2$

c) $\sqrt{1 + 2r + r^2} = \sqrt{1} + \sqrt{2r} + \sqrt{r^2} = 1 + \sqrt{2}\,\sqrt{r} + |r|$

8. Vereinfache.

a) $(\sqrt{a} - \sqrt{b})^2$ **b)** $(\sqrt{h+1} + \sqrt{h-1})^2$ **c)** $(v + \sqrt{w}) \cdot (v - \sqrt{w})$ **d)** $(\sqrt{a+b} + \sqrt{a-b})^2$

9. Beseitige die Wurzeln im Nenner.

a) $\frac{7}{\sqrt{30}}$ **c)** $\frac{\sqrt{2}}{\sqrt{10}}$ **e)** $\frac{\sqrt{10} - \sqrt{20}}{\sqrt{2}}$ **g)** $\frac{\sqrt{5}}{3 + \sqrt{5}}$ **i)** $\frac{a}{\sqrt{a}}$

b) $\frac{1}{3\sqrt{6}}$ **d)** $\frac{1 + \sqrt{20}}{\sqrt{20}}$ **f)** $\frac{2}{3 + \sqrt{5}}$ **h)** $\frac{3 + \sqrt{5}}{3 - \sqrt{5}}$ **j)** $\frac{1}{a - \sqrt{b}}$

10. Bilde alle Produkte, bei denen ein Faktor aus der oberen und der andere aus der unteren Schale stammt.

Zum Selbstlernen

5.6 Überblick über die reellen Zahlen

5.6.1 Rechnen mit reellen Zahlen

Einstieg

Vereinfacht den Term rechts.
Notiert, welche Rechengesetze ihr anwendet.

Aufgabe 1

a) Vereinfache den Term $3 \cdot (\sqrt{8} + 4) + 7 + 5 \cdot \sqrt{8}$. Notiere, welche Rechengesetze du anwendest.

b) Welches Rechengesetz wurde rechts benutzt?

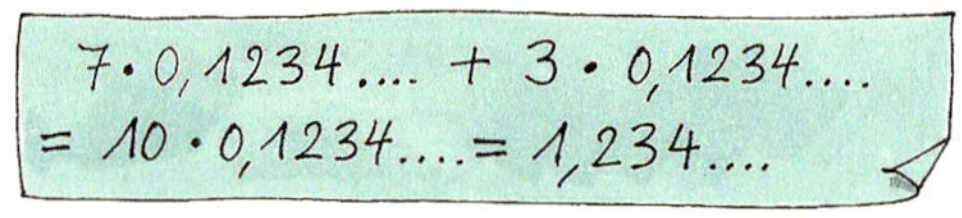

Lösung

a) $3 \cdot (\sqrt{8} + 4) + 7 + 5 \cdot \sqrt{8}$

$= 3 \cdot \sqrt{8} + 12 + 7 + 5 \cdot \sqrt{8}$ Distributivgesetz

$= 3 \cdot \sqrt{8} + 19 + 5 \cdot \sqrt{8}$ Assoziativgesetz

$= 3 \cdot \sqrt{8} + 5 \cdot \sqrt{8} + 19$ Kommutativgesetz

$= 8 \cdot \sqrt{8} + 19$ Distributivgesetz

b) Es wurde das Distributivgesetz verwendet.

Information

In der Aufgabe 1 wurde so gerechnet, wie du es bei den **rationalen Zahlen** kennen gelernt hast.

Die **reellen Zahlen** haben wir als Punkte auf der Zahlengeraden kennen gelernt. Ebenso hatten wir die rationalen Zahlen auf der Zahlengeraden gekennzeichnet.

Die Addition rationaler Zahlen wurde als das Hintereinanderlegen der entsprechenden Pfeile veranschaulicht. Der Summe $\frac{5}{2} + \frac{10}{3}$ konnten wir dann die Zahl $\frac{35}{6}$ zuordnen.

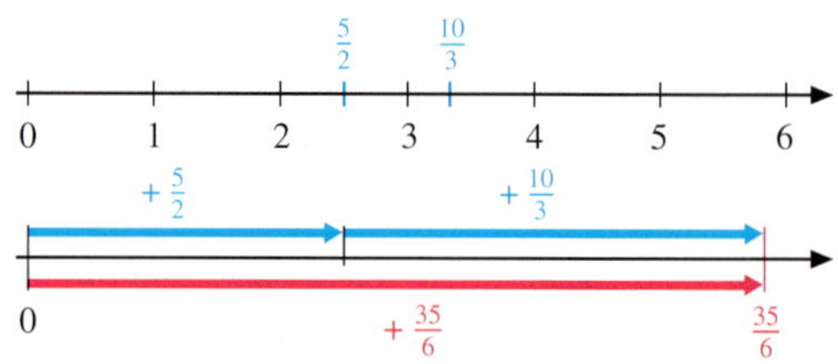

Auch für die Summe von $\sqrt{6}$ und $\sqrt{10}$ ergibt sich auf dieselbe Weise eine Stelle auf der Zahlengeraden. Für sie können wir aber keine vereinfachte Schreibweise angeben. Der Name dieser Zahl ist $\sqrt{6} + \sqrt{10}$.

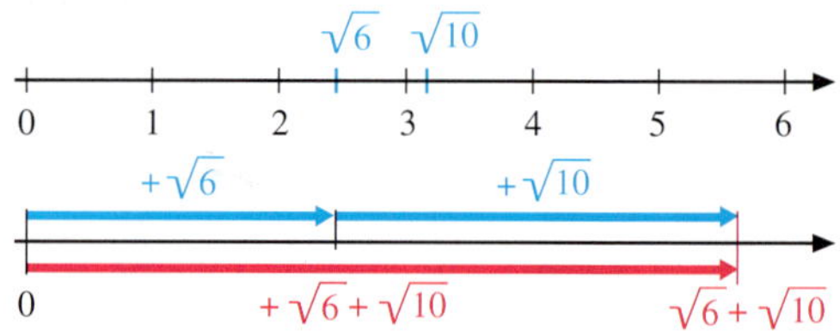

Wie bei rationalen Zahlen wollen wir die Subtraktion (als Addition der Gegenzahl), die Multiplikation (als Streckung eines Pfeils) und die Division (als Multiplikation mit dem Kehrwert) auf reelle Zahlen übertragen.

Wegen der gleichartigen Darstellung auf der Zahlengeraden gilt:

Satz
Mit reellen Zahlen kann man nach denselben Gesetzen rechnen wie mit den rationalen Zahlen:
Für alle reellen Zahlen a, b und c gilt:

Kommutativgesetze:	$\mathbf{a + b = b + a}$	$\mathbf{a \cdot b = b \cdot a}$
Assoziativgesetze:	$\mathbf{(a + b) + c = a + (b + c)}$	$\mathbf{(a \cdot b) \cdot c = a \cdot (b \cdot c)}$
Distributivgesetze:	$\mathbf{a \cdot (b + c) = a \cdot b + a \cdot c}$	

Übungsaufgaben

2. Vereinfache. Notiere die Rechengesetze, die du anwendest.
a) $\sqrt{5} + \sqrt{5} + \sqrt{5}$ **c)** $\sqrt{5} \cdot (a - 3) - a \cdot \sqrt{5}$ **e)** $\sqrt{14} + \sqrt{14} - 3\sqrt{14}$
b) $\sqrt{11} - 8 \cdot \sqrt{11}$ **d)** $(\sqrt{2} \cdot b) \cdot (a \cdot \sqrt{2})$ **f)** $z \cdot (\sqrt{20} + 4) - 12 - \sqrt{20} \cdot z$

3. Stelle durch Pfeile dar, wie man den Punkt zur angegebenen Zahl auf der Zahlengeraden findet.
a) $\frac{3}{2} - 4$ **b)** $4{,}383883883\ldots - \sqrt{12}$ **c)** $1{,}5 \cdot 2{,}4414441\ldots$

5.6.2 Vergleich der Zahlbereiche $\mathbb{N}$, $\mathbb{Q}_+$, $\mathbb{Q}$ und $\mathbb{R}$

Einstieg

Stelle deine Kenntnisse über Zahlen und Zahlbereiche in einer Mindmap zusammen. Vergleicht eure Mindmaps in der Klasse.

Einführung

Du hast bereits verschiedene Zahlbereiche kennen gelernt:
Menge $\mathbb{N}$ der natürlichen Zahlen (einschließlich 0);
Menge $\mathbb{Q}_+$ der Bruchzahlen (das sind die nichtnegativen rationalen Zahlen);
Menge $\mathbb{Q}$ der rationalen Zahlen;
Menge $\mathbb{R}$ der reellen Zahlen.

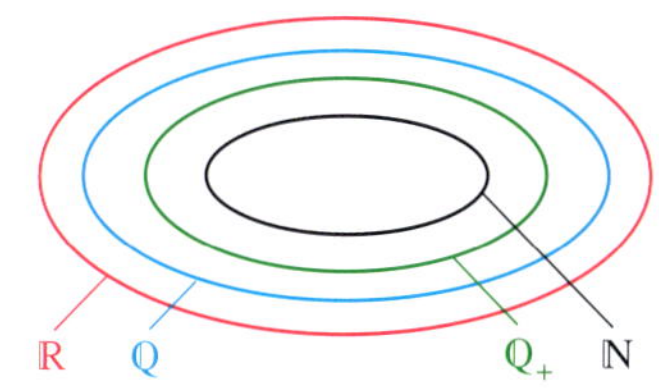

Schrittweise hast du den dir jeweils bekannten Zahlbereich erweitert: $\mathbb{N}$ ist in $\mathbb{Q}_+$ enthalten; $\mathbb{Q}_+$ ist in $\mathbb{Q}$ enthalten und $\mathbb{Q}$ ist schließlich in $\mathbb{R}$ enthalten.

Wir wollen nun rückblickend gemeinsame und unterschiedliche Eigenschaften dieser Zahlbereiche zusammenstellen:

(1) Gemeinsame Eigenschaften der Zahlbereiche

(a) In der Menge $\mathbb{N}$ erhält man beim Addieren und Multiplizieren stets wieder eine natürliche Zahl. Man sagt: Die Addition und die Multiplikation sind in $\mathbb{N}$ *stets ausführbar.*
Entsprechendes gilt für die Addition und die Multiplikation jeweils in $\mathbb{Q}_+$, $\mathbb{Q}$ und $\mathbb{R}$.

(b) In allen Zahlbereichen gelten die Kommutativgesetze, die Assoziativgesetze und das Distributivgesetz.

(2) Unterschiedliche Eigenschaften der Zahlbereiche

(a) In der Menge $\mathbb{N}$ erhält man beim Dividieren nicht immer eine natürliche Zahl:
$12 : 4 \in \mathbb{N}$, aber $12 : 5 \notin \mathbb{N}$. Die Division ist in $\mathbb{N}$ *nicht immer* ausführbar.
Dagegen ist in $\mathbb{Q}_+$, $\mathbb{Q}$ und $\mathbb{R}$ die Division durch eine von 0 verschiedene Zahl immer ausführbar.

$\in$ (gelesen: ist Element von) bedeutet: gehört zu.

(b) In den Mengen $\mathbb{N}$ und $\mathbb{Q}_+$ erhält man beim Subtrahieren nicht immer eine natürliche Zahl bzw. eine Bruchzahl:
$7 - 3 \in \mathbb{N}$, aber $3 - 7 \notin \mathbb{N}$ bzw. $\frac{3}{4} - \frac{1}{2} \in \mathbb{Q}_+$, aber $\frac{1}{2} - \frac{3}{4} \notin \mathbb{Q}_+$.
Die Subtraktion ist in $\mathbb{N}$ bzw. $\mathbb{Q}_+$ *nicht immer* ausführbar.
Dagegen ist die Subtraktion in $\mathbb{Q}$ und $\mathbb{R}$ *immer* ausführbar.

(c) Bei $\mathbb{N}$ ist auf der Zahlengeraden links von 0 keinem Punkt eine Zahl zugeordnet; ferner liegt zwischen zwei natürlichen Zahlen *nicht immer* eine natürliche Zahl, z. B. nicht zwischen 2 und 3.
Bei $\mathbb{Q}_+$ ist ebenfalls links von 0 keinem Punkt eine Zahl zugeordnet; aber zwischen zwei Bruchzahlen liegt immer wieder eine Bruchzahl, dort liegen sogar unendlich viele Bruchzahlen.
Bei $\mathbb{Q}$ sind auch Punkte links von 0 Zahlen zugeordnet, und zwischen zwei rationalen Zahlen liegen unendlich viele solcher Zahlen.
Jedoch gibt es unendlich viele Punkte auf der Zahlengeraden, denen keine rationale Zahl zugeordnet ist (siehe dazu Seite 188).

Richard Dedekind
* Braunschweig 6. 10. 1831
† Braunschweig 12. 2. 1916

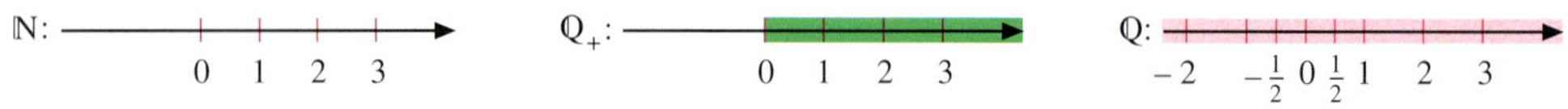

Bei $\mathbb{R}$ ist jedem Punkt auf der Zahlengeraden eine reelle Zahl zugeordnet und umgekehrt. Die Zahlen aus $\mathbb{R} \setminus \mathbb{Q}$, die irrationalen Zahlen, sind nicht nur die Quadratwurzeln aus positiven rationalen Zahlen.

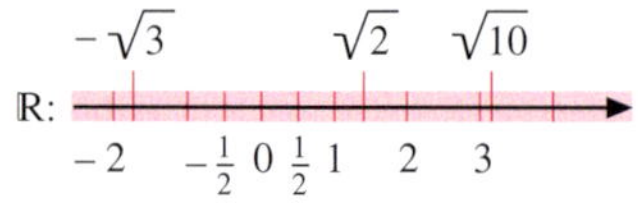

Der deutsche Mathematiker Richard **Dedekind** (1831–1916) hat als Erster eine befriedigende mathematische Theorie der reellen Zahlen entwickelt. Berühmt sind seine Schriften „Stetigkeit und irrationale Zahlen“ (1872) und „Was sind und was sollen die Zahlen?“ (1888).
Dedekind lehrte als Professor zunächst in Göttingen, später in seiner Heimatstadt Braunschweig.

Übungsaufgaben

1. Ergänze das Diagramm so, dass es auch die Mengen $\mathbb{Z}$ (der ganzen Zahlen) und $\mathbb{R}_+$ (der nichtnegativen reellen Zahlen) enthält. Das vervollständigte Diagramm hat sechs getrennte Gebiete. Beschreibe jedes dieser Gebiete mit Worten. Nenne aus jedem drei Zahlen.

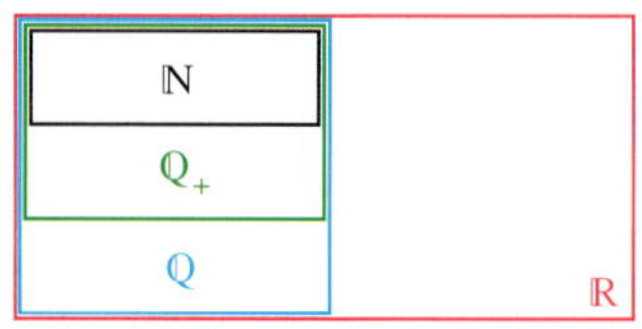

2. Begründe an der Zahlengeraden das Rechengesetz: Für alle $a \in \mathbb{R}$, $b \in \mathbb{R}$, $c \in \mathbb{R}$ gilt:
a) Wenn $a < b$, dann $a + c < b + c$. **b)** Wenn $a < b$ und $c < 0$, dann $a \cdot c > b \cdot c$.

3. **a)** Gib eine rationale Zahl an, die zwischen den irrationalen Zahlen $a = 3{,}525225222\ldots$ und $b = 3{,}52552555\ldots$ liegt.
b) Kann man zu zwei verschiedenen reellen Zahlen immer eine rationale [irrationale] Zahl angeben, die dazwischen liegt? Begründe deine Aussage.

4. Beweise: **a)** $\sqrt{\sqrt{2}}$ ist irrational. **b)** Wenn a irrational und positiv ist, dann ist $\sqrt{a}$ irrational.

5. **a)** Beweise indirekt: Wenn a irrational und b rational ist, dann ist a + b irrational.
b) Prüfe die Behauptungen:
(1) Wenn a und b irrational sind, dann ist a + b irrational.
(2) Wenn a + b rational ist, dann sind a und b rational.
(3) Wenn a und b rational sind, dann ist a + b rational.

6. Begründe: Der Kehrwert einer irrationalen Zahl ist auch irrational.

5.7 Wurzelgleichungen

Einstieg

Tim stellt ein Zahlenrätsel:

Einführung

Wir wollen die Lösungsmenge der Wurzelgleichung $1 + \sqrt{17 - 2x} = x$ bestimmen.
Um die Gleichung nach x auflösen zu können, muss die Wurzel beseitigt werden. Das kann man durch Quadrieren erreichen.
Allerdings ist es nicht sinnvoll, die Gleichung in der gegebenen Form zu quadrieren, da man dann auf der linken Seite wieder einen Wurzelterm erhält. Probiere das aus.
Um die Wurzel zu beseitigen, formen wir die Gleichung zunächst so um, dass die Wurzel isoliert auf einer Seite steht.

$1 + \sqrt{17 - 2x}$	$= x$	$\mid -1$
$\sqrt{17 - 2x}$	$= x - 1$	$\mid$ (Quadrieren beider Seiten)
$17 - 2x$	$= (x - 1)^2$	$\mid$ (2. binomische Formel)
$17 - 2x$	$= x^2 - 2x + 1$	$\mid +2x - 1$
16	$= x^2$	

$x = 4$ *oder* $x = -4$

Probe:

$1 + \sqrt{17 - 2 \cdot 4} = 4$ (w?)	
LS: $1 + \sqrt{17 - 2 \cdot 4}$ $= 1 + \sqrt{9}$ $= 1 + 3$ $= 4$	RS: 4

$1 + \sqrt{17 - 2 \cdot (-4)} = -4$ (w?)	
LS: $1 + \sqrt{17 - 2 \cdot (-4)}$ $= 1 + \sqrt{25}$ $= 1 + 5$ $= 6$	RS: -4

Lösungsmenge: $L = \{4\}$

Die Rechnung liefert 4 und – 4, aber – 4 ist keine Lösung der Wurzelgleichung. Woran liegt das?
Ein Umformungsschritt muss keine Äquivalenzumformung sein, d.h. mit ihm hat sich die Lösungsmenge verändert. Von allen anderen Umformungsschritten außer dem Quadrieren wissen wir, dass es sich um Äquivalenzumformungen handelt. Wir untersuchen daher den Schritt des Quadrierens sowohl für 4 als auch für –4.

Beim Quadrieren beider Seiten einer Gleichung kann also aus einer falschen Aussage eine wahre erzeugt werden. Daher kann die Lösungsmenge der quadrierten Gleichung mehr Lösungen besitzen als die der Ausgangsgleichung, jedoch nicht weniger, d.h. es geht keine Lösung verloren.

Gleichung	Einsetzen von 4 für x	Einsetzen von – 4 für x
$\sqrt{17 - 2x} = x - 1$	$\sqrt{9} = 3$ (wahr)	$\sqrt{25} = -5$ (falsch)
$17 - 2x = (x - 1)^2$	$9 = 9$ (wahr)	$25 = 25$ (wahr)

Quadrieren ↓ (von der ersten zur zweiten Zeile)

Information

(1) Quadrieren einer Gleichung ist keine Äquivalenzumformung

Wenn zwei Zahlen übereinstimmen, dann sind ihre Quadrate gleich: Wenn $a = b$, dann $a^2 = b^2$.
Die Umkehrung dieser Wenn-dann-Aussage ist: Wenn $a^2 = b^2$, dann $a = b$.
Dies ist eine falsche Wenn-dann-Aussage, denn z. B. ist $3^2 = (-3)^2$, aber $3 \neq -3$.
Das hat zur Folge, dass nicht jede Lösung der quadrierten Gleichung eine Lösung der Wurzelgleichung sein muss. Beim Quadrieren einer Gleichung kann zwar keine Lösung verloren gehen, aber es kann eine Zahl hinzukommen, die keine Lösung ist.

(2) Lösungsverfahren einer Wurzelgleichung

Schritte beim Lösen einer Wurzelgleichung

(1) Die Gleichung wird zuerst so umgeformt, dass der Wurzelterm alleine auf einer Seite steht (Isolieren).
(2) Beide Seiten der Gleichung werden nun quadriert, um den Wurzelterm zu beseitigen (Quadrieren). Danach wird nach der Variablen aufgelöst.
(3) Mit allen Lösungen muss die Probe durchgeführt werden, da das Quadrieren einer Gleichung keine Äquivalenzumformung ist, also Lösungen dazukommen können.
(4) Angabe der Lösungsmenge

Übungsaufgaben

1. Bestimme die Lösungsmenge der Wurzelgleichung. Denke an die Probe.

a) $\sqrt{x^2+5} = x+1$
b) $\sqrt{2x^2-1} = \sqrt{x^2+8}$
c) $x = 1 + \sqrt{1-2x}$
d) $\sqrt{2y^2-1} = y$
e) $\sqrt{5x^2-3} = 2x$
f) $\sqrt{2u+1} - 1 = u$

2. Kontrolliere folgende Hausaufgaben.

3. Jamina stellt gerne Zahlenrätsel.

a) Ich denke mir eine Zahl, quadriere sie und subtrahiere 75. Ziehe ich daraus die Wurzel, so erhalte ich die Hälfte der Zahl.

b) Ich denke mir eine Zahl, quadriere sie und addiere 32. Ziehe ich daraus die Wurzel, so erhalte ich dasselbe, als wenn ich zur gedachten Zahl 2 addiere.

c) Ich denke mir eine Zahl und addiere 17. Ziehe ich daraus die Wurzel, so erhalte ich dasselbe, als wenn ich aus meiner Zahl die Wurzel ziehe und 1 addiere.

d) Ich denke mir eine Zahl und subtrahiere 1. Ziehe ich daraus die Wurzel, so erhalte ich dasselbe, als wenn ich aus meiner Zahl die Wurzel ziehe und 1 subtrahiere.

5.8 Aufgaben zur Vertiefung

1. Beweise zunächst die angegebenen Formeln. Setze dann die Folge um zwei Formeln fort und formuliere eine Gesetzmäßigkeit.

a) Für alle $a \geq 0$ gilt: (1) $\sqrt{a^3} = a \cdot \sqrt{a}$ (2) $\sqrt{a^5} = a^2 \cdot \sqrt{a}$ (3) $\sqrt{a^7} = a^3 \cdot \sqrt{a}$

b) Für alle $a \in \mathbb{R}$ gilt: (1) $\sqrt{a^4} = a^2$ (2) $\sqrt{a^6} = |a| \cdot a^2$ (3) $\sqrt{a^8} = a^4$

2. a) Bestätige an Beispielen mit dem Taschenrechner und beweise dann für $a > b > 0$:
Wenn b klein gegenüber a ist, gilt die Näherungsaussage $\sqrt{a+b} \cdot \sqrt{a-b} \approx a$.

b) Berechne mit dem Ergebnis aus Teilaufgabe a) näherungsweise im Kopf.
(1) $\sqrt{81} \cdot \sqrt{79}$ (2) $\sqrt{20} \cdot \sqrt{21}$ (3) $\sqrt{1{,}99} \cdot \sqrt{2{,}01}$ (4) $\sqrt{250} \cdot \sqrt{260}$

3. Begründe die Näherungsrechnung. Berechne dann näherungsweise im Kopf und prüfe das Ergebnis mit Taschenrechner.

$$\frac{1}{\sqrt{101} - \sqrt{99}} = \frac{\sqrt{101} + \sqrt{99}}{2} \approx \sqrt{100} = 10$$

a) $\frac{1}{\sqrt{65} - \sqrt{63}}$ **b)** $\frac{1}{\sqrt{37} - \sqrt{35}}$ **c)** $\frac{1}{\sqrt{26} - \sqrt{24}}$ **d)** $\frac{1}{\sqrt{17} - \sqrt{15}}$ **e)** $\frac{1}{\sqrt{10} - \sqrt{8}}$

4. Prüfe die Gleichungen des historischen Rechenbuchs von Leonardo von Pisa.

(1) $\frac{20 - \sqrt{96}}{\sqrt{8}} = \sqrt{50} - \sqrt{12}$ (2) $\frac{100}{4 + \sqrt{7}} = 44\frac{4}{9} - 11\frac{1}{9} \cdot \sqrt{7}$

5. Berechne den Term $\frac{1}{\sqrt{a} - 1} - \frac{\sqrt{a}}{a - 1}$ $\left[\text{den Term } \frac{1}{\sqrt{a} + 1} - \frac{\sqrt{a}}{a - 1}\right]$ für verschiedene Werte von $a > 1$.
Was fällt auf? Beweise deine Vermutung.

6. a) Gegeben sind die reellen Zahlen $a = 0{,}408\ldots$; $b = 0{,}2931\ldots$ Begründe die beiden Einschachtelungen rechts.

b) Erläutere, warum für die Summe $a + b$ die Darstellung rechts gilt. Gib die Summe mit möglichst vielen gesicherten Dezimalstellen an.

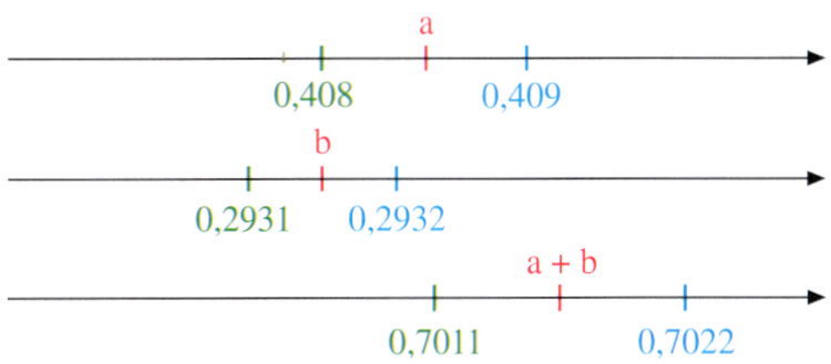

c) Erläutere die Darstellung rechts für das Produkt $a \cdot b$. Zwischen welchen Werten liegt folglich das Produkt $a \cdot b$? Gib das Produkt $a \cdot b$ mit möglichst vielen gesicherten Dezimalstellen an.

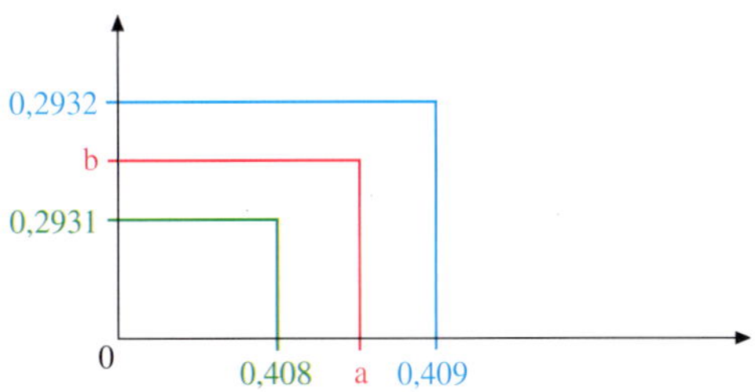

d) Begründe, warum $a - b$ zwischen 0,1148 und 0,1159 liegt. Gib $a - b$ mit möglichst vielen gesicherten Dezimalstellen an.

e) Erläutere, warum der Quotient $a : b$ zwischen den Zahlen $0{,}408 : 0{,}2932$ und $0{,}409 : 0{,}2931$ liegt. Gib $a : b$ mit möglichst vielen gesicherten Dezimalstellen an.

7. Die Länge a und die Breite b eines Rechtecks sind auf Millimeter gerundet angegeben:
$a \approx 32{,}7$ cm; $b \approx 18{,}9$ cm [$a \approx 29{,}7$ cm; $b \approx 21{,}0$ cm]. Berechne so genau wie möglich

a) den Umfang; **b)** den Flächeninhalt; **c)** das Seitenverhältnis a: b.

Im Blickpunkt

Im Blickpunkt

Wie viele rationale und irrationale Zahlen gibt es?

Rationale Zahlen kennst du seit Klasse 7. Du hast damals gedacht, dass die Zahlengerade lückenlos mit rationalen Zahlen gefüllt ist. Mit den Wurzeln aus natürlichen Zahlen, die keine Quadratzahlen sind, hast du erste Lücken auf der Zahlengeraden entdeckt. Als nichtperiodische Dezimalbrüche hast du weitere irrationale Zahlen kennen gelernt. Wir wollen untersuchen, ob die rationalen Zahlen auf der Zahlengeraden mehr Platz einnehmen als die irrationalen Zahlen.

Cantor, Georg

1. a) Zu jeder ganzen Zahl kannst du eine unmittelbar darauf folgende nächstgrößere angeben. Untersuche, ob das auch bei den rationalen Zahlen möglich ist. Begründe deine Behauptung.

b) Man kann die rationalen Zahlen dennoch in einer Reihenfolge aufzählend angeben. Der deutsche Mathematiker Georg Cantor (1845 – 1918) hat hierfür einen Trick gefunden.

(1) Übertrage das Zahlenschema in dein Heft; erweitere es dabei um zwei Spalten und zwei Zeilen. Erläutere, warum es für jede rationale Zahl mindestens einen Platz in diesem Zahlenschema gibt.

(2) Durch diagonales Abzählen in diesem Schema kann man nun eine eindeutige Reihenfolge aller rationalen Zahlen festlegen, dabei müssen aber die ungekürzten Brüche übersprungen werden. Dadurch wird jedoch jede rationale Zahl genau einmal erfasst. Jede rationale Zahl hat dann einen eindeutigen Platz in der mit dem *Cantor'schen Diagonalverfahren* bestimmten Reihenfolge:

$0;\ 1;\ -1;\ \frac{1}{2};\ \frac{1}{3};\ -\frac{1}{2};\ 2;\ -2;\ -\frac{1}{3};\ \frac{1}{4};\ \frac{1}{5};\ -\frac{1}{4};\ \frac{2}{3};\ 3;\ -3;\ \frac{3}{2};\ -\frac{2}{3};\ -\frac{1}{5};\ \frac{1}{6};\ldots$

In dieser Reihenfolge sind die rationalen Zahlen allerdings nicht nach ihrer Größe geordnet; eine solche Reihenfolge gibt es nicht.
Setze diese Reihenfolge so weit fort, wie es dein Zahlenschema im Heft ermöglicht.

(3) Kinder, die noch nicht zählen können, entscheiden, ob eine Anzahl von Bonbons mit einer Anzahl von Kindern übereinstimmt so: Sie geben jedem Kind einen Bonbon und stellen fest, ob Bonbons oder Kinder ohne Bonbons übrig bleiben. Jedem Kind wird also ein Bonbon zugeordnet, den es erhält; und umgekehrt wird jedem Bonbon ein Kind zugeordnet, an die es verteilt wird. Über solch eine *umkehrbar eindeutige Zuordnung* wird entschieden, ob die Anzahlen der Elemente zweier Mengen übereinstimmen.
Bei Mengen mit unendlich vielen Elementen wie ℕ oder ℚ kann man die Anzahl der Elemente nicht mit einer Zahl angeben. Erläutere, dass das Cantor'sche Diagonalverfahren eine umkehrbar eindeutige Zuordnung der natürlichen Zahlen zu den rationalen Zahlen liefert.
Was ergibt sich daraus für die „Anzahl" der natürlichen Zahlen im Vergleich zur „Anzahl" der rationalen Zahlen? Dieses Ergebnis erscheint paradox. Erläutere, warum.

2. a) Zeichne eine Zahlengerade, bei der die Strecke von 0 bis 1 die Länge 1 dm hat. Benutze dann für die rationalen Zahlen die Reihenfolge, die sich aus dem Cantor'schen Diagonalverfahren ergibt. Lege um die erste rationale Zahl (die 0) ein Intervall der Länge 1 dm, um die zweite (die 1) ein Intervall der Länge 0,1 dm, um die dritte (die −1) ein Intervall der Länge 0,01 dm usw.

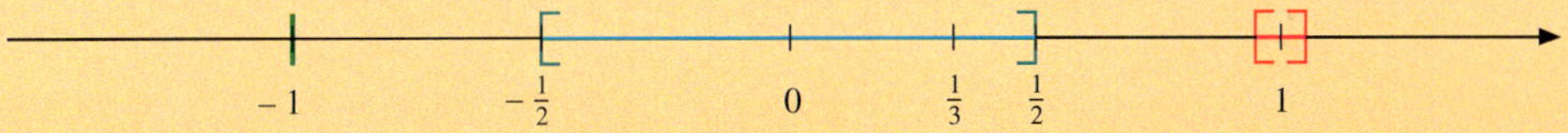

(1) Begründe, dass auf diese Weise alle rationalen Zahlen von den Intervallen überdeckt werden. Zeige auch an Beispielen, dass sich diese Intervalle überschneiden.

(2) Fertige eine neue Zeichnung an, indem du die Intervalle so verschiebst, dass sie nur noch aneinanderstoßen.

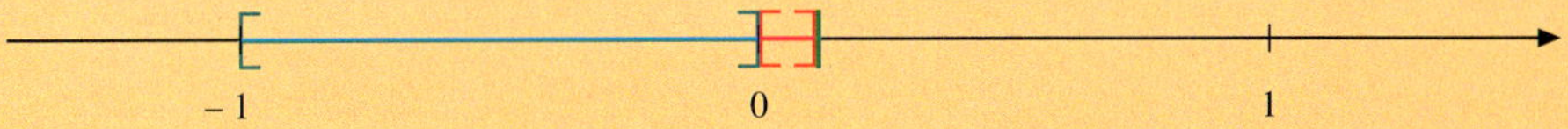

Begründe: Alle Intervalle, mit denen sämtliche rationale Zahlen (und natürlich auch noch etliche irrationale) erfasst wurden, decken dann auf der Zahlengeraden eine Strecke der Länge 1 dm + 0,1 dm + 0,01 dm + 0,001 dm + … = $1,\overline{1}$ dm ab.

b) Dieses Verfahren lässt sich natürlich noch verbessern, wenn man für das erste Intervall eine Länge von 0,1 dm wählt.
Welche Gesamtlänge ergibt sich nun für alle Intervalle?

c) Denke dir dieses Verkleinern der Länge des ersten Intervalles fortgesetzt.
Welchen Anteil nehmen die rationalen Zahlen, welchen Anteil die irrationalen Zahlen an der Zahlengeraden ein?

Bist du fit? (Alles für Klassenarbeit

1. Berechne im Kopf: **a)** $\sqrt{81}$ **b)** $\sqrt{0{,}25}$ **c)** $\sqrt{\frac{64}{121}}$ **d)** $\sqrt{40000}$ **e)** $\sqrt{6{,}25}$

2. Gib die Seitenlänge eines Quadrates mit dem angegebenen Flächeninhalt an.
a) 49 cm^2 **b)** 169 cm^2 **c)** 7,29 dm^2 **d)** 8 m^2 **e)** 150 ha

3. Berechne Kantenlänge und Volumen des Würfels im Kaufhaus Kastens.

STADTKU

Kaufhaus Kastens in Oberstadt neu eröffnet

Blickfang für die Käufer ist ein im Treppenhaus an einer Ecke aufgehängter Würfel, der mit 3 m^2 echtem Blattgold beschichtet wurde.

4. **a)** Bestimme ohne Verwendung der Wurzeltaste des Taschenrechners einen Näherungswert für $\sqrt{7}$, der auf 2 Nachkommastellen genau ist.
b) Begründe, dass $\sqrt{7}$ kein abbrechender Dezimalbruch ist.
c) Beweise, dass $\sqrt{7}$ irrational ist.

5. Welche der Zahlen sind rational? Gib für sie eine Darstellung als gewöhnliche Bruchzahl an.
a) 3,4 **c)** 3,404004000… **e)** 3,40 **g)** $\sqrt{4}$ **i)** $3 \cdot \sqrt{4}$ **k)** 3,04
b) $3{,}\overline{4}$ **d)** 3,39 **f)** $\sqrt{3}$ **h)** $4 \cdot \sqrt{3}$ **j)** 3,040440404404044… **l)** 3,040

6. Woran kann man rationale [irrationale] Zahlen in der Dezimalbruchdarstellung erkennen?

7. Bestimme die Lösungsmenge der Gleichung.
a) $x^2 = 144$ **b)** $z^2 = 1{,}69$ **c)** $x^2 = -4$ **d)** $u^2 = 0$

8. Bestimme die Definitionsmenge des Wurzelterms.
a) $\sqrt{2x-6}$ **b)** $\sqrt{x^2+4}$ **c)** $\sqrt{9-x^2}$ **d)** $\sqrt{\frac{1}{x+1}}$

Denke an die einschränkende Bedingung!

9. Vereinfache: **a)** $\sqrt{20} \cdot \sqrt{5}$ **b)** $\sqrt{20} : \sqrt{5}$ **c)** $(\sqrt{20} + \sqrt{5})^2$ **d)** $\sqrt{20} + \sqrt{5}$

10. **a)** $\sqrt{9a^2}$ **d)** $\sqrt{6uv} \cdot \sqrt{3v} \cdot \sqrt{8u}$ **g)** $\sqrt{y^2} \cdot \sqrt{y}$ **j)** $(1+\sqrt{a}) \cdot \sqrt{a}$
b) $(\sqrt{5x})^2$ **e)** $\sqrt{0{,}81x^2y^4}$ **h)** $\sqrt{\frac{169a^2}{4b^2c^2}}$ **k)** $(\sqrt{a} + \sqrt{3b})^2$
c) $\sqrt{360} : \sqrt{10}$ **f)** $\sqrt{x^9} \cdot \sqrt{x^3}$ **i)** $\sqrt{a} + \sqrt{4a} - \sqrt{9a^3}$ **l)** $\sqrt{25-10z+z^2}$

11. Ziehe teilweise die Wurzel.
a) $\sqrt{12}$ **b)** $\sqrt{45}$ **c)** $\sqrt{5a^2}$ **d)** $\sqrt{169a^4b^2c}$ **e)** $\sqrt{1{,}44x^2y}$

12. Beseitige die Wurzel im Nenner.
a) $\frac{5}{\sqrt{3}}$ **b)** $\frac{6}{\sqrt{2}}$ **c)** $\frac{a}{\sqrt{z}}$ **d)** $\frac{7}{4-\sqrt{2}}$ **e)** $\frac{a}{b-\sqrt{c}}$ **f)** $\frac{\sqrt{2}}{\sqrt{3}-\sqrt{5}}$

13. Bestimme die Lösungsmenge der Wurzelgleichung.
a) $\sqrt{x^2+1} = 3$ **b)** $\sqrt{x^2+1} = 3x$ **c)** $x - \sqrt{17-2x} = 1$

Bleib fit im ...
Umgang mit Flächeninhalt und Volumen

Zum Aufwärmen

1. Bestimme den Flächeninhalt der Figuren rechts.

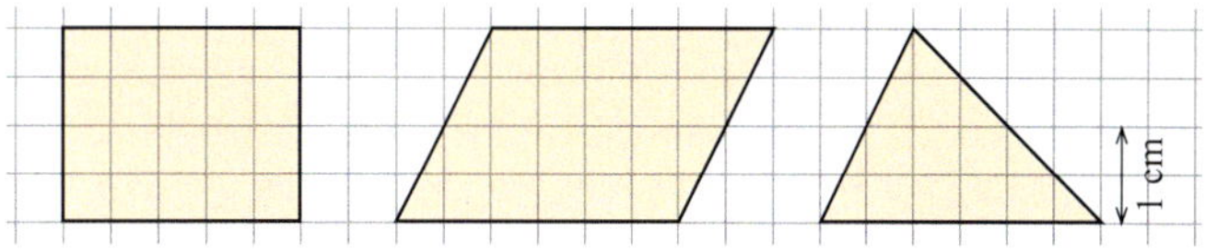

2. Aus Pappe sollen die abgebildeten Quader hergestellt werden.
Für welchen braucht man mehr Pappe?
In welchen passt mehr hinein?

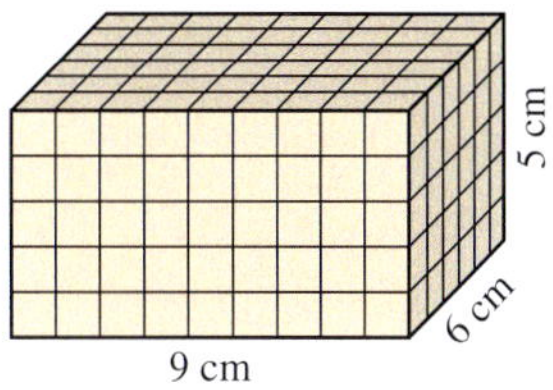

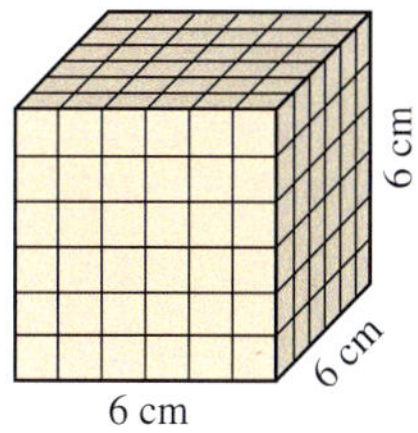

3. a) Erläutere am Quadrat rechts den Zusammenhang zwischen den Flächeninhaltseinheiten mm^2 und cm^2.

b) Erläutere ebenso am Würfel rechts den Zusammenhang zwischen den Volumeneinheiten mm^3 und cm^3.

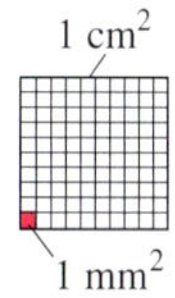

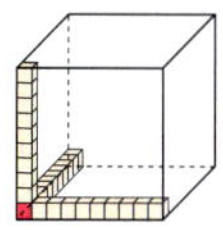

Zum Erinnern

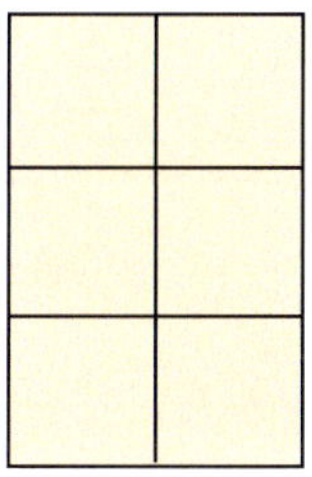

(1) Flächeninhalt von Vielecken

Der Flächeninhalt A einer Figur gibt an, wie viele Einheitsquadrate in der Figur enthalten sind. Das Rechteck links enthält 6 Quadrate der Seitenlänge 1 cm, sein Flächeninhalt beträgt 6 cm^2. Will man andere Figuren lückenlos überdecken, muss man die Einheitsquadrate geeignet zerteilen.

Rechteck	Parallelogramm	Dreieck	Trapez

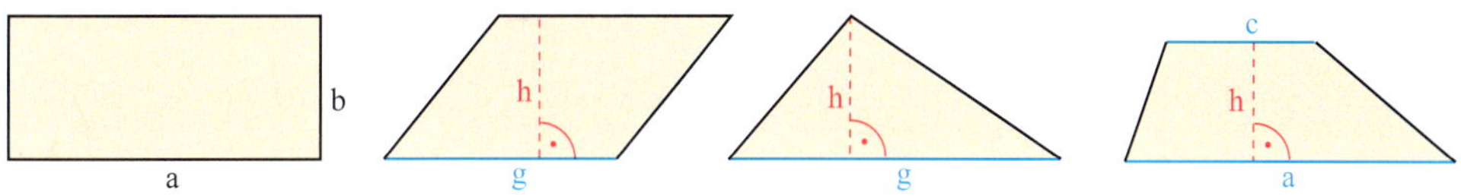

$A_R = a\,b$	$A_P = g\,h$	$A_D = \frac{1}{2}\,g\,h$	$A_T = \frac{1}{2}\,(a + c)\,h$

(2) Oberflächeninhalt und Volumen von Quadern

Die Seitenflächen eines Quaders bilden seine *Oberfläche*. Deren Flächeninhalt ist z. B. ein Maß dafür, wie viel Pappe man zur Herstellung benötigt.
Die Anzahl der Einheitswürfel, die in einen Quader lückenlos passen, gibt sein Volumen an. Wählt man Würfel mit der Kantenlänge 1 cm, dann erhält man das Volumen in der Einheit cm^3.

Sind a, b und c die Kantenlängen eines Quaders, dann gilt für Volumen und Oberflächeninhalt des Quaders:

$\mathbf{V = a\,b\,c}$

$\mathbf{O = 2ab + 2ac + 2bc}$

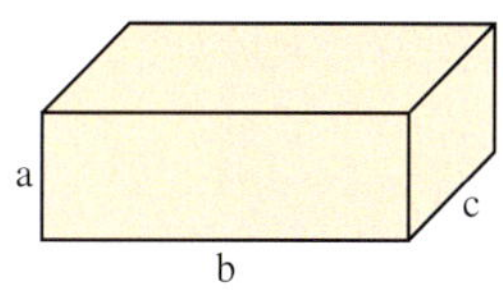

(3) Umwandeln von Flächeninhalts- und Volumeneinheiten

Die Umwandlungszahl der Längeneinheiten ist 10 (z.B. 10 mm = 1 cm; 10 dm = 1 m). Man benötigt daher z.B. 10 · 10 Quadrate der Größe 1 dm², um ein 1 m² großes Quadrat auszulegen. Entsprechend benötigt man 10 · 10 · 10 Würfel der Kantenlänge 1 dm³, um einen 1 m³ Würfel damit zu füllen.

Bei Flächeninhaltseinheiten: Umwandlungszahl 100

$1\,mm^2 \xrightarrow{\cdot 100} 1\,cm^2 \xrightarrow{\cdot 100} 1\,dm^2 \xrightarrow{\cdot 100} 1\,m^2 \xrightarrow{\cdot 100} 1\,a \xrightarrow{\cdot 100} 1\,ha \xrightarrow{\cdot 100} 1\,km^2$

$100\,mm^2 = 1\,cm^2$ $\quad$ $100\,m^2 = 1\,a$

$100\,cm^2 = 1\,dm^2$ $\quad$ $100\,a = 1\,ha$

$100\,dm^2 = 1\,m^2$ $\quad$ $100\,ha = 1\,km^2$

Bei Volumeneinheiten: Umwandlungszahl 1000

$1\,mm^3 \xrightarrow{\cdot 1000} 1\,cm^3 \xrightarrow{\cdot 1000} 1\,dm^3 \xrightarrow{\cdot 1000} 1\,m^3$

$1\,000\,mm^3 = 1\,cm^3$ $\quad$ $1\,l = 1\,dm^3$

$1\,000\,cm^3 = 1\,dm^3$ $\quad$ $1\,ml = 1\,cm^3$

$1\,000\,dm^3 = 1\,m^3$ $\quad$ $1\,l = 1\,000\,ml$

Zum Trainieren

4. Berechne die Preise der vier Grundstücke eines Neubaugebietes. 1 m² kostet 110 €.

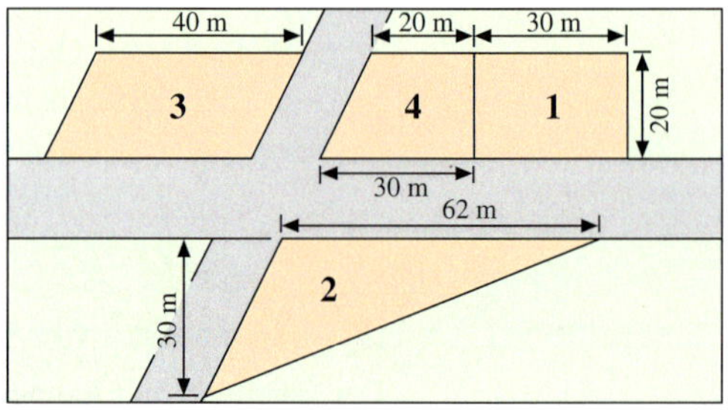

5. Verwandle in die angegebene Einheit.

a) 7 cm²	(mm²)	**b)** 5 m³	(dm³)
890 dm²	(m²)	750 cm³	(dm³)
5 m²	(cm²)	3 *l*	(mm³)
3,2 m²	(dm²)	2,9 cm³	(mm³)

6. Zeichne das Parallelogramm ABCD und ermittle den Flächeninhalt.

a) A(1|2), B(7|4), C(10|8), D(4|6) **b)** $|AD| = 4{,}5$ cm; $|DC| = 7{,}3$ cm; $\sphericalangle ACD = 100°$

7. Zeichne das Dreieck ABC und ermittle den Flächeninhalt.

a) A(–1,5|2), B(5|–2), C(2|5,5) **b)** a = 5,4 cm; b = 8,7 cm; c = 4,3 cm

8. Ein großer Acker ist parallelogrammförmig.

a) Wie viel ha ist er groß?

b) Wie groß ist der Abstand p?

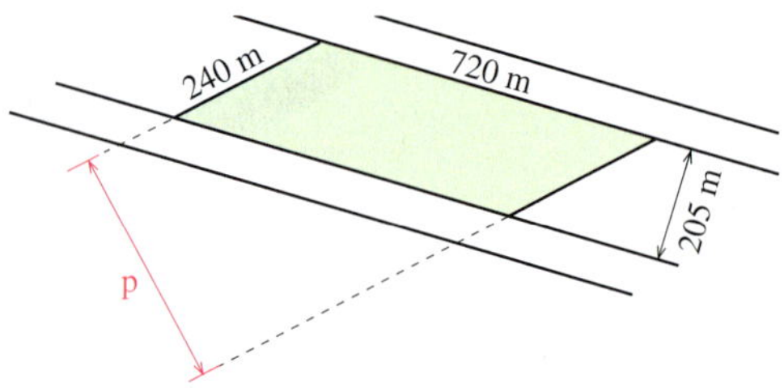

9. Berechne jeweils den Oberflächeninhalt eines Quaders mit den angegebenen Kantenlängen.

a) 2,4 cm; 1,8 cm; 5,7 cm **b)** 1,30 m; 70 cm; 90 cm **c)** 34 cm; 2,75 m; 3,60 m

10. Der Pappbehälter von 1 *l* H-Milch ist 9 cm lang und 6 cm breit. Wie viel Pappe wird zu seiner Herstellung mindestens benötigt?

11. Ein Quader mit einem Oberflächeninhalt von 249 cm² ist 8 cm lang und 5 cm breit. Welches Volumen hat er?

6. KREIS- UND KÖRPERBERECHNUNGEN

Bereits um 220 v. Chr. bestimmte der griechische Gelehrte Eratosthenes den Umfang der Erde. Er wusste, dass zum Zeitpunkt der Sommersonnenwende die Sonne mittags in Syene (dem heutigen Assuan) genau senkrecht in einen tiefen Brunnenschacht scheint. Zur gleichen Zeit wurde im 5 000 Stadien entfernten Alexandria ein Einfallswinkel von 7,2° gemessen. Ein Stadion beträgt ungefähr 180 m.

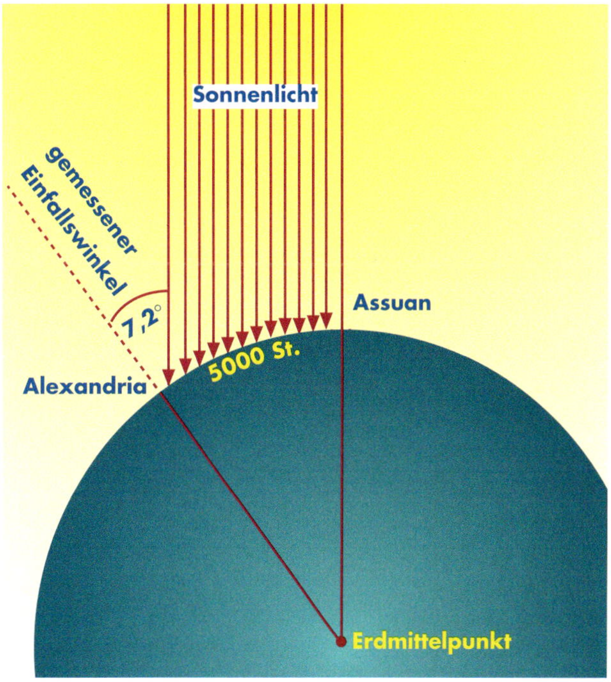

Die Erkenntnis, dass die Erde eine Kugel ist, geriet in den nachfolgenden Epochen wieder in Vergessenheit. Im Mittelalter hielt man die Erde für eine Scheibe. Um so höher ist die historische Leistung der genialen Messung von Eratosthenes einzuschätzen.

- Berechne aus diesen Angaben wie Eratosthenes den Erdumfang.
- Vergleiche dein Ergebnis mit dem heutigen Stand:
  Äquatorumfang: 40 077 km,
  Meridianumfang (Längenkreis über die Pole): 40 009 km.
- Beschreibe die Form des Brunnens.

In diesem Kapitel lernst du, wie man den Umfang und Flächeninhalt von Kreisen und Kreisteilen sowie Oberflächeninhalt und Volumen von Prismen und Zylindern berechnet.

Lernfeld: Mit Körpern und Figuren experimentieren

Kreise wiegen

Kopierpapier wird häufig mit der Angabe $80\ g/m^2$ verkauft. Dies bedeutet, dass $1\ m^2$ dieses Papiers 80 g wiegt.
Mit dieser Angabe kann man den Flächeninhalt eines Kreises mithilfe einer Waage bestimmen.

- Führt dies in Gruppen durch und protokolliert eure Ergebnisse.
- Wie kann man die Genauigkeit der Ergebnisse verbessern?
- Welcher Zusammenhang besteht zwischen dem Radius r eines Kreises und seinem Flächeninhalt A?

Tuben untersuchen

Im Haushalt findet ihr viele verschiedene Tuben.

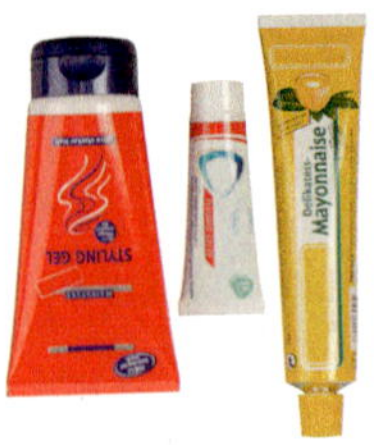

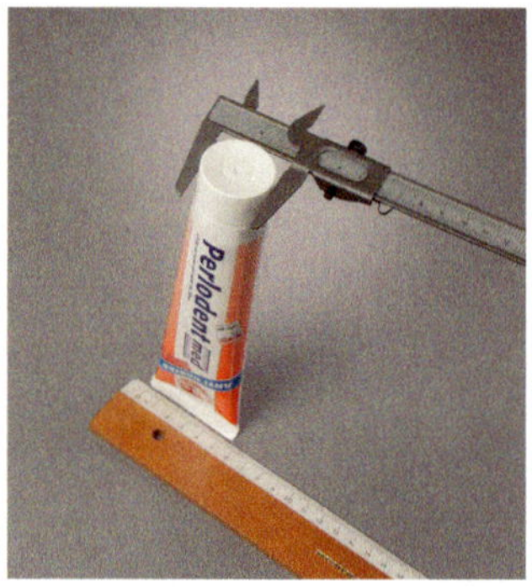

- Beschreibt, wie eine solche Tube hergestellt wird und gebt Zusammenhänge zwischen verschiedenen Maßen der Tube an.
- Untersucht nun verschiedene Tuben und stellt Zusammenhänge zwischen dem Durchmesser und der Falzbreite auf.
- Welche Aussagen könnt ihr für den Umfang eines Kreises machen?

Körper kneten

Für dieses Experiment benötigt ihr Modelliermasse sowie zwei Lineale oder Brettchen.

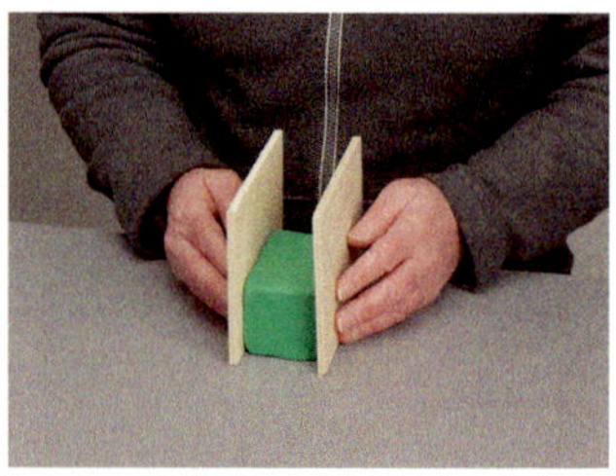

- Formt aus drei gleichen Teilen Modelliermasse drei möglichst genau gleiche Würfel.
- Formt aus einem Würfel einen neuen Quader, indem ihr den Würfel an zwei gegenüberliegenden Flächen möglichst parallel zusammenpresst (siehe Bild).
  Was passiert mit dem Würfel?
  Messt und berechnet auch für den Quader den Oberflächeninhalt und das Volumen.
- Nun soll aus dem dritten Würfel ein neuer Körper geformt werden. Er soll so aussehen wie die Verpackung einer Dreiecksschokolade (siehe Foto links).
  Berechnet den Oberflächeninhalt und das Volumen des Körpers.

6.1 Umfang des Kreises

Einstieg

Der Umfang von Vielecken ist einfach zu bestimmen und zu berechnen. Experimentiert mit runden Gegenständen, wie z.B. Münzen, Teelichter, Konservendosen, um Erkenntnisse über den Umfang eines Kreises zu gewinnen.

Aufgabe 1

1 Zoll
1" = 25,4 mm

Mirko hat einen Fahrradcomputer gekauft. Dieser kann die Geschwindigkeit bestimmen, indem er die Umdrehungen des Rades zählt und die Zeit misst.
Nach der Montage muss der Fahrradcomputer noch auf den richtigen Radumfang eingestellt werden. Mirko hat ein 27″-Rad, d.h. der Durchmesser der Räder beträgt 27 Zoll. Leider ist der Umfang eines 27″-Rades nicht in der Bedienungsanleitung angegeben.

Fahrradcomputer

Um die Geschwindigkeit genau zu messen, muss der tatsächliche Radumfang gespeichert werden. Du kannst diesen messen oder der folgenden Tabelle entnehmen:

Raddurchmesser in Zoll	Radumfang in mm
20	1 596
22	1 756
24	1 915
26	2 075
28	2 234

a) Ermittle einen Schätzwert für den Umfang eines 27″-Rades.

b) Rechne den Raddurchmesser in mm um und zeichne den Graphen der Zuordnung *Durchmesser* → *Umfang*. Formuliere die Abhängigkeit mit Worten und ermittle eine Formel für die Zuordnung. Überprüfe deine Vermutung auf grafischem Wege.

Lösung

a) Der Tabelle entnimmt man: Wenn der Raddurchmesser um 2″ vergrößert wird, vergrößert sich der Radumfang um 159 mm bis 160 mm. Daher schätzt man den Radumfang eines 27″-Rades auf 2 075 mm + $\frac{1}{2}$ · 160 mm, also 2 155 mm.

b) Wir erhalten folgende Raddurchmesser:
20″ = 508 mm
22″ = 558,8 mm
24″ = 609,6 mm
26″ = 660,4 mm
28″ = 711,2 mm

Für den Graphen folgt damit:

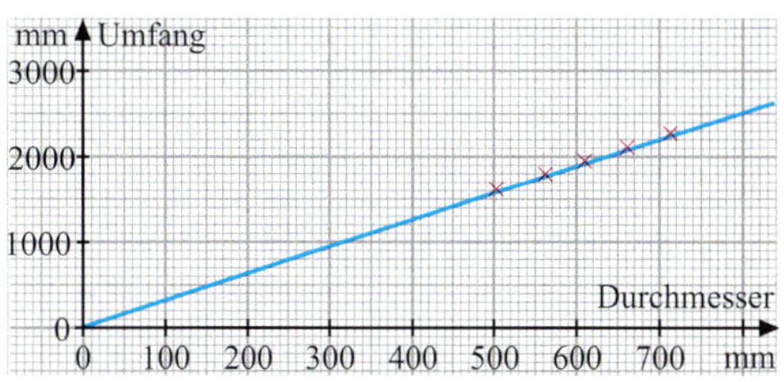

Da die Punkte auf einer Geraden durch den Ursprung liegen, vermuten wir, dass die Zuordnung proportional ist, also der Quotient $\frac{\text{Umfang}}{\text{Durchmesser}}$ konstant ist.

Näherungsweise ergibt sich für alle Punkte: $\frac{\text{Umfang}}{\text{Durchmesser}} \approx 3{,}14$

Für den Umfang u in Abhängigkeit vom Durchmesser d erhalten wir damit die Formel:
$u \approx 3{,}14 \cdot d$

Information

Umfang eines Kreises

Der Umfang eines Kreises ist etwa 3-mal so groß wie sein Durchmesser. Den genauen Proportionalitätsfaktor bezeichnet man als die **Kreiszahl π** (gelesen: pi): $\pi \approx 3{,}14$
Die Kreiszahl π ist eine irrationale Zahl.
Zum Rechnen verwendet man nur Näherungswerte.

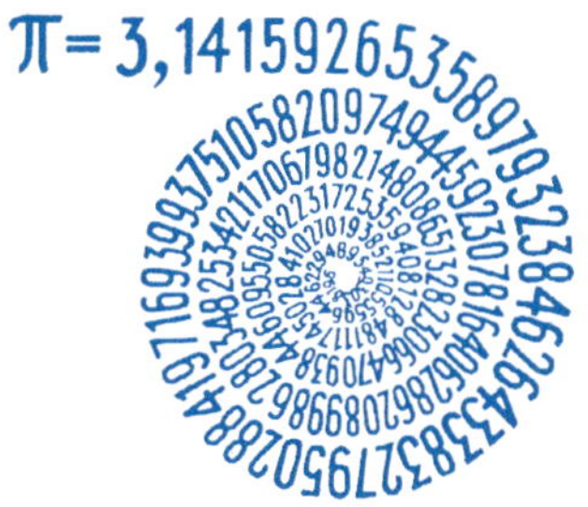

π
steht als Abkürzung für das griechische Wort περιφέρεια Umkreis, Peripherie

Satz

Für den **Umfang u eines Kreises** mit dem Radius r bzw. dem Durchmesser d gilt:

$\mathbf{u = 2 \cdot \pi \cdot r}$ bzw. $\mathbf{u = \pi \cdot d}$

Zum Überschlag rechnet man: Der Umfang ist etwa das 3fache des Durchmessers.

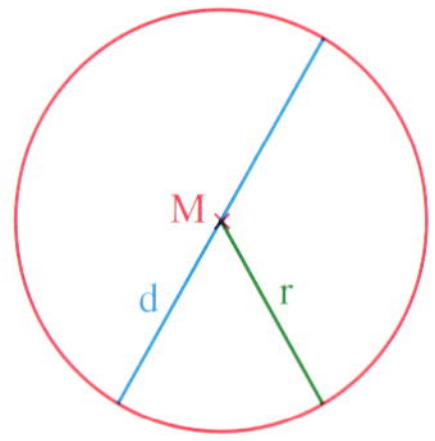

Beispiel:
$r = 1{,}4$ cm
$u = 2 \cdot \pi \cdot 1{,}4$ cm
$\approx 8{,}8$ cm

Beachte: Auch der Taschenrechner liefert mit der Taste [π] nur einen Näherungswert für π.

Übungsaufgaben

2. Die Fahrstrecken der Modelleisenbahn beim Geschenkpaket sind Kreise unterschiedlicher Größe.
Es gibt Geschenkpakete für die Spur N mit folgenden Fahrstrecken:
120 cm; 140 cm; 250 cm; 270 cm.
Im Katalog sind die Radien der Kreise angegeben:
19,2 cm; 22,6 cm; 39,6 cm; 43 cm.
Untersuche, wie die Fahrstrecke vom Kurvenradius abhängt.

3. Berechne den Umfang eines Kreises mit dem Radius r bzw. Durchmesser d.
Überschlage zuerst im Kopf, bevor du schriftlich oder mit dem Taschenrechner rechnest.

a) $r = 2$ m **b)** $d = 34$ cm **c)** $r = 0{,}65$ m **d)** $r = 2\frac{1}{2}$ m **e)** $d = 12$ mm **f)** $d = 1{,}7$ km

4. Berechne den Umfang des Gegenstandes. Überschlage zunächst.

a) CD-ROM $d = 12$ cm **b)** Basketball-Ring $d = 45$ cm **c)** Meisterschale des DFB $d = 59$ cm **d)** Inline-Skate-Rollen $d = 72$ mm

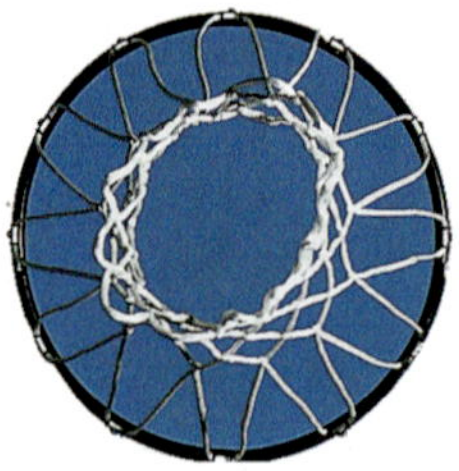

5. Der Stamm einer Buche hat den Umfang 170 cm.

a) Berechne den Durchmesser; überschlage zunächst.

b) Man kann das Alter eines Baumes an der Anzahl der Jahresringe erkennen. Die durchschnittliche Dicke eines Jahresringes beträgt 2 mm. Wie alt ist die Buche ungefähr?

6. Ein Kreis hat den Umfang u. Wie groß sind Durchmesser und Radius? Überschlage zuerst im Kopf.

a) u = 27 cm **b)** u = 1,20 m **c)** u = 810 mm **d)** u = 12,3 m **e)** u = 10 m

7. Der Raddurchmesser (samt Reifen) bei einem Mountainbike ist 65 cm, beim Citybike 71 cm.

a) Wie weit ist das Mountainbike gerollt, wenn sich die Räder 50-mal gedreht haben?

b) Wie oft drehen sich auf der gleichen Strecke die Räder des Citybikes?

8. Das Rad eines Förderturms hat einen Radius von 2,80 m. Bei einer Radumdrehung wird der Förderkorb um eine Strecke angehoben, die dem Umfang des Rades entspricht. Wie viele Umdrehungen muss das Rad machen, damit der Förderkorb 500 m gehoben wird?

9. Betrachte die Angaben zum Riesenrad. Stelle selbst geeignete Aufgaben und löse sie.

10. Ein Satellit umkreist die Erde auf einer Kreisbahn mit einer Geschwindigkeit von $8 \frac{km}{s}$. Für eine Erdumkreisung benötigt er 1 h 28 min. In welcher Höhe fliegt der Satellit?

11. Eine Raumstation umkreist die Erde in 200 km Höhe in 90 Minuten. Welche Entfernung legt die Raumstation bei einem Erdumlauf zurück? Welche Entfernung legt sie in 1 Stunde zurück?

12. Die Erde durchläuft während eines Jahres (etwa 365 Tage) um die Sonne angenähert eine Kreisbahn, deren Radius ungefähr 150 000 000 km beträgt.

a) Welchen Weg legt die Erde in einem Jahr [an einem Tag; in einer Sekunde] zurück?

b) Mit welcher Durchschnittsgeschwindigkeit (Angabe in $\frac{km}{h}$) bewegt sich die Erde auf ihrer Bahn?

13. a) Hannes hat einen Taillenumfang von 80 cm. Denke dir einen 1,80 m langen Gürtel um seine Taille gelegt. Wie weit steht er ab? Schätze zunächst.

b) Denke dir nun längs des Äquators ein Seil um die Erde gespannt. Seine Länge betrage genau 40 000 km. Denke dir nun das Seil um 1 m verlängert. Schätze zunächst, rechne dann: Ist jetzt genügend „Luft“ vorhanden, dass eine Maus zwischen Seil und Erdboden durchschlüpfen kann?

c) Formuliere eine Vermutung zu deinen Ergebnissen. Begründe sie.

6.2 Flächeninhalt des Kreises

Einstieg

Zeichne Kreise mit verschiedenen Durchmessern auf Karopapier und bestimme den Flächeninhalt durch Auszählen der Kästchen. (Du kannst die Arbeit verringern, wenn du nur einen Viertelkreis auszählst.)
Kannst du Zusammenhänge zwischen dem Radius und dem Flächeninhalt entdecken?
Wie kannst du ein möglichst genaues Ergebnis erhalten?

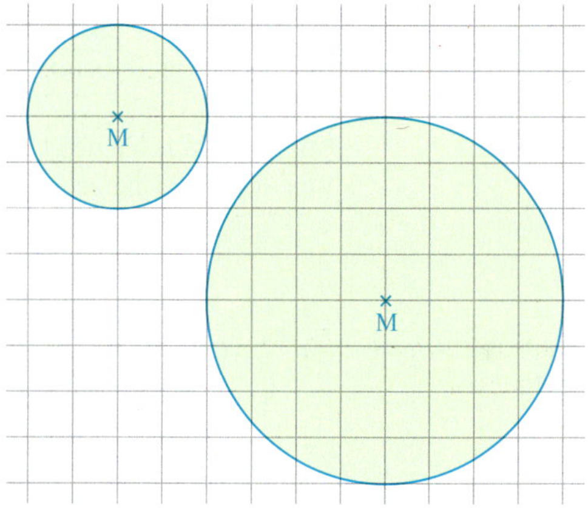

Aufgabe 1

a) Wie kann man die Stücke einer in 6 bzw. 12 Stücke geschnittenen Torte so anordnen, dass sie auf ein rechteckiges Tablett passen?

b) Welche Abmessungen muss das Tablett ungefähr haben, damit alle Stücke insbesondere bei einer größeren Anzahl von Stücken daraufpassen?

c) Da die Fläche nicht verändert wird, kann man mit den Formeln für den Flächeninhalt des Parallelogramms und den Umfang des Kreises die Formel für den Flächeninhalt des Kreises herleiten. Führe dies durch.

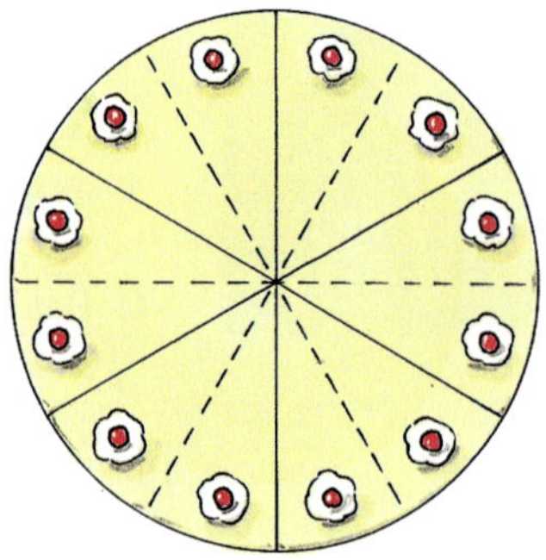

Lösung

a) Folgende Zeichnungen zeigen, wie dies möglich ist.

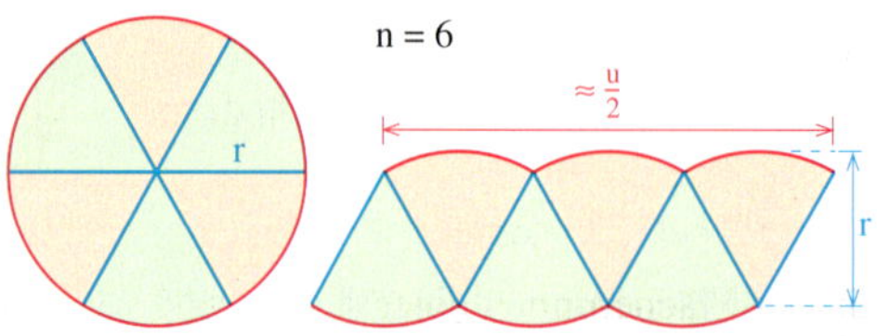

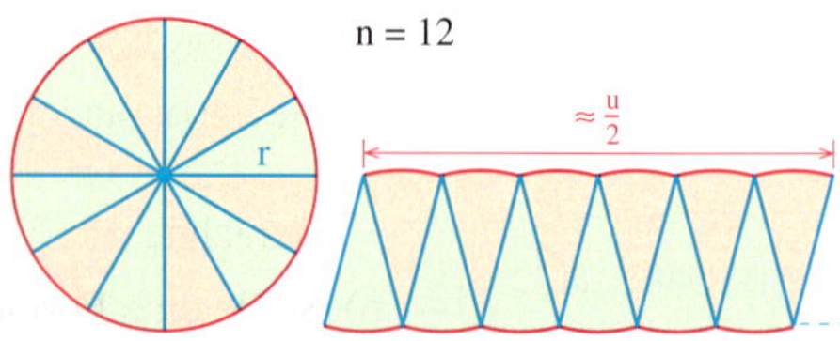

b) Das Tablett muss mindestens so lang sein wie der halbe Tortenumfang und mindestens so breit wie der Tortenradius. Anschaulich ist klar:
Je größer die Anzahl der Teile ist, desto genauer nähert sich die Form der zusammengesetzten Tortenstücke einem Parallelogramm, und damit sogar einem Rechteck mit den Seitenlängen $\frac{u}{2}$ und r an.

c) Der Kreis hat denselben Flächeninhalt wie das Rechteck. Für dessen Flächeninhalt gilt:

$$A_R = \frac{u}{2} \cdot r$$

Mit $u = 2 \cdot \pi \cdot r$ folgt daraus:

$$A_R = \frac{2 \cdot \pi \cdot r}{2} \cdot r = \pi \cdot r^2$$

Damit gilt auch für den Flächeninhalt des Kreises $A_K = \pi \cdot r^2$ mit genau derselben Kreiszahl π wie beim Umfang.

Information

Satz

Für den **Flächeninhalt A eines Kreises** mit dem Radius r gilt:

$\mathbf{A = \pi \cdot r^2}$

Beispiel: r = 1,5 cm

$A = \pi \cdot (1{,}5\ \text{cm})^2 = \pi \cdot 2{,}25\ \text{cm}^2 \approx 7{,}07\ \text{cm}^2$

Zum Überschlagen rechnet man auch: $A \approx 3 \cdot r^2$

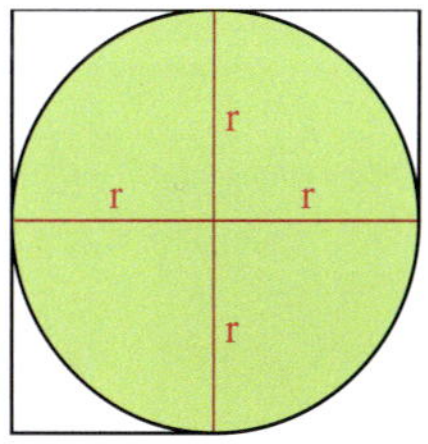

Weiterführende Aufgaben

2. *Berechnen des Flächeninhalts des Kreises aus dem Durchmesser*

a) Die Querschnittsfläche eines Bolzens hat den Durchmesser d = 2 cm. Wie groß ist die Querschnittsfläche?

b) Häufig kann man den Durchmesser d eines Kreises leichter bestimmen als den Radius. Es ist daher günstig, eine Formel für den Flächeninhalt des Kreises zu haben, in die man statt des Radius den Durchmesser einsetzen kann.
Leite folgende Formel her.

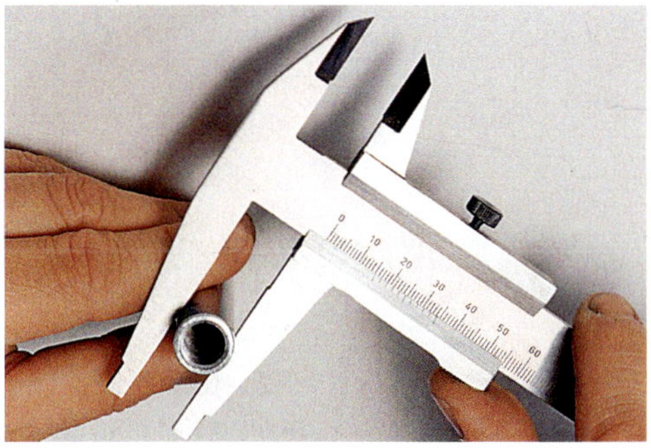

Für einen Kreis mit dem Durchmesser d gilt: $\mathbf{A = \frac{\pi}{4} \cdot d^2}$

3. *Flächeninhalt des Kreisrings*

Die gefärbte Fläche ist ein Kreisring. Er wird begrenzt durch zwei Kreise mit unterschiedlichen Radien, aber gleichem Mittelpunkt (*konzentrische* Kreise).

a) Gegeben sind zwei konzentrische Kreise mit den Radien $r_1 = 2{,}8$ cm und $r_2 = 5{,}3$ cm.
Berechne den Flächeninhalt des Kreisrings.

b) Stelle eine Formel für den Flächeninhalt eines Kreisrings mit den Radien r_1 und r_2 auf.

Distributivgesetz
$a \cdot (b + c) = a \cdot b + a \cdot c$

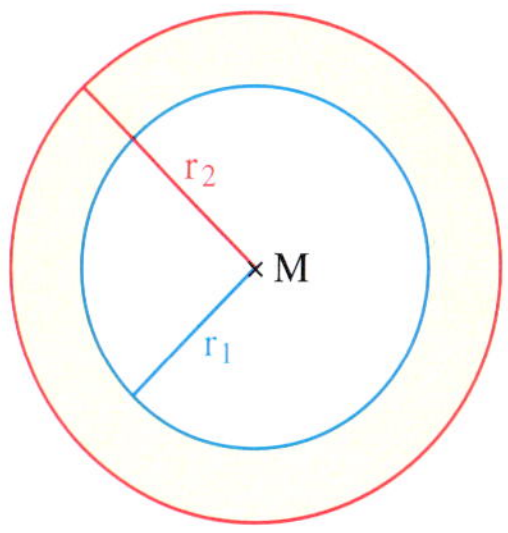

Satz

Für den **Flächeninhalt A eines Kreisrings** mit dem inneren Radius r_1 und dem äußeren Radius r_2 gilt:

$\mathbf{A = \pi \cdot (r_2^2 - r_1^2)}$

Beispiel: $r_1 = 1{,}4$ cm; $r_2 = 2{,}2$ cm

$A = \pi \cdot [(2{,}2\ \text{cm})^2 - (1{,}4\ \text{cm})^2]$

$= \pi \cdot (4{,}84\ \text{cm}^2 - 1{,}96\ \text{cm}^2)$

$= \pi \cdot 2{,}88\ \text{cm}^2$

$\approx 9{,}05\ \text{cm}^2$

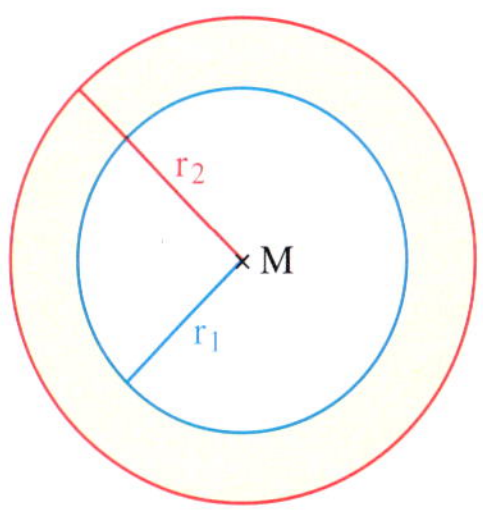

Übungsaufgaben

4. Berechne den Flächeninhalt des Kreises.

a) $r = 5$ cm **b)** $r = 1{,}3$ m **c)** $d = 9$ cm **d)** $d = 1{,}45$ m **e)** $d = 3{,}7$ km

5. Der Aktionsradius eines Rettungshubschraubers beträgt 70 km. Wie groß ist das Gebiet, in dem er eingesetzt werden kann?

6. Ein kreisrunder Tisch hat den Durchmesser 1,40 m. Wie groß ist die Tischfläche?

7. Lies den Ausschnitt aus dem nebenstehenden Zeitungsbericht über einen Tankerunfall. Angenommen, die Ölfläche ist kreisförmig.
Wie groß ist dann der Durchmesser des Ölteppichs am ersten Tag, am zweiten Tag?

Tanker verliert weiter Öl

Bei dem Tankerunfall hatte sich nach allen Seiten schnell ein Ölteppich ausgebreitet. Der Ölteppich hatte am ersten Tag die Größe von 4 km^2, am zweiten Tag war er bereits auf 6 km^2 angewachsen.

8. Auf das Wievielfache wächst der Flächeninhalt des Kreises an, wenn der Radius anwächst

a) auf das Doppelte; **b)** auf das Dreifache; **c)** auf das Fünffache?

9. Von einem Stoffrest der Breite 1,40 m und der Länge 1,60 m soll eine möglichst große kreisrunde Tischdecke hergestellt werden. Wie viel Prozent Verschnitt entstehen?

10. Aus einem rechteckigen Streifen Blech mit der Länge 32 cm und der Breite 8 cm werden vier Kreise mit dem Radius 3,8 cm ausgestanzt. Wie groß ist der Abfall?

11. Aus einem kreisrunden Blech wird ein möglichst großes Quadrat ausgestanzt. Wie viel Prozent Abfall fallen an?

12. Der Durchmesser eines Kupferdrahtes beträgt 1,2 mm [3,6 mm; 0,6 mm].

a) Berechne die Querschnittsfläche, d.h. den Flächeninhalt der kreisförmigen Schnittfläche.

b) Die Zuordnung *Größe des Querschnitts → elektrischer Widerstand* ist antiproportional.
Wie verändert sich der Widerstand, wenn der Drahtdurchmesser verdreifacht oder halbiert wird?

c) Der Kupferdraht soll mit einer 1 mm dicken Isolierschicht versehen werden.
Wie groß ist die Querschnittsfläche dieser Schicht?

13. Die Querschnittsfläche eines Kupferdrahtes beträgt 12,8 mm^2 [4,6 mm^2; 47,5 mm^2].
Wie groß sind der Radius r und der Durchmesser d der Querschnittsfläche?

14. Ein Rechteck hat den Umfang $u = 24$ cm.
Welchen Flächeninhalt hat ein Kreis, der aus dem Rechteck ausgeschnitten werden kann?
Zeichne dazu den Graphen der Funktion
Seitenlänge a des Rechtecks (in cm) → Flächeninhalt A des Kreises (in cm^2).
Für welches a ergibt sich der maximale Flächeninhalt des Kreises? Interpretiere.

15. Berechne Radius und Durchmesser des Kreises aus dem gegebenen Flächeninhalt A.

a) 56,8 cm^2 **b)** 4,06 km^2 **c)** 0,84 mm^2 **d)** 3,88 cm^2 **e)** 0,053 mm^2

16. **a)** Berechnet die Größe der Querschnittsfläche folgender Werkstücke.

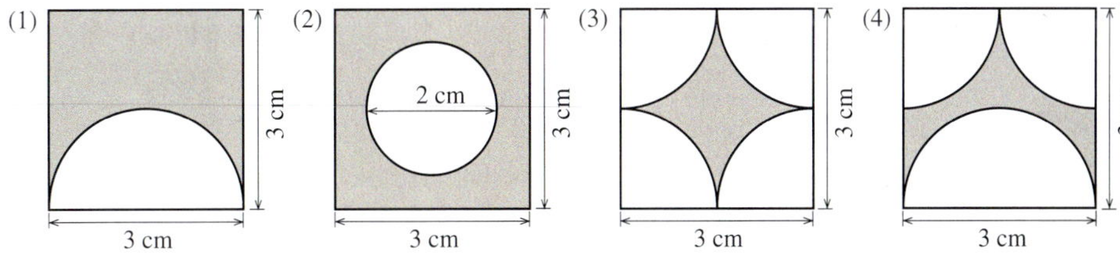

b) Erstellt jeweils eine Formel für den Flächeninhalt der Werkstücke, wenn die Seiten der Quadrate die Länge a haben?
Verwendet für (2) als Durchmesser des Kreises die Variable d.

17.

Joeyęs knusprige Pizza-Klassiker

Jeweils mit würziger Tomatensauce und herzhaftem Gouda.

Pizza	Junior ø 20 cm	Classic ø 28 cm	Maxi ø 38 cm	Family 40 cm x 50 cm
Salami	4,30	5,90	10,50	16,90

18. Berechne den Flächeninhalt eines Kreisrings mit den Radien r_1 und r_2.
a) $r_1 = 5{,}5$ cm; $r_2 = 7$ cm **b)** $r_1 = 3{,}5$ cm; $r_2 = 3{,}75$ m **c)** $r_1 = 11$ cm; $r_2 = 14$ cm

19. Ein kreisrunder Platz hat einen Durchmesser von 46 m [von 63 m]. In der Mitte befindet sich eine Brunnenanlage mit 9,5 m Durchmesser.
Wie viel Platz bleiben zur freien Verfügung übrig?

20. In einem Park ist ein kreisrunder Teich. Im Abstand von 50 cm vom Rand des Teiches ist ringsum ein Schutzgeländer. Es ist 22 m lang. Unmittelbar vor dem Geländer ist ringsum ein 2 m breiter Asphaltweg angelegt.

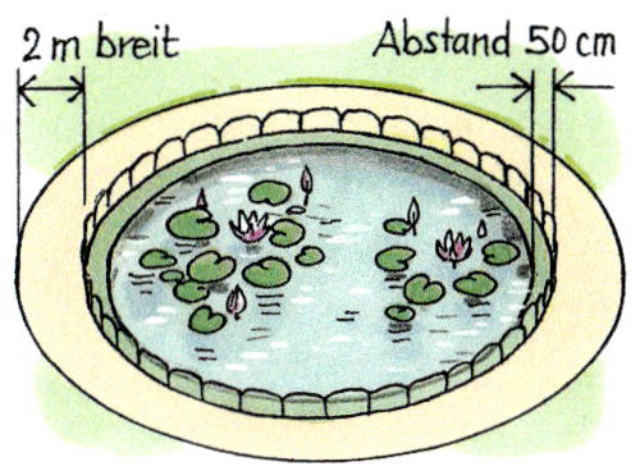

a) Wie groß ist die Wasserfläche?
b) Wie groß ist die asphaltierte Fläche?

21. Ein Kreis hat den Radius 3,5 cm. Zeichne einen dazu konzentrischen Kreis derart, dass der entstehende Kreisring denselben Flächeninhalt hat wie der gegebene Kreis.

22. Die beschreibbare Fläche einer CD ist ein Kreisring mit den Radien $r_1 = 2{,}2$ cm und $r_2 = 5{,}8$ cm. Sie hat eine Speicherkapazität von 650 MB.
a) Wie groß ist die Fläche, die für 1 MB zur Verfügung steht?
b) Welche Speicherkapazität hat eine 1 mm^2 große Fläche?

Vermischte Übungen

23. Claas hat Formeln für die Kreisberechnung umgeformt. Kontrolliere.

24. In einem Park werden kreisrunde Beete mit dem Durchmesser d = 4,90 m angelegt.

a) Ein Beet soll mit Buchsbaum eingefasst werden. Man rechnet mit 5 Pflanzen pro Meter. Berechne die Kosten.

b) Ein Beet soll mit Rosen bepflanzt werden. Man rechnet mit 8 Rosen pro Quadratmeter. Berechne die Kosten.

c) Um das Beet wird ein 1,20 m breiter Weg angelegt. 1 m^2 kostet 26 € zuzüglich 19 % Mehrwertsteuer. Berechne die Kosten.

25.

Reifengrößen bei Fahrrädern

In Europa sind zwei Möglichkeiten der Größenangaben üblich:

1. Das zöllige Maß (") nach der englischen Norm, z. B. 28" x 1.75", wobei hier das erste Maß den ungefähren äußeren Reifendurchmesser und das zweite Maß die ungefähre Reifenbreite angibt.
2. Das metrische Maß (mm) nach der DIN-Norm ETRTO, wie z. B. 47 – 622, ist insbesondere unter Fachleuten üblich. Dabei gibt die erste Zahl die Reifenbreite im aufgepumpten Zustand (in mm) und die zweite Zahl den inneren Reifendurchmesser, also Felgendurchmesser, (ebenfalls in mm) an.

L & P / 2994

a) Berechne den äußeren Durchmesser eines Reifens der Größe 37-622 für ein 28-Zoll-Rad und bestimme seinen Umfang. Nimm an, dass Reifenbreite und Reifenhöhe übereinstimmen.

b) Um wie viel Prozent ist der Umfang eines Reifens mit der Aufschrift 47-622 größer als der Reifen in Teilaufgabe a)?

26. Die Laufbahnen eines Stadions bestehen aus zwei Halbkreisen (Kurven) und zwei Strecken (Zielgerade, Gegengerade). Die Laufbahnen werden so angelegt, dass die Läufer auf der Innenbahn (1. Bahn) im Abstand von 30 cm von der Innenkante genau 400 m zurücklegen. Die einzelnen Laufbahnen sind 1,22 m breit.

a) Wie lang ist die Zielgerade?

b) Wie lang ist die Innenkante der Laufbahnen?

c) Welchen Vorsprung muss eine Läuferin auf der 2. Bahn erhalten, wenn man annimmt, dass sie ebenfalls 30 cm von der inneren Linie entfernt läuft?

27. Der Querschnitt durch ein Wellblech ist eine Linie aus aneinandergesetzten Halbkreisen (Durchmesser 5 cm).

a) Vergleiche den Gewichtsunterschied von glattem Blech und Wellblech der gleichen Stärke, das jeweils eine Fläche von 1 m^2 bedeckt. 1 m^2 Blech wiegt 2,5 kg. Rechne möglichst wenig.

b) Gib den Gewichtsunterschied in Prozent an.

c) Warum verwendet man dennoch Wellblech statt glattem Blech?

28.

Reifenbezeichnungen
und was sie bedeuten

Eigenschaften eines Reifens sind in einer weltweit geltenden Verschlüsselung am Reifen eingeprägt. Am Beispiel 175/65 R 14 82 T im Foto sehen Sie, wie Sie diese Bezeichnung lesen können:

175 Reifenbreite beträgt 175 mm
65 Verhältnis Reifenhöhe : Reifenbreite in % (Reifenhöhe = 65 % von 175 mm)
R Radialreifen
14 Felgendurchmesser in Zoll (1 Zoll = 25,4 mm)
82 Kennzahl für Reifentragfähigkeit (z. B. 82 für 475 kg pro Reifen)
T Symbol für zulässige Geschwindigkeit (z. B. T für bis zu 190 km/h)

L & P / 2666

a) Rechne mit den Daten nach, dass der äußere Durchmesser dieses Reifens 583 mm beträgt.

b) Wie lang ist der Weg, den ein Fahrzeug mit diesem Reifen bei einer Radumdrehung zurücklegt?

c) Der Wagen hat einen Weg von 1 km zurückgelegt. Wie oft hat sich das Rad gedreht?

d) Der Wagen fährt mit einer Geschwindigkeit von $150\,\frac{\text{km}}{\text{h}}$. Berechne die Anzahl der Radumdrehungen pro Minute [pro Sekunde].

e) Das Reifenprofil beträgt statt 7 mm nur noch 1 mm.
Um wie viel Prozent ist der Umfang des Reifens kleiner geworden?
Wie wirkt sich dies auf die Angabe der Geschwindigkeit durch den Tachometer aus?

29. Drehbewegungen werden durch Antriebsriemen von einer Welle auf eine andere übertragen. In einem Sägewerk wird eine Kreissäge mithilfe eines Elektromotors angetrieben.
Wie oft dreht sich das Sägeblatt in der Minute, wenn der Antriebsmotor 1 500 Umdrehungen pro Minute macht?

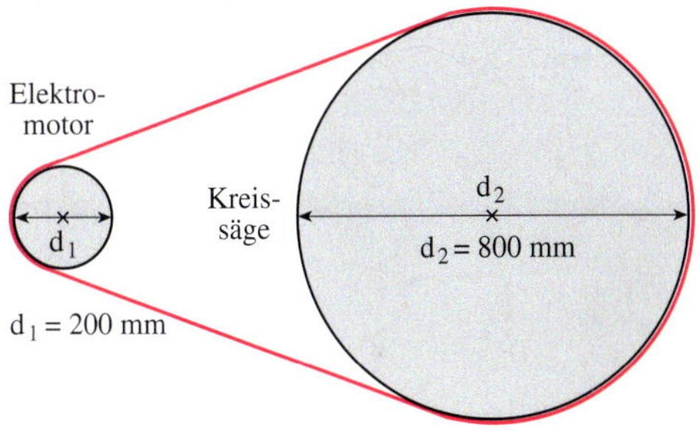

30. Berechne den Flächeninhalt und den Umfang der gefärbten Fläche.

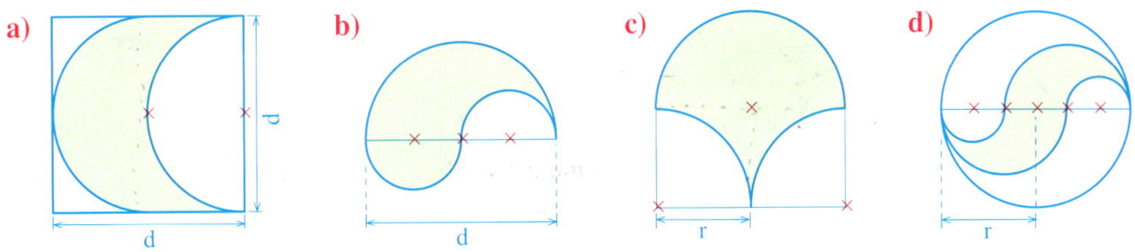

31. **a)** Berechnet jeweils Flächeninhalt und Umfang der gefärbten Flächen.

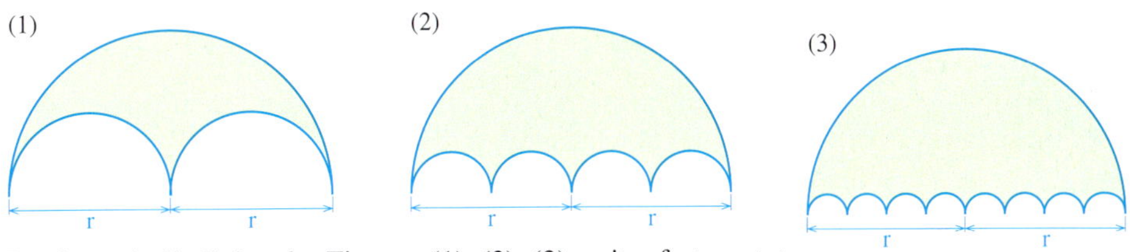

b) Denkt euch die Folge der Figuren (1), (2), (3) weiter fortgesetzt.
Was könnt ihr über Flächeninhalt und Umfang der gefärbten Fläche aussagen?

6.3 Kreisausschnitt und Kreisbogen

Einstieg

Berechnet für den Scheibenwischer:

a) Welchen Weg legt das obere bzw. untere Ende des Scheibenwischergummis zurück?

b) Wie groß ist die gewischte Fläche?

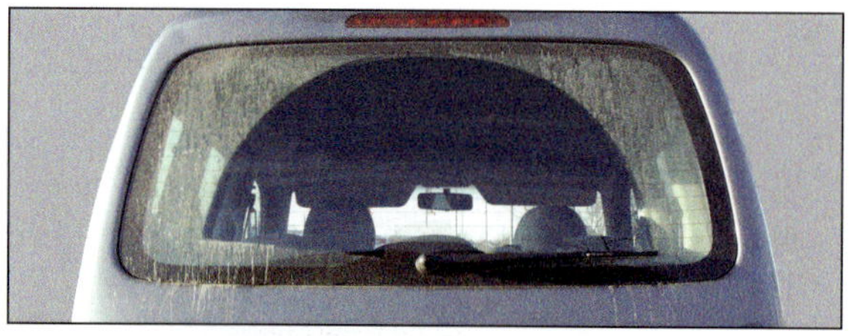

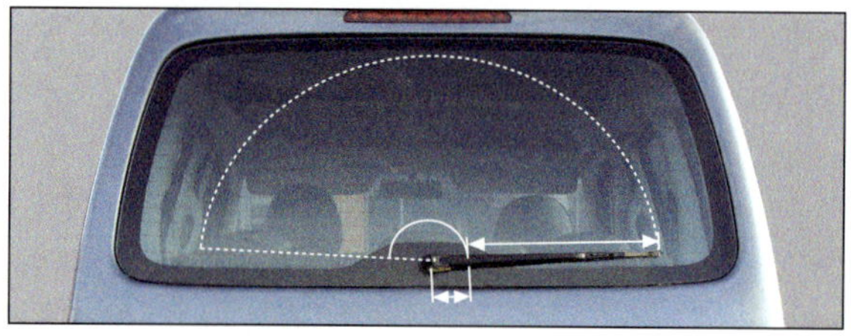

Aufgabe 1

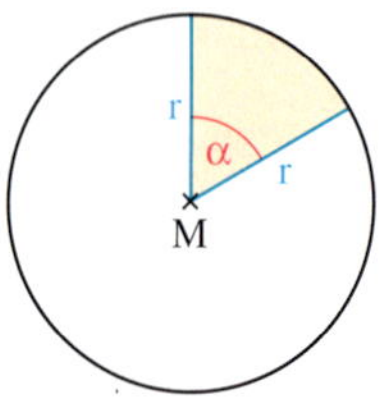

Der Wurfsektor einer Kugelstoßanlage ist ein Teil eines Kreises, der durch zwei Radien mit dem dazugehörigen Mittelpunktswinkel α begrenzt wird. Er heißt *Kreisausschnitt* (oder auch *Kreissektor*) zum Mittelpunktswinkel α.
Der Teil der Kreislinie, der einen Kreisausschnitt begrenzt, heißt *Kreisbogen* zum Mittelpunktswinkel α.
Zur Erneuerung einer Kugelstoßanlage mit dem Mittelpunktswinkel $\alpha = 65°$ soll der Wurfsektor mit einem Spezialbelag versehen werden. Als maximale Wurfweite wird $r = 26$ m gesetzt. Die minimale Wurfweite soll $r = 8$ m betragen.

a) Welchen Flächeninhalt hat der zum Mittelpunktswinkel $\alpha = 65°$ gehörende Kreisausschnitt eines Kreises mit dem Radius $r = 26$ m?
Wie viel vom Spezialbelag wird für den Teil eines Kreisrings für die Kugelstoßanlage benötigt?

b) Die Weitenlinien sind Kreisbögen. Berechne die Länge der 25-m-Weitenlinie im Wurfsektor. Beachte, dass die Weiten ab dem Rand des Wurfkreises gemessen werden, der einen Radius von 1,07 m hat.

Lösung

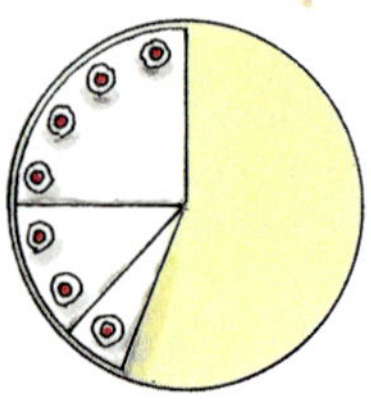

a) Den Flächeninhalt A des gesamten Kreises kann man mit dem gegebenen Radius berechnen.
$A = \pi \cdot r^2$, also:
$A = \pi \cdot (26\text{ m})^2 = 2\,123{,}7\,\ldots\text{ m}^2$
Der Flächeninhalt eines Kreises mit $r = 26$ m beträgt ungefähr $2\,124\text{ m}^2$.
Der Flächeninhalt des Kreisausschnitts ist bei einem vorgegebenen Radius r abhängig von der Größe α des Mittelpunktswinkels:
Verdoppelt, verdreifacht oder vervierfacht man die Größe α des Mittelpunktswinkels, so wird auch der Flächeninhalt A_α des Kreisausschnitts verdoppelt, verdreifacht oder vervierfacht. Die Zuordnung *Größe des Mittelpunktswinkels* → *Flächeninhalt des Kreisausschnitts* ist proportional.

Der Flächeninhalt A_α des Kreisausschnitts kann also mithilfe des Dreisatzes bei proportionalen Zuordnungen berechnet werden.

Bei einem Radius r = 26 m und einem Mittelpunktswinkel $\alpha = 65°$ beträgt der Flächeninhalt A_α des zugehörigen Kreisausschnitts:

$A_\alpha = 383{,}5\ \text{m}^2$

Größe des Mittelpunktswinkels	Flächeninhalt des Kreisausschnitts
360°	2 123,7 m²
: 360	: 360
1°	5,9 m²
· 65	· 65
65°	383,5 m²

Für den Flächeninhalt des Spezialbelags A_K der Kugelstoßanlage ist noch der Flächeninhalt des kleinen Kreisausschnitts (r = 8 m) zu subtrahieren.

$$\begin{aligned} A_K &= 383{,}5\ \text{m}^2 - \pi \cdot (8\ \text{m})^2 \cdot \frac{65°}{360°} \\ &= 383{,}5\ \text{m}^2 - 36{,}3\ \text{m}^2 \\ &= 347{,}2\ \text{m}^2 \end{aligned}$$

Ergebnis: Der Flächeninhalt des Spezialbelags der Kugelstoßanlage beträgt ungefähr 347 m².

b) Da die Wurfweiten ab dem Wurfkreis gemessen werden, ist die 25 m-Weitenlinie ein Teil eines Kreises mit dem Radius 1,07 m + 25 m, also 26,07 m. Dieser Kreis hat einen Umfang von $u = 2 \cdot \pi \cdot 26{,}07\ \text{m} \approx 163{,}80\ \text{m}$.

Verdoppelt, verdreifacht oder vervierfacht man die Größe α des Mittelpunktswinkels, so wird auch die Länge des zugehörigen Kreisbogens b_α verdoppelt, verdreifacht oder vervierfacht.

Die Länge des Kreisbogens kann also mithilfe des Dreisatzes bei proportionalen Zuordnungen berechnet werden.

Für einen Mittelpunktswinkel von 65° und einen Radius von 26,07 m hat der Kreisbogen die Länge 29,58 m.

Ergebnis: Die 25 m-Weitenlinie ist ungefähr 30 m lang.

Größe des Mittelpunktswinkels	Länge des Kreisbogens
360°	163,80 m
: 360	: 360
1°	0,455 m
· 65	· 65
65°	29,58 m

Information

Für jeden beliebigen Winkel, z.B. 13°, kann man die Länge des Kreisbogens und den Flächeninhalt des Kreisausschnitts aus einem Kreis mit dem Radius r berechnen. Mithilfe des Dreisatzes bei proportionalen Zuordnungen erhält man die folgenden Tabellen.

Größe des Mittelpunktswinkels	Länge des Kreisbogens
360°	$2\pi r$
: 360	: 360
1°	$2\pi r \cdot \frac{1}{360}$
· 13	· 13
$\frac{13°}{360°}$	$2\pi r \cdot \frac{13}{360}$

Größe des Mittelpunktswinkels	Flächeninhalt des Kreisausschnitts
360°	πr^2
: 360	: 360
1°	$\pi r^2 \cdot \frac{1}{360}$
· 13	· 13
$\frac{13°}{360°}$	$\pi r^2 \cdot \frac{13}{360}$

Verallgemeinert man diese Überlegungen, so erhält man:

Satz

Für die **Länge b_α eines Kreisbogens** mit dem Radius r und einem Mittelpunktswinkel der Größe α gilt:

$b_\alpha = 2\pi r \cdot \frac{\alpha}{360°}$ bzw. $b_\alpha = \pi r \cdot \frac{\alpha}{180°}$

Für den **Flächeninhalt A_α eines Kreisausschnitts** mit dem Radius r und einem Mittelpunktswinkel der Größe α gilt:

$A_\alpha = \pi r^2 \cdot \frac{\alpha}{360°}$

Statt b_α und A_α schreibt man häufig auch nur b bzw. A.

Anteil vom Ganzen

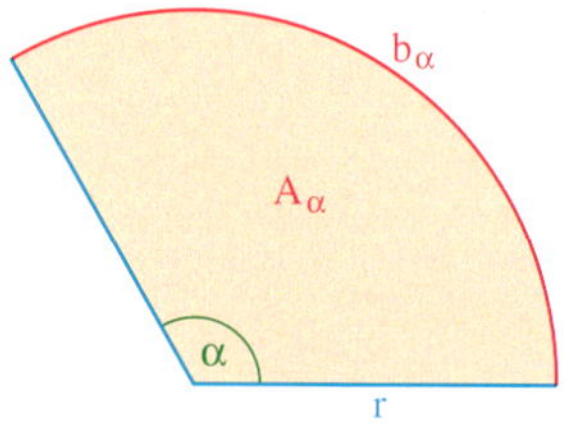

Weiterführende Aufgabe

2. *Eine weitere Formel für den Flächeninhalt des Kreisausschnitts*

In der Formelsammlung rechts findest du noch eine weitere Formel für den Flächeninhalt eines Kreisausschnitts.

Formelsammlung

Kreisausschnitt

$A = \frac{1}{2} \cdot b \cdot r$

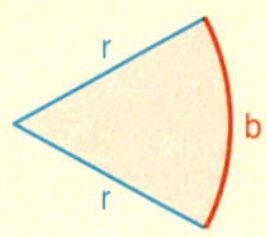

a) Berechne mit dieser Formel den Flächeninhalt eines Kreisausschnitts mit der Bogenlänge b = 3,6 cm und dem Radius r = 4,5 cm.

b) Leite diese Formel aus den beiden Formeln für A_α und b_α ab. Vergleiche diese Formel mit der Formel für den Flächeninhalt eines Dreiecks.

Übungsaufgaben

3. Berechne den Flächeninhalt A_α und die Bogenlänge b_α eines Kreisausschnitts mit dem Radius r = 8 cm und dem Mittelpunktswinkel α = 12° [r = 4,9 m und α = 295°].

4. Erstellt selbst eine Zusammenstellung der Formeln beim Kreis. Denkt dabei beispielsweise an eine Plakatwand, eine Lernkarte zur nächsten Klassenarbeit oder eine Mind-map.

5. Berechne die fehlenden Größen eines Kreisausschnitts.

r	5 cm	86 mm	6 cm	9 m	6cm	12 cm	≈ 20cm
α	35°	249°	203,72°	79,57°	143,24°	119,37°	149°
A_α	7,64	16 07m²	64 cm²	56,24 m	45 cm²	150 cm	520,1 cm
b_α	3,05	373,74mm	227,56 cm	12,5 m	15 cm	25 cm	52 cm

6. Ist es möglich, einen Kreissektor zu zeichnen, bei dem der Kreisbogen so lang ist wie der Radius? Begründe.

7. Die Länge eines Kreisbogens beträgt 10 cm.

a) Zeichne den Graphen der Zuordnung *Größe des Mittelpunktswinkels* → *Kreisradius* für die Bogenlänge b = 10 cm.

b) Welche Art von Zuordnung liegt vor? Begründe.

Im Blickpunkt

Im Blickpunkt

Die Zahl π in der Geschichte der Menschheit

Die Berechnung der Kreiszahl π hat die Menschen schon jahrtausendelang beschäftigt. Als Näherungswert für π gaben die BABYLONIER um 2000 v. Chr. die Zahl **3** und die ÄGYPTER um 2000 v. Chr. die Zahl $\left(\frac{16}{9}\right)^2$ an.

Der griechische Mathematiker ARCHIMEDES (287–212 v. Chr.) verwendete zur Berechnung des Kreisumfangs neben den einbeschriebenen regelmäßigen Vielecken auch umbeschriebene. Er zeigte am regelmäßigen 96-Eck: $\mathbf{3\frac{10}{120} < \pi < 3\frac{1}{7}}$

Als Näherungswert für π wurde dann häufig $\frac{22}{7}$ verwendet.

Der ägyptische Geograph, Astronom und Mathematiker Claudius PTOLEMÄUS (um 150 n. Chr.) fand für π den Näherungswert $\mathbf{3\frac{17}{120}}$, die CHINESEN (5. Jahrh. n. Chr.) $\mathbf{3\frac{16}{113}}$, die INDER (600 n. Chr.) $\sqrt{\mathbf{10}}$.

Jm Jnternet findest du weitere Näherungswerte.

Ein Vieleck mit $3 \cdot 2^{28} = 805\,306\,368$ Ecken verwendete 1424 der arabische Astronom und Mathematiker AL-KASI. Er erhielt $2 \cdot \pi = 6{,}2831853071795865$, wobei alle angegebenen Stellen richtig sind.

Mit $4 \cdot 2^{60}$ Ecken erreichte Ludolf VAN CEULEN (1610) eine Genauigkeit von 35 Dezimalstellen.

Im Jahre 1671 entdeckte James GREGORY, dass man mit den Kehrwerten der ungeraden Zahlen den Wert von π beliebig genau berechnen kann, wenn man genügend viele Summanden berücksichtigt:
$\frac{\pi}{4} = \frac{1}{1} - \frac{1}{3} + \frac{1}{5} - \frac{1}{7} + \frac{1}{9} - \frac{1}{11} + \ldots$ (Leibniz'sche Reihe)

Der Philosoph und Mathematiker Gottfried Wilhelm LEIBNIZ (1646–1716) war über diesen Zusammenhang zwischen der Folge der ungeraden Zahlen und der Kreiszahl π so beeindruckt, dass er notierte: „Gott freut sich der ungeraden Zahlen!“. Kreis und Kugel galten nämlich seit dem Altertum als göttliche Formen.

Der Mathematiker VIETA (1540–1603) verwendete $\pi \approx 1{,}8 + \sqrt{1{,}8}$.

G. W. Leibniz
1646 – 1716

1. Im nebenstehenden Text aus der Bibel wird mit Meer ein kreisrundes Becken bezeichnet.
Begründe, welchen Näherungswert für π man diesem Text entnehmen kann.

> Und er machte das Meer gegossen, von einem Rand zum anderen zehn Ellen weit ... und eine Schnur von dreissig Ellen war das Mass ringsherun.
> 1. Buch der Könige 7, 23

2. Al-Kasi hatte sich die Aufgabe gestellt, den Wert von 2π so genau zu bestimmen, dass bei der Berechnung des Umfangs des Universums der Fehler die Dicke eines Pferdehaares (0,5 mm) nicht übersteigt. Al-Kasi dachte, dass der Durchmesser des Universums das 600 000-fache des Erddurchmessers sei, für den er 7 500 km benutzte.
Zeige, dass der von Al-Kasi berechnete Wert von 2π (siehe oben) diese Bedingung erfüllt.

3. Der Wert von $\frac{\pi}{4}$ kann mithilfe der Leibniz'schen Reihe näherungsweise berechnet werden (siehe oben). Führe die nebenstehenden Rechnungen fort, bis sich die erste Nachkommastelle von π nicht mehr ändert. Begründe, wann du aufhören kannst.

$\frac{1}{1} - \frac{1}{3} + \frac{1}{5} = \frac{13}{15}$, also $\pi \approx 4 \cdot \frac{13}{15} = 3{,}4666\ldots$

$\frac{1}{1} - \frac{1}{3} + \frac{1}{5} - \frac{1}{7} = \frac{76}{105}$, also $\pi \approx 4 \cdot \frac{76}{105} = 2{,}8952\ldots$

4. Informiere dich im Internet, wie viele Nachkommastellen von π heute bekannt sind.

Bist du fit?

1. Berechne den Flächeninhalt und den Umfang des Kreises.

a) r = 3,5 cm **b)** $r = \frac{1}{5}$ m **c)** r = 0,25 km **d)** d = 17 mm **e)** d = 1,2 dm

2. Welchen Radius hat der Kreis?

a) u = 26 cm **b)** u = 4,2 m **c)** u = 185 mm **d)** A = 43 m^2 **e)** A = 1,8 km^2

3. Ein Laufrad dient zum Messen von Entfernungen, z.B. bei Verkehrsunfällen. Der Durchmesser des Laufrades beträgt 15 cm.
Wie viele Umdrehungen macht das Rad beim Messen einer Weglänge von 7,54 m?

4. Ein Baumstamm hat einen Umfang von 1,90 m [1,55 m; 2,50 m].
Welchen Durchmesser hat er?

5. Der Mond hat einen Durchmesser von 3476 km. Berechne die Länge seines Äquators.

6. a) Ein Kreis hat den Umfang u = 38 cm. Wie groß ist sein Flächeninhalt?

b) Um wie viel Prozent übertrifft der Kreis in Teilaufgabe a) ein Quadrat mit gleichem Umfang an Flächeninhalt?

7. Eine Firma für Gartengeräte bietet verschiedene Rasensprenger an. Prüfe, ob die Angaben im Katalog die Fläche angenähert richtig angeben.

Beregnungsanlagen

Art des Sprengers

Sprühregner	d = 11 m; 100 m^2
Kreisregner (klein)	r = 8,5 m; 225 m^2
Kreisregner (groß/variabel)	r = 3 – 12,5 m; 30 – 490 m^2

8. a) Ein Kreisring soll 7 cm^2 groß sein. Der äußere Radius beträgt 2,5 cm.
Wie groß ist der innere Radius?

b) Ein Kreis hat einen Durchmesser von 10 cm. Es soll ein Kreisring mit dem äußeren Durchmesser 10 cm hergestellt werden, dessen Flächeninhalt nur halb so groß ist wie der des gegebenen Kreises. Wie groß muss der innere Durchmesser sein?

9. Der Scheibenwischer eines Autos überstreicht den Teil eines Kreisringes. Der Mittelpunktswinkel ist 85° groß, die beiden Radien betragen 23 cm und 63 cm.
Wie groß ist die Fläche, die der Scheibenwischer überstreicht?

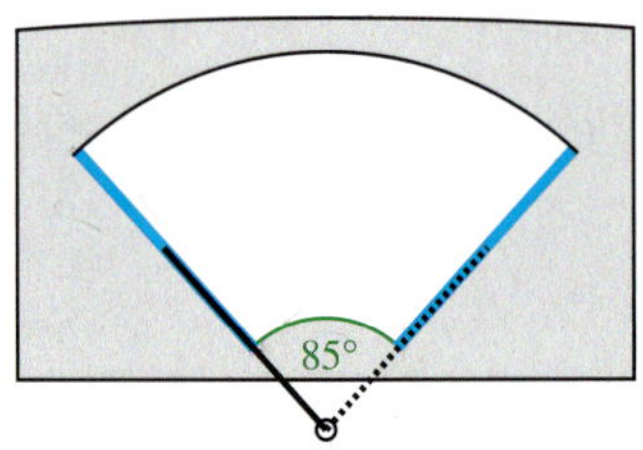

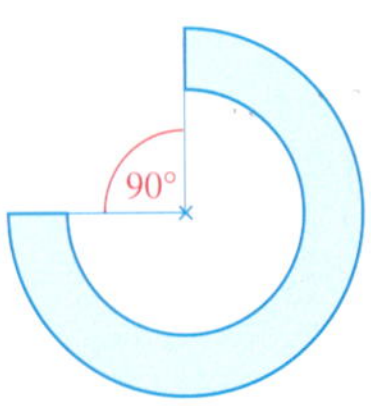

10. Berechne den Flächeninhalt und den Umfang der blauen Fläche links mit $r_i = 4{,}0$ cm und $r_a = 5{,}5$ cm.

6.4 Prismen – Netz und Oberflächeninhalt

Einstieg

Zerschneiden von Quadern – Prismen

Von einem Quader aus Schaumstoff kann man Stücke abschneiden. Schneidet man parallel zu einer Seitenkante, so entstehen Körper der folgenden Art.

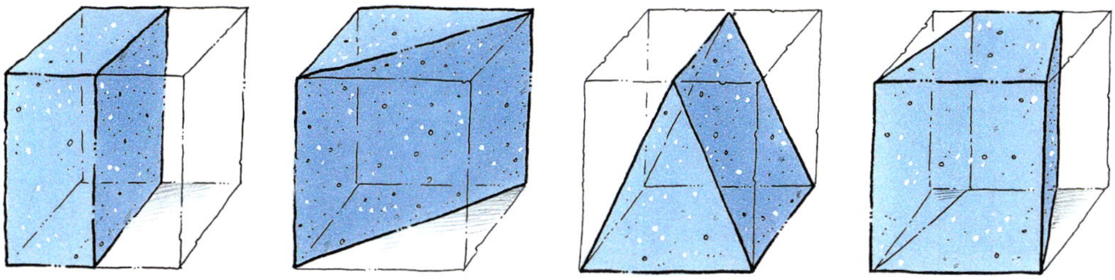

Beschreibt die entstandenen Körper; achtet auf gemeinsame Eigenschaften.

Information

Ein (gerades) **Prisma** ist ein Körper, der von zwei zueinander parallelen und deckungsgleichen Vielecken sowie von Rechtecken begrenzt wird.

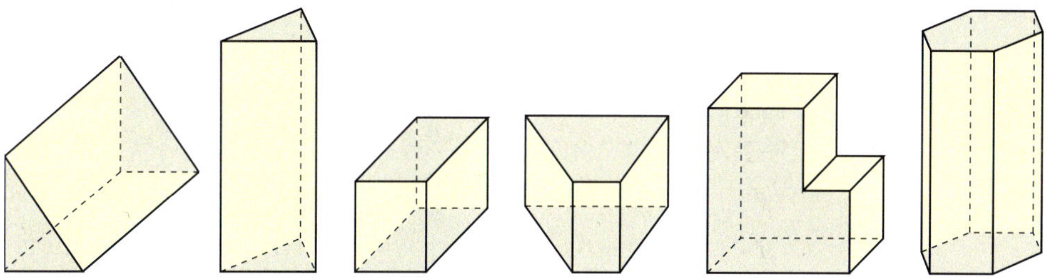

Die beiden zueinander parallelen und deckungsgleichen Vielecke heißen **Grundflächen**, die Rechtecke heißen **Seitenflächen**.
Die Seitenflächen bilden zusammen die **Mantelfläche** des Prismas.
Ist die Grundfläche ein Dreieck (Viereck, …), so heißt das Prisma dreiseitiges (vierseitiges, …) Prisma.
Der Abstand der beiden Grundflächen voneinander heißt **Höhe** des Prismas.
Prismen nennt man auch *Säulen.* Man kann sie durch Zerschneiden von Quadern erhalten.
Beachte: Quader sind besondere Prismen.

Aufgabe 1

Netz und Oberflächeninhalt eines Prismas

Der Körper rechts ist ein Prisma mit den Maßen $a = 28$ cm, $b = 23$ cm, $c = 30$ cm, $h_c = 20$ cm, $h = 35$ cm.
Ein Kunsthandwerker benötigt für eine Wandverzierung eine größere Zahl von Körpern aus Blech, die die Form dieses Prismas haben.
Wie viel Blech benötigt man für ein solches Prisma?

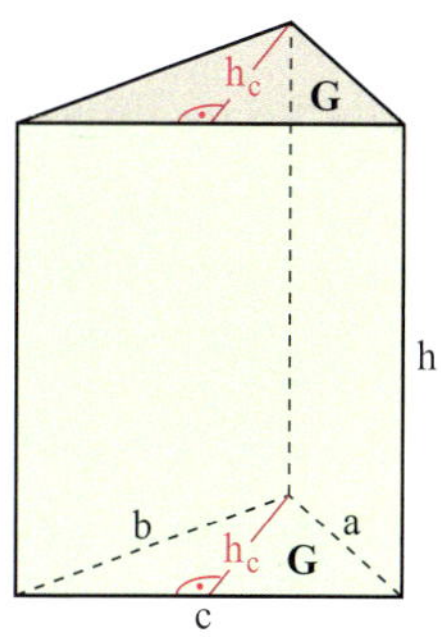

Lösung

Der Oberflächeninhalt ist die Größe der Oberfläche.

(1) Zeichne ein Netz des Prismas. Es besteht aus drei Rechtecken, die die Mantelfläche bilden, und den beiden dreieckigen Grundflächen.

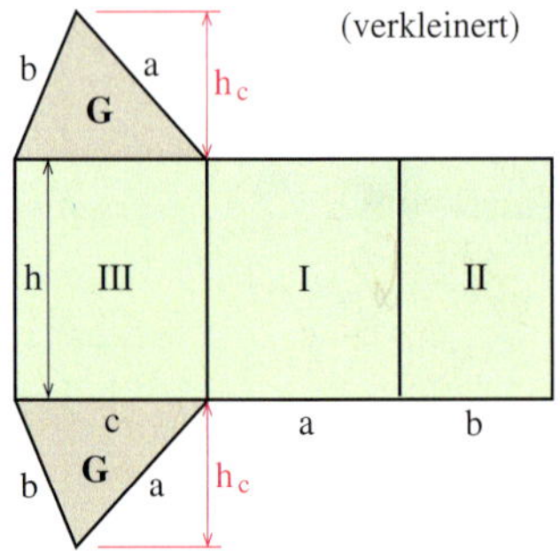

(2) Zur Berechnung des Blechbedarfs bestimmst du den Oberflächeninhalt O des Prismas.

Flächeninhalt G einer Grundfläche (Grundflächeninhalt):

$G = \frac{1}{2} \cdot c \cdot h_c = \frac{1}{2} \cdot 30\text{ cm} \cdot 20\text{ cm} = 300\text{ cm}^2$

Flächeninhalt M der Mantelfläche (Mantelflächeninhalt):

$A_I = a \cdot h = 28\text{ cm} \cdot 35\text{ cm} = 980\text{ cm}^2$

$A_{II} = b \cdot h = 23\text{ cm} \cdot 35\text{ cm} = 805\text{ cm}^2$

$A_{III} = c \cdot h = 30\text{ cm} \cdot 35\text{ cm} = 1\,050\text{ cm}^2$

$M = A_I + A_{II} + A_{III}$

$= 980\text{ cm}^2 + 805\text{ cm}^2 + 1\,050\text{ cm}^2$

$= 2\,835\text{ cm}^2$

Du kannst auch zunächst den Umfang der Grundfläche berechnen:

$u = 28\text{ cm} + 23\text{ cm} + 30\text{ cm} = 81\text{ cm}$

Damit erhältst du dann sofort für den Mantelflächeninhalt M:

$M = 81\text{ cm} \cdot 35\text{ cm}$

$= 2\,835\text{ cm}^2$

Oberflächeninhalt O des Prismas :

$O = 2 \cdot G + M$

$O = 2 \cdot 300\text{ cm}^2 + 2\,835\text{ cm}^2$

$= 3\,435\text{ cm}^2$

$= 34{,}35\text{ dm}^2$

Ergebnis: Der Kunsthandwerker benötigt für jedes Prisma 35 dm^2 Blech.

Information

Für den **Oberflächeninhalt O eines Prismas** mit dem Grundflächeninhalt G, dem Mantelflächeninhalt M, der Höhe h und dem Umfang u der Grundfläche gilt:

$O = 2G + M$ bzw. **$O = 2G + u \cdot h$**

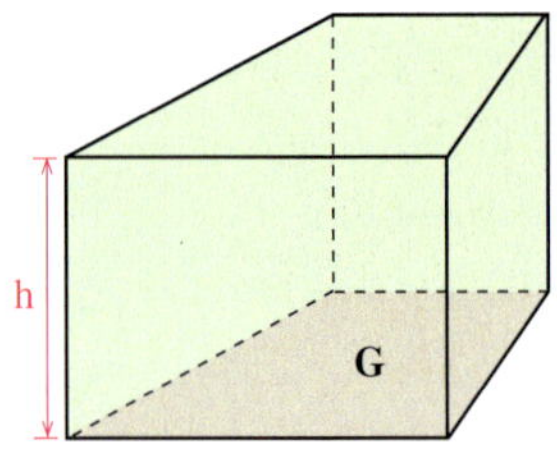

Übungsaufgaben

2. Süßigkeiten und Pralinen werden in unterschiedlichen Verpackungen angeboten. Beschreibe und vergleiche folgende Schachteln.

3. Sammelt Gegenstände aus dem Alltag, die die Form eines Prismas haben. Bereitet damit eine Ausstellung vor.

4. Welche der Körper sind Prismen? Gib bei den Prismen auch die Grundfläche und die Höhe an.

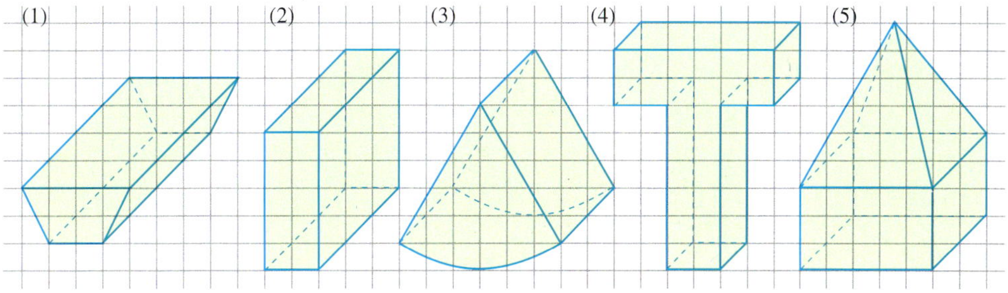

5. Aus dem Quader wird durch Schneiden längs der angegebenen Linien ein Prisma erzeugt. Zeichne ein Netz des Prismas.

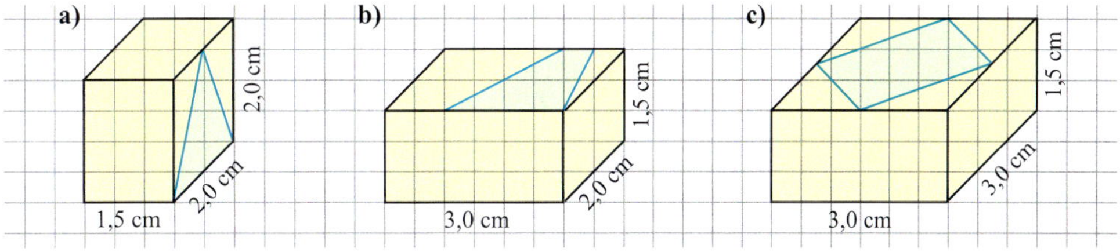

6. Ein Quader soll die Seitenlängen 3 cm, 4 cm und 5 cm haben. Wähle eine Grundfläche als Standfläche aus. Zeichne dann ein Schrägbild und gib die Höhe an. Verfahre ebenso mit den übrigen Möglichkeiten für die Grundfläche.

7. Marie hat für verschiedene Prismen das Netz gezeichnet. Kontrolliere.

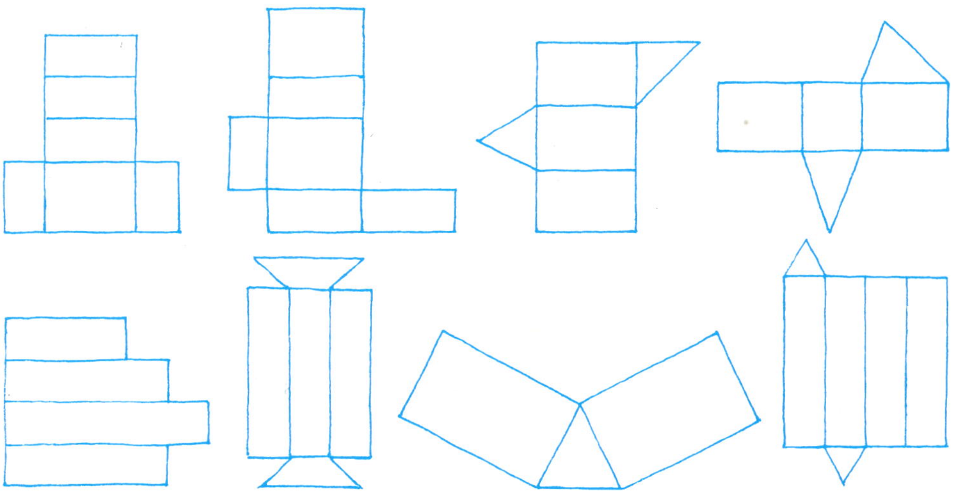

8. **a)** Wie viel Karton braucht man für die abgebildete Verpackung von Schokolade (ohne Abfall)?

b) Stelle ein Papiermodell der Verpackung her.

c) Wie viel Draht benötigt man für das Kantenmodell dieses Prismas?

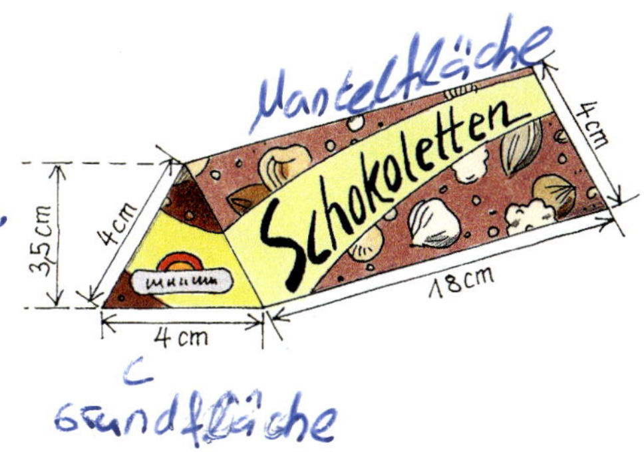

9. Ein Prisma ist 15 cm hoch; eine Grundfläche ist

a) ein Dreieck; **b)** ein Parallelogramm; **c)** ein Trapez; **d)** ein Drachenviereck.

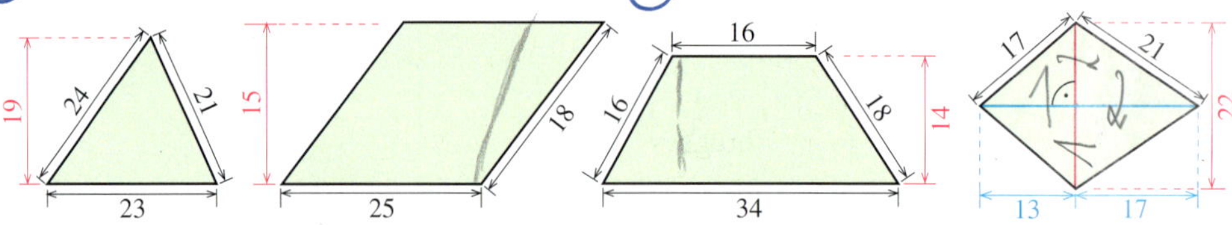

Berechne den Oberflächeninhalt des Prismas (Maße im Bild in mm).

10. Zur Verpackung von Lebkuchen benutzt eine Firma Kartons mit einer sechseckigen (regelmäßigen) Grundfläche.

a) Es soll ein Papiermodell hergestellt werden. Fertige dazu ein Netz des Prismas an.

b) Berechne den Materialbedarf (ohne Verschnitt); stelle zunächst eine Formel auf.

11. Die abgebildeten Kartons werden als Verpackungsmaterial benutzt (Maße in mm). Skizziere ein Netz des Kartons und berechne den Materialbedarf.

12. Der Umfang u der Grundfläche eines Prismas ist 50 cm lang. Das Prisma ist 12 cm hoch. Wie groß ist die Mantelfläche des Prismas?

13. Bei einem Prisma sind u der Umfang, G der Flächeninhalt einer Grundfläche, h die Höhe, M der Mantelflächeninhalt und O der Oberflächeninhalt. Berechne fehlende Größen.

a)	b)	c)	d)
h = 9,5 dm	h = 22,5 cm	u = 6,35 cm	u = 42 cm
G = 94,5 dm^2	M = 518,75 cm^2	M = 36,83 cm^2	h = 23 cm
u = 56,8 dm	G = 63,8 cm^2	O = 54,63 cm^2	O = 1 225 cm^2

14. Ein Prisma besitzt eine quadratische Grundfläche mit der Seitenlänge a. Der Körper ist doppelt so hoch [halb so hoch] wie breit. Wie lautet die Formel für den Oberflächeninhalt?

15. **a)** Wie verändert sich der Oberflächeninhalt eines Würfels, wenn man die Kantenlänge verdoppelt [verdreifacht] ?

b) Wie verändert sich der Oberflächeninhalt eines Quaders, wenn man die Länge jeder Kante verdoppelt [verdreifacht]?

c) Bei einem dreiseitigen Prisma ist der Flächeninhalt der Grundfläche G = 25 cm^2 und der Mantelflächeninhalt M = 50 cm^2 .
Wie verändert sich der Oberflächeninhalt, wenn man die Höhe verdoppelt [verdreifacht]?

d) Stelle selbst Fragen und untersuche die Veränderungen bei weiteren Prismen.

6.5 Schrägbild eines Prismas

Einstieg

Aus dem Quader rechts wird mit zwei Schnitten ein Prisma hergestellt.
Zeichne ein Schrägbild des Prismas und vergleiche mit deinem Nachbarn.

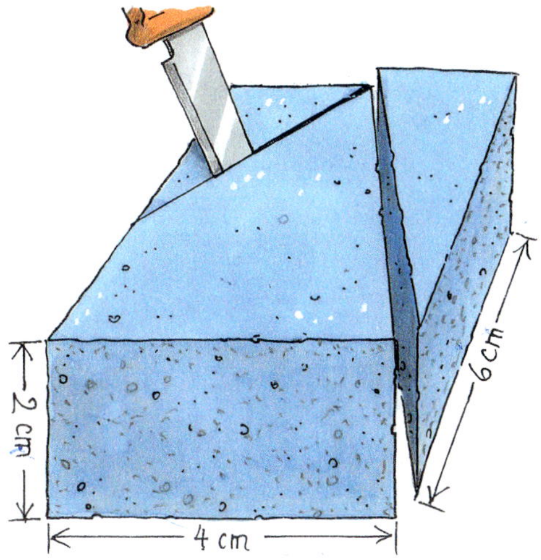

Einführung

Ein dreiseitiges Prisma ist 1,3 cm hoch und hat nebenstehende Grundfläche.
Wir zeichnen ein Schrägbild dieses Prismas mit dem Verzerrungswinkel 45° und dem Verkürzungsfaktor $\frac{1}{2}$.
Das Prisma soll auf einer Grundfläche stehen.

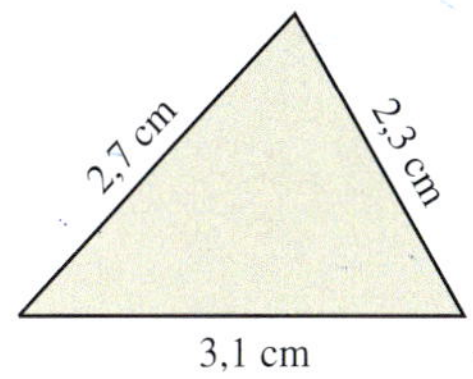

1. Schritt:

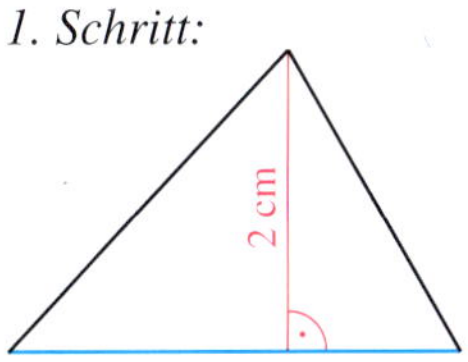

Zeichne in die Grundfläche eine geeignete Hilfslinie als Tiefenstrecke (rot) ein. Miss ihre Länge.
Tiefenstrecken verlaufen orthogonal zur Vorderkante.

2. Schritt:

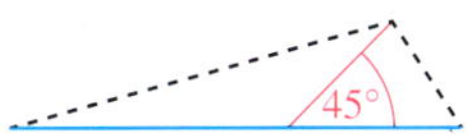

Zeichne die Vorderkante (blau) in wahrer Größe und die Tiefenstrecke (rot) unter einem Winkel von 45° und auf die Hälfte verkürzt. Ergänze fehlende Grundkanten.

3. Schritt:

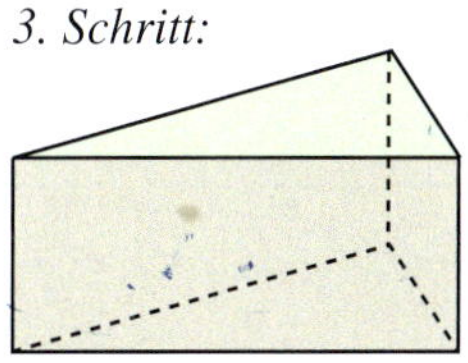

Zeichne die nach oben verlaufenden Seitenkanten in wahrer Länge und ergänze die fehlenden Kanten.

Weiterführende Aufgaben

1. *Schrägbilder von liegenden Prismen*

Ein Prisma kann auch auf einer Seitenfläche liegen. Ein Prisma ist 11 cm hoch und die Seiten der gleichseitigen Dreiecke sind 3 cm lang. Zeichne das Prisma auf einer Seitenfläche liegend.
Beachte: Wähle als vordere Fläche das Dreieck.

2. *Verschiedene Verzerrungswinkel – verschiedene Verkürzungsfaktoren*

In der Einführung wurde 45° als Verzerrungswinkel und $\frac{1}{2}$ als Verkürzungsfaktor gewählt. Dabei erhält man oft, aber nicht in jedem Fall, ein informatives Schrägbild (siehe linken Quader). In solchen Fällen kann man andere Verzerrungswinkel und Verkürzungsfaktoren wählen, um ein besseres Bild zu erhalten (siehe rechten Quader). Zeichne Schrägbilder eines Würfels (4 cm Kantenlänge). Wähle für die Tiefenstrecken

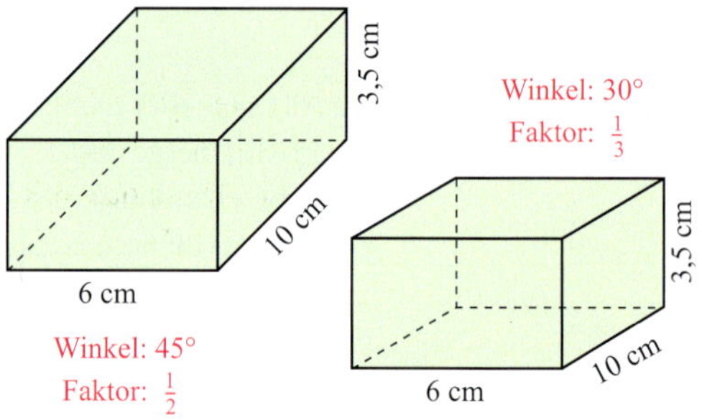

(1) Winkel 45°, Faktor $\frac{1}{2}$; (2) Winkel 30°, Faktor $\frac{1}{3}$; (3) Winkel 60°, Faktor $\frac{2}{3}$.
Beurteile die Bilder.

Übungsaufgaben

3. Ergänze das Schrägbild des Prismas so, dass ein Schrägbild eines Quaders entsteht.

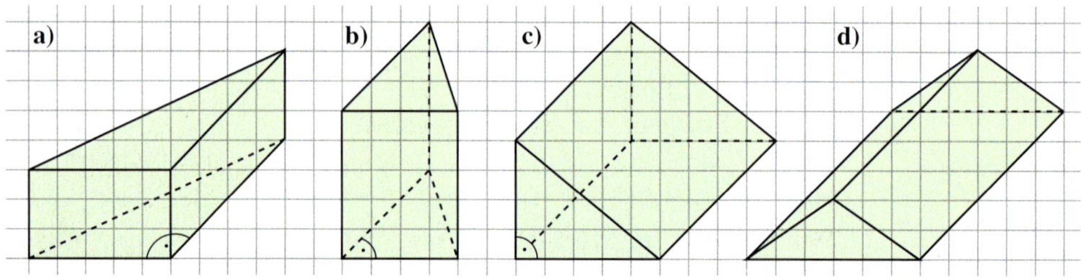

4. Zeichne ein Schrägbild des Prismas (Maße in mm)

a) auf einer Grundfläche stehend; **b)** auf einer Seitenfläche liegend.

	(1)	(2)	(3)	(4)
Grundfläche	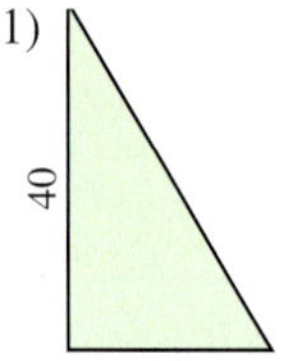 40; 25	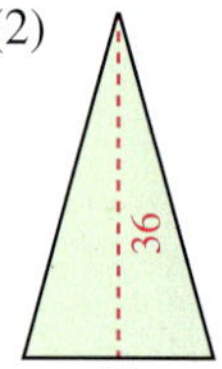 36; 20	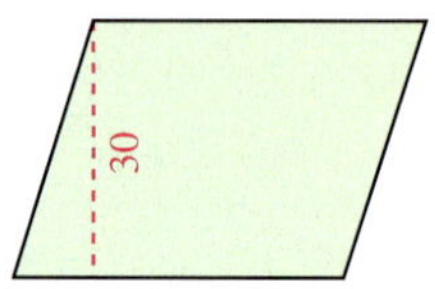 30; 10 30	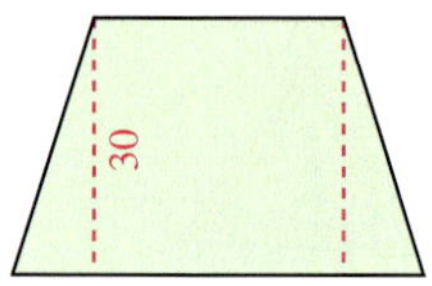 30; 10 30 10
Höhe	25	30	35	32
Winkel	45°	30°	60°	60°
Verkürzung	$\frac{1}{2}$	$\frac{2}{3}$	$\frac{2}{3}$	$\frac{1}{2}$

5. Was kannst du über die Länge einer Strecke im Schrägbild eines Körpers im Vergleich zur wirklichen Länge aussagen, wenn die Strecke in Wirklichkeit

a) parallel zur Vorderfläche ist; **b)** orthogonal zur Vorderfläche ist;

c) weder parallel noch orthogonal zur Vorderfläche ist?

6. Das Standardverfahren zum Zeichnen von Schrägbildern erzeugt Bilder, die den Eindruck vermitteln, als „sehe" man den Körper von „vorn, rechts, oben". Zeichne für ein Prisma aus der Einführung drei Schrägbilder so, dass der Eindruck entsteht, man sehe es

(1) von vorne, links, oben; (2) von vorne, rechts, unten; (3) von vorne, links, unten.

6.6 Volumen eines Prismas

Einstieg

Zerlegt das Prisma so, dass ihr die Teilkörper zu einem Quader zusammensetzen könnt. Skizziert das Schrägbild in eurem Heft und zeichnet die Schnittlinien ein.
Berechnet dann das Volumen.

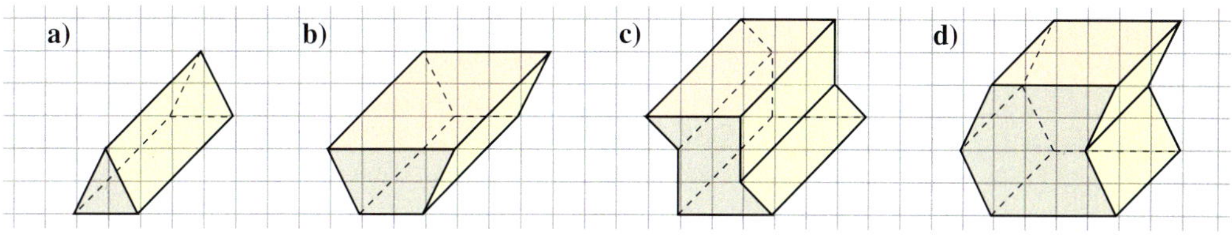

Einführung

Die Baugrube eines Ausstellungspavillons hat die Form eines dreiseitigen Prismas P. Die dreieckige Grundfläche hat a = 30 m als eine Seitenlänge mit der zugehörigen Höhe $h_a = 40$ m. Die Höhe des Prismas beträgt h = 6 m.
Wie viel Erde muss ausgebaggert werden?

Es ist also das Volumen des Prismas P zu berechnen. Bisher können wir nur das Volumen von Quadern berechnen. Daher versuchen wir, das Prisma P in Teilprismen zu zerlegen, die wir dann zu einem Quader zusammensetzen können:

Verwendete Strategien
- Zerlegen
- Zurückführen auf Bekanntes

Prisma P

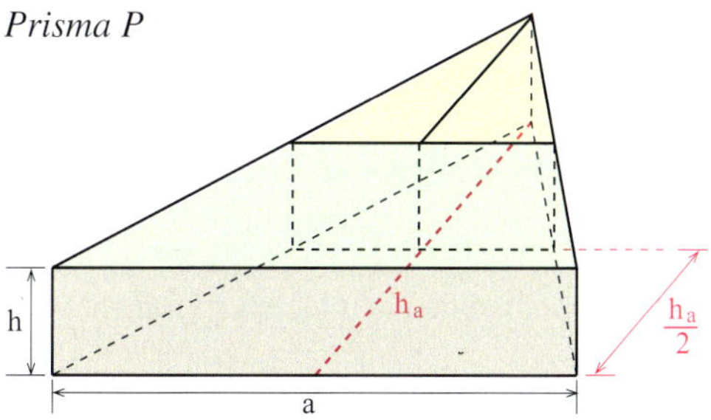

Quader Q

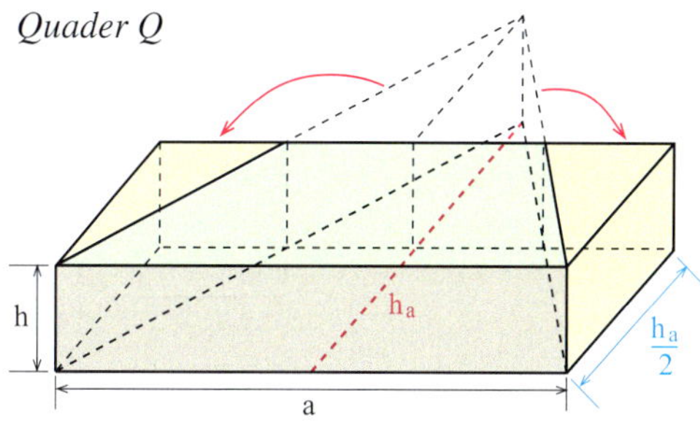

Das dreiseitige Prisma P hat dasselbe Volumen wie der entstandene Quader Q. Der Quader hat die Seitenlängen a, $\frac{h_a}{2}$ und h. Damit ergibt sich für das Volumen des Prismas:

$V_P = V_Q$

$V_P = a \cdot \frac{h_a}{2} \cdot h$

$V_P = 30\text{ m} \cdot \frac{40\text{ m}}{2} \cdot 6\text{ m}$

$V_P = 3\,600\text{ m}^3$

Ergebnis: Es müssen 3 600 m^3 Erde ausgebaggert werden.

Information

Die oben durchgeführte Zerlegung eines dreiseitigen Prismas ist stets möglich. Damit ergibt sich die Volumenformel:

$V = a \cdot \frac{h_a}{2} \cdot h$

Das Produkt der ersten beiden Faktoren ist gerade der Flächeninhalt G einer Grundfläche. Daher kann man das Volumen des dreiseitigen Prismas auch folgendermaßen angeben:

Für das **Volumen V eines dreiseitigen Prismas** mit dem Grundflächeninhalt G und der Höhe h gilt:

$\mathbf{V = G \cdot h}$

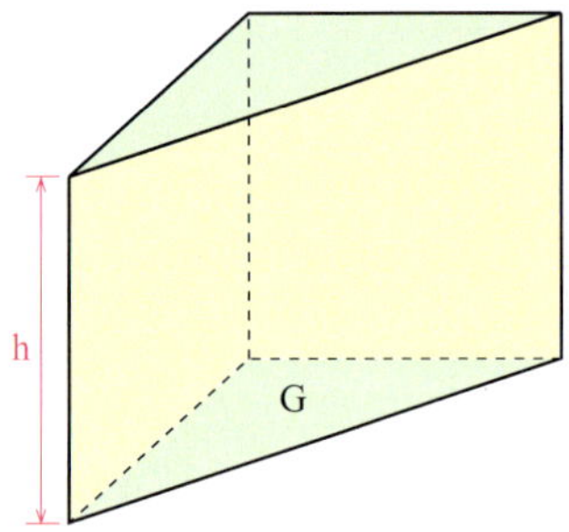

Statt Volumen sagt man auch Rauminhalt.

Weiterführende Aufgabe

Strategie: Zerlegen des Körpers

1. *Formel zur Volumenberechnung eines beliebigen Prismas*

a) Folgende Prismen haben alle die gleiche Höhe. Ferner liegen ihre Grundflächen in einem gemeinsamen Streifen.

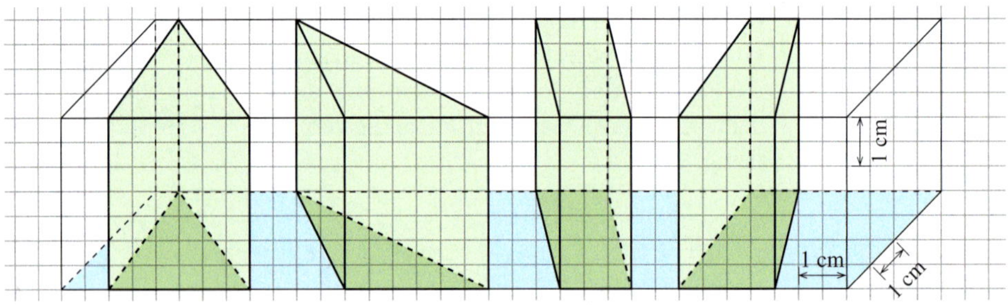

Berechne das Volumen der Prismen. Berechne auch jeweils die Größe der Grundfläche. Was fällt dir auf?

Prismen mit gleich großen Grundflächen und gleicher Höhe haben dasselbe Volumen.

b) Begründe: Ist die Grundfläche eines Prismas ein beliebiges Vieleck, so gilt für das Volumen des Prismas: $V = G \cdot h$.

Größe der Grundfläche mal Höhe

Statt Volumen sagt man auch Rauminhalt.

Für das **Volumen V eines Prismas** mit dem Grundflächeninhalt G und der Höhe h gilt:

$\mathbf{V = G \cdot h}$

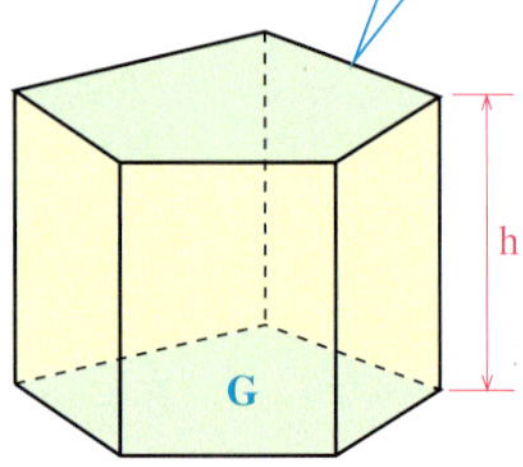

Übungsaufgaben

2. a) Durch einen Fehler einer Baufirma wurde die Baugrube in der Einführung (Seite 233) um 1,5 m zu tief ausgebaggert.
Wie viel Erde wurde zu viel ausgebaggert?

b) Die Höhe des Pavillons (ab Oberkante der Baugrube) beträgt 8 m.
Berechne den Bruttorauminhalt des ganzen Gebäudes.

Bruttorauminhalt (früher auch *Umbauter Raum*): Volumen eines Gebäudes

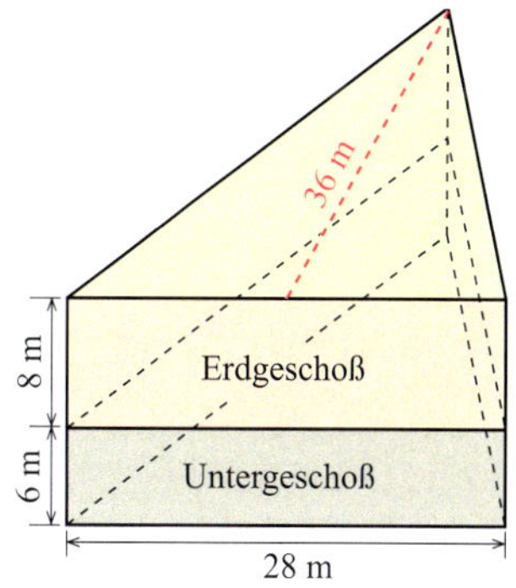

3. Berechne das Volumen des dreiseitigen Prismas.

	a)	b)	c)	d)	e)
Länge der Grundseite	6 cm	12,4 dm	27,3 m	8,7 dm	0,45 m
Höhe der Grundfläche	4 cm	8,6 dm	15,8 m	83 cm	3,8 dm
Höhe des Prismas	5 cm	5,3 dm	8,5 m	4,5 dm	47 cm

4. Ordnet die Prismen nach dem Volumen.

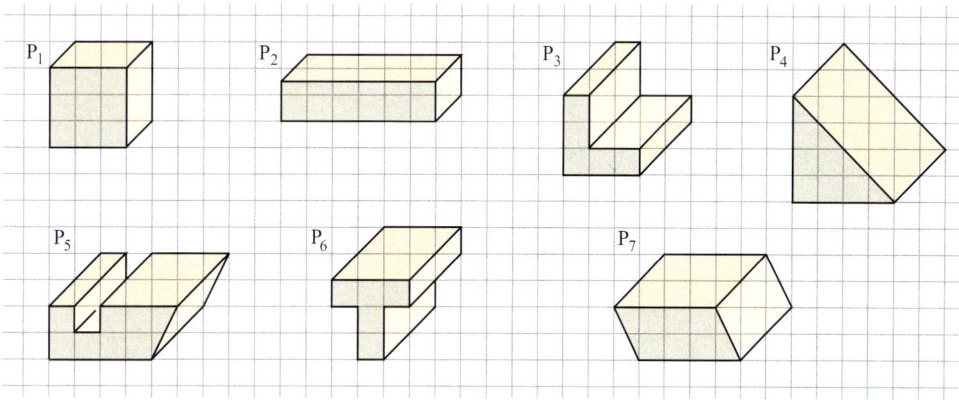

5. Der Flächeninhalt der Grundfläche eines Prismas beträgt 27,8 dm^2. Das Prisma hat das Volumen 180,7 dm^3. Wie hoch ist das Prisma?

6. Berechne das Volumen der Körper.

a)

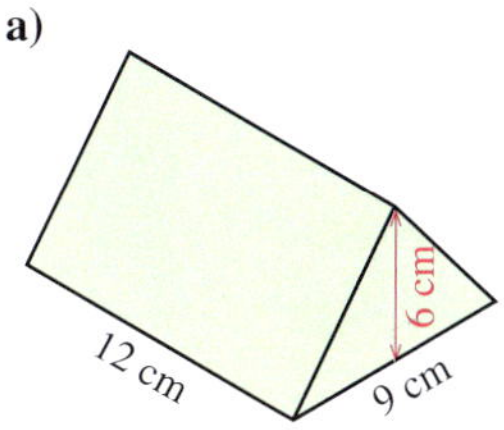

b)

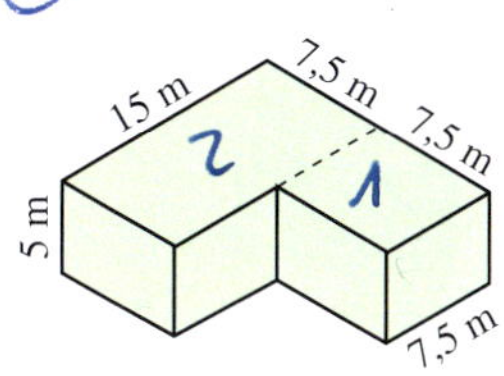

c)

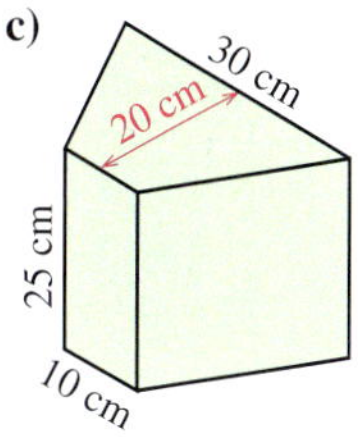

d)

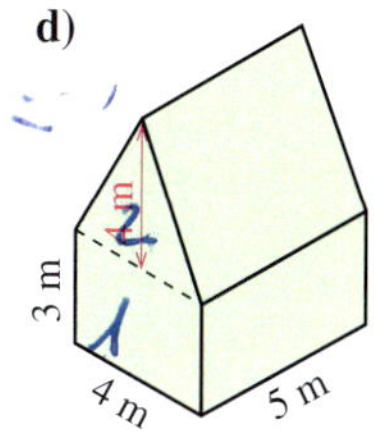

7. Wie verändert sich das Volumen eines Prismas, wenn man die Höhe verdoppelt [verdreifacht; halbiert] und die Größe der Grundfläche nicht verändert?

Vermischte Übungen

8. Die Körper sind oben offen. Wie viel Liter fasst der Körper? Wie viel Blech benötigt man für die Herstellung (Maße in cm)?

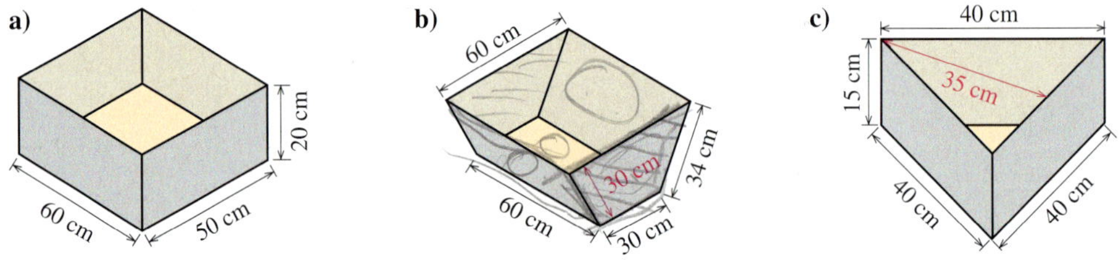

9. Ein Couchtisch hat eine Marmorplatte von 1,38 m Länge, 98 cm Breite und 3 cm Dicke. 1 cm^3 Marmor wiegt 2,7 g. Wie viel wiegt die Platte?

Bruttorauminhalt (früher auch *Umbauter Raum*): Volumen eines Gebäudes

10. Berechne die Größe des Bruttorauminhalts.

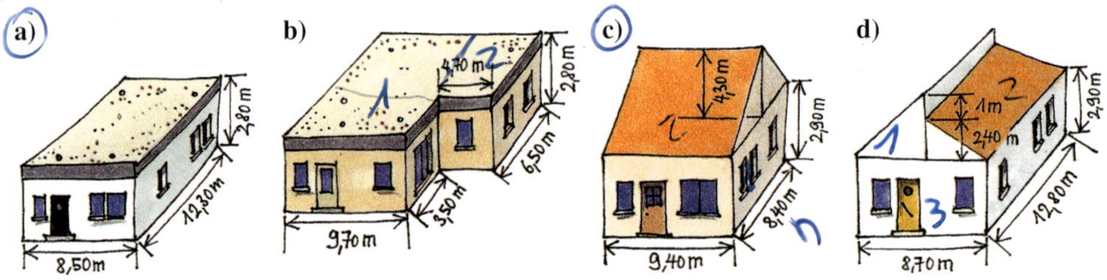

11. Berechne das Volumen und den Oberflächeninhalt des Körpers (Maße in cm).

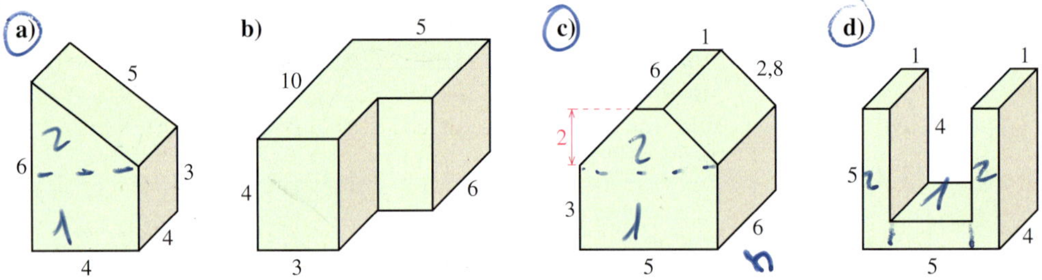

12. Parfüm, Badeöl, Cremes und ähnliche Kosmetikartikel werden in der Regel in Fläschchen oder Dosen verkauft, die zusätzlich in einer Schachtel aus Feinkarton verpackt sind. Dabei wird die Verpackung oft recht großzügig gestaltet. Berechne zu den Artikeln den Anteil des Volumens des Inhalts am Gesamtvolumen der Verpackung. Gib diesen Anteil auch in Prozent an.

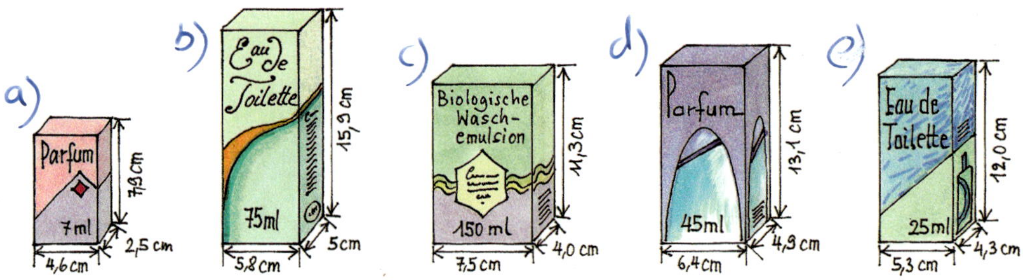

13. Sammelt Verpackungen von aufwändig verpackten Produkten. Berechnet, welchen Anteil der Inhalt an dem Gesamtvolumen der Verpackung einnimmt. Stellt die Ergebnisse in der Klasse aus.

Dichte von Metallen (in $\frac{g}{cm^3}$)	
Eisen	7,5
Kupfer	8,9
Silber	10,5
Zinn	7,3

14. Im Bild sind die Querschnitte von Eisenträgern gegeben (Maße in cm). Die Länge jedes Trägers beträgt 3,5 m.
Schätze zunächst: Welcher Eisenträger wiegt am wenigsten, welcher am meisten? Berechne anschließend genau.

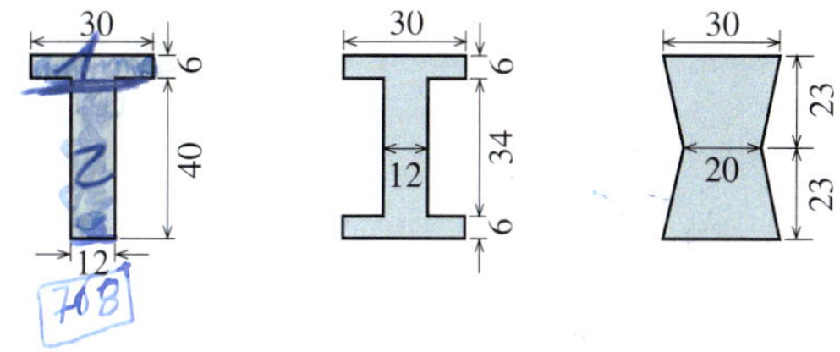

15. Berechne das Volumen, den Oberflächeninhalt und die gesamte Kantenlänge des Prismas (Maße in mm). Entnimm fehlende Kantenlängen oder Höhen aus einer Zeichnung. Zeichne ein Schrägbild des Prismas (Winkel: 45°, Verkürzung auf die Hälfte).

	a)	b)	c)	d)
Grundfläche	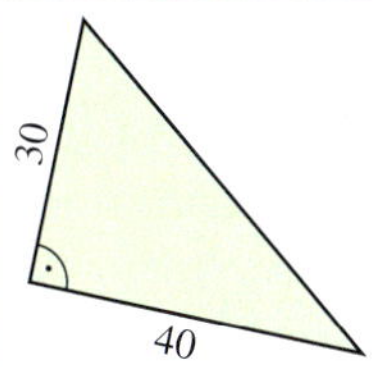	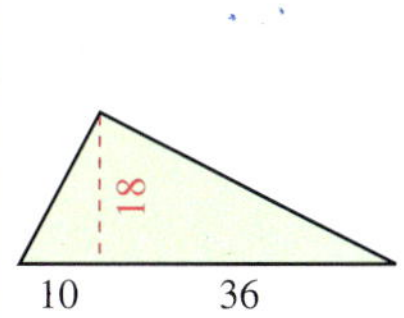	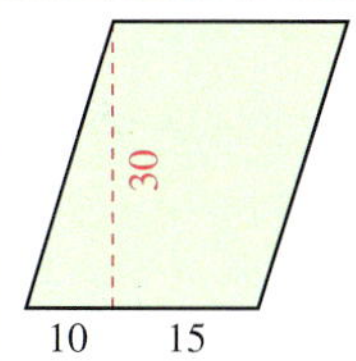	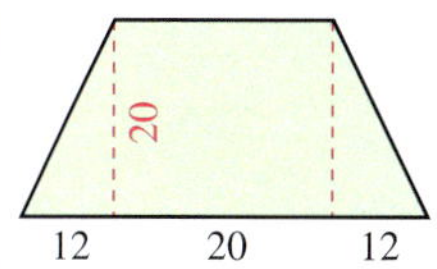
Höhe	32	25	35	36

16. **a)** Wie verändert sich der Oberflächeninhalt bzw. das Volumen eines Würfels, wenn man die Kantenlänge verdoppelt [die Kantenlänge verdreifacht]?

b) Wie verändert sich der Oberflächeninhalt eines Quaders bzw. das Volumen, wenn man die Länge jeder Kante verdoppelt [die Länge jeder Kante verdreifacht]?

c) Von einem dreiseitigen Prisma kennt man den Grundflächeninhalt $G = 25\ cm^2$ und den Mantelflächeninhalt $M = 50\ cm^2$.
Wie verändert sich der Oberflächeninhalt, wenn man die Höhe verdoppelt [die Höhe verdreifacht]?

17. Das Werkstück besteht aus Grauguss (Angaben im Bild in cm). $1\ cm^3$ Grauguss wiegt 7,3 g. Wie viel wiegt das Werkstück?

a)

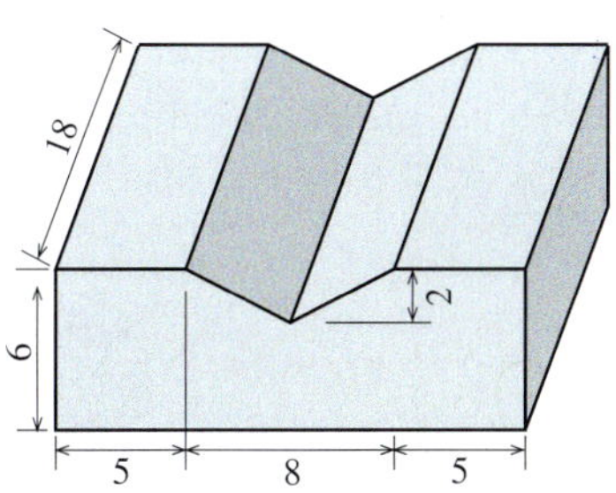

b)

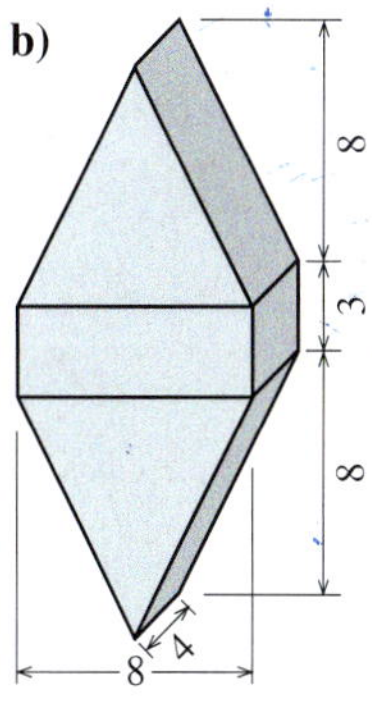

c)

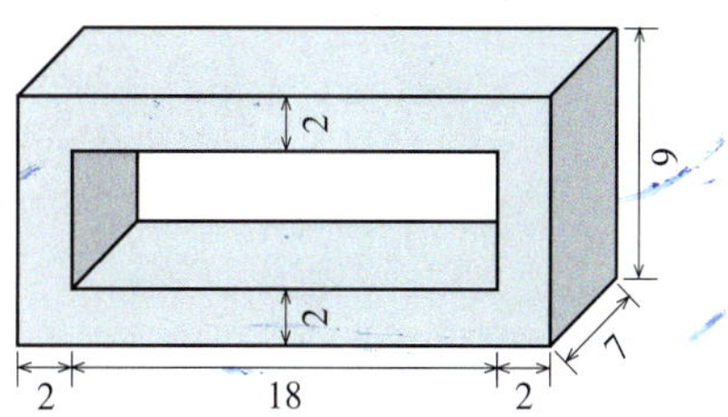

Erkundige dich nach den aktuellen Mehrwertsteuersätzen!

18. **a)** Wie viel Wasser wird für eine Füllung des Schwimmbeckens bis zum Rand benötigt?

b) Das Becken soll neu gefliest werden. Eine Firma berechnet pro m^2 Fliesen 44,90 €. Dazu kommt die Mehrwertsteuer.
Wie hoch ist der Rechnungsbetrag?

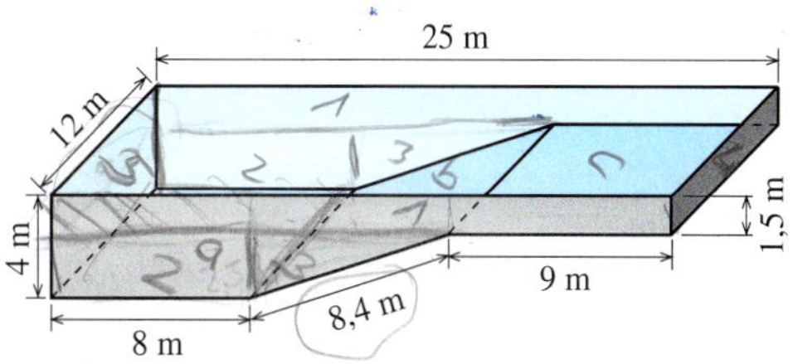

Auf den Punkt gebracht:
Arbeiten mit der Formelsammlung

Giebelfenster der Kunsthalle

Berechnung der Fensterfläche:

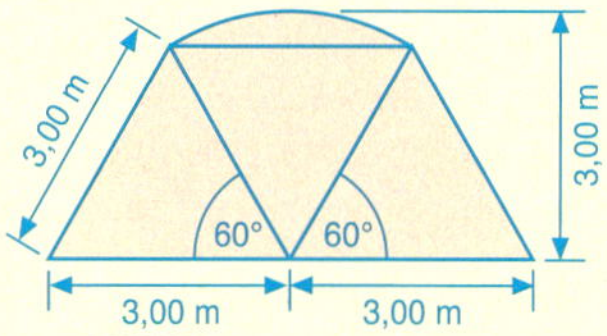

Dieses ist eine typische Aufgabe für vergessene oder nie gekannte Beziehungen. Um von einer Formelsammlung profitieren zu können, sollte man häufiger mit ihr gearbeitet haben und wissen, wie und wo man sich Informationen beschaffen kann. Nicht immer stimmen die benutzten Variablen für die Bezeichnungen der Skizzen mit denen aus dem Unterricht überein. Nicht einmal die unterschiedlichen Formelsammlungen sind gleich in ihren Figuren, Bezeichnungen und Begriffen.

Dreieck

$A = \frac{1}{2} g h$

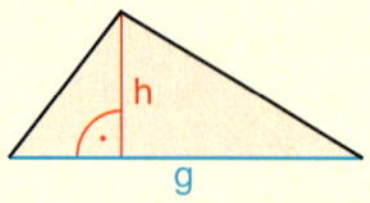

Gleichseitiges Dreieck

$u = 3 \cdot a$ $h = \frac{a}{2}\sqrt{3}$

$A = \frac{a^2}{4}\sqrt{3}$

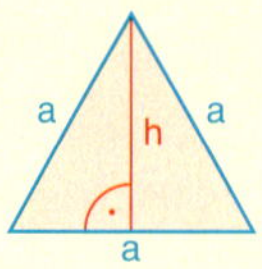

Quadrat

(4 Symmetrieachsen, Diagonalen orthogonal zueinander und gleich lang)

$u = 4a$ $d = a\sqrt{2}$

$A = a^2$

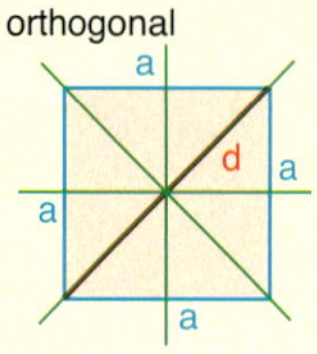

Rechteck

(2 Symmetrieachsen, Diagonalen gleich lang)

$u = 2(a + b)$ $d = \sqrt{a^2 + b^2}$

$A = a b$

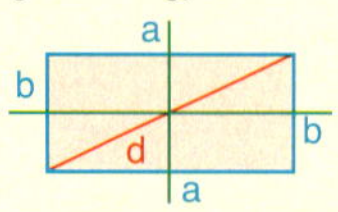

Kreis

$d = 2r$ $A = \pi r^2$

$u = 2\pi r$
$= \pi \cdot d$

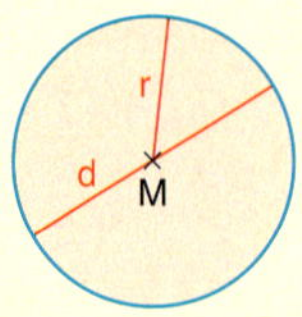

Kreisring

$A = \pi r_a^2 - \pi r_i^2$

$= \pi (r_a^2 - r^2)_i$

$= \pi (r_a + r_i)(r_a - r_i)$

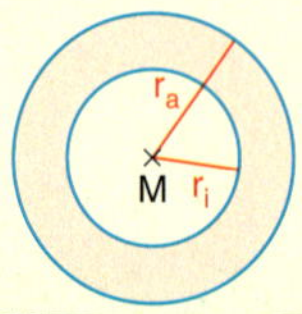

Raute

(2 Symmetrieachsen, Diagonalen orthogonal zueinander)

$u = 4a$ $e^2 + f^2 = 4a^2$

$A = \frac{1}{2} e f$

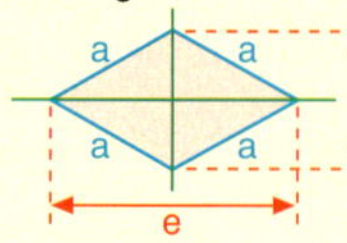

Parallelogramm

(punktsymmetrisch, Diagonalen halbieren sich gegenseitig)

$u = 2(a + b)$

$A = a h_a = b h_b$

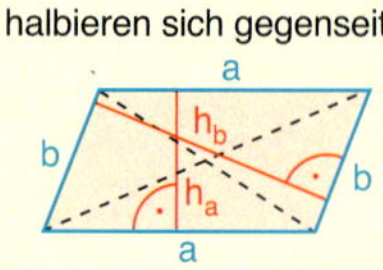

Drachen

(1 Symmetrieachse, Diagonalen orthogonal zueinander)

$u = 2(a + b)$

$A = \frac{1}{2} ef$

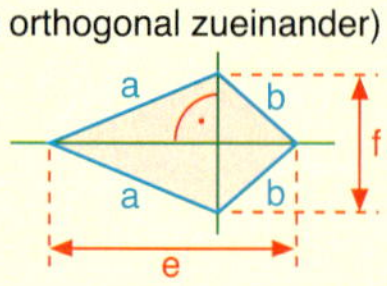

Trapez

Grundseiten: a II c

$u = a + b + c + d$

$A = m h$

$m = \frac{1}{2}(a + c)$

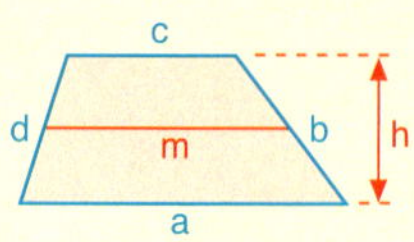

Kreissektor

$b_\alpha = \frac{\pi r \alpha}{180°}$ $A_\alpha = \frac{\pi r^2 \alpha}{360°}$

$A_\alpha = b_\alpha \cdot \frac{r}{2}$

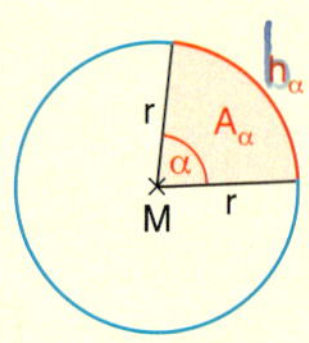

Kreisabschnitt

$A = \frac{b_\alpha \cdot r - s(r - h)}{2}$

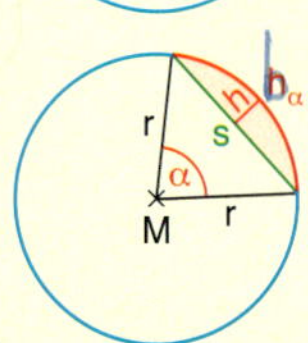

Verwirrend ist auch das Angebot an Formeln. Hier gilt es immer, entsprechend den bekannten Größen geschickt auszuwählen. Aber auch hier gibt es manchmal noch verschiedene Möglichkeiten. Diese können dann zu Lösungsansätzen führen, die sich im Schwierigkeitsgrad sehr unterscheiden. Darum ist es wichtig, dass du einige grundsätzliche Regeln zum sinnvollen Gebrauch einer Formelsammlung beachtest.

Regeln beim Verwenden einer Formelsammlung

Sieh dir neue Formeln in der Formelsammlung an,

- damit du weißt, wo was zu finden ist,
- damit du dich an die Formulierungen gewöhnst,
- damit du die Grafiken verstehst,
- damit du nachfragen kannst, wenn du eine Formel nicht verstehst.

Benutze die Formelsammlung also regelmäßig, dann ist sie dir eine große Hilfe als Nachschlagewerk.

1. Berechne mithilfe des Ausschnittes aus einer Formelsammlung die Fläche des Giebelfensters der Kunsthalle.

2. Bestimme das Fassungsvermögen des oktogonalen Glases links. Die Seiten der achteckigen Grundfläche sind 2,5 cm lang. Das Glas ist 12,5 cm hoch.

3. In den letzten Jahrzehnten sind die Deiche an der Nordsee vergrößert worden.
Im Jahr 1950 war die Deichkrone 3,00 m breit bei einer Deichhöhe von 5,90 m und einer unteren Breite von 56,10 m. Bis zum Jahr 1980 wurde der Deich auf 6,10 m erhöht, die Deichkrone blieb 3,00 m; die Breite wurde auf 57,90 m vergrößert.
Berechne, wie viel Erde pro km Deich für die Deicherhöhung aufgeschüttet werden musste.

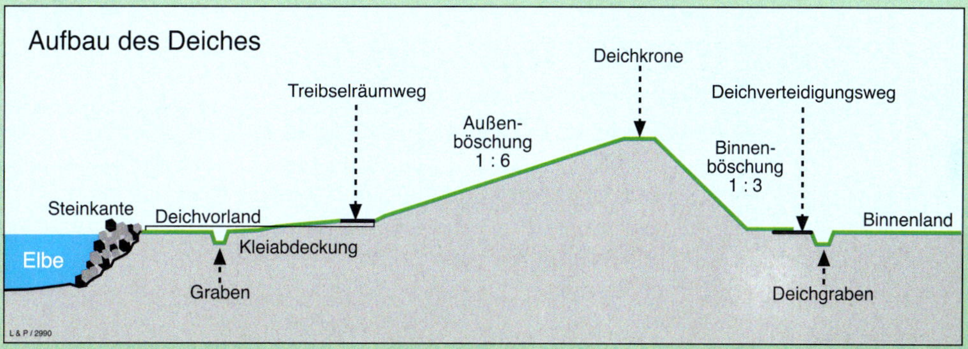

4. Ein Schoko-Konfekt soll in einer besonderen Verpackung verkauft werden. Die Grundfläche der Schachtel ist ein regelmäßiges Fünfeck.
Berechne das Volumen und den Materialbedarf der Schachtel.

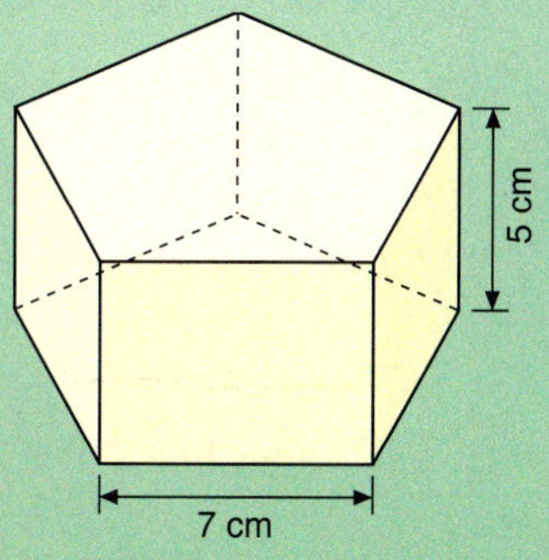

6.7 Zylinder – Netz und Oberflächeninhalt

Einstieg

Poster werden zum Versand in zylinderförmigen Rollen verpackt. Der Durchmesser der Grundfläche ist 5,2 cm und die Höhe beträgt 52,0 cm.
Wie viel Pappe wird zur Herstellung einer Posterrolle benötigt?
Ihr könnt auch eine Rolle herstellen.

Information

Ein **Zylinder** ist ein Körper, dessen **Grundflächen** Kreisflächen sind, die parallel und kongruent zueinander sind.
Die **Mantelfläche** eines Zylinders ist gewölbt. Der Abstand der beiden Grundflächen ist die **Höhe** des Zylinders.

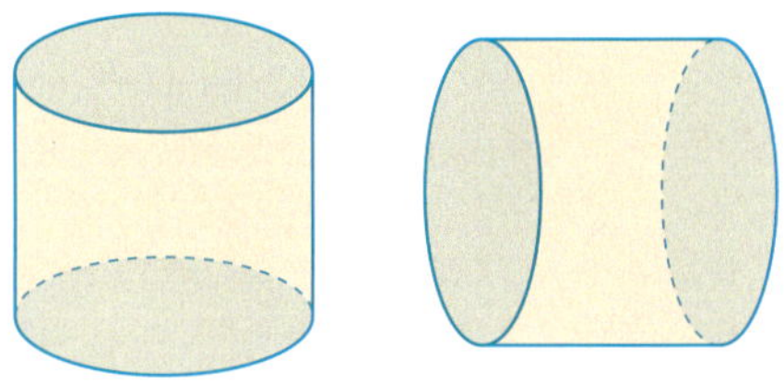

Aufgabe 1

Zur Verpackung von Lebkuchen benutzt eine Firma auch zylinderförmige Blechdosen (Maße im Bild).

a) Es soll ein Papiermodell hergestellt werden. Fertige dazu ein Netz des Zylinders an.

b) Berechne den Materialbedarf (ohne Verschnitt); stelle zunächst eine Formel auf.

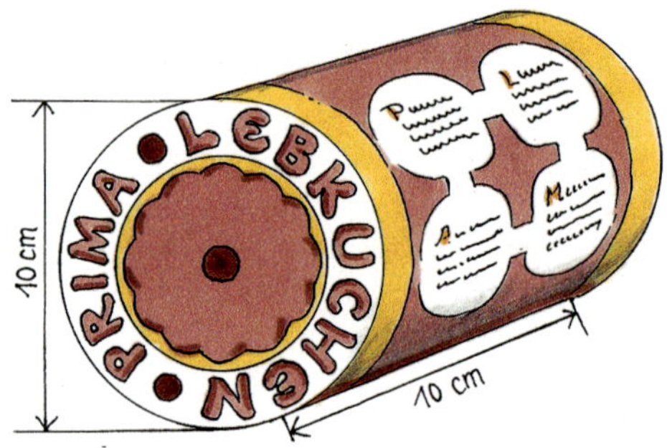

Lösung

Die Dose hat die Form eines Zylinders.

a) Wenn man die Mantelfläche des Zylinders in die Ebene abwickelt, erhält man ein Rechteck. Das Netz des Zylinders besteht aus dem Rechteck und den beiden kreisförmigen Grundflächen.

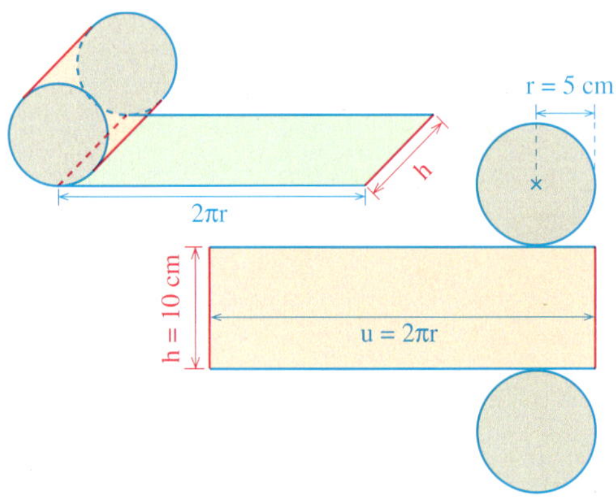

b) (1) *Mantelflächeninhalt*

$M = u \cdot h = 2\pi r \cdot h$
$M = 2\pi \cdot 5\text{ cm} \cdot 10\text{ cm}$
$M \approx 314{,}2\text{ cm}^2$

(2) *Grundflächeninhalt*

$G = \pi r^2$
$G = \pi \cdot (5\text{ cm})^2$
$G \approx 78{,}5\text{ cm}^2$

(3) *Oberflächeninhalt*

$O = 2 \cdot G + M$
$O \approx 2 \cdot 78{,}5\text{ cm}^2 + 314{,}2\text{ cm}^2$
$O \approx 471{,}2\text{ cm}^2$

Ergebnis: Man benötigt ungefähr 472 cm² Blech.

Information

Satz

Für den **Oberflächeninhalt O eines Zylinders** mit dem Grundflächeninhalt G, dem Mantelflächeninhalt M, dem Umfang u der Grundfläche und der Höhe h gilt:

$\mathbf{O = 2G + M}$ bzw. $\mathbf{O = 2G + u \cdot h}$

Bezeichnet r den Radius bzw. d den Durchmesser des Grundkreises des Zylinders, so gilt insbesondere:

$\mathbf{O = 2\pi r^2 + 2\pi r \cdot h}$ bzw. $\mathbf{O = \frac{\pi}{2} d^2 + \pi d \cdot h}$

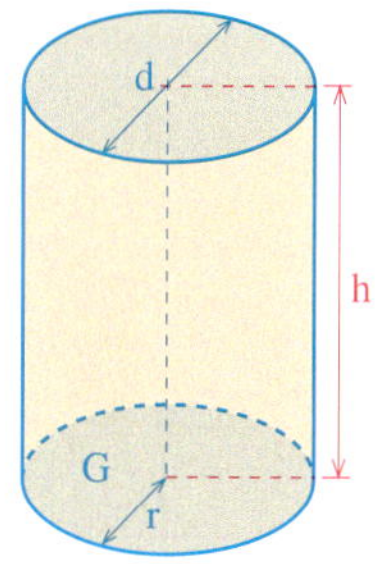

Weiterführende Aufgabe

2. *Weitere Formeln zur Oberflächenberechnung eines Zylinders*

In Formelsammlungen findet man für den Oberflächeninhalt eines Zylinders häufig auch nebenstehende Formeln.
Begründe diese Formeln.

Formelsammlung

Zylinder

$O = 2\pi r \cdot (r + h)$

$O = \frac{\pi}{2} d \cdot (d + 2h)$

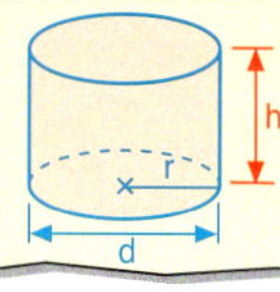

Übungsaufgaben

3. Berechne den Mantelflächeninhalt und den Oberflächeninhalt des Zylinders.

a) r = 21,3 cm; h = 15,7 cm
b) d = 12,6 cm; h = 4,9 cm
c) d = 3,7 dm; h = 64 cm
d) d = 3,7 cm; h = 14 m
e) r = 9,4 cm; h = d

4. Sucht Gegenstände aus eurer Umwelt, die zylinderförmig sind. Gestaltet damit ein Plakat für den Klassenraum.

5. Ein zylindrischer Behälter aus Stahlblech ist oben offen. Er hat einen Durchmesser von 1,40 m und eine Höhe von 2,50 m. 1 m^2 Stahlblech wiegt 36,5 kg. Wie viel wiegt der leere Behälter?

6. Ein Zylinder hat den Radius r = 6,5 cm. Der Oberflächeninhalt beträgt O = 551,35 cm^2.
Wie hoch ist der Zylinder?

7. **a)** Ein Zylinder hat eine Höhe von 20 cm und einen Radius von 20 cm. Wie viel Prozent des Oberflächeninhalts entfallen auf den Grundflächeninhalt?

b) Untersuche, ob das Ergebnis von Teilaufgabe a) bei allen Zylindern gültig ist, bei denen Radius r und Höhe h übereinstimmen? Begründe deine Aussage.

8. Ein Zylinder hat einen Oberflächeninhalt von 1 dm^2.

a) Berechne seinen Radius, wenn seine Höhe 0,5 cm beträgt.

b) Berechne seine Höhe, wenn sein Durchmesser 0,5 cm beträgt.

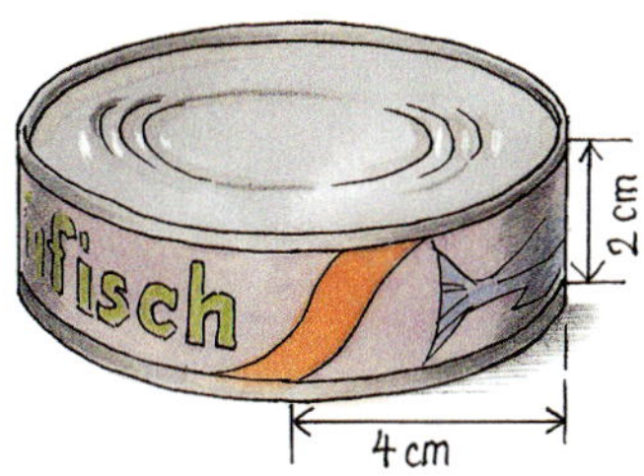

9. **a)** Vergleiche die Größe der rundherum aufgeklebten Etiketten.

b) Vergleiche den Materialverbrauch für beide Konservendosen.

c) Verändere entweder Radius oder Höhe so, dass beide Dosen gleichen Materialverbrauch haben.

6.8 Schrägbild des Zylinders *Zum Selbstlernen*

Ziel

Schrägbilder von Prismen kannst du schon zeichnen. Hier lernst du, wie man das Schrägbild eines Zylinders zeichnet.

Zum Erarbeiten

Schrägbild mit dem Verzerrungswinkel 45°

A *Gegeben ist ein 3 cm hoher Zylinder. Der Radius der Grundfläche beträgt 2 cm. Zeichne ein Schrägbild des Zylinders mit dem Verzerrungswinkel 45° und dem Verkürzungsfaktor $\frac{1}{2}$. Zeichne geeignete Tiefenstrecken ein.*

Zeichne zunächst einen Kreis mit dem Radius 2 cm. Zeichne geeignete Tiefenstrecken (rot) ein.

Zeichne den parallel zur Vorderseite verlaufenden Durchmesser (blau) unverkürzt sowie die Tiefenstrecken (rot) unter einem Winkel von 45° und auf die Hälfte verkürzt.

Zeichne senkrecht nach oben verlaufende Strecken unverkürzt. Ergänze die Deckfläche. Verdeckte Kanten werden gestrichelt gezeichnet.

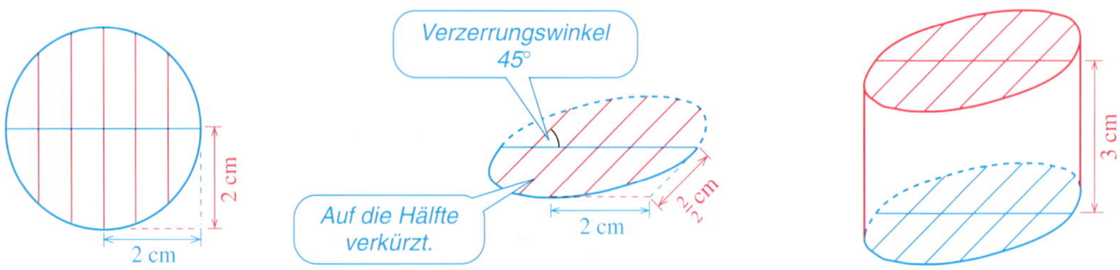

Zum Üben

1. Zeichne ein Schrägbild eines Zylinders mit Radius 4 cm und Höhe 7 cm mit dem Verzerrungswinkel 45° und dem Verkürzungsfaktor $\frac{1}{2}$.

2. Für das Schrägbild eines Zylinders wählt man oft als Verzerrungswinkel 90°, weil dadurch das Zeichnen erleichtert wird.
Zeichne ein Schrägbild des Zylinders aus Aufgabe 1 mit dem Verzerrungswinkel 90° und dem Verkürzungsfaktor $\frac{1}{2}$.

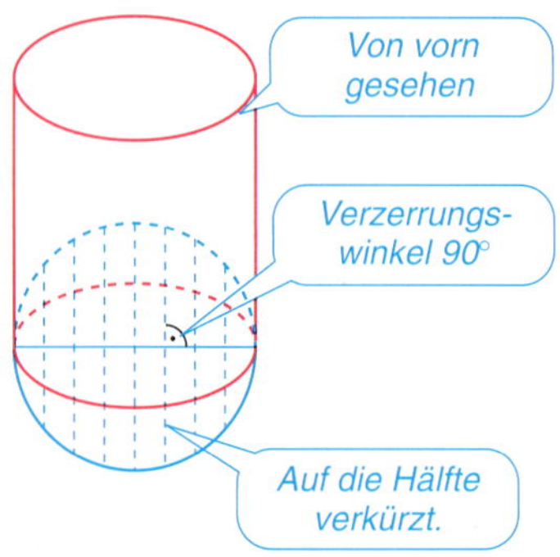

3. In Aufgabe 1 steht der Zylinder auf einer Grundfläche. Zylinder werden aber häufig auch liegend dargestellt. Man sieht dann die Grundfläche von vorn und es ist einfacher das Schrägbild zu zeichnen.
Zeichne den Zylinder aus Aufgabe 1 liegend.

4. Die Abbildung zeigt die Grundfläche eines Werkstücks, das aus einem Zylinder mit der Höhe h = 4 cm hergestellt wurde.
Zeichne ein Schrägbild des Werkstücks.

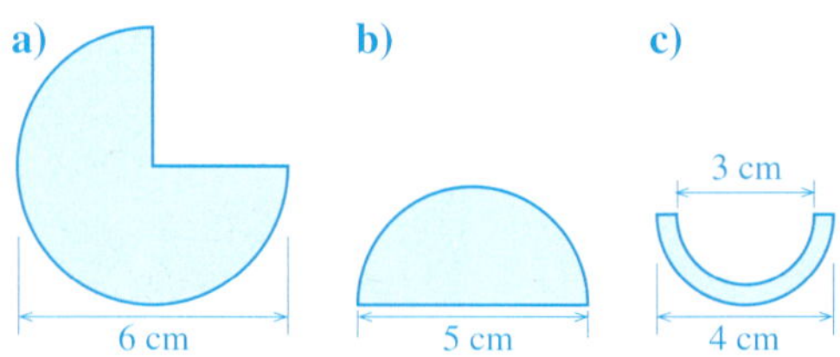

Zum Selbstlernen

6.9 Volumen eines Zylinders

Einstieg

Mithilfe der beiden Fotos mit den Schmelzkäse-Ecken könnt ihr eine Formel für das Volumen eines Zylinders ermitteln. Beschreibt die unterschiedlichen Anordnungen. Stellt euch dann auch noch eine Unterteilung des Zylinders in mehr schmalere Käse-Ecken vor.

Aufgabe 1

Eine zylinderförmige Konservendose hat den Radius r = 5 cm und die Höhe h = 11,5 cm.

a) Begründe, dass für das Volumen des Zylinders gilt:
$V_Z = G \cdot h$,
also $V_Z = \pi r^2 \cdot h$.

b) Berechne das Volumen der Dose.

Lösung

a) Den Flächeninhalt A_K einer Kreisfläche kann man mithilfe von einbeschriebenen bzw. umbeschriebenen regelmäßigen n-Ecken bestimmen. Als Formel für den Inhalt des Kreises kennst du: $A_K = \pi r^2$.
Ist die Kreisfläche die Grundfläche eines Zylinders Z, so kannst du jedes der n-Ecke als Grundfläche eines einbeschriebenen Prismas P_1 bzw. eines umbeschriebenen Prismas P_2 betrachten.

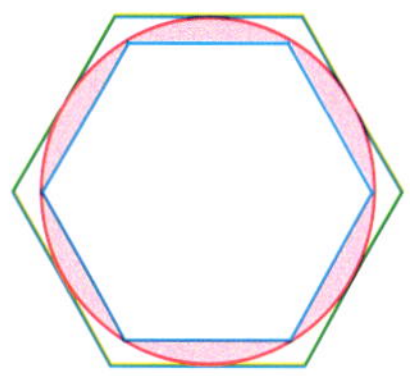

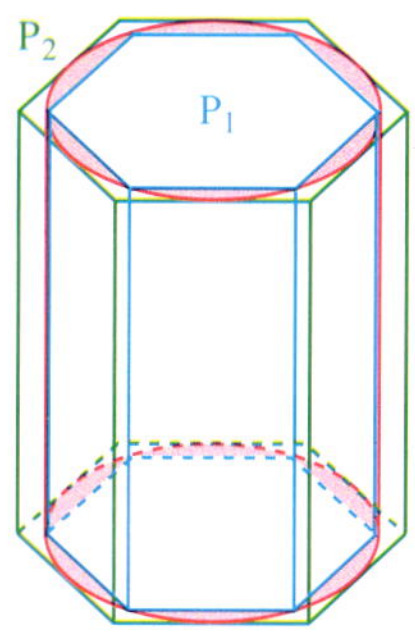

Es gilt: $V_{P_1} < V_Z < V_{P_2}$.
Das Volumen der Prismen kann man mit der Formel $V_P = G \cdot h$ berechnen. Diese Formel gilt auch, wenn die Eckenzahl n beliebig wächst. Mit wachsendem n nähert sich der Flächeninhalt G der n-Ecke beliebig genau dem Kreisflächeninhalt A_K, das Volumen des Prismas nähert sich beliebig genau dem Volumen des Zylinders.
Somit muss auch für den Zylinder gelten:
$V_Z = G \cdot h = \pi r^2 \cdot h$.

b) $V = \pi r^2 \cdot h = \pi \cdot (5\text{ cm})^2 \cdot 11{,}5\text{ cm}$
$= \pi \cdot 287{,}5\text{ cm}^3$
$\approx 903\text{ cm}^3$

Ergebnis: Die Konservendose hat ein Volumen von ungefähr 903 cm^3.

Information

Satz

Für das **Volumen V eines Zylinders** mit dem Grundflächeninhalt G und der Höhe h gilt:

$\mathbf{V = G \cdot h}$

Bezeichnet r den Radius bzw. d den Durchmesser des Grundkreises des Zylinders, so gilt insbesondere:

$\mathbf{V = \pi r^2 \cdot h}$ bzw. $\mathbf{V = \frac{\pi}{4} d^2 \cdot h}$

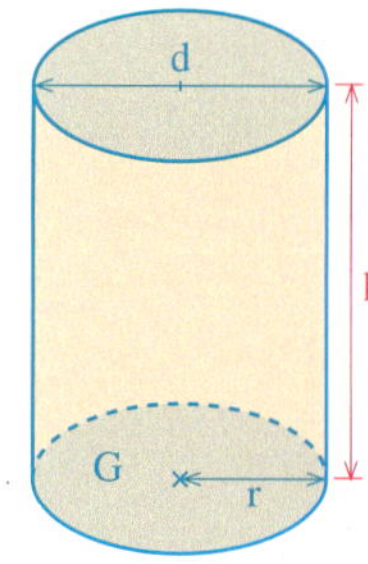

Weiterführende Aufgabe

2. *Volumen eines Hohlzylinders*

Ein Eisenring hat die Form eines Hohlzylinders.

a) Berechne das Volumen des Ringes für $r_1 = 19$ cm; $r_2 = 23$ cm und h = 8 cm.

b) Begründe die Formel aus der Formelsammlung für das Volumen eines Hohlzylinders.

Formelsammlung

Hohlzylinder

$V = \pi \cdot (r_2^2 - r_1^2) \cdot h$

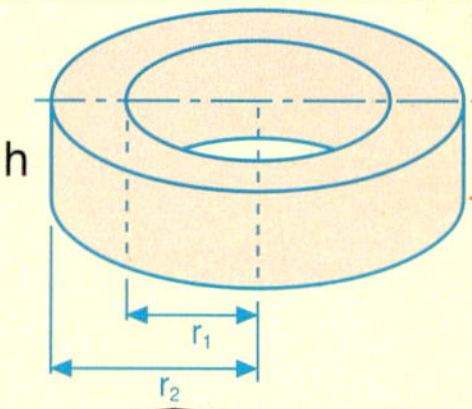

Übungsaufgaben

3. Berechne das Volumen des Zylinders.

a) r = 17,2 cm; h = 23,8 cm
b) d = 8,2 cm; h = 11,2 cm
c) r = 25 mm; h = 7,2 m
d) d = 4,8 dm; $h = 2 \cdot d$
e) h = 35 cm; $r = 3 \cdot h$

4. Wie schwer ist ein 100 m langer Kupferdraht mit dem Durchmesser 1 mm?

Dichte-Tabelle (in $\frac{g}{cm^3}$)

Kupfer	8,9
Eisen	7,85
Gusseisen	7,3
Dieselöl	0,94

5. Jeder Rundstahl einer bestimmten Sorte ist 4,70 m lang und hat einen Durchmesser von 12 mm. Wie viel wiegt ein Bund mit 20 Stück?

6. Der Durchmesser eines 1,40 m langen Fasses für Dieselöl beträgt 90 cm (Innenmaße). Das leere Fass wiegt 26 kg. Wie viel wiegt das Dieselölfass, wenn es halb gefüllt ist?

7. a) Wie viel wiegt das im Bild dargestellte Rohr aus Gusseisen (Maße in mm)?

b) Wie viel wiegt das Rohr, wenn es vollständig mit Wasser gefüllt ist?

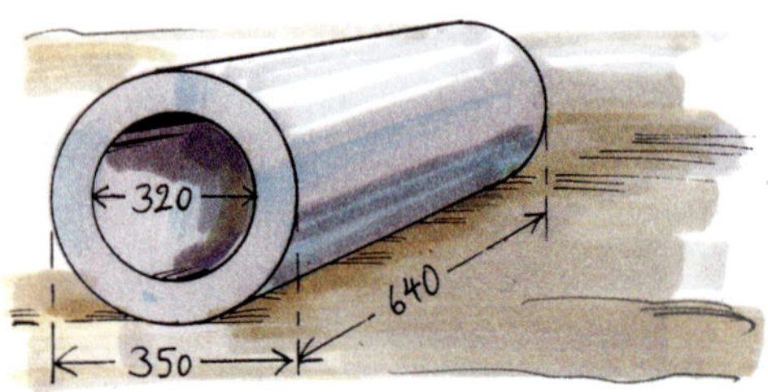

8. Kosmetik wird oft aufwändig verpackt. Welche Verpackung übertreibt am meisten?

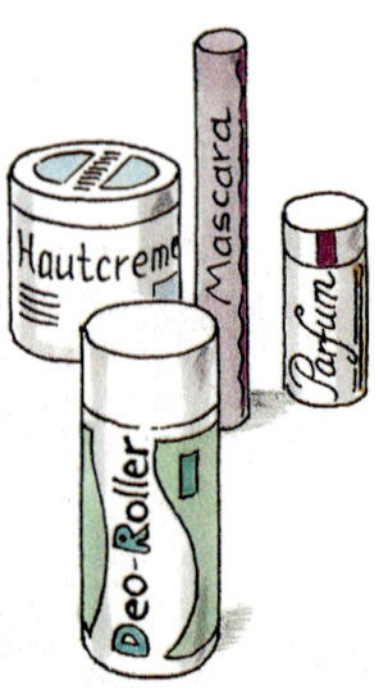

Artikel	Durchmesser	Höhe	Inhaltsangabe
Hautcreme	5,5 cm	5,0 cm	50 ml
Deo-Roller	3,5 cm	10,0 cm	50 ml
Mascara	1,4 cm	12,0 cm	10 ml
Parfüm	2,6 cm	5,4 cm	5 ml

9. Verschiedene zylinderförmige Verpackungen für Nougatkonfekt sollen alle das Volumen 150 cm³ haben. Stelle für die gesuchte Größe zunächst eine Formel auf; berechne dann.
Der Radius ist 1,5 cm [2 cm; 2,5 cm]. Wie hoch sind die Verpackungen?

10. Für integrierte Schaltungen in Computern werden extrem dünne Drähte verwandt. Ein solcher Draht hat einen Durchmesser von 0,01 mm.

a) Wie lang muss dieser Draht sein, damit er ein Volumen von 1 cm³ besitzt?

b) Der Draht besteht aus fast reinem Gold. 1 cm³ Gold wiegt 19,1 g.
Wie viel wiegt ein 1 m langer Draht?

11. **a)** Janice hat Formeln zum Zylinder umgeformt. Kontrolliere.

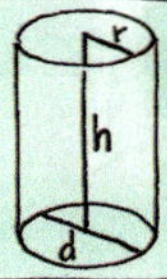

$O = \pi r^2 h$
$= \pi \frac{d}{2} h$
$= \frac{\pi d h}{2}$

$V = \pi r^2 h$
$\sqrt{V} = \pi r h$
$r = \frac{\sqrt{V}}{\pi h}$

$O = 2\pi r^2 \cdot 2\pi r h$
$= 4\pi r^3 h$

b) Erstellt selbst eine Zusammenstellung der Formeln beim Zylinder. Denkt dabei beispielsweise an eine Plakatwand, eine Lernkarte zur nächsten Klassenarbeit oder eine Mind-map.

12. **a)** Wie verändert sich das Volumen des Zylinders, wenn man den Radius verdoppelt [verdreifacht] und die Höhe unverändert bleibt?

b) Wie verändert sich das Volumen eines Zylinders, wenn man den Radius verdoppelt und die Höhe halbiert?

c) Stellt euch Fragen und untersucht die Veränderung des Volumens.

Vermischte Übungen

1 Zoll
1" = 25,4 mm

13. Der Flachkollektor einer Solaranlage enthält ein Kupferrohr mit 20 m Länge und einem Innendurchmesser von $\frac{3}{4}$ Zoll. In diesem Rohr wird Wasser erwärmt. Wie viel Liter Wasser können im Flachkollektor gleichzeitig erwärmt werden?

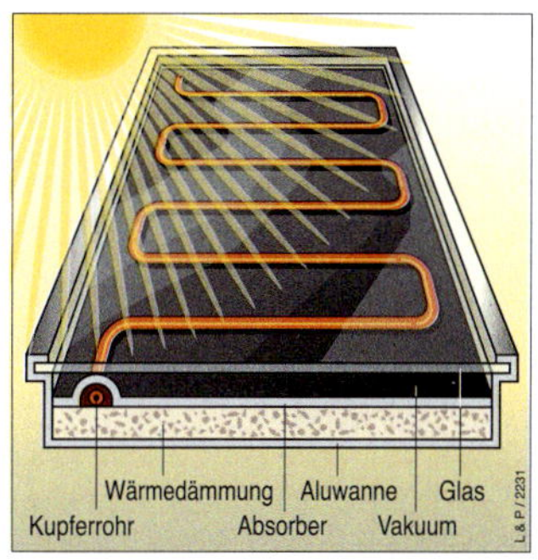

14. In einen zylinderförmigen Blechbehälter mit dem Durchmesser 60 cm und der Höhe 1 m werden 50 *l* Wasser eingefüllt.

a) Wie viel Blech benötigt man für die Herstellung des Behälters (ohne Deckel und ohne Verschnitt)?

b) Wie viel Prozent des Behälters sind gefüllt?

c) In den Behälter werden weitere 30 *l* Wasser eingefüllt. Um wie viel wird er schwerer?

d) In dem Behälter steht das Wasser 20 cm unter dem Rand. Wie viele 10-*l*-Gießkannen können mit dem Wasser gefüllt werden?

15. Manche Bakterien wie die Erreger von Tuberkulose haben die Gestalt eines Zylinders. Der Durchmesser einer Bakterie beträgt 0,000094 mm und die Länge 0,00038 mm. Gib das Volumen und die Größe der Oberfläche der Bakterie an.

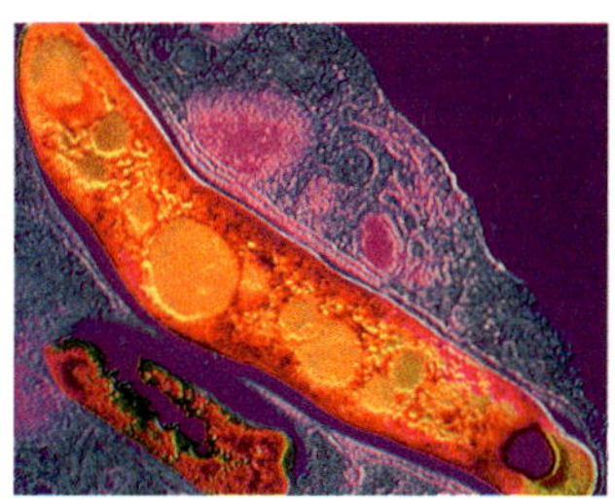

16. Eine Litfaßsäule hat den Durchmesser 1,30 m. Sie ist 3,20 m hoch. Der 50 cm hohe Sockel soll nicht beklebt werden. 1 m² Werbefläche kostet 99 € zuzüglich Mehrwertsteuer.

Dichtetabelle (in $\frac{g}{cm^3}$)

Buchenholz	0,7
Gold	19,1
Silber	10,5
Stahl	7,9

17. Eine über 100 Jahre alte Rotbuche musste gefällt werden. Der annähernd zylinderförmige Stamm war 25 m hoch und hatte einen Umfang von 4,5 m. Wie viele Lkw-Fahrten waren zum Abtransport des Stammes bei einer Tragfähigkeit von 6 t nötig?

18. Wie viel wiegt der abgebildete Ring, der zu 70 % aus Gold und zu 30 % aus Silber besteht?
Hinweis: Die Dichte der Gold-Silber-Legierung kannst du berechnen (siehe Tabelle).

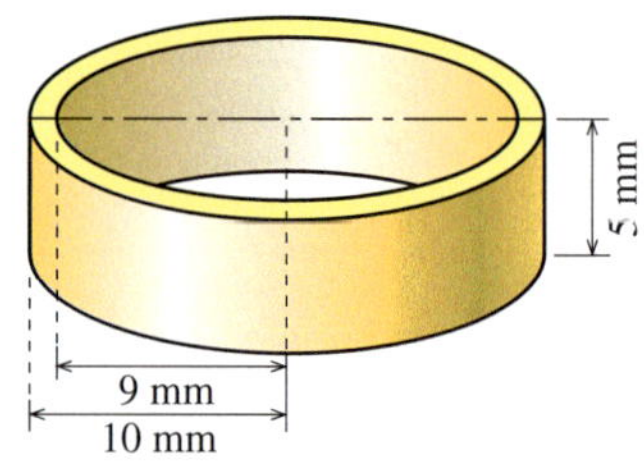

19. Zwei Zylinder haben ein Volumen von 1 dm^3. Zylinder 1 ist 0,5 cm hoch und Zylinder 2 hat einen Durchmesser von 0,5 cm. Vergleiche die Oberflächeninhalte.

20. Dem abgebildeten Längsschnitt bzw. Querschnitt kann man die Maße einer Welle aus Stahl entnehmen (Maße in mm).

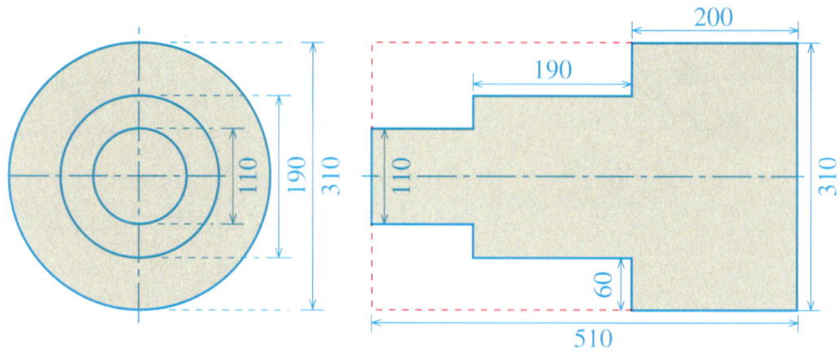

a) Wie schwer ist die Welle?

b) Wie viel Abfall entsteht, wenn die Welle aus einem Rundstahl gefräst wird?

c) Berechne die Größe der Oberfläche der Welle.

21. Deutschlands längste Autoröhre, der Rennsteigtunnel, besteht aus zwei getrennten Röhren, die annähernd die Form von Halbzylindern besitzen. Eine Röhre ist 7 920 m lang und in Höhe der Fahrbahn 9,50 m breit.

Verschalen
mit Brettern verkleiden

a) Wie viel Gestein musste etwa herausgebohrt werden? Welche Kantenlänge hätte ein Würfel mit dem gleichen Volumen?

b) Die Innenwände des Tunnels wurden verschalt. Wie groß war die zu verschalende Fläche?

22. Eine Konservenfabrik benötigt zylinderförmige Blechdosen mit dem Fassungsvermögen 850 ml, 425 ml und 314 ml.
Gib für jede Sorte zwei verschiedene Entwürfe an.
Entscheide dich für jeweils ein Modell und begründe deine Entscheidung.

23. Wie viel wiegt das Werkstück aus Stahl (Maße in mm)? 1 cm^3 Stahl wiegt 7,9 g.

a)
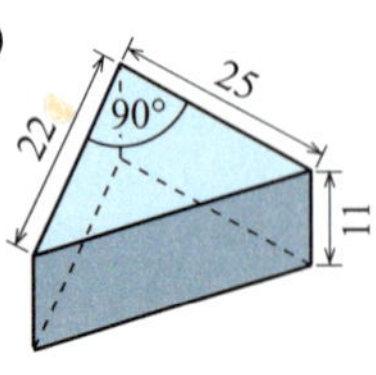

b)
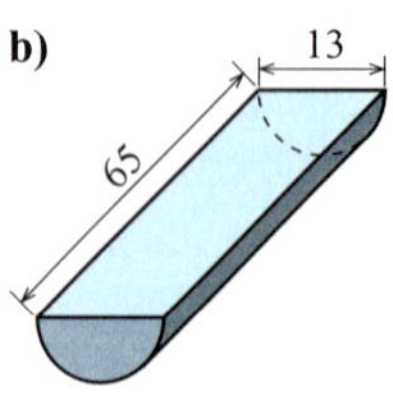

c)
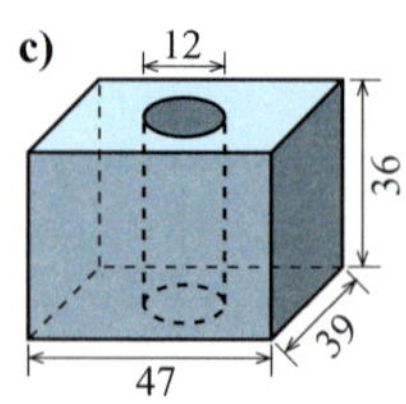

d)
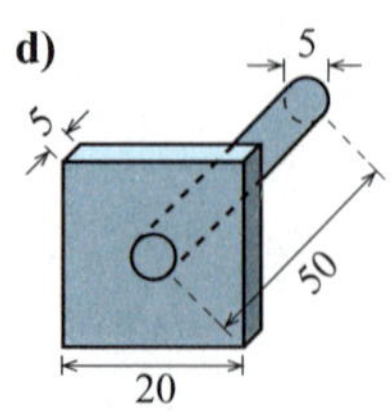

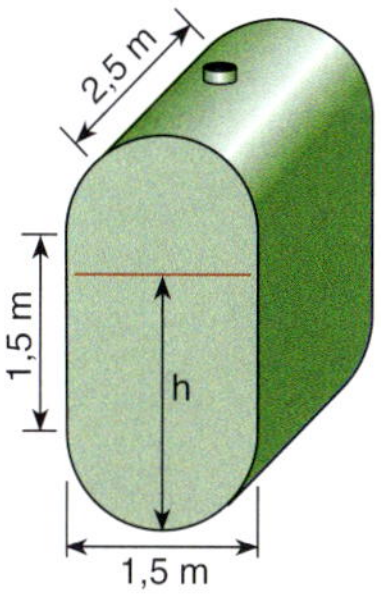

24. Lies die Zeitungsmeldung rechts. Formuliere selbst Aufgaben und rechne.

25. Der Öltank links ist zu $\frac{3}{4}$ gefüllt. Wie hoch steht das Öl im Tank?

Frühjahrsputz unter Wasser

2 Arbeitstage braucht ein Taucher, um die 5 cm dicken Glaswände des mit 32 000 *l* Meerwasser gefüllten Aquariums in Osterholz bei Bemen von innen zu reinigen.
Das zylinderförmige Meerwasser-Aquarium gehört mit 6,70 m Höhe und einem Durchmesser von 2,50 m zu den größten der Welt.

26. Formuliere selbst Aufgaben und berechne.

Tiefbohrung in der Oberpfalz

Für geowissenschaftliche Untersuchungen wurde in der Oberpfalz eine Tiefbohrung durchgeführt. Die Bohrarbeiten begannen mit einem Anfangsdurchmesser von 72 cm bis zu einer Tiefe von 300 m. Bis zu einer Tiefe von 3000 m wurde dann mit 44 cm Durchmesser gebohrt und bis 6000 m mit 37,5 cm. Bis zu einer Tiefe von 9100 m wurde mit einem Durchmesser von 31 cm weitergebohrt. 1 m³ Erde wiegt etwa 1,5 t.

27. Der Kerzenhalter im Bild rechts ist aus Messing (Maße in mm). 1 cm^3 Messing wiegt 8,6 g. Wie viel wiegt der Kerzenhalter?

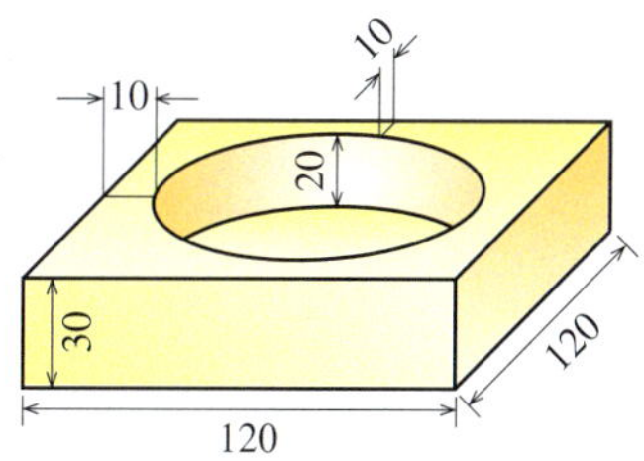

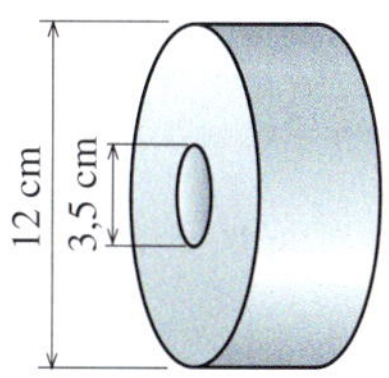

28. Der abgebildete Eisenring für eine Hantel soll 1,25 kg wiegen. Wie hoch muss er sein, wenn 1 cm^3 Eisen 7,9 g wiegt?

29. Schraubenlinien wirken sehr kompliziert. Auf den ersten Blick erscheint es schwer möglich, ihre Länge zu bestimmen.

a) Zeichne auf einem DIN-A4-Blatt eine Diagonale ein und bilde einen Zylinder. Beschreibe den Verlauf der Diagonalen am Zylinder (Bild (1)).

b) Stelle entsprechend einen Zylinder mit zweifach gewundener Schraubenlinie her (siehe Bild (2)).

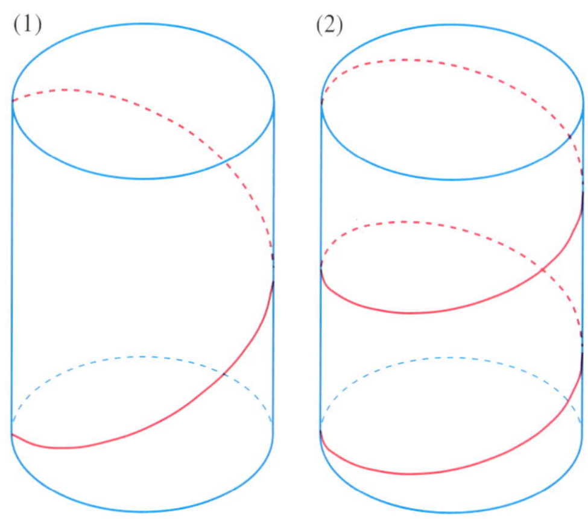

30. Eine Wendeltreppe hat einen Durchmesser von 2,50 m und eine Höhe von 9 m. Sie windet sich genau dreimal. Wie lang ist der Handlauf für das Treppengeländer?

Auf den Punkt gebracht: Modellieren

Konservendosen

sind heute aus dem Alltag als Verpackung für viele Lebensmittel nicht mehr weg zu denken. Eine solche Dose wird aus Weißblech hergestellt. Weißblech ist ein ca. 0,2 mm dünnes Blech, das zum Schutz vor Korrosion mit einer sehr dünnen Schicht Zinn (0,3 μm) versehen ist. Auf der Innenseite der Dose trägt das Blech zusätzlich noch einen Kunststoffüberzug, der eine chemische Reaktion des Metalls mit dem Doseninhalt verhindert.
Die Konservendose wurde 1810 von dem britischen Kaufmann Peter Durand erfunden. Die erste Konservenfabrik wurde 1813 von den Engländern Bryan Donkin und John Hall eröffnet. Sie versorgten die britische Armee mit Konserven. Die damals vergleichsweise dickwandigen Dosen wurden mit starken Messern, aber auch mit Hammer und Meißel oder einem Beil geöffnet. Ein spezielles Gerät zum Dosenöffnen, der Dosenöffner, wurde erst 1855 von Robert Yeates aus England erfunden.

Im Folgenden soll untersucht werden, wie viel Weißblech für die Herstellung einer 850-cm^3-Konservendose benötigt wird.

1. *Einfachstes Modell*

Wir betrachten die Konservendose als Zylinder.

a) Beschreibe anhand einer realen Dose, was bei dieser Betrachtung alles vernachlässigt wird.

b) Wir messen bei einer handelsüblichen 850-cm^3-Dose eine Höhe von $h_1 = 11{,}2$ cm und einen Kreis-Durchmesser von $d_1 = 10{,}0$ cm.
Berechne daraus das Volumen der Dose. Überlege, warum es zu einer Abweichung von dem vom Hersteller angegebenen Fassungsvermögen von 850 cm^3 kommt.

c) Welches Volumen ergibt sich, wenn wir oben und unten jeweils 3 mm für die Falzränder abziehen?

d) Berechne den Materialbedarf für die Dose als Oberflächeninhalt des Zylinders.

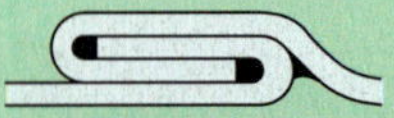

Schweißnaht des Dosenrumpfs

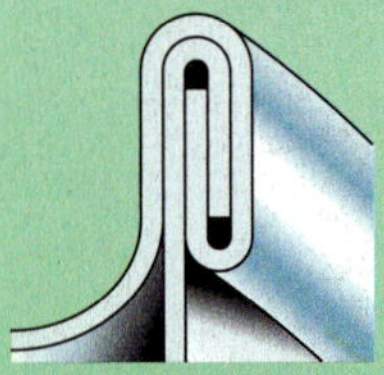

Versiegelungsnaht Dosenrumpf / Deckel

2. *Verbessertes Modell unter Berücksichtigung der Falze*

Der Mantel einer Dose (der so genannte Dosenrumpf) entsteht, indem ein rechteckiges Blechstück aus einem Stück Blech herausgestanzt wird. Dieses wird zunächst rundgebogen; dann werden die beiden gegenüberliegenden Kanten umgebogen und miteinander verschweißt.
Auch die beiden anderen Kanten des Dosenrumpfs werden umgebogen, damit sie mit dem Dosenboden und dem Dosendeckel verbunden werden können. Für Boden und Deckel werden also größere Kreisscheiben benötigt als man beim ersten Hinschauen vermutet: Boden und Deckel werden mit den Kanten des Dosenrumpfs gefalzt und dann zusammengepresst.

a) Begründe anhand der Abbildung, dass der Mehrbedarf an Material für den Dosenrumpf aufgrund der Schweißnaht mit der doppelten Falzbreite abgeschätzt werden kann.

b) Wie kann man den Mehrbedarf für die Falznaht am Dosendeckel und -boden abschätzen? Für den Radius des Deckels muss also auch die dreifache Falz berücksichtigt werden.

c) Wir messen, dass alle Falze 3 mm breit sind. Wie viel cm^2 Weißblech benötigt man tatsächlich, um die Konservendose (Dosenrumpf, Deckel und Boden) herzustellen?

d) Wie viel Prozent mehr sind dies im Vergleich zu unserem einfachen Modell?

3. *Weiter verbessertes Modell unter Berücksichtigung der Rillen*

Die Oberfläche der Dosen ist nicht glatt, sondern gerillt. Diese Querrillen dienen dazu, die Stabilität der Dosen zu erhöhen; ohne diese Rillen im Dosenrumpf und in Deckel und Boden müsste wesentlich dickeres Weißblech verwendet werden. Jede Rille vergrößert den Bereich mit Rillen jeweils um ca. 20 %.

a) Schätze, wie sich der Materialverbrauch für Deckel und Boden durch drei Rillen erhöht.

b) Schätze, wie sich der Materialverbrauch für den Dosenrumpf durch 15 Rillen erhöht.

c) Weißblech hat eine Dichte von ca. $7{,}3\,\frac{g}{cm^3}$. Berechne, wie viel Gramm Weißblech man insgesamt für die Herstellung einer 850 cm^3-Konservendose benötigt.

d) Kontrolliere die Rechnung durch Wiegen einer leeren Konservendose. Müssen Schätzwerte für den Mehrbedarf für die Rillen korrigiert werden?

Mathematisches Modellieren

Wir haben am Beispiel der Konservendose gesehen, wie man sich – ausgehend von der *idealen* geometrischen Form des Zylinders – schrittweise dem *realen* Objekt einer Konservendose „nähern“ kann. Aus gemessenen Werten konnten wir Volumina oder Flächeninhalte bestimmen und diese berechneten Werte mit den Vor-Informationen abgleichen. Erste einfache Annahmen über die Form wurden schrittweise präzisiert, um so abschließend zu einer realistischen Einschätzung des Materialverbrauchs zu kommen.

Prozess des mathematischen Modellierens

Anfangs versucht man, die Wirklichkeit mithilfe eines einfachen mathematischen Modells zu beschreiben. Rechnungen (also mathematische Operationen) geben Hinweise auf Abweichungen, die interpretiert werden müssen. Man wird so veranlasst, das ursprüngliche mathematische Modell abzuändern, aufgrund von neuen Berechnungen auch dieses gegebenenfalls wieder zu korrigieren, bis man schließlich eine befriedigende, für die Anwendung akzeptable Beschreibung der Realität gefunden hat.

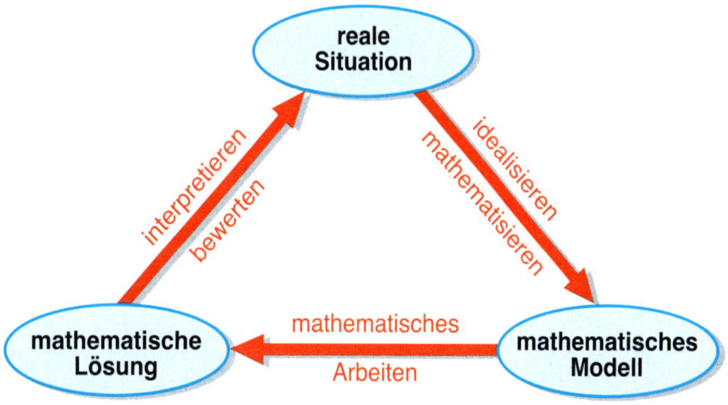

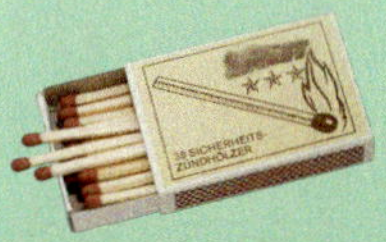

4. Betrachte die folgenden Verpackungen, die eine bekannte geometrische Form haben: Welcher Materialaufwand ist tatsächlich notwendig, um sie herzustellen? Notiere die Schritte, die schließlich zu einer angemessenen Beschreibung der Verpackung führen.

6.10 Aufgaben zur Vertiefung

1. Manche Container für Luftfracht sind im Gegensatz zu anderen Containern nicht quaderförmig. Damit der Laderaum eines Flugzeuges besser genutzt werden kann, sind diese Container abgeschrägt (Maße im Bild in m).

a) Wie viel Laderaum nimmt der Container ein (äußeres Volumen V_a)?

b) Berechne den Materialbedarf für die Außenverkleidung des Containers (äußere Oberfläche O_a).

c) Die Wände des Containers sind 5 cm dick. Berechne das innere Volumen V_i und den Materialbedarf für die Innenverkleidung (innere Oberfläche O_i).

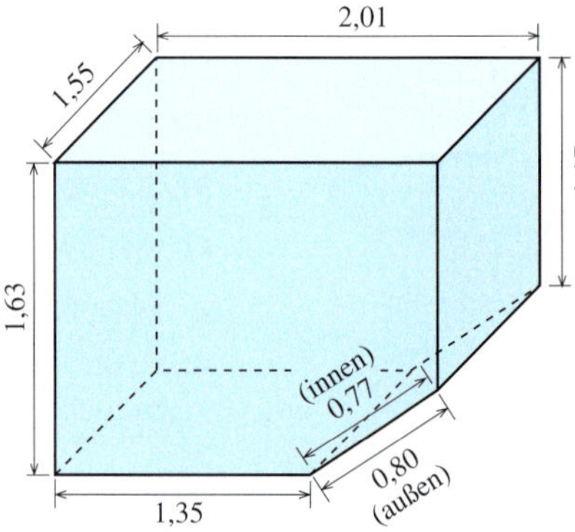

2. Erstellt Zylinder aus einem DIN-A3-Blatt, einem DIN-A4-Blatt und einem DIN-A5-Blatt. Bestimmt jeweils das Volumen der Zylinder.
Ihr wisst, dass die Blätter mit aufsteigender Formatangabe immer halb so groß sind wie das vorhergehende. Gilt das auch für das Volumen?
Stimmen die Volumina überein, wenn ihr das Blatt in der anderen Richtung verwendet? Gibt es Gemeinsamkeiten bei den unterschiedlichen Papierformaten?
Könnt ihr die Ergebnisse für alle DIN-A-Formate verallgemeinern?

3. Tonnen zum Sammeln von Regenwasser gibt es auch in Form von Zylindern.

a) Gebt mögliche Maße (Höhe mehr als 1 m) für eine Tonne mit 330 *l* [500 *l*; 1 000 *l*; 2 000 *l*] an.

b) Wie groß ist das Fassungsvermögen bei einer Füllhöhe von jeweils 1 m?
In welchem Verhältnis stehen dann die jeweiligen Durchmesser der Tonnen und die Füllmengen zueinander?

c) Könnt ihr Gesetzmäßigkeiten erkennen und begründen?

4. Führt Berechnungen für die Säule aus Sandstein durch, die von Marcella (12 Jahre) umarmt wird.

Bist du fit?

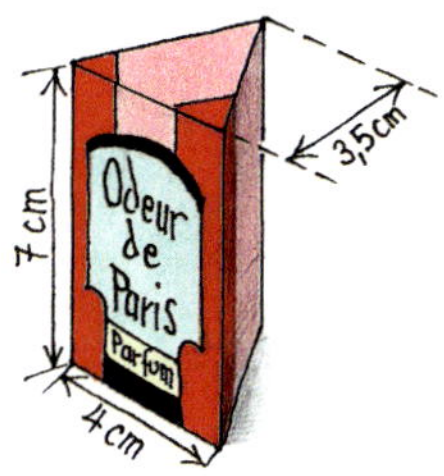

1. a) Betrachte die Verpackung links mit einem gleichseitigen Dreieck als Grundfläche. Zeichne ein Netz und berechne den Materialbedarf (ohne Falze). Berechne auch das Volumen.

b) Zeichne ein Schrägbild der Verpackung.

2. Berechne Volumen, Mantelflächeninhalt und Oberflächeninhalt sowie die gesamte Kantenlänge des Prismas mit der angegebenen Grundfläche (Maße in cm). Das Prisma ist 23 cm hoch.

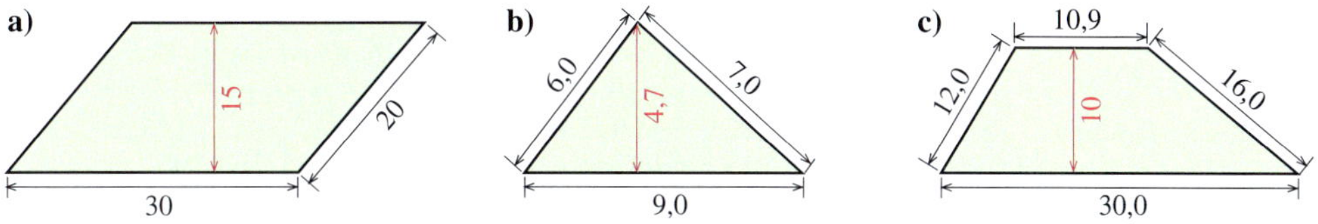

3. Berechne die fehlenden Werte für die Prismen.

Grundflächeninhalt	32 cm^2	127,5 dm^2		70 mm^2
Körperhöhe	12 cm		180 cm	
Volumen		6 171 *l*	43,2 m^3	4,06 cm^3

4. Berechne den Oberflächeninhalt und das Volumen des Zylinders mit r = 7 cm und h = 4 cm [r = 12 dm und h = 1,4 m; r = 5,6 cm und h = 0,7 dm].

5. Gegeben ist ein Zylinder mit r = 6 cm und h = 10 cm.

a) Welche Höhe muss ein Zylinder mit r = 7 cm haben, damit beide gleichen Oberflächeninhalt haben?

b) Welchen Radius hat ein 20 cm hoher Zylinder, der zum gegebenen volumengleich ist?

c) Der Zylinder wird in eine Schachtel mit quadratischer Grundfläche verpackt. Wie viel Prozent der Schachtel sind ausgefüllt?

6. Im Bild siehst du die Grundfläche eines Metallteils (Maße in mm). Seine Höhe beträgt 32 mm. Wie viel wiegt der Inhalt einer Kiste mit 50 Metallteilen. 1 cm^3 des Metalls wiegt 8,6 g.

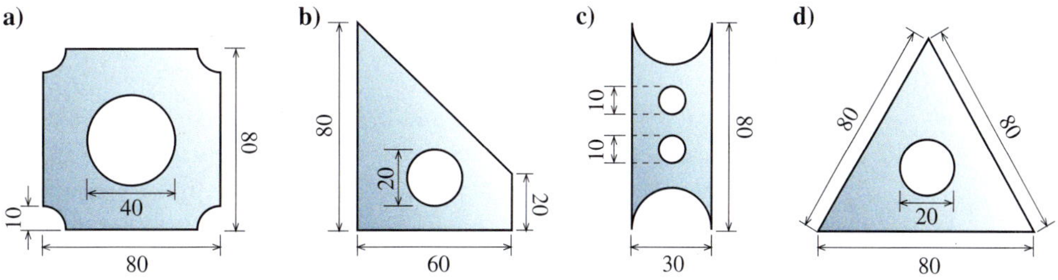

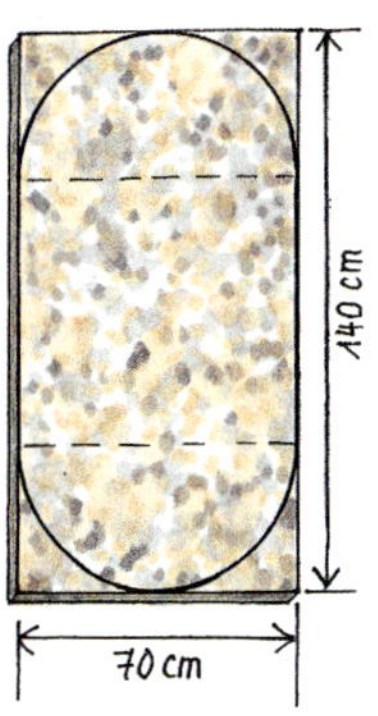

7. Aus einer rechteckigen Granitplatte soll eine Tischplatte wie abgebildet ausgeschnitten werden.

a) Wie viel Prozent der Granitplatte sind Abfall?

b) Die Tischplatte ist 4 cm dick. 1 cm^3 Granit wiegt 2,8 g. Wie viel wiegt sie?

8. Eine Rolle Kupferdraht $\left(\text{Dichte } 8{,}9\,\frac{g}{cm^3}\right)$ wiegt 17,5 g. Der Draht hat einen Durchmesser von 2,7 mm. Wie lang ist der Draht?

Teste dich – Vermischte Übungen 1

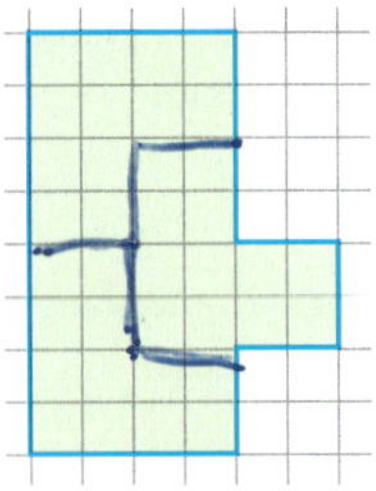

1. Zerlege die Figur links in drei zueinander kongruente Teilfiguren.

2. Berechne die Lösungsmenge des Gleichungssystems.

a) $\left| \begin{array}{l} 6x + 5y = -2 \\ 2x + y = 5 \end{array} \right|$ **b)** $\left| \begin{array}{l} 4{,}5x - 3y = -2 \\ 3x - 2y = 1 \end{array} \right|$ **c)** $\left| \begin{array}{l} 8x - 2y = 6 \\ 3(6 - x) = 7(3x - y) + y \end{array} \right|$

3. Ein Schnellrestaurant will mit der Aktion „Spare bis zu 50 %“ den Umsatz erhöhen. Dazu werden für verschiedene Gerichte unterschiedlich ermäßigte Preise angeboten.
Vervollständige die Tabelle mit den Lockangeboten:

Gericht	Chicken-Menü	2 Burger	Burger-Menü	Käse-Menü	Familien-Menü
Alter Preis	6,70 €	5,98 €	6,70 €	3,88	15,61 €
Ermäßigung	2,71 €	2,99 €	2,71	0,89 €	5,62 €
prozentuale Ermäßigung	40 %.	50 %	40 %.	23 %.	36 %
Neuer Preis	3,99 €	2,99 €	3,99 €	2,99 €	9,99 €

4. In einem gleichschenkligen Dreieck ist der Winkel an der Spitze 58° groß. Welche Seite ist länger, die Basis oder ein Schenkel? Begründe deine Antwort.

5. Anne dreht die Zahlkärtchen links um, mischt sie und zieht nacheinander zwei davon.

a) Das erste Kärtchen stellt die Zehnerziffer einer Zahl dar, das zweite die Einerziffer. Ist es wahrscheinlicher, eine Zahl über oder eine Zahl unter 44 zu erhalten?

b) Anne betrachtet die Summe der beiden Zahlen als Ergebnis des Versuchs. Bestimme zu jedem Ergebnis die zugehörige Wahrscheinlichkeit.

6. Ein Rechteck ist dreimal so breit wie lang. Verkürzt man die längere Seite um 5 cm und verlängert man gleichzeitig die kürzere Seite um 5 cm, so vergrößert sich der Flächeninhalt um 35 cm^2.
Welchen Flächeninhalt hatte das Rechteck?

7. Das Beet der Geschwister Ina und Martin ist rechteckig, eine Seite ist länger als die andere. Sie wollen eine Seite eines Beetes um 0,50 m, die andere um 1,50 m verlängern, um mehr ernten zu können. „Welche Seite sollen wir um einen halben Meter und welche um 1,50 m verlängern?“ fragt Martin. „Das könnt ihr euch selber aussuchen“, sagt ihre Mutter.
Wie können Ina und Martin berechnen, in welchem Fall der Flächeninhalt des neuen Beetes der größere ist, ohne die Seitenlängen des ursprünglichen Beetes auszumessen?

8. Setze geeignete Vorzeichen und Rechenzeichen bzw. Klammern ein.

Teste dich – Vermischte Übungen 2

1. Gegeben ist der Term $x(4x+5) - 2x(7-3x) + 10x$. Berechne jeweils den Wert des Terms für:
$x = -7$; $x = -3$; $x = \frac{1}{2}$; $x = 25$; $x = 100$

2. Der Umfang eines rechteckigen Bilderrahmens beträgt 86 cm. Die eine Seite ist um 9 cm länger als die andere. Wie lang sind die beiden Seiten des Rahmens?

3. In der Tabelle rechts sind mehrere Funktionswerte einer linearen Funktion f zusammengestellt.

x	2	4	8
f(x)	5	6	8

a) Erkläre, wieso es sich nicht um eine proportionale Funktion handeln kann.

b) Welche Funktionswerte sind beim Erweitern der Tabelle den Stellen $x = 0$ und $x = -5$ zugeordnet?

c) Ermittle die Gleichung der Funktion in der Form $y = f(x)$.

4. Zwei Geraden werden von drei Parallelen geschnitten. Für die Winkel α und β gilt: $\alpha = 60°$, $\beta = 40°$.
Bestimme die Größen der übrigen 20 markierten Winkel. Begründe durch Stichworte.

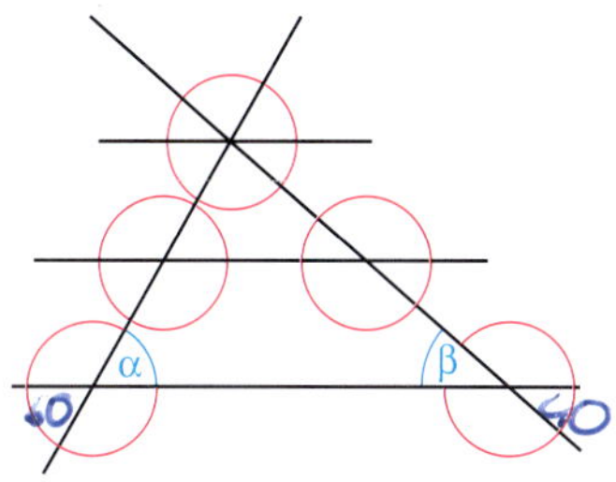

5. a) Berechne: $5 \cdot 3$, $3 \cdot 5$, 5^3, 3^5.

b) Erkläre, warum $(-3)^4$ und -3^4 verschiedene Werte haben.

c) Berechne: $(-5)^3 - 3^5 - 5^3 - (-3)^5$.

6. a) Herr Knaps tankt Autogas bei einem Literpreis von 0,849 € . An der Tanksäule liest er eine Menge von 31,15 Liter und einen Preis von 26,45 € ab. Wie kommt der Preis zustande?

b) Ein anderer Kunde tankt unmittelbar nach Herrn Knaps und muss ebenfalls 26,45 € bezahlen. Kann dieser Kunde eine andere Autogasmenge als Herr Knaps getankt haben? Erkläre.

7. a) Im Großhandel sind die Warenpreise netto, d.h. ohne Mehrwertsteuer ausgezeichnet. Hendrik sieht im Großhandel einen MP3-Player zu 149 €. Wie viel kostet dieser einschließlich 19 % Mehrwertsteuer?

b) Robins MP3-Player hat im Einzelhandel 199 € gekostet. Wie viel Mehrwertsteuer ist im Preis enthalten?

c) Ein Elektro-Shop-Markt startet eine große Werbeaktion mit der rechts abgebildeten Anzeige. Überprüfe diese.

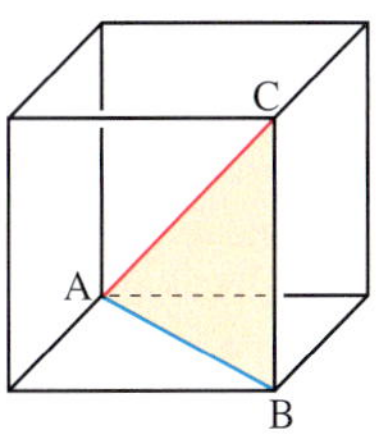

8. Für eine Theatervorführung wird ein 2 m hohes Gestell aus Metallstangen zusammengesteckt, das einen Würfel mit der Kantenlänge 2 m bildet. Innen soll diagonal ein Dreieck ABC aus Stoff gespannt werden. Dazu werden die Ecken A, B und C mit Drähten verbunden.

a) Konstruiere das Dreieck ABC im Maßstab 1 : 20.

b) Wie lang ist der Draht in Wirklichkeit insgesamt? Wie viel Quadratmeter Stoff benötigt man in der Wirklichkeit?

Teste dich – Vermischte Übungen 3

1. Prüfe, ob die Wertetabellen zu proportionalen Funktionen gehören. Gib gegebenenfalls eine entsprechende Funktionsgleichung an.

a)

x	−2	4	−1,5	−6
y	3,5	−7	2,625	10,5

b)

x	−2	4	−1,5	0
y	5	−7	4	1

2. Berechne die Größe der Innenwinkel in einem regelmäßigen Siebeneck.

3. Berechne.

a) $\frac{1}{2} - \frac{1}{3} + \frac{1}{6}$ **b)** $\frac{1}{2} \cdot \frac{1}{3} + \frac{1}{6}$ **c)** $\frac{1}{2} - \frac{1}{3} \cdot \frac{1}{6}$ **d)** $\left(\frac{1}{3} - \frac{1}{6}\right) : 0{,}6$ **e)** $\frac{1}{2} : \left(-\frac{1}{3}\right) + 0{,}6$

4. Max fährt mit den Inlineskates an den Baggersee zum Baden. Für den Rückweg benötigt er 15 min mehr als auf dem Hinweg. Auf dem Hinweg war seine Geschwindigkeit $12\,\frac{km}{h}$, auf dem Rückweg $10{,}5\,\frac{km}{h}$.
Wie lange benötigte er für die Strecken? Wie weit ist es bis zum Baggersee?

5. Schüler wurden zum Sport befragt. Bestimme zu jeder Antwort eine Angabe, der das Umfrageergebnis gut wiedergibt.

Welches ist dein Lieblingssport?	Fußball	Tennis	Badminton	Reiten
	58	20	13	23
Wie gerne joggst du?	Gar nicht	Nicht so gern	Etwas	Sehr gerne
	23	37	32	22
Wie viele Sportarten betreibst du?	0	1	2	3
	19	63	27	5

6. Ein Fernseher kostet anfangs 500 €. Er wird zunächst um 20 % verteuert; dann wird der neue Preis um 20 % verbilligt. Was kostet er schließlich?
Um wie viel Prozent ist er bezüglich des ursprünglichen Preises teurer oder billiger geworden?

7. Aus einer 120 cm langen Holzleiste sollen die Kanten einer quadratischen Säule hergestellt werden. Anschließend soll diese mit Stoff bespannt werden.

a) Wie hoch wird die Säule, wenn die Seitenlänge der Grundfläche der Säule 5 cm betragen soll? Wie groß ist dann die gesamte Oberfläche der Säule?

b) Mit welchen Maßen soll man die Säule bauen, wenn die Oberfläche der Säule möglichst groß werden soll? Wie groß ist diese Oberfläche? Welche besondere Form hat die gesuchte Säule?

8. Anna-Maria hat für ihre Mutter für 6 Champagner-Gläser und 6 Weißwein-Gläser 27,96 € bezahlt. Ihre Freundin hat 12 Champagner-Gläser und 12 Weißwein-Gläser vom gleichen Angebot für insgesamt 55,92 € gekauft.
Stelle ein Gleichungssystem auf und löse es. Was bedeutet das Ergebnis für diese Aufgabe? Erkläre deine Antwort.

Teste dich – Vermischte Übungen 4

1. Eine Kiste mit 32 Äpfeln wiegt 12 kg. 8 % des Gewichts ist Verpackung. Wie viel wiegt ein Apfel durchschnittlich?

2. Forme die folgenden Terme mit Klammern in möglichst einfache Summen um:

a) $(x + 1)(x + 2) + (x + 3)(x + 4)$

b) $(x - 1)(x - 2) - (x - 3)(x - 4)$

c) $(2a - 3b)(4a + 5b) - (6b - 4a)(b + a)$

d) $(p + 2u)^2 - (p - 2u)^2$

3. Berechne die Funktionsgleichungen für die Gerade, die durch die angegebenen Punkte verläuft, falls dies *möglich* ist.

a) A(3|4), B(5|2) **b)** P(2|3), Q(7|3) **c)** S(4|1), T(4|5)

4. In einem Zweizylinder-Motorrad-Motor bewegen sich die Kolben in zylindrischen Verbrennungskammern auf und ab. Das Gesamtvolumen, das in die Verbrennungskammern passt, nennt man Hubraum des Motors. Nach seiner Größe richtet sich die Fahrzeugsteuer. Berechne den Hubraum.

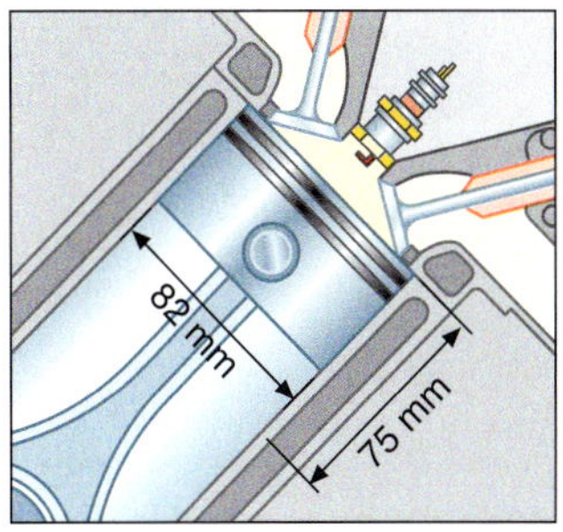

5. **a)** Fettarme Bratwürste enthalten nur 6 % Fett. Wie viel Fett sind in einer 85 g schweren Bratwurst enthalten?

b) Eine andere Bratwurst ist 120 g schwer und enthält 15 g Fett. Berechne den prozentualen Fettanteil.

c) Wie viel Bratwurst mit 16 % Fettanteil darf man essen, wenn man nur 24 g Fett zu sich nehmen möchte?

6. Übertrage die Figuren in dein Heft.

a) Zerlege jede der drei Figuren in mehr als zwei zueinander kongruente Teilfiguren.

b) Erläutere in Sätzen, wann zwei Figuren zueinander kongruent heißen.

c) Zwei Dreiecke sollen zueinander kongruent sein. Gib mögliche Bedingungen dafür an, wie du das überprüfen kannst.

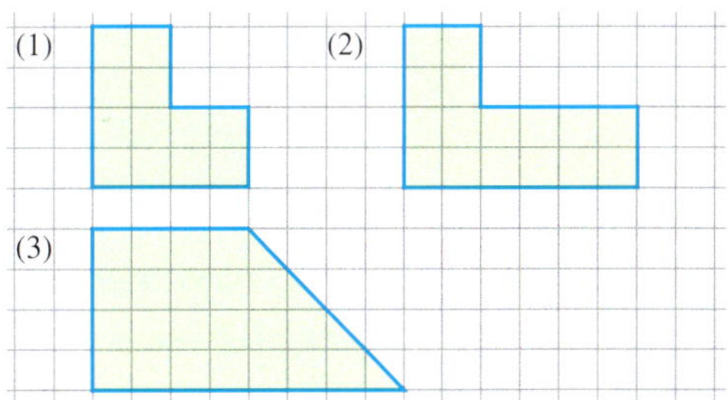

7. Versuche, folgende Fragen über das links dargestellte Brot zu beantworten.

a) Wird das Brot in 24 gleich dicke Scheiben geschnitten, dann ist jede Scheibe 1,2 cm dick. Wie dick wird jede Scheibe, wenn das Brot in 32 gleich dicke Scheiben geschnitten wird?

b) 7 gleich dicke Scheiben des Brotes wiegen 210 g. Wie viel g wiegen 19 Scheiben?

8. Martin hat am Freitag 1 Packung mit je 25 DVD-Rohlingen und 1 Packung mit 25 CD-Rohlingen für insgesamt 14,50 € gekauft. Am Samstag hat er für 1 Packung mit 25 DVD-Rohlingen und 2 Packungen mit je 25 CD-Rohlingen insgesamt 17,75 € bezahlt.
Wie viel kostet ein DVD-Rohling und ein CD-Rohling? Um wie viel Prozent sind DVD-Rohlinge teurer als CD-Rohlinge?

9. Können sich zwei Winkelhalbierende in einem Dreieck rechtwinklig schneiden? Begründe.

Teste dich – Vermischte Übungen 5

Oktaeder, Achtflächner

1. Bei einem Fantasy-Spiel wird mit einem Oktaeder gewürfelt.

a) Bestimme für ein regelmäßiges Oktaeder die Wahrscheinlichkeit für das Werfen einer
(1) geraden Zahl;
(2) durch 3 teilbaren Zahl;
(3) durch 9 teilbaren Zahl;
(4) nicht durch 10 teilbaren Zahl.

b) Anna würfelt 1, 7, 3, 5, 2, 6, 4. Wie groß ist die Wahrscheinlichkeit, dass sie beim nächsten Wurf eine Acht erhält?

c) Beschreibe, wie du vorgehen würdest, um zu überprüfen, ob ein Oktaeder-Würfel wirklich völlig regelmäßig ist.

Ikosaeder, Zwanzigflächner

d) Jan und Isa haben ihren Oktaeder-Würfel verlegt. Sie wollen nun das Spiel mit einem Ikosaeder-Würfel spielen. Beschreibe, wie sie vorgehen können.

2. Gegeben ist die Funktionsgleichung $y = -\frac{3}{5}x + 4$ für die Gerade g. Begründe *rechnerisch*, ob der Punkt $A(100\,|\,-47)$ unterhalb, auf oder oberhalb von g liegt.

3. **a)** Ein Taschenrechner zeigt für $\sqrt{7}$ den Wert 2,6457513 an. Begründe, wieso der angezeigte Wert nicht exakt sein kann.

b) Gib jeweils eine reelle Zahl an, sodass ihr Produkt mit $\sqrt{7}$ exakt
(1) den Wert 14; (2) den Wert $-\sqrt{14}$; (3) den Wert $\frac{1}{\sqrt{7}}$ hat.

4. Rechts ist ein drehsymmetrisches Werkstück für eine Maschine abgebildet. Das Werkstück ist 5 mm dick. Bestimme den Materialbedarf und den Umfang.

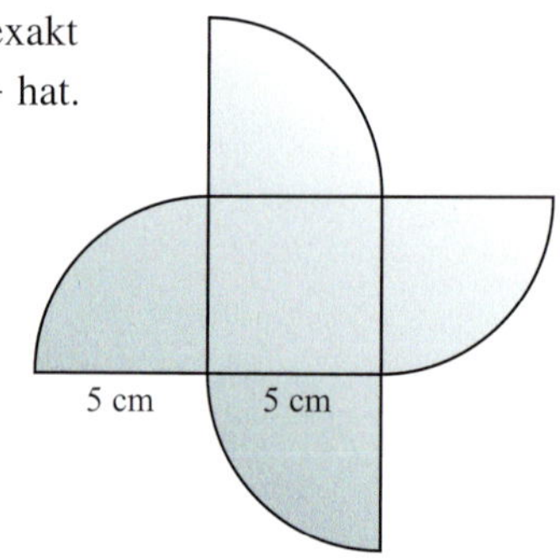

5. Bei einer Sonderaktion wird ein LCD-Bildschirm 15 % billiger verkauft. Da er Gebrauchsspuren zeigt, gewährt der Händler auf den reduzierten Preis 2 % Abzug. Der Kunde bezahlt mit einem 500-Euro-Schein und erhält 274,40 € zurück.
Wie viel sollte der Bildschirm ursprünglich kosten?

6. Eine zylinderförmige Regentonne hat innen einen Durchmesser von 78 cm und ist 1,30 m hoch.

a) Berechne, wie viel Material zur Herstellung der Tonne benötigt wird.

b) Herr Prädel sagt: „Dank der kräftigen Regenfälle ist meine Tonne zu $\frac{3}{4}$ gefüllt".
Wie viel Wasser enthält sie?

c) Die leere Tonne wird mit 300 *l* Regenwasser gefüllt. Wie hoch steht das Wasser?

7. In einem Getränkemarkt stehen 3 Stapel mit je 5 Kisten Mineralwasser. Jede Kiste enthält 12 Flaschen mit 0,7 *l* Mineralwasser.

a) Wie viel Liter Mineralwasser sind vorrätig? Wie viele gleichartige Stapel müssten noch angeliefert werden, damit ein Vorrat von mindestens 1 m^3 Mineralwasser vorhanden ist?

b) Erkläre, ob es sich bei der Zuordnung *Anzahl der Flaschen → Menge Mineralwasser* um eine „Je-mehr-desto-mehr"-Zuordnung oder um eine proportionale Zuordnung handelt.

8. Vereinfache:

a) $2x^2 \cdot (-3x^2) \cdot (-5x)$ **b)** $\frac{7}{15}a \cdot \frac{25}{3}a^2 \cdot (-\frac{3}{2}a)$ **c)** $x(8-5x) + 3(x-3x^2) - 3(2x-3) \cdot x$

Teste dich – Vermischte Übungen 6

1. a) Eine Dosenmilchsorte enthält 4 % Fett. Wie viel Fett befindet sich in 102 g Milch?

b) In einem Waldstück mit 1 250 Bäumen gibt es 400 Nadelbäume. Wie groß ist der prozentuale Anteil der Nadelbäume?

c) Herr Brendt zahlt 865,26 € Steuern. Das sind 19 % seines Gehaltes. Wie hoch ist es?

d) Ein Geschäft verkauft an einem „Aktionstag" alle Waren um 15 % billiger. Henning kauft einen Zirkel für 6,63 Euro. Was kostet der Zirkel an anderen Tagen?

2. a) An einer unfallträchtigen Kreuzung wird ein Kreisel neu geplant. Wie groß ist das Beet in der Mitte? Wie lang ist seine Begrenzung?

b) Berechne, wie groß die neu zu pflasternde Fläche ist.

3. Vereinfache die Wurzelterme.

a) $\sqrt{12} \cdot \sqrt{3}$ **c)** $(\sqrt{80} + \sqrt{5})^2$ **e)** $\sqrt{1{,}69x^2y}$

b) $\sqrt{28} : \sqrt{7}$ **d)** $\sqrt{64a^2}$ **f)** $\sqrt{5a^2b^3}$

4. Gegeben sind die Funktionsterme $f(x) = 2x - 3$ und $g(x) = -\frac{3}{5}x + 4$.

a) Zeichne die Graphen von f und g. (Verdeutliche, wie du den Graphen erhalten hast.)

b) Berechne die Schnittpunkte des Graphen von f mit den Koordinatenachsen.

c) Berechne die Koordinaten des Schnittpunkts der Graphen von f und g.

d) Bestimme die Funktion h, deren Graph parallel zu dem von f durch $N(1|0)$ verläuft.

5. a) In den 5 Klassenarbeiten des Schuljahres hat Tanja zweimal die Note 2 und dreimal die Note 3 erzielt. Berechne den Mittelwert. Was für eine Note müsste Tanja in der sechsten Klassenarbeit erzielen, damit ihr Mittelwert besser als 2,5 wird?

b) Die Zeugnisnoten der Klasse 8a mit 25 Schülerinnen und Schülern haben nebenstehende Verteilung. Bestimme den Mittelwert.

Note	1	2	3	4	5
Anzahl	3	10	10	2	0

c) Die Zeugnisnoten der Klasse 8b haben nebenstehende Verteilung. Vergleiche mit der Klasse 8a. Welche der Klassen würdest du als die bessere „Mathe"-Klasse bezeichnen? Erläutere deine Entscheidung.

Note	1	2	3	4	5
Anzahl	6	8	7	2	2

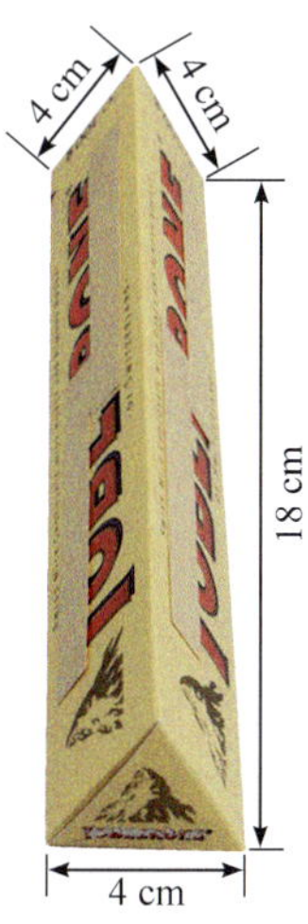

6. a) Berechne den Winkel α.

b) Begründe:
Wenn $g \parallel u$ und $h \parallel v$, dann gilt:
$\alpha + \beta = 180°$

zu **a)**

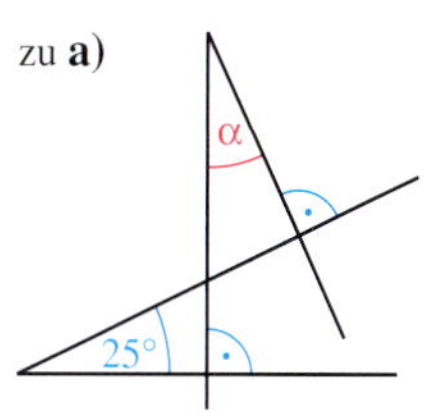

zu **b)**

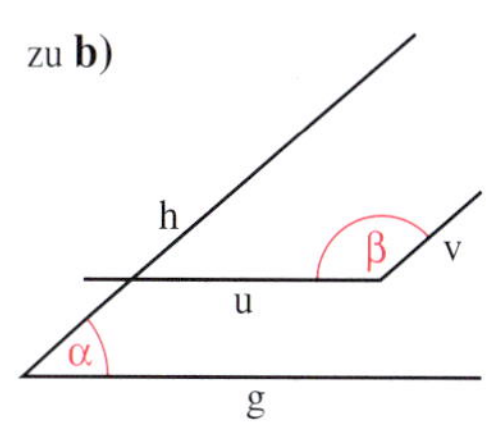

7. a) Zeichne ein Schrägbild und ein Netz der Schokoladenschachtel links.

b) Berechne den Materialbedarf und das Fassungsvermögen.

Teste dich – Vermischte Übungen 7

1. Welche der Figuren sind kongruent zueinander?

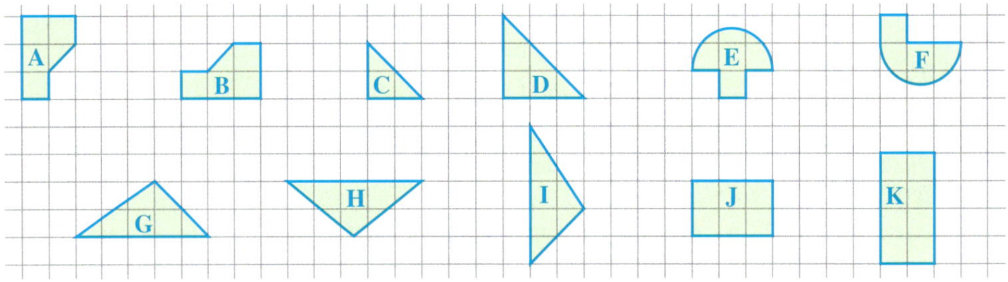

1 Zoll = 2,54 cm

2. Hannes fährt mit seiner kleinen Schwester Sophie mit dem Fahrrad in das 4,7 km entfernte Freibad und zurück. Hannes fährt ein 28-Zoll-Fahrrad. Diese Angabe bedeutet, dass der Durchmesser der Räder 28 Zoll beträgt. Sophie fährt ein 26-Zoll-Fahrrad.
Wie oft dreht sich auf dieser Fahrt ein Rad bei Hannes' Fahrrad, wie oft bei Sophies Fahrrad?

3. Bestimme die lineare Funktion, deren Graph durch $A(8{,}5\,|\,-59)$ und $B(0\,|\,-29{,}25)$ verläuft.

4. Gegeben sind zwei Gruppen von Zahlen:
1. Gruppe: $3{,}24$; $-3{,}42$; $\frac{1}{2}$; $\frac{17}{5}$ 2. Gruppe: 1; -2; 3; 4
Wähle aus der ersten Gruppe eine Zahl, dann aus der zweiten Gruppe eine Zahl, so dass deren

a) Summe möglichst groß wird; **b)** Differenz möglichst klein wird;

c) Produkt möglichst klein wird; **d)** Quotient möglichst groß wird.

Begründe jeweils deine Auswahl.

5. Der abgebildete Plan weist auf einen verborgenen Schatz hin. Er ist leider nicht vollständig: Die eigentliche Zeichnung fehlt. Versuche nach dem erhalten gebliebenen Text die Zeichnung zu rekonstruieren. Kannst du mit Sicherheit die genaue Lage des Schatzes bestimmen?

6. Ein Rechteck hat die Seitenlängen 35 cm und 40 cm. Berechne seinen Flächeninhalt.

a) Wie ändert sich der Flächeninhalt, wenn man
- die längere Seite um 5 % verkürzt und die kürzere Seite um 5 % verlängert;
- die kürzere Seite um 5 % verkürzt und die längere um 5 % verlängert;

b) Zeige allgemein für ein Rechteck: Verlängert man die längere Seite um 5 % und verkürzt die kürzere um 5 %, dann erhält man denselben Flächeninhalt, wie wenn man die kürzere Seite um 5 % verlängert und die längere um 5 % verkürzt.

7. Berechne die Größe der eingetragenen Winkel und begründe jeweils mit einem Satz.

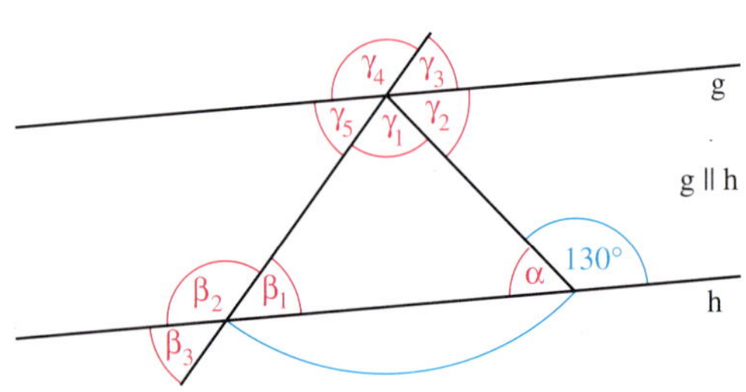

Bist du fit? – Lösungen

Seite 50

1. **a)** $21ab + 3ac$ **b)** $72xy - 96xz$ **c)** $2x^3 + 2x$
d) $-2r^2 + rs$ **e)** $-x + 3$ **f)** $6a^2 - 5a$
g) $27a + 9ab + 2b + 6$ **h)** $14p + 7pq - q^2 - 2q$ **i)** $3u^2 - 14uv + 8v^2$
j) $4x^2 + 12x + 9$ **k)** $16a^2 - 16ab + 4b^2 + 166a$ **l)** $p^2 - 4q^2$

2. **a)** $-129b$ **b)** $4r - 24rs - 4s$ **c)** $8u - uv - 1$ **d)** 0 **e)** $13ab - 16b^2$ **f)** $35x + 40xy - 60y - 3$

3. **a)** $L = \{0\}$ **b)** $L = \{-1\}$ **c)** $L = \{1\}$ **d)** $L = \{4\}$ **e)** $L = \{-4\}$ **f)** $L = \{4\}$ **g)** $L = \left\{-5\frac{3}{5}\right\}$ **h)** $L = \left\{-\frac{6}{11}\right\}$

4. **a)** *Beispiele:* $2 \cdot a \cdot b + 2 \cdot b \cdot c$ bzw. $2 \cdot b \cdot (2 \cdot a + c) - 2 \cdot a \cdot b$
b) $84\ cm^2$ [$67{,}2\ cm^2$]
c) $2 \cdot b \cdot (2 \cdot a + c) - 2 \cdot a \cdot b = 4 \cdot a \cdot b + 2 \cdot b \cdot c - 2 \cdot a \cdot b = 2 \cdot a \cdot b + 2 \cdot b \cdot c$
d) $2b \cdot (a + b) = 2 \cdot a \cdot b + 2 \cdot b^2$ Der Term ist falsch.
e) 8 cm
f) $a + c + a + b + a + b + c + b + a + b$ oder $4a + 4b + 2c$; 52 cm [38 cm]

5. **a)** $b(12a + 7c)$; $-4(x + y)$ **b)** $5x(8y - 5z)$; $-5x(x + 2y)$ **c)** $9(5 - 3ab + 4x^2)$; $12(-2a + 3b)$ **d)** $0{,}9u(2 - u)$; $\frac{1}{2}r(1 + r - 3s)$

6. **a)** $(4x + 5y)(4x - 5y)$ **b)** $(8x - 12y)^2 = 16(2x - 3y)^2$ **c)** $5(x + y)^2$

7. Länge der neuen Quadratseite (in cm): x
Länge der ursprünglichen Quadratseite (in cm): x + 1
Gleichung: $(x + 1)^2 = x^2 + 57$; $x = 28$
Das Grundstück ist nun $28\ m \cdot 28\ m = 784\ m^2$ groß (ursprüngliche Größe: $29\ m \cdot 29\ m = 841\ m^2$).

8. Wir wählen zunächst als Beispiel, dass wir 500 ml Essigessenz mit gewöhnlichem Essig zu 10%-igem Essig vermischen wollen.
x ist die Menge an Essig (in ml).
$500 \cdot 0{,}20 + x \cdot 0{,}05 = (500 + x) \cdot 0{,}10$; $L = \{1000\}$
Man muss in diesem Beispiel 1 000 ml Essig, also 1 *l* Essig zugeben. Das ist doppelt so viel gewöhnlicher Essig wie Essigessenz. Das ist im Verhältnis 1 : 2. Allgemein erhält man z. B. für die Menge 1 an Essigessenz die Gleichung:
$1 \cdot 0{,}20 + x \cdot 0{,}05 = (1 + x) \cdot 0{,}10$; $L = \{2\}$
Man erhält auch hier das Verhältnis 1 : 2.

Seite 102

1. **a)** +20 cm; +20 cm; –10 cm; –24 cm; +20 cm; +28 cm; 0 cm; –14 cm
b) +20 cm um 3.00 Uhr, 5.00 Uhr, 14.00 Uhr, 18.30 Uhr [0 cm um 1.00 Uhr, 7.00 Uhr, 13.00 Uhr, 20.00 Uhr; –20 cm um 9.00 Uhr, 11.30 Uhr, 21.30 Uhr, 23.30 Uhr]
c) Jedem Zeitpunkt ist eindeutig ein Wasserstand zugeordnet; *Zeit* → *Wasserstand* ist eine Funktion.
Zu einem bestimmten Wasserstand gibt es mehrere Zeitpunkte; *Wasserstand* → *Zeit* ist keine Funktion.

2. Gerade durch die Punkte:
a) P(0|0); Q(1|5) **b)** P(0|0); Q(1|–4) **c)** P(0|0); Q(3|5) **d)** P(0|0); Q(5|–4,5) **e)** P(0|1); Q(1|0) **f)** P(0|2,5); Q(1|3,5) **g)** P(0|–2); Q(5|5) **h)** P(0|3); Q(1|0) **i)** P(0|2); Q(2|1) **j)** P(0|2); Q(1|2)

3. *Beispiele:* **a)** $y = x + 1{,}5$ **b)** $y = \frac{1}{2}x + 1{,}5$ **c)** $y = \frac{3}{4}x + 1$ **d)** $y = -x + 1{,}5$

4. P_1 und P_3

5. **a)** $m = 3$; $b = -2$; $y = 3x - 2$, also um 2 nach oben
b) $m = 3$; $b = -1$; $y = 3x - 1$, also um 1 nach oben
c) $m = \frac{1}{3}$; $y = \frac{1}{3}x + 2$, also um 2 nach unten

6. **a)** Der rote Graph passt am besten.
b) Zum blauen Graphen könnte ein Auffangbecken mit dem Querschnitt rechts gehören.

Zum grünen Graphen könnte ein Auffangbecken mit dem Querschnitt rechts gehören.

Seite 102

7. (1) $y = 3$ (2) $y = \frac{5}{2}x - 1$ (3) $y = -\frac{3}{4}x$ (4) $y = -\frac{4}{3}x - \frac{8}{3}$

8. **a)** $250\text{ m} + 20 \cdot 5\text{ m} = 350\text{ m}$ **b)** $y = -5x + 350$; Das Absinken dauert 70 s = 1 min 10 s.

9. **a)** $x = \frac{6}{5} = 1{,}2$ **b)** $x = -2{,}5$

10. Für $x = 20$ erhält man $y = 21 \cdot 20 - 30 = 390$. Der Punkt P liegt also unterhalb der Geraden.

Seite 140

1. **a)** g_1: $y = -x + 3$; g_2: $y = \frac{1}{3}x + 1$ **b)** g_3: $y = \frac{1}{2}x + 2$; g_4: $y = -\frac{3}{2}x + 3$ **c)** g_5: $y = -3x - 3$; g_6: $y = 3$ **d)** g_7: $y = \frac{4}{3}x - 2$; g_8: $x = 2$

2. **a)** P_2 **b)** P_4 und P_5 **c)** P_1 **d)** P_3 **e)** P_3 **f)** P_2 und P_5

3. **a)** $L = \{(5 \mid 3)\}$ **b)** $L = \{(-10 \mid -4)\}$ **c)** $L = \{(-4 \mid -7)\}$ **d)** $L = \{(4{,}5 \mid 6{,}5)\}$

4. **a)** $L = \{(16 \mid 30)\}$ **b)** $L = \{(3 \mid 3)\}$ **c)** $L = \{(8 \mid 9)\}$ **d)** $L = \left\{(k \mid m) \mid m = \frac{1}{2}k - \frac{5}{2}\right\}$

5. **a)** $L = \{(1 \mid 7)\}$ **c)** $L = \{(-2 \mid 1)\}$ **e)** $L = \left\{\left(\frac{1}{3} \mid \frac{1}{2}\right)\right\}$ **g)** $L = \left\{\left(0 \mid \frac{1}{3}\right)\right\}$
b) $L = \left\{\left(-\frac{1}{2} \mid 3\right)\right\}$ **d)** $L = \{(0 \mid 2)\}$ **f)** $L = \{\ \}$ **h)** $L = \{(x \mid y) \mid y = 3x - 2\}$

6. **a)** $L = \{(1{,}1 \mid 2{,}2)\}$ **b)** $L = \{(x \mid y) \mid y = 0{,}6x + 1{,}4\}$ **c)** $L = \{(7 \mid 5)\}$

7. x: Anzahl der Einzelzimmer
y: Anzahl der Doppelzimmer

Gleichungssystem: $\left|\begin{array}{l} x + y = 78 \\ x + 2y = 119 \end{array}\right|$

Lösungsmenge: $L = \{(37 \mid 41)\}$

Das Hotel hat 37 Einzelzimmer und 41 Doppelzimmer.

8. a: Länge der Seite, die verlängert wird (in cm)
b: Länge der Seite, die verkürzt wird (in cm)

Gleichungssystem: $\left|\begin{array}{c} 2a + 2b = 28{,}8 \\ (a + 4{,}5) \cdot (b - 3{,}5) = a \cdot b - 17{,}35 \end{array}\right|$

umgeformt: $\left|\begin{array}{r} 2a + 2b = 28{,}8 \\ -3{,}5a + 4{,}5b = -1{,}6 \end{array}\right|$

Lösungsmenge: $L = \{(8{,}3 \mid 6{,}1)\}$

Das Rechteck hat die Seitenlängen 8,3 cm und 6,1 cm. Die Seite, die verlängert wird, ist 8,3 cm lang. Die Seite, die verkürzt wird, ist 6,1 cm lang.

9. t_1: Zeit für die Hinfahrt (in h)
t_2: Zeit für die Rückfahrt (in h)

Gleichungssystem: $\left|\begin{array}{c} t_1 + t_2 = 4 \\ (4{,}5 + 1{,}5)\,t_1 = (4{,}5 - 1{,}5)\,t_2 \end{array}\right|$

umgeformt: $\left|\begin{array}{r} t_1 + t_2 = 4 \\ 6t_1 - 3t_2 = 0 \end{array}\right|$

Lösungsmenge: $L = \left\{1\frac{1}{3};\, 2\frac{2}{3}\right\}$

Die Hinfahrt dauert 1 h 20 min, die Rückfahrt 2 h 40 min. Die Strecke ist 8 km lang.

Seite 168

1. **a)** $P(E_1) = \left(\frac{5}{12}\right)^2 + \left(\frac{4}{12}\right)^2 + \left(\frac{2}{12}\right)^2 + \left(\frac{1}{12}\right)^2 = \frac{46}{144} = \frac{23}{72} \approx 0{,}3194$

$P(E_2) = 1 - P(E_1) = \frac{49}{72} = 0{,}6806$

b) $P(E_1) = \frac{5}{12} \cdot \frac{4}{11} + \frac{4}{12} \cdot \frac{3}{11} + \frac{2}{12} \cdot \frac{1}{11} + \frac{1}{12} \cdot \frac{0}{11} = \frac{17}{66} \approx 0{,}2576$

$P(E_2) = 1 - \frac{17}{66} = \frac{49}{66} \approx 0{,}7424$

Seite 168

2. Mögliche Glückszahlen sind 1, 2, 3, 4 und 6.

$P(1) = \frac{1}{16} = 0{,}0625$

$P(2) = \frac{1}{16} + \frac{1}{4} = \frac{5}{16} = 0{,}3125$

$P(3) = \frac{3}{16} = 0{,}1875$

$P(4) = \frac{1}{4} = 0{,}25$

$P(6) = \frac{3}{16} = 0{,}1875$

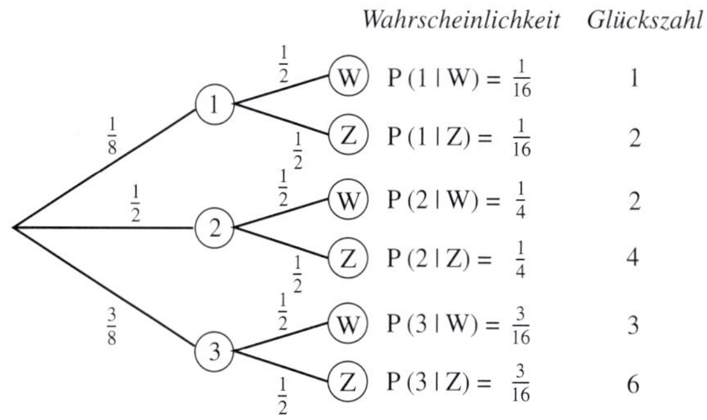

3. a) P(beide Systeme funktionieren) = 99,5 % · 98,5 % = 0,995 · 0,985 = 0,980075 = 98,0075 % ≈ 98 %

b) P(beide Systeme versagen) = 0,5 % · 1,5 % = 0,005 · 0,015 = 0,000075 = 0,0075 %

c) P(Türsicherung funktioniert nicht) · P(Bewegungsmelder funktioniert nicht) = $\frac{1}{100\,000}$

$0{,}005 \cdot x = \frac{1}{100\,000}$

$x = \frac{1}{500} = 0{,}002 = 0{,}2\ \%$

Der Bewegungsmelder müsste in (ungefähr) 99,8 % aller Fälle funktionieren.

4. Der Median liegt bei 2,80 m, das untere Quartil bei 1,80 m, das obere Quartil bei 3,20 m. Der kleinste Wert liegt bei 1,20 m, der größte Wert bei 4,00 m. Die Spannweite beträgt 2,80 m.

5. *Auto A:*

5,3	5,4	5,4	5,7	5,9	6,1	6,5	6,7	6,7	7,0	7,2	7,3

unteres Quartil $\frac{5{,}4 + 5{,}7}{2} = 5{,}55$

Median $\frac{6{,}1 + 6{,}5}{2} = 6{,}3$

oberes Quartil $\frac{6{,}7 + 7{,}0}{2} = 6{,}85$

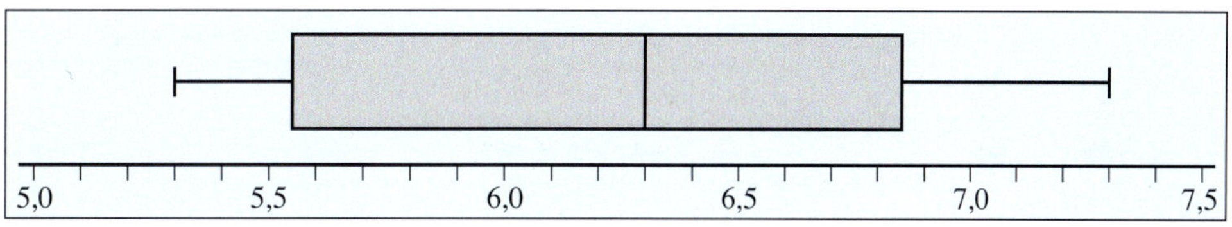

Auto B:

5,2	5,2	5,3	5,4	5,5	5,7	5,8	5,9	6,0	6,1	6,2	6,3	6,5	6,5	6,7

unteres Quartil 5,4

Median 5,9

oberes Quartil 6,3

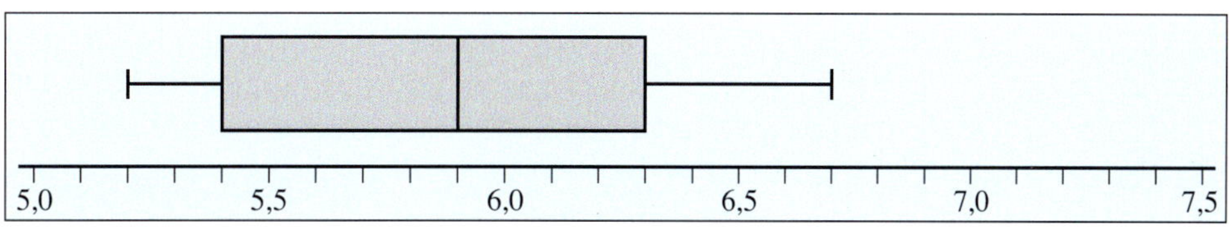

Der Verbrauch war beim Auto B gleichmäßiger.

Seite 208

1. **a)** 9 **b)** 0,5 **c)** $\frac{8}{11}$ **d)** 200 **e)** 2,5

2. **a)** 7 cm **c)** 2,7 m **e)** $\sqrt{150\text{ ha}} = \sqrt{1\,500\,000\text{ m}^2} = 500\sqrt{6}\text{ m} \approx 1225\text{ m}$
b) 13 cm **d)** $\sqrt{8}\text{ m} = 2\sqrt{2}\text{ m} \approx 2{,}83\text{ m}$

3. a: Kantenlänge des Würfels (in m);   O: Größe der Oberfläche (in m^2)
$O = 6a^2 = 3$, mit $a > 0$, also $a = \sqrt{\frac{3}{6}} = \sqrt{\frac{1}{2}} = \frac{1}{2}\sqrt{2} \approx 0{,}71$
Volumen (in m^3): $a^3 = \left(\frac{1}{2}\sqrt{2}\right)^3 = \frac{1}{8}\cdot 2\cdot\sqrt{2} = \frac{1}{4}\sqrt{2} \approx 0{,}354$
Ergebnis: Der Würfel hat eine Kantenlänge von ungefähr 71 cm und ein Volumen von ungefähr 354 dm^3.

4. **a)** Zum Beispiel mit Intervallschachtelung.
$2^2 < 7 < 3^2$, also liegt $\sqrt{7}$ im Intervall [2; 3]
$2{,}6^2 < 7 < 2{,}7^2$, also liegt $\sqrt{7}$ im Intervall [2,6; 2,7]
$2{,}64^2 < 7 < 2{,}65^2$, also liegt $\sqrt{7}$ im Intervall [2,64; 2,65]
$2{,}645^2 < 7 < 2{,}646^2$, also liegt $\sqrt{7}$ im Intervall [2,645; 2,646]

b) Da man Endnullen weglässt, hätte ein abbrechender Dezimalbruch für $\sqrt{7}$ die möglichen Endziffern 1, 2, …, 9.
Beim Quadrieren erhält man die Endziffern 1, 4, 9, 6, 5, 6, 9, 4, 1.
Wir erhalten beim Quadrieren also nie die natürliche Zahl 7. $\sqrt{7}$ kann also kein abbrechender Dezimalbruch sein.

c) *Annahme:* $\sqrt{7} = \frac{m}{n}$, wobei $\frac{m}{n}$ ein gekürzter Bruch ist.
Der Nenner ist ungleich 1, da es keine natürliche Zahl gibt, deren Quadrat 7 ist: $2^2 = 4 < 7$ und $3^2 = 9 > 7$.
Also kann $\sqrt{7}$ keine natürliche Zahl sein und n ist somit ungleich 1.
Quadriert man beide Seiten der Gleichung, so ergibt sich $\frac{m}{n}\cdot\frac{m}{n} = 7$.
Da der Nenner $n \cdot n$ ungleich 1 ist und der Bruch bereits gekürzt ist, kann $\frac{m}{n}\cdot\frac{m}{n}$ nicht gleich der natürlichen Zahl 7 sein.
$\sqrt{7}$ ist nicht als gewöhnlicher Bruch darstellbar, also keine rationale Zahl, also irrational.

5. **a)** $3{,}4 = 3\frac{4}{10} = 3\frac{2}{5}$ **d)** $3{,}39 = 3\frac{39}{100}$ **g)** $\sqrt{4} = 2$ **j)** $3{,}\overline{04044} = 3\frac{4044}{99999} = 3\frac{1348}{33333}$
b) $3{,}\overline{4} = 3\frac{4}{9}$ **e)** $3{,}40 = 3\frac{40}{100} = 3\frac{4}{10} = 3\frac{2}{5}$ **h)** irrational **k)** $3{,}04 = 3\frac{4}{100} = 3\frac{1}{25}$
c) irrational **f)** irrational **i)** $3\cdot\sqrt{4} = 3\cdot 2 = 6$ **l)** $3{,}040 = 3\frac{40}{1000} = 3\frac{4}{100} = 3\frac{1}{25}$

6. Eine Zahl ist rational, wenn der Dezimalbruch abbrechend oder periodisch ist.
[Eine Zahl ist irrational, wenn der Dezimalbruch nichtabbrechend und nichtperiodisch ist.]

7. **a)** $L = \{-12, 12\}$ **b)** $L = \{-1{,}3;\ 1{,}3\}$ **c)** $L = \{\ \}$ **d)** $L = \{0\}$

8. **a)** $D = \{x \in \mathbb{R} \mid x \geq 3\}$ **b)** $D = \mathbb{R}$ **c)** $D = \{x \in \mathbb{R} \mid |x| \leq 3\}$ **d)** $D = \{x \in \mathbb{R} \mid x > -1\}$

9. **a)** $\sqrt{20}\cdot\sqrt{5} = \sqrt{100} = 10$
b) $\sqrt{20} : \sqrt{5} = \sqrt{4} = 2$
c) $(\sqrt{20} + \sqrt{5})^2 = (\sqrt{20})^2 + 2\sqrt{20}\cdot\sqrt{5} + (\sqrt{5})^2 = 20 + 2\sqrt{100} + 5 = 20 + 2\cdot 10 + 5 = 45$
d) $\sqrt{20} + \sqrt{5} = \sqrt{4\cdot 5} + \sqrt{5} = \sqrt{4}\cdot\sqrt{5} + \sqrt{5} = 2\sqrt{5} + \sqrt{5} = 3\sqrt{5}$

10. **a)** $3\cdot|a|$ **e)** $0{,}9\cdot|x|\cdot y^2$ **i)** $3\sqrt{a} - 3\cdot a\cdot\sqrt{a} = 3\sqrt{a}\,(1-a)$ für $a \geq 0$
b) $5x$ für $x \geq 0$ **f)** x^6 für $x \geq 0$ **j)** $a + \sqrt{a}$ für $a \geq 0$
c) 6 **g)** $y\sqrt{y}$ für $y \geq 0$ **k)** $a + 2\sqrt{3ab} + 3b$ für $a \geq 0, b \geq 0$
d) $12uv$ für $u \geq 0, v \geq 0$ **h)** $\frac{13\cdot|a|}{2\cdot|b|\cdot|c|}$ für $b \neq 0, c \neq 0$ **l)** $\sqrt{(5-z)^2} = |5-z| = |z-5|$

11. **a)** $2\cdot\sqrt{3}$ **c)** $|a|\cdot\sqrt{5}$ **e)** $1{,}2\cdot|x|\cdot\sqrt{y}$ (für $y > 0$)
b) $3\cdot\sqrt{5}$ **d)** $13a^2\cdot|b|\cdot\sqrt{c}$ (für $c > 0$)

12. **a)** $\frac{5}{\sqrt{3}} = \frac{5\cdot\sqrt{3}}{\sqrt{3}\cdot\sqrt{3}} = \frac{5}{3}\sqrt{3}$ **d)** $\frac{7}{4-\sqrt{2}} = \frac{7\cdot(4+\sqrt{2})}{(4-\sqrt{2})(4+\sqrt{2})} = \frac{28+7\sqrt{2}}{16-2} = \frac{28+7\sqrt{2}}{14} = 2 + \frac{1}{2}\sqrt{2}$
b) $\frac{6}{\sqrt{2}} = \frac{6\cdot\sqrt{2}}{\sqrt{2}\cdot\sqrt{2}} = \frac{6\cdot\sqrt{2}}{2} = 3\sqrt{2}$ **e)** $\frac{a}{b-\sqrt{c}} = \frac{a\cdot(b+\sqrt{c})}{(b-\sqrt{c})(b+\sqrt{c})} = \frac{ab + a\sqrt{c}}{b^2 - c}$ (für $c \geq 0$ und $b^2 = c$)
c) $\frac{a}{\sqrt{z}} = \frac{a\cdot\sqrt{z}}{\sqrt{z}\cdot\sqrt{z}} = \frac{a}{z}\sqrt{z}$ (für $z > 0$) **f)** $\frac{\sqrt{2}}{\sqrt{3}-\sqrt{5}} = \frac{\sqrt{2}\cdot(\sqrt{3}+\sqrt{5})}{(\sqrt{3}-\sqrt{5})(\sqrt{3}+\sqrt{5})} = \frac{\sqrt{6}+\sqrt{10}}{3-5} = -\frac{1}{2}\sqrt{6} - \frac{1}{2}\sqrt{10}$

Seite 208

13. **a)** $\sqrt{x^2+1} = 3$ | (Quadrieren beider Seiten)
$x^2 + 1 = 9$ | -1
$x^2 = 8$
$x = -\sqrt{8}$ oder $x = \sqrt{8}$
Die Probe zeigt: $-\sqrt{8}$ und $\sqrt{8}$ sind Lösungen der Wurzelgleichung, also $L = \{-\sqrt{8}; \sqrt{8}\}$.

b) $\sqrt{x^2+1} = 3x$ | (Quadrieren beider Seiten)
$x^2 + 1 = 9x^2$ | $-x^2$
$1 = 8x^2$ | $:8$
$\frac{1}{8} = x^2$
$x = -\frac{1}{\sqrt{8}}$ oder $x = \frac{1}{\sqrt{8}}$
Die Probe zeigt: $-\frac{1}{\sqrt{8}}$ ist nicht Lösung der Wurzelgleichung, also $L = \left\{\frac{1}{\sqrt{8}}\right\}$.

c) $x - \sqrt{17-2x} = 1$ | $+\sqrt{17-2x} - 1$
$x - 1 = \sqrt{17-2x}$ | (Quadrieren beider Seiten)
$x^2 - 2x + 1 = 17 - 2x$ | $-1 + 2x$
$x^2 = 16$
$x = -4$ oder $x = 4$
Die Probe zeigt: -4 ist nicht Lösung der Wurzelgleichung, also $L = \{4\}$.

Seite 226

1. **a)** $A \approx 38{,}48\ \text{cm}^2$
$u \approx 22{,}0$ cm
b) $A \approx 0{,}1257\ \text{m}^2 = 12{,}57\ \text{dm}^2$
$u \approx 1{,}26$ m
c) $A \approx 0{,}19635\ \text{km}^2 = 19{,}635$ ha
$u \approx 1{,}571$ km
d) $A \approx 226{,}98\ \text{mm}^2$
$u \approx 53{,}41$ mm
e) $A \approx 1{,}13\ \text{dm}^2$
$u \approx 3{,}77$ dm

2. **a)** $r \approx 4{,}1$ cm **b)** $r \approx 0{,}67$ m **c)** $r \approx 29{,}4$ mm **d)** $r \approx 3{,}70$ m **e)** $r \approx 0{,}757$ km

3. $u \approx 47{,}1$ cm; Anzahl der Umdrehungen: $7{,}54\ \text{m} : u = 754\ \text{cm} : 47{,}1\ \text{cm} \approx 16$

4. $d \approx 0{,}60$ m [0,49 m; 0,80 m]

5. $u \approx 10\,920$ km

6. **a)** $A_{\text{Kreis}} = \pi r^2 = \pi \cdot \left(\frac{u}{2\pi}\right)^2 = \frac{u^2}{4\pi} \approx 114{,}91\ \text{cm}^2 \approx 115\ \text{cm}^2$

b) $A_{\text{Quadrat}} = \left(\frac{u}{4}\right)^2 = \frac{1}{16}u^2 = 90{,}25\ \text{cm}^2$

$A_{\text{Kreis}} : A_{\text{Quadrat}} = \frac{u^2}{4\pi} \cdot \frac{16}{u^2} = \frac{16}{4\pi} \approx 1{,}273$

Der Kreis hat etwa einen um 27,3% größeren Flächeninhalt als das Quadrat.

7.

Sprühregner	$A \approx 95{,}0\ \text{m}^2$
Kreisregner (klein)	$A \approx 227{,}0\ \text{m}^2$
Kreisregner (groß, variabel)	$A \approx 28{,}3$ bis $490{,}9\ \text{m}^2$

8. **a)** $\pi(r_a^2 - r_i^2) = 7$
$r_i^2 = r_a^2 - \frac{7}{\pi}$
$r_i = \sqrt{r_a^2 - \frac{7}{\pi}} \approx 2{,}0$
Der innere Radius beträgt ungefähr 2,0 cm.

b) $\pi r_i^2 = \pi(r_a^2 - r_i^2)$
$r_i^2 = r_a^2 - r_i^2$
$r_i^2 = \frac{1}{2}r_a^2$
$r_i = \sqrt{\frac{1}{2}r_a^2} \approx 3{,}53$
Der innere Radius ist ungefähr 3,53 cm lang.

9. $A = \pi(r_a^2 - r_i^2) \cdot \frac{85°}{360°} \approx 2\,517\ \text{cm}^2$

10. $A = \pi(r_a^2 - r_i^2) \cdot \frac{270°}{360°} \approx 33{,}58\ \text{cm}^2$
$u = 2\pi r_a \cdot \frac{270°}{360°} + 2\pi r_i \cdot \frac{270°}{360°} + 2 \cdot (r_a - r_i) \approx 47{,}8$ cm

Seite 251

1. a) $O = 2\,G + M$
$\approx 2 \cdot \frac{1}{2} \cdot 4\text{ cm} \cdot 3{,}5\text{ cm} + 3 \cdot 4{,}0\text{ cm} \cdot 7{,}0\text{ cm}$
$= 98\text{ cm}^2$
$V = G \cdot h$
$= \frac{1}{2} \cdot 4\text{ cm} \cdot 3{,}5\text{ cm} \cdot 7{,}0\text{ cm}$
$= 49\text{ cm}^3$

b) Siehe zum Beispiel Bild im Schülerband.

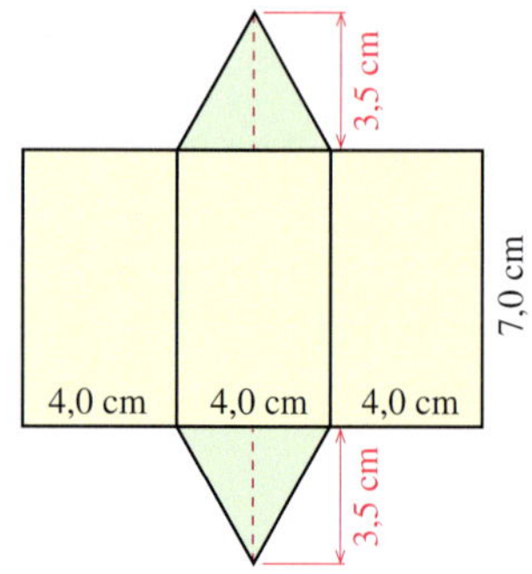

2. a) $G = 450\text{ cm}^2$
$V = 10\,350\text{ cm}^3$
$M = 2\,300\text{ cm}^2$
$O = 3\,200\text{ cm}^2$
$k = 292\text{ cm}$

b) $G = 21{,}15\text{ cm}^2$
$V = 486{,}45\text{ cm}^3$
$M = 506\text{ cm}^2$
$O = 548{,}3\text{ cm}^2$
$k = 113\text{ cm}$

c) $G = 204{,}5\text{ cm}^2$
$V = 4703{,}5\text{ cm}^3$
$M = 1\,584{,}7\text{ cm}^2$
$O = 1\,993{,}7\text{ cm}^2$
$k = 229{,}8\text{ cm}$

3. $V = 384\text{ cm}^3$; $h = 48{,}4\text{ dm}$; $G = 24\text{ m}^2$; $h = 58\text{ mm} = 5{,}8\text{ cm}$

4. $O \approx 483{,}81\text{ cm}^2$ $[1\,960{,}35\text{ dm}^2 \approx 19{,}6\text{ m}^2$; $443{,}34\text{ cm}^2 \approx 4{,}43\text{ dm}^2]$
$V \approx 615{,}752\text{ cm}^3$ $[6\,333{,}451\text{ dm}^3 \approx 6{,}333\text{ m}^3$; $689{,}642\text{ cm}^3 \approx 0{,}69\text{ dm}^3]$

5. $O \approx 603{,}19\text{ cm}^2$; $V \approx 1\,130{,}973\text{ cm}^3$

a) $k \approx \left(O - 2 \cdot \pi \cdot (7\text{ cm})^2\right) : (2\pi \cdot 7\text{ cm}) \approx 6{,}7\text{ cm}$

b) $r = \sqrt{\frac{V}{\pi \cdot 20\text{ cm}}} = \sqrt{18\text{ cm}^2} \approx 4{,}2\text{ cm}$

c) $V_{Quader} = 12\text{ cm} \cdot 12\text{ cm} \cdot 10\text{ cm} = 1\,440\text{ cm}^3$
$V_{Zylinder} : V_{Quader} \approx 0{,}785$
Ungefähr 78,5 % (knapp 80 %) der Schachtel sind ausgefüllt.

6. a) $V_{Teil} = [(80\text{ mm})^2 - \pi \cdot (20\text{ mm})^2 - 4 \cdot \frac{1}{4} \cdot \pi \cdot (10\text{ mm})^2] \cdot 32\text{ mm} \approx 154\,535\text{ mm}^3 = 154{,}535\text{ cm}^3$
$m \approx 50 \cdot 154{,}535 \cdot 8{,}6\text{ g} \approx 66\,450\text{ g} = 66{,}45\text{ kg}$

b) $V_{Teil} = \left[\frac{80\text{ mm} + 20\text{ mm}}{2} \cdot 60\text{ mm} - \pi \cdot (10\text{ mm})^2\right] \cdot 32\text{ mm} \approx 85\,947\text{ mm}^3 \approx 85{,}947\text{ cm}^3$
$m \approx 50 \cdot 85{,}947 \cdot 8{,}6\text{ g} \approx 36\,957\text{ g} = 36{,}957\text{ kg} \approx 37\text{ kg}$

c) $V_{Teil} = [80\text{ mm} \cdot 30\text{ mm} - 2 \cdot \frac{1}{2} \cdot \pi \cdot (15\text{ mm})^2 - 2 \cdot \pi \cdot (5\text{ mm})^2] \cdot 32\text{ mm} \approx 49\,154\text{ mm}^3 = 49{,}154\text{ cm}^3$
$m \approx 50 \cdot 49{,}154 \cdot 8{,}6\text{ g} \approx 21\,136\text{ g} = 21{,}136\text{ kg} \approx 21{,}1\text{ kg}$

d) $V_{Teil} = \left[\frac{1}{2} \cdot 80\text{ mm} \cdot \sqrt{(80\text{ mm})^2 - (40\text{ mm})^2} - \pi \cdot (10\text{ mm})^2\right] \cdot 32\text{ mm} \approx 78\,628\text{ mm}^3 = 78{,}628\text{ cm}^3$
$m \approx 50 \cdot 78{,}628 \cdot 8{,}6\text{ g} \approx 33\,810\text{ g} = 33{,}81\text{ kg} \approx 33{,}8\text{ kg}$

7. a) $A_{Rechteck} = 140\text{ cm} \cdot 70\text{ cm} = 9\,800\text{ cm}^2$
$A_{Tisch} = \pi \cdot (35\text{ cm})^2 + 70\text{ cm} \cdot 70\text{ cm} \approx 8748{,}45\text{ cm}^2 \approx 8\,750\text{ cm}^2$
$A_{Abfall} = A_{Rechteck} - A_{Tisch} \approx 1\,051{,}55\text{ cm}^2 \approx 1\,050\text{ cm}^2$, also ungefähr 10,7 %

b) $V \approx 34\,993{,}8\text{ cm}^3$; $m \approx 97\,983\text{ g} \approx 98\text{ kg}$

8. $V = 17{,}5\text{ g} : 8{,}9\frac{\text{g}}{\text{cm}^3} \approx 1{,}966\text{ cm}^3 = 1\,966\text{ mm}^3$
Länge des Drahtes:
$V : G = V : \left(\frac{\pi \cdot d^2}{4}\right) = \frac{4\,V}{\pi\,d^2} \approx 343\text{ mm} = 34{,}3\text{ cm}$

Lösungen zu Teste dich – Vermischte Übungen

Seite 252

1. Siehe Bild rechts.

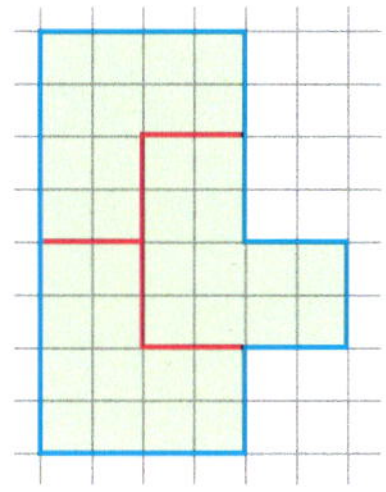

2. **a)** $L = \{(6\frac{3}{4} \mid -8\frac{1}{2})\} = \{(6{,}75 \mid -8{,}5)\}$
b) $L = \{\ \}$
c) $L = \{(x \mid y) \mid y = 4x - 3\}$

3. Chicken-Menü: 40 %; 3,99 €
2 Burger: 2,99 €; 2,99 €
Burger-Menü: 2,71 €; 40 %
Käse-Menü: 3,88 €; 23 %
Familien-Menü: 15,61 €; 5,62 €

4. Die Basiswinkel sind 61° groß. Da dem größeren Winkel die längere Seite gegenüberliegt, ist ein Schenkel länger als die Basis.

5. Die Ergebnismenge ist:
S = {12; 13; 14; 15; 16; 17; 18; 21; 23; 24; 25; 26; 27; 28; 31; 32; 34; 35; 36; 37; 38; 41; 42; 43; 45; 46; 47; 48; 51; 52; 53; 54; 56; 57; 58; 61; 62; 63; 64; 65; 67; 68; 71; 72; 73; 74; 75; 76; 78; 81; 82; 83; 84; 85; 86; 87}

a) P(Zahl ist kleiner als 44) $= \frac{24}{56} = \frac{3}{7}$; P(Zahl ist größer als 44) $= \frac{32}{56} = \frac{4}{7}$
Es ist wahrscheinlicher, eine Zahl über 44 zu erhalten.

b) S = {3; 4; 5; 6; 7; 8; 9; 10; 11; 12; 13; 14; 15}
$P(3) = P(4) = P(14) = P(15) = \frac{2}{56} = \frac{1}{28}$
$P(5) = P(6) = P(12) = P(13) = \frac{4}{56} = \frac{2}{28} = \frac{1}{14}$
$P(7) = P(8) = P(10) = P(11) = \frac{6}{56} = \frac{3}{28}$
$P(9) = \frac{8}{56} = \frac{4}{28} = \frac{1}{7}$

6. Länge der kürzeren Seite des Rechtecks (in cm): x
Länge der längeren Seite des Recktecks (in cm): 3x

Gleichung:
$$\begin{aligned} 3x \cdot x + 35 &= (3x - 5)(x + 5) \\ 3x^2 + 35 &= 3x^2 + 10x - 25 \\ 60 &= 10x \\ x &= 6 \end{aligned}$$

Die Seiten des ursprünglichen Rechtecks sind 18 cm und 6 cm lang, die Seiten des zweiten Rechtecks 13 cm und 11 cm lang. Die Flächeninhalte betragen 108 cm² und 143 cm².

7. Länge der kürzeren Seite des Beetes (in m): x
Länge der längeren Seite des Beetes (in m): x + a (mit a > 0)

Terme für die Flächeninhalte:
$(x + 1{,}5)(x + a + 0{,}5) = x^2 + ax + 2x + 1{,}5a + 0{,}75$ (kürzere Seite um 1,5 m, längere um 0,5 m verlängert)
$(x + 0{,}5)(x + a + 1{,}5) = x^2 + ax + 2x + 0{,}5a + 0{,}75$ (kürzere Seite um 0,5 m, längere um 1,5 m verlängert)

Die Terme unterscheiden sich nur in den Gliedern 1,5a und 0,5a. Wegen a > 0 gilt: $1{,}5a > 0{,}5a$
Es ist also günstiger, die kürzere Seite um 1,5 m und die längere Seite um 0,5 m zu verlängern.

8. *Beispiele:* $6 : (-6) + 6 = -1 + 6 = 5$; $6 \cdot 6 : 6 = 36 : 6 = 6$; $6 : 6 + 6 = 1 + 6 = 7$;
$(6 + 6) \cdot (-6) = 12 \cdot (-6) = -72$; $(-6) \cdot 6 + 6 = -36 + 6 = -30$

Seite 253

1. Vereinfachter Term: $10x^2 + x$
Werte: 483; 87; 3; 6 275; 100 100

2. Länge der kürzeren Seite des Rahmens (in cm): x
Länge der längeren Seite des Rahmens (in cm): x + 9

Gleichung:
$$\begin{aligned} 2 \cdot (x + x + 9) &= 86 \\ 4x + 18 &= 86 \\ 4x &= 68 \\ x &= 17 \end{aligned}$$

Die kürzere Seite ist 17 cm, die längere Seite 26 cm lang.

Seite 253

3. **a)** Bei einer proportionalen Funktion verdoppelt sich der Funktionswert, wenn der Wert für x verdoppelt wird.

b) Vermindert man x um 1 so vermindert sich der Funktionswert um 0,5.
$f(0) = 4$ und $f(-5) = 1{,}5$

c) $y = \frac{1}{2}x + 4$

4. Scheitelwinkel sind gleich groß.
Nebenwinkel ergänzen sich zu 180°.
Stufenwinkel bzw. Wechselwinkel an geschnittenen Parallelen sind gleich groß.

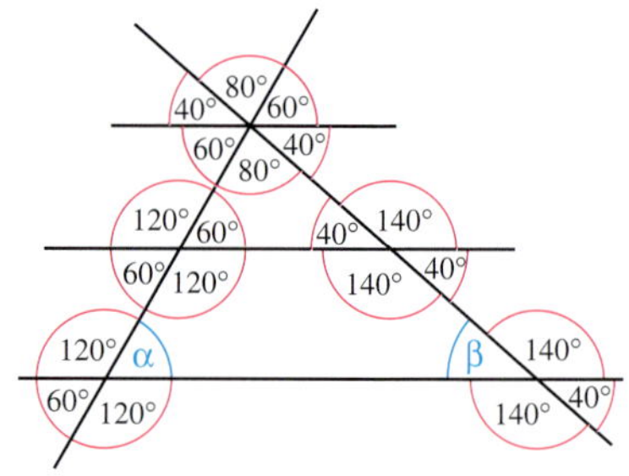

5. **a)** $5 \cdot 3 = 15;\ 3 \cdot 5 = 15;\ \ 5^3 = 125;\ \ 3^5 = 243$

b) $(-3)^4 = (-3) \cdot (-3) \cdot (-3) \cdot (-3) = 81;\ \ -3^4 = -(3 \cdot 3 \cdot 3 \cdot 3) = -81$

c) $(-5)^3 - 3^5 - 5^3 - (-3)^5 = -125 - 243 - 125 - (-243) = -250$

6. **a)** $0{,}849 \cdot 31{,}15 = 26{,}44633 \approx 26{,}45$
Da man nur mit vollen Geldbeträgen zahlen kann, wird der Preis in Euro auf zwei Stellen nach dem Komma gerundet.

b) $0{,}849 \cdot 31{,}16 = 26{,}45484 \approx 26{,}45$
Durch die Rundung auf zwei Stellen nach dem Komma können bei unterschiedlichen Gasmengen gleiche Preise angezeigt werden.

7. **a)** 149 € · 1,19 = 177,31 €

b) 199 € : 1,19 = 167,23 € (Preis ohne Mehrwertsteuer)
Mehrwertsteuer: 199 € – 167,23 € = 31,77 €

c) Die Aussage „Alle Produkte dadurch 19 % billiger" ist falsch, da 19 % Mehrwertsteuer von dem Preis ohne Mehrwertsteuer berechnet wird.
Beispiel: Preis ohne Mehrwertsteuer: 100 €
Mehrwertsteuer: 19 €
Ersparnis: 19 € von 119 € ≈ 16,0 %

8. **a)** Siehe Bild rechts; Zeichnung verkleinert

b) Durch Messen und Umrechnen erhält man für die Drahtlänge:
$l = |AB| + |BC| + |AC|$
$\approx 2{,}8\text{ m} + 2{,}0\text{ m} + 3{,}5\text{ m}$
$= 8{,}3\text{ m}$
Man benötigt etwa $2{,}8\text{ m}^2$ Stoff.

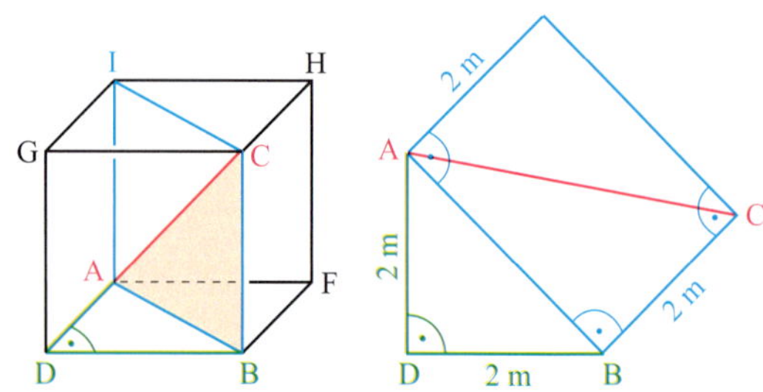

Seite 254

1. **a)** Die Wertetabelle gehört zu einer proportionalen Funktion, da die Quotienten der Wertepaare immer gleich sind:
$y : x = -\frac{7}{4} = -1{,}75$
Funktionsgleichung: $y = -1{,}75x$

b) Die Wertetabelle gehört nicht zu einer proportionalen Funktion, da die Quotienten der Wertepaare verschieden sind.
Funktionsgleichung: $y = -2x + 1$

2. Man kann ein Siebeneck in fünf Dreiecke zerlegen.
Die Winkelsumme beträgt also: $5 \cdot 180° = 900°$.
Die sieben Innenwinkel sind gleich groß, also: $900° : 7 = 128\frac{4}{7}° \approx 128{,}6°$

3. **a)** $\frac{1}{3}$ **b)** $\frac{1}{3}$ **c)** $\frac{4}{9}$ **d)** $\frac{5}{18}$ **e)** $-\frac{9}{10}$

Seite 254

4. Benötigte Zeit für den Hinweg (in Stunden): x
Benötigte Zeit für den Rückweg (in Stunden): $x + \frac{1}{4}$
Länge des Hinwegs (in km): $x \cdot 12$
Länge des Rückwegs (in km): $\left(x + \frac{1}{4}\right) \cdot 10{,}5 = x \cdot 10{,}5 + 2{,}625$

Da Hin- und Rückweg gleich lang sind, erhält man:

Gleichung:

$12x = 10{,}5x + 2{,}625 \quad | -10{,}5x$
$1{,}5x = 2{,}625 \quad | :1{,}5$
$x = 1{,}75$

Max benötigt für den Hinweg 1,75 h, also $1\frac{3}{4}$ h bzw. 1 h 45 min.

Für den Rückweg benötigt Max 2 Stunden, denn 1 h 45 min + 15 min = 2 h.

Die Entfernung zum Baggersee beträgt: $1{,}75\,\text{h} \cdot 12\,\frac{\text{km}}{\text{h}} = 21\,\text{km}$

Die Probe für den Rückweg bestätigt das: $2\,\text{h} \cdot 10{,}5\,\frac{\text{km}}{\text{h}} = 21\,\text{km}$

5. Zum Beispiel in Prozent:

Fußball:	50,9 %	Gar nicht:	20,2 %	0 Sportarten:	16,7 %
Tennis:	17,5 %	Nicht so gern:	32,5 %	1 Sportart:	55,3 %
Badminton:	11,4 %	Etwas:	28,1 %	2 Sportarten:	23,7 %
Reiten:	20,2 %	Sehr gerne:	19,3 %	3 Sportarten:	4,4 %

Abweichungen der Gesamtsumme von 100 % entstehen durch Rundungen.

6. Schrittweise Berechnung des neuen Preises: 500 € · 1,2 = 600 € ; 600 € · 0,8 = 480 €
Berechnung des neuen Preises in einem Schritt: 500 € · 1,2 · 0,8 = 480 €
Der Fernseher ist 20 € billiger geworden, das sind 4 %.

7. **a)** Grund- und Deckfläche besitzen 8 Kanten, die zusammen 40 cm lang sind. Die restlichen 4 Kanten sind also je 20 cm lang. Die Säule ist also 20 cm hoch.
$O = 2 \cdot (5\,\text{cm} \cdot 5\,\text{cm} + 5\,\text{cm} \cdot 20\,\text{cm} + 20\,\text{cm} \cdot 5\,\text{cm}) = 450\,\text{cm}^2$

b) Die Säule ist ein Würfel mit der Kantenlänge 10 cm. Die Oberfläche ist 600 cm² groß.

8. Preis für ein Champagnerglas (in €): x
Preis für ein Weißweinglas (in €): y

Gleichungssystem: $\left| \begin{array}{l} 6x + 6y = 27{,}96 \\ 12x + 12y = 55{,}92 \end{array} \right|$

Lösungsmenge: $L = \mathbb{Q}\ \{(x|y) \mid 0 < x < 4{,}66 \text{ und } 0 < y < 4{,}66\}$,
da 4,66 € der größtmögliche Preis einer Flasche ist.

Da die Freundin genau doppelt so viele Gläser von jeder Sorte gekauft hat und auch doppelt so viel dafür bezahlt hat, erhält man keine neue Information und kann den Preis für die Glassorten nicht bestimmen.

Seite 255

1. 12 kg · 0,08 = 0,96 kg; 11,04 kg : 32 = 0,345 kg
Ein Apfel wiegt 345 g.

2. **a)** $2x^2 + 10x + 14$ **b)** $4x - 10$ **c)** $12a^2 - 4ab - 21b^2$ **d)** $8pu$

3. **a)** $f(x) = -x + 7$ **b)** $f(x) = 3$ **c)** Gerade parallel zur y-Achse durch x = 4; kein Funktionsterm

4. Volumen eines Zylinders: $V = \pi \cdot (41\,\text{mm})^2 \cdot 75\,\text{mm} \approx 396\,076\,\text{mm}^3 \approx 400\,\text{cm}^3$
Der Motor hat einen Hubraum von knapp 800 cm³.

5. **a)** 85 g · 0,06 = 5,1 g In 85 g Bratwurst sind 5,1 g Fett enthalten.

b) 15 g : 120 g = 0,125 = 12,5 % Der Fettanteil der Bratwurst beträgt 12,5 %.

c) 24 g : 0,16 = 150 g Die Bratwurst darf 150 g wiegen.

Seite 255

6. a)

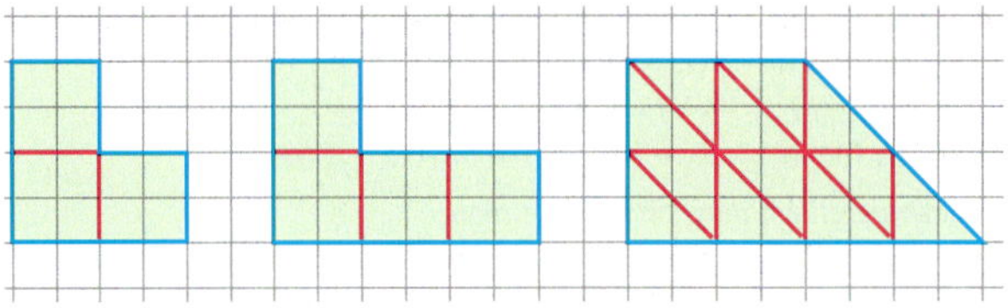

b) Zwei Figuren heißen zueinander kongruent, wenn man sie durch Drehen und Wenden passgenau aufeinander legen kann.
(Zwei Figuren heißen zueinander kongruent, wenn sie deckungsgleich sind.)

c) Durch Messen von Seiten und Winkeln und Überprüfen mithilfe der Kongruenzsätze sss, sws, wsw und Ssw.

7. a) $\frac{24 \cdot 1{,}2}{32} = 0{,}9$
0,9 cm = 9 mm

b) Da das Brot nicht überall gleich groß ist, sind die Scheiben nicht alle gleich schwer. Die Zuordnung ist nicht proportional. Man kann also nur sagen, dass 19 Scheiben 570 g wiegen, wenn alle Scheiben gleich viel wiegen würden.

8. *1. Lösung:*
Preis für einen DVD-Rohling (in €): x
Preis für einen CD-Rohling (in €): y
Gleichungssystem: $\left| \begin{array}{l} 25x + 25y = 14{,}50 \\ 25x + 50y = 17{,}75 \end{array} \right|$
Lösungsmenge: $L = \{(0{,}45 \mid 0{,}13)\}$
Ein DVD-Rohling kostet 0,45 €, ein CD-Rohling 0,13 €.
2. Lösung:
Der Preisunterschied von 3,25 € entsteht durch die zusätzliche Packung CD-Rohlinge, das sind 0,13 € pro CD-Rohling. Ein DVD-Rohling kostet dann 0,45 €.
Ein DVD-Rohling ist ungefähr 246 % teurer als ein CD-Rohling.

9. *Annahme:* Die Winkelhalbierenden w_α und w_β schneiden sich unter einem rechten Winkel im Punkt W.
Dann erhält man mit dem Winkelsummensatz im Dreieck ABW: $\frac{\alpha}{2} + \frac{\beta}{2} = 90°$
Dann ist aber $\alpha + \beta = 180°$, also $\gamma = 0°$.
Man erhält kein Dreieck. Die Winkelhalbierenden können sich also nicht rechtwinklig schneiden.

Seite 256

1. a) (1) $P(\text{gerade Zahl}) = P(2) + P(4) + P(6) + P(8) = \frac{4}{8} = \frac{1}{2}$
(2) $P(\text{durch 3 teilbare Zahl}) = P(3) + P(6) = \frac{2}{8} = \frac{1}{4}$
(3) $P(\text{durch 9 teilbare Zahl}) = 0$
(4) $P(\text{nicht durch 10 teilbare Zahl}) = 1$

b) $\frac{1}{8}$

c) Durch oftmaliges Würfeln feststellen, ob die relative Häufigkeit jeder Augenzahl ungefähr $\frac{1}{8}$ beträgt.

d) Sie können z.B. auch beim Ikosaeder-Würfel nur die Augenzahlen 1 bis 8 berücksichtigen. In allen anderen Fällen wird noch einmal gewürfelt.
Eine weitere Möglichkeit wäre z.B., die 1 und die 9 als 1 zu werfen, die 2 und die 10 als 2, …, die 8 und die 16 als 8. Beim Auftreten der Augenzahlen 17, 18, 19, 20 wird noch einmal gewürfelt.

2. Einsetzen von x = 100 ergibt: $y = -\frac{3}{5} \cdot 100 + 4 = -56$
Der Punkt $A(100 \mid -47)$ liegt oberhalb des Graphen.

3. a) Das Quadrat von 2,6457513 ist nicht gleich 7.
(Es enthält als letzte Ziffer die 9, denn $3 \cdot 3 = 9$.)

b) (1) $2 \cdot \sqrt{7} \cdot \sqrt{7} = 2 \cdot 7 = 14$
(2) $-\sqrt{2} \cdot \sqrt{7} = -\sqrt{2 \cdot 7} = -\sqrt{14}$
(3) $\frac{1}{7} \cdot \sqrt{7} = \frac{\sqrt{7}}{\sqrt{7} \cdot \sqrt{7}} = \frac{1}{\sqrt{7}}$

4. $V = \left((5\text{ cm})^2 + 4 \cdot \frac{1}{4} \cdot \pi \cdot (5\text{ cm})^2\right) \cdot 0{,}5\text{ cm} \approx 51{,}77\text{ cm}^3 \approx 52\text{ cm}^3$
$u = 4 \cdot 5\text{ cm} + 4 \cdot \frac{1}{4} \cdot 2\pi \cdot 5\text{ cm} \approx 51{,}4\text{ cm}$

5. Reduzierter Preis: 500 € – 274,40 € = 225,60 €
Ursprünglicher Preis: 225,60 € : 0,98 : 0,85 = 270,83 €

Seite 256

6. a) Man gibt das Material hier in m^2 an, nicht als Volumen in m^3 bzw. dm^3, da man davon ausgeht, dass die Tonne aus einer Blechplatte hergestellt wird. Man berechnet also die Oberfläche der Tonne (mit Deckel).
$O = 2 \cdot \pi \cdot (39\text{ cm})^2 + \pi \cdot 78\text{ cm} \cdot 130\text{ cm} \approx 41\,412\text{ cm}^2$
Man benötigt also mindestens 4,15 m^2 Blech.

b) $V_{Tonne} = \pi \cdot (39\text{ cm})^2 \cdot 130\text{ cm} \approx 621\,187\text{ cm}^3 \approx 621\text{ dm}^3$
In der zu $\frac{3}{4}$ gefüllten Tonne sind ungefähr 466 *l* Wasser.

c) $h = 300\text{ dm}^3 : (\pi \cdot (39\text{ cm})^2) = 300\,000\text{ cm}^3 : (\pi \cdot (39\text{ cm})^2) \approx 62{,}8\text{ cm}$
Das Wasser steht fast 63 cm hoch.

7. a) $0{,}7 \cdot 12 \cdot 5 \cdot 3 = 126$. Es sind 126 *l* Mineralwasser vorrätig.
$1\text{ m}^3 = 1\,000\text{ dm}^3 = 1\,000\ l$; $0{,}7 \cdot 12 \cdot 5 = 42$. Ein Stapel enthält 42 *l* Mineralwasser.
$(1\,000 - 126) : 42 \approx 20{,}8$. Es müssten noch 21 Stapel geliefert werden.

b) Es handelt sich um eine proportionale Zuordnung (zum Doppelten gehört das Doppelte, …), also auch um eine „Je-mehr-desto-mehr"-Zuordnung.

8. a) $30x^5$ **b)** $-5\frac{5}{6}a^4$ **c)** $-20x^2 + 20x = 20x\,(1 - x)$

Seite 257

1. a) $102\text{ g} \cdot 0{,}04 = 4{,}08\text{ g}$
b) $400 : 1\,250 = 0{,}32 = 32\,\%$
c) $865{,}26\text{ €} : 0{,}19 = 4\,554\text{ €}$
d) $6{,}63\text{ €} : 0{,}85 = 7{,}80\text{ €}$

2. a) $A = \pi \cdot (2\text{ m})^2 \approx 12{,}6\text{ m}^2$; $u = \pi \cdot 4\text{ m} \approx 12{,}6\text{ m}$
b) $A = \pi \cdot ((5\text{ m})^2 - (2\text{ m})^2) \approx 65{,}97\text{ m}^2 \approx 66\text{ m}^2$

3. a) $\sqrt{36} = 6$
b) $\sqrt{4} = 2$
c) $(\sqrt{80})^2 + 2 \cdot \sqrt{80} \cdot \sqrt{5} + (\sqrt{5})^2 = 80 + 2\sqrt{400} + 5 = 80 + 2 \cdot 20 + 5 = 125$
d) $8 \cdot |a|$
e) $1{,}3 \cdot |x| \cdot \sqrt{y}$ (für $y \geq 0$)
f) $|a| \cdot |b| \cdot \sqrt{5b}$ (für $b \geq 0$)

4. a) Der Graph zu f geht durch den Punkt $P(0|-3)$ und hat die Steigung 2.
Der Graph zu g geht durch den Punkt $Q(0|4)$ und hat die Steigung $-\frac{3}{5}$.
b) $S_y(0|-3)$; $S_x(1{,}5|0)$
c) $2x - 3 = -\frac{3}{5}x + 4$; $x = \frac{35}{13}$; $y = \frac{31}{13}$; $S\left(2\frac{9}{13}\,\middle|\,2\frac{5}{13}\right)$
d) $h(x) = 2x + c$; $0 = 2 \cdot 1 + c$; $c = -2$, also $h(x) = 2x - 2$

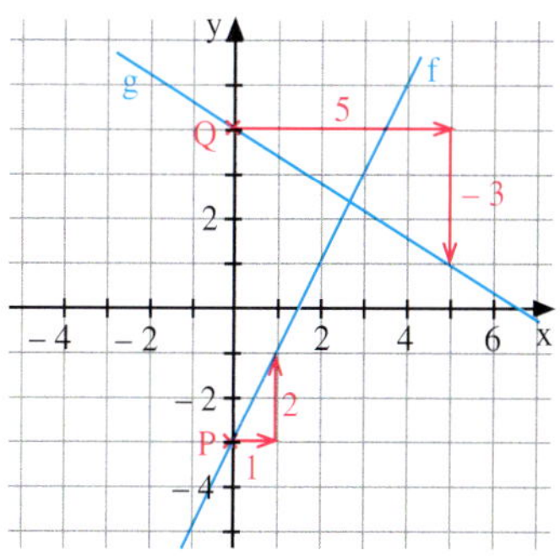

5. a) $(2 \cdot 2 + 3 \cdot 3) : 5 = 2{,}6$; $(2 \cdot 2 + 3 \cdot 3 + 2) : 6 = 2{,}5$
Um einen besseren Mittelwert zu erhalten, müsste die Note der letzten Arbeit besser als 2 sein.
b) $(3 \cdot 1 + 10 \cdot 2 + 10 \cdot 3 + 2 \cdot 4) : 2{,}5 = 2{,}44$
c) $(6 \cdot 1 + 8 \cdot 2 + 7 \cdot 3 + 2 \cdot 4 + 2 \cdot 5) : 25 = 2{,}44$
Da in Klasse 6 b doppelt so oft die Note 1 geschrieben wurde, würde man diese wohl als bessere „Mathe"-Klasse bezeichnen. Da hier aber auch zweimal die Note 5 geschrieben wurde, könnte man das aber auch genau anders sehen.

6. a) $\gamma_1 = 180° - 90° - 25° = 65°$
(Winkelsumme im Dreieck)
$\gamma_2 = \gamma_1 = 65°$ (Scheitelwinkel)
$\alpha = 180° - 90° - \gamma_2 = 25°$
(Winkelsumme im Dreieck)

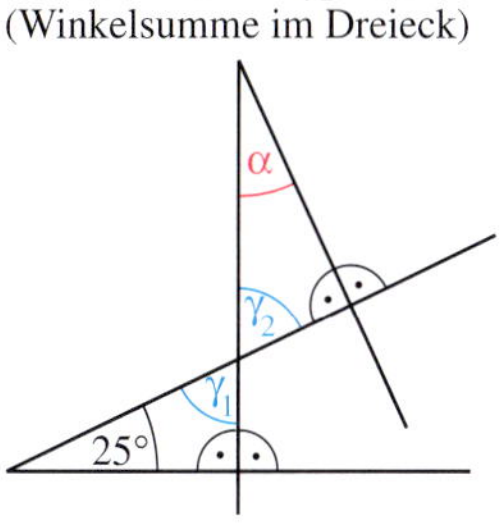

b) Das Viereck ABCD ist wegen AB || CD und BC || AD ein Parallelogramm.
$\beta_1 = \beta$ (Stufenwinkel an geschnittenen Parallelen)
Im Parallelogramm ABCD gilt: $\alpha + \beta_1 = 180°$
Also auch $\alpha + \beta = \alpha + \beta_1 = 180°$

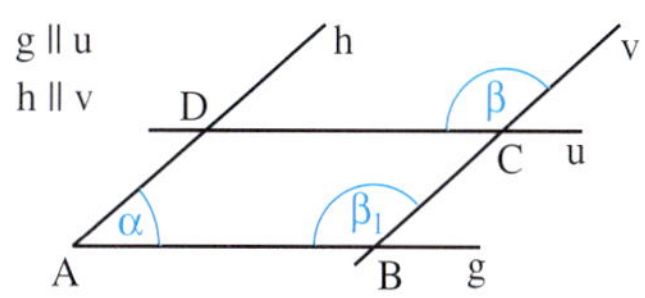

Seite 257

7. a)

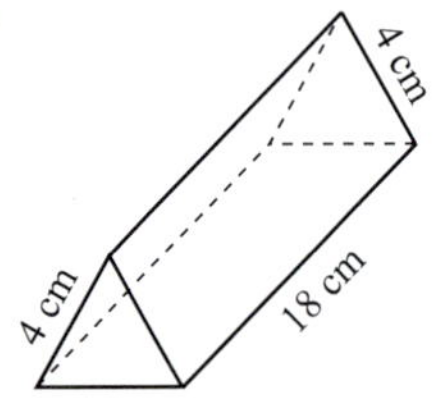

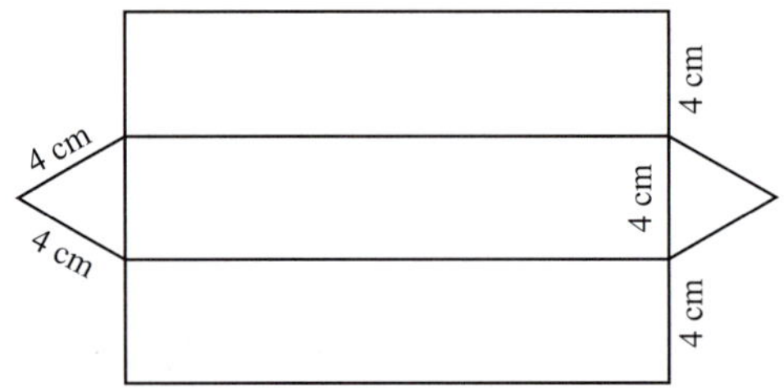

b) Durch Messen erhält man für die Höhe des gleichseitigen Dreiecks: $h \approx 3{,}5\text{ cm}$

$A_O = 2 \cdot A_G + A_M \approx 2 \cdot \frac{1}{2} \cdot 4\text{ cm} \cdot 3{,}5\text{ cm} + 3 \cdot 4\text{ cm} \cdot 18\text{ cm} \approx 230\text{ cm}^2$

$V = A_G \cdot h \approx \frac{1}{2} \cdot 4\text{ cm} \cdot 3{,}5\text{ cm} \cdot 18\text{ cm} = 126\text{ cm}^3$

Seite 258

1. A ist kongruent zu B; G ist kongruent zu I.

2. Hannes: $470\,000\text{ cm} : (\pi \cdot 71{,}12\text{ cm}) \approx 2\,104$ Sophie: $470\,000\text{ cm} : (\pi \cdot 66{,}04\text{ cm}) \approx 2\,265$

3. $m = \frac{-29{,}25 - (-59)}{0 - 8{,}5} = -3{,}5$

Da B(0|−29,25) auf der y-Achse liegt, beträgt der Ordinatenabschnitt (Achsenabschnitt) −29,25.
Die Funktionsgleichung lautet: $y = -3{,}5x - 29{,}25$

4. a) $\frac{17}{5} + 4 = 7\frac{2}{5} = 7{,}4$. Man wählt jeweils die größte Zahl.

b) $3{,}24 - 3 = 0{,}24$. Man wählt die Zahlen, deren Abstand auf dem Zahlenstrahl am kleinsten ist.

c) $-3{,}42 \cdot 4 = -13{,}68$. Man wählt jeweils die Zahl mit dem größten Betrag, wobei eine Zahl negativ und eine Zahl positiv sein muss.

d) $\frac{17}{5} : 1 = \frac{17}{5}$. Beide Zahlen müssen positiv oder beide negativ sein. Der Betrag des Dividenden muss möglichst groß, der Betrag des Divisors möglichst klein sein.

5. Der Schatz liegt an einem der Punkte S_1 oder S_2.

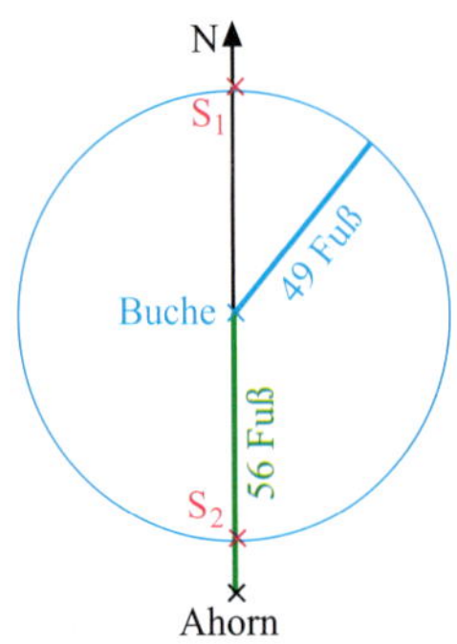

6. $A = 35\text{ cm} \cdot 40\text{ cm} = 1\,400\text{ cm}^2$

a) $A_1 = 36{,}75\text{ cm} \cdot 38\text{ cm} = 1\,396{,}5\text{ cm}^2$
$A_2 = 33{,}25\text{ cm} \cdot 42\text{ cm} = 1\,396{,}5\text{ cm}^2$
Die Flächeninhalte sind gleich groß.

b) $A_1 = 1{,}05\,a \cdot 0{,}95\,b = 1{,}05 \cdot 0{,}95\,ab$
$A_2 = 0{,}95\,a \cdot 1{,}05\,b = 1{,}05 \cdot 0{,}95\,ab$

7.

$\alpha = 180° - 130° = 50°$	(α ist Nebenwinkel zum gegebenen Winkel.)
$\beta_1 = \alpha = 50°$	(α und β_1 sind Basiswinkel im gleichschenkligen Dreieck.)
$\beta_2 = 180° - \beta_1 = 130°$	(β_1 ist Nebenwinkel zu β_2.)
$\beta_3 = \beta_1 = 50°$	(β_3 ist Scheitelwinkel zu β_1.)
$\gamma_1 = 180° - \alpha - \beta_1 = 80°$	(Winkelsumme im Dreieck.)
$\gamma_2 = \alpha = 50°$	(γ_2 und α sind Wechselwinkel an geschnittenen Parallelen.)
$\gamma_3 = \beta_1 = 50°$	(γ_3 und β_1 sind Stufenwinkel an geschnittenen Parallelen.)
$\gamma_4 = 180° - \gamma_3 = 130°$	(γ_4 ist Nebenwinkel zu γ_3.)
$\gamma_5 = \gamma_3 = 50°$	(γ_5 ist Scheitelwinkel zu γ_3.)

Mengen

$\{1, 2, 3\}$	Menge mit den Elementen 1, 2, 3
$\{\ \}$	leere Menge
$a \in M$	a ist Element der Menge M, a gehört zu M
$\mathbb{N}$ [$\mathbb{N}^*$]	Menge der natürlichen Zahlen [ohne null]
$\mathbb{B}$ [$\mathbb{B}^*$]	Menge der Bruchzahlen [ohne null]
$\mathbb{Z}$	Menge der ganzen Zahlen
$\mathbb{Z}_+$ [$\mathbb{Z}_+^*$]	Menge der positiven ganzen Zahlen [ohne null]
$\mathbb{Z}_-$ [$\mathbb{Z}_-^*$]	Menge der negativen ganzen Zahlen [ohne null]
$\mathbb{Q}$ [$\mathbb{Q}^*$]	Menge der rationalen Zahlen [ohne null]
$\mathbb{Q}_+$ [$\mathbb{Q}_+^*$]	Menge der positiven rationalen Zahlen [ohne null]
$\mathbb{Q}_-$ [$\mathbb{Q}_-^*$]	Menge der negativen rationalen Zahlen [ohne null]
$\mathbb{R}$ [$\mathbb{R}^*$]	Menge der reellen Zahlen [ohne null]
$\mathbb{R}_+$ [$\mathbb{R}_+^*$]	Menge der positiven reellen Zahlen [ohne null]
$\mathbb{R}_-$ [$\mathbb{R}_-^*$]	Menge der negativen reellen Zahlen [ohne null]

Zahlen

$a = b$	a gleich b
$a \neq b$	a ungleich b
$a < b$	a kleiner b
$a > b$	a größer b
$a \leq b$	a kleiner oder gleich b
$a \geq b$	a größer oder gleich b
$a \approx b$	a ungefähr gleich (rund) b
$\lvert a \rvert$	Betrag von a
a^n	Potenz aus Basis a und Exponent n; a hoch n
$\sqrt{a}$	Quadratwurzel aus a ($a \geq 0$)

Geometrie

AB	Verbindungsgerade durch die Punkte A und B; Gerade durch A und B
$\overline{AB}$	Verbindungsstrecke der Punkte A und B; Strecke mit den Endpunkten A und B
$\lvert AB \rvert$	Länge der Strecke $\overline{AB}$
$\overrightarrow{AB}$	Halbgerade mit dem Anfangspunkt A durch den Punkt B
$g \parallel h$	g ist parallel zu h
$g \nparallel h$	g ist nicht parallel zu h
$g \perp h$	g ist orthogonal zu h
$g \not\perp h$	g ist nicht orthogonal zu h
$F \cong G$	F ist kongruent zu G
$P(x \mid y)$	Punkt mit den Koordinaten x und y
ABC	Dreieck mit den Eckpunkten A, B und C
ABCD	Viereck mit den Eckpunkten A, B, C und D
$\sphericalangle ASB$	Winkel mit dem Scheitel S und den Schenkeln $\overrightarrow{SA}$ und $\overrightarrow{SB}$, der bei Linksdrehung von $\overrightarrow{SA}$ auf $\overrightarrow{SB}$ entsteht
h_a [h_b; h_c]	Höhe eines Dreiecks zur Seite a [Seite b; Seite c]
w_α [w_β; w_γ]	Länge der Abschnitte der Winkelhalbierenden im Dreieck
s_a [s_b; s_c]	Länge der Seitenhalbierenden eines Dreiecks

Stichwortverzeichnis

Achsenabschnitt 76
Additionsverfahren 122
äquivalent 10
algebraische Summe 17
Algorithmus 180
antiproportional 51
Ausklammern 25, 34
Ausreißer 160

Baumdiagramm 147
–, mehrstufiges 149
–, vereinfachtes 154
Betrag 7
Binomische Formeln 31
Boxplot 160

Definition 83, 174
Definitionsmenge 58
Distributivgesetz 25

Einsetzungsverfahren 119

Faktor 25
Faktorisieren 25, 34
Flächeninhalt
– eines Dreiecks 209
– eines Kreises 217
– eines Kreisausschnitts 224
– eines Parallelogramms 209
– eines Rechtecks 209
– eines Trapezes 209
Funktion 58
–, antiproportionale 98
–, lineare 76
–, proportionale 66
Funktionsgleichung 59
Funktionsterm 59
Funktionswert 58

Gegenzahl 7
Gleichsetzungsverfahren 118
grafisch 59
Graph 59

Hyperbel 98

Intervall 177
– halbierungsverfahren 180
– schachtelung 177
irrationale Zahlen 183

Kehrwert 8
Koeffizient 10, 110
Komplementärregel 154
Kreis
-ausschnitt 224
-es, Flächeninhalt eines 217
-es, Umfang eines 214
– zahl π 214

Laplace
– -Experiment 141
– -Regel 142
lineare Gleichung 107
-ssysteme 113, 122
Lösung 10
-smenge 10
– variable 46

Median 159
Minusklammer 23

Nullstelle 83

Oberflächeninhalt
– eines Quaders 209
– eines Zylinders 209
Ordinatenabschnitt 76

Parameter 46
Pascal'sches Dreieck 38
Pfadadditionsregel 153
Pfadmultiplikationsregel 153
Prisma
-s, Oberflächeninhalt eines 228
-s, Schrägbild eines 231
-s, Volumen eines 234
Produktgleichheit 98
proportional 51
Prozent 169

Quader
-s, Oberflächeninhalt eines 209
-s, Volumen eines 209
quadratische Ergänzung 34
Quadratwurzel 174
Quotientengleichheit 67

Radikand 174
radizieren 174
rationale Zahlen 188
reelle Zahlen 200

Schrägbild
– eines Prismas 231
– eines Zylinders 242
Spannweite 160
Steigung 72
-sdreieck 72
Stelle 58
Subtraktionsverfahren 120

Term 9
Termumformung 9

Volumen
– eines Prismas 234
– eines Quaders 209
– eines Zylinders 209
Vorrangregeln 9

Wertetabelle 59
wertgleich 9
Wurzel 174
– gesetze 194
– gleichung 204
– zeichen 174
– ziehen 174

Zahlfaktor 10
Zufallsexperiment 142, 147
Zuordnungsvorschrift 59
Zylinder
-s, Oberflächeninhalt eines 241
-s, Schrägbild eines 242
-s, Volumen eines 244